TECHNOLOGIE

DES

SCHEIDENS, MISCHENS UND ZERKLEINERNS

VON

HUGO FISCHER

GEHEIMER HOFRAT UND O. PROFESSOR I. R.
DER TECHNISCHEN HOCHSCHULE ZU DRESDEN

MIT 376 ABBILDUNGEN IM TEXT

Springer-Verlag Berlin Heidelberg GmbH

1920

ISBN 978-3-662-33436-2   ISBN 978-3-662-33833-9 (eBook)
DOI 10.1007/978-3-662-33833-9

Vorwort.

Im vorliegenden Buche habe ich versucht, die für eine größere Zahl von
Industrien, insbesondere aber für die chemische Industrie, wichtigen Arbeiten
des Scheidens, Mischens und Zerkleinerns von Werkstoffen der verschiedensten
Art in ihrer technologischen Einheitlichkeit und Zusammengehörigkeit zu behandeln. Ich folgte dabei den Vorlesungen, die ich innerhalb einer nahezu
vier Jahrzehnte umfassenden Lehrtätigkeit den Studierenden der Sächsischen
Technischen Hochschule bieten durfte. Das rege Interesse, das mir von meinen
Hörern hierbei entgegengebracht worden ist, sowie der mir wiederholt entgegen-
gebrachte Wunsch nach einer schriftlichen Niederlegung der Vorträge, dem ich
aus bestimmten Gründen während meiner Lehrtätigkeit nicht willfahren mochte,
hat mich veranlaßt, den wesentlichen Inhalt desjenigen Teiles der Vorlesungen
in diesem Buche aufzuzeichnen, dessen Eigenart es mit sich bringt, daß
er leicht eine gewisse Vernachlässigung als Lehrfach erfährt. Ich hoffe damit
sowohl meinen früheren Schülern als denen, welche vor oder während ihrer
Berufstätigkeit sich gedrungen fühlen, solchen technischen Fragen näherzu-
treten, die sich mit der zweckdienlichen Vorbereitung von Werkstoffen für
die weitere Verarbeitung oder Verwendung befassen, nicht unwillkommene
Anregung zu bieten.

In diesem Sinne habe ich mich bestrebt, dem Buch den Charakter des
Lehrbuches zu verleihen und durch sorgfältige, auf technologischer Grund-
lage fußende Zusammenordnung der verschiedenen Aufgaben dienenden und
in das Gebiet fallenden Arbeitsverfahren und Arbeitsmittel dem Leser einen
Überblick über die Gebrauchsmöglichkeiten dieser Verfahren zu schaffen.
Dabei war es nötig, daß ich mich bei dem reichen Stoff sowohl im Wort als im
Bild auf das Notwendigste beschränkte, um dem Buch die Handlichkeit zu
wahren. Ich war jedoch bemüht, durch Literaturnachweise dem Leser die
Vertiefung in ihm erwünschter Richtung zu ermöglichen. Die Abbildungen
sind meinen Vortragsskizzen entsprechend entworfen worden und daher mehr
oder weniger schematisch gehalten, um durch sie nur das Wesentliche, den
dargestellten Gegenstand Kennzeichnende unter Ausscheidung des Neben-

sächlichen zum Ausdruck zu bringen. Sie haben dadurch vielfach den Charakter einer ins Bild übertragenen logischen Definition erhalten, welche dem Gattungs- oder Artbegriff nur die notwendigen und daher wesentlichen Merkmale zuordnet. Die hieraus hervorgehende leichte Übersichtlichkeit und Verständlichkeit der Figuren wird, so hoffe ich, für die mit Rücksicht auf den Raum meist knapp gehaltenen Erläuterungen derselben entschädigen. Ihre gute Wiedergabe durch den Druck, die sich mit der sonstigen Ausstattung des Buches harmonisch verbindet, gibt mir die erwünschte Veranlassung, dem Herrn Verleger auch an dieser Stelle noch besonders hierfür zu danken.

Dresden, im Januar 1920. **H. Fischer.**

Inhalt.

Das Scheiden von Werkstoffgemischen.

Das Mischen von Werkstoffen.

I. Das Mischen im allgemeinen.

II. Das Abteilen des Mischgutes.

III. Das Mischen im besonderen und die Mischwerke.

Das Scheiden von Werkstoffgemischen.

Die zur technischen Verarbeitung bestimmten festen oder flüssigen Werkstoffe sind nicht immer von einheitlicher Beschaffenheit. Sie bilden häufig ein unregelmäßig zusammengesetztes Gemisch von Teilen, die der Größe oder dem Stoff nach verschieden sind. Diese Teile sind entweder lose zusammengehäuft (Sand- und Kiesablagerungen, Schafwolle und Kletten, Gemische von Flüssigkeiten verschiedener Dichte usw.), oder sie stehen in einem mehr oder weniger festen Verbande (mit Kohle oder Erz verwachsenes Gestein, Ölfrüchte, Getreidekörner usw.).

Wenn im ersteren Falle die Trennung der verschiedenen Teile einfach durch Auslese geschehen kann, so fordert die Trennung im zweiten Falle die vorhergehende Lösung des Verbandes. Bei festen Körpern geschieht dies durch Zerkleinerung, also durch Überführen des Körperganzen in ein Haufwerk, das die verschiedenen Teile lose zusammengehäuft enthält, so daß sie der Auslese zugänglich sind. Bei Flüssigkeiten wird die Trennung des Zusammenhanges der Stoffteile meist mit der gesonderten Zusammenlagerung der gleichartigen Teile verbunden.

Die unmittelbare Auslese der Gemengteile zum Zweck der Bildung von Gruppen von in sich gleichartiger Beschaffenheit[1] erfordert das Vorhandensein besonderer, nach außen in die Erscheinung tretender, leicht erkennbarer Eigenschaften der Gemengteile. Sie ist, wenn unmittelbar an die menschliche Einsicht gebunden, nur bei geringer Menge des Gemisches durchführbar (Handscheidung des Erzes vom Ganggestein auf Bergwerken, der Schwefelkies- und Eiseneinschlüsse aus Feldspat und Quarz in Porzellanfabriken, Auslese brauchbarer Fadenenden aus dem Flugstaub in Baumwollspinnereien usw.). Das Scheiden großer Gemengemassen, zumal wenn sie aus einer Vielzahl von Einzelteilen geringer Größe bestehen, kann nur auf mechanischem Wege erfolgen.

Die Möglichkeit der mechanischen Auslese erfordert das Hervortreten gewisser Eigenschaften der Gemengteile, die ihrer Art eigentümlich und der Beurteilung durch mechanische Vorrichtungen zugänglich sind. Solche Eigenschaften sind vornehmlich die Größe und Gestalt, das absolute oder spezifische Gewicht, das magnetische Verhalten, die Löslichkeit und

---

[1] Die Unvollkommenheit jedes menschlichen Tuns sowohl als auch die von jeder technischen Arbeit geforderte Wirtschaftlichkeit haben zur Folge, daß die aus der Scheidearbeit hervorgehenden Haufwerke nie aus nur gleichartigen Teilen zusammengesetzt sind. Durch entsprechende Arbeitsvermehrung läßt sich jedoch die Annäherung an die Gleichartigkeit beliebig erhöhen.

Adhäsionsfähigkeit. Während die Mehrzahl der genannten Eigenschaften von der Stoffart der Gemengteile abhängt, so daß umgekehrt auch diese nach ihnen beurteilt werden kann, ist die Größe eine allgemeine Eigenschaft, die zum Erkennen der Stoffart in der Regel nicht zu dienen vermag. Doch kann sie unter Umständen dieses Erkennen fördern.

Es ist daher geboten, die Besprechung der mechanischen Scheideeinrichtungen und Scheidemaschinen in zwei Abschnitte zu gliedern:

die Scheidung nach der Korngröße oder das Klassieren, und

die Scheidung nach der Stoffart der Gemengteile oder das Sortieren.

I. Die Scheidung nach der Korngröße der Gemengteile oder das Klassieren.

Das Schlußergebnis der Scheidung eines Haufwerkes nach der Größe seiner Gemengteile würden theoretisch Haufwerkgruppen sein, deren sämtliche Teilstücke die gleiche Größe besitzen. Die zu fordernde Wirtschaftlichkeit des Scheidens sowie der Verwendungszweck und Wert der gewonnenen Haufwerkgruppen bedingen aber, daß in der Regel Gruppen gebildet werden, deren Einlieger nur annähernd gleiche Größe besitzen. Unter bestimmten Voraussetzungen kann diese Annäherung eine sehr große werden, wie z. B. bei dem Klassieren der Stahlkugeln für Kugellager, wo Größenabweichungen nach Tausendstel von Millimetern gemessen werden. Im großen und ganzen sind aber die Abweichungen bedeutend größer und steigen bis auf 14 bis 75 v. H.

Eine durch Klassieren erhaltene Haufwerkgruppe aus nahezu gleichgroßen Teilstücken bildet eine Klasse. Die einzelnen Klassen, in die ein Haufwerk durch Klassieren geschieden werden kann, führen vielfach besondere Benennungen oder werden der Größe ihrer Einlieger entsprechend einfach fortlaufend numeriert. Nachstehend sind einige Beispiele hierfür angeführt.

In der Erzaufbereitung werden nach dem Vorgang *Rittingers*[1] die folgenden Hauptklassen unterschieden:

Stufen	Graupen	Grieß	Mehl	Staub
16 bis 64	4 bis 16	1 bis 4	$^1/_4$ bis 1	$< ^1/_4$ mm,

die in folgende Unterklassen geteilt sind:

$$\text{Stufen} = 16 \text{ bis } 22,6 \text{ bis } 32 \text{ bis } 45,2 \text{ bis } 64 \text{ mm}$$
$$\text{Graupen} = 4 \;,,\; 5,6 \;,,\; 8 \;,,\; 11,3 \;,,\; 16 \;,,$$
$$\text{usf.}$$

Ferner werden unterschieden in der Steinkohlenaufbereitung:

Würfel	Nüsse	Grus	Staub
40 bis 85	18 bis 40	9 bis 18	< 9 mm

oder

Nuß I	II	III	IV	Feinkohle
50 bis 80	35 bis 50	15 bis 35	5 bis 15	< 5 mm

[1] *Rittinger:* Lehrbuch der Aufbereitungskunde, Berlin 1867.

in der Aufbereitung des Anthrazits:

nuts | peas I | peas II | Grus
22 bis 42 | 10 bis 22 | 4 bis 10 | < 4 mm

in der Aufbereitung des Formsandes:

Grobsand | Füllsand | Kernsand | Modellsand | Staubsand
4 bis 8 | 2,5 bis 4 | 1,9 bis 2,5 | 0,8 bis 1,9 | 0,4 bis 0,8 mm

in der Aufbereitung des Filterkieses[1]:

Nr. 1 | Nr. 2 | Nr. 3 | Nr. 4 | Nr. 5
0,7 | 1,2 | 2,0 | 3,0 | 4,0 mm mittlere Korngröße

in der Aufbereitung des kugligen Stahlsandes der Steinschleifereien[2]:

Nr. 1 | Nr. 2 | Nr. 3 | Nr. 4
2,2 bis 2,58 | 1,83 bis 2,20 | 1,4 bis 1,70 | 0,88 bis 1,22 mm
2,4 | 2,0 | 1,5 | 1,0 „ im Mittel

Nr. 5 | Nr. 6 | Nr. 7 | Nr. 8
0,55 bis 0,83 | 0,41 bis 0,56 | 0,30 bis 0,40 | 0,19 bis 0,25 mm
0,7 | 0,5 | 0,36 | 0,22 „ im Mittel.

Die Raumgewichte unklassierter und klassierter Haufwerke sind verschieden groß. Bei unklassierten Haufwerken füllen die kleineren Teile die zwischen den größeren verbleibenden Hohlräume, bei klassierten Haufwerken bleiben diese Räume leer. Die einen Raum erfüllende Stoffmasse ist daher unter sonst gleichen Verhältnissen, insbesondere unter Beobachtung gleicher Vorsichtsmaßregeln beim Füllen des Raumes, bei unklassierten Haufwerken größer als bei klassierten. Auch die Gestalt der Teilstücke übt einen Einfluß aus. Scharfkantige eckige Haufwerkkörner schmiegen sich weniger dicht aneinander als solche mit abgerundeten Kanten. *Rittinger* fand die Raumerfüllung durch steiniges, also kantig brechendes Haufwerk

im unklassierten Zustand zu 62 v. H.,
im klassierten   Zustand zu 50 v. H.

Rundliche Filterkiese[3] füllen den Raum,

wenn unklassiert („Staub" bis 70 mm Größe) zu 70 bis 72 v. H.,
„ klassiert   (0,73 „ 48 „   „) „ 59 „ 67 „

Unter der Voraussetzung eines mittleren Füllungsgrades von 62 v. H. berechnet sich daher bei einem relativen Gewicht des Quarzes = 2,53 beispielsweise das Gewicht von 1 cbm klassierten Filterkies zu

$$G = \frac{1000 \cdot 2{,}53 \cdot 62}{100} = 1569 \text{ kg.}$$

Durch Wägung wurde ermittelt

für Korngrößen von 0,7 bis 4 mm $G = 1250$ bis 1500 kg
„   „   „ 6 „ 45 „ $G = 1500$ „ 1650 „

---

[1] „Steinbruch" 1908, S. 405.
[2] Technologische Mitteilungen des Bayerischen Gewerbemuseums in Nürnberg 1906.
[3] *H. Fischer:* Beschaffenheit und Gewinnung von Filterkiesen. „Steinbruch" 1908, S. 403.

Die Größenbestimmung der Teile eines Haufwerkes erfolgt entweder unmittelbar durch Messung mittels einer Lehre oder mittelbar durch Beobachtung des Verhaltens der Teile unter der Einwirkung eines Wasserstromes. Eine Vielzahl von Meßöffnungen (Lochlehren) gleicher Form und Größe enthaltende flächenförmig ausgedehnte Körper heißen Siebe, die mit ihrer Hilfe bewirkte Scheidung das Sieben oder Absieben. Einrichtungen für die mittelbare Größenbestimmung werden Herde genannt.

A. Das Klassieren mittels Sieben.

Nach dem bei der Herstellung der Siebe benutzten Werkstoff bzw. Herstellverfahren werden Metall-, Haar- und Fadensiebe, Platten- oder Blech- und Websiebe unterschieden. Metallsiebe können Platten- oder Websiebe sein, im letzteren Fall werden sie Drahtsiebe genannt; Haar- und Fadensiebe werden stets gewebt. Je nachdem der Siebkörper, der die Löcher enthält, ebenflächig, prismatisch, zylindrisch oder kegelförmig gestaltet ist, werden Plansiebe, Prismensiebe, Zylindersiebe und Kegelsiebe unterschieden. Die drei letztgenannten Arten bilden die Gattung der Trommelsiebe.

Die Sieböffnungen oder Sieblöcher, bei gewebten Sieben auch Siebmaschen genannt, sind über die Siebfläche gleichmäßig in Reihen verteilt. Sie werden durch Stanzen oder Bohren dünner Metallplatten oder Bleche erzeugt (gelochte Siebe, Blechsiebe) und ergeben sich bei den Websieben unmittelbar aus dem Webverfahren. Die diesem eigene rechtwinklige Kreuzung der Einzelbestandteile bedingt, daß Draht-, Haar- und Fadensiebe stets rechteckige Sieböffnungen (Maschen) besitzen. Meist sind diese quadratisch; doch überwiegt zuweilen auch die Länge des Loches die Breite um ein Vielfaches (Stengelsiebe).

Die Sieblöcher der gebohrten Siebe sind stets kreisförmig, die der gestanzten Siebe können beliebig gestaltet sein. Ebenfalls aus dem Herstellverfahren herzuleiten ist der Umstand, daß die Größe und gegenseitige Lage der Sieblöcher bei den Plattensieben unveränderlich sind. Bei den Websieben kann die Maschengröße durch gegenseitige Verschiebung der Elemente, Drähte oder Fäden eine Änderung erleiden und hierdurch die Güte des Scheidens beeinträchtigt werden.

Die Teilstücke, die das zu klassierende Haufwerk zusammensetzen, sind im allgemeinen verschieden gestaltet und in dem Haufwerk in verschiedenem Mengenverhältnis vorhanden. Nach *Rittinger* enthalten z. B. durch Zerkleinern von Erzen erhaltene Haufwerke

> 50 v. H. kuglige oder rundliche und je
> 25 v. H. längliche und plattige Teilstücke.

Da nun die Reinheit des Klassierens von der Anpassung der Gestalt der Sieböffnungen an die Gestalt des auszuscheidenden Haufwerkteiles abhängt, so besteht zwischen beiden ein gewisser Zusammenhang und erlangt für eine gute Klassenbildung die richtige Wahl des Siebes Bedeutung.

Die durch die Sieblöcher tretenden Haufwerkteile sind stets kleiner als diese. Beispielsweise beträgt für ein quadratisches Siebloch von s mm Seitenlänge und f qmm Querschnitt innerhalb der Grenzen $s = 0{,}7$ bis $5{,}1$ mm der Durchmesser des größten durch das Loch fallenden rundlichen Haufwerkteiles 80 bis 85 v. H. von s und dessen Querschnitt 51 bis 57 v. H. von f.

Die Möglichkeit der Scheidung eines Haufwerkes durch ein Sieb ist dadurch bedingt, daß jedem der Haufwerkteile Gelegenheit geboten wird, mit mindestens einem Siebloch in Beziehung zu treten. Hierauf übt neben der Verteilung des Haufwerkes über die Siebfläche die Anordnung der Sieblochreihen Einfluß aus. Diese Anordnung kann eine zweifache sein. Entweder haben die benachbarten Sieblochreihen die gleiche Lage (Abb. 1), oder sie sind in der Bewegungsrichtung des Siebgutes gegeneinander versetzt (Abb. 2).

Die mit der ersten Anordnung verbundene Gassenbildung wird die Leistungsfähigkeit des

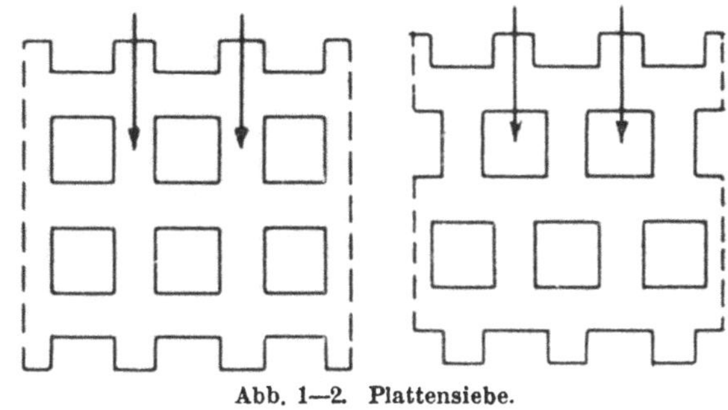

Abb. 1—2. Plattensiebe.

Siebes dann nicht ungünstig beeinflussen, wenn sie nicht mit der Siebgutbewegung zusammenfällt, bzw. wenn die Gassen- oder Stegbreite in einem geeigneten Verhältnis zu der Lochweite steht. Von diesem Verhältnis ist auch das Verhältnis der freien zur gesamten Siebfläche

$$\frac{S_f}{S} = \frac{1}{x}$$

bestimmt. Im allgemeinen beträgt die freie Siebfläche

bei Plattensieben 20 bis 40 v. H.,
bei Websieben 30 ,, 70 ,, der Gesamtfläche.

Im besonderen pflegt man x zwischen den folgenden Grenzen zu wählen:

$x = 2{,}5$ bis 5   bei rundgelochten Plattensieben,
   $2{,}8$,, $3{,}5$,, quadratlochigen Plattensieben,
   $1{,}6$,, $2{,}4$,, Drahtsieben,
   $1{,}4$,, 4   ,, Seidensieben.

Ein der Zementprüfung dienendes Siebgewebe aus Kupferdraht von $0{,}031$ mm Dicke und $0{,}08 \times 0{,}08 = 0{,}0064$ qmm Maschengröße enthielt 8100 Maschen auf 1 qcm Fläche. Es betrug daher die freie Siebfläche

$$\frac{0{,}0064 \cdot 8100 \cdot 100}{100} = 51{,}84 \text{ v. H.}$$

der Gesamtfläche, und es war

$$x = \frac{100}{51{,}84} = 1{,}9.$$

Andererseits wurde für das feinste gazebindige Seidengewebe Nr. 25 T/11 der Firma Dufour & Co. zu Thal in der Schweiz, das als Beuteltuch in Getreidemühlen Verwendung findet, die Dicke der Rohseidenfäden zu 0,07 und 0,08 mm, die Maschengröße zu $0,033 \times 0,067 = 0,002211$ qmm und die Zahl der Maschen auf 1 qcm zu 6596 bestimmt, so daß die freie Siebfläche 14,6 v. H. der Gesamtfläche beträgt und $x = 6,8$ ist.

Die Größe der Sieblöcher pflegt nur bei Plattensieben unmittelbar angegeben zu werden, bei Siebgeweben erfolgt die Feinheitsbestimmung nach Nummern, die auf die Zahl der Fäden oder Drähte bzw. Maschen Bezug haben, welche auf eine bestimmte Länge bzw. Fläche entfällt. Bei Drahtsieben ist es üblich, als Nummer die Anzahl der auf 1 qcm oder 1 Quadratzoll preußisch liegenden Maschen anzugeben. Bei der in der Getreidemüllerei benutzten Grießgaze, die in 30 Nummern in den Handel kommt, bezeichnet die Nummer die Anzahl der Fäden oder Maschen auf der Länge von 1 Zoll preußisch = 26,1 mm. Zuweilen ist die Nummernbezeichnung willkürlich und ohne Zusammenhang mit den Siebabmessungen. Beispielsweise zählen die Nummern des in der Müllerei benutzten Seidenbeuteltuches von Nr. 0000 bis Nr. 25. Hierbei haben sie nach dem Preisbuch von Dufour & Co. die folgende Bedeutung:

Nummer	0000	000	00	0	1	2	3	4	5
Fäden auf 1 cm	7	9	$11\frac{1}{2}$	15	19	$21\frac{1}{2}$	23	$24\frac{1}{2}$	26
Nummer	6	7	8	9	10	11	12	13	14
Fäden auf 1 cm	29	$32\frac{1}{2}$	34	$38\frac{1}{2}$	43	46	$49\frac{1}{2}$	51	55
Nummer	15	16	17	18	19	20	21	25	
Fäden auf 1 cm	59	62	64	66	67	68	70	77	

Haarsiebe (Haarsiebböden) werden aus dem Schweif- oder Mähnenhaar der Pferde (Roßhaar) gefertigt, das in verschiedenen Farben und von 480 bis 870 mm Länge und 0,09 bis 0,25 mm Dicke in den Handel kommt. Nicht selten werden Bündel aus 2,3 oder 4 Haaren als Kette, zuweilen auch als Schuß, verwendet; doch liegen der Regel nach auf gleichem Raum im Einschuß weniger Haare als in der Kette, so daß die Sieböffnungen länglich ausfallen (einhaarige und mehrhaarige Siebböden). Die gröbsten Haarsiebe enthalten 55, die feinsten 375 Öffnungen auf 1 qcm.

Die Belastung durch das zu scheidende Haufwerk, die mit dessen Verteilung verbundene Abnutzung sowie die Lochgröße und Stegbreite bestimmen die Stärke der

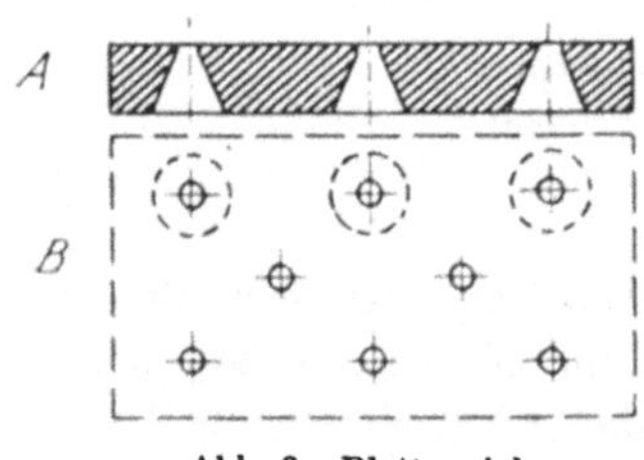

Abb. 3. Plattensieb.

Plattensiebe. Im allgemeinen wächst die Plattendicke mit der Lochgröße; doch kommen auch Ausnahmen vor. So bestehen z. B. Läuterböden, Knotenfänger usw. häufig aus 5 bis 8 mm dicken Eisen- oder Kupferplatten und enthalten nur 1 mm weite runde oder schlitzförmige Löcher. Um hierbei den Durchtritt des Siebgutes zu fördern, werden die Sieblöcher nach der Austrittsseite hin erweitert (Abb. 3).

Der Herstellung nach werden die gewebten Siebe in leinwandbindige, köperbindige und gazebindige eingeteilt, je nach der Art, in welcher die Kreuzung der die Kette und den Schuß bildenden Einzelbestandteile (Drähte, Fäden) erfolgt. Das Kennzeichnende dieser Bindungsarten lassen die Abb. 4 bis 6 ersehen. Die Ablenkung von der Geraden, welche die Drähte, Fäden usw. an den Kreuzungsstellen erleiden, macht die Oberfläche der Websiebe uneben und erschwert die Verteilung des Siebgutes auf ihr. Drahtsiebe werden daher zuweilen zwischen Walzen hindurchgeführt und dadurch die Siebflächen geglättet. Hiermit ist zugleich infolge des gegenseitigen Einprägens der Drähte deren Unverschiebbarkeit, also auch die dauernde Erhaltung der Maschengröße, gesichert. Auch kann das Flachwalzen zur Verkleinerung der Siebmaschen benutzt werden. Für die Fadensiebe bildet die Gazebindung

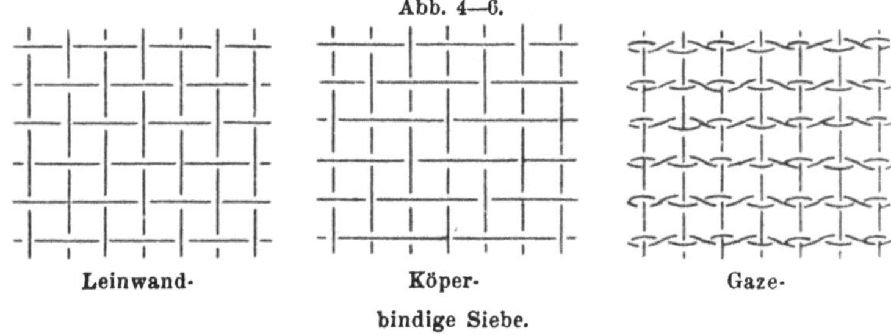

Abb. 4—6.

Leinwand-   Köper-   Gaze-

bindige Siebe.

(Abb. 6) das Mittel zur Festigung der Maschengröße, indem durch die gegenseitige Überkreuzung der beiden Ketten (Pol- und Stückkette) eine Reibungserhöhung an den Kreuzungsstellen der Schußfäden entsteht, welche die Verschiebung der Fäden erschwert.

Die Scheidung eines Haufwerkes mit nur e i n e m Sieb liefert zwei Klassen, den Siebrückhalt oder das Siebgrobe (Klasse I) und den Siebdurchlaß oder das Siebfeine (Klasse II). Liegt ein ebenes Sieb ganz oder nahezu wagerecht, so bestimmt die Lochgröße die Grenze zwischen den beiden Klassen. Durch Schrägstellen der Siebebene wird die Horizontalprojektion der Sieblöcher verkleinert und die Grenze zwischen beiden Klassen verschoben. Hiervon wird bei dem Schrägsieb von N a g e l & K a e m p in Hamburg Anwendung gemacht[1].

Durch fortgesetztes Klassieren des Siebgroben oder des Siebfeinen findet die Bildung weiterer Klassen statt, so zwar, daß jedes neue Sieb den vorhandenen Klassen eine neue hinzufügt. Die Bildung von k Klassen erfordert daher $(k — 1)$ Siebe. Je nachdem das Siebfeine oder das Siebgrobe der Nachklassierung unterzogen wird, muß die Lochgröße der folgenden Siebe zu- oder abnehmen. Die geregelte Überleitung des Siebgutes von Sieb zu Sieb führt hierbei zu zwei Anordnungen.

Für das Nachscheiden des Siebfeinen liegen die aufeinanderfolgenden Siebe in einer Reihe nebeneinander, das P l a n s i e b (Abb. 7), für das Nach-

---

[1] DRP. Nr. 14 461 vom 25. Dezember 1880 und Zusatz Nr. 32 095 vom 6. Januar 1885.

scheiden des Siebgroben übereinander, das **Stufensieb** (Abb. 8). Sofern das erste Sieb der Reihe stets das gesamte Rohhaufwerk aufnimmt, ist die Belastung dieses Siebes, also auch dessen Abnutzung, am größten. Die möglichste Schonung der Siebe läßt daher das Stufensieb, weil mit dem weit-

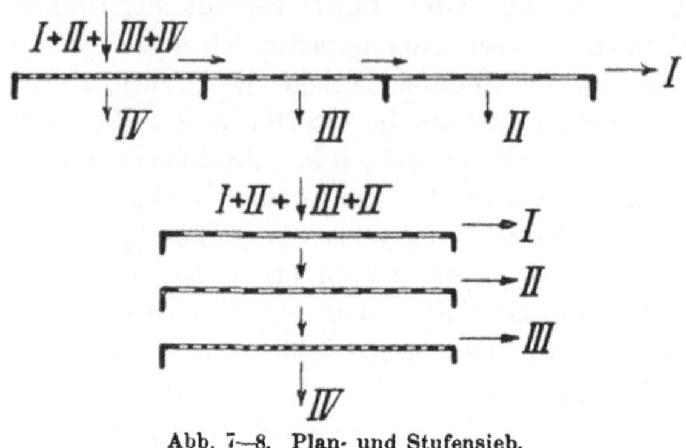

Abb. 7—8. Plan- und Stufensieb.

lochigen und aus konstruktiven Rücksichten stärksten Siebe beginnend, für das Scheiden grobstückiger Haufwerke geeigneter erscheinen als das Plansieb.

Die Auslese des Haufwerkes durch das Sieb setzt voraus, daß einem jeden der Haufwerkteile die Gelegenheit zur Abscheidung geboten wird. Man erreicht dies durch eine sorgfältige Ausbreitung und Verteilung des Siebgutes auf der Siebfläche. Je nachdem das Verteilen von Hand oder auf mechanischem Wege geschieht, werden **Handsiebe** und **Maschinensiebe** oder **Siebmaschinen** unterschieden. Das Verteilen erfolgt entweder unmittelbar durch Ausbreiten des Haufwerkes auf der Siebfläche oder mittelbar durch Bewegen des ganzen Siebes oder einzelner Siebteile. Durch die hiermit

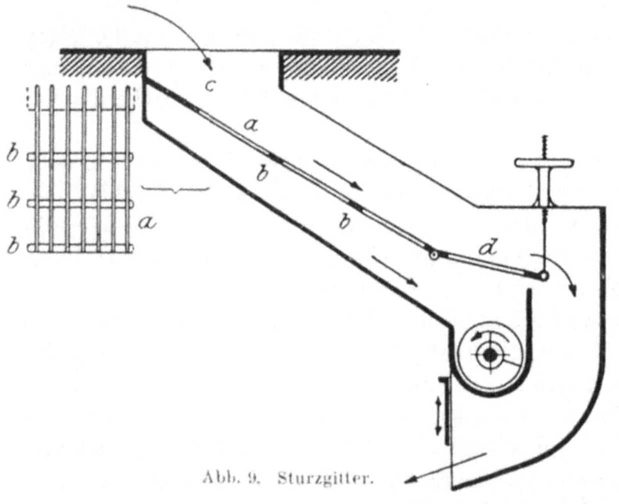

Abb. 9. Sturzgitter.

verbundene Erschütterung der Haufwerkmasse wird deren Gefüge gelockert und die Reibung zwischen den Haufwerkteilen so weit abgemindert, daß diese zu fließen beginnen und sich auf der Siebfläche ausbreiten.

a) Ruhende Siebe.

Die ruhenden Siebe sind meist einfache Plansiebe mit nur einer Lochgröße. Sie ergeben daher nur zwei Klassen. Die Verteilung des Haufwerkes auf dem Sieb erfolgt bei ihnen

1. durch **Herabrollen des Siebgutes** über die geneigte Siebfläche. Beispiele hierfür sind:

das **Sturzgitter**, Abb. 9. Das Sieb besteht aus kräftigen Flacheisenstäben a, die in Richtung der Siebneigung durch einzelne Querstäbe b rostartig aneinandergefügt sind. Die Spaltweite bestimmt die Klassengrenze. Das Siebgut wird am Kopf des Rostes bei *c* aufgegeben. Das Siebgrobe rollt über die Rostfläche herab und wird am Fuß des Rostes durch geringere Neigung des unteren Rostteiles *d* in seiner Fallbewegung so verzögert, daß die Zertrümmerung wenig fester Haufwerkstoffe (Kohle) durch den Anprall verhindert wird. Bei schwacher Siebneigung kann das Herabgleiten des Siebgutes durch einen über das Sieb geleiteten Wasserstrom unterstützt werden: Schwemmsiebe.

Der Kugelrost, Abb. 10. Das Klassieren der Stahl- und Bronzekugeln für Kugellager erfolgt mit Hilfe eines aus zwei schwach geneigt liegenden Stahllinealen gebildeten Rostes. Die Spaltweite ist am Kopfende *a* am kleinsten und vergrößert sich allmählich gegen das Fußende *b* hin. Die am oberen Rostende aufgelegten Kugeln rollen auf den sorgfältig bearbeiteten geraden Kanten der Lineale, die den

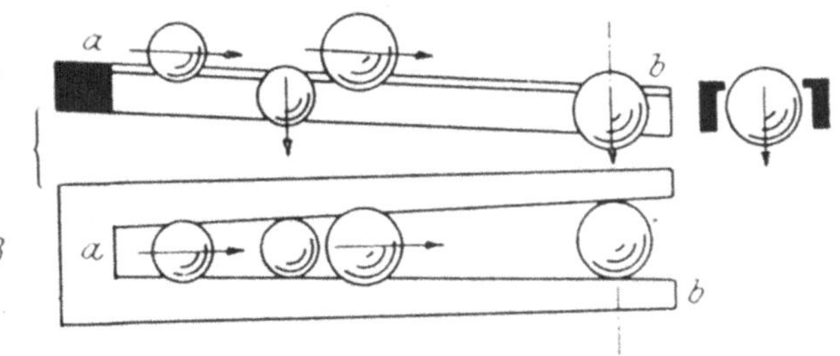

Abb. 10. Kugelrost.

Rostspalt begrenzen, herab, bis sie an die ihrer Größe entsprechende Spaltweite gelangen. Das Haufwerk wird hierbei in mehrere Klassen geschieden.

Ähnliche Einrichtungen sind von *John Bussey*[1] sowie von *John Howard*[2] zum Klassieren von Flaschenkorken angegeben worden. Der erstere verwendet an Stelle der Lineale dünne rotierende Walzen zur Förderung der Korkbewegung, der letztere schiebt die Korke mittels eines Förderbandes dem Schlitz entlang.

2. Durch Werfen des Siebgutes gegen die Siebfläche: Wurfsiebe.

Eine gegen die Siebfläche prallende geschlossene Haufwerkmasse wird seitlich der Aufschlagstelle ausgebreitet, wobei die in Richtung der Wurfbewegung beschleunigten Haufwerkteile bei entsprechender Größe die Siebmaschen durchdringen. Das einfachste Beispiel bildet der zum Absieben von Sand und Kies dienende Durchwurf, d. i. ein unter 60° geneigt aufgestelltes Plansieb von 1,2 bis 1,5 qm Siebfläche. Dasselbe ist entweder als Stengelsieb aus Rundeisenstäben mit 8 mm Spaltweite oder als Maschensieb mit 10 bis 24 mm großen Maschen ausgebildet.

Für mechanischen Betrieb eingerichtete Prallsiebe werden in der Getreidemüllerei und der Hartzerkleinerung zum Absieben (Sichten) der Feinmehle verwendet. Nach *Hiller*[3] baut die Firma Gebr. Seck A.-G. in Dresden

---

[1] Engl. Pat. Nr. 1047 vom 22. März 1875.
[2] Engl. Pat. Nr. 3830 vom 4. November 1875.
[3] Zeitschr. d. Ver. deutsch. Ing. 1910, S. 2201.

derartige Sichtmaschinen. Sie besitzen nach Abb. 11 einen feststehenden zylindrischen Siebmantel a, in dessen Innerem ein Schleuderrad b rasch umläuft. Dasselbe saugt Luft durch den Fülltrichter c an und treibt sie nebst dem durch c eintretenden Mehl durch das Sieb in eine Kammer d, in der sich die Luft von dem Mehl trennt und aus der sie von neuem ange-saugt wird. Mit dem Schleuderrad um-laufende Blechkegel e fördern das herab-fallende Sichtgut in den Bereich der Wurfschaufeln des Rades. Das Mehl ent-weicht bei f, der Rückhalt bei g.

3. Durch Verreiben des Sieb-gutes auf dem Sieb: Reibsiebe.

Das Verreiben hat neben der Ver-teilung des Siebgutes auf dem Sieb zu-gleich das Auflockern und Zerteilen von Klümpchen zum Zweck, die sich in trockenem oder feuchtem mehlfeinen Siebgut leicht bilden. Es findet vor-

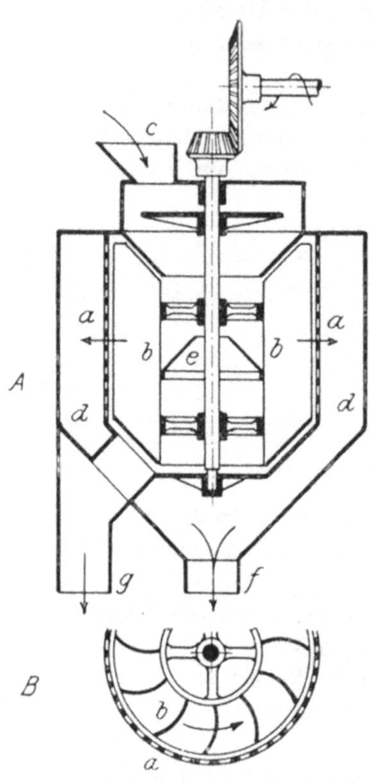

Abb. 11. Prallsieb.

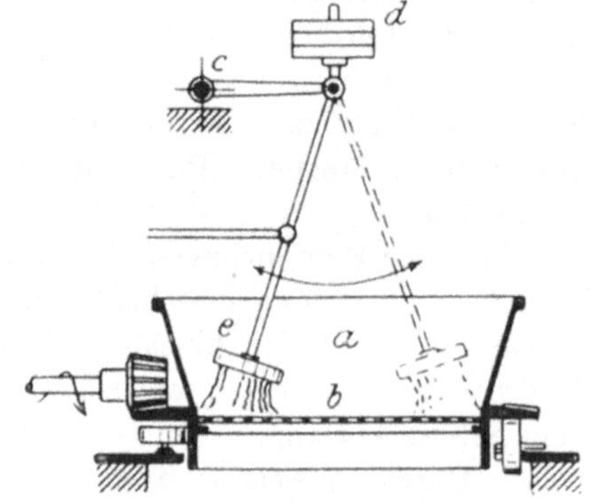

Abb. 12. Reibsieb.

nehmlich beim Absieben von Erdfarben, als Stärkesieb, zum Klären von Appreturmassen u. dgl. Anwendung.

Nach einer Bauart von Dollfuß, Mieg & Co. in Mülhausen[1], die Abb. 12 in den Grundzügen wiedergibt, rotiert das den Boden eines Rumpfes a bildende Plansieb b langsam, während eine an der Achse c hängende und durch das Gewicht d belastete Bürste e über der Siebfläche hin und her schwingt und diese bestreicht.

Die Reibsiebe werden auch mit feststehenden kreisförmigen Plansieben gebaut, die in ein zylindrisches Gehäuse eingesetzt sind und von umlaufenden Bürsten bestrichen werden. Dabei werden zuweilen Siebe mit verschiedener Lochweite übereinander geordnet.

---

[1] *Dépierre:* Die Appretur der Baumwollgewebe. Wien 1888, S. 81.

b) Bewegte Siebe.

1. Bewegung einzelner Siebteile.

Für großstückige Haufwerke von geringer Festigkeit, wie weiche Kohle, Kalisalze usw., ist der Sturz über stark geneigte Gitter vielfach mit der Zertrümmerung des Stoffes verbunden. Ein Mittel, auch bei geringer Neigung des Gitters das Fortschreiten und Verteilen des Gutes auf dem Sieb zu fördern, erkannte *Briart*[1] in der beweglichen Anordnung einzelner Roststäbe. Bei der nach ihm der Briartsche Rost benannten Siebmaschine besitzen die

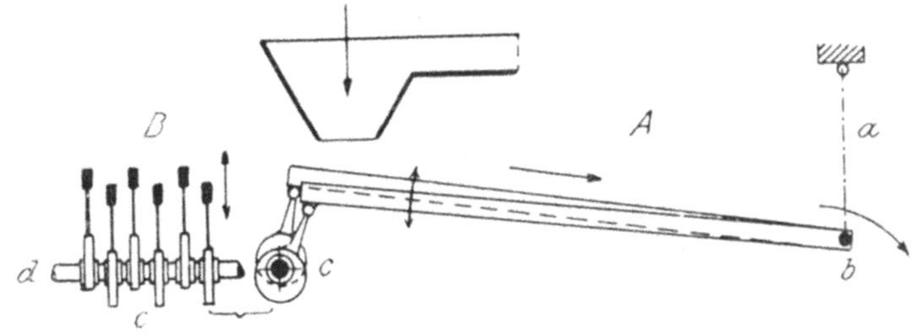

Abb. 13. Briartscher Rost *(Lührig)*.

Roststäbe nur 4 bis 18° Neigung gegen die Wagerechte. Die Stäbe sind abwechselnd fest und beweglich angeordnet. *Lührig* machte sämtliche Stäbe beweglich und hebt und senkt sie in wechselnder Folge. Die unteren Stabenden ruhen hierbei, wie die Abb. 13 zeigt, auf einem von den Ketten a getragenen Quersteg b. Die oberen Stabenden sind durch Exzenter c gestützt, die mit der Welle d umlaufen und so mit ihr verbunden sind, daß benachbarte Stäbe entgegengesetzt bewegt werden. Der Schwingungswinkel der Stäbe beträgt hierbei 12 bis 15°. Die Roste sind beispielsweise 3500 mm lang, 1580 mm breit und besitzen 13 bis 35 mm breite Spalten. Ihre Stundenleistung steigt bis auf 80 bis 100 t Förderkohle.

Distl und *Susky* in Kladno[2] verteilen das Haufwerk auf schwach geneigten Sieben nach Abb. 14

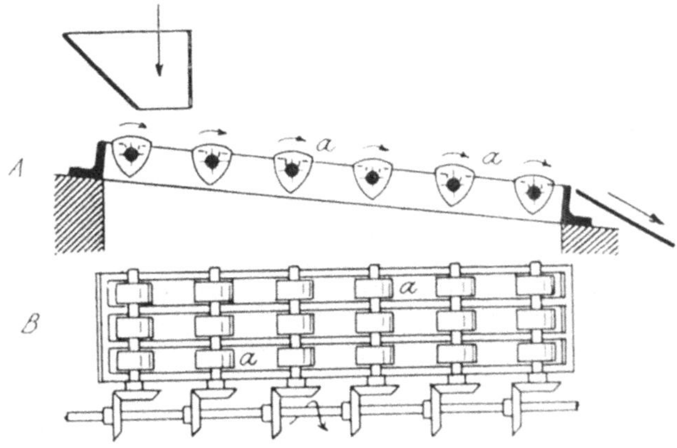

Abb. 14. Kaliberrost von *Distl* und *Susky*.

mittels dreieckiger Scheiben a, die reihenweise so in den Rostspalten liegen, daß sie Durchlaßöffnungen von bestimmter Größe zwischen sich lassen.

---

[1] Engl. Pat. Nr. 2315 vom 2. September 1871.
[2] DRP. Nr. 64 997 vom 22. November 1891 und Nr. 76 569 vom 31. August 1892.

Die Scheiben sitzen auf quer zu den Roststäben gelagerten Achsen, die mit gleicher Winkelgeschwindigkeit umlaufen, und schieben bei der Drehung das den Rost bedeckende Siebgut dem Fuß des Rostes zu. Damit die Durchlaßöffnungen bei jeder Stellung der sich drehenden Scheiben die gleiche Größe behalten, sind die Scheiben als gleichseitige Bogendreiecke geformt[1].

2. Bewegung des ganzen Siebes.

Plansiebe. Der durch ein Platten- oder Websieb gebildete Siebkörper ist entweder kreisförmig oder rechteckig gestaltet. Im ersteren Falle wird er mit einem Rahmen umgeben, der die ganze Siebfläche umspannt und so hoch über sie hervortritt, daß das Siebgut während der Bewegung des Siebes zusammengehalten wird. Nach dem Absieben findet die Entfernung des Siebrückstandes durch Umstürzen des Siebes statt. Rechteckig gestaltete Siebkörper erhalten in der Regel nur einen teilweisen Rahmenumschluß; die eine Schmalseite bleibt frei, so daß an ihr der Austrag des Siebgroben erfolgen kann. Zum Zweck des längeren Verweilens des Siebgutes auf dem Sieb findet die Aufgabe des Gutes an der anderen, vom Rahmen umschlossenen Schmalseite statt, damit es während des Verteilens dem Austragende zuwandere. Den Antrieb hierzu erhält das Siebgut durch die Bewegung des Siebes.

Die Bewegung ist entweder eine Schüttel- oder Stoßbewegung. Es werden hiernach Schwingsiebe und Stoßsiebe unterschieden. Meist erfolgt die Bewegung in der Richtung der Siebebene, zuweilen auch senkrecht dazu.

Das Vor- und Zurückschwingen der Schwingsiebe erfolgt nach gleichem Bewegungsgesetz. Bei wagerechter Lage der Siebebene schwingen Sieb und Siebgut um einen gemeinsamen Schwingungsmittelpunkt, aber infolge der Trägheit des auf dem Sieb schwimmenden Siebgutes mit verschieden großen Ausschlägen. Es gleitet daher das Gut auf der Siebfläche und wird auf ihr verteilt. Eine Neigung des Siebes gegen die Austragseite bewirkt außer der Verteilung, daß sich das Siebgut infolge seiner in der Neigungsrichtung liegenden Gewichtskomponente schrittweise der Austragseite zu bewegt.

---

[1] Bezeichnet nach Abb. 15

r den größten Scheibenhalbmesser,

C den Mittenabstand der Scheibenachsen,

a die Durchlaßweite zwischen zwei Scheiben,

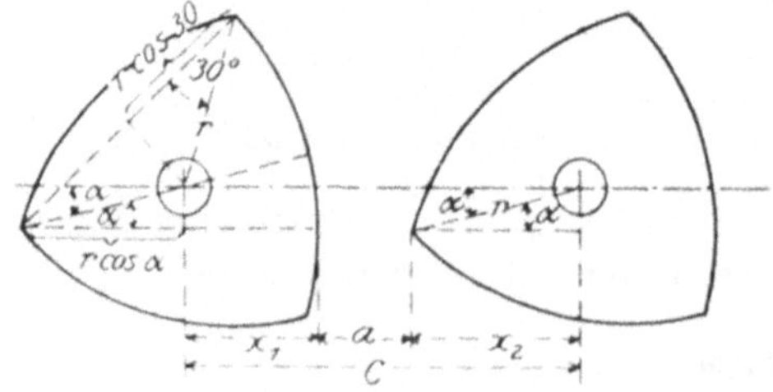

und ist der Bogenhalbmesser gleich der Dreieckseite, so ist für einen beliebig gewählten Stellungswinkel α

$$x_1 = 2\,r \cos 30° - r \cos \alpha$$
$$x_2 = r \cos \alpha$$
$$x_1 + a + x_2 = C,$$

also

$$2\,r \cos 30° - r \cos \alpha + a + r \cos \alpha = C,$$

woraus

$$a = C - 2\,r \cos 30° = \text{Konstante.}$$

Bei Stoßsieben folgt einem langsamen Ausschub entgegen der Austrag-
richtung ein rascher und plötzlich unterbrochener Rückgang des Siebes in
der Richtung des Austrages. Das Siebgut nimmt an dem Hin- und Rückgang
des Siebes ohne Lagenänderung teil, löst sich aber bei der Unterbrechung
des Rückganges von dem Sieb ab und eilt infolge seiner Trägheit weiter.
Es wird hierbei verteilt und ausgetragen, gleichviel ob das Sieb wagerecht
liegt oder nicht.

Die Handschwingsiebe besitzen einen meist aus Tannen- oder Fichten-
holz durch Spalten und Biegen hergestellten zylindrischen Rand (Siebrand),
der den kreisförmig aus einem Siebgewebe geschnittenen Siebboden umschließt. Die Befestigung des Bodens am Rand geschieht durch Überschieben
eines Reifens, der mit dem Rand durch Draht-
hefte verbunden wird. Zuweilen besteht der
Siebrand auch aus Blech.

Die Handschwingsiebe haben 100 bis
500 mm Durchmesser und etwa 120 mm
Randhöhe. Zuweilen werden mehrere mit
Siebböden verschiedener Maschenweite be-
spannte Rahmen so übereinander gestellt,
daß in den obersten Rahmen eingetragenes
Haufwerk bei einmaligem Durchgang in
mehrere Klassen geschieden wird. Der
oberste Rahmen enthält dann das weit-
maschigste Sieb.

Das Schütteln des mit Siebgut bedeckten Siebes erfolgt entweder freihändig durch
Erfassen des Siebrahmens mit den Händen
und geeignete schwingende Bewegung der
Arme, oder es wird der Rand des Siebes
durch eine Walze unterstützt, so daß die
Arme entlastet werden und nur die Hin-
und Herschiebung auszuführen haben. Für
das Absieben größerer Siebgutmengen er-

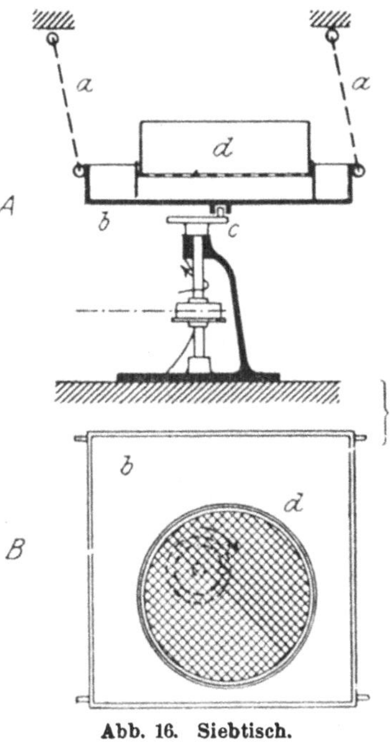

Abb. 16. Siebtisch.

weist sich ein nach Abb. 16 an federnden Stäben a aufgehangener Siebtisch
b vorteilhaft, der von einem Kurbelgetriebe c in Kreisbewegung versetzt
wird. Auf ihn wird das Sieb d gestellt, so daß es an der Bewegung teilnimmt. Durch Abdecken des Siebrahmens kann hierbei das Verstäuben
mehlfeinen Siebgutes verhindert werden.

In Kreisbahnen schwingende Siebe sind durch *Haggenmacher*[1] dadurch
für den Großbetrieb in Getreidemühlen, Zementfabriken usw. verwendbar
gemacht worden, daß das Siebgut einem rechteckig gestalteten Sieb an einer
Stelle in der Nähe des Siebrandes zugeführt wird, allmählich über die ganze,

---

[1] DRP. Nr. 46 509 vom 28. Mai 1887 und Nr. 46 985 vom 28. Mai 1887, ferner
Bulletin de la Société d'encouragement 1895, S. 933. Zeitschr. d. Ver. deutsch. Ing.
1911, S. 717.

zuweilen bis 0,8 qm große Siebfläche wandert und der Siebrückhalt das Sieb an einer von der Zufuhrstelle entfernten Stelle verläßt. Die Wanderbewegung wird dem auf dem Sieb schwimmenden Siebgut hierbei durch Leisten erteilt,

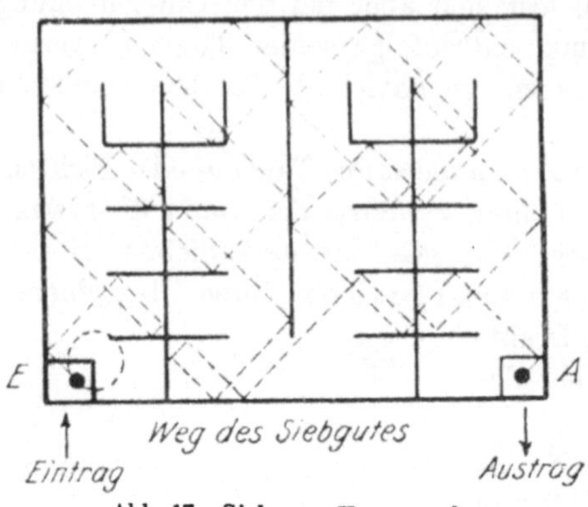

Abb. 17. Sieb von *Haggenmacher*.

die auf der Siebbespannung aufsitzen und an deren Schwingbewegung teilnehmen. Durch diese Leisten wird die Siebfläche, wie die Abb. 17 zeigt, in eine Anzahl rechteckige Abschnitte geteilt, innerhalb deren das bei E eingetragene Siebgut bei der Schüttelbewegung wiederholt gegen die Leisten geschleudert und von ihnen zurückgeworfen wird. Es fließt in sich wiederholt kreuzenden Bahnen auf langem Wege über die Siebbespannung der Austragstelle A zu und findet hierbei immer erneut Gelegenheit zur Scheidung. Durch Übereinanderordnen mehrerer solcher Siebe kann der Siebrückhalt mehrfach der Klassierung unterzogen werden.

Die Einrichtung eines Formsandsiebes mit Längsschüttelung gibt Abb. 18 wieder. Der Siebrahmen a wird von den Schwingstützen b getragen. Zwei auf

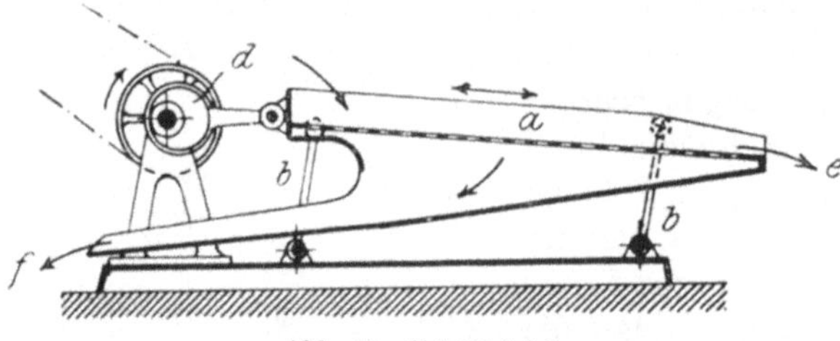

Abb. 18. Schüttelsieb.

einer umlaufenden Welle sitzende Exzenter d erteilen ihm die Schüttelung, durch die das auf das Sieb aufgegebene Siebgut verteilt und der Siebrückhalt bei e, der Siebdurchlaß bei f ausgetragen werden.

Siebmaschinen, die das Siebgut in mehr als zwei Klassen scheiden, finden vornehmlich bei der Erz- und Kohlenaufbereitung Verwendung. Sie werden entweder als Plan- oder als Stufensiebe ausgeführt und mit Schüttel- oder Stoßbewegung versehen. Dem mit ihrem Betrieb verbundenen ratternden Geräusch zufolge werden derartige Siebmaschinen auch Rätter (Plan- und Stufenrätter) genannt[1]. Die Siebe erhalten 10 bis 20° Neigung gegen die Austragseite, einen Ausschub von 55 bis 80 mm bei Schüttelung, von 25 bis 55 mm bei Stoßbewegung. Die Abb. 19 gibt die Einrichtung eines stoßweise bewegten Stufenrätters wieder. Der Siebrahmen a ist pendelnd an Ketten oder Stäben b so aufgehangen, daß er infolge seines Eigengewichtes bestrebt ist, nach der Austragseite c hin zu fallen, wenn er durch das Daumenrad d in entgegengesetzter Richtung ausgelenkt wurde. Der Fall des frei werdenden Rahmens

---

[1] Über den Begriff „Rätter" vergl. auch *Schenner-Jüngst:* Lehrbuch der Erz- und Steinkohlenaufbereitung. Stuttgart 1913, S. 522.

wird durch den Anprall der Nase e an den festliegenden Prallklotz f unterbrochen, wobei das Siebgut über die Siebfläche gleitet und der Rückhalt jedes Siebes durch die Seitenauslässe g der Rahmenwände ausgetragen wird. Das Siebfeine fließt auf den Rahmenböden h dem folgenden feineren Siebe zu, um hier nochmals geschieden zu werden. Zum Zweck der Raumersparnis werden die Siebe auch in senkrechter Richtung übereinanderliegend angeordnet (Gestellrätter, Pendelrätter von *Karlik*[1]).

Trommelsiebe. Durch prismatische, zylinder- oder kegelförmige Gestaltung des Siebes und fortlaufende Drehung der so entstehenden Siebtrommel um ihre geometrische Achse wird ein steter Wechsel der zum Scheiden des Siebgutes dienenden Siebfläche erreicht. Mit ihm ist die Stetigkeit des Verteilens und Austragens, also auch die Erhöhung der Leistung des Siebes in der gleichen Weise verbunden wie bei dem in Kreisschwingung versetzten Plansiebe *Haggenmachers*. Andererseits bedingt die Stetigkeit der Siebdrehung für eine bestimmte Leistung im Vergleich zu dem längs- oder quergeschüttelten Plansieb die Verkleinerung der erforderlichen Siebfläche, also eine häufig als zweckmäßig empfundene Raumersparnis.

Die Austragbewegung ist bei der Siebtrommel die Folge einer

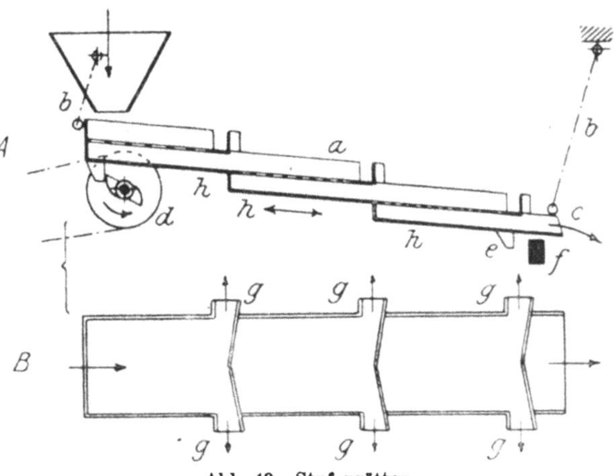

Abb. 19. Stufenrätter.

geringen Neigung der Siebfläche. Meist genügen hierfür schon 3 bis 5°. Bei den Prismen- und Zylindersieben wird sie durch schräge Lage der Trommelachse erzielt, bei dem Kegelsiebe folgt sie bei wagerechter Achsenlage aus der Neigung der Kegelseite. Die Siebe sind bei den Prismensieben meist ebene Websiebe und werden auf rechteckige Rahmen gespannt, die in die Seitenwände eines prismatischen Gestelles eingesetzt sind. Zu Zylinder- und Kegelsieben werden meist Blechsiebe verwendet, die in die Zylinder- bzw. Kegelform gebogen werden. Ihre Verbindung mit der Trommelwelle geschieht durch dünnarmige Radsterne, die auf der Welle befestigt sind und die Enden der Siebrohre tragen. Die Bildung von mehr als zwei Klassen erfordert das Hintereinanderordnen von Siebrohren verschiedener Lochung und gleichem oder zunehmendem Durchmesser. Es werden hiernach gerade Siebtrommeln und Stufentrommeln unterschieden. Die Siebreihe beginnt bei der geraden Siebtrommel (s. Abb. 20), ebenso wie bei den mehrfachen Plansieben mit der feinsten und endet mit der gröbsten Lochung. Zuweilen werden bei Zylinder-

---

[1] DRP. Nr. 31 232 vom 24. April 1884.

sieben die Siebrohre in umgekehrter Reihenfolge gleichachsig umeinander gelegt, derartige Siebe werden auch Spiralsiebe[1] genannt. Die gleiche Lochfolge wie die Stufensiebe erhalten die abgestuften Kegelsiebe, Abb. 21, bei denen die Siebe a von geschlossenen Mänteln b umhüllt sind, die den Siebdurchlaß auffangen und dem folgenden Siebe zuleiten. Die Siebstufen sind durch ringförmige Scheidewände c getrennt; diese halten das Siebgrobe zurück, damit es durch die vor ihnen liegenden Kanäle d abfließe.

Die Länge und Zahl der Siebringe mit gleicher Lochgröße richtet sich nach dem Gehalt des Siebgutes an Körnern gleicher Größe. Beispielsweise würde die Scheidung von Klarkohle, die aus 50 v. H. Staubkohle ($<$ 9 mm) und je 25 v. H. Grus (9 bis 18 mm) und Nüssen (18 bis 40 mm) besteht, zwei

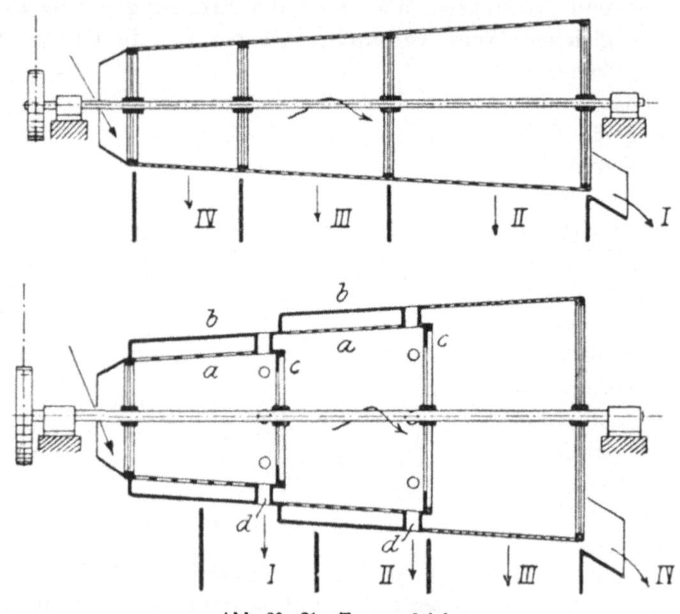

Abb. 20—21. Trommelsiebe.

gleichlange Siebringe von 9 mm und einen Siebring von 18 mm Lochweite erfordern.

Für die gleichzeitige Aufbereitung größerer Haufwerkmengen werden die Siebe gleicher Lochung auf mehrere Siebtrommeln verteilt, die nebeneinander geschaltet sind und deren Scheidegut zusammenfließt (z. B. Aufbereitung von Filterkiesen[2]). Andererseits wird das Hintereinanderschalten mehrerer getrennter Siebtrommeln verschiedener Lochung benutzt, um das Siebgut in eine größere Anzahl von Klassen, Erzhaufwerk von 0 bis 25 mm Korngröße, z. B. in 14 Klassen, zu zerlegen[3].

---

[1] Spiralsieb von *Nicquet:* Engl. Pat. Nr. 1431 vom 9. Juni 1863; von *Schmitt:* Zeitschr. f. Berg-, Hütten- u. Salinenwesen 1883, **31**, 213.   -
[2] „Steinbruch" 1908, S. 403f.
[3] Zeitschr. f. Berg-, Hütten- u. Salinenwesen 1878, S. 153.

Die Leistung der Trommelsiebe hängt außer von der Beschaffenheit des Siebgutes von der Größe und Anordnung der Sieblöcher und der Größe der in der Zeiteinheit benutzten Siebfläche, also von der Länge und Umfangsgeschwindigkeit des Siebes, ab. Von diesen ist die letztere an den Grenzwert gebunden, der durch diejenige Drehschnelle gegeben ist, bei welcher das Siebgut an dem Trommelumlauf teilnehmen würde. Bei den in Betracht kommenden Trommeldurchmessern von 600 bis 3500 mm würde diese Grenze bei ungefähr 1,75 bis 4 m/Sek. liegen. Die tatsächlich angewandten Umfangsgeschwindigkeiten betragen etwa $\frac{1}{2}$ bis $\frac{1}{3}$ hiervon, also rd. 800 bis 1200 mm in der Sekunde. Hierbei entspricht der größere Wert dem größeren Durchmesser.

Die auf 1 qm Siebfläche und 1 Stunde bezogene Siebleistung schwankt bei der Ungleichheit der Arbeitsverhältnisse in weiten Grenzen. Sie betrug z. B. bei einem zum Reinigen von Rohreis dienenden Trommelsieb von $d = 900$ mm, $l = 3500$ mm und $n = 15$ t/Min. $L =$ rd. 400 kg/Std.; dagegen bei einem der Kohlenklassierung dienenden vierstufigen Spiralsieb von $d = 2180$ mm größtem Durchmesser, $l = 1500$ mm und $n = 8$ t/Min. $L = 3000$ kg/Std.

B. Das Klassieren auf dem Herd.

Gemengteile von verschiedener Dichte, aber von gleichem Gewicht besitzen verschiedene Größe. Aus solchen Gemengteilen zusammengesetzte Haufwerke können mit Hilfe eines Wasserstromes klassiert werden, wenn ihre stoffliche Beschaffenheit die Wasserbenetzung zuläßt und die Korngröße 1 mm nicht übersteigt. Beide Bedingungen sind insonderheit bei mehlfein gemahlenen Erzen erfüllt. Für diese ist die Herdklassierung daher von besonderer Wichtigkeit.

Voraussetzung für das Gelingen des Klassierens ist, daß das Erzmehl auf einer ebenen, schwach geneigten Unterlage $a\,b$, Abb. 22, dem Herd, in möglichst dünner Schicht ausgebreitet ist und die Dicke des über den Herd fließenden Wasserstromes der Schichtdicke möglichst gleicht. Auf eine derartige dünne fließende Wasserschicht übt die Bodenreibung einen so erheb-

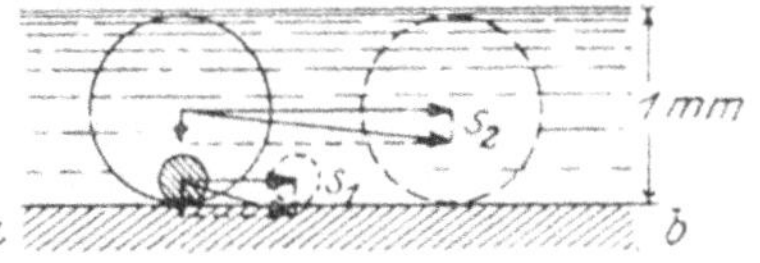

Abb. 22. Herdklassierung.

lichen Einfluß aus, daß die Wassergeschwindigkeiten und daher auch die von den Wasserteilchen auf die Erzmehlkörner ausgeübten Stoßkräfte ($s_1\,s_2$) von der Herdsohle nach dem Wasserspiegel hin an Größe zunehmen. Die verschieden großen, aber gleichschweren Erzteile erleiden daher auch einen verschieden großen Antrieb in der Fließrichtung des Wassers; sie werden von diesem verschieden rasch fortgeschwemmt und gelangen an getrennten Stellen der Herdfläche zur Ablagerung.

In der Regel besteht der Herd aus einer ebenen, 3,5 bis 4 m langen, 1 bis 1,75 m breiten Tafel aus glatt gehobelten, gut gefügten und astfreien Holzbrettern oder aus Eisen, die an den beiden Langseiten und an einer der Querseiten (dem Kopf des Herdes) mit einem niedrigen Rand umsäumt ist. Die randfreie Querseite wird der Fuß des Herdes genannt. *W. Brunton* in Cornwall[1] verwendete erstmalig als Herd ein ebenflächig ausgespanntes, 1 bis 1,5 m breites Fördertuch, das rückwärts zum Zweck der Reinigung durch ein Wasserbad läuft.

Das zu scheidende Herdgut wird dem Herd am Kopf zugeführt, nachdem es mit Wasser zu einer Trübe gemischt wurde, die je nach der Mehlfeine des Gutes 100 bis 600 kg und mehr Erzmehl auf 1 cbm Wasser enthält. Das Erzmehl lagert sich entsprechend seinem verschiedenen Gehalt an Erz und damit auch seiner verschiedenen Dichte und Korngröße derart auf der Herdfläche ab, daß das Gehaltreichste am Kopf des Herdes gefunden wird, während das an dem offenen Fuß des Herdes abfließende Wasser die spezifisch leichtesten und größten, aus „Bergen" bestehenden Mehlteile fortführt.

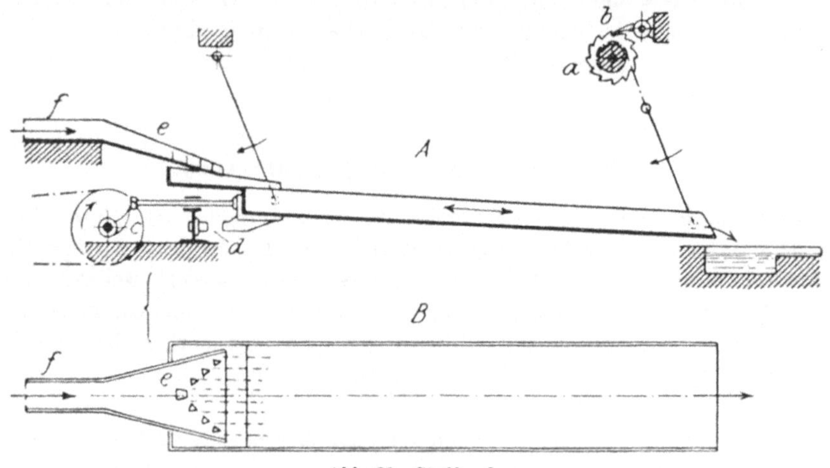

Abb. 23. Stoßherd.

Das Belegen des Herdes erfolgt entweder im Verlauf weniger Minuten mit einer dünnen Mehlschicht, die nach dem Darüberleiten reinen Wassers, dem Läutern, durch Abkehren mittels eines Rutenbesens entfernt wird (Kehrherd), oder es wird auf eine längere Zeit ausgedehnt. Hierbei sammelt sich auf dem Herd eine mehrere Zentimeter dicke Erzschicht, deren sich stetig erneuernde Oberfläche die Herdsohle vertritt und von der Trübe überrieselt wird. Der Dickenausgleich und die Festigung dieser Schicht geschieht bei dem Rundherd, bei dem die Herdsohle durch einen Voll- oder Hohlkegel gebildet wird (Kegel- bzw. Trichterherd), durch darübergleitende Streichleisten, bei dem ebensohligen Stoßherd durch Neigungsänderung der Herdfläche und Zusammenstauchen des Herdbelages oder Herdsatzes.

Die Kehr- und Rundherde sind festliegende Herde. Die Herdplatte des Stoßherdes, dessen allgemeine Einrichtung die Abb. 23 ersehen läßt,

---

[1] Engl. Pat. Nr. 10 378 vom 2. November 1844.

ist pendelnd aufgehangen. Dem größeren Gehalt des Herdgutes an hochhaltigem Erz entsprechend, nimmt die Dicke des Herdbelages nach dem Fußende des Herdes hin ab, so daß mit dem Fortschreiten der Herdfüllung die Neigung der Schichtoberfläche und damit die Geschwindigkeit der darüberfließenden Trübe zunimmt. Um der hierdurch eintretenden Störung der Klassierung entgegenzuwirken, können die den Herdfuß tragenden Ketten auf eine Walze (a) aufgewickelt und dadurch verkürzt werden, wobei sich die Neigung des Herdes vermindert. Ein Sperrwerk b sichert dabei die neue Lage des Herdes. Die Pendelaufhängung ist so gewählt, daß der Herd, wenn er durch den Hubdaumen c gegen das Fußende hin langsam verschoben wurde, nach dem Freiwerden rasch gegen das Kopfende hin zurückfällt, bis der Prallklotz d die Bewegung plötzlich hemmt. Da auch der Herdbelag an der Fallbewegung teilnimmt, so bewirkt die hierbei in ihm aufgesammelte Energie bei dem Kopfstoß des Herdes sein Zusammenstauchen und Verdichten. Der verschiedenen Mehlfeinheit entsprechend wechselt bei einer Ausschubgeschwindigkeit von 126 bis 316 mm/Sek. der Ausschub des Herdes zwischen 12 und 130 mm. Die Fallhöhe wird zu 3 bis 20 mm gewählt. Das Belegen des Herdes erfolgt unter Benutzung einer allmählich an Breite zunehmenden Teiltafel e, auf welcher kleine, versetzbare Klötzchen (Happen) den aus der Rinne f zufließenden Trübestrom so in dünne Einzelströme zerlegen, daß er sich in dünner Schicht gleichförmig über die Herdfläche ergießt. Nachdem der Herdbelag eine mittlere Schichtdicke von etwa 50 bis 60 mm erreicht hat, wird er nach Stillsetzen des Herdes durch felderweises Ausstechen mittels eines Spatens von dem Herde entfernt und dadurch in Klassen von annähernd gleichem Erzgehalt geschieden.

Einen Stoßherd mit wandelnder Tischfläche und selbsttätigem Austrag des Herdbelages haben *Huet* und *Geyler*[1] angegeben.

II. Die Scheidung nach der Stoffart der Gemengteile oder das Sortieren.

A. Das Klauben.

Haufwerke, die aus einem Gemenge von Teilstücken verschiedener Stoffart bestehen, deren Erkennungsmöglichkeit sich auf die äußere sichtbare Erscheinung, insbesondere auf Verschiedenheit der Farbe, des Glanzes, der Form oder der Größe gründet, oder deren Verschiedenheit in Abweichungen des absoluten Gewichtes, des magnetischen oder elektrischen Verhaltens beruhen, können durch Auslesen oder Klauben in Haufwerkgruppen gleichen Stoffinhaltes geschieden werden. Farben- und Glanzunterschiede sind allein dem menschlichen Auge erkennbar. Auf ihnen beruhende Klaubarbeit fällt daher stets der unmittelbaren menschlichen Beobachtung und der Tätigkeit der Menschenhand zu.

---

[1] Études sur l'exposition de 1873 à Paris. Bd. III, S. 113 u. 114.

a) Das Handklauben.

Die geringe Leistungsfähigkeit der menschlichen Hand beschränkt das Handklauben auf Haufwerke bis herab zu 30 mm Korngröße, deren Teilstücke leicht erkannt, erfaßt und ausgehoben werden können. Das Auslesen erstreckt sich hierbei zweckmäßig auf diejenigen Haufwerkteile, deren Art den kleineren Anteil des Haufwerkes ausmacht.

Auch Formunterschiede können als Erkennungsmerkmale bei der Handscheidung dienen, z. B. bei dem Belesen oder Noppen der Gewebe. Im allgemeinen eignet sich die Formauslese jedoch ebenso wie die Scheidung nach dem magnetischen Verhalten mehr für die mechanische Ausführung, um so mehr als es sich hierbei meist um kleinkörnige Haufwerke, also um eine große Anzahl zu prüfender Einzelkörper, handelt.

Auch bei der Handscheidung sind mechanische Einrichtungen mit Vorteil anwendbar. Ihnen fällt aber nicht die Auslese selbst, sondern das Herbeischaffen des Lese- oder Klaubgutes an die Beobachtungsstelle zu. Sie steigern die Leistung des Klaubers sowohl in bezug auf Menge als auf Güte der Leistung, sofern sie ihm ermöglichen, sein Augenmerk allein der Auslese

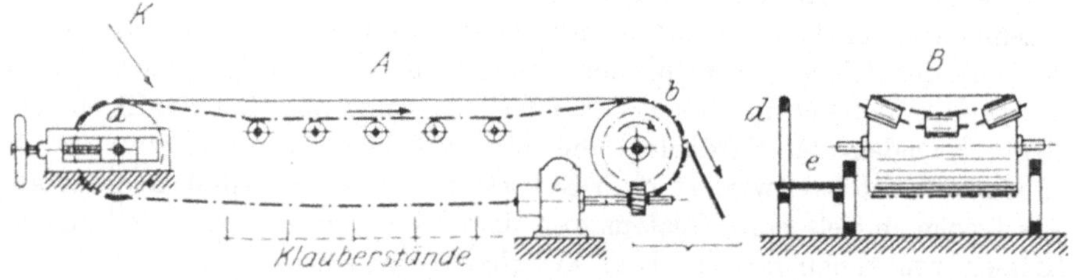

Abb. 24. Leseband.

zuzuwenden. Diese Einrichtungen führen dem Klauber das Haufwerk zu und führen nach erfolgter Auslese den Rest von ihm weg. Sie werden in Form kreisrunder scheiben- oder ringförmiger Tische, sog. Klaubtische[1], meist aber in Form von Förderbändern ausgeführt, die dann Klaube- oder Lesebänder heißen.

Die Einrichtung eines Lesebandes ist aus der Abb. 24 zu ersehen. Das aus Hanfstrick geflochtene und geteerte, aus einem einfachen oder doppelten Gummiriemen oder aus einem Drahtsieb von 2 mm Drahtdicke und 10 bis 15 mm Maschenweite gebildete endlose Band ist 800 bis 1250 mm breit. Es ist über zwei Endrollen a und b von etwa 900 mm Durchmesser geführt, von denen die Rolle a als Spannrolle dient. Die um 5 bis 8 m von dieser entfernte Rolle b erhält den Antrieb (z. B. durch einen Elektromotor c). Nach ihr hin ist die Bewegung des Bandes gerichtet, so daß der obere Bandtrum, dem in der Nähe von a das Klaubgut K übergeben wird, der gezogene und daher gespannte ist. Dieser Trum bildet den ebenen oder, wie in der Abbildung dargestellt, muldenförmigen Klaubtisch. Seitlich des Bandes, etwa 900 mm unter ihm, befindet sich ein mit Rückenlehne d versehener

---

[1] Zeitschr. f. Berg-, Hütten- u. Salinenwesen 1878, S. 188.

langer Tritt *e*, auf dem in 600 mm großen Abständen die Reihe der Klaubarbeiter steht. Sie ergänzen sich gegenseitig in der Lesearbeit, während das Klaubgut mit 100 bis 300 mm Geschwindigkeit in der Sekunde an ihnen vorüberläuft, und legen das Ausgeklaubte seitlich ab. Der auf dem Band verbleibende größere Rest des Gutes wird an der Antriebstelle *b* von ihm abgeworfen.

Derartige Lesebänder finden auf Kohlengruben bei der Trennung der Schiefer von der groben Stückkohle, in Erzaufbereitungsanstalten beim Trennen der Berge von den erzhaltigen Stücken, in Knochenmehlfabriken beim Sortieren der Rohknochen usw. Anwendung. Beim Erzklauben rechnet man mit Stundenleistungen von 25 bis 100 t Erz von mehr als 30 mm Stückgröße. Der Arbeitsverbrauch eines Lesebandes schwankt zwischen 0,5 und 1 PS.

Um die Beschädigung leichtzerbrechlichen Klaubgutes beim Abwerfen durch das Leseband zu verhüten, schaltet *Ernenputsch*[1] Becher in das aus gelenkig verbundenen Metallplatten bestehende Band ein, welche den Leserest aufnehmen und abführen.

b) Das mechanische Klauben.

Bei geeigneter Gestalt des Klaubgutes kann der feste oder wandelnde Klaubtisch zur selbsttätigen Verrichtung der Klaubarbeit benutzt werden. Hierher gehören zwei einfache, früher in Getreidemühlen zu findende Einrichtungen zur Abscheidung der kugligen Unkrautsamen (Wicken, Raden) aus einem, aus länglichen Körnern bestehenden Getreidevorrat. Die eine dieser Einrichtungen besteht nach Abb. 25 aus einem Kegel *b* von etwa 3000 mm Grundkreisdurchmesser und 35° Seitenneigung, um dessen unteren Rand in geringem Abstand ein kegelförmiger Ring *a* gelegt ist, der den Rand etwas überragt. Ein an der Spitze des Kegels *b* zugeführter Getreidestrom *G* fließt, sich ausbreitend, unter fortschreitender Vereinzelung der Körner über den Kegelmantel herab. Hierbei erlangen die kugligen Samen infolge geringeren Reibungswiderstandes eine größere Geschwindigkeit und Energie als die Getreidekörner und überspringen den Ring, während die Körner durch den Spalt herabfallen.

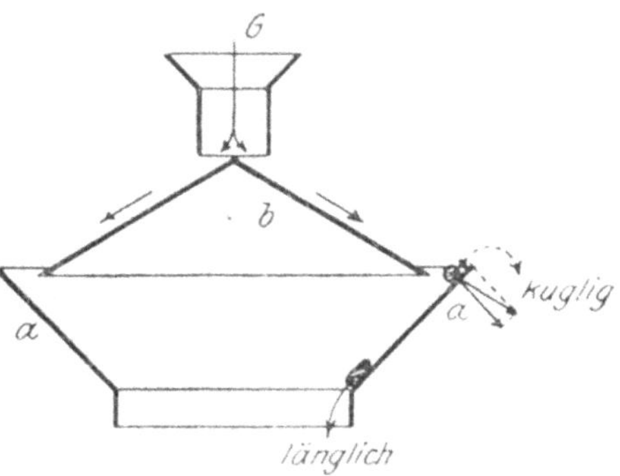

Abb. 25. Lesekegel.

Die zweite der Einrichtungen besteht aus einem unter etwa 15° gegen die Wagerechte geneigten, mit etwa 300 mm Sekundengeschwindigkeit aufwärts laufenden Leseband, dem in etwa halber Länge das Getreide zugeleitet wird. Die runden Samen rollen auf dem Band herab, die länglichen

---

[1] DRP. Nr. 94 814 vom 16. Februar 1897.

Körner kommen nach kurzem Abwärtslauf zur Ruhe und werden von dem Band emporgeführt und am oberen Bandende abgeworfen.

Ähnliche Einrichtungen finden in der Schrotfabrikation Anwendung und dienen hier zum Auslesen von unrunden oder Zwillingskörnern. *Gronert*[1] hat sie für die Trennung runder und flacher Kaffeebohnen verwendet.

Aus den Mühlenbetrieben sind diese Einrichtungen durch eine leistungsfähigere Auslesemaschine: den Trieur des Franzosen *Vachon*, verdrängt

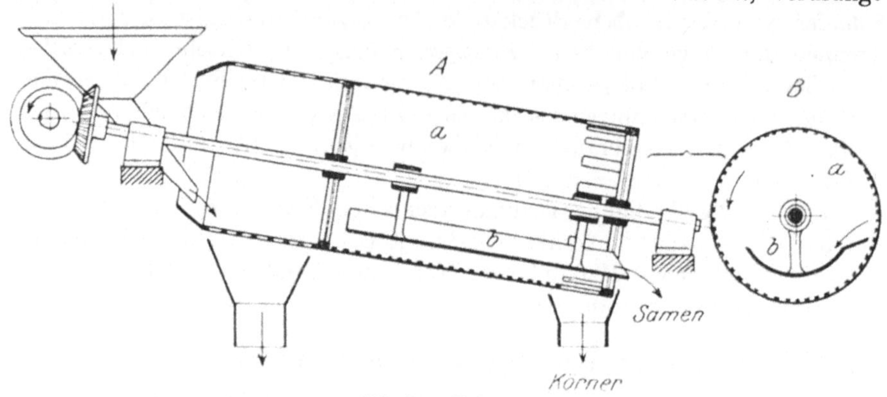

Abb. 26. „Trieur".

worden. Das Arbeitsmittel dieser, in der Abb. 26 wiedergegebenen Lesemaschine ist eine unter etwa 10° gegen die Wagerechte geneigte drehbar gelagerte Trommel *a*, durch welche der Getreidestrom geleitet wird. Die Innenfläche der Trommel enthält eine Vielzahl halbkugeliger Vertiefungen

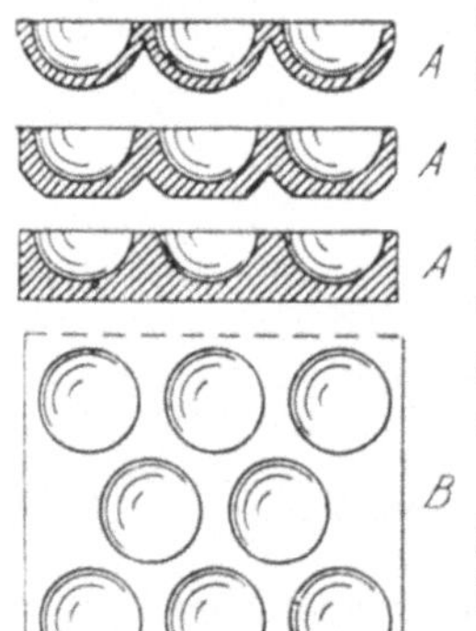

Abb. 27—29. Trieurblech.

oder Zellen, Abb. 27 bis 29. Diese nehmen die kugligen Samen und gebrochenen Körner auf und heben sie bei stetiger Drehung der Trommel bis über den Rand einer Mulde *b*, der nahe an die Innenwand der Trommel herantritt (Abb. 26 *B*). Hierbei fallen die Samen in die Mulde, während die länglichen Getreidekörner aus den Zellen abgestrichen werden und, von den Samen getrennt, am unteren Trommelende austreten.

Die Trommelwand besteht aus Zinkblech, die Zellen sind durch Prägen oder Fräsen eingearbeitet. Das letzere, von *Heid*[2] angegebene Verfahren liefert gegenüber dem Prägverfahren scharfkantig begrenzte Zellen, die eine genauere Auslese ergeben, und ermöglicht auf der gleichen Fläche die Vermehrung der Zellen um etwa 25 v. H. Hierdurch wird sowohl die Güte wie die Größe der Leistung des Trieurs erhöht. Die Zellenweite und Zellentiefe werden der Größe der auszulesenden Gemengteile angepaßt. Die erstere schwankt zwischen 1,9 bis 12 mm. 1 qm Lesefläche enthält etwa 5000 bis 25 000 Zellen.

---

[1] DRP. Nr. 20 384 vom 28. April 1882.
[2] Zeitschr. d. Ver. deutsch. Ing. 1899, S. 381.

Die Leistung eines Trieurs, auf das von ihm geschiedene Gemenge bezogen, kann für 1 qm Lesefläche und 1 Stunde zu 0,1 bis 0,2 kg Getreide angenommen werden. Je nach der Größe des Trieurs beträgt die in der Stunde ausgenutzte Lesefläche bei 0,25 m Umfangsgeschwindigkeit in der Sekunde 700 bis 2000 qm. Die Größe der Trommel schwankt etwa zwischen

$$d = 450 \text{ mm}, \ l = 800 \text{ mm} \text{ und } d = 550 \text{ mm}, \ l = 2500 \text{ mm}.$$

Bei großen Trieuren wird die Entleerung der Mulde mittels einer Förderschraube bewirkt[1].

Haufwerke faseriger Körper, wie sie in der Woll- und Baumwollspinnerei zur Verarbeitung gelangen, werden nach der Haar- bzw. Faserlänge durch Kämmen geschieden. Hierbei wird der freie Teil eines von einer Zange erfaßten Haarbündels mittels eines kammartigen Werkzeuges durchfahren und die nicht von den Zangenbacken erfaßten Haare ausgestreift (Kämmling). Das in der Zange zurückbleibende Bündel nahezu gleichlanger Haare wird in der Längenrichtung an früher erhaltene Bündel angelegt und dadurch der Kammzug gebildet. Die mechanische Ausführung dieses Verfahrens erfolgt mit Kämmaschinen verschiedener Bauart[2], deren älteste von *Heilmann* erfunden worden ist.

Verschiedenheiten im Gewicht der Haufwerkteile dienen bei der in Münzwerkstätten benutzten Münzplatten-Sortiermaschine von *L. Seyß*[3] dazu, die Stücke gleichen Gewichtes in Gruppen zu sammeln. Zur Gewichtsbestimmung dient eine gleicharmige Balkenwage, deren Balken eine Anzahl Reiter trägt, die bei der Belastung der Wage durch eine Münzplatte der Reihe nach so lange abgehoben werden, bis das Meßgewicht der Wage das weitere Heben oder Sinken der Platte hindert. Die erlangte Höheneinstellung dieser führt zur Gruppenbildung. Beispielsweise liefert eine Wage mit drei Reiterbelastungen fünf Plattensorten. Die leichteste Sorte I gelangt zum Einschmelzen, die Sorten II und III liegen innerhalb der zulässigen Grenzwerte des Gewichtes, IV und V werden durch Justieren erleichtert. Die Wage arbeitet selbsttätig und sortiert bei 3,5 Spielen in 1 Minute 230 Platten in der Stunde. Eine Antriebwelle treibt gleichzeitig zehn Wagen.

Lose Gemenge von Stoffen, die eine verschieden große Durchlässigkeit (Permeabilität) für Magnetismus haben, können durch magnetische Auslese in Gruppen zerlegt werden. Das Verfahren beruht auf dem verschieden großen Anziehungsvermögen, daß ein Magnet auf diese Stoffe ausübt, wenn sie in den Bereich des magnetischen Kraftfeldes gebracht werden.

Unter den für diese Auslese geeigneten Stoffen steht das Eisen obenan. Nach ihm sind Kobalt, Nickel, Mangan, Chrom und Platin sowie die meisten ihrer chemischen Verbindungen bzw. Mischungen mit unmagnetischen Stoffen, z. B. Zink, Blei, Kupfer usw., für magnetische Kraftlinien mehr oder weniger durchlässige Stoffe.

---

[1] *Armengaud:* publication industrielle 1875, S. 481.
[2] *Lohren:* Die Kämmaschine. Stuttgart 1875.
[3] Wiener Ausstellungsbericht 1873, *Hartig:* Werkzeugmaschinen.

Hiernach ist die magnetische Auslese auf die genannten und ähnliche Stoffe beschränkt. Unter anderem findet sie Anwendung in Maschinenfabriken zum Trennen von Eisen- und Messingfeilspänen, auf Metallhütten bei der Gewinnung von Kupferkies (35 Cu, 30 Fe, 35 S) und Zinkblende (67 Zn, 33 S) aus den Erzen, der Zinkgewinnung aus Gemischen von Zinkerz (Galmei, Franklinit) mit Brauneisenstein[1] oder Granat (Calcium-, Mangan-, Eisen-, Chrom-, Aluminiumsilicat), der Herstellung der seltenen Erden (Ceroxyd, Tonerde, Zirkonerde) aus dem Monazitsand[2], bei der Auslese von Eisenteilen aus Haufwerken von Körnerfrüchten, Kork, Kohle u. dgl. vor deren Zerkleinerung.

Der Bauart und Arbeitsweise nach werden Grob - und Feinscheider (Korngröße < 3 mm), sowie Trocken - und Naßscheider unterschieden. Bei den letzteren vermittelt ein Wasserstrom die Zu- und Abführung des feinkörnigen Scheidegutes, wodurch die Körner vereinzelt dem Magneten dargeboten werden und Staubbildung vermieden wird.

Die bei der Scheidung verwendeten Magnete sind vielfach Elektromagnete, deren magnetische Krafteinwirkung leicht durch die Zahl der um den Eisenkern gelegten Drahtwindungen und die in dem Draht herrschende Stromdichte bestimmt werden kann. Sie ermöglichen daher auch die Reihenverwendung mehrerer verschieden stark magnetisierter Magnete zur Zerlegung eines Gemenges in Gruppen von verschiedenem magnetischen Verhalten. Hiervon wird insbesondere bei dem Zerlegen des Monazitsandes sowie bei der Scheidung von Erzgemengen Gebrauch gemacht. Beispielsweise wurden aus einem Gemenge von Kupferkies und Zinkblende, von dem 100 kg Roherz 6,7 v. H. Cu und 25,4 v. H. Zn enthielten, an den vier Polen zweier hintereinander aufgestellten Magnete mit 2,5 bzw. 6 Ampère Stromstärke gewonnen

am 1. Pol	31 kg Roherz mit	18,57 v. H. Cu	
		8,41 „ Zn	
am 2. u. 3. Pol	10,3 kg Roherz mit	11,5 v. H. Cu	
		13,6 „ Zn	
am 4. Pol	6,7 kg Roherz mit	5,65 v. H. Cu	
		23,4 „ Zn	

während als Abgang verblieben

52 kg Roherz mit { 1,95 v. H. Cu. / 41,05 „ Zn

Dem Gehalt an Kupfer und Zink entsprechend wurde die Auslese der Pole 1, 2 und 3 auf Kupfer, die des Poles 4 sowie der Abgang auf Zink verarbeitet.

In einem anderen Falle ergab eine sechspolige Scheidemaschine bei der Zinkerzaufbereitung

---

[1] Der unmagnetische Brauneisenstein (Eisenoxydhydrat) ist vor dem Scheiden durch Rösten in magnetisches Eisenoxydoxydul überzuführen.

[2] Monazitsandlager finden sich in Brasilien und Nord-Karolina (Berg- u. Hüttenmännische Rundschau 1907, Nr. 19) sowie an der Küste von Travancore und von Cochin („Steinbruch" 1915, S. 374). In 100 Tln. Monazitsand sind enthalten etwa 46 Tl. Monazit mit 8 v. H. Ceroxyd, 14 v. H. Zirkonerde, 1,4 v. H. Thorerde.

am 1. u. 2. Pol   reinen Franklinit
am 3. Pol   Mischung von Franklinit und Granat
am 4. u. 5. Pol   reinen Granat
am 6. Pol   Mischung von Granat und Willemit

und als Abgang ein Gemisch von Willemit, Zinkit und Kalkspat.

Elektromagnete sind zuerst von *B. Chenot* in Paris i. J. 1854 bei Scheidemaschinen verwendet worden[1]. Die von ihm angegebene Bauart: eine sich drehende Trommel aus Holz oder Messingblech, die eine Anzahl Elektromagnete umschließt, deren Pole am Trommelmantel liegen, ist mit verschiedenen Abänderungen bis in die Neuzeit beibehalten worden. Andere Bauarten zeigen reihenweise angeordnete Magnete, die entweder feststehen oder in der Reihenrichtung bewegt werden, während das Scheidegut mittels eines Förderbandes an ihnen vorübergeführt wird[2].

Eine neuere Bauart von Magnetscheidern[3] mit umlaufender Trommel, die für das Auslesen von Eisenteilen (Nägel, Klammern, Bolzen, Schrauben u. dgl.) aus Getreide, Kohlenhaufwerken usw. bestimmt ist, stellt die Abb. 30 dar. Die abwechselnd aus Eisen- und Messingstäben zusammengesetzte, drehbar gelagerte Trommel a umschließt einen Elektromagneten mit sternförmig und abwechselnd angeordneten Nord- und Südpolen N und S. Die Pole sind auf einer exzentrisch zur Trommel liegenden Magnetspule b drehbar gelagert, so daß die Spule feste Stromzuleitungen erhalten kann. Infolge der exzentrischen Stellung der Magnete treten die Pole nur bei c dicht an die Trommelwand heran. Hier haften daher die magnetischen Teile des der Trommel aus dem Speiserumpf d zufließenden Ge-

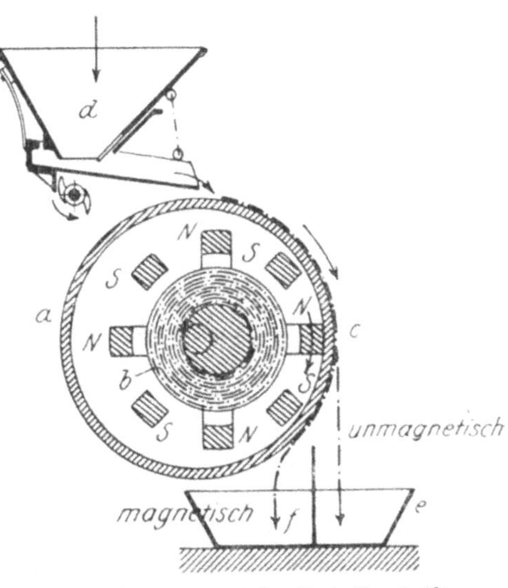

Abb. 30. **Klaubmagnet der M.-A. Humboldt.**

menges am Trommelumfang, während die unmagnetischen Teile in den Behälter e abrollen. Die ersteren nehmen so lange an der Trommeldrehung teil, bis sie infolge Abnahme der Fernwirkung der sich von dem Trommelumfang entfernenden Magnetpole, sowie infolge des Aufhebens des remanenten Magnetismus der Trommelstäbe in den zweiten Behälter f niederfallen.

---

[1] Engl. Pat. Nr. 658 vom 20. März 1854 sowie Nr. 1588 vom 7. Juli 1856.
[2] Zahlreiche Bauarten magnetischer Scheidemaschinen siehe Engineer 1899, S. 249; neuere Bauarten in *Schennen-Jüngst:* Lehrbuch der Erz- und Steinkohlenaufbereitung. Stuttgart 1913, S. 298 bis 321.
[3] DRP. Nr. 191 492 vom 24. August 1906.

Eine Scheidemaschine mit allmählich zunehmender magnetischer Kraft der Elektromagnete wurde erstmalig von *W. Siemens*[1] für die Abscheidung von in Waschgalmei enthaltenem Brauneisenstein konstruiert. Ihrer Bauart nach gleicht die Maschine einem Trieur, dessen Zellentrommel durch ein aus Ringen zusammengesetztes Eisenrohr ersetzt ist, das dem Austragende zu mit allmählich dicker werdenden Schichten von Leitungsdraht umgeben ist. Hierdurch wächst die Anziehungskraft der einzelnen Ringe im Verhältnis der Abnahme des dem Austragende zufließenden Scheidegutes an Magneteisen, so daß eine möglichst vollständige Auslese erzielt wird.

Die Überlegung, daß die Anziehungskraft der Pole eines Hufeisenmagneten durch die Vereinigung der zwischen den Polen übergehenden Kraftlinien auf kleinem Raum erheblich erhöht werden kann, führte den Amerikaner *J. P. Wetherill*[2] zur Ausbildung eines der Pole zu einem schlanken Keil mit sehr schmaler Vorderkante, während der Gegenpol in einer breiten Fläche

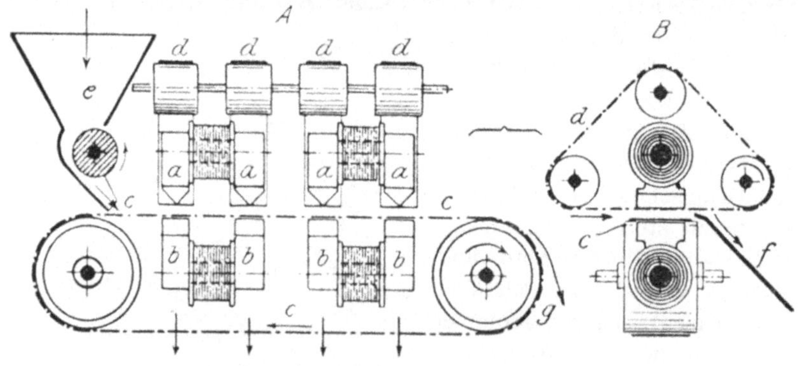

Abb. 31. Klaubmagnete nach *Wetherill*.

endet. Die ihr entsprungene Bauart einer Scheidemaschine geben die Abb. 31 A und B wieder[3].

Zwischen den Polen der vier Hufeisenmagnete *a b* sind Förderbänder *c* und *d* geleitet, die sich rechtwinklig kreuzen. Das dem Trichter *e* entfließende Scheidegut wird von dem Hauptband *c* aufgenommen und zwischen die Pole getragen und damit in den Wirkungsbereich der sich zwischen diesen ausbreitenden magnetischen Kraftfelder gebracht. Unter den oberen, in eine Keilschneide ausgehenden Polen *a* liegen die schmalen Förderbänder *d*. Sie sind über je drei Laufrollen geführt und befinden sich in stetem Umlauf. An ihrer Unterseite haften die von den Schneidpolen *a* angezogenen magnetischen Teile des Klaubgutes und werden seitlich des Hauptbandes bei *f*, Abb. 31 B, abgeworfen, während dieses den Rest weiterführt. Hinter dem letzten der Lesepole, deren magnetische Kraft von Pol zu Pol sich steigert, verlassen die unmagnetischen Gemengteile das Band bei *g*, Abb. 31 A.

[1] Zeitschr. d. Ver. deutsch. Ing. 1881, S. 233.
[2] DRP. Nr. 92 212 vom 3. März 1896.
[3] Näheres siehe Eng. and Min. Journ. 1896, S. 564 sowie *Korda*: La séparation electromagnétique des minerals, Paris 1905.

E. Dreves[1] hat versucht, die technischen Fragen, die bei der Magnetscheidung auftraten, theoretisch zu untersuchen und die Grundsätze zu ermitteln, nach denen die Magnetscheider für den Gebrauch bei der Erzaufbereitung durchgebildet werden müssen, um einen möglichst guten aufbereitungs-technischen Wirkungsgrad zu erzielen.

Für das Sortieren unmagnetischer Gemenge, z. B. bei der Trennung der Schalen von Grießen in Getreidemühlen, kann. die magnetische Anziehung zuweilen durch elektrische ersetzt werden[2].

Eine besondere Gruppe bilden diejenigen Auslesemaschinen, die zum Sortieren von Gemengen dienen, deren Einlieger in einem mehr oder weniger festen Verband stehen. Bei ihnen haben die

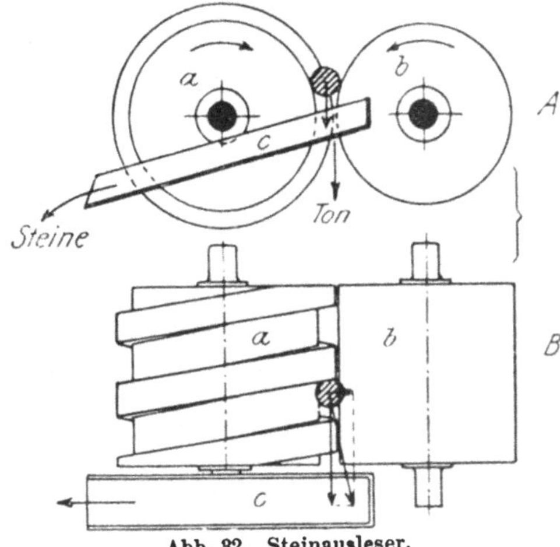

Abb. 32. Steinausleser.

Klaubwerkzeuge zugleich die Lösung des Verbandes zu bewirken. Beispiele hierfür bilden die Steinauslesemaschinen für Ziegeleien sowie die in Spinnereien zum Abscheiden größerer Fremdkörper, wie Samenkerne, Ringelkletten usw., aus den rohen Spinnstoffen dienenden Einrichtungen.

Die Steinausleser der Ziegeleien bestehen nach einer Bauart von Raupach in Görlitz aus zwei gegeneinanderlaufenden Walzen *a* und *b* (Abb. 32), von denen die eine (*a*) schwache Schraubengänge trägt. Der in den Walzenschluck eingetragene, Steine von Nuß- bis Eigröße enthaltende Rohlehm wird zwischen den Walzen hindurchgezogen, während die Steine zurückgehalten und von den Schraubengängen in der Richtung der Walzenachsen einer Fangrinne *c* zugeschoben werden. Die Walzen haben 400 mm Durchmesser und bei 600 mm Länge 4 bis 5 Schraubengänge. Nach einer anderen Bauart sind die beiden Walzen kegelförmig und schraubenartig abgestuft, so daß sie bei dichtem Zusammenstellen auch kleinere Steine zurückhalten.

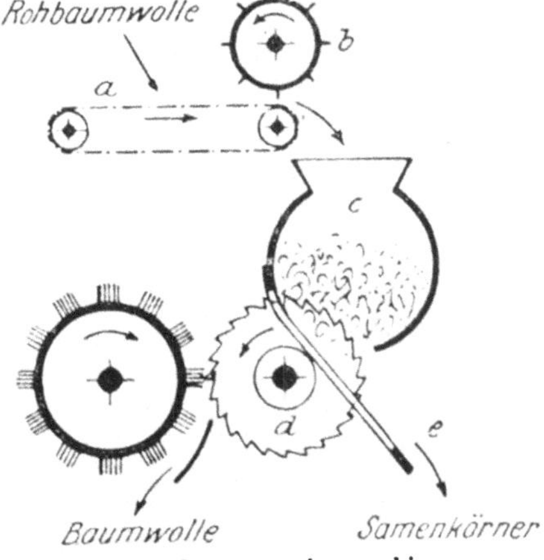

Abb. 33. Sägenegreniermaschine.

Einrichtungen zum Entsamen (Egrenieren) der Baumwolle bzw. zum Entkletten von Schafwolle geben die Abb. 33 und 34 in den Grundzügen

---

[1] *E. Dreves:* Untersuchungen über Magnet-Separatoren und deren günstigste Arbeitsweise. Dr.-Ing.-Dissert. Hannover 1918.
[2] DRP. Nr. 27 537 vom 7. November 1883.

wieder. Bei der ersteren (Abb. 33) wird die Rohbaumwolle durch das Fördertuch *a* und die Auflockerungswalze *b* dem Rumpf *c* zugeführt. Hier werden
die Fasern mittels sägeartig verzahnten umlaufenden Scheiben *d*, die durch
Schlitze der Rumpfwand greifen, von den Samenkernen abgezupft, während die Kerne zurückbleiben und bei *e* ausgetragen werden.

Die in Abb. 34 dargestellte Ent-
klettungseinrichtung besteht aus
einem rostartigen Tische *a*, durch
dessen Spalten ein Nadelkamm *b*
sich auf und ab bewegt. Der Kamm
durchsticht beim Aufgang das zu
entklettende Wollband, das die
Walzen *c* und *d* in gespanntem Zustand über den Tisch führen, und

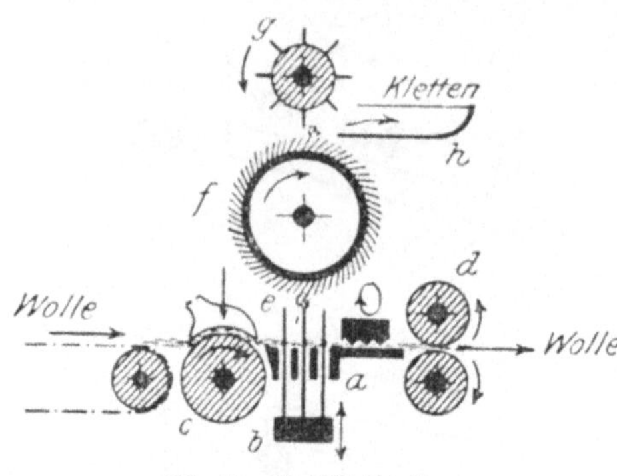

Abb. 34. Woll-Entkletter.

hebt auf seinem Weg befindliche Kletten (*e*) einer umlaufenden, mit Kratzen
bezogenen Abnahmewalze *f* zu, aus der sie der Schläger *g* in die Fangrinne *h* wirft.

B. Das Ausfällen.

Ist die stoffliche Verschiedenheit der Gemengteile eines Haufwerkes
mit Unterschieden in der Dichte verbunden, so führt die Scheidung nach
dem spezifischen bzw. absoluten Gewicht zugleich zu einer Scheidung nach
der Stoffart.

Im allgemeinen wird hierbei die Scheidung unter Beihilfe einer
Flüssigkeit vorgenommen, die entweder schon ursprünglich einen Teil
des Gemenges bildet oder die diesem nachträglich zum Zweck des
Scheidens beigefügt wird (Scheideflüssigkeit). Die freie Bewegung der
Gemengteile in der Flüssigkeit wird durch den Widerstand beeinflußt,
den die Flüssigkeit infolge ihrer Dichte und Zähigkeit der Bewegung
entgegensetzt. Von ihm hängt daher auch die Geschwindigkeit ab, mit
der sich die Teile in der Flüssigkeit bewegen. Unter dem Einfluß gleichgroßer Triebkräfte stehende und gleichen Widerstand findende Teile werden
daher auch in gleichen Zeiten gleiche Wege durchlaufen und sich dabei
von anderen absondern, die anderen Verhältnissen unterliegen. Solche
Gemengteile, die beim freien Fall, also unter dem Einfluß der eigenen
Schwere, in der Flüssigkeit zu der gleichen Zeit ein und denselben
Ort erreichen, sind gleichfällige Gemengteile. Auf der Bildung von
Gruppen solcher Teile beruht die Scheidung nach der Gleichfälligkeit, die für die Aufbereitung mineralischer Stoffe von großer Bedeutung ist.

Die Bedingung dafür, daß zwei kuglige Körper verschiedener Größe
(d_1 und d_2 Meter mittleren Durchmesser) und verschiedener Dichte δ_1 und δ_2

in einer Flüssigkeit von der Dichte $\varDelta$ gleichfällig seien, kann nach *Rittinger*[1] auf Grund der Formel

$$\text{Sinkgeschwindigkeit } v = \sqrt{\frac{2\,\gamma}{3\,\alpha}}\ \sqrt{\frac{d(\delta - \varDelta)}{\varDelta}}$$

beurteilt werden.

Hierin bedeutet α den Widerstand, den eine Kugel von 1 m Durchmesser und der Dichte δ findet, wenn sie in der Scheideflüssigkeit mit 1 m Sekundengeschwindigkeit herabsinkt; $\gamma = 1000$ kg ist das Gewicht von 1 cbm Wasser. Beides sind daher unveränderliche Werte, so daß die Formel auch zu schreiben ist:

$$v = \text{const}\sqrt{\frac{d(\delta - \varDelta)}{\varDelta}}\,.$$

Folglich sind zwei Körper von den mittleren Durchmessern d_1 und d_2 und den Dichten δ_1 und δ_2 gleichfällig, wenn zwischen diesen Größen die Beziehung besteht

$$\sqrt{\frac{d_1(\delta_1 - \varDelta)}{\varDelta}} = \sqrt{\frac{d_2(\delta_2 - \varDelta)}{\varDelta}} = v,$$

wenn also

$$\frac{d_1}{d_2} = \frac{\delta_2 - \varDelta}{\delta_1 - \varDelta}$$

ist.

So würden z. B. drei Kugeln von 20,5, 25,8 und 30,5 mm Durchmesser in Wasser ($\varDelta = 1$) gleichfällig sein, wenn ihre Dichten betrügen 1,037, 1,027 und 1,022. Ein diesbezüglicher Versuch[2], bei dem die Dichten etwas abwichen, nämlich 1,034, 1,027 und 1,023 betrugen, zeigte tatsächlich die Nichtgleichfälligkeit dieser Kugeln und gab den Beweis für die große Feinfühligkeit dieses Scheideverfahrens.

Besteht ein Gemenge aus verschieden großen, aber gleichdichten Gemengteilen, ist also $d_1 \gtrless d_2$ und $\delta_1 = \delta_2$, so können nur die gleichgroßen Teile gleichfällig sein. Die übrigen werden in der Scheideflüssigkeit herabsinken und hierbei sowohl nach ihrem absoluten Gewicht als nach ihrer Größe geschieden werden. Das Haufwerk wird daher gleichzeitig sortiert und klassiert.

Auch für gleichgroße, aber verschieden dichte Gemengteile, also für $d_1 = d_2$ und $\delta_1 \gtrless \delta_2$, folgt aus der obigen Gleichung die Scheidung nach dem absoluten Gewicht, zugleich aber auch die Scheidung nach der Dichte und demzufolge auch nach der Stoffart. Ein aus verschieden stofflichen Gemengteilen zusammengesetztes Haufwerk wird daher, wenn es nach ausgeführter Klassierung noch der Scheidung nach der Gleichfälligkeit unterworfen wird,

---

[1] *Rittinger:* Lehrbuch der Aufbereitungskunde. Berlin 1867. Auch *P. Schulz:* Neue Bestimmungen der Konstanten der Fallgesetze in der nassen Aufbereitung mit Hilfe der Kinomatographie und Betrachtungen über das Gleichfälligkeitsgesetz. Dissert. Dresden u. Freiberg 1914.

[2] Verwendet wurden hohle Messingkugeln, die mit feinsten Schrotkörnern entsprechend belastet waren. Fallgefäß 1 m hoch.

durch die letztere in Gruppen geschieden, deren Einlieger stofflich einander gleichen, also sortiert.

Auch dies bestätigt der Versuch, sofern 25,8 mm große, durch Schrot entsprechend belastete hohle Messingkugeln mit Dichten von 1,011, 1,017, 1,039 und 1,082 beim Fall in einer 1 m hohen Wassersäule deutlich verschieden rasch herabsinken.

Die zu scheidenden Gemengteile können fest, flüssig oder gasförmig sein; ebenso sind als Scheideflüssigkeit sowohl tropfbare als gasförmige Flüssigkeiten verwendbar. Für die Scheidung von Haufwerken fester Körper wird als Scheideflüssigkeit in der Regel Wasser oder Luft benutzt, weil diese billig und leicht in der erforderlichen Menge beschaffbar sind. Wie die Gleichfälligkeitsformel erkennen läßt, ist die Scheidung um so schärfer, je geringere Dichte die Scheideflüssigkeit besitzt. Beispielsweise sind mit Bleiglanzkugeln von $d_1 = 3,2$ mm und $\delta_1 = 7,5$ im Wasser ($\varDelta = 1$) Quarzkugeln von $d_2 = 13$ mm und $\delta_2 = 2,6$ gleichfällig, in Luft ($\varDelta = 0,129$) dagegen bereits solche von $d_2 = 9,3$ mm.

Nach *Rittinger* werden bei der Erzaufbereitung die folgenden auf Wasser bezogenen Sinkgeschwindigkeiten als Maß für die gebildeten Sorten verwendet:

rasche Sorten	I	0,5	bis 1	m/Sek.
	II	0,25	„ 0,5	„
	III	0,125	„ 0,25	„
matte Sorten	IV	0,062	„ 0,125	„
flaue Sorten	V	0,031	„ 0,062	„
Schmante	VI	0	„ 0,031	„

Zum Hervorbringen der für die Scheidung erforderlichen Bewegung der Gemengteile innerhalb der Scheideflüssigkeit dient bei Festkörpern und tropfbaren Flüssigkeiten in den meisten Fällen die Schwerkraft oder der Flüssigkeitsstoß. In den Fällen, wo sich dem Scheiden von flüssigen Gemischen infolge sehr feiner Verteilung der festen und flüssigen Gemengteile erhebliche Schwierigkeiten entgegenstellen, sofern die im Verhältnis zum Volumen große Oberfläche der Teilchen der Bewegung erheblichen Widerstand entgegensetzt, wird die Schwerkraft zweckmäßig durch die wirkungsvollere und beliebig steigerbare Fliehkraft ersetzt.

Die Scheidung durch Ausfällen gliedert sich hiernach in drei Arbeitsverfahren:

Ausfällen unter Benutzung der Schwerkraft,
Ausfällen unter Benutzung des Flüssigkeitsstoßes,
Ausfällen unter Benutzung der Fliehkraft.

a) Das Ausfällen durch die Eigenschwere.

Die Dichte der Scheideflüssigkeit übt insofern einen Einfluß auf den Verlauf der Scheidearbeit aus, als das Ausfallen von Gemengteilen nur dann erfolgt, wenn die Dichte der Flüssigkeit kleiner als diejenige der auszufällenden Gemengteile ist, anderenfalls werden die letzteren in oder auf der Flüssigkeit schwimmend erhalten.

Besitzt die Scheideflüssigkeit im Vergleich zu den ihr beigemischten verschieden dichten Gemengteilen eine mittlere Dichte, ist also

$$\delta_1 > \varDelta > \delta_2,$$

so wird beim Eintragen des zu sortierenden Gemenges sofort die Scheidung erfolgen. Die spezifisch leichteren Teile werden schwimmend auf der Flüssigkeit verharren, die spezifisch schwereren werden untersinken. Trotz der Einfachheit seiner Ausführung entbehrt dieses Scheideverfahren der allgemeinen Anwendbarkeit, da die kostspielige Beschaffung von hochdichten Scheideflüssigkeiten es unwirtschaftlich macht. Die gewerbliche Verwendung dieses Verfahrens ist meist auf die Fälle beschränkt, wo das spezifische Gewicht des Fällgutes 1,5 nicht übersteigt.

Für diese Fälle bilden Lösungen von Steinsalz oder Zinkvitriol (z. B. 2 Tl. Salz auf 5 Tl. Wasser) geeignete Fällflüssigkeiten, da sie billig in größeren Mengen beschaffbar sind. Anwendung finden solche Lösungen, z. B. bei der Trennung von Steinkohle ($\delta = 1,2$ bis $1,5$) und Bergen ($\delta = 2,6$ bis 3), von Kartoffeln ($\delta = 1$ bis $1,3$) und Steinen ($\delta = 2,6$), von Palmkernen und Schalen. In jedem Fall hat die Wahl der Fällflüssigkeit die Beschaffenheit und Verwendung des Fällgutes in Rücksicht zu ziehen. Als eine Ausnahme ist die Benutzung des Quecksilbers als Fällflüssigkeit bei der Goldgewinnung aus goldhaltigem Quarzsand zu nennen (Gold $\delta = 19,3$, Quecksilber $\varDelta = 13,6$, Quarz $\delta = 2,5$ bis $2,7$).

Als ein weiteres, zwar nicht der Industrie, sondern der wissenschaftlichen Gesteinsanalyse entnommenes Beispiel verdient die Verwendung von Flüssigkeiten mittlerer Dichte zur Untersuchung der quantitativen Zusammensetzung der Gesteine Erwähnung. Als Fällflüssigkeiten finden hierbei nach *Goldschmitt* und *Thoulet* Lösungen von Jodkalium und Jodquecksilber ($\varDelta = 3,2$), nach *Klein* solche von borwolframsaurem Cadmium ($\varDelta = 3,336$) u. a. Anwendung. Durch Zufügen von Wasser wird die Dichte der Flüssigkeiten allmählich so abgemindert, daß die spezifisch verschieden schweren Gemengteile des gepulverten Gesteins in Gruppen gesondert in dem Fällgefäß zu Boden sinken und durch Abzapfen entfernt werden können. Nach diesem Verfahren wurden z. B. aus 500 g Gneispulver abgeschieden: 4,6 g Magnetit ($\delta = 4,9$ bis $5,2$), 3,8 g Granat ($\delta = 3,4$ bis $4,3$), 1,8 g Apatit ($\delta = 3,17$ bis $3,22$), 2,6 g Turmalin ($\delta = 3,0$ bis $3,2$).

Absetzverfahren, die auf der Verwendung einer Fällflüssigkeit beruhen, deren Dichte kleiner ist als die kleinste Dichte der ihr beigemischten festen Häufwerkteile ($\varDelta < \delta_{min}$), finden vornehmlich in den Erden verarbeitenden Industrien, sowie bei der Abwasserreinigung Verwendung. Während es sich im ersten Falle um die Reingewinnung des Werkstoffes handelt, strebt die Abwasserreinigung die Befreiung der Haus- und Fabrikwässer von Beimengungen an, die ihre weitere Verwendung beeinträchtigen würden.

Dient das Absetzverfahren der Gewinnung eines Werkstoffes in Ziegeleien, Tonwaren- oder Zementfabriken, bei der Herstellung von Erdfarben usw., so ist das Ausfällen des Werkstoffes vielfach mit der Befreiung dieses von fremden Beimengungen verbunden, der Werkstoff wird ausgewaschen oder geschlämmt. Es geht dann dem Ausfällen die innige Mischung und Durcharbeitung des Werkstoffes mit einer reichlichen Menge Wasser voraus, so daß sich die einzelnen Stoffteilchen voneinander lösen und dann in kolloidaler Verteilung so lange in der Flüssigkeit schwebend erhalten bleiben, bis sie ihrer Schwere folgend mehr oder weniger rasch in dem Schlämmgefäß zu Boden sinken. Da hierbei die fremden Beimengungen in der Regel die Nutzstoffteilchen sowohl an Größe als an Gewicht überwiegen, so fallen sie aus der ruhenden Flüssigkeit aus, während die Nutzstoffe noch schwebend erhalten bleiben. Die letzteren können daher gemeinsam mit dem Wasser in besondere Klär- oder Fällgefäße (Absetzgruben, Schlämmgruben) abgeleitet und in diesen durch Absetzen gewonnen werden.

In der Zementfabrikation erfolgt das Einschlämmen des kalk- und tonhaltigen Rohstoffes je nach der Reinheit des Kalkes mit 40 bzw. 80 bis 85 v. H. Wasser in mit Rührwerken ausgestatteten Mischgefäßen, worauf der gebildete Dünnschlamm in die Schlämmgruben geleitet wird. Diese sind meist im Erdboden ausgehoben, besitzen wasserdicht gemauerte Seitenwände und Böden und sind mit verstellbaren Abflußrohren versehen, die das Ableiten des reinen, von Erdteilchen befreiten Wassers gestatten. Diese Gruben erhalten je nach dem Umfang der Fabrikation bedeutende Abmessungen: 50 bis 70 m Länge, 12 bis 25 m Breite und 1 bis 1,8 m Tiefe. In ihnen lagert sich der Zementrohstoff während eines wochen- und monatelangen Betriebes schichtenweise ab, indem nach 1- bis 2 tägigem Stehen das geklärte Wasser abgezogen und durch neue Schlammtrübe ersetzt wird.

Als ein weiteres Beispiel führt die Abb. 35 die Einrichtung einer Kaolinschlämmerei vor, wie sie in Porzellanfabriken angetroffen wird. Das Rohkaolin gelangt gleichzeitig mit einem bei *a* zufließenden Wasserstrom in eine hölzerne, mit Porzellanplatten ausgekleidete Mischtrommel *b*, die durch ein Riemenvorgelege in langsame Umdrehung versetzt wird. Nach erfolgter Auflösung der rohen Kaolinmasse fließt die Trübe über Siebe *c*, welche die groben sandigen Teile zurückhalten, durch zwei hintereinanderstehende Vorklärbottiche *d, e*. Dieselben sind in Ziegeln gemauert und mit Zementputz wasserdicht ausgekleidet; in ihnen werden die Verunreinigungen des Kaolins abgeschieden. Die gereinigte Trübe, die etwa 7 v. H. Kaolin und 93 v. H. Wasser enthält, gelangt hierauf in eine Reihe 3 m tiefer und etwa 1,25 m breiter Absetzgruben *f*, in welche sie mittels der verschiebbaren Rinnen *g* der Reihe nach verteilt wird. Während der Inhalt der einen Grube sich klärt, werden die ihr folgenden Gruben gefüllt. Das Abheben des Klärwassers geschieht mittels drehbarer Heberrohre *h*, deren Einmündung der Abnahme der Wasserfüllung entsprechend bis auf die abgesetzte Schlammschicht gesenkt wird. Nach dem Aufrichten des Rohres findet eine Neufüllung der Grube mit Schlammtrübe statt, aus der sich beim ruhigen Stehen eine neue Schicht Kaolin absetzt. Durch Wiederholung dieses Verfahrens füllt sich eine Absetzgrube im Verlauf von etwa $^{3}/_{4}$ Jahren mit zäher Kaolinmasse, die dann durch Ausstechen entfernt wird.

Während es sich bei diesem Schlämmereibetrieb um Schlammtrüben mit hohem Gehalt an Feststoffen handelt, ist bei der Reinigung von Abwässern der Wäschereien, Papierfabriken, Färbereien, Zuckerfabriken usw. meist das Gegenteil der Fall. Zudem sind hier die Verunreinigungen vielfach organischer Natur und setzen daher infolge ihrer faserigen Beschaffenheit und geringen Schwere der Abscheidung erhebliche Schwierigkeiten entgegen. Die Abscheidung macht daher häufig einen Zusatz von Kalk, Tonerde, Eisensalzen u. dgl. erforderlich, also von spezifisch schweren Stoffen, welche die

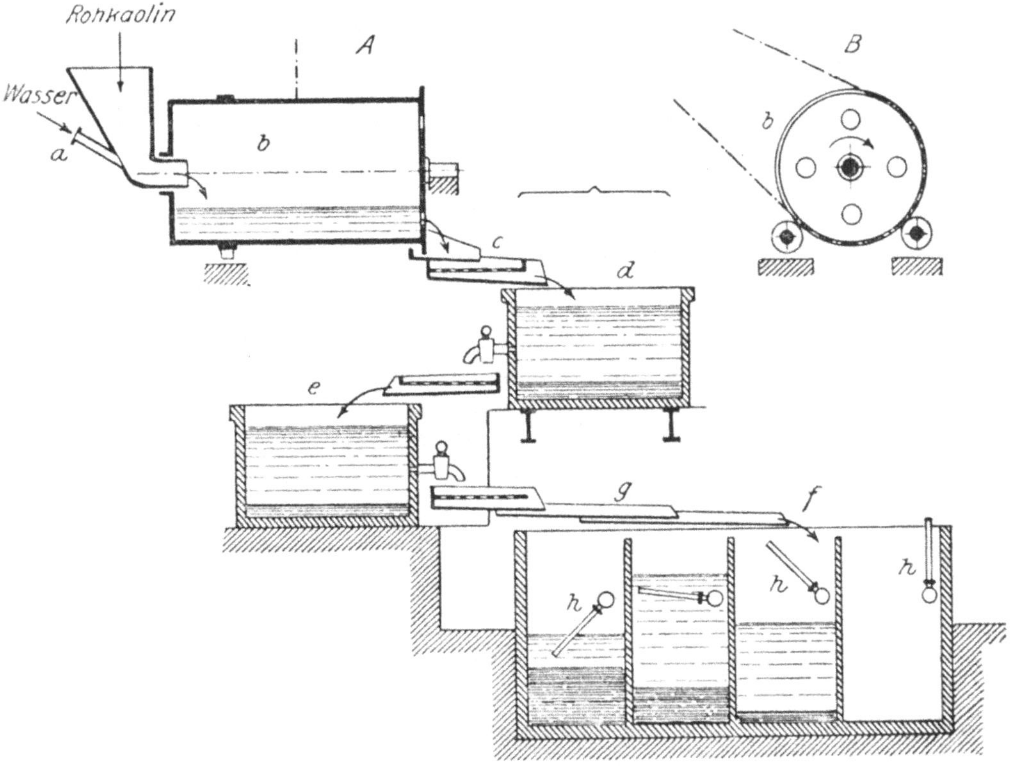

Abb. 35. Kaolinschlämmerei.

Schlammteilchen umhüllen und beschweren und auch die feinsten derselben mit zum Boden führen. Ohne solche Zusätze verbleiben in dem Wasser immer noch 10 bis 12 v. H. Trübstoffe enthalten[1].

Nach dem Kohlenbreiverfahren von *Degener* wird dem Rohwasser sehr feiner Braunkohlen- oder Torfbrei, etwa im Verhältnis von 1 bis 2 kg auf 1 cbm Wasser, beigemischt. Die feinen Kohlenteilchen werden dann durch Aluminium- oder Eisensulfat gefällt. Hierdurch wird sowohl die mechanische Reinigung als auch die Ausscheidung gelöster fäulnisfähiger Stoffe aus dem Wasser bewirkt. Die verwendeten Klärgruben gleichen den bereits beschrie-

---

[1] Zeitschr. d. Ver. deutsch. Ing. 1909, S. 59 bis 61.

benen. Einlagen von Reißig u. dgl. verkürzen dabei häufig den Fallweg der Schlammteilchen und damit die Zeit von deren Niederschlag.

In neuerer Zeit finden mechanische Reiniger[1] Anwendung, welche die gröberen Sinkstoffe von 2 bis 3 mm Korngröße in dem Maße ihrer Abscheidung aus der Setzflüssigkeit aufnehmen und ableiten, während die in der Flüssigkeit zurückbleibenden feinverteilten Sinkstoffe durch das gewöhnliche Absetzverfahren entfernt werden. Die mechanischen Reiniger sind entweder in der Fällflüssigkeit stehende Siebe, wandelnde Siebbänder oder schräg gelagerte, rotierende Siebscheiben, die zu einem Teil in die Flüssigkeit tauchen und von denen die abgelagerten und ausgehobenen Sinkstoffe durch Bürsten oder Preßluft entfernt werden, um sie erneut aufnahmefähig zu machen. Beispielsweise enthält die 3 bis 8 m im Durchmesser messende „Separatorscheibe" von *Riensch* Siebe von 1,5 bis 2 mm Lochweite und 150 bis 200 mm Geschwindigkeit in der Sekunde[1].

Bei Haufwerken aus stofflich gleichartigen Gemengteilen führt das Abschlämmen zu einer Scheidung nach der Korngröße und wird u. a. bei der Gewinnung der Mineralfarben sowie der feinsten Schleif- und Polierpulver aus Schmirgel, Tripel, Chromoxyd, Pariserrot usw. mit Vorteil benutzt. Abweichend von der in der Erzaufbereitung üblichen Sorteneinteilung auf Grund der Sinkgeschwindigkeiten ist es hier vielfach üblich, die Fallzeit als Maßstab für die Sortenbezeichnung zu wählen. So werden die feinsten Schmirgelpulver nach Minuten sortiert und als 1-, 2-, 3- ... bis 60-Minutenschmirgel bezeichnet. Die mittlere Korngröße solcher Schmirgel beträgt z. B. bei dem

$$
\begin{array}{llll}
\text{1-Min.-Schmirgel etwa} & 75\ \mu \\
\text{5-} \quad,, & ,, & ,, & 44\ ,, \\
\text{10-}\ ,, & ,, & ,, & 27\ ,, \\
\text{20-}\ ,, & ,, & ,, & 21\ ,, \\
\text{30-}\ ,, & ,, & ,, & 17\ ,, \\
\text{60-}\ ,, & ,, & ,, & 11\ ,, \\
\end{array}
$$

Bei der Sortierung in Wasser wurden die folgenden mittleren Fallgeschwindigkeiten beobachtet:

$$
\begin{array}{llll}
\text{bei dem} & \text{5-Min.-Schmirgel} & 4,5 & \text{mm/Sek.} \\
,, & ,,\ \ 30-\ ,, & ,, & 0,9 & ,, \\
,, & ,,\ \ 60-\ ,, & ,, & 0,65 & ,, \\
\end{array}
$$

Das Absetzverfahren findet auch bei der Trennung verschieden dichter Flüssigkeiten Anwendung. Unter anderem werden bei der Entölung des Abdampfes der Dampfmaschinen Absetzgruben[2] benutzt, in denen das dem Dampfentöler entfließende Kondensat bei stetem Zufluß auch stetig in Reinwasser und auf ihm schwimmendes Öl zerlegt wird. Hierbei ist auch vorgeschlagen worden, die Trennung des Wassers vom Öl durch Gefrierenlassen zu fördern.

Ein anderes Beispiel bieten die Absetzgruben der Gasfabriken zur Scheidung des bei der Fabrikation fallenden Gemisches von Teer und Ammoniak-

---

[1] *Jastrow:* Maschinelle Abwasserreinigung. Dr.-Ing.-Dissert. Berlin 1908.
[2] Zeitschr. d. Ver. deutsch. Ing. 1910, S. 1969.

wasser. Nach Abb. 36 besteht eine solche Anlage aus drei Abteilungen: der Scheidegrube S, in welcher die Absonderung des spezifisch schweren Teeres am Boden der Grube erfolgt, und zwei Sammelbehältern A und T für die Gemengteile. Die Höhenlage des Gaswasserspiegels bestimmt der Überlauf m. Der Teer tritt unter dem Druck der Gaswassersäule durch den Ablauf n in die Teerkammer über. Den Dichten der beiden Flüssigkeiten entsprechend findet der Übertritt statt, wenn sich

$$\frac{c}{b} = \frac{b+d}{b} = \frac{6}{5}$$

verhalten. Ein starker Teerzufluß ist mit dem Steigen des Teerstandes in der Scheidegrube, also mit der Verkleinerung von b und c um

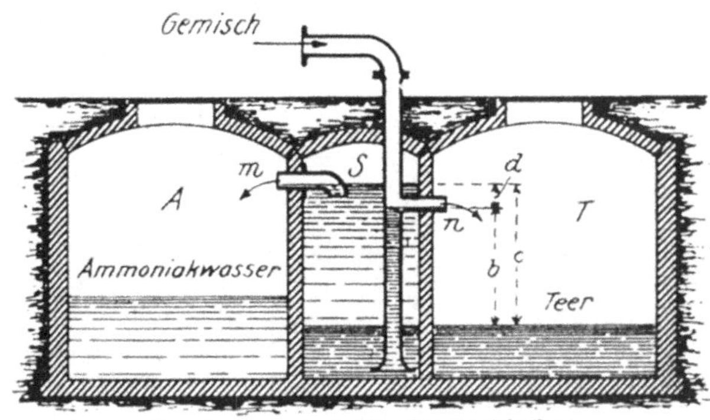

Abb. 36. Teerabscheider für Gasfabriken.

den gleichen Betrag, verbunden. Es wird daher

$$\frac{b-x+d}{b-x} = \frac{6-x}{5-x},$$

was ersehen läßt, daß mit dem Wachsen des Teerstandes auch das Wachsen der Druckhöhe verbunden ist, unter welcher der Teerabfluß nach der Teerkammer erfolgt.

b) Das Ausfällen durch Flüssigkeitsstoß.

Sowohl die Raschheit als auch die Genauigkeit der Scheidung kann dadurch erhöht werden, daß das Ausfällen der Gemengteile nicht in ruhender, sondern in strömender Scheideflüssigkeit bewirkt wird. Hierzu dienende Apparate werden Stromapparate genannt. Die Strömungsrichtung übt hierbei allein Einfluß auf die Einrichtung der Scheideapparate aus. Die Feinfühligkeit eines derartigen Scheideverfahrens lehrt der folgende Versuch. Am unteren Ende eines mit Wasser gefüllten, 100 mm weiten, 1000 mm langen, senkrecht stehenden Glasrohres wurden zwei gleichgroße Kugeln von 21 mm Durchmesser und $\delta_1 = 1{,}006$ bzw. $\delta_2 = 1{,}007$ Dichte eingelegt und dann einem aufwärts steigenden Wasserstrom unterworfen, dessen Geschwindigkeit durch Drosseln geregelt wurde. Beide Kugeln folgten der Strömung, es eilte aber schon nach kurzer Zeit die um nur 0,1 v. H. leichtere Kugel unter steter Vergrößerung des Abstandes der spezifisch schwereren voraus. Für das Gelingen dieses Scheideverfahrens ist die tunlichst vollkommene Klassierung des Haufwerkes Vorbedingung. Ist sie vorhanden, so führt das Verfahren sicher und rasch zum Ziel. Die Anwendbarkeit ist eine vielseitige. Es findet bei der Erzaufbereitung Anwendung zur Trennung der metallhaltigen und daher schweren Erzkörner von der sie begleitenden Gangart sowie zur Sönderung solcher Erzkörner, die verschieden dichte Metalle enthalten. In gleicher Weise dient es der Aufbereitung der mit feinen Schieferteilen ve:wachsenen Steinkohle, der Aufbereitung gewisser bituminöser Substanzen, des mit erdigen Teilen gemengten Graphits usw.

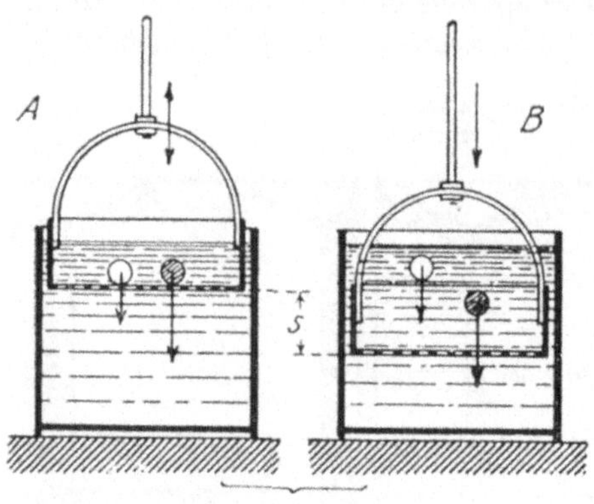

Abb. 37. Handsetzsieb.

Die Ausführung des Verfahrens gestaltet sich verschieden, je nachdem die Flüssigkeit nur zeitweise in strömende Bewegung versetzt wird oder stetig fließt. Im ersten Fall hebt der Flüssigkeitsstrom das zu scheidende Haufwerk von einer Unterlage ab und hebt die verschieden schweren Teile verschieden hoch empor. Nach dem Unterbrechen der Strömung fallen sie dann, ihrer Schwere oder Fälligkeit folgend, verschieden rasch wieder herab und lagern sich auf der Unterlage erneut, aber geschichtet ab. Durch mehrfache Wiederholung des Verfahrens, der sog. Setzarbeit, wird die Vollkommenheit der Scheidung gefördert. Der Verwendung eines Siebes als Unterlage für das Haufwerk entsprechend, wird das Verfahren auch das Siebsetzen genannt.

Der Ausführung des Verfahrens dient das Handsetzsieb (Abb. 37) und die Setzmaschine (Abb. 38). Zwischen beiden Einrichtungen besteht als grundlegender Unterschied, daß bei dem Handsieb die Relativbewegung zwischen dem Sieb und dem Setzgut die Folge einer stoßweisen Abwärtsbewegung des

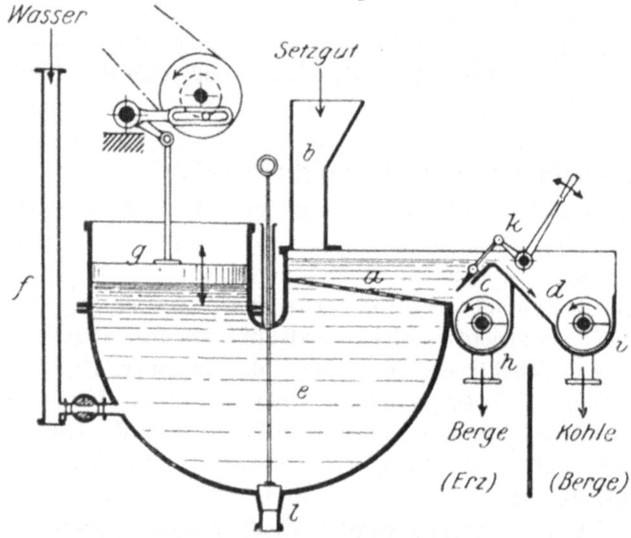

Abb. 38. Setzmaschine.

Siebes (das Stauchen) ist, be: der Setzmaschine dagegen durch einen das festliegende Sieb nach aufwärts durchdringenden Flüssigkeitsstrom hervorgerufen wird.

Der Stauchweg s des Handsetzsiebes (Abb. 37 A und B) sowie die für eine vollkommene Scheidung erforderliche Zeit t hängt von der Korngröße der Haufwerkteile ab. Es beträgt z. B.

bei grobem Korn von $d = 8$ bis 16 mm : $s = 50$ mm, $t = 30$ Sek.
„ feinem   „   „ $d = 4$ „ 8 „ : $s = 25$ „ , $t = 90$ „

Die Stundenleistung eines Erzsetzsiebes kann im Durchschnitt zu 1,3 cbm für 1 qm Siebfläche eingeschätzt werden. Sie wird durch die Arbeitspausen ungünstig beeinflußt, die infolge des zeitweisen Beschickens und Entleerens des Siebes entstehen.

Die Setzmaschine arbeitet stetig. Nach Abb. 38 wird dem geneigt liegenden und von einem Rahmen umschlossenen Siebe a aus dem Speiserumpf b dauernd neues Setzgut zugeführt, während das geschiedene Gut das Sieb bei c und d verläßt. Das unterhalb des Siebes befindliche Setzfaß e wird beständig durch Zufluß aus der Leitung f mit Wasser gefüllt erhalten und dieses durch Niederdrücken des Kolbens g zeitweise durch das Sieb hindurchgepreßt. Hierbei hebt es das Setzgut empor und schwemmt die verschieden hoch gehobenen, weil verschieden schweren Teile bei c bzw. d in die Ablaufgerinne h und i ab. Um den Wasserersatz durch langsamen Aufstieg des Kolbens g zu sichern und doch die Wirkung des Wasserstoßes auf das Haufwerk zu erhöhen, erfolgt die abwärts gerichtete Stauchbewegung des Kolbens rascher als der Kolbenhub. Ein einstellbarer Schieber k dient zur Regelung der Scheidung. Durch das Sieb fallende Haufwerkteile bilden das sog. Faßmehl und werden von Zeit zu Zeit bei l entfernt.

Bei

680 × 840 mm Siebfläche,
76 „ Kolbenhub und
42 Stauchungen in der Minute

werden in der Stunde etwa 1760 kg Kohle aufbereitet und in 77 v. H. Kohle und 23 v. H. Schiefer zerlegt, so daß die Leistung etwa 3000 kg Kohle für 1 qm/St. beträgt. Auf 100 kg Kohle ist ein Wasserverbrauch von 0,06 bis 0,07 cbm zu rechnen. Die Arbeit der Maschine wird der Korngröße des Setzgutes durch Änderung des Kolbenhubes zwischen 46 bis 78 mm angepaßt.

Bei Kohle äußert sich der Erfolg der Setzarbeit in der Ausscheidung der unverbrennbaren Schiefer, also in der Verminderung des Aschengehaltes. Dieser kann daher in gewissem Sinne als Maß für die Güte der Setzarbeit betrachtet werden. Dabei ergeben sich z. B. die folgenden Zahlen:

Aus roher Steinkohle mit 25 v. H. mittlerem Aschengehalt wurden durch Setzarbeit gewonnen:

Staubkohle . . . . mit 13 v. H. Aschengehalt
Kornkohle von 5 bis 10 mm . . . . . . „ 8 „ „
„   „ 10 „ 16 „ . . . . . . „ 5 „ „
„   „   >16 „ . . . . . . „ 4 „ „

Der mittlere Aschengehalt ist somit von 25 v. H. auf 7,5 v. H. vermindert worden.

Für die Sortierung von Erzmehlen kann der Wasserstrom auch nach dem Vorgang des Amerikaners *Krom*[1] durch einen stoßweise wirkenden Strom gepreßter Luft ersetzt werden.

---

[1] Engl. Pat. Nr. 1058 vom 26. März 1874. Verhandl. d. Ver. z. Beförd. d. Gewerbefleißes in Preußen 1878, S. 167.

Durchfließt eine Flüssigkeit ein Gerinne, so unterliegen in derselben schwebende Haufwerkteile verschieden großen und verschieden gerichteten Kraftwirkungen. Teils sind es treibende, teils widerstehende Kräfte, die die Teilchen beeinflussen. Die ersteren entspringen dem Stoß der strömenden Flüssigkeit und der Eigenschwere der Gemengteile, die letzteren deren Massenträgheit und der mehr oder weniger großen Zähigkeit der Flüssigkeit. Bei

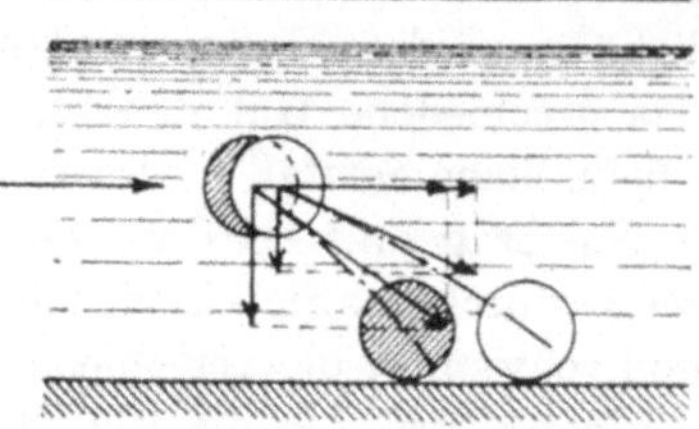

Abb. 39. Absetzen im Strom.

genügender Kleinheit der widerstehenden Kräfte wird das Haufwerk den treibenden Kräften folgen und bei wagerecht gerichteter Strömung der Flüssigkeit in einem Parabelbogen niedersinken und sich schließlich an getrennten Stellen des Gerinnbodens ablagern, wie dies die Abb. 39 ersehen läßt. In einem aufwärts gerichteten Flüssigkeitsstrom hingegen werden bei genügend kleinem Eigengewicht die Haufwerkteilchen dem Stromstoß folgen und, ihrer verschiedenen Beschleunigung entsprechend, verschieden hoch emporgehoben werden. In beiden Fällen tritt das Sortieren des Haufwerkes ein.

Die Verminderung der Strömungsgeschwindigkeit bietet das Mittel, den Fall- bzw. Steigweg zu verkürzen, also das Ausfallen der Haufwerkteile zu beschleunigen. Sie kann geschehen entweder durch Vergrößern des von der

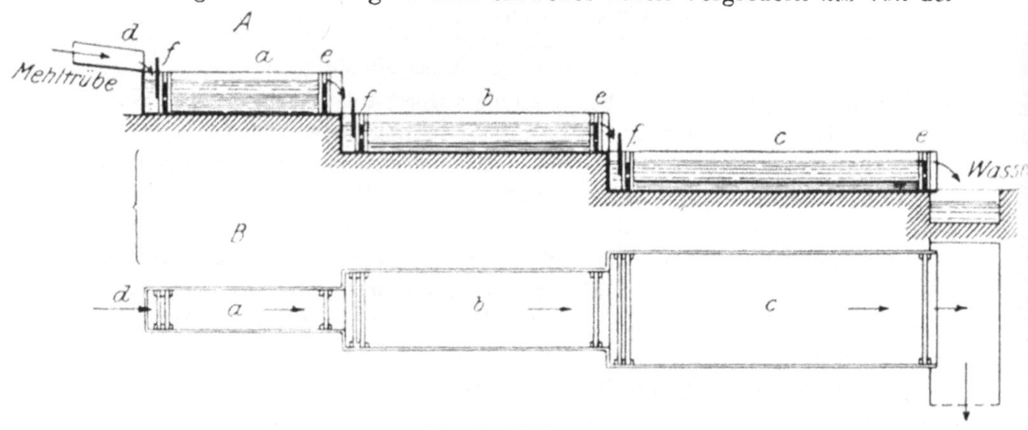

Abb. 40. Mehlrinnen.

Flüssigkeit durchflossenen Gerinnquerschnittes oder durch den Einbau von Scheidewänden in das Gerinne, welche die Bewegung der Haufwerkteile hemmen und die Bahn der Flüssigkeit ablenken. Zuweilen werden beide Mittel gleichzeitig benutzt.

Für die Scheidung im wagerecht fließenden Strom bietet die Aufbereitung der Mineralien in den Mehlrinnen oder Mehlführungen beachtenswerte Beispiele. Diese Apparate sind nach Abb. 40 aus stufenförmig hintereinander geordneten flachen Holz- oder Eisenrinnen $a\,b\,c$ von zunehmender Breite und Länge zusammengesetzt. Sämtliche Rinnen, deren Zahl beliebig vermehrt werden kann und deren jede eine Sorte liefert, besitzen eine wagerechte oder unter $^1/_{200}$ geneigte Sohle. Sie werden von der bei d zugeführten Trübe, d. i. einem dünnflüssigen Gemisch des mehlfeinen Haufwerks mit Wasser, der Reihe nach in gleicher Schichthöhe durchflossen. Die Breitenvergrößerung der tieferliegenden Rinnen hat die Vergrößerung des Trübequerschnittes und damit die Verminderung der Strömungsgeschwindigkeit zur Folge, so daß in den folgenden Rinnen immer mattere Haufwerkteile zur Ablagerung kommen. Dem längeren Schwimmweg dieser entspricht die Längenzunahme der aufeinanderfolgenden Rinnen. Für drei Rinnen steht diese etwa im Verhältnis $1:1,5:2$, während die Trübegeschwindigkeit ungefähr im Verhältnis $1:0,66:0,44$ abnimmt. Infolge der allmählichen Abnahme des Mehlgehaltes der die Rinnen durchfließenden Trübe, verbunden mit der Grundrißvergrößerung der Rinnen, nimmt die Füllung der tiefer-

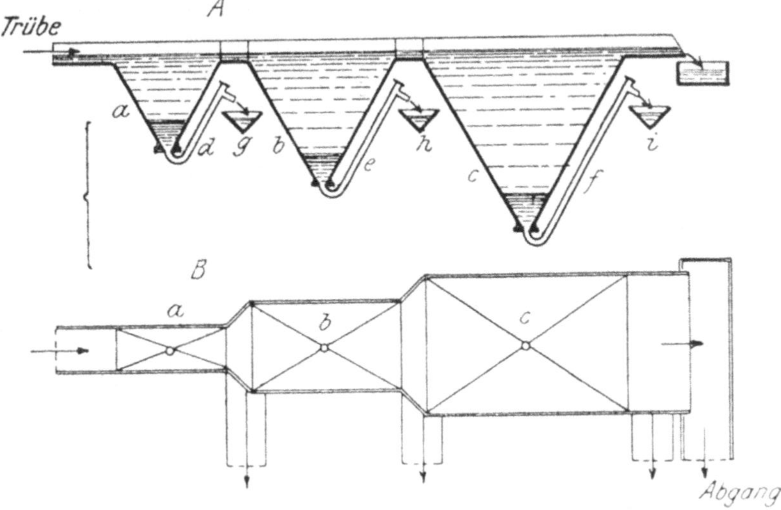

Abb. 41. Spitzkasten.

liegenden mit Setzgut allmählich ab; auch bedecken sich die Rinnenböden mit ungleich dicken Schichten. Die hieraus hervorgehende Zunahme der Sohlenneigung wird mittels Vorsatzleisten e ausgeglichen, die nach Bedarf an den Enden jeder Rinne eingelegt werden können. Am Anfang jeder Rinne angeordnete Unterschiede f, die bis in die Nähe des Rinnenbodens herabreichen, verhindern das Aufwühlen der Rinnenfüllung durch die neu einfließende Trübe. Das in den Rinnen abgesetzte Mehl wird zeitweise nach dem Ausschalten der zu entleerenden Rinne entfernt und dabei die Trübe durch eine benachbart liegende Ersatzrinne geleitet, so daß der Rinnenbetrieb keine Unterbrechung erfährt.

Die hieraus entspringenden Zeitverluste vermeidet der in der Abb. 41 wiedergegebene S p i t z k a s t e n von *Rittinger* dadurch, daß die von der Trübe durchflossene Mehlrinne einen durchlässigen Boden erhalten hat, so daß die niederfallenden Mehlteilchen sich nicht in der Rinne ansammeln, sondern beständig aus ihr entfernt werden können. Den durchlässigen Rinnenboden bilden Wasserkörper, welche die trichterartigen Hohlräume *a b c* füllen. Die ausfallenden Mehle sinken im Wasser herab und werden an den Trichterspitzen durch aufwärtsführende Austragrohre *d e f* aufgenommen und den Fangrinnen *g h i* zugeleitet.

An dieser Stelle ist auch auf den zur Scheidung von Erzhaufwerken dienenden Etagenstromapparat von *Büttgenbach*[1], den in Papierfabriken benutzten Stoffänger von *Füllner*[2], die Kläranlagen zur Ölgewinnung aus Kondensationswässern[3], die Getreidewaschmaschine von *Niederer* und *Kahl*[4] und ähnliche Einrichtungen hinzuweisen.

Besondere Wichtigkeit haben in der neueren Zeit die zur Reinigung von Abfallwässern dienenden Klärbrunnen und Klärtürme sowie gewisse

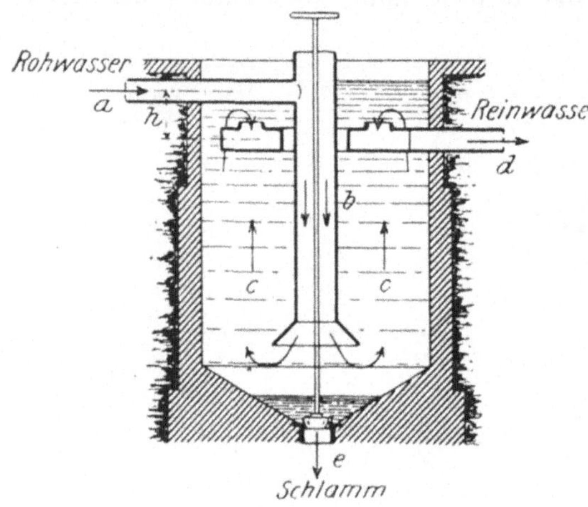

Abb. 42. Klärbrunnen.

Bauarten der bei der Enthärtung des Kesselspeisewassers zur Anwendung kommenden Kläranlagen erlangt.

Für die ersteren bietet der durch Abb. 42 dargestellte Klärbrunnen von *Mairich*[5] ein Beispiel. Das bei *a* dem Rohr *b* zufließende Abfallwasser, das etwa 5 bis 10 v. H. feste Bestandteile enthält, steigt nach dem Verlassen des Rohres in dem weiten gemauerten Brunnenschacht *c* langsam aufwärts und wird nach dem Niederfallen der Sinkstoffe gereinigt bei *d*

wieder abgeleitet. Die Sinkstoffe sammeln sich auf dem trichterförmigen Brunnenboden und werden durch Öffnen des Ventiles *e* von Zeit zu Zeit abgelassen.

Die der Wasserenthärtung dienenden Kläranlagen bezwecken die Entfernung der durch die Einwirkung chemischer Reagenzien (Sodalösung, Ätznatron, Kalkmilch u. dgl.) aus dem Speisewasser ausgeschiedenen unlöslichen Kalk- und Magnesiasalze. Die feine Verteilung, in welcher diese im Wasser schweben, erschwert ihre Abscheidung erheblich. Um sie zu beschleunigen, führt man das Wasser entweder im aufwärtsgerichteten Strom durch eine Reihe von Fällgefäßen hindurch, deren Querschnitte immer größer werden, oder man erzwingt den möglichst raschen Ausfall der Sinkstoffe durch den

[1] Zeitschr. f. Berg-, Hütten- u. Salinenwesen 1888, Bd. 36, S. 246.
[2] Zeitschr. d. Ver. deutsch. Ing. 1901, S. 1281.
[3] Desgl. 1904, S. 369.
[4] DRP. Nr. 36 418 vom 22. Januar 1886.
[5] Zeitschr. d. Ver. deutsch. Ing. 1909, S. 62.

Einbau von Zwischenwänden in das Klärgefäß, welche den Fallweg der Stoffe begrenzen und ihre Ablagerung fördern.

Eine derartige Kläranlage besteht dann beispielsweise[1] nach Abb. 43 aus einem zylindrischen Fällgefäß *a* mit zentral liegendem, siebartig gelochtem Abflußrohr *b*. Eine Anzahl kegelförmiger, von dem Rohr getragener Schirme *c* zerlegen den Gefäßraum in Schichten, welche das bei *d* dem Gefäß zugeführte Wasser aufwärtsströmend durchfließen muß. Die infolge ihres Gewichtes in dem langsam strömenden Wasser im Sinken begriffenen Stoffe nehmen zwar an der Aufwärtsbewegung des Wassers teil, werden aber nach Abb. 44 sehr bald von einer Schirmwand aufgefangen und gleiten an dieser in den Sammelraum *e* des Klärgefäßes herab.

Weitere Beispiele für die Hemmung abzuscheidender Haufwerkteile durch in den Flüssigkeitsstrom eingefügte Hindernisse bieten u. a.

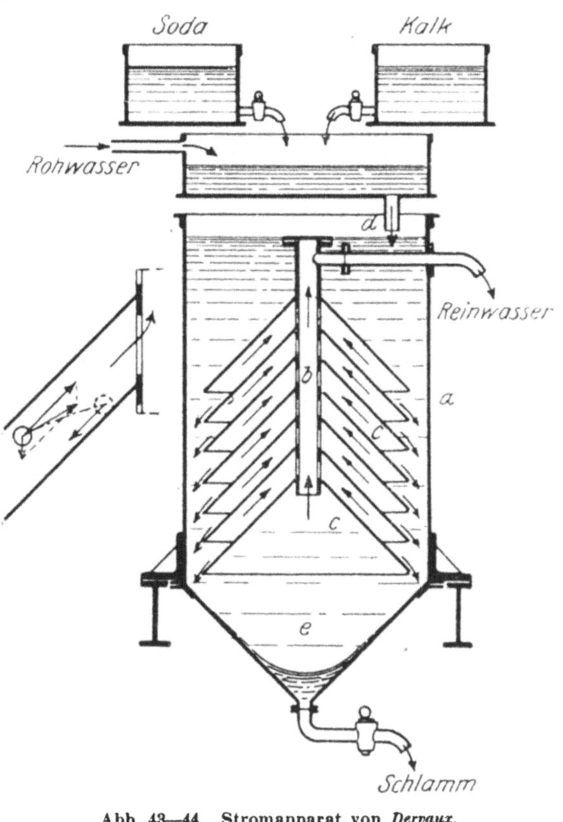

Abb. 43—44. Stromapparat von *Dervaux*.

der Sandfang für Papiermaschinen von *Planche* (Abb. 45). Der mit Wasser gemischte „Zeug" wird über eine etwa 1500 mm lange Holzplatte geleitet, auf welcher parallel zueinander liegende Holzleisten *a* befestigt sind. Sand-, Metall- oder sonstige kleine Körner, die dem über die Leistenkanten in dünner Schicht fließenden Zeugstrom beigemengt sind, stoßen gegen die Leisten und sinken infolge

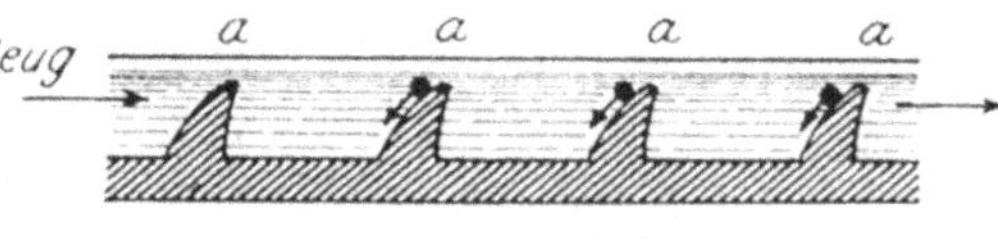

Abb. 45. Sandfang.

der hierdurch bewirkten Geschwindigkeitsverminderung an diesen herab auf den Boden, von dem sie zeitweise entfernt werden.

Die Dampftrockner. Um nassen Dampf von einem großen Teil seines Wassergehaltes zu befreien, finden weiträumige Gefäße Anwendung,

---

[1] Vgl. den Speisewasserreiniger von *Dervaux-Reißert*.

die in die Dampfleitung eingeschaltet werden, wie dies die Abb. 46 ersehen läßt. Der in das Gefäß bei *a* eintretende Dampfstrom wird mittels einer Scheidewand *b* von seiner Richtung abgelenkt. Die Wassertröpfchen stoßen hierbei gegen die Wand, vereinigen sich und werden aus dem Dampfstrom ausgeschieden, der getrocknet bei *c* wieder in die Leitung zurücktritt.

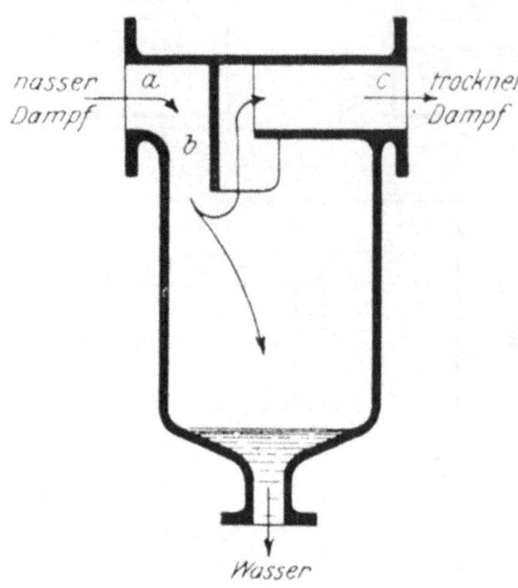

Abb. 46. Dampfentwässerer.

Die Teerabscheider. In den erstmalig von *Pelouze* und *Andonin* angegebenen, später von *Drory*[1] verbesserten Apparaten der Leuchtgasfabriken, die zur mechanischen Abscheidung der Teerdämpfe aus dem Gas dienen, finden schichtenweise angeordnete Siebplatten Verwendung. Dieselben sind nach Maßgabe der Abb. 47 gelocht und so zusammengestellt, daß den Lochreihen des einen Siebes (*a*) die volle Fläche des benachbarten Siebes (*b*) gegenübersteht. Bei dem Durchdringen des Gases durch die engen Bohrungen der Siebe *a* vereinigen sich die infolge erlittener Abkühlung im Gas schwebenden Teerteilchen zu größeren Tropfen, die durch Anprall an die Wand des Siebes *b* aus dem Gasstrom ausgeschieden werden, der durch die größeren Öffnungen der Siebe *b* den folgenden Sieben zufließt. Mittels eines Apparates von *Drory* wurde der Teergehalt des Rohgases von 10,035 kg in 1000 cbm auf 0,035 kg, also um 99 v. H., vermindert.

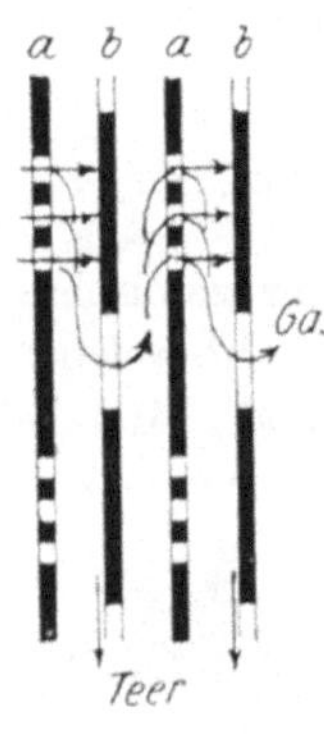

Abb. 47.

Auf der gleichen Grundlage beruhen auch die von *Möller*[2] zur Scheidung von Dampfgemischen angegebenen „Gasfilter" sowie die bei dem neuzeitlichen Dampfmaschinenbetrieb unentbehrlichen

Abdampfentöler. Ihnen ist das Durchleiten des Dampfes durch Gefäße gemeinsam, in denen geeignete Einlagen den Dampf zu vielfach wiederholter Richtungs- und Geschwindigkeitsänderung zwingen, unter deren Einfluß sich die Öltropfen an der Oberfläche der Einlagen niederschlagen. Die Einlagen bestehen meist aus winkelförmig gebogenen, zuweilen mit Schlitzlöchern versehenen Blechstreifen, die in senkrechter oder wagerechter Lage und dichter Stellung den Hohlraum des Entölers füllen (*Brunner* und *Bühring, Herweg* u. a.), oder es sind Gliederketten, die in dem Gefäß herabhängen (*Strube*). Die Ölrückgewinnung beträgt nach *Brunner* und *Bühring* bis zu 85 v. H.

Haufwerke, die infolge ihrer stofflichen Beschaffenheit bzw. ihrer späteren

[1] *Schäfer:* Einrichtung und Betrieb eines Gaswerkes. Oldenburg 1910.
[2] DRP. Nr 8806 vom 17. Juni 1879. Zeitschr. d. Ver. deutsch. Ing. 1882, S. 343.

Verwendung nicht durchfeuchtet werden dürfen, werden im Luftstrom sortiert. Dies gilt insbesondere für die verschiedenen Getreidearten und deren Mahlerzeugnisse, für die staubförmig zerkleinerte Steinkohle, deren Behandlung in der Setzmaschine infolge Verschlämmens des engmaschigen Setzsiebes meist wenig befriedigt, für die Erzeugnisse und Zwischenprodukte der Schwerspatmühlen, Dynamitfabriken usw. Auch wird der Luftstrom benutzt, in Betrieben mit starker Staubentwicklung, wie Mühlen für Zement, Hochofenschlacke, Kalk, Phosphat u. dgl., den Staub abzuführen und in besonderen weiträumigen Staubkammern abzulagern, in denen die Strömungsgeschwindigkeit der Luft so vermindert wird, daß die Feststoffe ausfallen und die Luft entstaubt die Kammer verläßt.

Die einfachste Form der Luftsortierung findet bei dem Reinigen des Getreides von beigemischten losen Spelzen, Samenhüllen, Strohteilchen usw., der sog. Spreu, Anwendung. Das mit Hilfe einer von Hand geführten Wurfschaufel in den Luftraum geschleuderte Rohgetreide wird hierbei sortiert, indem die leichten, eine große Oberfläche bietenden Spreuteile durch den Luftwiderstand zurückgehalten werden und in der Nähe der Wurfstelle niederfallen, während die schweren Körner einen längeren Weg durchlaufen.

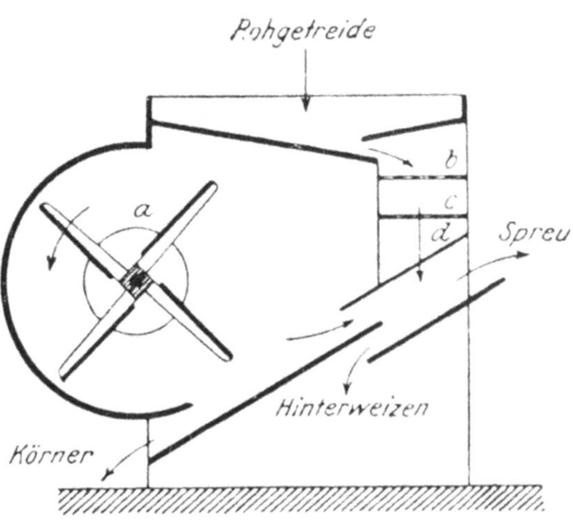

Abb. 48. Spreufege.

Diesem entgegengesetzt wird bei der mechanischen Spreufege oder Getreidereinigungsmaschine, Abb. 48, ein mittels des Ventilators a erzeugter Luftstrom durch den über die Klassiersiebe b bis d laufenden Getreidestrom geblasen, der die leichten Spreuteile wegführt, die Körner aber unbeeinflußt läßt. Meist werden auch noch die Körner in schwere und leichte (den sog. Hinterweizen) geschieden. Eine Spreufege dieser Art von 360 mm Arbeitsbreite der Siebe und einem 740 mm großen vierflügligen Ventilatorrad mit 8,4 m/Sek.-Umfangsgeschwindigkeit scheidet mit 1 PS etwa 8000 kg Rohweizen in 1 Stunde in 79 v. H. reine Körner, 8 v. H. Hinterweizen und 13 v. H. Spreu.

Den in Getreidemühlen zum Sortieren der Grieße, Dunste und Mehle dienenden Grießputzmaschinen ähnliche Einrichtungen wurden zuerst von *Bentall*[1] zum Sortieren des verschieden feinkörnigen Staubes verwendet, der bei der Zerkleinerung spröder Mineralstoffe entsteht. Die neuzeitliche Form einer derartigen Anlage gibt die Abb. 49 wieder.

[1] Engl. Pat. Nr. 294 vom 1. Februar 1859.

Nach ihr wird quer durch den von den Mahlwalzen a kommenden Haufwerkstrom mittels des Ventilators b ein Luftstrom geblasen, der das Haufwerk in der Staubkammer c ausbreitet. Der Eigenschwere der Haufwerkteile und der Geschwindigkeitsabnahme des Luftstromes entsprechend, fallen die ersteren in verschiedenen Abteilen d bis g der Kammer nieder, derart, daß die der Eintrittstelle zunächst liegenden Abteile die gröberen Haufwerkteile aufnehmen. Der feinste Staub entweicht mit der Luft in das obere Kammerabteil h und wird hier abgelagert, während die Luft erneut vom Ventilator angesaugt wird. Derartige Anlagen vermögen bei 70 bis 80 cbm Inhalt der Staubkammer etwa 200 bis 300 kg Feinmehl in der Stunde zu sortieren.

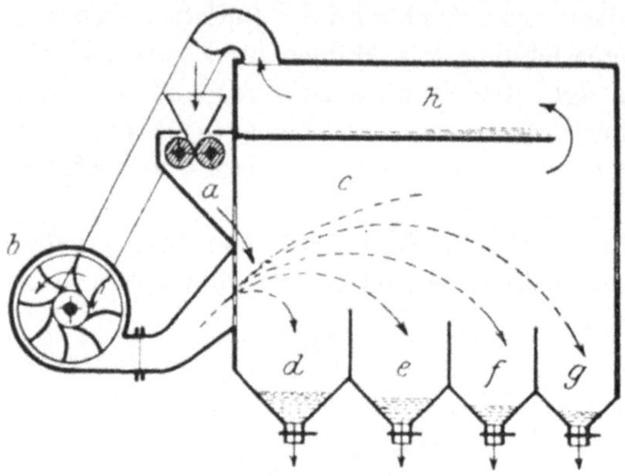

Abb. 49. Sortierung im Luftstrom.

Eine der Feinkohlenaufbereitung dienende Sortieranlage (Windseparation) zeigt noch Abb. 50. Bei ihr wird die aus der Klassiertrommel a in die Lutte b fallende Feinkohle von 0 bis 7 mm Korngröße von dem vom Ventilator c kommenden Luftstrom in zwei Sorten von 0 bis 4 mm und von

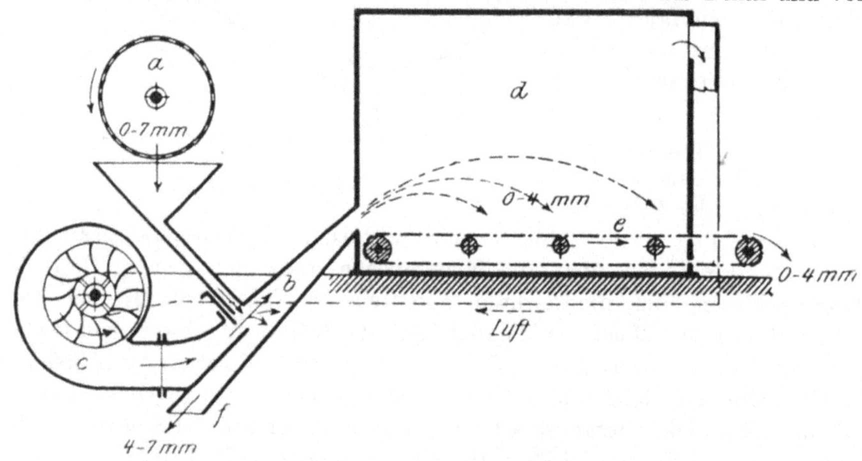

Abb. 50. Sortierung im Luftstrom.

4 bis 7 mm geschieden. Die erstere wird in die Staubkammer d geblasen und hier auf dem Fördertuch e abgelagert, die letztere verläßt die Lutte bei f. Auch hier saugt der Ventilator die Luft, welche noch die feinsten Staubteilchen enthält, wieder an und sichert damit auch bei kleinen Staubkammern die größtmögliche Leistung und eine staubfreie Arbeit[1].

---

[1] Näheres siehe Zeitschr. d. Ver. deutsch. Ing. 1890, S. 1237.

c) Das Ausfällen durch Fliehkraft.

Die rasche kreisförmige Bewegung eines in Luft oder einer tropfbaren Flüssigkeit verteilten Haufwerkes bedingt infolge der auftretenden Fliehkraftwirkungen eine verschieden große Nachaußenbeschleunigung der verschieden schweren Haufwerkteile. Bei gleicher Größe der Teile findet daher hierbei die Scheidung nach der Dichte, also die Sortierung, bei gleicher Dichte, aber verschiedener Größe die Klassierung des Haufwerkes statt. Gebrauch wird hiervon u. a. in dem der Erzscheidung dienenden „Trockenseparator" von *Pape-Henneberg* gemacht. Bei ihm wird das aus verschieden großen und verschieden dichten Körnern bestehende Erzmehl auf schnell umlaufende wagerechte Scheiben aufgetragen und von diesen über einen mit ringförmigen Abteilen versehenen Behälter geschleudert. In diesem sammeln sich die Erzkörner derart, daß in gleichen Abständen von der Scheibenmitte stets gleichschwere Körner liegen. Hierbei führt ein in radialer Richtung zugeblasener Luftstrom den feinsten Staub hinweg, der die nachfolgende Klassierung erschweren würde.

Zur Abscheidung gleichdichter, aber verschieden großer Haufwerkteile findet die Fliehkraft beispielsweise in der für die Grieß- und Mehlsortierung bestimmten Grießputzmaschine von *Buchholz* Anwendung. Hier wirft eine mit Schaufeln besetzte Schleuderscheibe das Sichtgut in eine luftverdünnte Kammer, in der es in verschiedenen Abständen von der Scheibe zu Boden fällt, wobei sich die leichtesten Teilchen zunächst der Scheibe ablagern.

Vielfache Anwendung findet die Fliehkraftsortierung bei Gemischen von Flüssigkeiten verschiedener Dichte, wie Magermilch und Rahm, Schmieröl und Kondensat aus Dampfmaschinen sowie bei Gemischen von Luft oder Dampf mit Flüssigkeiten oder festen Haufwerken.

Zur Milchscheidung als Ersatz des langwährenden Aufrahmprozesses ist die Fliehkraft wohl erstmalig von *A. Fesca*[1] benutzt worden. In der Neuzeit, wo die Bestrebungen, für den Genuß eine hygienisch einwandfreie Milch zu beschaffen, einen großen Umfang angenommen haben, bilden die Milchschleudermaschinen in den verschiedenen Ausführungen von *Lefeldt* und *Lentsch, de Laval, v. Berchtolsheim, Ramsohl* und *Schmidt* u. a. wichtige Molkereimaschinen. Der Vorteil, den diese Maschinen in hygienischer Beziehung bieten, gibt sich insbesondere in der Ausscheidung einer käseartigen Masse kund, welche der Sitz und Nährboden einer Reihe, die Gesundheit schädigender Bakterien ist. Dieselbe bleibt bei dem Ausschleudern der Milch in der Schleudertrommel zurück und führt, von Tieren genossen, zur Erkrankung dieser.

Den verschiedenen Bauarten der Milchschleudern oder Milchzentrifugen liegt der Gedanke zugrunde, die zu scheidende Vollmilch in ein rasch umlaufendes Gefäß einzuführen, so daß sie an der Umlaufsbewegung teilnimmt. Hierbei wird die spezifisch schwere, weil wasserhaltige, Magermilch an der Gefäßwand, der fettreiche und daher spezifisch leichte Rahm innerhalb der Magermilchschicht abgelagert. Das Verhältnis zwischen der letzteren

---

[1] DRP. Nr. 8391 vom 5. Juli 1878.

und der Rahmschicht ist hierbei entsprechend dem Fettgehalt der Vollmilch etwa 17 : 3, während etwa 0,4 bis 0,7 v. H. der Vollmilch als Rückstand verbleiben. Die Unterschiede der verschiedenen Bauarten ergeben sich vornehmlich aus der Art, in welcher die getrennten Stoffe abgeführt werden, sowie aus dem Bestreben, die Trennung durch Verkürzung des Weges zu fördern, den die Flüssigkeitsteilchen bis zur Vollendung ihrer Ausscheidung zu durchlaufen haben.

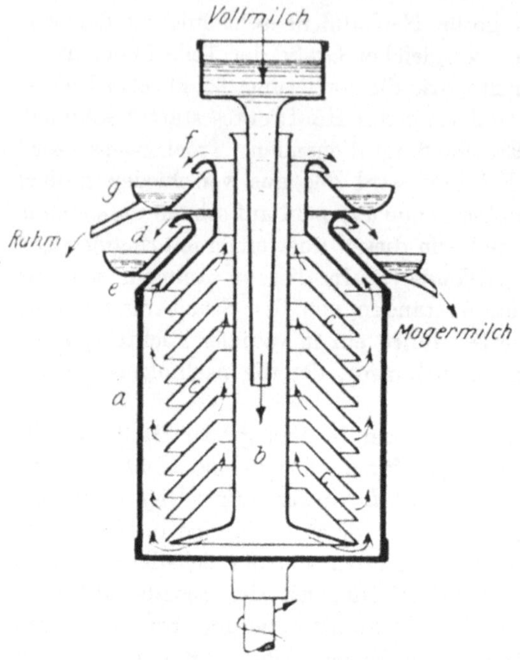

Abb. 51. Milchschleuder.

Die Abb. 51 zeigt die Einrichtung des Schleudergefäßes einer neueren Bauart der Milchschleudern. *a* ist die mit etwa 4000 Uml. i. d. Min. sich drehende Schleudertrommel, welcher die Vollmilch durch das zentrisch angeordnete mitlaufende Rohr *b* am Boden zufließt, so daß sie alsbald an dem Umlauf teilnimmt. Während des Scheidens steigt die Milch innerhalb der Trommel empor und wird durch die in dieser befindlichen kegelförmigen Blechringe *c* in eine Anzahl dünner Schichten geteilt. Hier vollzieht sich die Trennung der Magermilch von dem Rahm. Die erstere wird durch die Fliehkraft dem Umfang der Trommel zugedrängt und steigt an diesem empor, bis sie bei *d* in die Abflußrinne *e* austritt. Der Rahm hingegen sammelt sich an dem Mittelrohr *b* und tritt, an diesem emporsteigend, bei *f* in die Rinne *g* über. Die Ringeinlagen fördern die Bewegung der Rahmteilchen, indem sie dieselben schon nach kurzem Weg fangen und der Trommelwand zuleiten, wobei die stetig zunehmende Entfernung von der Trommelachse die Güte der Scheidung unterstützt (vgl. S. 41).

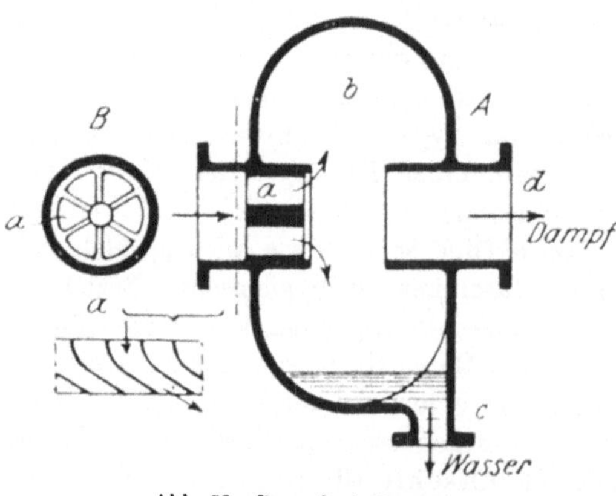

Abb. 52. Dampfentwässerer.

Bei dem Dampfentwässerer Abb. 52 und ebenso bei dem zur Bekrönung des Auspuffrohres von Dampfmaschinen dienenden Schalldämpfer mit Wasserfang, Abb. 53, erteilt eine feststehende, steilgängige Schraube a dem strömenden Dampf eine kreisende Bewegung, wodurch die spezifisch schweren Wasserteilchen gegen die Wand des Gefäßes b geschleudert und ausgeschieden werden. Sie fließen bei c ab, während der entwässerte Dampf bei d weiterströmt.

Auf der Fliehkraftwirkung beruhende Scheideapparate haben in neuerer Zeit als sog. „Zyklone" vielfach in Betrieben Anwendung gefunden, die mit erheblicher Staubentwicklung verbunden sind. Insbesondere dienen sie dazu, in Zementfabriken, Mühlen, mechanischen Tischlereien, Spinnereien usw. die großräumigen Staubkammern zu ersetzen und die zur Lüftung der Arbeitsmaschinen benutzte Luft vor dem Austritt in die Atmosphäre von dem mitgeführten Staub, von Holzspänen, Getreidegrannen u. dgl. zu befreien. Zu diesem Zweck werden sie außerhalb des Betriebsgebäudes aufgestellt und an das Ende der die Staubluft abführenden Rohrleitung angeschlossen.

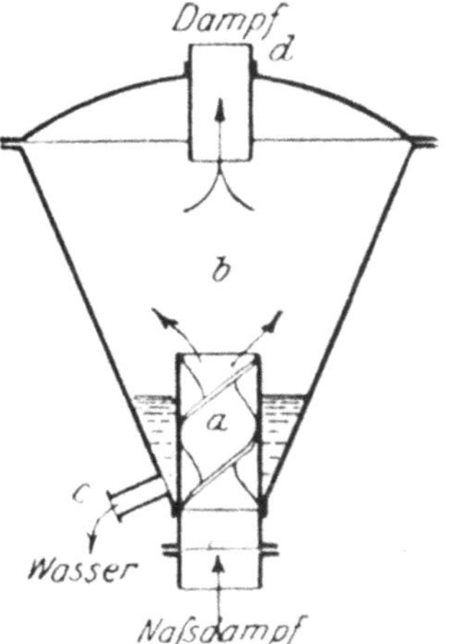

Abb. 53. Wasserfang.

Nach Abb. 54 besteht der Zyklon aus einem aus Blech oder Holz hergestellten und auf seiner Spitze stehenden Hohlkegel a, den am oberen Rand ein zylindrischer Aufsatz b umgibt. An diesen ist das Druckrohr c des zum Absaugen des Staubes benutzten Ventilators in tangentialer Richtung angeschlossen. Nach oben hin ist der Aufsatz mit einer ringförmigen Decke d versehen, deren innere Öffnung ein Schirm e abdeckt, während ein nach innen ragender Rohrstutzen f dem eintretenden Luftstrom die Kreisbewegung aufzwingt. Die hierbei an den Mantel gedrängten Späne oder Staubteile werden von einer schraubenförmigen Leitplatte g dem Trichter zugeführt und verlassen denselben an der unteren Mündung, während die · gereinigte Luft unterhalb des Schirmes e entweicht. Zyklone von 1000 bis 2000 mm oberem Durchmesser und 1500 bis 3500 mm Höhe vermögen in der Minute 40 bis 500 cbm Luft zu entstauben.

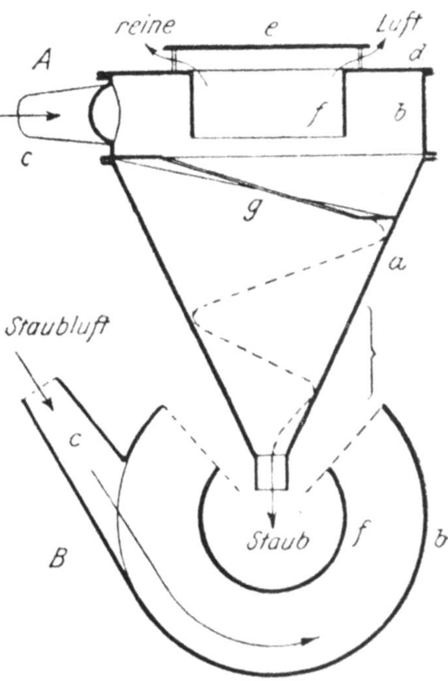

Abb. 54. „Zyklon".

C. Das Filtrieren.

Der Zweck des Filtrierens ist die Scheidung von Gemengen aus festen Stoffen und Flüssigkeiten oder Gasen. Entweder bildet die Gewinnung der festen Filterrückstände oder die des flüssigen Filtrates das Ziel der Arbeit. Das Hilfsmittel der Filtration ist ein poröser Körper, der Filterkörper oder das Filter, der die festen Stoffe zurückhält, während die Flüssigkeit ihn durchdringt. Die Filtrierfähigkeit des Gemenges oder des Filtergutes hängt ab von der Zähe der Flüssigkeit, dem Feinheitsgrad der mit der Flüssigkeit gemengten Feststoffe, dem Mischungsverhältnis der Gemengteile und der Innigkeit der Mischung. Im allgemeinen erschwert Zähflüssigkeit des Filtrates, sehr feine Verteilung der Feststoffe, ein großer Gehalt an diesen, sowie große Adhäsion zwischen den Feststoffen und der Flüssigkeit die Filtration. Diese erfordert dann nicht selten den Aufwand großer Kräfte, um den Durchtritt der Flüssigkeit durch das Filter zu erzwingen. Unter Umständen vermag aber auch ein sehr geringer Gehalt des Filtergutes an feinverteilten Feststoffen die Abscheidung zu erschweren, sofern in diesem Falle vielfach die Dichte des Filters nicht hinreicht, die vollständige Trennung der Gemengteile zu erzielen. Eine derartige Beschaffenheit nötigt zuweilen, vor dem Filtern den Gehalt des Gemenges an Feststoffen durch Beimischen eines fein verteilten indifferenten Stoffes künstlich zu erhöhen, um bei dem Ausscheiden dieses auch die ursprünglich vorhandenen Stoffe zur Abscheidung zu bringen. Ein Beispiel hierfür bietet das Klären des Obstweines durch Beimischen kurzfaserigen Asbestes, sog. Filterasbestes, und nachfolgendes Filtrieren durch einen Leinensack.

Der Filterkörper wird aus körnigen oder faserigen Stoffen, den Filterstoffen, hergestellt. Diese werden entweder in loser Häufung zusammengelagert oder zu einem geschlossenen Formkörper vereinigt, der die erforderliche poröse Beschaffenheit besitzt. Körnige Stoffe werden im letzteren Falle mittels eines sie zusammenkittenden Bindemittels oder durch Sinterung oder Frittung, faserige Stoffe durch Verfilzen oder Verweben zu dem Filterkörper geformt. Die lose Häufung der Filterstoffe setzt deren Einlagerung in ein Gefäß voraus.

Die Filterstoffe sind teils mineralischen, teils pflanzlichen oder tierischen Ursprungs. Unter den ersteren findet insonderheit der Quarzsand, der Asbest, die Kohle als Koks, Knochenkohle und Holzkohle sowie der Bimsstein und die Glaswolle Verwendung. Organische Filterstoffe sind vornehmlich die Schafwolle, Kuh-, Ziegen- und Kamelhaare, dann aber auch die Samenhaare der Baumwolle sowie die Bastfasern des Hanfes, Leines und der Nessel.

Durch das Zusammenlagern des Filterstoffes entsteht in jedem Falle ein Körper, der von zahlreichen Hohlräumen oder Poren durchsetzt ist, die von wechselnder Größe und untereinander durch enge Kanäle verbunden sind. Die Größe dieser Hohlräume und damit die Dichtheit des Filters sind durch die Größe, zum Teil auch die Form der Grundkörper bestimmt, die zum Aufbau des Filterkörpers verwendet wurden.

Die Dichte eines Filters ist um so größer, je dichter diese Grundkörper zusammenlagern. Die Abb. 55 und 56 zeigen die Schichtung von Sanden verschiedener Korngrößen. Zuweilen ist die Dichte des Filters sehr groß. Ihren Grenzwert dürfte sie bei den aus feinverteilten und dichtgelagerten Asbestfasern hergestellten Mikromembranfiltern des Ingenieurs *Breyer*[1] finden, die als absolut keimdicht bezeichnet werden und Ultramarinkörner von 0,3 μ Größe noch zurückhalten sollen. 1 qmm Filterfläche enthält nach dem Erfinder etwa 2 250 000 Poren.

Die für den Aufbau von Filterkörpern benutzten Sande und Kiese werden den diluvialen Ablagerungen entnommen, die sich in verschiedenen Gegenden zuweilen in großer Mächtigkeit vorfinden. In diesen Ablagerungen sind die Kiese mit Lehm vermischt und in den verschiedensten Korngrößen enthalten. Sie werden von dem Lehm in besonderen Kieswäschereien[2] befreit und sorgfältig klassiert.

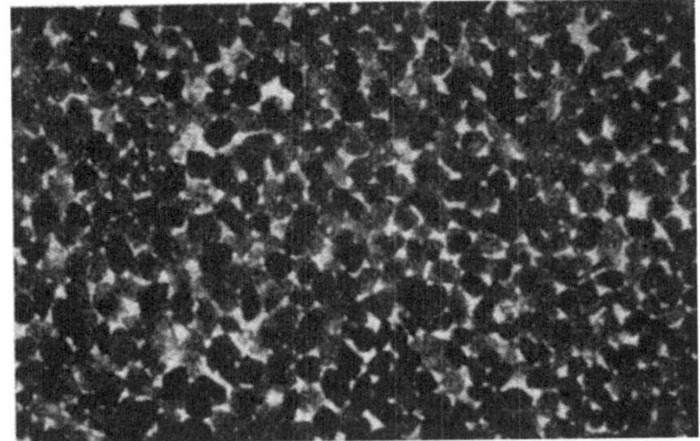

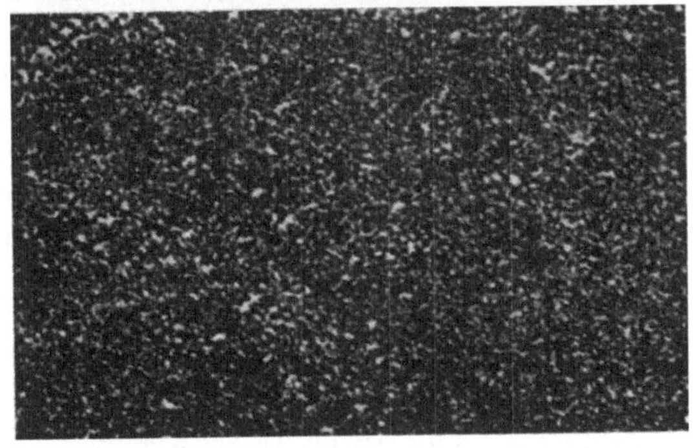

Abb. 55 und 56. Lagerung der Filterkiese.

Die Korngröße der Filterkiese schwankt im allgemeinen zwischen 0,5 mm und 50 mm. Beispielsweise liefert eine Kieswäsche der Sächsischen Oberlausitz den Filterkies in den folgenden Körnungen:

Klasse Nr.	1a	1	2a	2b	3	4	4b	5	6 (Haselnuß)	7 (Walnuß)	8 (Hühnerei)
Korn d mm	0,55	0,73	1,01	1,42	1,87	2,56	4,20	6,20	8,50	29	48

Ein Raum von 1 ccm Inhalt enthält

von Klasse	1a	rd.	11 700	Körner
,,	,,	2a	,,	1 800	,,
,,	,,	3	,,	294	,,
,,	,,	4b	,,	26	,,
,,	,,	6	,,	3	,,

---

[1] Wissenschaftl. Abhandl. v. d. k. k. obersten Sanitätsrat, Wien 1891.

[2] Z. B. Dampf-Sandwäsche zu Liegnitz: Deutsche Bauzeitung 1880, S. 400. — Sandwäsche zu Tegel: Glasers Annalen 1886, II, S. 63. — Beschaffenheit und Gewinnung von Filterkiesen: „Steinbruch" 1908, S. 403.

Erfahrungsgemäß wiegt

1 cbm Kies von 0,7 bis 4 mm   1250 bis 1500 kg
1 „   „   „ 6 „ 45 „   .1500 „ 1650 „

Es beträgt daher die Kiesfüllung 45 bis 60 v. H., im Mittel 52 v. H., bzw. 60 bis 65 v. H., im Mittel 62 v. H. des Rauminhaltes.

Die in Zuckerfabriken zur Saftfiltration benutzte Knochenkohle (Spodium), die neben der mechanischen Scheidung auch noch einen chemischen Einfluß auf das Filtergut ausübt, wird ebenfalls in verschiedenen Korngrößen verwendet, die im allgemeinen in die drei Klassen

fein . . . . 0,5 bis 3 mm
mittel 3   „   5 „
grob 5   „   23 „

zerfallen.

Zur Erhöhung der Handlichkeit wird der aus Kies in Platten- oder Zylinderform hergestellte Filterkörper zuweilen durch Brennen zu einer festen, formhaltenden Masse vereinigt, z. B. die Sandplattenfilter von *Fischer-Peters*[1], die Agga-Verbundfilter der A.-G. für Großfiltration. Auch andere Stoffe werden in gleicher Weise zu geschlossenen Filterkörpern geformt, so die aus Kieselgur bestehenden Filterkerzen der Zeller Filterwerke G. m. b. H. und die in verschiedenen Formen und Größen in den Handel kommenden Kohlefilter. Die letzteren werden aus einer durch Zusammenkneten von Koks, Spodium, Holzkohle und Asbest mit Pfeifenton und Sirup erhaltenen bildsamen Masse geformt und durch Glühen gefestigt und porös gemacht.

Faserige Filterstoffe werden teils durch Verfilzen (Haarfilze, Papier, Asbestfilter), teils durch Spinnen und Weben bzw. Flechten zu geformten Filterkörpern (Filtertüchern) verarbeitet. Den Übergang zu den letzteren bilden jene feinmaschigen Drahtgewebe, die als Siebtische für Papiermaschinen, Schlammfilter für Kohleaufbereitung, als Gas- und Dampffilter usw. Verwendung finden. Siebtische werden beispielsweise aus einfachen Messingdrähten von 0,14 bis 0,15 mm Dicke bei 0,04 qmm Maschengröße in Leinwand- oder Köperbindung gewebt, so daß sie 733 Maschen auf 1 qcm und 0,87 kg Gewicht auf 1 qm besitzen, oder es sind Gewebe von 1,6 kg Flächengewicht, 0,5 qmm Maschengröße und 73 Maschen auf 1 qcm, bei denen der Schuß aus 0,33 mm dicken Drähten, die Kette aus 5 drähtigen Litzen von 0,6 mm Durchmesser gebildet ist. In beiden Fällen beträgt das Verhältnis der freien Siebfläche zur gesamten etwa 1 : 2,9.

Aus textilen Faserstoffen gewebte köper- oder leinwandbindige Filtertücher sind meist aus lose gedrehten Fäden hergestellt; nur wenn sie weitmaschig und während der Filterarbeit großen Pressungen ausgesetzt sind, finden hartgedrehte bis 16 fach zusammengezwirnte Fäden Verwendung. Solche Tücher besitzen dann etwa 6 Stück 3 bis 8 qmm große Maschen auf 1 qcm und wiegen 0,3 bis 1,7 kg auf 1 qm. Dichte, leinwand- oder köper-

---

[1] Gesundheitsingenieur 1894, S. 341.

bindige Filtertücher aus Baumwolle, Flachs, Hanf, Nessel, Schafwolle, Kamel-
haar zeigen Flächengewichte von 0,24 bis 1,44 kg/1 qm und 268 bis 26 Schuß-,
212 bis 74 Kettenfäden auf 100 mm; die Feinheitsnummern der Fäden
schwanken zwischen 0,6 bis 24. Vielfach werden derartige Gewebe noch weiter
zu Taschen, Schläuchen, Säcken usw. durch Zusammennähen verarbeitet
(Schlauchfilter, Sackfilter).

Das Arbeitsverfahren, das bei dem Filtrieren Verwirklichung findet,
schließt sich an das Verfahren des Absetzens oder Ausfällens in strömender
Flüssigkeit an, das im vorigen Abschnitt besprochen wurde. In gewissem Sinne
kann auch, insbesondere dann, wenn bei fortgesetzter Benutzung des Filters
sich auf der Oberfläche eine Schicht Sinkstoff abgelagert hat, von einem Absieben gesprochen werden.

Das Filtergut, d. i. die zu filtrierende Flüssigkeit, bedeckt während
des Filterns den Filterkörper in einer Schicht, deren Höhe durch steten Zulauf
zweckmäßig gleichgroß erhalten wird. Indem die Flüssigkeit in den Filterkörper einsinkt, fließen auch die in ihr schwebenden Feststoffe dem Filter
zu und werden in dessen Poren eingeschwemmt. Im
Innern des Filters wechseln aber, entsprechend der
Abb. 57, die weiten Poren mit engen, sie verbindenden
und in vielfacher Krümmung und Verzweigung das
Filter durchsetzenden Kanälen ab, so daß die Fließ-
geschwindigkeit der Flüssigkeit einem steten Wechsel
unterliegt. Während hierbei die Feststoffe von der
rasch fließenden Flüssigkeit durch die Kanäle hin-
durchgetrieben werden, werden sie infolge der Geschwindigkeitsverminderung in den Poren ausgeschieden und füllen diese allmählich aus. Nimmt die Er-

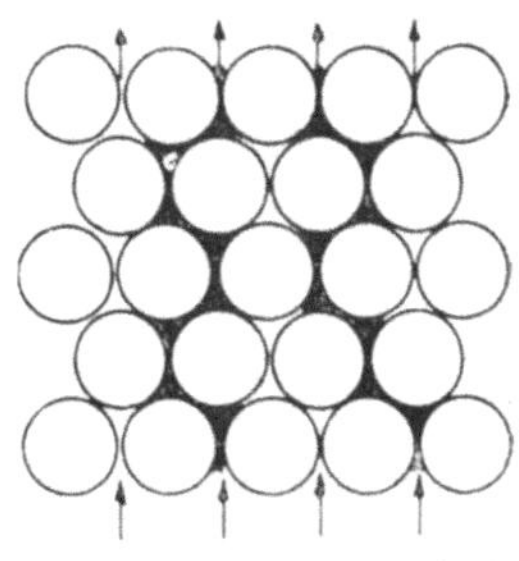

Abb. 57.

füllung der Poren zu, so nimmt die Durchlässigkeit des Filters ab. Beides ist
in der Eintrittsschicht des Filters in besonders hohem Maße der Fall, da
diese Schicht das an Feststoffen reichste Filtergut empfängt, während in die
tieferen Schichten, infolge der schon stattgefundenen Ausfällung, immer
weniger Feststoffe gelangen und bei genügender Schichtdicke das Filtrat dem
Filter völlig rein entfließt. Die starke Anhäufung der Feststoffe in den Poren
der Eintrittsschicht bedingt nach verhältnismäßig kurzer Zeit eine solche
Verengung dieser, daß der weitere Eintritt von Feststoffen verhindert wird
und die Ablagerung dieser auf dem Filterkörper erfolgt. Es bedeckt sich
dieser mit einer sog. Filterhaut, in welcher sich die Filtration bereits in
der Hauptsache vollzieht und die bei zu starkem Anwachsen die Leistungsfähigkeit des Filters abmindert und daher von Zeit zu Zeit entfernt
werden muß[1].

Die Bildung der Filterhaut steigert die Güte der Filterleistung. So wurde

<hr>

[1] Siehe auch *Kröber:* Versuche über die Bewegung des Wassers durch Sandschichten: Zeitschr. d. Ver. deutsch. Ing. 1884, S. 593 u. 617; *Seddon:* Wissenschaft-
liche Erklärung des Klärvorganges: Journ. f. Gasbel. 1890, S. 8 u. 30; Filtration und
ihre Theorie: Eng. News 1908, S. 328.

z. B. an den Kiesfiltern des Wasserwerkes zu Altona beobachtet[1], daß 1 cbm
Sand enthielt

	an der Oberfläche der Filterschicht	4 000 000	Keime
10 mm unter	„ „ „	1 038 000	„
25 „ „	„ „ „	756 000	„
50 „ „	„ „ „	210 000	„
250 „ „	„ „ „	95 500	„
500 „ „	„ „ „	56 000	„

Über den Einfluß des Verschlämmens eines Wasserfilters, das aus einem
365 mm dicken, aus Sand und Kohle zusammengesetzten Filterkörper bestand,
den das Rohwasser in einer 20 mm dicken Schicht überlagerte, berichtet
Genieys[2], daß die Ausflußmenge in 1 Minute und auf 1 qm Filterfläche bezogen betrug

am 1. Tage	. . . . . .	10,95 l
„ 2. „	. . . . . .	7,37 l
„ 3. „	. . . . . .	6,40 l
„ 5. „	. . . . . .	5,62 l
„ 6. „	. . . . . .	5,62 l

Bei einem Mikromembranfilter von *Breyer* änderte sich die Leistung
und der für die Filtration erforderliche Druck wie folgt: Beide betrugen

in der 1. Stunde	1,17 cbm/1 qm	bei 0,7 bis 0,8 Atm Druck
„ „ 22. „	1,00 „	„ 1,10 „ „
„ „ 47. „	0,78 „	„ 1,18 „ „
„ „ 70. „	0,64 „	„ 1,53 „ „
„ „ 95. „	0,50 „	„ 2 bis 2,5 „ „

Die *Breyer*schen Versuche lassen ersehen, daß mit der Verdichtung der
Ablagerung auf der Filterschicht der Widerstand wächst, der sich dem Durchfluß des Filtrates entgegenstellt. Andererseits folgt aus ihnen, daß eine Vermehrung des Druckes, unter dem die Zuführung des Filtergutes erfolgt, auch
dann noch eine gewisse Mengenleistung des Filters erzielen läßt, wenn die
Niederschläge auf der Filterschicht zu einer größeren Dicke und Lagerdichte
angewachsen sind. Die Dichte der Filterrückstände steht daher mit dem
bei der Filtration auf das Filtergut ausgeübten Druck in Zusammenhang.

Die Rückstände bilden bei geringem Druck eine lose Zusammenhäufung
und besitzen, da sie mit Flüssigkeit durchtränkt sind, eine schlammartige
Beschaffenheit; man pflegt sie als Filterschlamm zu bezeichnen. Bei
gesteigertem Filterdruck vermindert sich der Flüssigkeitsgehalt des Rückstandes, dieser geht in eine formbare Masse über, die dann mit Rücksicht auf
die plattenförmige Gestalt, die sie beim Entstehen erlangt, als Filterkuchen
bezeichnet wird.

Die Einteilung der Filterapparate kann einerseits nach der Beschaffenheit der in ihnen entstehenden Filterrückstände, andererseits nach der Größe
des bei ihrem Betrieb benutzten Druckes erfolgen. Hiernach lassen sich zwei
Gruppen von Filtereinrichtungen unterscheiden:

---

[1] *König:* Die Verunreinigung der Gewässer. 2. Aufl. Berlin 1899.
[2] *Dupuit:* Traité de la distribution des eaux. 2. Tl., S. 114.

1. Filter, die bei geringem Filterdruck (p bis etwa 2 Atm) schlamm-
oder breiartige Rückstände liefern: **Tiefdruckfilter**;
2. Filter, die bei höheren Pressungen ($p = 5$ bis 20 Atm) zusammenhängende Filterkuchen von geringem Flüssigkeitsgehalt liefern:
Hochdruckfilter.

Die Höhe der zur Filtration erforderlichen Pressung ist insonderheit
abhängig von dem Mischungsverhältnis des Filtergutes, von der Zähflüssigkeit des Filtrates, der Größe und Form der den Filterrückstand bildenden
Festkörperchen, der Adhäsion zwischen diesen und der Flüssigkeit, von dem
Gewinnungswert der das Filtergut zusammensetzenden Stoffe und damit
zusammenhängend von der gebotenen Güte der Scheidung.

a) Die Tiefdruckfilter.

Tiefdruckfilter, die bei der Scheidung solchen Filtergutes Anwendung
finden, das verhältnismäßig wenig Rückstände liefert, pflegt man kurz auch
nur Filter zu nennen. Bei ihnen ist der Filterdruck entweder die Folge der
Eigenschwere des Filtergutes, das in mehr oder weniger dicker Schicht den
Filterkörper bedeckt oder das einem oberhalb des letzteren in mäßiger Höhe
aufgestellten Hochbehälter entnommen wird. Zuweilen findet der Druck
der Atmosphäre zur Steigerung der Mengenleistung des Filters Verwendung.

1. Offene Tiefdruckfilter.

Den ausgedehntesten Gebrauch finden die offenen Tiefdruckfilter bei
der Reinigung von Trink- und Nutzwasser. Ihre bauliche Einfachheit und
große Leistungsfähigkeit, verbunden mit einem gefahrlosen Betrieb und
mäßigen Unterhaltungskosten, sichern ihnen eine gute wirtschaftliche Ausnutzung und machen sie auch für große Betriebe, wie es z. B. die städtischen
Wasserversorgungsanlagen[1] sind, in hohem Maße geeignet.

Der Filterkörper oder das **Filterbett** besteht bei diesen Filtern aus einer
losen, wagerecht geschichteten Anhäufung von gewaschenem Sand und Kies
verschiedener Korngrößen, die das Filtergut in senkrechter Richtung von
oben nach unten durchfließt. Die oberste dieser Schichten besteht aus feinkörnigem Sand von 0,5 bis 1 mm Korngröße. Sie nimmt fast die halbe Höhe
des Filterkörpers ein und ruht auf einer nur etwa $\frac{1}{10}$ der ganzen Sandschicht
bildenden Unterlage von 2 bis 3 mm großen Sandkörnern. Die Unterstützung
dieser Sandschichten wird durch mehrere, nahezu gleichdicke Kieslagen von
4 bis 6, 10 bis 20 und 30 bis 40 mm Korngröße gebildet, die selbst wieder
auf einer aus 60 bis 100 mm großen Feldsteinen bestehenden Grundschicht
ruhen. Den ganzen Filterkörper nimmt eine mit Tonschlag hinterlegte und
dadurch wasserundurchlässig gemachte Filtergrube auf, deren Wände wasserdicht in Zement gemauert sind und auf einer ebenfalls wasserdichten Beton-

---

[1] 23 Filter finden sich dargestellt in der Deutschen Vierteljahrsschr. f. Gesund-
heitspflege 1891; 14 deutsche und 16 englische Filter in dem Journ. f. Gasbel. 1890,
S. 511 u. 531; verschiedene holländische Filter ebenda 1892, S. 43.

sohle stehen. In die Feldsteinschicht eingebettete, wasserdurchlässig gemauerte Kanäle führen das filtrierte Wasser dem Abfluß zu.

Zur weiteren Erläuterung der Einrichtung diene die Abb. 58. Dieselbe zeigt ein Filterbecken in schematischer Darstellung und ist auf Grund der Filter des Stadtwasserwerkes zu Barmen entworfen. Das Becken ist 67,5 m lang und in der Breitenrichtung in 4 Kammern von je 3,5 m Breite geteilt, so daß die Filteroberfläche 945 qm beträgt. Die Tagesleistung ist 5000 cbm gereinigtes Wasser. Den Zufluß des Rohwassers regelt ein Schwimmerventil a. Das Wasser tritt an dem einen Ende des Filterbeckens in dieses ein und gelangt gereinigt durch das Steigrohr b in die Abflußkammer c. Die Sinkgeschwindigkeit des Wassers im Becken hängt von der Lage der oberen Steigrohrmündung unter dem Spiegel des Beckenwassers und von der Drosselung des Wasserabflusses durch das Ventil d ab.

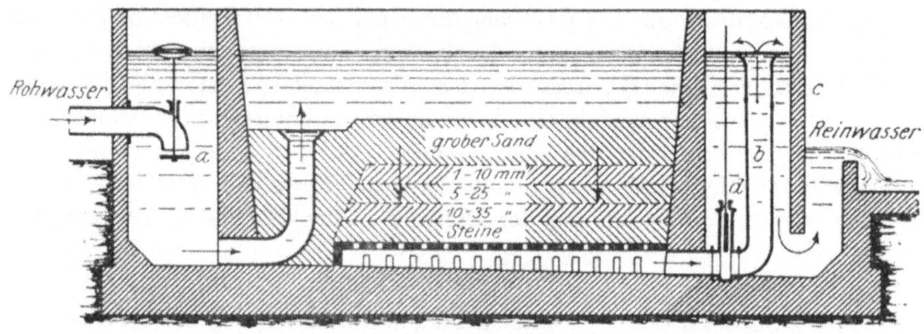

Abb. 58. Offenes Kiesfilter für Nutzwasser.

Im allgemeinen beträgt die Senkung des Oberwasserspiegels bei derartigen Filtern etwa 40 bis 300 mm in 1 Stunde. Innerhalb der Filterschicht wächst die Sinkgeschwindigkeit infolge der Querschnittsverengung auf etwa das Zwei- bis Vierfache dieses Wertes. Für die Ermittlung der Leistung von Sandfiltern gaben *Weiß*[1] und *Havrez*[2] auf Grund von Filtrationsversuchen Formeln an, welche die Leistung L von der Korngröße d mm des verwendeten Sandes, von der Dicke h_1 m der Sandschicht und der Höhe h_2 m, in der das Wasser den Sand bedeckt, abhängig erscheinen lassen.

Bei $d = 2$ bis 3 mm berechnet sich nach *Weiß*

1)
$$L = \frac{h_1 + h_2}{h_1^{1,77}} \ \text{cbm/1 qm u. 1 Std.}$$

Havrez fand bei $d = 0,2$ mm

2)
$$L = (0,42 + 1,3\,h_1) + 10\left(0,09 + \frac{0,054}{h_1}\right) h_2 \ \text{cbm/1 qm u. 1 Std.,}$$

bei $d = 0,07$ mm

3)
$$L = h_1 + 10\left(0,03 + \frac{0,0174}{h_1}\right) h_2 \ \text{cbm/1 qm u. 1 Std.}$$

---

[1] Civilingenieur 1865, S. 17f.
[2] Annales du Génie civil 1875, 4. Bd., S. 144.

Diese Formeln ergeben beispielsweise für $h_1 = 0,5$ m, $h_2 = 0,05$ m

$$L_1 = 1,88 \text{ cbm}, \quad L_2 = 1,28 \text{ cbm}, \quad L_3 = 0,57 \text{ cbm},$$

d. s. Werte, welche den Einfluß der Korngröße des Filtersandes auf die Mengenleistung des Filters deutlich in die Erscheinung treten lassen.

Da mit dem Anwachsen der Verschlammung die Leistungsfähigkeit des Filters sinkt, so wird von Zeit zu Zeit die Entfernung der obersten Sandschicht, auf welche sich die wenig durchlässige Filterhaut aufgelagert hat, notwendig, um die Leistung wieder zu heben. Hierbei genügt es, jedesmal eine etwa 15 mm dicke Schicht abzutragen. Die etwa 600 bis 800 mm betragende Stärke der Feinsandschicht gestattet daher diese Reinigung wiederholt auszuführen, ehe die Erneuerung der Schicht notwendig wird. Um den ausgehobenen Sand wieder benutzungsfähig zu machen, wird er in einer Kieswäsche gereinigt und zum Zweck der Zerstörung der an ihm haftenden organischen Stoffe ausgeglüht. Die Stetigerhaltung des Betriebes einer größeren Filteranlage erfordert eine größere Zahl Filterbecken, so daß ohne Schädigung

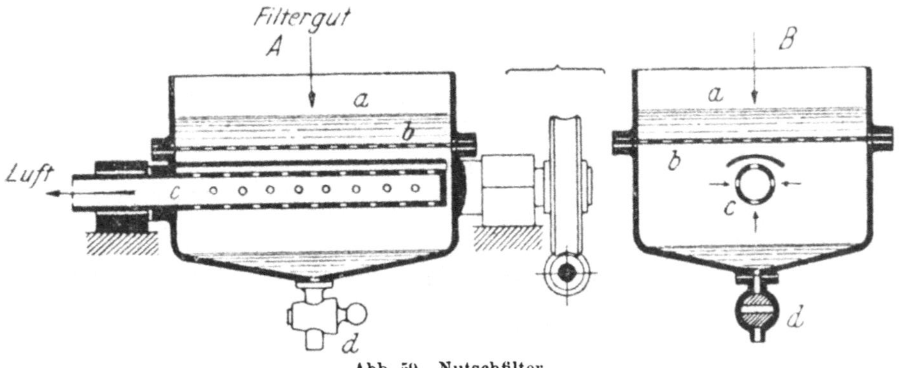

Abb. 59. Nutschfilter.

der Filtration immer mehrere zugleich ausgeschaltet werden können. Meist richtet man den Betrieb derart ein, daß während der Entleerung eines der Becken ein zweites vorher entleertes gereinigt und ein drittes neu aufgefüllt wird.

Offene Tiefdruckfilter mit künstlich erhöhtem Filterdruck finden als sog. **Saugfilter** oder **Nutschen** vielfach bei dem Filtrieren breiiger, schwerfließender Stoffe, wie Stärke, Appreturmasse, Chemikalien, Öl, Firnis, Rückstände der Ölfabrikation usw., Anwendung. In ihnen wird der Durchfluß des Filtrates durch den Filterkörper dadurch beschleunigt, daß durch eine Druckverminderung unterhalb des letzteren der auf dem ersteren lastende Atmosphärendruck nutzbar gemacht wird.

Wie die Abb. 59 ersehen läßt, besteht ein derartiges Filter aus einem offenen Gefäß a, das durch einen mit Filtertuch bedeckten Siebboden b in zwei Teile geteilt ist. Der obere Teil nimmt das Filtergut auf, aus dem unteren wird mittels einer Pumpe oder eines Druckfasses (*Montejus*) die Luft abgesaugt, so daß der äußere Luftdruck das Filtrat durch das Filter preßt. Das dem Luftabzug dienende Saugrohr c bildet zugleich die Drehachse des Gefäßes, um die dieses bei der Entfernung der Filterrückstände gewendet wird. Die Ableitung des Filtrates erfolgt durch den Hahn d. Diese Nutschfilter werden bis zu $3 \times 1 = 3$ qm Nutschfläche gebaut und arbeiten mit einer Luftleere von 650 bis 700 mm Quecksilbersäule. Zur Beurteilung der Beschaffenheit des Filtergutes sei bemerkt, daß das Mischungsverhältnis von Appreturmasse etwa 130 bis 170 g Stärke auf 1 l Wasser ist.

Für einen stetigen, maschinellen Betrieb geeignete Saugfilter sind u. a. die in amerikanischen Zuckerfabriken vielfach gebräuchlichen Trommelfilter von *Watson*[1] mit einem umlaufenden Filtertuch, von dem der Niederschlag durch Bürsten und Spritzwasser stetig entfernt wird, während das in das Trommelinnere gesaugte Filtrat durch die hohle Trommelachse unter Vermittlung eines Schöpfrades abläuft.

2. Geschlossene Tiefdruckfilter.

Für die Filtration kleiner Wassermengen, wie sie der Betrieb von Papierfabriken, Holzstoffabriken, Färbereien, Wäschereien, Bleichereien, chemischen Fabriken, Brauereien und anderen Fabrikanlagen erfordert, finden meist geschlossene Tiefdruckfilter Anwendung, die durch Erhöhen des Filterdruckes eine Leistungssteigerung ergeben. Auch gewährt ein allseitiger Einschluß des Filterkörpers für die Entstaubung von mit Staub geschwängerter Luft nicht unerhebliche Vorteile. Die für die genannten Zwecke in Betracht kommenden Filtereinrichtungen sind sehr mannigfaltig und können daher nur durch einige Beispiele erläutert werden.

1. **Trinkwasserfilter.** Für Mineralwasserfabriken und ähnliche Anlagen wird von den Deutschen Ton- und Steinzeugwerken

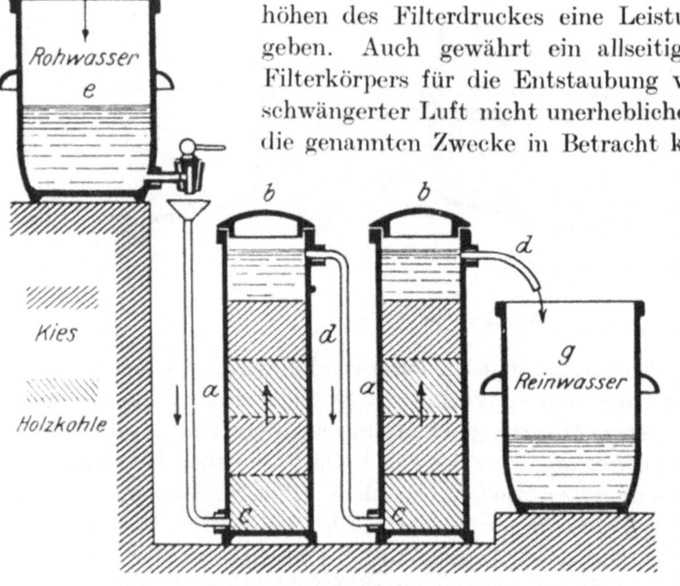

Abb. 60.   Kies-Kohle-Filter für Trinkwasser.

A.-G. die in Abb. 60 dargestellte Filtereinrichtung empfohlen. Die Anlage besteht aus einer Reihe gleichartiger Filtergefäße a von je 45 l Inhalt, die durch abnehmbare Deckel b geschlossen sind und abwechselnde Lagen von Holzkohle und Kies enthalten. Das Wasser tritt durch eine Bimssteinvorlage c am Fuß jedes Filtergefäßes ein, durchdringt dessen Filterkörper und wird unterhalb des Deckels mittels eines Rohres d abgeleitet und dem folgenden Gefäß am

[1] Engl. Pat. Nr. 974 vom 17. März 1873.

Fuß zugeführt. Die Zahl der hintereinander geschalteten Filtergefäße kann nach Bedarf beliebig vermehrt werden. Am Anfang der Reihe steht erhöht das Rohwassergefäß e; das dem letzten Filter entfließende Reinwasser wird von dem mit Abflußhahn versehenen Gefäß g aufgenommen. Die sämtlichen Gefäße und Rohrleitungen sind aus Steinzeug hergestellt. Geeignetes Nachfüllen bzw. Entleeren des Rohwasser- bzw. Reinwassergefäßes läßt einen stetigen Filterbetrieb erzielen.

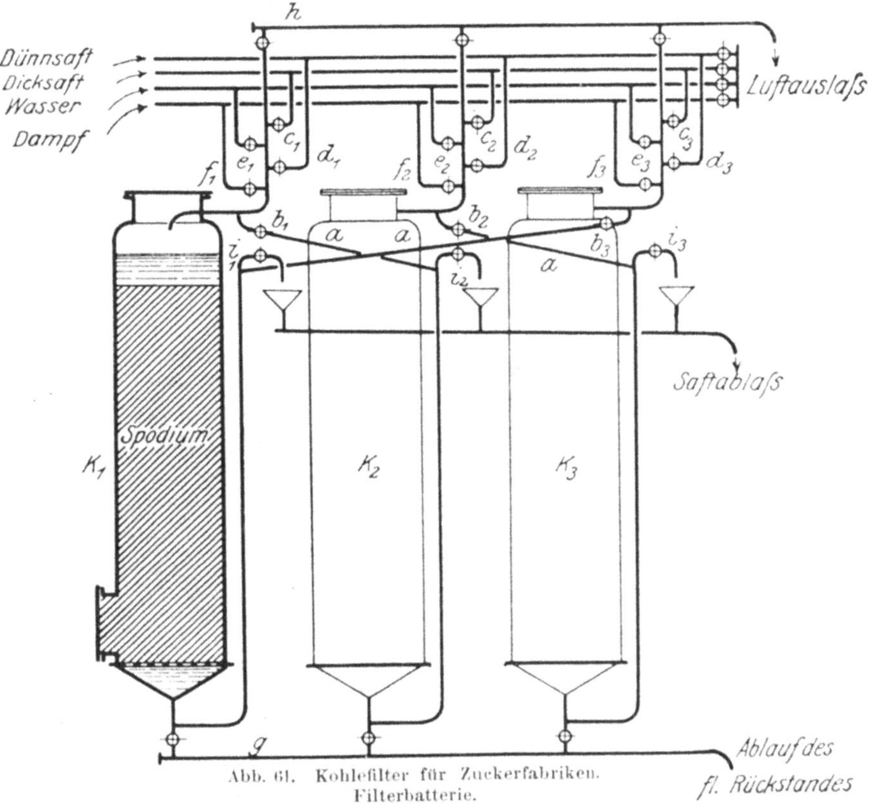

Abb. 61. Kohlefilter für Zuckerfabriken.
Filterbatterie.

2. **Saftfilter für Zuckerfabriken.** Die Befreiung des Scheidesaftes von Farbstoffen, Kalk, schleimigen und salzigen Verbindungen geschieht in den Zuckerfabriken durch mehrfache Filtration des Saftes in 4 bis 6 m hohen, 600 bis 1000 mm weiten, eisernen, allseitig geschlossenen Zylinderkesseln, die aufrecht stehen und fast zur ganzen Höhe mit Knochenkohle oder Spodium gefüllt sind. Um hierbei die Zuckerverluste möglichst einzuschränken, die mit dem Verbleiben eines Teiles des Saftes in der großen, unter Umständen bis zu 4 cbm betragenden Kohlenfüllung eines Filterkessels verbunden sind, findet nach dem Filtern ein schrittweises Auslaugen der Kohlenfüllung statt. Hierbei wird der zuckerreiche Dicksaft, der von dem Filtern her in der Kohle zurückblieb, durch zuckerärmeren Dünnsaft und sodann der zurückbleibende Rest dieses durch reines Wasser bzw. Dampf aus dem Filterkörper verdrängt.

Die tunlichste Ausnutzung der Filtrationsfähigkeit der Kohlefüllungen wird durch Zusammenfassen einer Anzahl Filterkessel zu einer sog. Batterie, Abb. 61, erreicht. Die Filterkessel K sind unter Vermittlung der Rohrleitungen a so hintereinander geschaltet, daß ein jeder der Kessel zum ersten der Reihe werden kann und das Filtergut dann sie der Reihe nach durchfließt. Der letzte Kessel der Reihe ist hierbei ausgeschaltet, er wird entleert, gereinigt und mit neuer Filterkohle beschickt. In die Leitungen a eingefügte Absperrhähne b dienen zum Regeln der Reihenfolge bzw. zum Ausschalten des jeweiligen Endkessels der Reihe. Andere Rohrleitungen $c\,d\,e\,f$ führen je nach

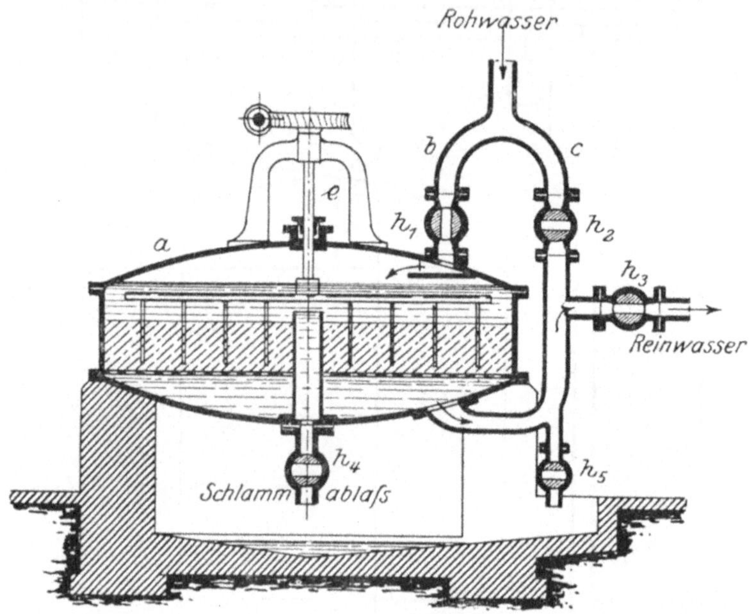

Abb. 62. Geschlossenes Filter.

dem Eröffnen der in sie eingefügten Hähne den Filterkesseln Dicksaft, Dünnsaft, Wasser oder Dampf zu, während die ebenfalls von jedem Kessel absperrbare Rohrleitung g zum Entleeren der Kessel dient. Das Entlüften der Kessel beim Füllen mit Filtergut geschieht durch die an den oberen Kesselenden angeschlossenen, absperrbaren Luftablaßrohre h.

Für eine Filterbatterie von drei Kesseln (1 bis 3) ergibt sich aus der beistehenden Zahlentafel im Verein mit der Abb. 61 der folgende Verlauf des Filtrierens von Dicksaft:

Im Betriebsabschnitt	Der Saft	
	tritt ein in	fließt ab aus
I ist offen $c_1\,b_3\,i_1$, ausgeschaltet K_2	K_1	K_3
II ,, ,, $c_3\,b_2\,i_2$, ,, K_1	K_3	K_2
III ,, ,, $c_2\,b_1\,i_1$, ,, K_3	K_2	K_1
IV ,, ,, $c_1\,b_3\,i_3$, ,, K_2	K_1	K_3
usw.		

3. **Kiesfilter für Nutzwasser.** Um die Betriebsunterbrechungen, die durch das Reinigen des verschlammten Filterkörpers von Zeit zu Zeit entstehen, möglichst abzukürzen und Verluste an Filterkies zu vermeiden, werden die geschlossenen Kiesfilter nach Abb. 62 mit entsprechenden Wühl- und Spüleinrichtungen versehen. Zur Speisung des allseitig geschlossenen Filtergefäßes a dienen die Rohrleitungen b und c, welche die Abschlußhähne h_1 und h_2 enthalten. b führt beim Geschlossenhalten des Hahnes h_2 das zu filtrierende Rohwasser dem Filterkessel zu, so daß es den Filterkörper übergießt und filtriert durch den Hahn h_3 abfließt. Hierbei sind die Schlamm- ablässe h_4, h_5 geschlossen. Zum Zweck der Reinigung des Kieses erfolgt nach dem Schließen der Hähne h_1 und h_3 das Öffnen des Hahnes h_2 und des Schlammablasses h_4. Das Wasser durchfließt den Fil- terkörper in umgekehrter Richtung und schwemmt die im Sand befindlichen Ablagerungen durch den Abflußhahn h_4 nach außen. Ein Rührwerk e, die sog. Wühlmaschine, fördert hierbei durch Bewegen des Sandes dessen Reinigung.

Derartige Filter haben auch bei größeren Wasser- versorgungsanlagen Ein- gang gefunden und werden hier zur Erhöhung der Leistung gruppenweise zu Filterbatterien zusammen- geordnet[1]. Die Einzelfilter

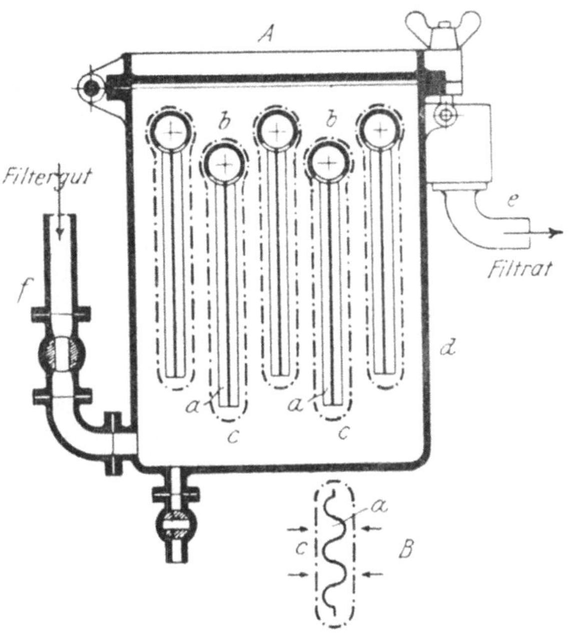

Abb. 63. Sackfilter.

weisen 400 bis 3000 mm Durchmesser und 630 bis 1000 mm Höhe des Filter- kessels auf. Sie enthalten etwa 0,1 bis 7,0 qm Filterfläche und 80 bis 4500 kg Kiesfüllung. Ihre Leistung beträgt je nach der Größe bei 20 mm Filtrier- geschwindigkeit in 1 Minute 0,15 bis 8,45 cbm, bei 120 mm 0,85 bis 50,70 cbm gereinigtes Wasser.

4. **Sackfilter.** Als Beispiel eines Sackfilters diene der in Abb. 63 wiedergegebene „Wellblechfilter" der **Prager Maschinenbau-A.-G. vorm. Breitfeld, Danek & Co. in Prag.** Derselbe ist ebenso wie der „Rinnenfilter" von *Puvrez* zur Filtration des Zuckersaftes in Zuckerfabriken bestimmt. Den Filterkörper bildet eine Platte a aus Wellblech oder Draht- geflecht, die an ein mit Schlitzen versehenes Rohr b angelötet und mit einem sackförmig zusammengenähten Filtertuch c umhüllt ist. Eine größere Anzahl

---

[1] *Ziegler:* Schnellfilter und ihr Betrieb. Leipzig 1919.

solcher Filterkörper wird in ein allseitig geschlossenes Gefäß d eingehängt und die Rohre durch Öffnungen der Gefäßwand hindurch mit einem gemeinsamen Abflußrohr e verbunden. Der Rohsaft tritt unter einem Druck von 1 bis 2 m Saftsäule durch das Rohr f in das Filtergefäß ein und fließt durch die Filtertücher hindurch gereinigt dem Abflußrohr e zu. Die Filtertücher werden von Zeit zu Zeit durch Auswaschen von den anhaftenden Rückständen befreit. Ein Wellblechfilter enthält 15 bis 45 qm Filterfläche und besitzt eine Leistung von 10 bis 35 hl Saft für 1 qm in 24 Stunden.

5. **Staubluftfilter.** Um die zur Lüftung der Arbeitsmaschinen benutzte, mit Staub geschwängerte Luft vor dem Austritt in die Atmosphäre von dem Staub zu befreien, finden in Getreidemühlen, Zementmühlen, mit Sandstrahl arbeitenden Gußputzereien und anderen stauberzeugenden Industrien vielfach Filtereinrichtungen Verwendung. Auch dienen solche bei der Ventilation bewohnter Räume, bei dem Betrieb von Luftverdichtungsmaschinen u. dgl. zum Vorreinigen der einzuführenden Frischluft.

Diese Staubluftfilter bestehen in ihrer einfachsten Ausführung aus einem in mehreren Lagen in dem Luftkanal oder einer besonderen Filterkammer ausgespannten, den Durchlaß deckenden Filtertuche, das aus einem dichten Baumwollgewebe oder, wie bei dem Luftfilter von *K.* und *Th. Möller*[1], aus zwei, eine 30 mm dicke Watteschicht einschließenden grobmaschigen Baumwollgewebe gebildet ist. Für das *Möller*sche Filter wird bei der Lüftung von Gebäuden die Leistung zu 220 cbm Luft/1 qm und 1 Stunde, der Widerstand für 1 qm Fläche zu etwa 1,2 kg angegeben.

Als besonders leistungsfähige Staubfilter sind die „Sternfilter" von *Nagel* und *Kämp*[2] und die „Schlauchfilter" von *L. Beth* bekannt. Diese Filter werden meist in die Saugleitung eines Ventilators eingeschaltet und arbeiten mit einem Saugdruck von 30 bis 40 mm Wassersäule.

Die allgemeine Einrichtung eines Schlauchfilters zeigt die Abb. 64. Die halbwollenen, für saure Dämpfe ganzwollenen Schläuche a von 2 bis 3 m Länge und 150 bis 200 mm mittlerer Weite sind mit ihren unteren offenen Enden auf dem durchbrochenen Boden b des allseitig geschlossenen Filtergehäuses c befestigt. Am oberen Ende sind sie geschlossen und mittels einer Zugstange d an einem Hebelwerk e schlaff aufgehängt. Auf den Hebel wirkende umlaufende Hubdaumen f spannen die Schläuche zeitweise an. Ein zweites Hebelwerk g steht mit einer Drehklappe h in der Ableitung der gereinigten Luft in Verbindung. Diese Klappe wird bei dem Anstraffen der Schläuche so umgestellt, daß sie die Ableitung i verschließt und das Filtergehäuse bei k mit der Außenluft verbindet. Die Rückführung der Klappe in die punktiert gezeichnete Stellung tritt ein, wenn der umlaufende Daumen m gegen den oberen Arm des Hebels g drückend, den Hebel nach rechts verschiebt. Hierbei wird dieser durch den Aufstieg der Nase n auf die Stützrolle o so hoch gehoben, daß der untere Gabelarm in den Bereich des Daumens m gelangt, der nun die Linksschiebung des Hebels g und die Rückdrehung der

---

[1] Zeitschr. d. Ver. deutsch. Ing. 1883, S. 607.
[2] DRP. Nr. 36 030 vom 31. Oktober 1885. *Naske:* Portlandzementfabrikation 1909.

Klappe h in die gezeichnete Stellung bewirkt. Die bei schlaffer Lage der Schläuche durchgesaugte Luft durchdringt diese von innen nach außen, so daß sich die Staubteile auf der inneren Schlauchwand ablagern und von hier in den unteren Teil l des Filtergehäuses herabfallen, aus dem sie die Förderschraube m entfernt. Die Befreiung der Schläuche von dem abgeschiedenen Staub wird dadurch gefördert, daß in kurzen Zwischenräumen ein mehrmaliges Anstraffen derselben durch die Daumenscheibe f erfolgt, dessen Wirkung durch die hiermit gleichzeitig in das Filtergehäuse einströmende Außenluft noch gefördert wird. Das Filtergehäuse dieser Schlauchfilter ist im Querschnitt rechteckig oder kreisförmig und wird aus Holz oder Eisenblech hergestellt. Es enthält je nach der Größe der verlangten Leistung 8 bis 64 Schläuche bzw. 10 bis 110 qm Filterfläche. Die Schläuche werden entweder genäht oder als nahtlose Schlauchgewebe hergestellt.

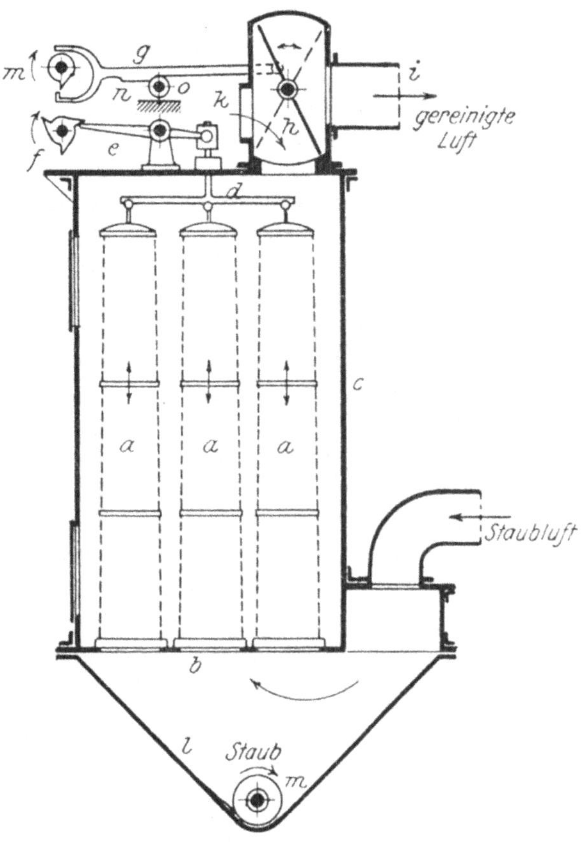

Abb. 64. Schlauchfilter.

b) Die Hochdruckfilter.

Mit der Steigerung und Andauer des Filterdruckes wächst im allgemeinen die Vollständigkeit und Schnelligkeit der Trennung des Filtergutes. Den Druck begrenzt nach oben die Festigkeit der Filterstoffe und der aus ihnen hergestellten Filterkörper. Die Dauer des Druckes und damit die Zeit für die Scheidung wird durch das Wertverhältnis bestimmt, in dem Filtrat und Rückstand zueinander stehen. Es würde zur Unwirtschaftlichkeit des Filterbetriebes führen, bei minderwertigem Filtergut die Arbeitsdauer so weit auszudehnen, daß auch die letzten Reste der Gemengteile geschieden werden. In diesem Fall könnten die Kosten des Scheidens leicht den Wert der restlich gewonnenen Teilstoffe übersteigen. Besonders hohe und anhaltende Druckgabe macht die Scheidung solchen Filtergutes erforderlich, dessen

Gemengteile durch Adhäsion oder capillare Anziehung aneinander gebunden sind, wie dies bei mehr oder weniger wasserhaltigem Ton, bei breiigen Gemengen erdiger oder organischer Stoffe (Farben, Graphit, Rübenreibsel), bei Gemischen, die durch die Zerkleinerung öl- und safthaltiger Samen und Früchte erhalten wurden, bei nichtentölter Kakaomasse, bei den Zwischenerzeugnissen der Stearin- und Paraffinfabrikation usw. der Fall ist.

Die Art der Druckerzeugung ist in erster Linie durch den Flüssigkeitsgrad des Filtergutes bestimmt. Solches Filtergut, bei dem der Gehalt an Flüssigkeit den Gehalt an Sinkstoffen erheblich überwiegt, wird infolge seiner Hochflüssigkeit zweckmäßig durch unmittelbaren Zufluß oder mittels Pumpen dem Filter zugeführt. Hierbei ergibt sich die Größe des möglichen Filterdruckes aus der Höhenlage des Zuflußortes bzw. aus der Höhe des Pumpendruckes und kann daher leicht beliebig gesteigert werden. Hochdruckfilter, deren Speisung mit Filtergut durch Vermittlung hydrostatischen oder Pumpendruckes erfolgt und bei denen das Filtergut selbst den Drucküberträger bildet, führen den Namen Filterpressen.

Filtergut mit einer weniger günstigen Transportfähigkeit macht die Trennung des Füllens des Filters von der Druckerzeugung notwendig. Für die Bauart der hierbei in Frage kommenden Hochdruckfilter ist in erster Linie die Art der letzteren maßgebend. Diese ist im allgemeinen eine zweifache. Entweder ist der wirksame Filterdruck die Folge einer Massenbeschleunigung, welche dem den Filter füllenden Filtergut erteilt wird, oder er wird durch allmähliches Verdichten der Masse des Filtergutes durch von außen auf dasselbe einwirkende Druckkräfte erzielt. Hiernach werden die für die Scheidung schwerfließenden Filtergutes gebräuchlichen Hochdruckfilter in Schleuderfilter oder Zentrifugen und Preßfilter oder Scheidepressen unterschieden.

1. Die Filterpressen.

Filterpressen wurden zuerst in englischen Tonwarenfabriken zum Auspressen des Tonschlickers verwendet, um dem Ton die für die weitere Verarbeitung erforderliche Bildsamkeit zu erteilen. Im Jahre 1828 waren sie in England bereits in Gebrauch. In Deutschland wurde die Filterpresse im Jahre 1863 von *Dehne* in Halle eingeführt und gebaut. Sie fand hier zuerst vorzugsweise in der Rübenzuckerfabrikation beim Auspressen des in der Scheidepfanne zurückbleibenden Scheideschlammes vorteilhafte Verwendung. Gegenwärtig werden Filterpressen außerdem in den mannigfachsten Industriegebieten mit Vorteil benutzt, so in Porzellan- und Steingutfabriken, in Farbenfabriken, Graphitfabriken, Bleiweißfabriken, Stärkefabriken zur Gewinnung der festen Rückstände, in Ölfabriken zur Abscheidung des Öles von den Samenteilen, in den Paraffin- und Stearinfabriken zur Trennung des krystallisierten Paraffins und Stearins von der Mutterlauge; auch bilden sie ein unentbehrliches Hilfsmittel der Hefefabriken und vieler chemischer Fabriken allgemeiner Natur.

Die allgemeine Einrichtung einer Filterpresse ist aus der Abb. 65 zu ersehen. Das Scheiden des Filtergutes, das der Presse aus einem Hochbehälter
oder mittels einer Pumpe zugeführt wird, erfolgt gleichzeitig in einer Anzahl
einzelner Filterkörper a, die in einem rahmenartigen Gestell vereinigt sind.
Dieses besteht aus einer Kopfplatte b, einem Querhaupt c und zwei diese
verbindenden Tragstangen $d_1 d_2$. Kopfplatte und Querhaupt sind mit Füßen
versehen; mit diesen steht die Presse auf dem Fußboden des Preßraumes.
Zwischen den Tragstangen hängen an vorspringenden Ohren e die Filterkörper. An diesen angeschlossene Handgriffe erleichtern beim Öffnen und
Schließen der Presse das Verschieben der Filterkörper auf den Tragstangen.
Der letzte der Filterkörper lehnt sich bei geschlossener Presse gegen die
Vorderwand der hinteren Kopfplatte b; gegen den ersten wird eine zweite
Kopfplatte f mittels einer Schraube g gepreßt, die in dem Querhaupt c gelagert
ist. Diese Schraube wird beispielsweise mittels des Handrades h so stark
angezogen, daß die Filterkörper flüssigkeitsdicht aneinander schließen. Bei

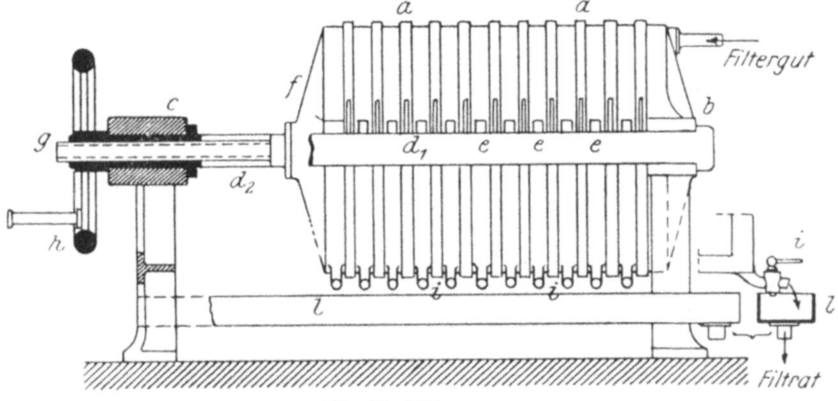

Abb. 65. Filterpresse.

großen Pressen wird die Schraube durch eine Druckwassermaschine ersetzt.
Den Austritt des Filtrates aus den Filterkörpern lassen die Abflußhähne i
regeln. Die austretende Flüssigkeit fließt der Fangrinne l zu. Die Rückstände
lagern sich im Innern der Filterkörper ab, wobei mit dem Anwachsen der
Ablagerung während der gewöhnlich $1/_2$ bis 1 Stunde betragenden Preßdauer
die Durchlässigkeit des Filters allmählich abnimmt und der Pumpendruck
steigt, bis er bei 5 bis 6, zuweilen auch bei 12 bis 20 Atm seinen Höchstwert
erreicht.

Die Endgröße des Pumpendruckes richtet sich nach der Filtrierbarkeit
des Filtergutes und der Dicke sowie der anzustrebenden Festigkeit und Dichte
der Filterkuchen. Damit der Enddruck ein gegebenes Maß nicht überschreite,
ist die Dicke der Filterkuchen der Filtrierbarkeit des Filtergutes anzupassen.
In der Regel beträgt die Dicke 20 bis 30 mm; doch steigt sie bei besonders
leicht filtrierbaren Stoffen, z. B. Stärke, auch bis auf 150 mm an.

Bei der mittleren Größe der Filterfläche eines Filterkörpers von etwa
1,5 qm werden in einer Presse gewöhnlich 20 bis 30, zuweilen auch bis 50 Stück

Einzelfilter vereinigt, so daß eine Presse im Mittel etwa 30 bis 75 qm nutzbare Filterfläche enthält. Die Filterkörper sind plattenförmig und in der Regel quadratisch, zuweilen auch kreisförmig, gestaltet. Ihre Größe schwankt zwischen 200 und 1600 mm Seitenlänge. Mit der Größe der Platten und der Höhe des Filterdruckes wächst die Schwierigkeit der gegenseitigen Abdichtung der Filterkörper und erfordert kraftvoller wirkende Zuspannvorrichtungen. Im allgemeinen kann man rechnen, daß ausreicht für Platten von

200 bis 800 mm Seite: Schraube mit Handrad
800 „ 1000 „   „ : Schraube mit Handhebel
1000 „ 1600 „   „ : hydraulischer Verschluß.

Die Leistung einer Filterpresse, bezogen auf 1 qm Filterfläche und 1 Stunde, kann wie folgt eingeschätzt werden[1]:

für Ton, Erdfarben, Graphit u. dgl. . . .   7 bis 13 kg feste Stoffe
„ Stearin vom Olein . . . . etwa   12 „ „ „
„ Hefe . . . .   8 „ „ „
„ Stärke . . . .   20 „ „ „
„ Bier . . . .   5 hl Filtrat
„ Pflanzenöl (4 bis 8 m Druckhöhe) . . . 50 bis 100 l   „
„ Zucker bei rd. 4000 Ztr. Rüben im Tag . 60 „ 80 qm Filterfläche.

Der Flüssigkeitsgehalt der Filterpreßkuchen ist wechselnd. Er wurde beispielsweise bei dem Filtrieren von Kaolinschlamm zu 30 v. H., bei Stärkekuchen zu 60 v. H. Wasser gefunden. Doch kann derselbe in besonderen Fällen durch Verdrängen der Flüssigkeit mit gepreßter Luft noch weiter erniedrigt werden. Bei den Stärkekuchen geschah dies noch um rd. 26 v. H. In ähnlicher Art ermöglicht bei hochwertigem Filtrat das Auslaugen des Kuchens mit Wasser, Dampf usw. die fast restlose Gewinnung der Flüssigkeit. Das Filtrieren zäher Flüssigkeiten, die in der Wärme dünnflüssig werden, kann durch Heizen der Filterkörper gefördert werden.

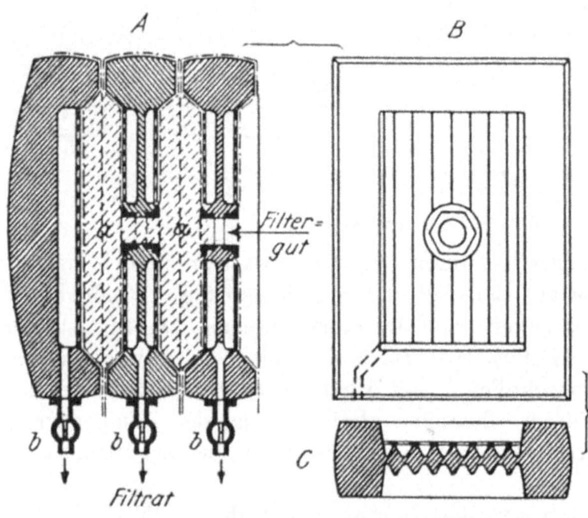

Abb. 66. Filterplatte für Kammerpressen.

Nach der Bauart der Filterkörper werden Kammerpressen und Rahmenpressen unterschieden. Die Filterkörper der Kammerpressen, Abb. 66, sind ebene Platten aus Metall (Eisen, Bronze, Hartblei) oder

---

[1] Zeitschr. d. Ver. deutsch. Ing. 1884, S. 626, sowie Bayerisches Ind.- u. Gewerbeblatt 1888, Nr. 13 u. 14.

Holz (Rotbuche, Pitch Pine) mit muldenartig ausgetieften Stirnflächen. Die Bodenfläche jeder Mulde trägt Rippen, die der senkrechten Plattenkante gleichlaufen, aber kurz vor dem Erreichen des unteren Plattenrandes enden. Die Höhe der Rippen ist nach Abb. 66 C kleiner als die Muldentiefe. Sie werden mit einem Blechsieb und dieses mit einem Filtertuch (—·—· gezeichnet) bedeckt. Werden zwei derartige Platten nach Abb. 66 A aufeinander gelegt, so daß sich ihre Ränder decken, so verbleibt zwischen ihnen ein Hohlraum a, eine Kammer der Filterpresse. Diese ist sonach mit den Filtertüchern ausgekleidet und durch sie an den Rändern nach außen hin abgedichtet. Die Zuführung des Filtergutes zur Kammer geschieht in der Mitte der Platte. Diese ist hierfür durchbohrt, und es sind die beide Plattenseiten bedeckenden Filtertücher durch hohle Vorsatzschrauben gegen die Platte abgedichtet.

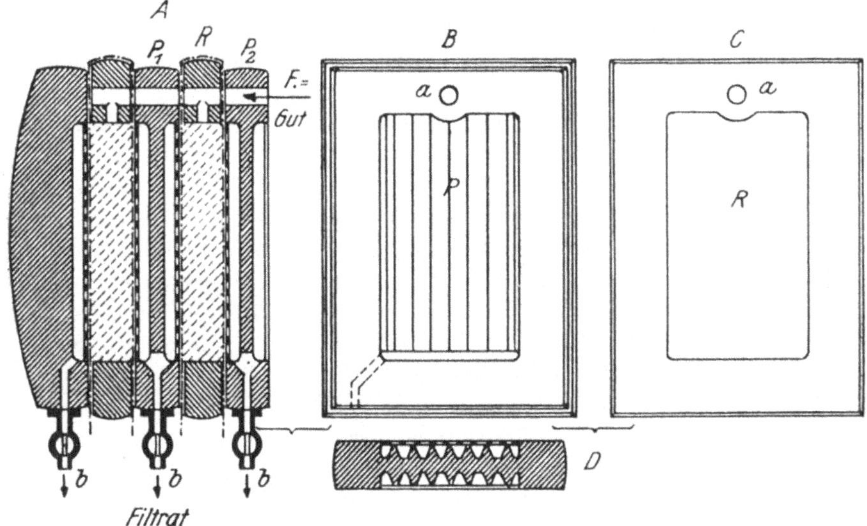

Abb. 67. Filterplatte und Rahmen für Rahmenpressen.

Die Abführung des Filtrates, das das Filtertuch durchdringt und zwischen den Muldenrippen herabfließt, erfolgt durch Kanäle im unteren Plattenrand, die nach außen in einem Hahn b enden. Für die Entnahme des Filterkuchens wird die Kammer geöffnet.

Auch die benachbart liegenden Filterkörper der

Rahmenpressen, Abb. 67, umschließen eine Kammer, in welcher die Bildung des Filterkuchens erfolgt. Diese Kammer wird jedoch außer durch zwei Filterplatten $P_1 P_2$ durch einen zwischen diesen liegenden Rahmen R umgrenzt, der bei der Entnahme des Filterkuchens mit aus der Presse gehoben wird und der daher leicht entleert werden kann. Die von den Rippen der Filterplatten gestützten Siebe liegen bündig mit den Plattenrändern (Abb. 67 D), so daß die Kuchengröße durch die Größe der Rahmenhöhlung und die Rahmentiefe bestimmt ist. Ein über den Rahmen gehängtes Filtertuch (—·—· gezeichnet) dichtet diesen gegen die beiden Filterplatten. Es enthält da, wo die Kanäle a

zusammenstoßen, die in den oberen Platten und Rahmenrändern dem Durchfluß des Filtergutes dienen, zwei Durchbrechungen, so daß der Durchfluß nicht durch das Tuch behindert ist und das Filtergut in das Innere aller aneinandergereihten Rahmen einer Presse gelangt. Auch hier dienen, wie bei der Kammerpresse, hinter den Filterflächen mündende Kanäle in den unteren Plattenrändern und Hähne b dem Ablauf des Filtrates. Die erleichterte Entfernbarkeit des Filterkuchens und die Möglichkeit, die Kuchendicke durch Auswechseln der Rahmen beliebig verändern zu können, sind hervortretende Vorteile der Rahmenpresse.

2. Die Schleuderfilter.

Die Benutzung der Schleuderfilter oder Zentrifugen erstreckt sich insbesondere auf das Entflüssigen breiiger Massen, wie Kohlebrei, Rübenreibsel, Papierstoff, Stärke, Hefe u. dgl. sowie auf das Entnässen durchfeuchteter Gespinste und Gewebe in Wäschereien, Färbereien, Bleichereien, Appreturanstalten und ähnlichen Anlagen.

Zur Aufnahme des Filter- oder Schleudergutes dient in der Regel eine dünnwandige, siebartig durchbrochene zylindrische Trommel, die Zentrifugentrommel oder der Zentrifugenkorb, die um ihre senkrecht, zuweilen auch wagerecht gelagerte geometrische Achse in rasche Umdrehung versetzt werden kann. Bei dem Umlauf wird die Trommelfüllung, je nach ihrem spezifischen Gewicht und der Umlaufsgeschwindigkeit der Trommel, durch die in ihr wachgerufene Fliehkraft mit 5 bis 10 Atm Druck gegen die Trommelwand gepreßt. Hierbei tritt der flüssige Anteil durch die Sieböffnungen nach außen, während der feste Rückstand in der Trommel verbleibt.

Da die Schleuderkraft im quadratischen Verhältnis der Umfangsgeschwindigkeit wächst, so wird die Pressungssteigerung und damit die Güte der Scheidung durch Vermehrung der Geschwindigkeit in erheblichem Maße gefördert. Doch setzt die Festigkeit des Baustoffes der Trommel eine Grenze, die ohne Gefahr für den Betrieb im allgemeinen nicht überschritten werden darf. Für den üblichen Baustoff Kupfer oder Eisen liegt diese Grenze bei 50 bis 60 m sekundlicher Umfangsgeschwindigkeit der Schleudertrommel. Hiernach laufen Trommeln von 800 bis 1500 mm Durchmesser und 400 bis 900 mm Höhe in der Regel mit höchstens 1500 bis 1000 Umdrehungen in der Minute.

Die Zentrifugen werden in aufrechtstehende und liegende eingeteilt, je nachdem die Drehachse der Trommel senkrecht oder wagerecht angeordnet ist. Sie werden stehend genannt, wenn bei senkrechter Achsenlage die Stützung des unteren Achsenendes durch ein Fußlager erfolgt; hängend, wenn die Achse am oberen Ende in einem Lager aufgehangen ist. Die Erhaltung der Achsenlage erfolgt bei stehender Anordnung durch ein Halslager, das sich zweckmäßig unterhalb des Trommelbodens befindet, zuweilen aber auch oberhalb der Trommel angeordnet ist. Hängende Zentrifugen bedürfen eines solchen Lagers nicht, da sich bei ihnen der Zentrifugenkorb stets im stabilen Gleichgewicht befindet.

Damit die Drehachse des Korbes eine freie Achse sei, ist ein möglichst vollkommener Massenausgleich in bezug auf die Drehachse notwendig. Mangelhafter Ausgleich führt zum Schleudern der Trommel und gefährdet den Bestand der Lager und der Trommel selbst. Durch ihn findet eine ungleiche Verteilung der auf die umlaufende Trommel wirkenden Fliehkräfte und somit eine ungleiche Beanspruchung der Trommel statt, die unter Umständen zum Zerreißen derselben führen kann, ein Vorgang, den man auch als Explosion zu bezeichnen pflegt[1].

Der bei sorgfältiger Ausführung der Schleudertrommel von vornherein bestehende Massenausgleich wird durch eine ungleiche Verteilung des Schleudergutes im Korb leicht gestört. Auf den Eintrag dieses ist daher besondere Sorgfalt und Aufmerksamkeit zu verwenden. Dies gilt insbesondere für die stehende Zentrifuge. Bei hängenden Zentrifugen wird der Störung des Gleichgewichtes durch Ausbildung des Tragzapfens zu einem Kugelgelenk leicht erfolgreich entgegengewirkt, da in diesem Falle die Achse der Pendelschwingung des Korbes folgen kann.

Um auch bei stehenden Zentrifugen den aus der ungleichen Korbfüllung hervorgehenden Erschütterungen und Betriebsstörungen vorzubeugen, hat sich bereits *Penzoldt*, dem auch der erstmalige Entwurf einer Zentrifuge zur Abscheidung von Flüssigkeiten zu danken ist[2], um die Schaffung geeigneter Einrichtungen bemüht. Von Erfolg begleitet jedoch waren erst die von *Seyrig* angegebenen Hilfsmittel. Sie bestanden in der allseitig federnden Stützung des Halslagers der Trommelwelle und der Anordnung beweglicher Ausgleichgewichte an dieser derart, daß der durch die ungleiche Erfüllung der Trommel aus der Drehungsachse verschobene Trommelschwerpunkt bei dem Trommelumlauf wieder in diese Achse zurückverlegt und die Achse selbst dadurch zu einer freien Achse wurde[3].

Die von *Seyrig* gewählte Armform der Ausgleichgewichte, der zufolge dieselben „Flughämmer" benannt wurden[4], hat *Fesca*[5] in Berlin und nach ihm *Hauboldt*[6] in Chemnitz durch Metallringe ersetzt, welche die Achse lose umgeben und verschiebbar auf Scheiben ruhen, die an der Achse befestigt sind, eine Anordnung, die bereits der obengenannte *Penzoldt* im Jahre 1844 für den gleichen Zweck angegeben hatte[7]. Die Ausgleichringe liegen nach *Fesca* im Innern des Schleuderkorbes; *Hauboldt* legte sie erstmalig unter den Trommelboden bzw. um den Trommelmantel, so daß der Innenraum der Trommel für die Füllung mit Schleudergut voll ausgenutzt werden kann. Gegenwärtig sind alle drei Anordnungen in Gebrauch. Auch ist von *Siebell* an Stelle der Ausgleichringe die Anordnung von ringförmig gebogenen Rohren

---

[1] Polyt. Centralblatt 1871, S. 1419.
[2] Franz. Pat. Nr. 5099 vom 2. August 1836.
[3] Engl. Pat. Nr. 10 494 vom 25. Juli 1845.
[4] *Muspratt:* Techn. Chemie. 3. Aufl., Bd. 7, S. 197.
[5] Preuß. Pat. vom 26. Januar 1852.
[6] Kgl. Sächs. Pat., Kl. 25b, Nr. 4141 vom 17. August 1875.
[7] Franz. Pat. Nr. 12 103 vom 12. November 1844.

empfohlen worden, die mit dem Trommelmantel verbunden und teilweise mit Quecksilber gefüllt sind[1].

Die allgemeine Einrichtung einer stehenden Zentrifuge mit Massenausgleicher ist aus Abb. 68 zu ersehen. Der Zentrifugenkorb besteht aus dem zylindrischen, siebartig gelochten Mantel *a* aus Kupfer- oder Eisenblech, den nach unten der gußeiserne Boden *b* abschließt. Oben säumt den Mantel ein nach innen ragender Verstärkungsring *c*, durch dessen Öffnung der Korb beschickt und entleert wird. Die Trommel steckt auf dem oberen Ende einer Welle *d*, die in dem Fußlager *e* steht und von dem Halslager *f* aufrecht gehalten wird. Das letztere ist durch sechs in wagerechter Ebene sternförmig angeordnete Stangen *g* gestützt, deren freie Enden die mit dem Maschinengestell fest verbundenen Büchsen *h* verschiebbar durchragen und in ihnen

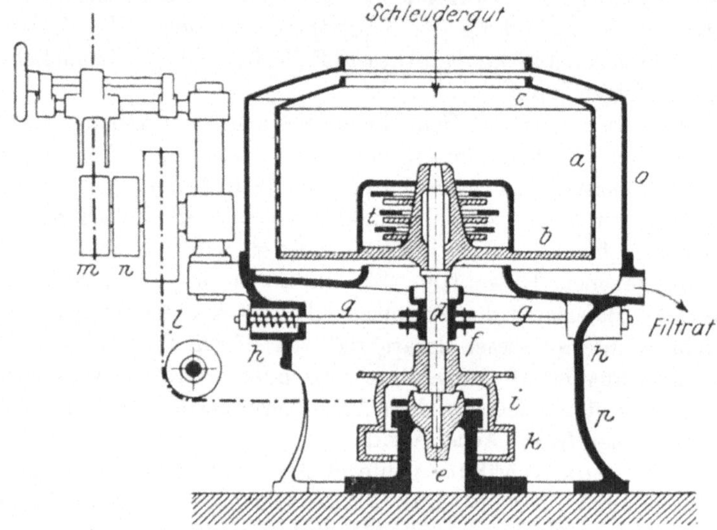

Abb. 68. Stehende Zentrifuge.

sich gegen Federn stützen. Die Spannungen der Federn sind so geregelt, daß die Welle senkrecht steht und nach der Auslenkung aus dieser Lage durch den Federdruck wieder in sie zurückkehrt. Zwischen dem Fuß- und Halslager sitzen auf der Welle die Antriebscheibe *i* und eine Bremsscheibe *k*. Den Antrieb vermittelt das Riemenvorgelege *l*, dessen Welle die Los- und Festscheiben *m* und *n* trägt.

Die Trommel ist von einem eisernen oder stählernen Mantel *o* umgeben, der auf dem Gestell *p* aufsitzt, abnehmbar ist und zum Auffangen des Filtrates dient. Zugleich bietet er bei einem etwaigen Zerspringen der Trommel Schutz gegen das Umherschleudern der Bruchstücke und ist zur sichereren Erreichung dieses Zweckes zuweilen aus besonders widerstandsfähigem Werkstoff hergestellt (Panzerzentrifugen). Die obere Öffnung des Mantels bedeckt zuweilen

---

[1] DRP. Nr. 10 629 vom 11. Dezember 1879; ferner *Engelhardt* und *Förster:* DRP. Nr. 250 151 vom 30. November 1911.

ein aufklappbarer Deckel. Derselbe steht zweckmäßig mit dem Riemenführer derart in Verbindung, daß er nur dann geöffnet werden kann, wenn der Antriebriemen auf der Losscheibe liegt, die Trommel also stillsteht. Hierdurch ist der mit Gefahr verbundene Eingriff in die laufende Trommel verhindert.

Den Massenausgleich vermitteln drei Stück flache, allseitig gegen die Achse verschiebbare Metallringe t, die lose auf gleich vielen an der Nabe des Trommelbodens befestigten Ringscheiben liegen. Die Ringe t sowie die Stützung des Halslagers f der Welle durch die sechs Federn l sind nochmals aus der Grundrißdarstellung Abb. 69 zu ersehen. Eine nicht zentrisch verteilte Trommelfüllung führt bei dem Umlauf der Trommel zum Entstehen der einseitig gerichteten Fliehkraft C, die bei der elastischen Nachgiebigkeit des Halslagers die kreisende Bewegung der Trommelachse auf einem Kegelmantel veranlaßt, dessen Spitze im Fußlager der Welle liegt, das hierfür (s. Abb. 68) kugelgelenkig auf dem Gestell der Maschine ruht. Hierbei wird

der Druck gegen das Halslager abwechselnd von einem bzw. von zwei benachbart liegenden Federwerken l aufgenommen. Es tritt daher ein Größenwechsel der Federstauchung ein, so daß die umlaufenden Massen eine sechsstrahlige sternförmige Bahn durchlaufen, wobei sie sich in stetem Wechsel ihrer dem Ruhezustand entsprechenden Mittellage nähern und sich von dieser entfernen. Es treten wagerechte Stöße auf, die, wenn sie eine bestimmte Größe erlangen, im Zusammenwirken mit dem Beharrungsvermögen der Ausgleich-

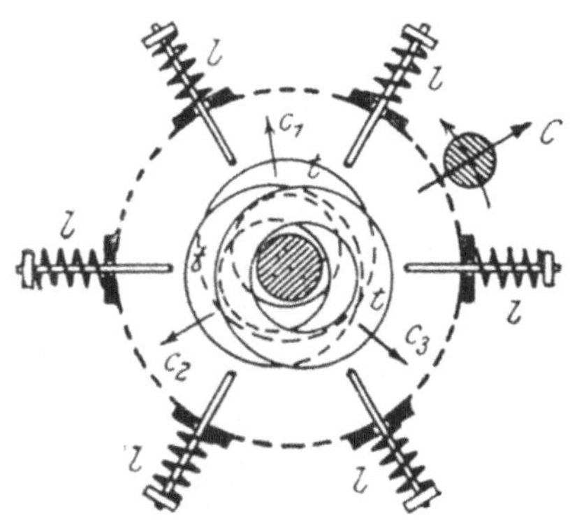

Abb. 69. Zentrifugenregler.

ringe t, deren Gleiten auf den Unterlagen veranlassen und sie in eine Lage überführen, bei welcher die Resultierende aus den Fliehkräften $c_1 c_2 c_3$ der Ringe gleich der Fliehkraft C wird, aber im entgegengesetzten Sinne dieser wirkt. Der Schwerpunkt des ganzen bewegten Massensystems nähert sich hierbei der Trommelachse, bis er nach wiederholter ruckweiser Lagenänderung der Ausgleichmassen mit ihr zusammenfällt und die Drehachse zur freien Achse wird[1].

Auch die pendelnde Aufhängung des Zentrifugenkorbes geht auf *Seyrig*[2] zurück; doch dürfte eine praktische Erfolge versprechende Bauart einer Hängezentrifuge zuerst von dem Amerikaner *S. Hepworth*[3] angegeben worden sein. Diese Bauart hat in der Folgezeit mehrfach weitere Ausbildung erfahren, teils durch *Hepworth* selbst, teils durch andere amerikanische Konstrukteure. Die Abb. 70 gibt die von *Hepworth* gewählte Bauart wieder. Die Trommel a und der sie einhüllende Mantel b werden von einem schalenförmigen Lager c

<hr>

[1] *H. Fischer*, Erfindungsgesch. d. Zentrifugenreglers. Chem. Apparatur, VII. Jahrg. (1920), Heft 4 uf.

[2] Engl. Pat. Nr. 7567 vom 16. August 1838.

[3] Engl. Pat. Nr. 3375 vom 13. Dezember 1871.

getragen, das einen halbkugeligen Kopf des Mantelträgers *d* umschließt und das Seitwärtsschwingen der Welle *e* zuläßt. Federpuffer *f* halten Trommel und Mantel in ihrer Mittellage. Bei ungleicher Füllung des Korbes begrenzen sie durch ihren Widerstand den Pendelausschlag, den bei dem Trommelumlauf die einseitig wirkende Fliehkraft bewirkt. Die Korbwelle *e* ruht in einem Fußlager *g* des durchbrochenen Mantelbodens und ist am oberen Ende in dem Mantelträger *d* drehbar gelagert. Unterhalb der Lagerstelle trägt sie die Antrieb- und Bremsscheibe *h*. Sonach nimmt der Mantel nicht an der Drehung, wohl aber an der Seitwärtsschwingung der Trommel teil. Das Entleeren der Trommel erfolgt durch Öffnungen des Trommelbodens, die während des Schleuderns durch einen Ringschieber *k* verschlossen sind.

Während *Hepworth* die Zentrifuge an dem Deckengebälk des Aufstellungsraumes aufhängt, stützen sie *Britton* und *Barron*[1] durch ein besonderes Fußgestell und erweitern dadurch die Aufstellungsmöglichkeit. Den gleichen

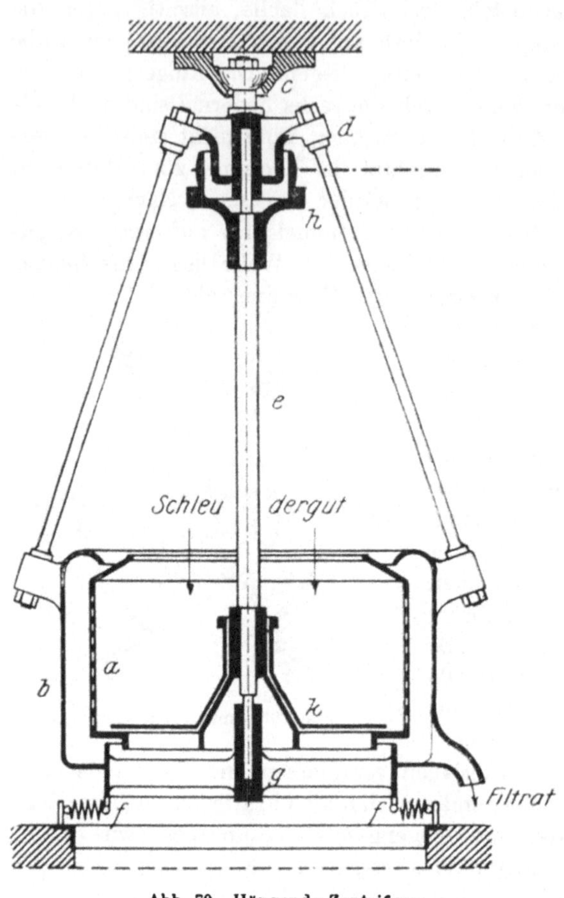

Abb. 70. Hängende Zentrifuge.

Zweck verfolgte die Mannheimer Maschinenfabrik[2], wenn sie die Trommelachse auf eine sie durchragende Säule stützte.

Der Schleuderkorb der Zentrifugen wird zuweilen zum eigenen Schutz, aber auch zum Schutz des Filtergutes im Innern mit einem Blei-, Zinn-, Nickel- oder Hartgummiüberzug versehen oder nimmt bei dem Ausschleudern saurer Stoffe einen durchlöcherten Einsatz von Steinzeug auf (Abb. 71, Säurezentrifuge von Gebr. Heine in Viersen). Auch der Schutzmantel wird zuweilen verbleit oder verzinnt, bei Säurezentrifugen auch mit Steinzeug ausgekleidet.

---

[1] Engl. Pat. Nr. 118 vom 12. Januar 1875.
[2] Polyt. Zeitschr. 1875, S. 85; *Grothe:* Die Appretur der Gewebe. Berlin 1882, S. 633.

Der Antrieb der Schleuderfilter erfolgt unterhalb oder oberhalb des Korbes. Ersteres ist vorzuziehen, weil bei dieser Anordnung die Beschickungsöffnung der Trommel freigehalten ist. Kleine Zentrifugen werden mittels Handkurbel, große mit Riemenantrieb, zuweilen auch durch einen mit der Trommelachse gekuppelten Elektromotor betrieben. In den Hand- und Riemenantrieb werden zuweilen Reibräder, selten Kegelräder, eingeschaltet.

Die Entleerung der Schleudertrommel durch den Trommelboden, die bereits bei der Zentrifuge von *Hepworth* Erwähnung fand, gestattet bei dem Ausschleudern breiigen Schleudergutes, das Entfernen der Rückstände während des Trommelumlaufes vorzunehmen und damit die Wirtschaftlichkeit des Schleuderbetriebes zu erhöhen. Die gleiche Absicht verfolgen jene Konstruktionen und erreichen sie in noch höherem Maße, bei denen Füllen und Entleeren der Trommel gleichzeitig stattfinden. Eine derartige Einrichtung ist erstmalig von dem belgischen Ingenieur *Havrez*[1] in Charleroi zum Entwässern von Kleinkohle benutzt worden mit dem Erfolg, daß bei 75 kg Trommelfüllung und 5 PS Arbeitsverbrauch in 10 Stunden 50 000 kg Kleinkohle entwässert wurden. Die Zentrifuge besitzt eine stehende Trommel mit durchbrochenem Boden. Innerhalb der Trommel liegt nach Abb. 72 eine den Trommelquerschnitt erfüllende Förderschraube, die etwa 1 bis 2 v. H. mehr Umdrehungen macht als die Trommel. Die sich hieraus ergebende Relativbewegung veranlaßt das mit der Trommel umlaufende Schleudergut, die Trommel so langsam von oben nach unten zu durchwandern, daß die Schleuderzeit zur Entwässerung genügt. In

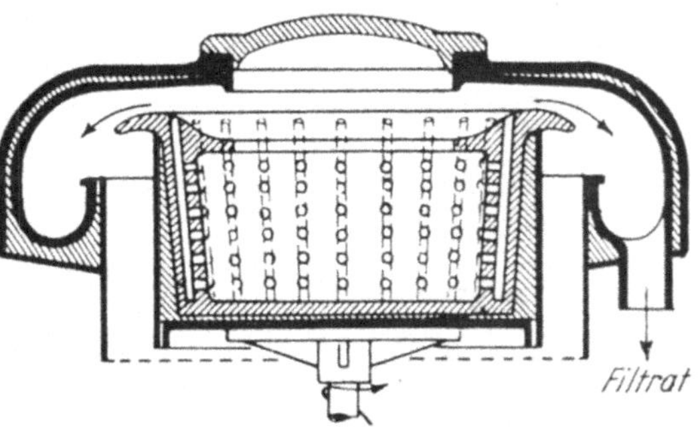

Abb. 71. Säure-Zentrifuge.

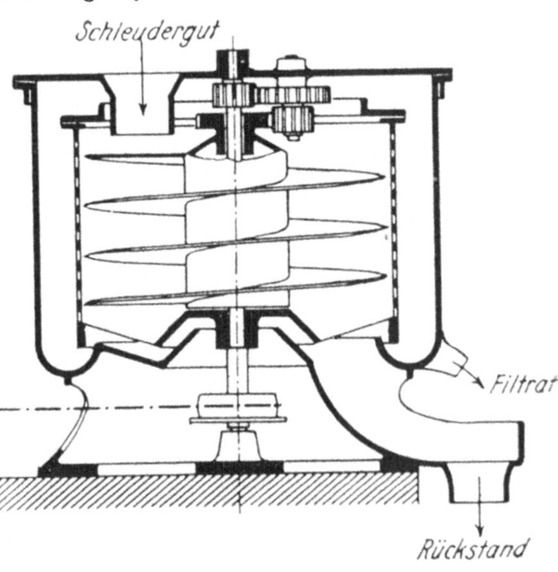

Abb. 72. Zentrifuge mit selbsttätigem Austrag.

---

[1] Deutsche Industriezeitung 1867, S. 92; *Armengaud:* publication industrielle 1868, Bd. 17, S. 198, Tafel 14.

neuerer Zeit werden derartige Zentrifugen auch mit liegender Achse ausgeführt[1].

Die große Masse der gefüllten Schleudertrommel erfordert sowohl bei der Inbetriebsetzung der Zentrifuge als auch bei dem Abstellen einen längeren Zeitraum. Im ersteren Falle ist die Beschleunigung auch mit einer erheblichen Steigerung der Betriebsarbeit über die Größe hinaus verbunden, welche der Beharrungszustand der Maschine erfordert. Beobachtungen an einer Schleuder von 800 mm Korbdurchmesser und 300 mm Korbhöhe ergaben für $n = 1000$ Uml./Min., 43 kg Beschickung und 6 Minuten Anlaufdauer den Arbeitsverbrauch

	der leeren Schleuder	der gefüllten Schleuder
im Anlauf zu	$N = 2{,}1$ PS	$N = 4{,}3$ PS
in der Beharrung zu	$N = 1{,}0$ PS	$N = 0{,}9$ PS

Legt man eine Angabe von *Walkhoff*[2] zugrunde, die er an einer Zuckerschleuder gewonnen hat, so führt die in Abb. 73 gegebene Kurve zu einem Bild über den Beschleunigungsvorgang, welcher sich bei dem Anlauf der Trommel innerhalb 6 Minuten abspielte, während die Drehzahl von 0 bis 950 Uml./Min. stieg.

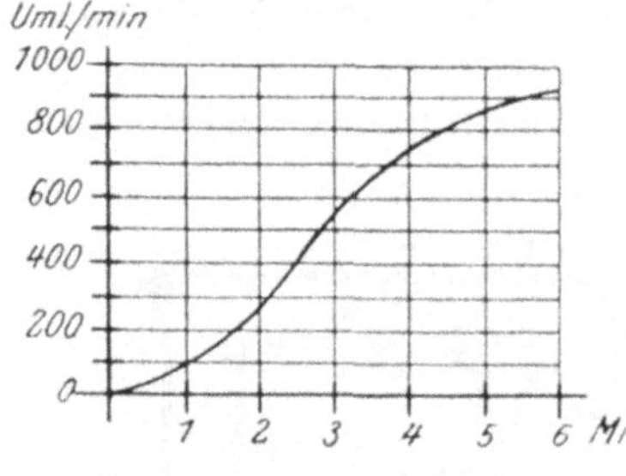

Abb. 73. Anlauf der Zentrifuge.

Der Leistungsgrad eines Schleuderfilters nimmt mit der Entflüssigung des Schleudergutes beständig ab. Die Grenze, an der das Schleudern aus wirtschaftlichen Gründen unterbrochen werden muß, ist durch den Nutzwert des Filtrates und des Rückstandes vorgezeichnet; sie ist für verschiedenartige Stoffe und Zwecke verschieden und im allgemeinen nicht angebbar. Die Beobachtung lehrt, daß die Ausdehnung der Schleuderdauer über wenige Minuten vielfach ausreicht, um die Fortsetzung des Schleuderns unwirtschaftlich werden zu lassen.

Ilienkoff gibt beispielsweise an, daß durch Ausschleudern von Zuckerrübenbrei nur etwa 65 v. H. des in dem Brei enthaltenen Saftes gewonnen werden konnten, und daß hierzu bereits die ersten beiden Minuten des Betriebes 49 v. H. beisteuerten, während in der 11. bis 13. Minute nur noch 0,7 v. H. zur Abscheidung gelangten. Zu ähnlichen Ergebnissen führten Versuche von *Grosseteste*, sofern sie bei dem Ausschleudern von gewaschenen Geweben bei 14 Minuten langem Schleudern eine Abscheidung von 71,7 v. H. Wasser ergaben. Hiervon entfielen auf die

1. u. 2. Min.	3. u. 4.	5. u. 6.	7. u. 8.	9. u. 10.	11. u. 12.	13. u. 14.
56,7	6,1	4,2	2,0	1,2	0,9	0,6 v. H.

3. Die Preßfilter.

Hochdruckfilter, bei denen die Entflüssigung des Filtergutes unter der Einwirkung eines durch Vermittlung des Filterkörpers von außen auf das Gut

---

[1] DRP. Nr. 30 235 vom 13. Mai 1884. Zeitschr. d. Ver. deutsch. Ing. 1885, S. 213.
[2] *Wagner:* Die Stärkefabrikation. Braunschweig 1876 S. 176.

übertragenen Druckes erfolgt, heißen **Preßfilter** oder **Scheidepressen.**
Es sind **Kaltpressen** oder **Heißpressen**, je nachdem die Abscheidung
des Filtrates bei gewöhnlicher oder bei künstlich erhöhter Temperatur stattfindet. Das Erwärmen des **Filter-** oder **Preßgutes** dient bei zähflüssigen Gemengteilen, z. B. Ölen organischen oder mineralischen Ursprungs,
dazu, deren Fließbarkeit zu erhöhen und damit die Abscheidung zu fördern.

Die Artbestimmung der Preßfilter pflegt auf Grund von vier wesentlichen Merkmalen zu erfolgen. Man unterscheidet

1. nach dem Scheidegut: Öl-, Stearin-, Kakaopressen u. a.;
2. nach dem Filterkörper: Beutel-, Tisch-, Topf-, Trog-, Seiherpressen u. a.;
3. nach dem Arbeitsverfahren: stetig und unstetig arbeitende Pressen;
4. nach der Druckerzeugung: Hebel-, Keil-, Schrauben-, Walzen-,
   hydraulische Pressen u. a.

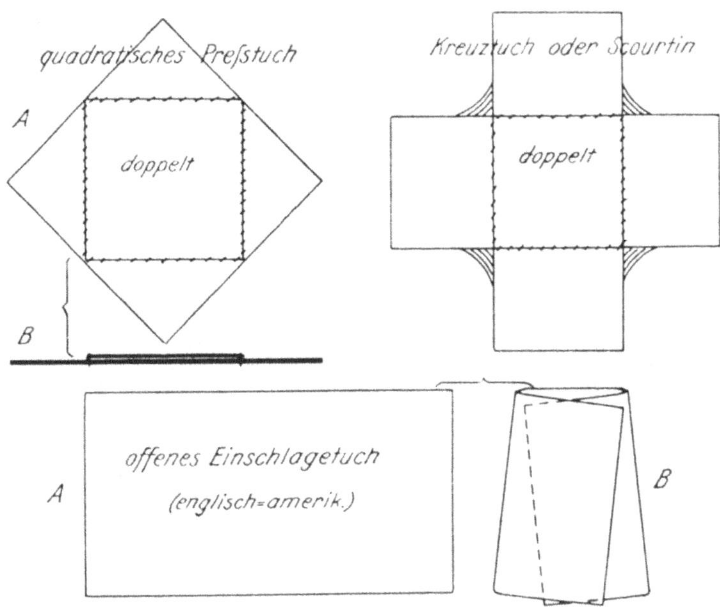

Abb. 74—76. Preßtücher.

Das allgemeine Merkmal aller Scheidepressen ist die beim Pressen eintretende Verkleinerung des vom Filterkörper umschlossenen Hohlraumes,
der das Preßgut enthält. Diese Verkleinerung erfolgt während der Drucksteigerung in dem gleichen Verhältnis, in dem die Entflüssigung des Preßgutes fortschreitet. Am Ende des Pressens erfüllt den Preßraum der in der
Regel stark verdichtete, tafel- oder ballenförmige **Preßkuchen,** der nur
noch wenig Flüssigkeit enthält und oft größere Härte und Festigkeit besitzt.
Entweder ist die Gewinnung des Preßkuchens (Stearin, Paraffin usw.) oder
die des Filtrates (Rüböl, Leinöl usw.) das Endziel der Preßarbeit. Vielfach
besitzen aber auch die Nebenerzeugnisse, seien diese das Filtrat (Stearinöl,

Solaröl usw.) oder der Rückstand (Rapskuchen, Leinkuchen usw.), wirtschaftliche Verwendbarkeit.

α) Die Filterkörper der Scheidepressen.

Als Filterstoffe stehen bei den Scheidepressen Stoffe pflanzlichen oder tierischen Ursprungs in Gebrauch, die in Gestalt von Filzen, Geweben oder Geflechten Anwendung finden. In besonderen Fällen werden auch mehr oder weniger feinlochige Metallsiebe verwendet.

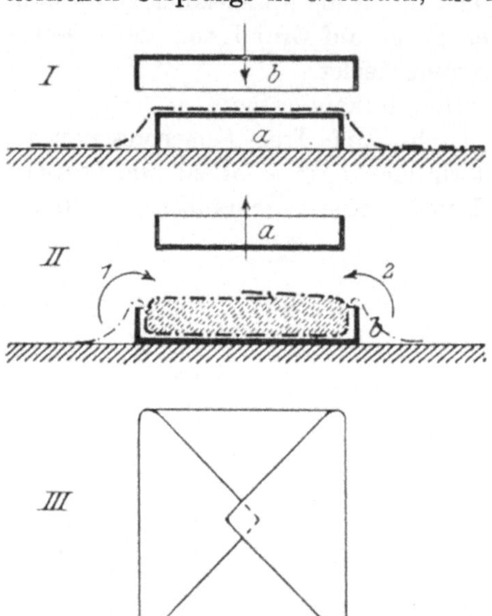

Abb. 77—79. Herstellung eines Preßpaketes.

Die einfachste Form des textilen Filterkörpers ist das Preßtuch, ein leinwand- oder köperbindiges Gewebe aus Roß-, Kuh-, Kamel- oder Ziegenhaar, Schaf- oder Baumwolle, seltener aus Lein oder Hanf. Die Preßtücher besitzen nach Abb. 74 bis 76 quadratische, länglich-rechteckige oder kreuzförmige Gestalt (Kreuztuch oder Scourtin). Das Preßgut wird auf die Mitte des ausgebreiteten Tuches aufgegeben und durch Überlegen der Tuchecken umhüllt oder eingeschlagen, so daß ein ballenförmiger Körper, das Preßpaket, entsteht.

Hierbei finden zweckmäßig nach Anleitung der Abb. 77 bis 79 hölzerne Formkästen a, b Anwendung. Um überall möglichst gleiche Durchlässigkeit der Hülle zu erzielen, wird, den mehrfach sich überdeckenden Tuchecken entsprechend, die Mitte des Tuches durch Aufnähen eines der Paketgröße entsprechenden Gewebestückes verstärkt (Abb. 74). Aus Roßhaaren oder Kamelwolle hergestellte Flechtstücke finden auch in Form kreisförmiger dicker Scheiben, der sog. Preßdeckel, oder in dem Kreuztuch ähnlichen Formen Anwendung. Für leicht filtrierbare Stoffe, wie Stärke und Appreturmasse, gibt man dem Gewebe auch die Sackform und führt den gefüllten Sack a zwischen zwei von Hand zusammengepreßten Holzstäben b nach Maßgabe von Abb. 80 hindurch. Auch wird der gefüllte Sack mittels einer Schraubenspindel zwischen

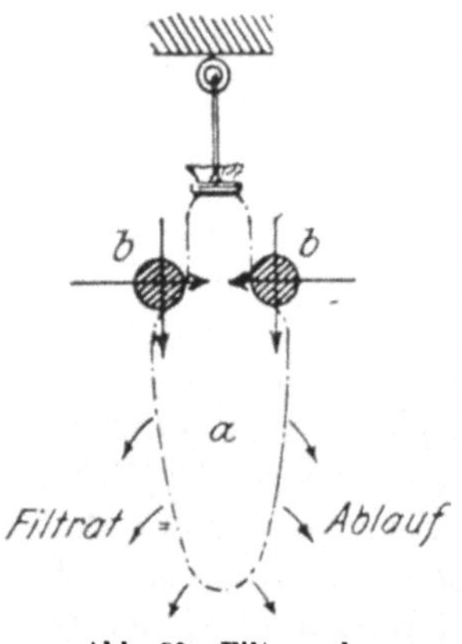

Abb. 80. Filtersack.

zwei feststehenden, 100 bis 150 mm dicken Walzen hindurchgezogen.

Die Druckübertragung erfordert die Stützung oder den Einschluß des Preßpaketes in ein mit starren Wandungen versehenes widerstandsfähiges

Gefäß oder Gehäuse. Dasselbe bildet zusammen mit der Pakethülle den Filterkörper der Presse. Die starren Wandungen dieses Gefäßes müssen bei dem Pressen der Raumverkleinerung des Preßpaketes folgen und dürfen daher nicht starr miteinander verbunden sein.

In der einfachsten Form bilden das Gefäß vierseitige eiserne Preßplatten oder Preßtische, zwischen denen das Preßpaket eingelegt wird. Zuweilen, insbesondere bei aufrechter Stellung der Platten, werden diese bei Rechteck- oder Trapezform nach Abb. 81 an einer Schmalseite miteinander gelenkig verbunden. Die Preßplatten werden in der Presse im Wechsel mit Preßpaketen in größerer Zahl neben- oder übereinander geschichtet und gleichzeitig dem Preßdruck unterworfen. Hierbei nimmt eine Presse zuweilen 100 bis 200 Einzelpakete auf. Die Druckflächen der ebenen Platten sind häufig

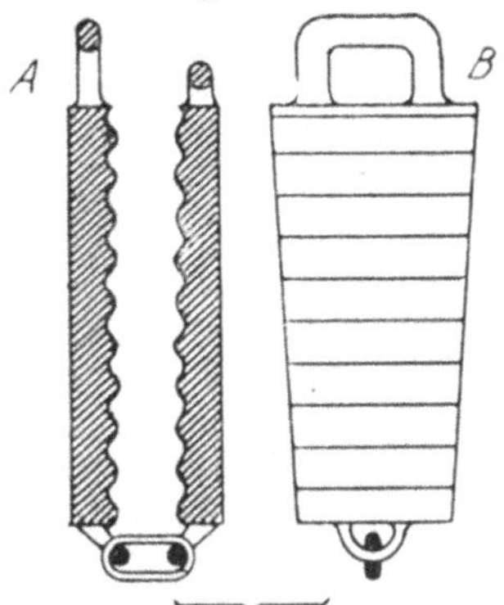

Abb. 81. **Preßplatten für liegende Pressen.**

nach Abb. 81 A mit welligen Rippen versehen, die sich bei dem Pressen in dem Preßpaket abprägen, die Paketfüllung zusammenhalten und sie hindern, dem Preßdruck seitlich zur Druckrichtung auszuweichen. Der Abfluß des Filtrates findet an den freien Rändern des Paketes statt.

Sind auch die Ränder des Paketes durch das Preßgefäß umschlossen, so erfordert der Abfluß des Filtrates die Durchlässigkeit der Preßplatten. Ein Beispiel hierfür liefern die in Abb. 82 dargestellten Preßplatten der Schachtel- oder Trogpresse von *Ehrhardt*[1]. Bei dieser ist ein freier Abfluß dadurch erreicht, daß die reihenweise ange-

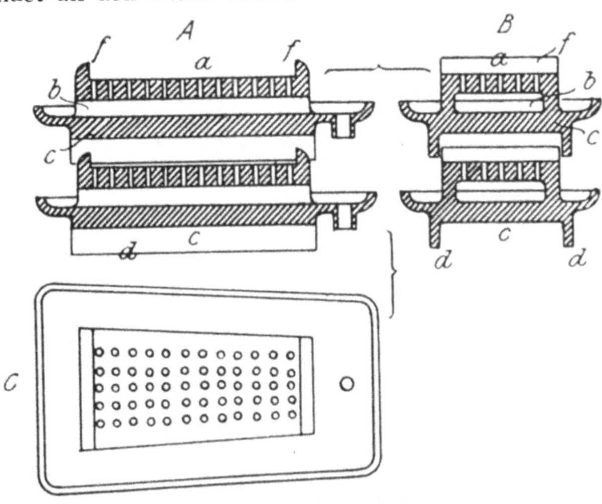

Abb. 82. Preßschachtel.

ordneten Durchbohrungen der Platte *a* in einen unter dieser befindlichen, an den Enden offenen Kanal *b* münden. Den unteren Abschluß des Kanales bildet eine mit Randleisten versehene Platte *c*, auf welcher sich das Filtrat sammelt und die an der Unterseite zwei Leisten *d* trägt. Diese Leisten übergreifen die nach abwärts folgende zweite Preßplatte und schließen den das

---

[1] DRP. Nr. 14 990 vom 8. Januar 1881 und Nr. 16 539 vom 9. April 1881.

Preßpaket enthaltenden Hohlraum an den Langseiten ab, während die Rippen *f* der Preßplatte die Schmalseiten des Raumes teilweise verschließen.

Mit vollem seitlichen Abschluß versehene Preßgefäße werden Preßtöpfe genannt. Dieselben werden durch ein in der Regel zylindrisches Gefäß mit einem feststehenden und einem beweglichen Boden gebildet. Der letztere tritt kolbenartig in das Innere des Gefäßes ein, während es der erstere an der Gegenseite verschließt. Preßtöpfe von geringer Höhe, wie sie in den Ringpressen Anwendung finden, werden in der Presse zu mehreren übereinander geordnet, derart, daß entsprechend der Abb. 83 der Kolben *a* des einen Topfes oder Ringes b_1 zugleich die Decke *c* für den zweiten, darunter befindlichen Topf b_2 bildet. Die Ableitung des Filtrates erfolgt durch sternförmig angeordnete, mit Fall nach außen angelegte Nuten *d* der Kolbenfläche, die durch eine Siebplatte *e* und einen auf dieser liegenden Preßdeckel abgedeckt sind. Während die Boden- bzw. Kolbenplatten dauernd in der Presse verbleiben, werden die Ringgefäße zum Zweck des Entleerens und Neufüllens nach jeder Pressung auf Schienen *g* aus der Presse geschoben.

Preßtöpfe, deren Wandung für den Abfluß des Filtrates siebartig durchbrochen sind, werden Seiher oder Preßseiher genannt. Sie finden hauptsächlich in Ölfabriken beim Auspressen von Ölsaaten und Ölfrüchten Verwendung und bestehen hier aus einem 450 bis

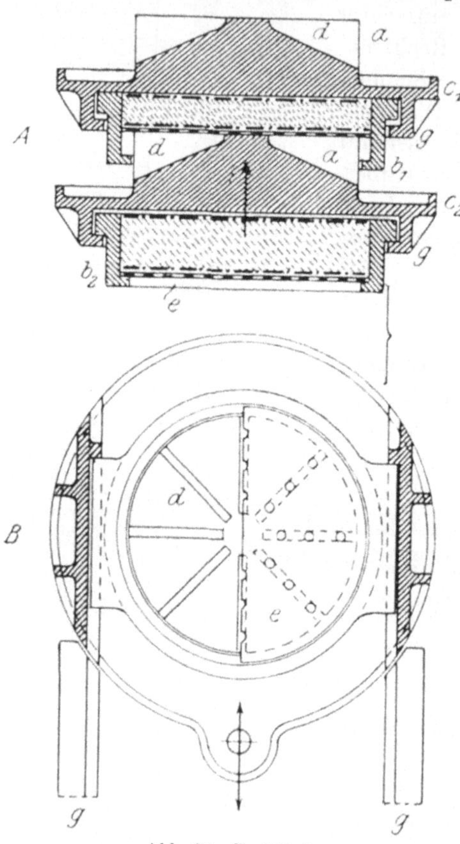

Abb. 83. Preßtöpfe.

500 mm im Lichten weiten, 1000 bis 2000 mm langen dünnwandigen Stahlrohr *a*, Abb. 84, das ein gegen inneren Druck widerstandsfähiger Mantel umgibt. Das Rohr ist aus zähem Stahl geschmiedet, genau zylindrisch ausgebohrt und abgedreht und mit zahlreichen, bis 1 mm großen Bohrlöchern oder mit der Achsenrichtung des Rohres folgenden, bis 1 mm breiten Schlitzen versehen. Den versteifenden Mantel bilden flache Stahlstäbe *b*, die in Hochkantstellung und der Rohrachse gleichlaufend um das Rohr gleichmäßig verteilt sind und durch warm aufgezogene Stahlringe *c* umschlossen und gegen das Rohr gepreßt werden. Diese Ringe besitzen entweder (nach Abb. 84 links) eine größere Höhe und werden zu wenigen in geringem Ab-

stand übereinander gelagert, oder sie erhalten nur eine geringe Dicke und werden unter Belassung größerer Zwischenräume (nach Abb. 84 rechts) auf den Stabstern aufgeschrumpft. Im ersteren Fall werden die Kanäle des Stabsternes durch schmale Blechringe *d*, im letzteren Fall durch ein dünnes Blechrohr *e* nach außen abgeschlossen. Hierdurch wird das Verspritzen des durch die Sieböffnungen des Seihers tretenden Filtrates verhindert und dieses allein durch die Kanäle des Stabsternes zum Abfluß gebracht. Zuweilen besteht der Seiher auch nur aus einem starkwandigen Stahlzylinder, in welchem die gebohrten Sieblöcher zum Zweck des leichteren Filtratabflusses nach außen erweitert sind.

Das Eintragen des Preßgutes in den aufrechtstehenden Seiher geschieht nach Abb. 84 schichtenweise, wobei zwei aufeinanderfolgende

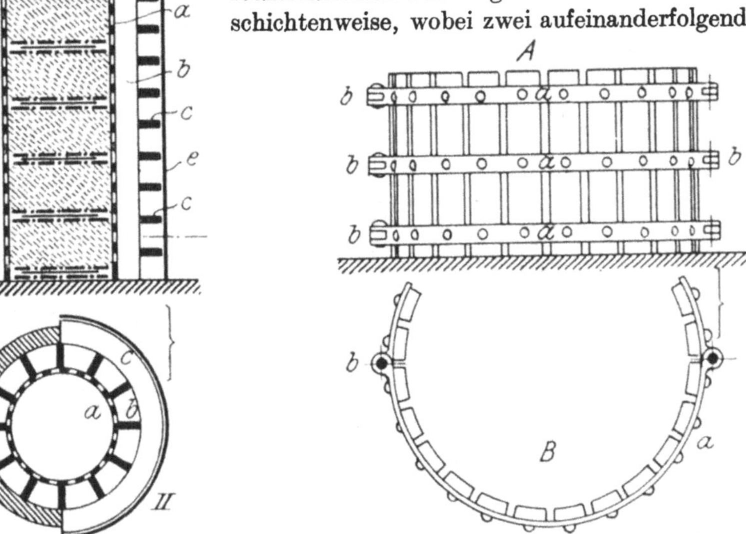

Abb. 84. Eiserner Seiher.   Abb. 85. Hölzerner Seiher.

Schichten immer durch zwei Preßdeckel und eine zwischen diese gelegte Eisenblechplatte getrennt gehalten werden. Nach der Pressung enthält daher der Seiher so viel 20 bis 25 mm dicke Preßkuchen, als Schichten eingefüllt wurden. Eine Pressung liefert gewöhnlich 20 bis 30 Preßkuchen. Kurze, nur 300 bis 400 mm hohe Seiher werden zur Erleichterung des Ausstoßens der Preßkuchen axial aufgeschlitzt und während des Pressens durch einen umgelegten stählernen Spannring geschlossen. Beim Öffnen des Spannringes federt der Seiher auseinander und der in den Seiherbohrungen verankerte Preßkuchen kann mit leichter Mühe ausgestoßen werden.

Dem geringen Preßdruck entsprechend werden beim Auspressen saftreicher Früchte, wie Weintrauben, Oliven u. dgl., aus Holzstäben rostartig zusammengesetzte zylindrische Seiher benutzt. Die Stäbe sind nach Abb. 85 an den Innenseiten eiserner zweiteiliger Reifen *a* durch Nieten oder Schrauben befestigt und die beiden Teile durch Gelenke *b* verbunden, so daß nach dem

Lösen des einen dieser der Seiher zum Entfernen der Preßrückstände aufgeklappt werden kann. Das Preßgut wird, in grobmaschige Preßtücher eingeschlagen oder in gleichartige Preßbeutel gefüllt, in den Seiher eingetragen.

Die Filterkörper der **Heißpressen** werden mit Dampf oder heißer
Luft beheizt. Sie erhalten hierfür im Inneren Kanäle, die das Heizmittel
in stetem Strom durchfließt, so daß die durch die Bewegung vermittelte
Durchmischung des Heizmittels den Wärmeaustausch zwischen ihm und
der Körperwand fördert. In gegossenen Filterkörpern werden die Kanäle
nach *Poteau*[1] und *Cothias*[2] durch eine eingegossene schmiedeiserne Rohrschlange gebildet. Preßplatten aus Schmiedeisen werden nach *Faulquier*

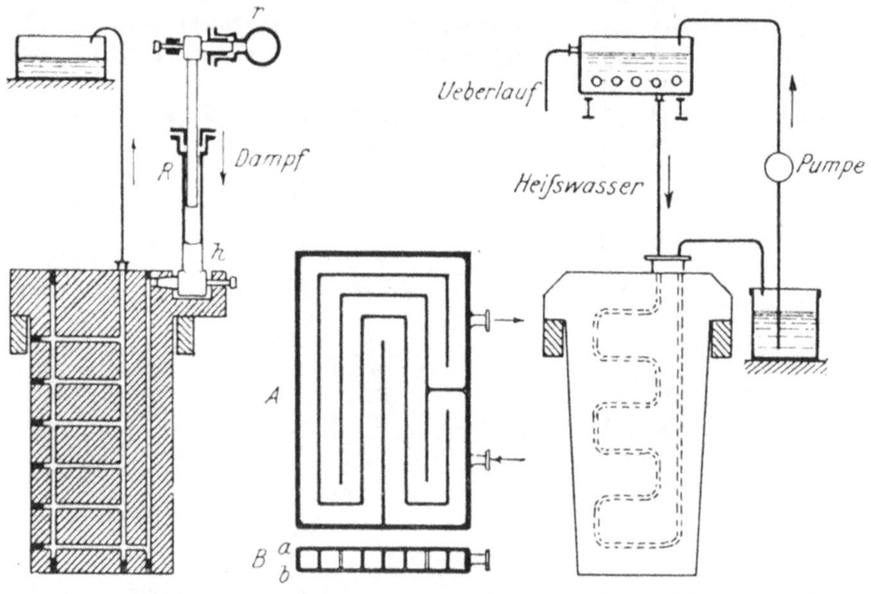

Abb. 86—88. Heizbare Preßplatten.

durch Aufeinanderschrauben zweier Platten *a* und *b*, Abb. 87, hergestellt,
von denen die dickere Platte *b* entsprechend eingearbeitete Nuten enthält.
Morane endlich bildet die Kanäle in Schmiedeisen- oder Stahlgußplatten
durch kreuzweise gerichtete Bohrungen und Verschluß der Eingänge dieser
mit versenkten Schraubenstöpseln, Abb. 86. Die mit dem Öffnen und Schließen
der Presse verbundene Lagenänderung der einzelnen Filterkörper erfordert
deren beweglichen Anschluß an das feststehende Zuführrohr des Heizmittels.
Ihm dienen in der Länge veränderbare Gelenkrohre *R*, Abb. 86, die mit drehbaren Hahnverschraubungen an das Zuführrohr *r* und bei *h* an den Heizkörper angeschlossen sind, oder biegsame Metallschläuche. *Léon Droux* gab
1893 die einfache Anordnung einer Umlaufheizung mit Heißwasser an,

---

[1] Praktischer Maschinenkonstrukteur 1875, S. 318.
[2] Engl. Pat. Nr. 14 482 vom 30. Juni 1896.

von der *Hefter*[1] die in Abb. 88 wiederholte leichtverständliche Übersichtsskizze gibt.

β) Die Pressen.

αα) *Die unstetig arbeitenden Pressen.*

Nach den zur Entwicklung des Preßdruckes zur Anwendung kommenden mechanischen Einrichtungen werden Keil-, Schrauben- und Druckwasser- oder hydraulische Pressen unterschieden. Von diesen haben für europäische Verhältnisse

die Keilpressen

nur noch geschichtlichen Wert. Den Chinesen waren sie von alters her bekannt, und in Mitteleuropa wurden sie bereits am Beginn des 17. Jahrhunderts als Ölpressen[2] benutzt. Nach *Rein*[3] stehen in Japan noch jetzt Keilpressen der in Abb. 89 dargestellten Bauart zur Ölgewinnung aus Samenmehl in Gebrauch. Die Presse ist eine Topfpresse. Den Topf bildet ein hohler, durch einen Boden geschlossener Hohlzylinder *a* mit geriefter Innenwand. In ihn wird das in ein Tuch eingeschlagene Preßgut eingelegt. Eine am Boden befindliche Bohrung *b* dient als Ölablauf. Der Topf wird von einem Querriegel *c* getragen, der zwischen die Säulen *d* eingespannt ist und den Fuß der Presse bildet. Der in den Topf tauchende Preßkolben *e* stützt sich gegen einen zweiten, das Haupt der Presse bildenden Querriegel *f*, dessen Enden lose in Schlitze der Säulen greifen und durch die Keile *g* belastet werden. Das Eintreiben

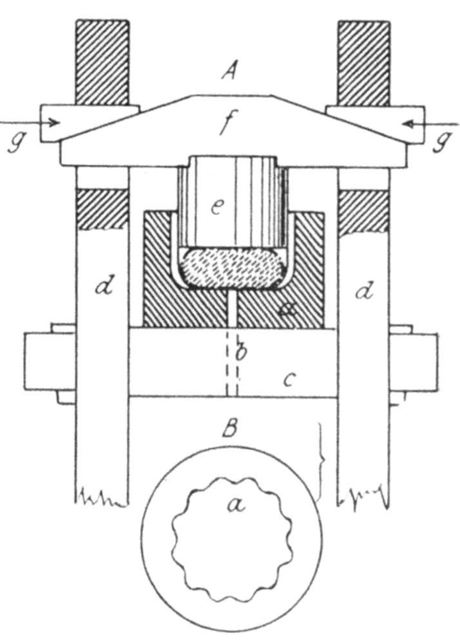

Abb. 89.   Keilpresse.

der Keile durch Hammerschläge bewirkt das Zusammendrücken des Preßgutes unter gleichzeitiger Zugbeanspruchung der Säulen.

Die Einrichtung einer

Schraubenpresse

gibt die Abb. 90 wieder. Sie ist ohne Beschreibung leicht zu übersehen. Ähnliche aus Holz erbaute Tischpressen werden in Porzellanfabriken beim Entwässern des dem Schlämmgefäß entnommenen Kaolinbreies benutzt. Der-

---

[1] *Hefter:* Technologie der Fette III. Berlin 1910, S. 738.

[2] *Schwahn:* Lehrbuch der prakt. Mühlenbaukunde. Berlin 1847, 5. Abt., S. 61 Tafel **46**.

[3] *Rein:* Japan 2. Bd., S. 177, Leipzig 1886. Eine chinesische Bauart siehe in *St. Julien:* Industrie de l'Empire Chinois, S. 119.

selbe wird in Leinentücher eingeschlagen, und die so entstehenden Preßpakete werden auf dem Tisch der Presse in mehreren durch Weidengeflechte getrennten Lagen nach Abb. 91 übereinander geschichtet, dem Druck der Preßschraube unterworfen. Das Zuspannen und Lüften der Schraube erfolgt mit Hilfe eines den Kopf der Schraubenspindel quer . durchragenden Hebels, des sog. Preßbengels.

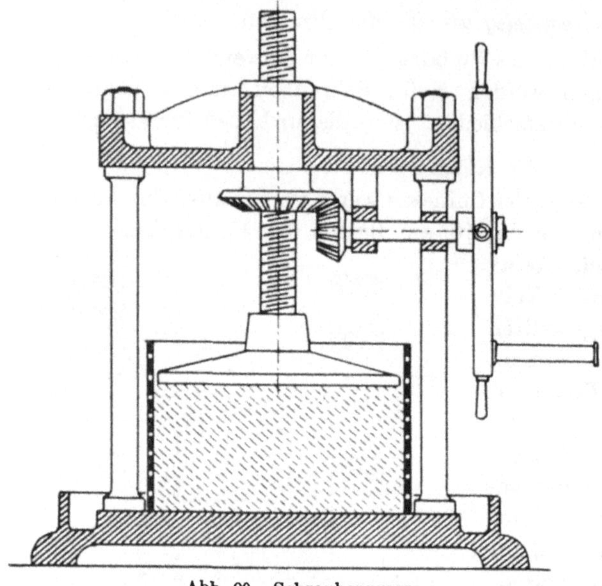

Abb. 90. Schraubenpresse.

Die Presse nimmt bis zu 86 Preßpakete auf. Die in diesen befindliche Kaolinmasse enthält etwa 40 v. H. Wasser. Einer zwei Stunden währenden allmählichen Steigerung des Druckes folgt ein sechsstündiges Stehen der Presse unter Druck. Hierbei wird der Wassergehalt der Masse auf etwa 32 v. H. vermindert. Zum Vergleich diene, daß gleichartige Kaolinmasse auf der Filterpresse in erheblich kürzerer Zeit bis auf 25 v. H. Wassergehalt entwässert werden konnte.

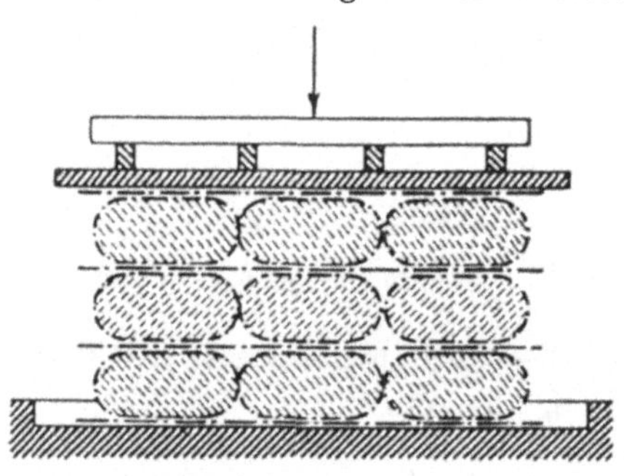

Abb. 91. Kaolinpresse.

Durch Einfügen eines Schaltwerkes zwischen die Schraube und den Preßbengel, das sowohl beim Anziehen als Lösen der Schraube wirksam ist, wird die Bedienung der Schraubenpresse erheblich erleichtert. Auch wird zuweilen bei Öl- und Fruchtpressen ein einfacher Hebel oder ein Kniehebel zur Vergrößerung des Schraubendruckes benutzt. Mit mechanischem Antrieb der Schraube versehene Scheidepressen finden u. a. in Holzstoffabriken beim Entwässern des Holzschliffes Verwendung[1]. Sie gewähren bei langem Schraubenweg durch raschen Rückzug der Schraube nach dem Pressen erhebliche Zeitersparnis.

Die Presse der Neuzeit ist für Fabrikbetriebe die mit Druckwasser arbeitende

---

[1] Skizzenbuch f. d. prakt. Maschinenkonstrukteur 1886, Tafel 962.

Hydraulische Presse,

die sowohl stehend als liegend, als Tisch-, Trog-, Ring- und Seiherpresse zur Anwendung kommt. Die allgemeine Einrichtung des die Filterkörper aufnehmenden Pressenrahmens, die bei allen stehenden Pressen wiederkehrt und auf liegende Pressen leicht übertragbar ist, lassen die Abb. 92 ersehen.

Der Fuß der Presse ist in seinem oberen Teil a vierseitig prismatisch gestaltet. Nahe den Ecken des Prismas liegen in Ausschnitten die unteren, durch Kopf und Bund begrenzten Enden der vier Säulen b und werden darin durch vorgeschraubte Deckplatten c gehalten. In der gleichen Weise sind die oberen Säulenenden mit dem Pressenhaupt d verbunden. Der Pressenfuß bildet zugleich den Druckwasserzylinder und reitet auf dem Unterbau e. Sein oberer Eingang ist ausgedreht und mit einer rundum laufenden Nut f versehen, welche die zur Abdichtung des Kolbens g dienende Dichtungsmanschette aufnimmt.

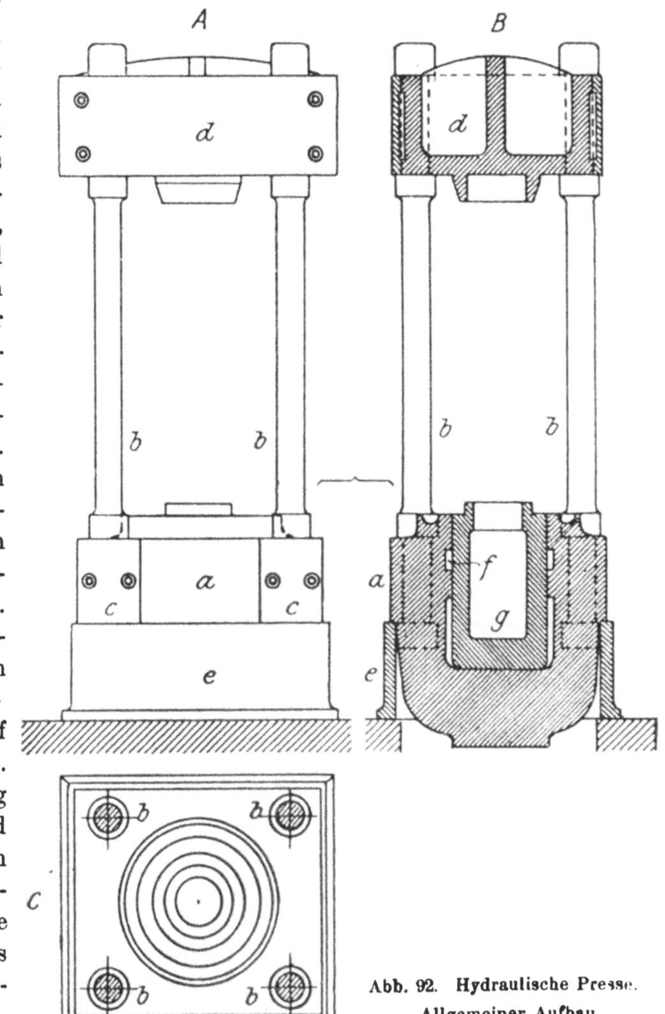

Abb. 92. Hydraulische Presse. Allgemeiner Aufbau.

Diese besteht nach Abb. 93 aus einem Leder- oder Guttapercharing h von u-förmigem Querschnitt. Ein zwischen die Ringschenkel gelegter Gummistreifen r hält den äußeren Schenkel in Berührung mit der senkrechten Nutwand und schmiegt den inneren Schenkel an den Kolben an. Die Abdichtung erfolgt durch den zwischen den Schenkeln herrschenden Wasserdruck; sie paßt sich diesem ebenso wie die Kolbenreibung an. Da gußeiserne Zylinder bei hohem Wasserdruck durchlässig werden (schwitzen), macht *C. Sellers*[1] den Zylinder überall gleichweit und füttert ihn mit einem Kupferrohr aus, das am Zylinderboden durch eine Manschette abgedichtet wird.

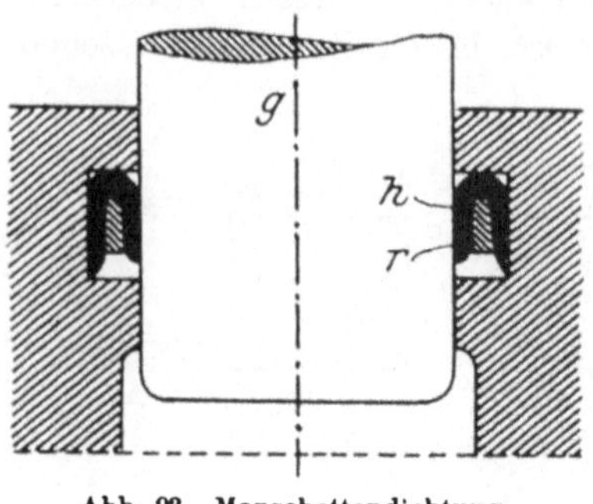

Abb. 93. Manschettendichtung.

Die ungünstige Spannungsverteilung in der dicken Zylinderwand suchten Buß, Sombart & Co.[2] dadurch zu umgehen, daß sie die Wandung in zwei Schichten zerlegten, die mittels kegelförmiger Stufen keilartig ineinander gefügt sind.

Die in Scheidepressen benutzten Druckwassermaschinen besitzen etwa 150 bis 350 mm Kolbendurchmesser bei 650 bis 1300 mm Kolbenhub; sie arbeiten mit 100 bis 450 Atm Wasserpressung und liefern einen Gesamtdruck von 35 bis 300 t.   Dieser Druck verteilt sich auf den Querschnitt des Filterkörpers derart, daß die Flächenpressung 20 kg/qcm nicht übersteigt.

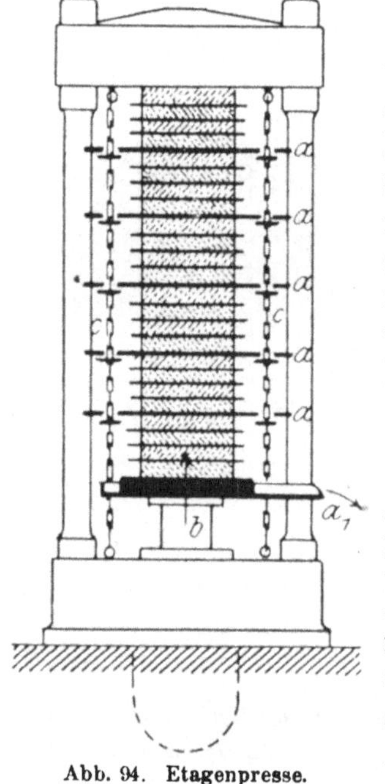

Abb. 94. Etagenpresse.

In den geschilderten, aus dem Fuß, dem Haupt und den Säulen bestehenden Pressenrahmen werden die Filterkörper derart eingefügt, daß sie unter Druck gestellt werden können, das hierbei aus dem Preßgut austretende Filtrat freien Abfluß findet und die verbleibenden Preßrückstände leicht entfernbar sind.   Die sich hieraus ergebende Eigenart der verschiedenen Bauformen in bezug auf Anordnung des Filterkörpers und Betrieb der Presse lassen die folgenden Beispiele erkennen.

Die Tischpressen.

Tischpressen werden stehend und liegend, als Kalt- und als Warmpressen ausgeführt. Stehende Pressen, in denen eine größere Zahl Preßplatten Aufnahme findet, werden Etagenpressen genannt. Sie lassen, ebenso wie die nach dem gleichen Grundsatz gebauten vielplattigen liegenden Pressen, die gleichzeitige Behandlung einer größeren Anzahl Preßpakete zu. Meist enthalten die Etagenpressen 12 bis 14, zuweilen auch bis 20 Etagen.

Die Abb. 94 stellt eine stehende Kaltpresse für Stearinfabriken dar. Der Pressenrahmen enthält übereinander geordnet die Preßtische *a* von etwa 600 × 800 mm Seitenlänge. Der unterste dieser Tische (a_1) ruht auf dem Kolben *b* der Druckwassermaschine und ist mit Fang- und Ablaufrinne für

[1] Österr. Bericht über die Ausstellung zu Philadelphia 1877, Heft XII.
[2] DRP. Nr. 6337 vom 26. November 1878.

das ausgepreßte Öl versehen. Die übrigen Tische, die sog. Hängebleche, bestehen aus etwa 10 mm dicken Schmiedeisenplatten. Sie ruhen bei geöffneter Presse auf Bunden senkrechter Tragstangen, oder sie sind, wie dargestellt, in gleichen Abständen an Ketten c aufgehangen, die von dem Haupt der Presse herabhängen. Auch finden treppenförmig abgesetzte Leitschienen Anwendung, auf deren Stufen die Zwischentische bei offener Presse ruhen. Zwischen den Hängeblechen werden die Preßpakete in einfacher oder doppelter Lage unter Zwischenschaltung starker Eisenblechtafeln so geschichtet, daß jede Schicht 2 bis 6 Pakete enthält. Eine Presse mit 5 Hängeblechen und 6 Zwischenblechen vermag daher rd. 80 bis 250 Preßpakete aufzunehmen, die gleichzeitig der Pressung unterworfen werden. Die Druckfläche der

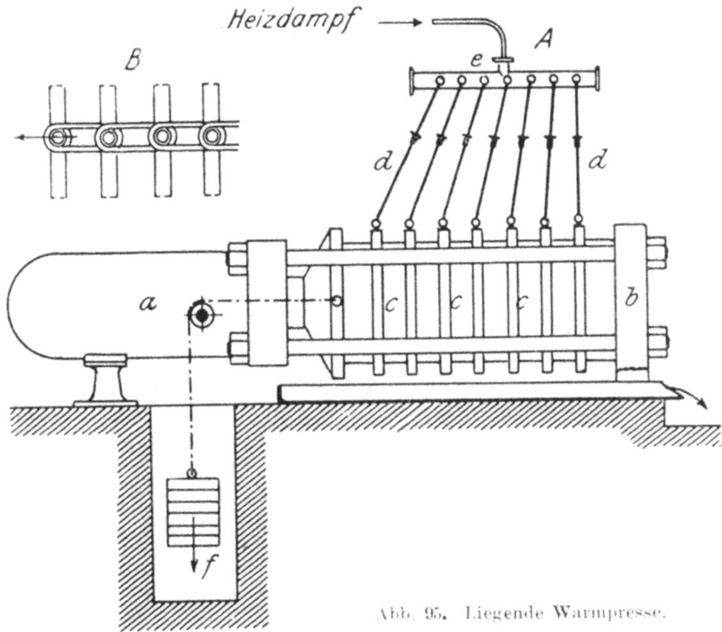

Abb. 95. Liegende Warmpresse.

Hängebleche beträgt im allgemeinen etwa das 10- bis 15 fache der Kolbenfläche der Druckwassermaschine. Der auf das Preßgut ausgeübte Höchstdruck kann daher im großen Durchschnitt auf etwa 10 bis 12 Atm geschätzt werden.

Das Pressen selbst erfolgt unter langsamer Steigerung des Wasserdruckes bis zum Beginn des Ölaustrittes aus dem Preßgut. Die bis dahin eingetretene Höhenverminderung der Preßpakete gestattet nach dem Öffnen der Presse das Nachsetzen neuer Pakete und damit die völlige Ausnutzung des Fassungsraumes der Presse. Die erneute Druckgabe erreicht schließlich bei etwa 150 bis 300 Atm Wasserdruck ihr Ende. Die möglichst vollständige Entflüssigung des Preßgutes erfordert eine sehr allmähliche Drucksteigerung, so daß die zwischen zwei Neufüllungen der Presse verstreichende Zeit bis zu 4 bis 5 Stunden beträgt.

Die Anordnung einer liegenden Tischpresse mit geheizten Preßplatten gibt Abb. 95 wieder. Der den Fuß der Presse bildende Druckwasserzylinder a ist auch hier durch vier Säulen mit dem Preßhaupt b verbunden. Die mit Wasser oder Dampf heizbaren Preßplatten c reiten verschiebbar auf den beiden oberen Säulen und sind durch die ausziehbaren Heizrohre d an die Zuleitung e des Heizmittels angeschlossen. Den Rückzug des Preßkolbens bewirkt beim Öffnen der Presse ein Gewicht f oder eine Druckwassermaschine von dem gleichen Hub wie die Presse, aber kleinerem Kolbendurchmesser. Die gleichmäßige Verteilung der Preßplatten beim Öffnen der Presse vermitteln nach Abb. 95 B langgestreckte Kettenglieder, die durch Zapfen der Plattenränder aneinander geschlossen sind.

In den Stearinfabriken dienen derartige Warmpressen zum Nachpressen der kalt vorgepreßten Fettsäurekuchen, um aus ihnen noch die letzten Reste von Elain abzuscheiden. Die Kuchen werden hierbei zwischen u-förmiggebogene, 20 bis 30 mm dicke plattenförmige Geflechte aus Ziegenhaar, sog. Preßsäcke oder Etreindelles, eingelegt und mit ihnen zwischen die Preßplatten der Presse gehangen. Die Zeit für das Füllen, Pressen und Entleeren der Preßsäcke kann auf etwa 1 bis $1\frac{1}{2}$ Stunde veranschlagt werden.

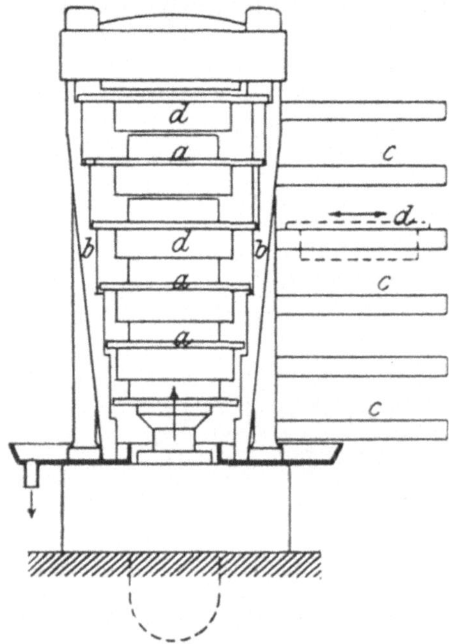

Abb. 96. Ringpresse.

Die Trog- und Ringpressen.

Abgesehen von der verschiedenen konstruktiven Ausbildung der Filterkörper (S. 75, 76) ergeben sich für den Aufbau und den Verlauf des Betriebes der Trog- und Ringpressen nur unwesentliche Unterschiede. Beide Pressenarten werden nur als stehende Pressen gebaut, deren Gestellrahmen in der Regel eine Anzahl geschoßartig übereinander geordnete Einzelfilterkörper enthält. Die Teilung des Filterkörpers in Preßring und Preßboden bedingt bei der Ringpresse, daß der Preßboden dauernd in der Presse belassen werden kann, während der zur Aufnahme des Preßgutes dienende Ring zum Zweck des Füllens und Entleerens zeitweise aus der Presse entfernt wird. Bei kleinen eingeschossigen Ringpressen geschieht dies am einfachsten durch Schwenken des Preßringes um eine der Preßsäulen. Bei großen mehrgeschossigen Pressen bildet der auf Schienen verschiebbare Preßring die Regel. In diesem Fall sind in der Höhe der einzelnen Ringe seitlich der Presse Schienengeleise angeordnet, auf denen die Ringe zum Zweck des Füllens und Entleerens aus der Presse gefahren werden. Durch doppelseitige Anordnung der Geleise lassen sich die mit dem Füllen und Entleeren verbundenen Betriebsunterbrechungen abkürzen, indem beide Arbeiten gleichzeitig erfolgen.

Abb. 96 stellt die Anordnung einer fünfgeschossigen Ölpresse im halbgeöffneten Zustand, also bei fast völlig gesenktem Druckwasserkolben, dar. Die mit Ölfang versehenen Preßböden a sind in der Höhenrichtung des Preßraumes gleichmäßig verteilt und werden von den Stufenschienen b in solcher Höhe unterstützt, daß ihre Unterseiten um einen geringen Betrag über den seitlich der Presse vorragenden Laufgeleisen c liegen. Auf diesen Geleisen reiten die Preßringe d mit vorspringenden Nasen, so daß sie aus der Füllstellung außerhalb der Presse in die Preßstellung geschoben werden können. In der Presse liegen die sämtlichen Preßringe gleichachsig übereinander, so daß die Kolben der Preßböden beim Aufstieg des Wasserdruckkolbens in sie eindringen und das sie füllende Preßgut verdichten.

Beim Anlassen der Presse erfolgt die Druckübertragung auf den Inhalt der einzelnen Preßringe und das Anhalten dieser und der über ihnen liegenden Preßböden von unten nach oben fortschreitend, bis der Inhalt sämtlicher Ringe dem Höchstdruck unterliegt. Dieser wird dann bis zum Schluß der Entflüssigung unterhalten, wobei z. B. der Ölgehalt von Rübsamen von 43 v. H. auf 8 v. H. vermindert wird. Bei dem Ablassen des Druckwassers sinken die Preßtöpfe durch ihr Eigengewicht in die Anfangsstellung zurück, worauf die Preßringe zum Zweck des Entleerens und Neufüllens ausgefahren und durch neue, mit Preßgut gefüllte, ersetzt werden.

Die Seiherpressen.

Schon die Form des Seihers (S. 77) weist auf die stehende Anordnung für Seiherpressen hin. Es schließt sich überhaupt die Einrichtung dieser Pressen derjenigen der Ringpressen an, sofern nach Abb. 97 an die Stelle der einzelnen übereinander geordneten Filterkörper ein Seiher a tritt, der zwischen den Kolben b der Druckwassermaschine und das Pressenhaupt c eingefügt ist. An diesem letzteren ist dem Seiher zugekehrt und seiner Innenweite entsprechend ein Kolben d befestigt, der Preßstempel oder das Hängestück, der in den beim Pressen aufwärts geschobenen Seiher eingreift und den Preßdruck auf das den Seiher füllende Preßgut überträgt. Das große Gewicht des Seihers macht dessen Stützung auch außerhalb der Presse erforderlich, wenn er zum Zweck des Füllens und Entleerens aus der Presse genommen wird. Diese Stützung erfolgt entweder durch Laufschienen, die den Seiher hängend tragen und auf denen er mit Laufrädern, die am oberen Seiherrand sitzen, ruht, oder es dienen dem Transport kleine Preßwagen e, die auf einem Schienengeleise f des Arbeitsraumes laufen und deren Tafel in gleicher Höhe mit dem unteren Rand des Seihers beim Tiefstand in der Presse liegt. Die letztere Anordnung gewährt den Vorteil, die Lage des Füllortes zur Presse beliebig wählen und von einem Füllort aus mehrere Pressen bedienen zu können.

Schon bei der Besprechung des Seihers wurde darauf hingewiesen, daß dessen Füllung mit Preßgut schichtenweise erfolgt. Das Eintragen der Schichten wird ebenso wie das Entnehmen der Preßkuchen nach dem Pressen durch die Benutzung einer hydraulischen Hilfspresse g erleichtert, die, wie die Abb. 97 ersehen läßt, seitlich der Scheidepresse angeordnet und mit ihr durch das Schienengeleis f verbunden ist. Der Kolbenhub dieser Hilfspresse entspricht der Höhe des Seihers. In der tiefsten Stellung liegt die Oberseite des Kolbens g tiefer als die Tafel des Preßwagens e. Der Seiher kann daher von dieser auf den Seierträger h übergeschoben werden. Er tritt hierbei unter die Öffnung einer Plattform i, auf der ein Meßgefäß k zwischen der Seiheröffnung und dem Vorratsbehälter l durch ein Kurvengetriebe m verschoben wird und die Preßgutmenge für jede Schicht bestimmt. Es wird unter dem Behälter l stehend

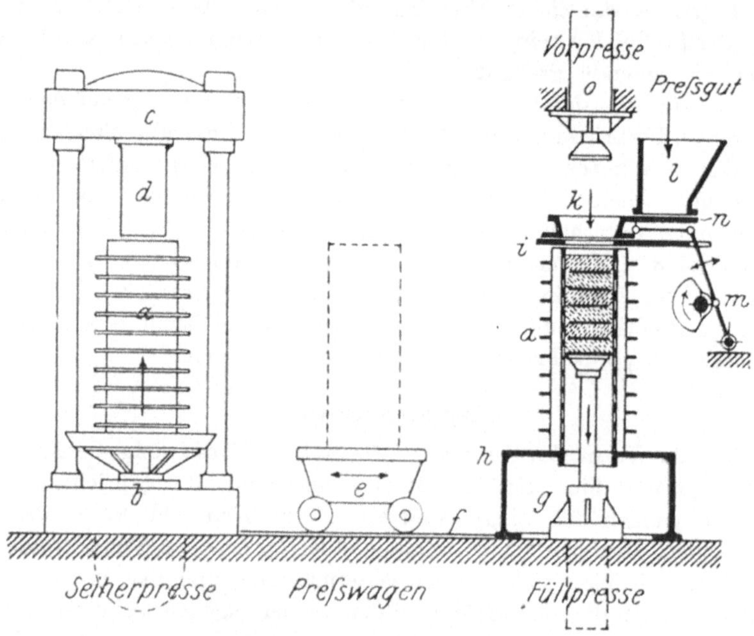

Abb. 97. Seiherpressenanlage.

mit Preßgut gefüllt und führt es dem Seiher zu, wobei der mit ihm verbundene Schieber n den Vorratsbehälter schließt. Die Füllung des Seihers beginnt, wenn der Kolben der Hilfspresse um die Höhe einer Füllschicht unterhalb der oberen Seiheröffnung steht, und schreitet allmählich fort, indem der Kolben von Schicht zu Schicht gesenkt wird. Auf jede der Schichten werden die Filterzwischenlagen (Preßdeckel und Preßblech) von Hand eingelegt. Um den Rauminhalt des Seihers möglichst auszunutzen, folgt dem Eintragen des Preßgutes häufig das Verdichten des Eintrages mittels einer über der Hilfspresse befindlichen Vorpresse o und das Nachfüllen neuen Preßgutes. Hierauf wird der Seiher unter Vermittlung des Preßwagens der Scheidepresse übergeben. Nach dem Pressen werden die Preßkuchen mittels der Hilfspresse g nach oben schrittweise aus dem Seiher ausgestoßen und dieser von neuem gefüllt. Das Füllen und Entleeren des Seihers erfolgt innerhalb 10 bis 15

Minuten, so daß bei einer Preßdauer von 1 bis $1^1/_2$ Stunden eine Füllpresse bis zu 5 Scheidepressen bedienen kann.

Das Druckwasser zum Betrieb der hydraulischen Scheidepressen liefern Druckpumpen, die stehend oder liegend angeordnet und für Hand- oder mechanischen Antrieb eingerichtet sind. Die Pumpen werden paarweise zusammengefaßt. Die beiden Kolben eines Paares haben gleichen Hub, aber verschiedene Durchmesser. Sie arbeiten bis zum Eintritt eines bestimmten, meist auf 10 bis 12 Atm bemessenen Wasserdruckes gemeinsam; von da an bis zum Erreichen des Höchstdruckes arbeitet der kleine Kolben allein. Somit schließt sich einer raschen Füllung der Presse bei niederem Druck eine allmählich gesteigerte Druckvermehrung an, die in dem beabsichtigten Größtwert des Arbeitsdruckes endet und für den Abfluß des Filtrates günstig wirkt. Das nacheinander erfolgende Abstellen der beiden Pumpen geschieht nach *Klusemann* selbsttätig durch Ausschalten der Saugventile. Es wird von zwei verschieden großen Meßgewichten vermittelt, welche die Wasserpressung der Druckleitung überwachen. Auch verhindern mit der Druckleitung verbundene Manometer und Sicherheitsventile die Überlastung der Presse.

Durch die Vermehrung der gleichzeitig arbeitenden Pumpenpaare kann die Speisung der Presse mit Druckwasser beschleunigt werden. Auch wird die Füllperiode der Presse durch das Einschalten eines Druckwasserspeichers (Akkumulators) abgekürzt, der dem ersten Grenzdruck entsprechend belastet ist. Die Überleitung des Druckwassers zu den Pressen erfolgt durch Schmiedeisenrohre mit kleinem, nur wenige Millimeter betragendem Innendurchmesser und großer Wandstärke. Die abwechselnde Versorgung mehrerer Pressen mit Druckwasser regeln Sperrstöcke oder Druckverteiler, die in die Leitung eingeschaltet sind. Die von Hand verstellbaren Ventile derselben regeln sowohl den Zugang des Druckwassers zur Presse als auch den Abfluß des Wassers aus dieser.

ββ) *Die stetig arbeitenden Pressen.*

Das Anwendungsgebiet der stetig arbeitenden Scheidepressen ist beschränkt. Dem entspricht auch die geringe Zahl der verschiedenen Bauarten solcher Pressen. Kennzeichnend für sie ist die Gleichzeitigkeit des Eintragens von frischem Preßgut und des Austragens von Filtrat und festen Rückständen. Beides wird erreicht durch eine stetig stattfindende, der Schrumpfung des Preßgutes entsprechende Verkleinerung des Preßraumes und gleichzeitiges Durchleiten des Preßgutes durch diesen in einem ununterbrochenen Strome. Der ersten dieser Bedingungen wird genügt durch eine keil- oder kegelförmige Gestaltung des Preßraumes, der zweiten durch die Verwendung einer stetig auf das Preßgut einwirkenden Fördereinrichtung. Bei der Ausgestaltung der Preßwerkzeuge als Drehkörper kann diesen zugleich die Förderarbeit übertragen werden. Anderenfalls besteht die Fördereinrichtung meist in einem hin und her schwingenden oder rotierenden Kolben oder einer umlaufenden Förderschraube. Es werden hiernach Walzenpressen und Stopfpressen unterschieden.

Die Walzenpressen.

Die Preßwerkzeuge der Walzenpressen sind zylindrische oder kegelförmige Drehkörper (Walzen), die nach Abb. 98 dicht aneinander liegen und so in Drehung versetzt werden, daß sie das in den Walzenschluck *a* eingeführte Preßgut zwischen sich ziehen und hierbei so stark verdichten, daß die Scheidung des Flüssigen vom Festen erfolgt. Pressen der dargestellten Art arbeiten mit gerippten Vollwalzen und dienen in Gerbereien zum Entwässern der Lohe, um diese für Heizzwecke brauchbar zu machen. Die Walzen sind nach dem Vorgang von *Bréval*[1] senkrecht übereinander gelagert und werden bei 200 mm Durchmesser und 540 mm Länge mit rd. 24 t belastet. Eine ähnlich gebaute Lohpresse mit 150 mm dicken, 280 mm langen Walzen lieferte bei rd. 900 mm Umfangsgeschwindigkeit dieser im Mittel 226 kg trockene Lohe in der Stunde und entfernte dabei 27 bis 38 v. H. Wasser.

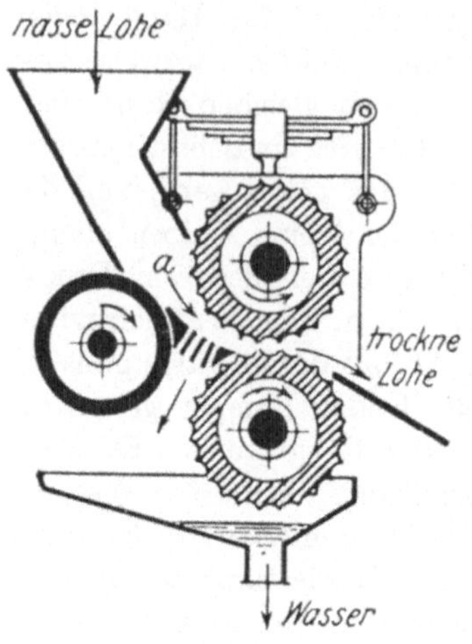

Abb. 98. Lohpresse.

Die Einrichtung einer zum Entnässen von Geweben in Appreturanstalten usw. dienenden Walzenpresse zeigt Abb. 99. Das strangförmig zusammengelegte Gewebe wird den Holzwalzen *a b* mittels des hin und her laufenden Strangleiters *c* zugeführt, um die einseitige Abnutzung der Walzen zu vermeiden und die Gewebelagen in die dem Entwässern günstigste Lage zu bringen. Das ablaufende Wasser nimmt der Trog *d* auf. Die Hebel *e f* übertragen den Druck des Belastungsgewichtes *g* auf die Walzen. Die Durchlaßweite dieser wird mittels der im Hebel *e* gelagerten Schraube *h* der Strangdicke entsprechend eingestellt.

Pressen mit drei in Dreieckstellung zueinander gelagerten Walzen[2] finden beim Auspressen des Zuckerrohres zum Zweck der Saftgewinnung Verwendung. Auch für das Entsaften von Rübenreibseln sind Pressen mit Vollwalzen zur

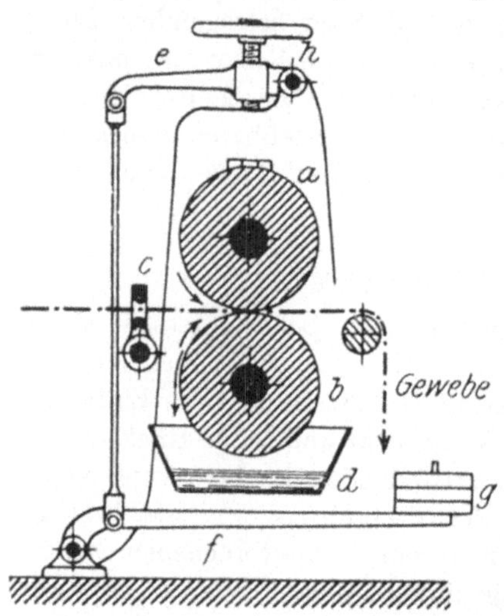

Abb. 99. Walzenpresse für Gewebe.

Anwendung gekommen. *Poizot*[3] läßt hierbei zur reinlicheren Scheidung die Walzen mit einem als Filter wirkenden Mitläufertuch zusammen arbeiten.

[1] Dingl. polyt. Journ. 1878, Bd. 229, S. 317.
[2] Engl. Pat. Nr. 913 vom 6. April 1871; Nr. 1606 vom 17. Juni 1871; Nr. 3269 vom 4. Dezember 1871.
[3] *Stammer:* Lehrbuch der Zuckerfabrikation, Braunschweig 1874, S. 220.

Das Tuch *a*, Abb. 100, ist unter einer der Preßwalzen von einem Walzenrost *b* getragen. Es nähert sich der Walze allmählich und führt schließlich die Preßrückstände zwischen den Walzen hindurch.

Dem gleichen Zweck dienen auch die Walzenpressen von *Champonnois* und von *Pecqueur*[1]. Die hohlen, siebartig durchbrochenen Walzen sind nach Abb. 101 A nebeneinander gelagert und werden teilweise von dem sie dicht berührenden Gehäuse *a* umschlossen. Diesem wird das Preßgut bei *b* zugepumpt, so daß der Saft die durchlochten Walzenmäntel durchdringt und durch die hohlen Walzenachsen *c* abfließt, während die sich drehenden Walzen die Rückstände auspressen und bei *d* nach außen fördern. Der Walzenmantel wird durch schraubenförmiges Umwinden des Walzengerüstes mit einem im Querschnitt dreieckig oder ähnlich gestalteten Drahte gebildet, wobei zwischen den einzelnen Windungen nach Abb. 101 B, C ein 0,1 bis 0,2 mm breiter Spalt belassen wird.

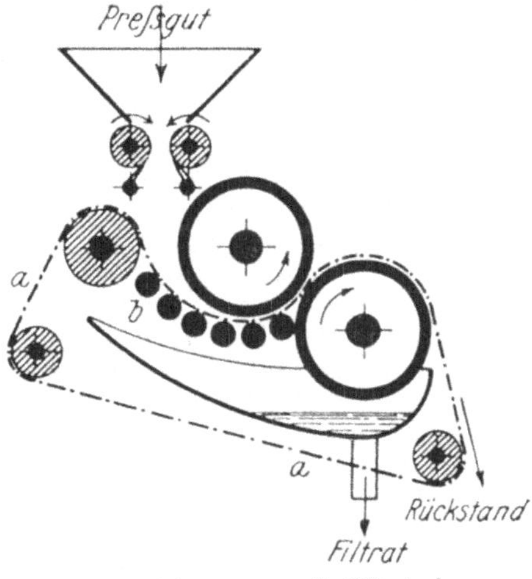

Abb. 100. Walzenpresse mit Filtertuch.

Eine besondere Form der Walzenpresse vertritt die von *Selwig* und *Schmidt*[2] angegebene Presse zum Entwässern von im Diffuseur ausgelaugten Rübenschnitzeln. Ihre Preßwerkzeuge bilden zwei gelochte, flach kegelförmige Metallscheiben von 1200 bis 1800 mm Durchmesser, die mit 60 bis 70 mm Umfangsgeschwindigkeit umlaufen. Der zwischen den sich zugewendeten Kegelflächen entstehende Preßraum verjüngt sich infolge entgegengesetzter Neigung der Scheibenachsen keilförmig, so daß ihn die entwässerten Schnitzel an der engsten Stelle verlassen und das Schnitzelwasser durch die Sieböffnungen der Scheiben tritt.

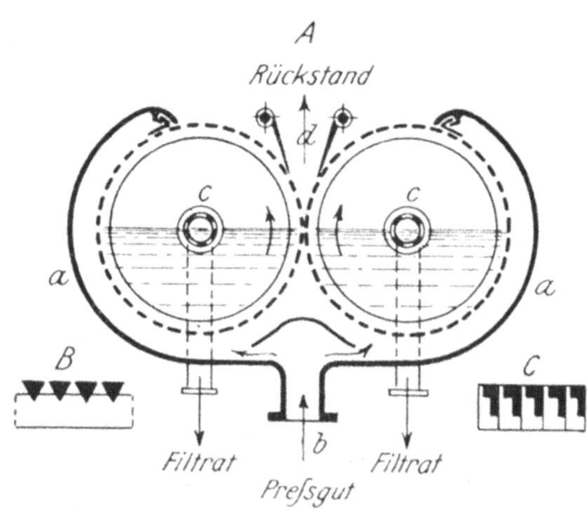

Abb. 101. Walzenpresse mit Siebwalzen.

---

[1] *Knapp:* Chemische Technologie 1847, II, S. 202. *Armengaud:* publ. ind. 1874, Bd. 21, S. 299, Tfl. 26 und S. 313, Tfl. 45.

[2] DRP. Nr. 6199 vom 25. September 1878.

Die Stopfpressen.

Die Stopfpressen mit schwingendem Kolben haben vornehmlich als Schnitzelpressen in Rübenzuckerfabriken Anwendung gefunden. Infolge der geringen Größe des Preßdruckes eignen sie sich nur zum Entflüssigen leicht trennbaren Preßgutes. Der Druck gegen dieses geht nach Abb. 102 von der starren durchbrochenen Wand eines sich verjüngenden Rohres a aus, an dessen weite Seite ein Zylinder b angefügt ist, dem das Preßgut durch eine Wandöffnung c zugeführt wird. Ein in diesem Zylinder durch ein Kurbelgetriebe bewegter Kolben d gibt bei seinem Rückgang die Füllöffnung frei und stopft beim Vorwärtslauf das in den Zylinder gefallene Preßgut in das Preßrohr a hinein. Hier wird es infolge des Rückdruckes der Rohrwand um so stärker zusammengepreßt, je weiter es gegen die enge Mündung des Rohres fortschreitet. Die ausgepreßte Flüssigkeit fließt durch die Sieböffnungen des Rohres ab. *Rudolph* stellte nach *Stammer* den Druckerzeuger in einem unterhalb der Diffuseure liegenden Raum auf, was die Zufuhr der Schnitzel zur Presse erleichtert, und krümmte das kegelförmige Preßrohr nach Abb. 102 so nach oben, daß die austretenden trockenen Schnitzel unmittelbar in die Abfuhrwagen gelangen. *König*[1] empfiehlt die Bildung des Preßraumes aus zwei Siebkegeln, die gleichachsig ineinander liegen und verschiedene Seitenneigung besitzen. Das Preßgut wird in den zwischen beiden Kegeln verbleibenden Preßraum zunächst der Spitze des inneren Kegels eingeführt und verläßt ihn durch einen verstell-

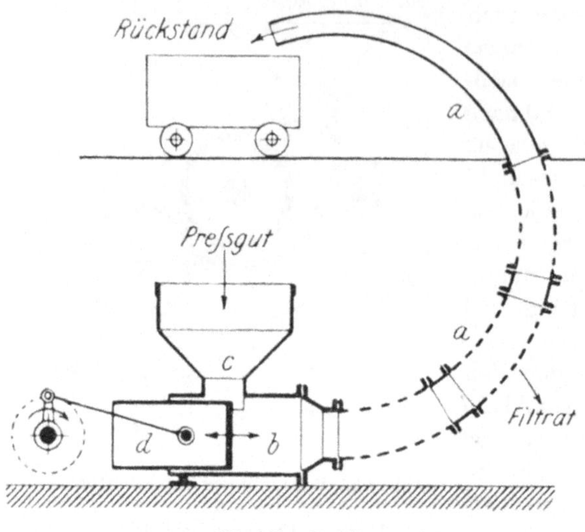

Abb. 102. Stopfpresse.

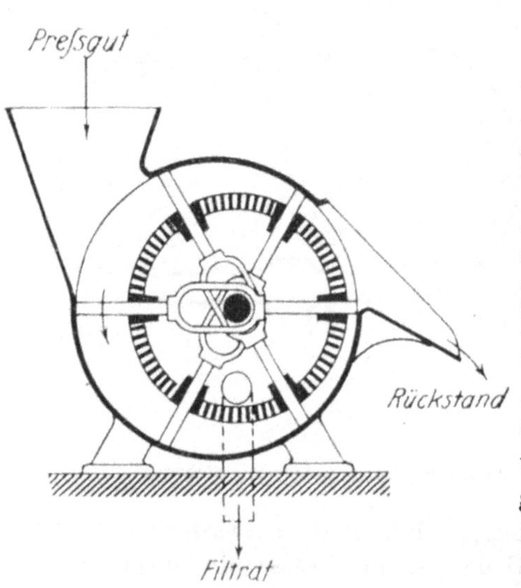

Abb. 103. Stopfpresse.

---

[1] *Jičinsky:* Saftgewinnungsverfahren der Diffusion. Leipzig 1874.

baren kreisförmigen Spalt, der zwischen den Grundkreisen der beiden Kegel verbleibt.

Stopfpressen mit rotierenden Kolben, für welche die Abb. 103 in der Rohrzuckerpresse von *Philippe* ein leichtverständliches Beispiel bietet, sind auch für höhere Pressungen geeignet. Nach *Douay-Lesens*[1] und nach *Fritsche*[2] werden derartige Pressen auch zum Auspressen von Ölsamen und Ölfrüchten benutzt; sie liefern die Preßrückstände in Form von tafelförmigen Kuchen ab.

Eine zweite Form von Stopfpressen benutzt zum Durchtreiben des Preßgutes durch den Preßraum eine im Innern des letzteren liegende Förderschraube. Bei den Schnitzelpressen von *Klusemann* und von *Berggreen*[3] sowie bei Obstpressen bildet den Preßraum ein aufrechtstehendes Kegelsieb, in das am oberen weiten Ende das Preßgut eingetragen wird. Eine mit dem Sieb gleichachsig gelagerte, langsam umlaufende Flügelschraube, deren Flügel bis nahe an die Siebwand herantreten, preßt das Gut abwärts in den allmählich enger werdenden Preßraum hinein, bis es ihn am unteren Ende entflüssigt verläßt. Bei anderen Bauarten ist der Preßraum nach Abb. 104 zylindrisch gestaltet und wird von einer

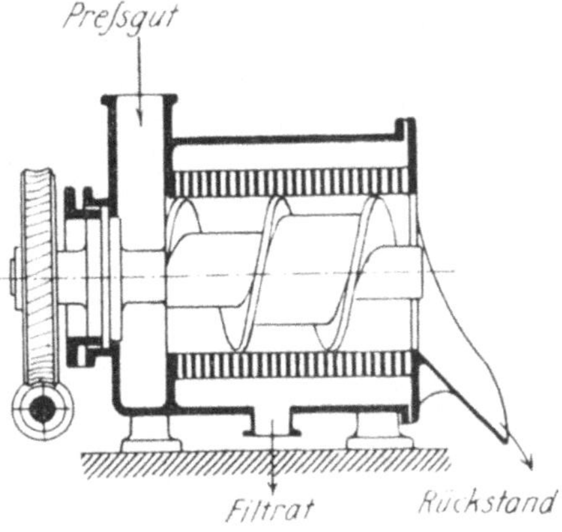

Abb. 104. Stopfpresse.

Förderschraube mit kegelförmigem Kern durchragt, deren Gewinde bis dicht an den Zylindermantel herantreten. Dieser wird von einem schraubenförmig gewundenen Flachdraht, Abb. 101 *C*, gebildet, der an der Innenseite so verdickt ist, daß ein feiner Spalt zwischen den Drahtwindungen verbleibt. — Eine dritte Form von Schraubenstopfpressen hat der Franzose *A. Blot*[4] angegeben. Diese benutzt zum Transport des Preßgutes drei im Innern eines zylindrischen Siebmantels liegende Förderschrauben, deren Gewindesteigung nach dem Austragende der Presse zu allmählich kleiner wird.

D. Das Waschen.

Werkstoffgemenge, deren Gemengteile unmittelbar durch Adhäsion oder mittelbar durch ein zwischengelagertes Bindemittel vereinigt sind, werden durch die Einwirkung mechanischer Kräfte unter Zuhilfenahme einer Flüssigkeit geschieden. Das sich hierauf gründende Scheideverfahren wird Waschen

[1] Le Génie industr. 1863, Bd. 26, S. 212.
[2] Dingl. polyt. Journ. 1882, Bd. 243, S. 316; 1883, Bd. 248, S. 408.
[3] *Muspratt:* Technische Chemie, 4. Aufl., Bd. X, S. 206 ff.
[4] Engl. Pat. Nr. 37 vom 4. Januar 1875.

oder Auswaschen, bei erzigen Haufwerken auch Läutern oder Abläutern genannt[1].

Die aus dem Waschgut abzuscheidenden Gemengteile sind in der Regel das Gut verunreinigende Stoffe (Fremd- oder Schmutzstoffe). Sie sind entweder von Natur aus in dem Waschgut enthalten (lehmiger Kies, fetthaltige Wolle, staubhaltige Luft) oder bei der Bearbeitung bzw. Benutzung in dasselbe gelangt (appreturhaltige Gewebe, mit Filterrückstand beladene Filterkörper), oder sie treten bei der Erzeugung des Waschgutes als Nebenerzeugnisse auf (ammoniakhaltiges Gas). Meist machen diese Fremdstoffe nur einen kleinen Anteil des Waschgutes aus.

Der Waschflüssigkeit fällt die Aufgabe zu, zwischen die adhärierenden Gemengteile oder zwischen sie und das Bindemittel infolge capillarer Kraftwirkungen einzudringen, die Trennung vorzubereiten, die dann durch die mechanischen Kräfte vollendet wird, und schließlich die Sonderung der Teile herbeizuführen. In der Regel bildet Wasser die Waschflüssigkeit. Seine Wirkungsfähigkeit wird nach Erfordern durch Erwärmen oder durch Beigabe von Stoffen, welche lösend auf das Bindemittel wirken, erhöht. Insbesondere kommen als solche Beigaben bei fetthaltigen Bindemitteln alkalische Lösungen in Betracht, sofern das Alkali die Fette verseift und das bei der Zersetzung in Flocken ausfallende saure fettsaure Alkali die getrennten Gemengteile einhüllt und sie dadurch vor der Wiedervereinigung schützt.

Im allgemeinen zerfällt das Waschverfahren in drei Teile:

1. das Einweichen des Waschgutes in die Waschflüssigkeit zum Zweck, das Lösen des Bindemittels und das Trennen der Gemengteile einzuleiten;

2. das eigentliche Waschen, also die mechanische Bearbeitung des Waschgutes in der Waschflüssigkeit, und

3. das Spülen, um die Fremdstoffe abzuführen und das Waschgut von der Waschflüssigkeit zu befreien.

Diese drei Einzelarbeiten werden in der genannten Reihenfolge entweder getrennt vorgenommen oder folgen sich in stetigem Verlauf.

In einfachen Fällen sowie bei kleinen Waschgutmengen ist das Waschen Handarbeit, in allen anderen Fällen werden zur Ausübung des Waschverfahrens Waschmaschinen benutzt. Während bei der Handwäscherei die Hände des Wäschers allein oder unterstützt durch einfache Waschgeräte, wie Krücken, Stampfen, Schlegel, Reiben u. a., die mechanische Bearbeitung des Waschgutes bewirken, verfügt die Maschinenwäscherei über eine große Zahl mechanischer Einrichtungen. Dieselben sind der besonderen Beschaffenheit des Waschgutes angepaßt und ermöglichen den stetigen Verlauf der Arbeit. Hierbei sind die drei Einzelarbeiten, das Weichen, Waschen und Spülen, vielfach in geordneter Folge aneinandergereiht, so daß die Maschine das rohe Waschgut empfängt und gereinigt entläßt. Mit dem Waschgut durch-

---

[1] Die Kohlen- und Erzaufbereitung begreift unter Waschen im allgemeinen die nasse Scheidung der Nutzstoffe von den Bergen auf Grund der Verschiedenheit in Korngröße und Gleichfälligkeit (auch Waschen des Goldes), im besonderen die Befreiung stückiger Nutzstoffe von feinkörnigen oder staubförmigen Beimengungen.

wandert auch die Waschflüssigkeit die Maschine in der gleichen oder entgegengesetzten Richtung. Die Gegenströmung ist hierbei von der besseren Ausnutzung, also einem geringeren Verbrauch der Waschflüssigkeit begleitet und daher vorzuziehen. Auch führt sie zu einer vollkommeneren Reinigung des Waschgutes, da dieses beim Verlassen der Maschine mit der reinsten Waschflüssigkeit in Austausch tritt.

Nach der Form des die Waschflüssigkeit aufnehmenden Waschgefäßes werden drei Klassen von Waschmaschinen unterschieden:

die Bottich- oder Trogwaschmaschinen,

die Rinnenwaschmaschinen und

die Trommelwaschmaschinen.

Die beiden letzteren lassen den stetigen Verlauf der Wascharbeit zu.

Die mechanische Bearbeitung des Waschgutes besteht in erster Linie in der innigen Mischung des Gutes mit der Waschflüssigkeit. Die hierbei eintretende Bewegung der beiden Stoffe hat die stetig erneute Berührung des Waschgutes mit der Waschflüssigkeit zur Folge, so daß diese trennend und sondernd auf die Gemengteile wirken kann. Die Bewegung des Waschgutes selbst unterstützt die Trennung, sofern sich seine Teile aneinander reiben und dadurch zum Ablösen der Fremdstoffe beitragen; sie unterstützt die Sonderung, sofern sie Raum für den Eintritt der Waschflüssigkeit zwischen die Teile des Waschgutes schafft bzw. zur Wiederverdrängung der Flüssigkeit führt.

Die Art der Arbeitsmittel ist durch die Form des Waschgutes bestimmt. Dieses ist entweder körnig, wie Sand, Kies, Spodium usw., faserig, wie z. B. Schafwolle, kleinstückig, wie Kartoffeln, Zuckerrüben usw., oder großstückig, wie Gewebe, Filze, Wäschestücke u. a. Von der Beschaffenheit des Waschgutes hängt die Bewegbarkeit seiner Teile und damit der für das Waschen erforderliche Kraftaufwand ab.

Der lose Zusammenhang, der zwischen den Teilen körniger, faseriger und kleinstückiger Haufwerke besteht, erleichtert bei diesen die Wascharbeit erheblich. Er bietet der Waschflüssigkeit die Möglichkeit, durch Eintritt in die zahlreichen Hohlräume und Kanäle, welche die ganze Masse des Haufwerkes durchsetzen, trennend und lösend auf die den Haufwerkteilen anhaftenden Fremdstoffe zu wirken. Es wird hierdurch der mechanischen Einwirkung auf das Haufwerk günstig vorgearbeitet, weshalb sich diese in der Hauptsache auf ein kräftiges Durchmischen des Waschgutes und der Waschflüssigkeit beschränken kann. Unter Umständen tritt der Transport des Haufwerkes innerhalb oder außerhalb der Waschflüssigkeit hinzu, um den Wechsel dieser zu bewirken und ihre Einwirkung auf das Waschgut zu fördern.

Diesem entsprechend besteht die mechanische Einwirkung meist im Aufrühren des in einer reichlichen Menge Waschflüssigkeit enthaltenen Waschgutes. Hierbei reiben sich dessen Einzelteile aneinander und werden in der Flüssigkeit verteilt. Der Abrieb bleibt in dieser schweben und wird beim Ablauf der Flüssigkeit mit fortgeschwemmt, während die größeren und daher schweren Teile des Waschgutes zu Boden sinken. Das Abschwemmen wechselt entweder mit dem Durchrühren oder findet ebenso wie dieses während der ganzen Arbeitsdauer statt. Im letzteren Falle steigt die Leistungsfähigkeit der Wäsche, denn es kann das Eintragen des rohen und das Austragen des gewaschenen Gutes gleichzeitig erfolgen.

a) Die Waschmaschinen für körniges und faseriges Waschgut.

1. Die Bottich- und Trogwäschen.

Im allgemeinen arbeiten Bottich- und Trogwäschen mit Arbeitspausen, die durch das Entleeren des Waschgefäßes und das Eintragen neuen Arbeitsgutes ausgefüllt werden. Ihre Dauer wächst mit der Größe der Wäsche; doch wird ihre Anzahl durch diese vermindert. Die Wahl der Größe bedarf daher für jeden Fall einer besonderen Erwägung wirtschaftlicher Natur. Die zeitweise Unterbrechung der Wascharbeit wird vermieden, wenn das zum Mischen des Waschgutes dienende Rührwerk konstruktiv so ausgebildet wird, daß es nicht nur mischend, sondern auch fördernd auf das Gut einwirkt.

Die in Abb. 105 dargestellte Bottichwäsche für Stärkefabriken verbildlicht die einfachste Bauart solcher Wäschen. Sie dient zum Auswaschen der Stärkekörner aus dem aus der Kartoffelreibe erhaltenen Zellenbrei. Der etwa 1700 mm weite, 1200 mm hohe zylindrische Holzbottich besitzt in verschiedenen Höhen angeordnete Abzugsöffnungen a, die während des Waschens

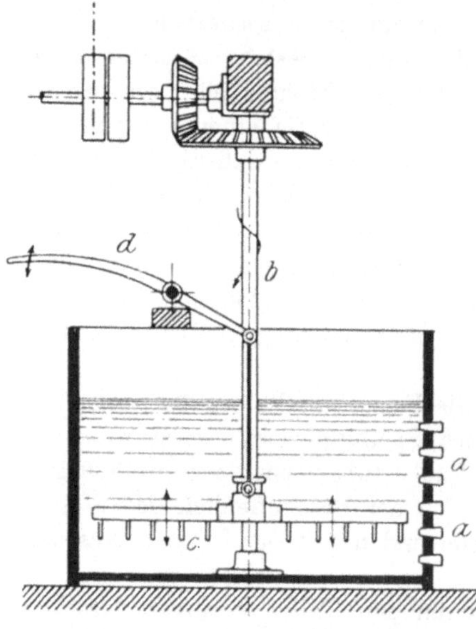
Abb. 105. Stärke-Waschbottich.

durch Stopfen geschlossen sind. Eine senkrecht stehende vierkantige Welle b betreibt einen Rührflügel c, der mittels eines Handhebels d während des Umlaufes von Zeit zu Zeit gehoben und gesenkt werden kann. Das Aufrühren der Bottichfüllung erfolgt von oben nach unten. Ihm folgt das Absetzenlassen der Masse und fortschreitend das Abziehen der die Stärkekörner enthaltenden Wasserschicht durch Entfernen des betreffenden Stopfens. Der stärkefreie Rückstand wird schließlich durch eine Öffnung des Bottichbodens abgelassen.

Die stetige Arbeitsleistung der Bottichwäsche kann durch schraubenförmige Gestaltung der mit der senkrechten Welle umlaufenden Rührflügel erreicht werden, sofern diese dann gleichzeitig den Transport des Waschgutes bewirken. Derartige Anordnungen von Bottichwäschen finden u. a. zum Waschen der Rüben und Kartoffeln in Zucker- und Stärkefabriken Verwendung und sind hier als *Robert*sche Wäschen[1] bekannt.

[1] *Stammer:* Lehrbuch der Zuckerfabrikation. Braunschweig 1874, S. 154.

Bei Sandwäschen wird die Aufgabe des gleichzeitigen Mischens und Förderns von *Körting* durch die Verwendung von Wasserstrahlpumpen gelöst. Eine derartige Wäsche besteht nach Abb. 106 aus einer Reihe von Bottichen oder Trögen *a*. Jeder dieser ist am oberen Rande mit einem Überlauf *d* für

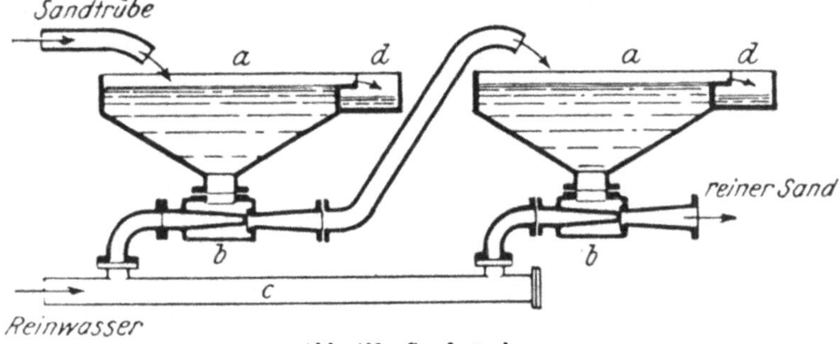

Abb. 106. Sandwäsche.

das Trübwasser versehen. Unterhalb der Abzugsöffnung für das Waschgut befindet sich eine Wasserstrahlpumpe *b*, welche das mit Wasser gemischte Gut dem folgenden Trog zuführt und durcheinander rührt. Die sämtlichen Pumpen werden von einer Druckwasserleitung *c* gespeist und somit das einen Trog verlassende Waschgut vor dem Übertritt in den folgenden Trog

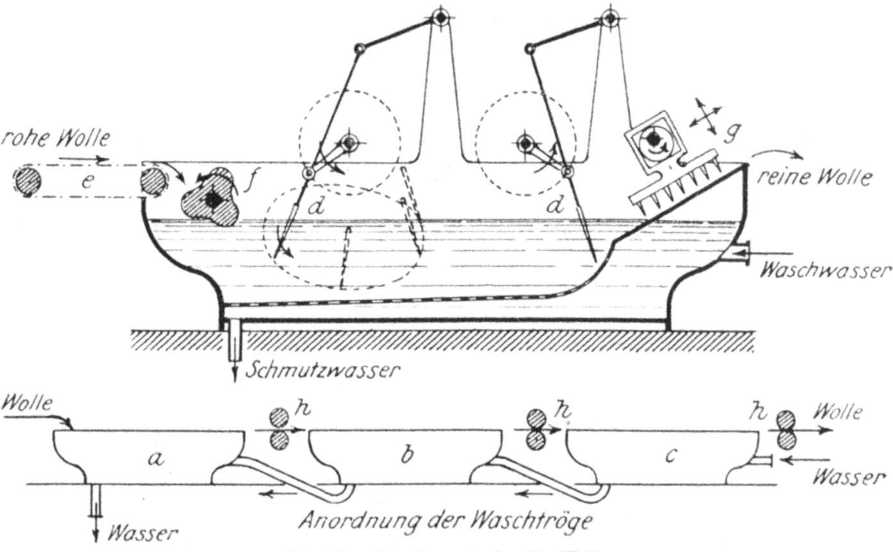

Abb. 107—108. Trogwäsche für Wolle.

mit reinem Waschwasser gemischt. Die letzte Pumpe fördert den reingewaschenen Sand zum Stapelplatz. Die Zahl der Waschtröge hängt von der Stärke der Sandverunreinigung und der allmählichen Klärung der Sandtrübe ab.

Als Beispiel einer für das Reinigen von Fasergut bestimmten Trogwaschmaschine diene die in den Abb. 107 und 108 dargestellte Wollwaschmaschine

(Leviathan) von *McNaught*. Diese Maschine besteht nach Abb. 108 aus drei mit Rührwerken versehenen Trögen *a b c*, die das Waschgut von *a* nach *c*, das Waschwasser von *c* nach *a*, also im Gegenstrom durchwandert. *a* ist der Einweich-, *b* der Wasch-, *c* der Spülbottich. Als Rührer dienen nach Abb. 107 Gabeln *d*, die durch Kurbeln angetrieben werden und eine eigentümliche Bogenbewegung ausführen. Sie wenden das Waschgut wiederholt und treiben es allmählich dem Trogende zu. Die rohe Wolle wird dem ersten Trog durch ein Fördertuch *e* zugeführt, von einer Tauchwalze *f* in die Waschflüssigkeit gedrückt, nach dem Durchrühren von einem eine Viereckbewegung ausführenden Rechen *g* dem Trog entnommen und vor dem Eintritt in den folgenden Trog zwischen Quetschwalzen *h* (Abb. 108) entflüssigt. Als Waschflüssigkeit dient eine alkalische Lauge, die das der Wolle anhaftende Fett (Wollschweiß) sowie sonstige Verunreinigungen löst und entfernt. Sie wird nach dem Gebrauch zum Zweck der Gewinnung des Fettes und unverseiften Alkalis eingedampft.

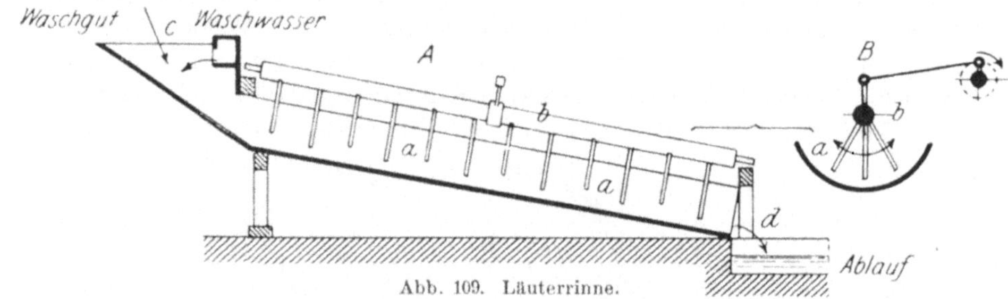

Abb. 109. Läuterrinne.

2. Die Rinnenwäschen.

Die Rinnenwäschen sind durch geneigt angeordnete, teils offene, teils bedeckte, rinnenartige Waschgefäße gekennzeichnet, die in der Fallrichtung von der Waschflüssigkeit durchflossen werden, teils im Gleichstrom, teils im Gegenstrom mit dem Waschgut. In der einfachsten Form werden sie durch die als Kies- und Erzwäsche benutzte Wasch- oder Läuterrinne, Abb. 109, vertreten. Das ist eine 3 bis 4 m lange Holz- oder Eisenrinne von 400 bis 600 mm Breite und etwa 300 mm Tiefe, in deren Längenrichtung ein dem Durchmischen des Waschgutes dienendes Rührwerk angeordnet ist. Die Rinne besitzt ein Gefälle von etwa 1 : 10. Das Rührwerk besteht aus einer mit Rührstäben *a* besetzten, in Schwingung oder Drehung erhaltenen Welle *b*. Schraubenförmige Anordnung der Stäbe fördert das gleichzeitig mit dem Waschwasser am Kopf der Rinne bei *c* aufgegebene Waschgut dem Fuß *d* der Rinne zu. Hier wird es gereinigt ausgetragen, während das Wasser die erdigen Teile abschwemmt. Zuweilen ist der Rinnenboden für den Ablauf des Wassers siebartig gelocht. Bei 1000 bis 5000 kg Stundenleistung beträgt der Wasserverbrauch etwa 0,25 bis 0,5 cbm/Min.

Ähnliche Waschrinnen mit einem Rührwerk, das durch eine in Drehung versetzte Schraubenbürste gebildet wird, werden nach *Fesca* zum Absondern der Stärkekörner aus Kartoffelreibseln benutzt. Dem gleichen Zweck dient auch die Schüttelrinne von *K. Siemens*, in deren Siebboden nach Abb. 110 taschenförmige Behälter *a* eingesetzt sind, in denen die Vermischung des Reibsels mit Wasser stattfindet, das aus dem Rohr *b* aufgespritzt wird und dann die Stärkekörner durch das Sieb spült, während der Rückstand der

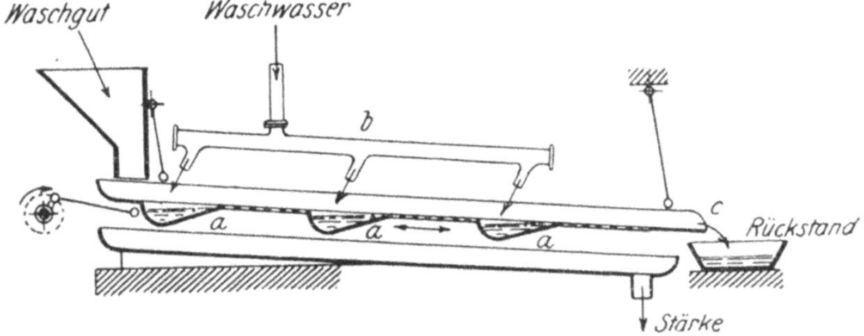

Abb. 110. Stärke-Waschrinne.

Schüttelbewegung des Siebes folgt und bei *c* ausgetragen wird. Nach *Wagner*[1] werden auf einem 3300 mm langen, 300 mm breiten Siebe, das 8 Taschen enthält, stündlich 400 bis 500 kg Kartoffelreibsel ausgewaschen.

Havelka und *Mesz*[2] verwenden eine feststehende, mit Siebboden versehene Rinne zum Auswaschen der Knochenkohle (Spodium), die nach der Benutzung im Filter zum Zweck der Wiederbelebung mit Salzsäure und Natronlauge behandelt wurde.

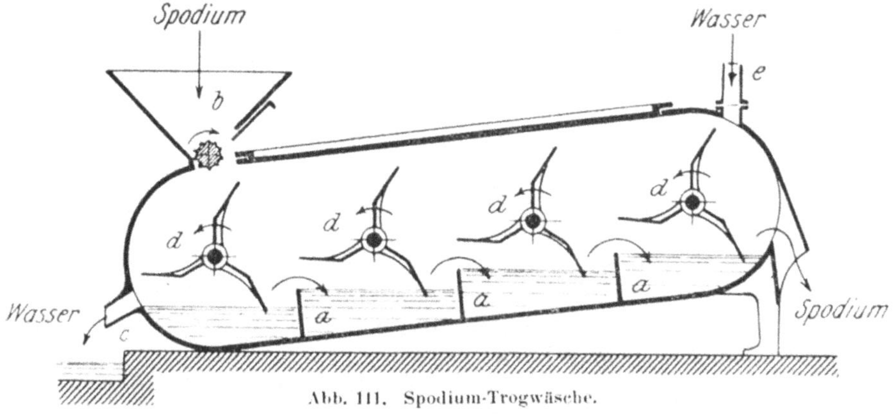

Abb. 111. Spodium-Trogwäsche.

Besonders wirksam, weil auf Gegenströmung beruhend, ist die Spodiumwäsche von *Klusemann*, Abb. 111, deren Waschrinne durch niedrige Scheidewände *a* in Kammern abgeteilt ist, welche den Durchlauf des Waschwassers verzögern. Die Zuführung des Waschgutes erfolgt am Fuß der Rinne bei *b*, ebenda findet bei *c* der Ablauf des Waschwassers statt. Über jeder Kammer

---

[1] *Wagner:* Stärkefabrikation. 1876, S. 153.
[2] DRP. Nr. 3479 vom 9. März 1878.

ist ein sich langsam drehendes Misch- und Wurfrad *d* gelagert, welches das in der Kammer befindliche Spodium durchrührt und der nächsthöheren Kammer zuschaufelt. Der Eintritt des erwärmten frischen Waschwassers erfolgt bei *e* am Kopf der Rinne. Rinnenlänge etwa 3500 mm, Neigung 1 : 9. Wurfraddurchmesser 750 mm.

3. Die Trommelwäschen.

Die dritte Art der zum Auswaschen oder Abläutern körnigen Waschgutes dienenden Einrichtungen ist die Wasch- oder Läutertrommel. Sie findet bei der Aufbereitung der Erze, Kiese und Sande ebenso Anwendung wie bei der Stärkegewinnung und dem Waschen von Früchten, Wurzeln usw. Die Waschtrommel wird aus Holz oder Eisenblech hergestellt, ist zylindrisch oder kegelförmig gestaltet und erhält bei 350 bis 1000 mm Durchmesser 1200 bis 4500 mm Länge. Die sekundliche Umfangsgeschwindigkeit schwankt

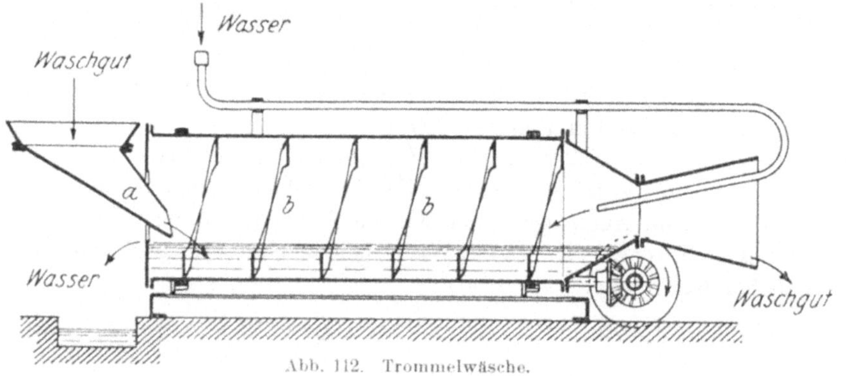

Abb. 112.   Trommelwäsche.

zwischen 400 bis 600 mm. Die Trommelwand ist entweder geschlossen oder, z. B. bei Stärke- und Rübenwäschen, siebartig durchbrochen. Das Waschwasser fließt mit dem Waschgut im Gleich- oder Gegenstrom.

Zylindrische Trommeln werden häufig, wie Abb. 112 an einer Kieswäsche zeigt, schwach geneigt gelagert. Das Waschgut wird am tiefen Ende bei *a* eingetragen und dem höheren Ende zugeschoben. Den Transport vermitteln an der inneren Trommelwand befestigte, aus Blech hergestellte Schraubengänge *b* von 200 bis 500 mm Steigung, die zugleich die mischende Wirkung der sich drehenden Trommel unterstützen.

Zuweilen wird neben der Förderschraube noch ein besonderes Rührwerk in der Trommel angeordnet, z. B. bei der Läutertrommel von *Crickboom*[1]. Kegeltrommeln mit $^1/_{24}$ bis $^1/_{12}$ Mantelneigung rotieren um eine wagerechte Achse. Der Wasserinhalt wird durch eine die weite Austrittsseite der Trommel teilweise verschließende Ringscheibe angestaut und das gewaschene Gut mittels eines Hebrades aus der Trommel entfernt. Wasser und Gut fließen in gleicher Richtung. Für derartige Waschtrommeln von etwa 3 m Länge, 1,5 m mittlerem Durchmesser und 700 mm/Sek. mittlerer Um-

---

[1] DRP. Nr. 10 188 vom 10. Januar 1880.

fangsgeschwindigkeit gibt *Rittinger* die Leistung, je nach der Verschmantung des Waschgutes, zu 3,3 bis 9,9 cbm/St., den Wasserverbrauch zu 4 bis 8 cbm/St. und den Arbeitsverbrauch zu 0,5 bis 0,75 PS an.

Durchbrochene Waschtrommeln sind, wie Abb. 113 an einer Rüben- oder Kartoffelwäsche zeigt, oberhalb eines das Waschwasser enthaltenden Troges *a* gelagert und tauchen so tief in das Wasser ein, daß dieses das im Innern der Trommel befindliche Waschgut bespült. Die Trommel wird als Sieb- oder Geripptrommel ausgeführt und bei zylindrischer Form etwas geneigt gelagert. Die erdigen Teile fallen durch die Siebwand in den Wasch-

trog, die gewasche-
nen Rüben fallen
dem mit der Trom-
mel umlaufenden
Steinfänger *b* zu,
der sie auswirft.
Die Betriebsarbeit
einer solchen Wä-
sche mit 900 mm
weiter, 2200 mm
langer Trommel
wird bei 1,1 m/Sek
Umfangsgeschwin-
digkeit zu rd.
3 PS angegeben.

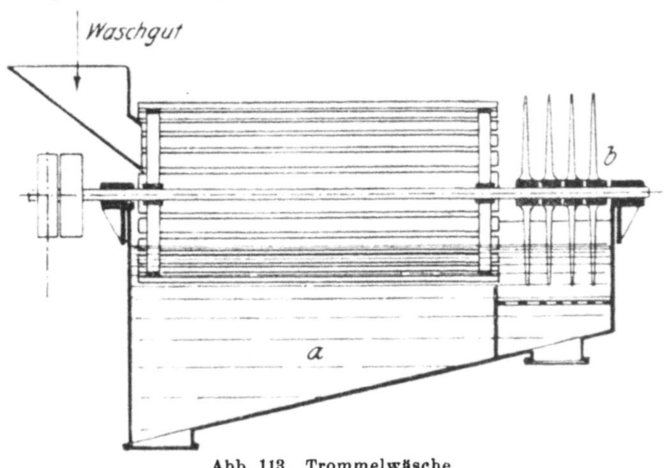

Abb. 113. Trommelwäsche.

b) Die Waschmaschinen für großstückiges Waschgut.

Zu dem großstückigen Waschgut sind insbesondere die flächenförmig ausgedehnten Erzeugnisse der Textiltechnik, die Filze, Gewebe und Gewirke, zu rechnen. Zwar unterliegen auch andere Einzelkörper von größeren Abmessungen, wie Fässer, Flaschen usw., zum Zweck der Reinigung häufig einem Waschverfahren; doch sind dies Sonderfälle, für die der Hinweis genügt, daß die Ausführung der Wascharbeit meist mit Hilfe von Hand- oder Maschinenbürsten unter reichlicher Wasserzuführung erfolgt. Nicht selten erfahren hierbei die Waschstücke auf mechanischem Wege eine Lagenänderung, die sich für den allseitigen Angriff der Bürsten vorteilhaft erweist.

Die Waschbehandlung der textilen Erzeugnisse ist von allgemeiner Wichtigkeit, weil sie sowohl eine notwendige Vollendungsarbeit ist, als auch dazu dient, die Gebrauchsfähigkeit der Erzeugnisse auf die Dauer zu erhalten. Dabei erfordert die unstarre, zum Teil weiche und nachgiebige, gradweise abgestufte Beschaffenheit des Waschgutes eine gewisse schonende Behandlung bei der mechanischen Bearbeitung, die allein durch verschieden geartete mechanische Mittel erreicht werden kann. Hieraus leiten sich verschiedene Bauarten von Waschmaschinen her, die in ihrer grundsätzlichen Einrichtung und Wirkung wesentlich voneinander abweichen.

7*

Den vielseitigsten Wechsel bieten in dieser Beziehung

1. Die Gewebewaschmaschinen.

Dem Waschverfahren werden die Gewebe in drei Formzuständen unterworfen: offen breitliegend, in der Längenrichtung zu einem Strang gefaltet oder
durch Längen- und Breitenfaltung zu einem Paket gehäuft. Hiernach werden

> Breitwaschmaschinen,
> Strangwaschmaschinen,
> Paketwaschmaschinen

unterschieden. Ihre Wahl ist durch die Beschaffenheit, insbesondere die Festigkeit des Gewebes bestimmt. Die größte Schonung gewähren die Breitwaschmaschinen, da bei ihnen die gegenseitige Lage der Gewebefäden am besten
erhalten bleibt und Stauchungen und Knickungen vermieden werden.

Als Waschmittel finden kaltes und heißes Wasser sowie alkalische Flüssigkeiten und Seifenlösungen Benutzung, die lösend auf die den Geweben vom
Spinnen und Weben her anhaftenden Stoffe, wie Leim, Stärke, Fett, Öl usw.,
wirken und die Entfernung von Staub und anderen in das Gewebe gelangten
Fremdkörpern zu fördern vermögen.

Nach den zur Anwendung kommenden Arbeitsmitteln können die folgenden Arten von Gewebewaschmaschinen unterschieden werden:

> Hammerwaschmaschinen,
> Trommelwaschmaschinen,
> Walzenwaschmaschinen,
> Trogwaschmaschinen.

α) Die Hammerwäschen.

Schon der Name läßt erkennen, daß die Waschwerkzeuge der Hammerwäschen mehr oder weniger stoßweise wirken. Es darf hieraus eine nicht
unerhebliche Beanspruchung des Waschgutes bei der Wascharbeit gefolgert
werden. Daher sind es im allgemeinen nur gröbere Gewebe von ausreichender
Festigkeit, die auf Hammerwäschen gereinigt werden. Hierbei wird die Stoß-
oder Schlagkraft des Waschhammers noch dadurch gemildert, daß ihr das
Gewebe in Form eines Haufens oder Paketes und in der Waschflüssigkeit
schwimmend unterworfen wird. In dem Paket ist das Gewebe in unregel-
mäßigen Lagen geschichtet und bildet eine der Stoßkraft nachgebende und
dabei mehr oder weniger elastische Masse, bei deren Verdichtung sich die
Gewebefäden aneinander reiben und die das Gewebe erfüllende Waschflüssigkeit ausgepreßt wird. Hierdurch wird das Ablösen der Verunreinigungen
und deren Abschwemmen gefördert. Diesem entsprechend wird das Gewebe
in den Hammerwäschen in einen die Waschflüssigkeit enthaltenden Waschtrog eingelagert und in diesem der Hammerwirkung unterworfen. Aus der
verschiedenen Gestaltung dieses Troges im Verein mit verschiedenen Formen
und Betriebsweisen der Waschhämmer ergeben sich die mannigfachen Bauarten der Hammerwäschen. Als Beispiel einer solchen ist nachstehend die

in Abb. 114 wiedergegebene Kurbelwaschmaschine von *O. Schimmel* angeführt, die eine große Verbreitung in Wäschereibetrieben gefunden hat.
Der seitlich durch ebene Wände begrenzte Trog der Maschine, die Waschk-
kufe, besitzt einen zylindrisch ausgehöhlten Boden, dessen Enden sich stärker
aufwärts krümmen, so daß sie nach innen überhängen. Er ist aus Holz hergestellt, innen mit poliertem Kupferblech ausgekleidet und außen von einem
eisernen Gerüst umschlossen, dessen Seitenwände die Lagerstützen für die
Waschhämmer tragen. Die geometrische Achse der zylindrischen Höhlung
fällt mit der Drehachse a der 2 bis 6 doppelseitigen Waschhämmer b zusammen, die von der Kurbelwelle c ihren Antrieb erhalten und dicht über den
Bottichboden hingleiten. Die zu reinigenden Gewebe werden zu Paketen

zusammengefaltet zu beiden Seiten
der Schwinghämmer in die mit
Waschflüssigkeit gefüllte Kufe eingelegt und wechselweise von den
treppenförmig abgesetzten und mit
polierten Messingplatten belegten
Hammerköpfen zusammengepreßt.
Die Trogform fördert hierbei das
stete Wenden der Gewebehaufen,
wodurch das Auspressen und Wieder-
aufsaugen der Waschflüssigkeit und
damit die Reinigung der Gewebe
gefördert wird. Das Erwärmen der
Waschflüssigkeit geschieht durch
Dampf. Die Rohre e führen
kaltes und warmes Wasser zu.
Während des Waschens wird die
Kufe durch die kupfernen Klapp-
deckel f geschlossen, um das Auswerfen der Flüssigkeit zu verhindern.
Eine zweite erwähnenswerte

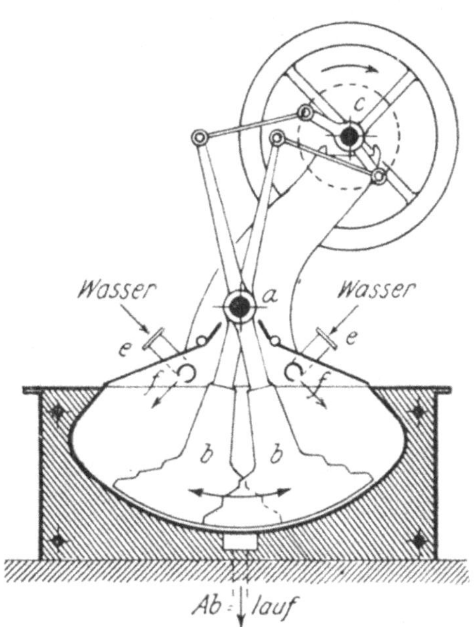

Abb. 114. Hammerwäsche.

Form von Hammerwäschen sind die Stampferwäschen. Bei ihnen sind
innerhalb eines zylindrischen Waschbottichs 4 bis 6 in der Richtung eines
Durchmessers in einer Reihe angeordnete senkrecht geführte Stempel oder
Stampfen vorhanden, die wechselweise durch die Hebdaumen einer umlaufenden Welle so angehoben werden, daß die Zahl der Hübe für eine Umdrehung
der Daumenwelle für die dem Umfang des Bottichs näheren Stempel zunimmt. Beim Fall stauchen die Stempel das in der Waschflüssigkeit des
Bottichs schwimmende Gewebe zusammen, das durch schrittweise Drehung
des Bottichs um seine Achse stetig gewechselt wird.

β) Die Trommelwäschen.

Auch die Trommelwäschen gehören zur Klasse der Paketwaschmaschinen.
Ihr wesentliches Merkmal ist die umlaufende zylindrische Waschtrommel,

welche die Waschflüssigkeit aufnimmt und der das zu reinigende Gewebe
in loser Häufung übergeben wird. Die älteren Bauarten wurden infolge der
Größe der Waschtrommel auch Waschräder genannt. Die Trommel dieser
war von Holz und hatte bei geringer Länge bis zu 2 m Durchmesser. Am
inneren Umfang befestigte Holzschaufeln hoben bei der Trommeldrehung
die lose gehäuften Waschstücke und ließen sie in die Waschflüssigkeit zurückfallen. Bei den neuzeitlichen Trommelwaschmaschinen wird die Trommel
aus Kupferblech hergestellt und im Innern verzinnt. Häufig wird durch
Längswellung des Trommelmantels die mechanische Bearbeitung des Waschgutes gefördert. Im allgemeinen ist diese bei den Trommelwäschen mild,
so daß diese auch für das Waschen leicht verletzbarer Gewebe geeignet sind.
Die Trommel der neueren Maschinen erhält im Mittel 400 bis 600 mm Durchmesser bei 1000 bis 1250 mm Länge und nimmt etwa 50 kg trockenes Gewebe
auf. Ihre Drehachse fällt entweder mit der Zylinderachse zusammen oder ist

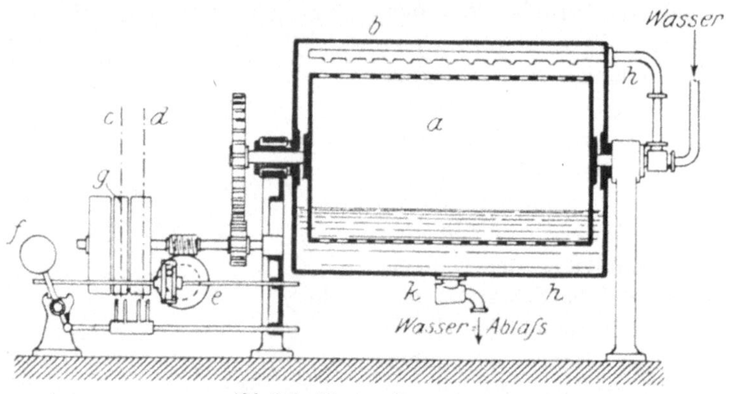

Abb 115. Trommelwäsche.

gegen diese um etwa 20° geneigt. Infolge des Wechsels der Schieflage der
Trommel, der im letzteren Fall bei der Trommeldrehung eintritt, wird das
Gewebe in der Trommel hin und her geworfen und dadurch eine Steigerung
der Wascharbeit erzielt. Um das Verschlingen und einseitige Zusammenrollen
während der Trommeldrehung zu verhindern, wechselt die Drehrichtung in
kurzen Zeitabschnitten. Das Ein- und Austragen der Gewebe geschieht
nach dem Aufklappen eines Teiles der Trommelwand, die Zu- und Abführung
der Waschflüssigkeit oder des zur Trommelheizung bestimmten Dampfes
wird häufig durch die Drehachse der Trommel bewirkt.

Die in Abb. 115 dargestellte Waschmaschine besitzt eine am Umfang
siebartig durchbrochene Trommel a, die in ein feststehendes Gehäuse b eingelagert ist. Die Trommel taucht in die das Gehäuse teilweise erfüllende
Waschflüssigkeit, so daß diese in das Innere der Trommel tritt. Es entsteht
hierdurch bei der Trommeldrehung ein Kreislauf der Flüssigkeit, wobei diese
die vom Gewebe abgelösten Fremdstoffe durch die Sieblöcher in das Gehäuse
spült. Der Drehungswechsel der Trommel erfolgt selbsttätig mittels eines
offenen und eines gekreuzten Riemens cd, die durch das Getriebe e und

das Umschlaggewicht f abwechselnd auf die Festscheibe g verschoben werden. In das Gehäuse b eingeführte Siebrohre h dienen der Zuführung kalter und heißer Waschflüssigkeit. k ist der Schmutzablaß.

γ) Die Walzenwäschen.

Die Arbeit der Walzenwaschmaschinen besteht im abwechselnd erfolgenden Einweichen und Durchtränken des zu reinigenden Gewebes mit Waschflüssigkeit und Auspressen dieser zwischen umlaufenden Walzenpaaren. Bei dem letzten Teil der Arbeit werden mit der Waschflüssigkeit zugleich die von dieser gelösten oder abgelösten Fremdstoffe aus dem Gewebe entfernt. Die vollständige Reinigung des Gewebes bedingt, daß diese Arbeiten mehrfach wiederholt werden. Hierbei durchläuft das Gewebe entweder die gleichen Walzen, oder es wird durch mehrere hintereinander angeordnete Walzenpaare und zwischen diesen befindliche Weichbottiche geführt. Die letztere Anordnung ist die vollkommenere, da sie den Gegenlauf von Waschgut und Waschflüssigkeit unter bester Ausnutzung dieser ermöglicht. Die Walzenwäschen sind Strang- oder Breitwäschen, je nachdem das Gewebe die Walzen zusammengefaltet oder ausgebreitet durchläuft.

αα) Die Strangwäschen.

Die Erfindung der Strangwaschmaschinen fällt in die 20er Jahre des vorigen Jahrhunderts. 1821 gab *Baylis* eine Maschine an, in welcher der zu waschende Gewebestrang durch Zusammennähen der Enden zu einem endlosen Ring geformt ist, den die Preßwalzen so lange in Umlauf erhalten, bis die Reinigung des Gewebes vollzogen ist. 1828 folgte dieser die Waschmaschine von *Bentley*[1] mit Spirallauf des Gewebestranges, durch den ein stetiger Betrieb der Strangwäschen ermöglicht wurde.

Die erste der beiden Maschinen wurde erstmalig von *Beuth*[2] im Jahre 1828 in Deutschland bekanntgegeben und trägt infolgedessen häufig dessen Namen. Beide Maschinenarten bilden die Grundlagen für alle neueren Bauarten von Strangwaschmaschinen. Die grundsätzliche Einrichtung dieser lassen die Abb. 116 und 117 ersehen.

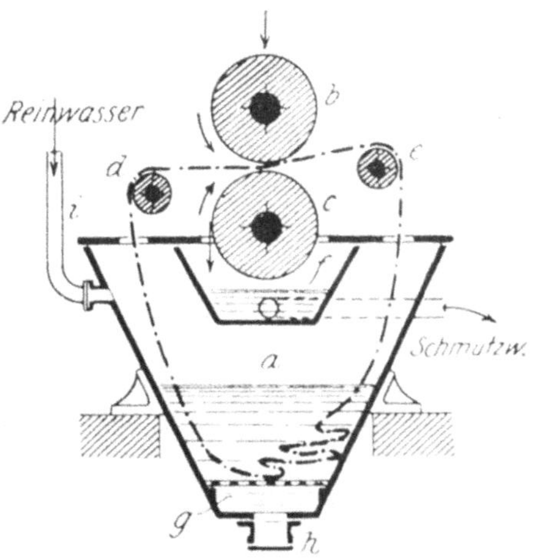

Abb. 116. Strangwäsche.

Nach Abb. 116 sind oberhalb des Waschtroges a die beiden Preßwalzen b und c gelagert, zwischen denen der in den Trog hinabhängende ringförmige Gewebestrang hindurchgeführt ist. Die Drehung der Walzen setzt den über die Leitwalzen d und e geführten Strang in steten Kreislauf, wobei er sich im Trog mit Waschflüssigkeit vollsaugt. Die von den Walzen ausgepreßte Flüssigkeit, die mit den dem Gewebe entstammenden Fremdstoffen beladen ist, wird in dem Zwischentrog f aufgefangen. Hierdurch bleibt die Flüssigkeit im Waschtrog möglichst rein. Niederschläge in ihr treten durch den Siebboden g und werden beim Entleeren des Troges durch den Ablauf h mit weggespült. Der Ersatz der Waschflüssigkeit erfolgt durch das Rohr i. Die Preßwalzen haben etwa 600 mm Durchmesser. Bei 1 m Walzenlänge können gleichzeitig zwei Gewebestücke gewaschen werden. Gewebegeschwindigkeit etwa 1 m/Sek. Waschdauer 1 Stunde. Betriebsarbeit 0,5 PS.

Die Abb. 117 zeigt die grundsätzliche Einrichtung der Strangwaschmaschine mit Spirallauf des Gewebestranges. Sie gleicht der vorher beschriebenen insofern, als auch hier das Gewebe zwischen zwei Preßwalzen b und c hindurchgeführt ist, die oberhalb des Waschtroges a gelagert sind. Ein Zwischentrog f nimmt auch hier die ausgepreßte Schmutzflüssigkeit auf. Dagegen sind die Walzen erheblich länger, so daß gleichzeitig bis 15 und mehr Stranglagen nebeneinander Raum finden. Das Gewebe wird bei dem Durchlauf durch einen Porzellanring d zum Strang zusammengezogen. Dieser tritt bei e zwischen die Walzen und läuft über die Leitwalze g in den Trog ab, wo er sich voll Waschflüssigkeit saugt, um dann durch das Gitter h hindurch zu den Walzen

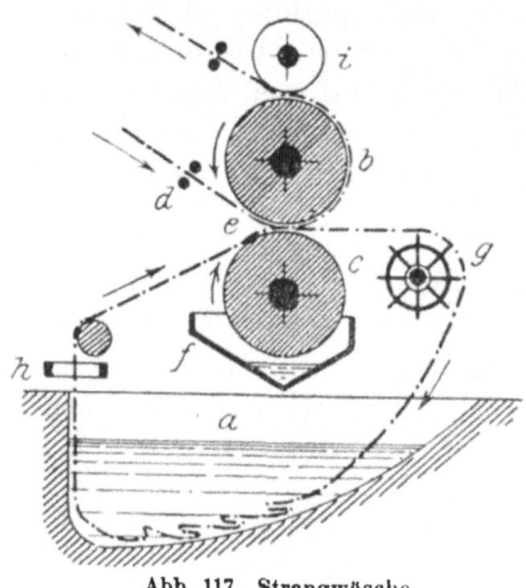

Abb. 117. Strangwäsche.

zurückzukehren und ausgepreßt zu werden. Der gleiche Lauf des Stranges wiederholt sich 2-, 3-, n-mal, indem sich die einzelnen Stranglagen nebeneinander ordnen, bis schließlich die Ableitung des fertig gewaschenen Gewebes zwischen den Walzen b und i hindurch erfolgt. Nach *Muspratt* beträgt die Leistung einer derartigen Maschine mit 470 mm bzw. 630 mm dicken und 2,6 m langen Preßwa'zen, die gleichzeitig in je 10 Windungen von 2 Gewebestücken mit 3,3 m/Sek. Geschwindigkeit durchlaufen werden, 800 Stück in 1 Stunde bei einem Wasserverbrauch von 1 cbm/Min. oder 75 l/Stück.

ββ) Die Breitwäschen.

Das für die Erfindung der Strangwäschen mit Spirallauf des Gewebes maßgebende Patent von *Bentley*[1] enthält auch den Ursprung der Breitwaschmaschinen. Diese haben mit den erwähnten Strangwäschen das gemein, daß der durch den Waschtrog geführte Gewebezug während seines Laufes mehrmals entflüssigt und dadurch aufnahmefähig für neue, reinere Waschflüssigkeit gemacht wird. Während aber bei den Strangwäschen das gleiche

---

[1] Engl. Pat. Nr. 5620 vom 20. August 1828.

Walzenpaar den durchlaufenden Strang wiederholt auspreßt, dienen diesem
Zweck bei der Breitwäsche mehrere hintereinander gelagerte Walzenpaare,
die das Gewebe im ungefalteten Zustand durchläuft. Diese Walzenpaare
$a_1 a_2$, Abb. 118, sind oberhalb des Waschtroges angeordnet. Unter ihnen
stehende Scheidewände b teilen den Trog in Abteilungen, die mit der Waschflüssigkeit gefüllt sind. Diese Scheidewände haben verschiedene Höhe, so
daß die bei c eintretende Waschflüssigkeit von einem Abteil in den anderen
überfließt und den Trog bei d verläßt. Diesem Lauf entgegen wird das Gewebe
geführt und hierbei mehrmals durch jeden Abteil des Troges gezogen. Hierfür dienen zwei Reihen Leitwalzen $e\ f$, über welche das Gewebe im Zickzacklauf geleitet ist. Es tritt bei e_1 in den Trogabteil I ein, verläßt diesen
bei dem ersten Preßwalzenpaar a_1, tritt hinter diesem entflüssigt in den Trogabteil II und wird vor dem Übertritt in den Abteil III von den Preßwalzen a_2

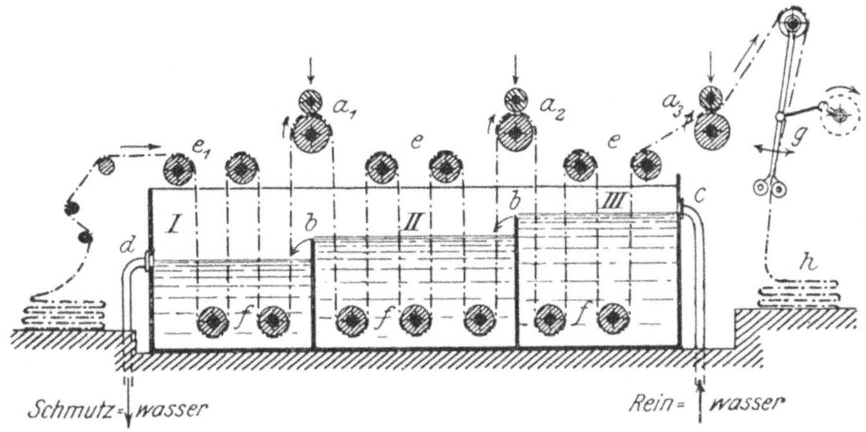

Abb. 118. Breitwäsche.

erneut entwässert, bis am Schluß des Troges das Walzenpaar a_3 ihm die
Flüssigkeit endgültig entzieht. Hierauf wird das Gewebe von dem Ableger
oder Facher g zu einem Stoß h zusammengelegt oder auf eine Walze aufgewickelt. Zuweilen wird das Gewebe auch nach dem Durchlaufen des letzten
Walzenpaares durch Leitwalzen oberhalb der Maschine der Eintrittsstelle
wieder zugeführt, um hier abgelegt (gefacht) zu werden. Die Geschwindigkeit des Gewebes beträgt etwa 1,5 m/Sek[1]).

Auch die *Baylis*sche Walzenwäsche wird als Breitwäsche benutzt; doch
entfällt hier ebenso wie bei der ihr nachgebildeten Maschine von *Reiser*[2],
die gleichzeitig mehrere Gewebe breitliegend behandelt, die Gegenstrom-
wirkung. Nach einem anderen Verfahren[3] wird das zu reinigende Gewebe
breitliegend über umlaufende Geripptrommeln geführt und hierbei die Waschflüssigkeit unter Druck angespritzt.

---

[1] Eine Abart dieser Maschine siehe DRP. Nr. 92 545 vom 18. Juni 1896.
[2] DRP. Nr. 44 647 vom 1. März 1888.
[3] DRP. Nr. 36 417 vom 14. Januar 1886.

2. Die Spülmaschinen.

Zur Beseitigung des letzten Restes der Waschflüssigkeit werden die gewaschenen Gewebe in einem Spülwasser schwimmend wiederholt in diesem untergetaucht. Auch wird das Spülverfahren zum Waschen von Geweben und Gespinsten benutzt, denen die Fremdstoffe nur leicht anhaften, so daß sie keiner stärkeren mechanischen Bearbeitung bedürfen. Eine für diese Zwecke häufig benutzte Spülmaschine besteht nach Abb. 119 aus einem langgestreckten Trog, den eine Scheidewand *a* so teilt, daß das ihn füllende Spülwasser in Umlauf versetzt werden kann. In die eine Troghälfte ist ein Spülrad *b* eingesetzt, das bei der Drehung die zu spülenden Gewebestücke wiederholt untertaucht.

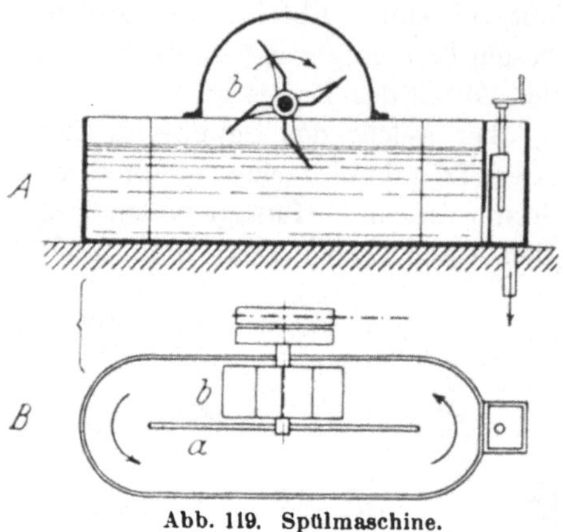
Abb. 119. Spülmaschine.

Auf der gleichen Grundlage fußt die in Zuckerfabriken zum Reinigen der Filtertücher benutzte Wasch- und Spülmaschine von *Schreiber*. Bei dieser schwimmen die zu reinigenden Tücher in der Wasserfüllung eines zylindrischen Waschbottichs, der in langsame Drehung versetzt wird, während zwei Hebelhämmer die Tücher wiederholt untertauchen.

Als drittes Beispiel kann auf die in Färbereien üblichen Garnwaschmaschinen verwiesen werden, bei denen die zu spülenden Garnsträhne beim Tauchen in das Waschwasser mittels Haspel in Umlauf versetzt werden[1].

c) Die Gaswäschen.

Gasförmige Stoffe, wie atmosphärische Luft, Leuchtgas, Generatorgas, Koksofengas, Rauch usw., sind entweder durch feste Staubteile oder durch Flüssigkeiten, die sich in Nebel- oder Dampfform befinden, verunreinigt. Die für deren Reinigung in Gebrauch stehenden Wascheinrichtungen, sog. Luft- oder Gaswäschen, beruhen auf der möglichst großen Ausbreitung bzw. Verteilung der benutzten Waschflüssigkeit, um deren innige Berührung bzw. Mischung mit dem Waschgut zu erzielen. Zuweilen genügt es, die Waschflüssigkeit in einen dichten feinen Sprühregen aufzulösen und das Waschgut in langsamer Strömung durchzuleiten oder das zu waschende Gas in kleinen Blasen durch die Waschflüssigkeit zu pressen. Einrichtungen dieser Art finden u. a. zur Entstaubung der für Ventilationszwecke bestimmten Luft Anwendung[2]. In der Regel zieht man jedoch vor, in das Innere des vom Waschgut durchströmten Wäschers Festkörper mit großer Oberfläche einzulagern

[1] *Meißner:* Die Maschinen zur Appretur. Berlin 1873, S. 59.   *Hummel-Knecht:* Die Färberei und Bleicherei der Gespinstfasern. 2. Aufl. Berlin 1891.
[2] Zeitschr. d. Ver. deutsch. Ing. 1883, S. 607.

und sie mit der Waschflüssigkeit zu benetzen, die man dem Gasstrom entgegen durch den Wäscher rieseln läßt. Derartige Wäscher sind daher Gegenstromapparate, bei denen stets die reinste Waschflüssigkeit mit dem gereinigten, die abfließende, mit Fremdstoffen beladene, mit dem rohen Waschgut in Austausch tritt. In ihnen hat die vielseitige Berührung und Mischung von Waschgut und Waschflüssigkeit die Ausscheidung der Dampfteilchen durch Kondensation, der Staubteilchen durch Adhäsion an der Flüssigkeitsschicht zur Folge. Hierbei werden die ausgeschiedenen Fremdstoffe durch die strömende Flüssigkeit abgeschwemmt.

Die Waschkörper werden in den Wäschen entweder festliegend eingeschichtet und dauernd von der Waschflüssigkeit und dem Waschgut durchströmt, oder sie werden beweglich angeordnet und abwechselnd der Waschflüssigkeit und dem Waschgut dargeboten. Um im erstgenannten Falle der gegenseitigen Einwirkung beider die für die Abscheidung der Fremdstoffe nötige Zeit zu sichern, wird das prismatische oder zylindrische Waschgefäß turmartig gestaltet und mit den Waschkörpern angefüllt. Als Waschkörper dienen schichtenweise übereinander geordnete Siebe oder auf Sieben oder Rosten (Horden) aufgestapelte Haufwerke von Koks, Steinbrocken, Scherben, grobem Kies u. dgl., oder sie werden durch Reisiglagen bzw. Holz- oder Blechhorden gebildet. Von guter Wirkung hat sich auch die von *Raschig* angegebene Füllung der Waschtürme mit 25 mm weiten und ebenso hohen dünnwandigen Ringen von Schwarzblech, Gußeisen, Steingut usw. erwiesen, die nach des Erfinders Angabe gestatten, in 1 cbm Raum etwa 220 qm Oberfläche einzulegen und dabei nur 8 v. H. des Raumes erfüllen.

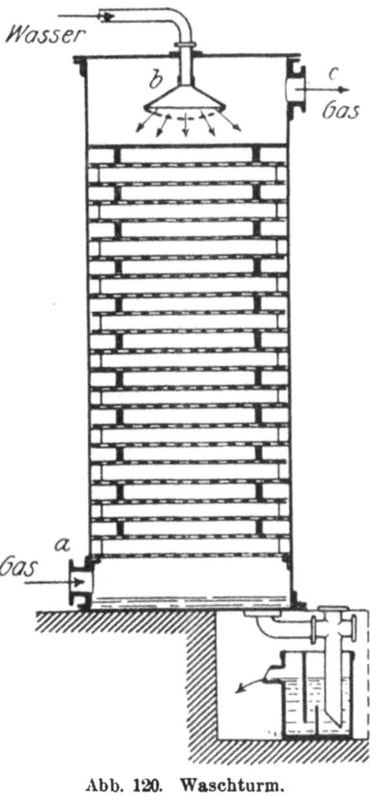

Abb. 120. Waschturm.

In jedem Fall ist die Form der Einlagen dadurch bedingt, daß sie dem Waschgut eine möglichst große Oberfläche bieten und es zwingen, durch wiederholte Richtungswechsel mit diesem in Berührung zu treten, ohne hierdurch den Bewegungswiderstand des Gutes bzw. der Waschflüssigkeit ungewöhnlich zu erhöhen.

Der in Abb. 120 dargestellte Waschturm enthält Siebböden von durchschnittlich 18 mm Lochweite in etwa 60 mm gegenseitigem Abstand. Das Waschgut tritt am Fuß des Turmes bei *a* ein und durchströmt die Einlagen infolge eigenen oder künstlich erzeugten Auftriebes, während die Waschflüssigkeit, bei *b* in den Turm eintretend, ihm entgegenrieselt. Das gereinigte Waschgut wird am Kopf des Turmes bei *c* abgeleitet. Die Waschflüssigkeit wird beim Eintritt in den Turm in einen Sprühregen aufgelöst, der den Querschnitt des Turmes erfüllt und sich gleichmäßig über die Waschkörpereinlage ver-teilt. In der Abbildung besteht die Verteileinrichtung in einer Brause *b*.

Bewegliche Waschkörper von Scheibenform werden nach *Colladon*[1] zu mehreren auf einer wagerechten Welle angeordnet, die das Gehäuse des Wäschers durchragt. Sie tauchen in die den unteren Teil des Gehäuses füllende Waschflüssigkeit ein und heben sie bei der Drehung empor, so daß die benetzten Scheibenflächen dem Gasstrom dargeboten werden, der den oberen Teil des Gehäuses durchfließt. Gegenströmung fördert auch hier den Erfolg der Wascharbeit.

Die verschiedene Ausführung der Waschscheiben bildet den wesentlichen Unterschied der Bauarten dieser Wäschen. *Colladon* benutzte geschlitzte Blechscheiben; bei einem neueren, zur Reinigung der Hochofengase von Wasser-

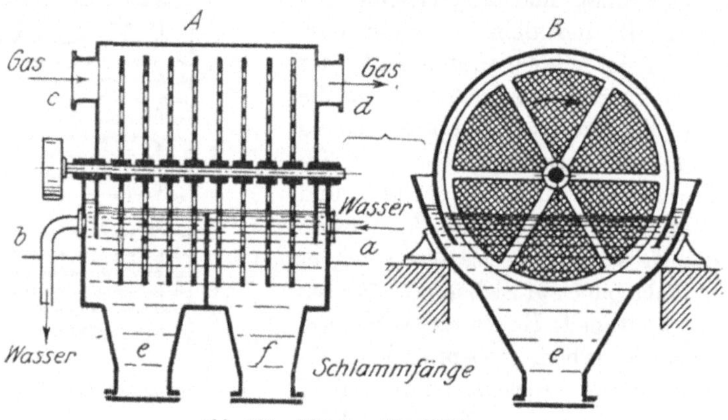

Abb. 121. Wäscher für Gichtgase.

dampf und Flugstaub dienenden Wäscher von *E. Biau*[2], den die Abb. 121 veranschaulicht, sind die 3 m großen kreisförmigen Scheiben aus einem Drahtgeflecht von 10 mm Maschenweite gebildet und zu 30 bis 50 Stück auf einer mit 10 Drehungen in der Minute umlaufenden Welle angeordnet. Das Waschwasser tritt mit 10 bis 15° Temperatur bei *a* in das Gehäuse des Wäschers ein und fließt mit 50 bis 60° bei *b* ab. Der ihm entgegenkommende Gasstrom hat bei *c* 120 bis 150° Eintrittstemperatur und ist bei *d*, wo er den Wäscher verläßt, auf 30 bis 40° abgekühlt. Die dem Gas beigemischten Staubteile haften an den benetzten Siebflächen und werden von der Waschflüssigkeit abgespült. Sie sammeln sich in den Schlammablässen *e f* und werden aus diesen von Zeit zu Zeit abgelassen. Das Wäschergehäuse ist 3 bis 5 m lang. Ein hinter ihm in die Gasleitung eingeschalteter Ventilator dient dem Ansaugen des Gases und der weiteren Staubabscheidung. Hochofengas mit einem Staubgehalt von 10 bis 12 g/cbm verläßt den auf den Ventilator folgen-

[1] Zeitschr. d. Ver. deutsch. Ing. 1858, S. 168. *Armengaud:* Génie ind. 1858, S. 31.
[2] Zeitschr. d. Ver. deutsch. Ing. 1905, S. 1693.

den Trockner mit einem Gehalt von 0,5 bzw. 0,02 g/cbm Staub, je nachdem
es als Heiz- oder Kraftgas verwendet werden soll. Der Wasserverbrauch der
Anlage beträgt etwa 1,5 bis 3 l für 1 cbm Gas.

Eine dritte Ausführungsform der Waschscheiben zeigt der in der Abb. 122
dargestellte „Standartwäscher", der in Leuchtgasfabriken zum Abscheiden des Ammoniaks aus dem Gase dient. Die aus zwei Scheiben bestehenden
Waschkörper a tragen zahlreiche versetzt angeordnete Holzstäbe oder Pia-
savabürsten, zwischen denen das Gas in radialer Strömung hindurchstreichen
muß. Die einzelnen Waschkörper sind in dem Wäschergehäuse durch Scheidewände b getrennt, was den bei c eintretenden Gasstrom zwingt, unter wiederholter Richtungsänderung durch den Wäscher zu streichen. Bei der Drehung der
Waschkörper um die gemeinsame Achse d tauchen sie in das den unteren Gehäuseteil durchfließende Waschwasser. Die Reinigung des Gases und die Konzentration des gebildeten und bei e aus dem Gehäuse austretenden Ammoniakwassers
hängt von der Zahl der Waschkammern ab, die gewöhnlich 5 bis 7 beträgt.

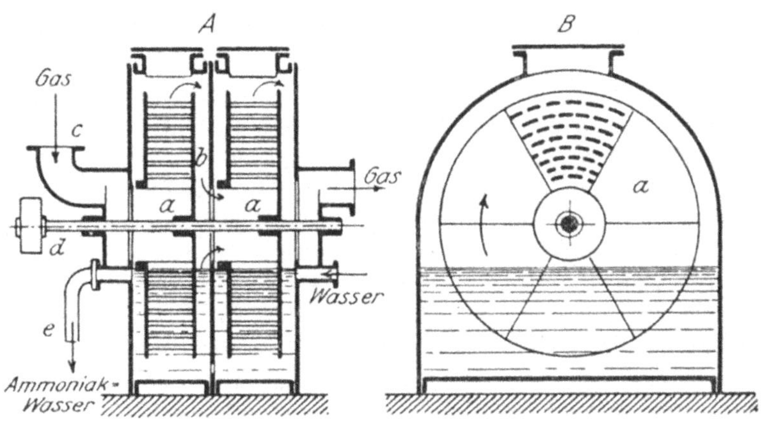

Abb. 122. Wäscher für Leuchtgas.

E. Das Auslaugen.

Werkstoffe, die aus Teilen verschiedener Löslichkeit bestehen, werden
mit Hilfe von Flüssigkeiten geschieden, in denen nur Teile einer Art in Lösung
gehen. Das hierauf sich gründende Arbeitsverfahren wird Auslaugen,
bei Werkstoffen organischen Ursprungs auch Ausziehen oder Extra-
hieren genannt. Zweck des Auslaugens ist meist die Gewinnung des in der
Laugflüssigkeit lösbaren Teiles des Lauggutes, seltener die des unlösbaren
Rückstandes oder beider Teile. Mit lösbaren Teilen beladene Laugflüssigkeit
heißt Lösung, Auszug oder Lauge. Die vollständige Erschöpfung des
auszulaugenden Werkstoffes oder Lauggutes einerseits und die Gewinnung
der Lösung in möglichst gesättigtem Zustand andererseits bildet das wich-
tigste Erfordernis einer guten Laugerei.

Die Trennung der Lauge von dem Rückstand erfolgt, je nach dem
Mischungsverhältnis beider und den besonderen Eigenschaften der beiden

Teile, entweder durch einfaches Absetzen oder durch Zentrifugieren oder Pressen. Je nach dem gewählten Verfahren ist die Trennung eine mehr oder weniger vollständige. Sie ist bei dem Absetzen am geringsten, beim Zentrifugieren und Pressen am größten. In allen Fällen kann sie durch Auswaschen des Rückstandes bzw. Verdrängen der in ihm zurückgebliebenen Lösung mittels frischer Laugflüssigkeit, Dampf oder Luft gefördert werden. Die Gewinnung des in Lösung gegangenen Stoffes erfolgt durch Eindampfen der Lauge bis zum völligen Abgang des Lösungsmittels. Wirtschaftlich wertvolle Lösungsmittel können hierbei durch Kondensieren wiedergewonnen und dadurch von neuem benutzbar gemacht werden. Das hierauf sich gründende Arbeitsverfahren wird Abtreiben, auch Destillieren genannt (siehe Abschnitt F). Das Lösungsmittel wird kalt oder erwärmt, als Flüssigkeit oder in Dampfform, unter atmosphärischem Druck oder unter Überdruck bzw. Unterdruck zur Einwirkung auf das Lauggut gebracht.

Für die Wahl des Lösungsmittels ist Voraussetzung, daß es seine lösende Eigenschaft nur auf die zu lösenden Teile des Lauggutes äußern und weder auf diese noch auf die verbleibenden Rückstände chemisch wirksam sei, sowie, daß es sich ohne Rückstand verflüchtigen lasse und hierbei keine chemische Zerlegung erleide. Desgleichen bilden Billigkeit und leichte Beschaffbarkeit zwei wesentliche Eigenschaften jedes zum Auslaugen von Werkstoffen brauchbaren Lösungsmittels. Im allgemeinen können die zur Auslaugung kommenden Stoffe in solche, die in Wasser löslich sind, und solche, die in Wasser unlöslich sind, eingeteilt werden. Für die ersteren bildet Wasser die am meisten gebrauchte Auslaugflüssigkeit. Ist die Reinerhaltung des Lauggutes Erfordernis, so muß das zum Auslaugen benutzte Wasser durch Destillieren von gelösten Fremdstoffen (Mineralsalzen usw.) befreit werden. Die Hauptvertreter der in Wasser nichtlöslichen Stoffe sind Öle und Fette. Für sie bilden Schwefelkohlenstoff, Benzin, Äther, Chloroform, Aceton, Benzol, Tetrachlorkohlenstoff u. a. geeignete Lösungsmittel. Auch werden im Verlauf der Laugarbeit schwache Lösungen des auszulaugenden Stoffes als Laugflüssigkeit benutzt und bis zur Grenze ihrer Aufnahmefähigkeit angereichert.

Unter den fettlösenden Flüssigkeiten sind Schwefelkohlenstoff und Benzin wegen ihrer großen lösenden Kraft und ihres verhältnismäßig geringen Preises die meistbenutzten; doch stellt ihre große Feuergefährlichkeit besondere Anforderungen an die Konstruktion der Apparate und an die gewissenhafte Durchführung des Betriebes.

Der Schwefelkohlenstoff (CS_2), eine leichtbewegliche wasserhelle Flüssigkeit von 1,286 spez. Gewicht, verflüchtigt sich schon bei gewöhnlicher Temperatur und siedet bei 46,5° C. Die entstehenden Dämpfe sind $2^2/_3$ mal schwerer als Luft und bilden mit dieser ein explosibles Gemisch. Ihre Entzündungstemperatur wird zu 149° C bzw. 170° C angegeben. Eingeatmet wirken sie giftig.

Das Benzin ist gegenwärtig infolge seiner hohen Lösungsfähigkeit das am meisten benutzte Lösungsmittel für Fettkörper. Es ist ein Nebenerzeugnis der Petroleumindustrie und bildet eine leichtbewegliche wasserklare Flüssigkeit von 0,680 bis 0,720 spez. Gew. und 80 bis 120° C Siedetemperatur. Auch die Benzindämpfe bilden mit Luft explosible Gemische. Wie die Verwendung, so erfordert auch die Lagerung dieser feuergefährlichen Stoffe besondere Vorsichtsmaßregeln gegen unzeitgemäße Entzündung. Eine solche älteren Ursprungs ist die von *Roth* angegebene Lagerung des Schwefelkohlenstoffes unter Wasser[1]. Neuzeitliche Vorkehrungen sind von *Martini u. Hüneke*[2] getroffen worden. Sie bestehen in der Füllung des leeren Raumes der Lagergefäße und der die Leitungen einhüllenden Mantelrohre mit einem gegen die Flüssigkeit wirkungslosen Schutzgas, meist CO_2 oder N.

Obgleich der in der neuesten Zeit als Extraktionsmittel zur Anwendung kommende Tetrachlorkohlenstoff (CCl_4), der eine Dichte von 1,6 und einen Siedepunkt von 76 bis 77° C besitzt, jede Explosionsgefahr ausschließt, da er weder als Flüssigkeit noch als Dampf brennbar ist, so steht doch seiner allgemeinen Verwendung bisher der hohe Preis und die aus seinen chemischen Eigenschaften hervorgehende zerstörende Einwirkung auf die bei der Extraktion zur Anwendung kommenden Apparate entgegen.

Das Ausziehen der löslichen Bestandteile aus dem Laug- bzw. Extraktionsgut wird durch eine Vorbereitung des Gutes gefördert, die dem Lösungsmittel das Durchdringen des Gutes erleichtert. Im allgemeinen besteht diese Vorbereitung in einer so weit gehenden Zerkleinerung des Gutes, daß eine möglichst vielseitige Berührung der Teilstücke mit dem Lösungsmittel eintreten kann, ohne daß jedoch eine zu dichte Lagerung der Stücke das Eindringen und den Wechsel der Flüssigkeit zwischen diesen erschwert.

Der Wechsel der Flüssigkeit vollzieht sich hierbei sowohl infolge des Unterschiedes im spezifischen Gewicht der reinen und der mit gelösten Stoffen beladenen Laugflüssigkeit als auch infolge der zwischen Flüssigkeiten verschiedener Konzentration bestehenden ausgleichenden Kraftwirkung (Diffusion). Durch zeitweises oder anhaltendes Durchrühren des Lauggutes kann dieser Wechsel erheblich gefördert werden. Schädlich, weil das Auslaugen hemmend, wird das Durchrühren für solche Körper, deren ungelöste Teile nach Entfernen des Gelösten einen solchen Zusammenhang besitzen, daß sie eine Art Netzwerk oder Gerippe bilden, durch dessen Zwischenräume der Flüssigkeitswechsel leicht vonstatten geht. Für solche Körper ist vielmehr ein möglichst ruhiger Verlauf der Laugarbeit anzustreben.

Die beim Auslaugen benutzten Arbeitsverfahren sind

das Absetzverfahren, das Aufgußverfahren, das Schwemmverfahren.

a) Das Absetz- oder Verdrängverfahren.

Wird ein Gemisch von Lauggut und Lauge in einem Gefäß der Ruhe überlassen, so scheidet es sich nach der Dichte der Gemengteile. Es sinkt ent-

---

[1] Dingl. polyt. Journ. 1881, Bd. 239, S. 295; *Wagner:* Jahresberichte 1863, S. 562.

[2] Drucksachen der Maschinenbau-A.-G. *Martini u. Hüneke,* Berlin W. Archiv für Feuerschutz, Rettungs- und Feuerlöschwesen. Jahrg. 1905, S. 17. „Schiffbau" Jahrg. 1913, Nr. 22.

weder der schwere Rückstand zu Boden, oder es steigt die leichte Lösung nach oben. In jedem Fall kann die Trennung beider durch Abziehen oder Verdrängen der Lösung erfolgen. Je nach dem Löslichkeitsverhältnis des Lauggutes und dem angestrebten Stärkegrad der Lösung erfordert das Auslaugen eine mehr oder weniger lange Zeit. Unter Umständen bedarf es mehrerer Stunden, um die Erschöpfung des Lauggutes angenähert zu erreichen. Wiederholtes Durchmischen der Gemengteile beschleunigt die Laugarbeit. wiederholter Austausch der gebildeten Lösung mit neuem Lösungsmittel führt zur Erhöhung des Ertrages, aber zu allmählich schwächeren Lösungen.

Die Ausführung des Setzverfahrens bedient sich bei wässeriger Laugflüssigkeit eines offenen Gefäßes, eines Bottichs oder einer Stande. Das in dieses Gefäß eingetragene Lauggut wird mit der Laugflüssigkeit übergossen. durchgerührt und der Ruhe überlassen. Zum Abziehen der gebildeten Lösung dient ein Heber oder ein oberhalb des Lauggutes angebrachter Hahn. Die am Schluß des wiederholten Auslaugens gewonnene schwächste Lösung wird nach Erneuerung des Lauggutes für die neue, erstmalige Auslaugung als Laugflüssigkeit aufgegeben.

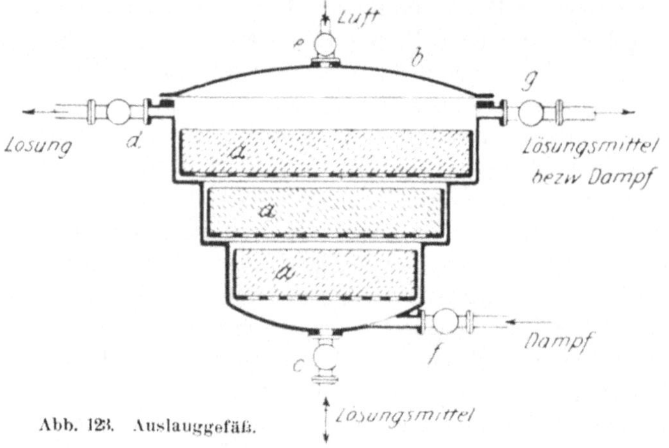

Abb. 123. Auslauggefäß.

Bei leichter Verdampfbarkeit des Lösungsmittels, z. B. Benzin, wird das Lauggefäß allseitig geschlossen, so daß die Dämpfe nicht entweichen. Das Lauggut, z. B. Ölsaat, wird, um es nach dem Auslaugen leicht auswechseln zu können, nach *Haecht*[1], Abb. 123, in übereinander geschichteten flachen Körben a in das Lauggefäß eingetragen und dieses nach dem Auflegen des dichtschließenden Deckels b durch das Hahnrohr c mit dem Lösungsmittel so weit angefüllt, bis dieses bei d erscheint. Nach dem Schluß sämtlicher Hähne wird das Ganze einige Stunden der Ruhe überlassen, wobei die Fettlösung infolge ihres geringen spezifischen Gewichtes sich im oberen Teil des Gefäßes sammelt, aus dem sie dann nach Öffnen des Hahnes d durch neues bei c eintretendes Lösungsmittel hinausgeschoben wird. Hierauf wird nach erneutem Schluß von d und Öffnen des Lufthahnes e die das Gefäß füllende Flüssigkeit durch den Hahn c abgelassen und der in den Poren des Lauggutes zurückbleibende Flüssigkeitsrest nach Schluß von c und Öffnen von f und g mittels bei f eintretenden Dampfes verdunstet und durch g nach einer Kühlschlange abgetrieben, in der die Dämpfe wieder verdichtet werden.

---

[1] Dingl. polyt. Journ. 1878, Bd. 201, S. 427.

b) Das Aufgußverfahren.

Nach diesem Verfahren wird das Lösungsmittel in bestimmten kurzen Zeitfolgen oder dauernd in langsamem Fluß durch das Lauggut hindurchgeführt. Hierbei nimmt es die löslichen Teile auf und fließt als Lauge aus dem Lauggut ab. Das zeitweise Aufgießen eignet sich besonders für das Auslaugen leichtlöslicher Stoffe bei gleichmäßiger Größe der Teile. Es erfordert, um möglichst starke Lösungen zu erhalten, die jedesmalige Aufgabe einer geringen Flüssigkeitsmenge sowie eine möglichst gleichförmige Verteilung dieser über das Lauggut, damit die Flüssigkeit nicht die leichter zugänglichen Zwischenräume durchfließe und die zufällig dichter gelagerten Stellen der Auslaugung entgehen. Die gewonnenen Lösungen sind infolge der kurzen Dauer der Einwirkung des Lösungsmittels verhältnismäßig schwach, und die Erschöpfung des Lauggutes ist nur durch vielfache Wiederholung des Aufgusses annähernd erreichbar.

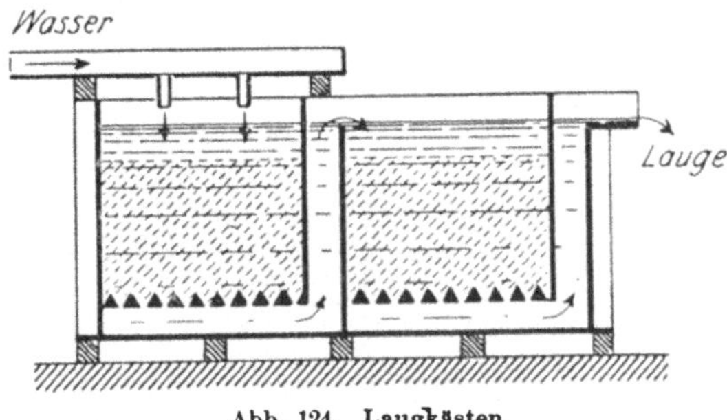

Abb. 124. Laugkästen.

Die Einrichtungen zur Aufnahme des Lauggutes sind einfacher Art. Sie bestehen in der Regel in einem Gefäß mit siebartig gelochtem oder als Lattenrost ausgeführtem Doppelboden, unterhalb dessen die Lösung

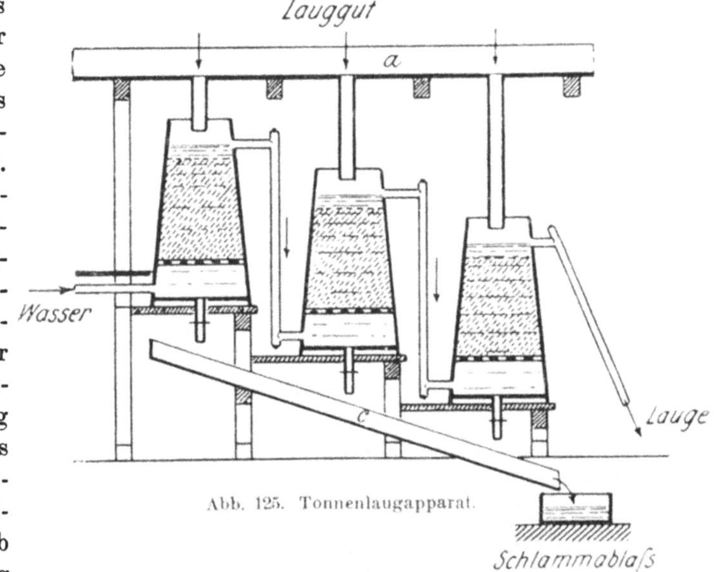

Abb. 125. Tonnenlaugapparat.

gesammelt und zeitweise oder stetig abgelassen wird. Gleichartige Lauggefäße finden auch bei dauernder Zufuhr der Laugflüssigkeit Anwendung.

Beispiele hierfür bieten die in Abb. 124 dargestellten Laugkästen zum Auslaugen des Pfannensteins in Salzsiedereien sowie der dem gleichen Zweck dienende Tonnenlaugapparat Abb. 125. In beiden Fällen wird das auf dem Siebboden lagernde Lauggut stets mit Laugflüssigkeit erfüllt gehalten und durch einen stetigen, aber tunlichst langsamen Abfluß der Lauge die Lösungsdauer verlängert und die völlige Auslaugung herbeigeführt. Bei dem Tonnenlaugapparat erfolgt die Füllung der 1 cbm fassenden Tonne mit dem faustgroße Stücke bildenden Lauggut von einer Sturzbühne a aus, unter welcher die Tonnen in zwei Reihen zu je 6 Stück aufgestellt sind. Die schlammhaltige Lauge wird in einem Sättigungskasten und einem Klärbehälter geklärt. Der in den Tonnen sich häufende Schlamm wird in die Lutte c abgelassen.

Leicht verdampfbare Lösungsmittel, z. B. Benzin, werden in Aufgußapparaten dadurch wiederholt zur Wirkung gebracht, daß die mit ihnen gebildete Lösung erwärmt und das aus den Dämpfen gewonnene Kondensat von neuem zum Übergießen des Lauggutes verwendet wird.

Auf dieser Grundlage beruht u. a. der zur Knochenentfettung dienende „Extraktor" von *Merz*, dessen allgemeine Einrichtung aus Abb. 126 zu ersehen ist. Der zur Aufnahme der Knochen dienende Laugkessel ist durch eine winkelförmige Scheidewand a in zwei zusammenhängende Räume A und B geteilt. A nimmt die Knochen auf und wird durch die Mannlöcher b und c beschickt bzw. entleert. In B sammelt sich die durch

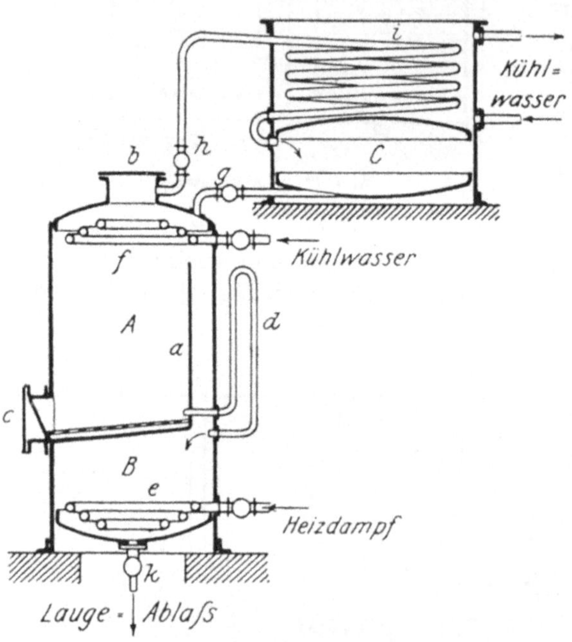

Abb. 126. Extraktionsapparat.

das Heberrohr d übersteigende Fettlösung. In beiden Räumen liegen Rohrschlangen e und f, von denen e durch Dampf beheizt, f dagegen bis unter die Kondensationstemperatur des Benzins abgekühlt wird. Ist A mit Knochen gefüllt, so wird durch g so lange Benzin aus dem Vorratsbehälter C zugelassen, bis es den Scheitel des Heberrohres erreicht. Nach dem Abschluß von g saugt der Heber die in A gebildete Fettlösung nach B, wo sie erhitzt und das Benzin verdampft wird. Die Dämpfe treten in den Raum A über, werden an der Kühlschlange f kondensiert und das Kondensat erneut so lange über die Knochen verteilt, bis die Entfettung erfolgt ist. Dem Abstellen der Kühlschlange und Öffnen des Hahnes h folgt der Übertritt der Benzindämpfe in den Kühler i und das Ansammeln des in diesem verflüssigten Benzins in dem Behälter C zu neuer Benutzung. Die von Fett und Benzin befreiten Knochen werden durch das Mannloch c entfernt, und das benzinfreie Fett wird bei k aus dem Kessel abgelassen.

c) Die Schwemmverfahren.

Die Schwemmverfahren umschließen alle diejenigen Arten der Auslaugung, bei denen gleichartiges Lauggut mit verschieden großem Gehalt an löslichen Stoffen derart von der Laugflüssigkeit durchflossen wird, daß diese bei zunehmender Konzentration immer mit Lauggut von wachsendem Gehalt in Austausch tritt. Es trifft somit bei diesem Verfahren die frisch zufließende Laugflüssigkeit mit dem bereits ausgelaugten Gut, die gehaltreichste Lösung mit dem rohen, also gehaltreichsten Lauggut zusammen. Es ist sonach während des ganzen Laugvorganges die Aufnahmefähigkeit der Laugflüssigkeit die erreichbar größte. Der Gehalt der Lösung wächst in dem gleichen Maße wie der des Gutes, was bei genügend langer Berührungsdauer theoretisch zur Erschöpfung des Gutes führen muß. Praktisch wird dieser Parallelismus dadurch herbeigeführt, daß das Gut und die Flüssigkeit den gleichen Weg, aber in entgegengesetzter Richtung durchlaufen. Die auf der Verwirklichung dieses „Gegenstromverfahrens" beruhenden Auslaugapparate bilden in bezug auf Güte der Leistung und Größe der Leistungsfähigkeit die vollkommensten Einrichtungen ihrer Art. Die Gegenströmung kann auf dreierlei Art herbeigeführt werden. Entweder es durchwandert das Lauggut die ruhende Lauge, oder es durchfließt die Lauge das ruhende Lauggut, oder es bewegen sich Lauggut und Lauge gegeneinander.

1. Das Lauggut durchwandert die ruhende Lauge.

Die Laugflüssigkeit füllt eine Anzahl in einer Reihe aufgestellter Lauggefäße (Bottiche, Standen) $a_1 a_2 a_3 \ldots$, Abb. 127, deren durch Hähne b absperrbare Bodenausläufe in ein gemeinsames Ablaßrohr d münden, das zum

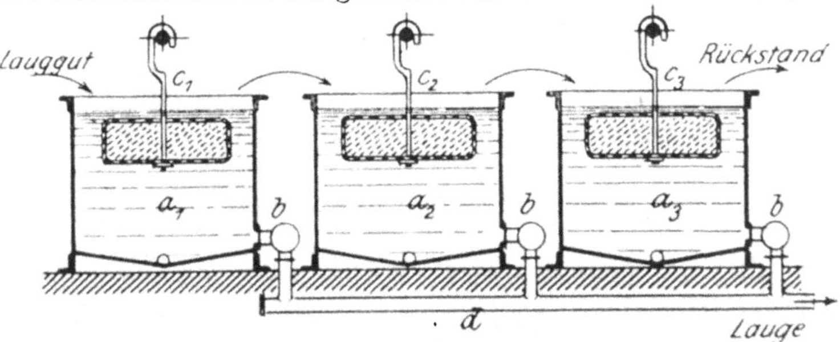

Abb. 127. Wandern des Lauggutes.

Ableiten der gesättigten Lauge dient. Der auszulaugende Körper befindet sich in Siebkörben oder Säcken $c_1 c_2 c_3 \ldots$, die nacheinander in die einzelnen Gefäße in der Reihenfolge ihrer Aufstellung eingehängt und in jedem eine Zeitlang (die Laugzeit) mit der Laugflüssigkeit in Berührung gelassen werden, um den Austausch der löslichen Stoffe stattfinden zu lassen. Jeder Korb durchwandert somit alle Gefäße der Reihe nach und gibt in jedem einen

8*

Teil seines lösungsfähigen Inhaltes ab. Hierdurch sättigt sich die Flüssigkeit in den einzelnen Gefäßen mehr und mehr. Sie erlangt schließlich bei entsprechender Anzahl der Gefäße in demjenigen, das von allen Körben durchlaufen wurde, einen so hohen Sättigungsgrad, daß sie abgelassen und durch neue ersetzt werden muß. Gleichzeitig wird derjenige der Körbe, der alle Gefäße durchwanderte, infolge Erschöpfung seines Inhaltes ausgehoben, entleert und nach dem entsprechenden Versetzen der übrigen Körbe mit neuem Lauggut gefüllt in das Gefäß der Reihe eingehangen, das die konzentrierteste

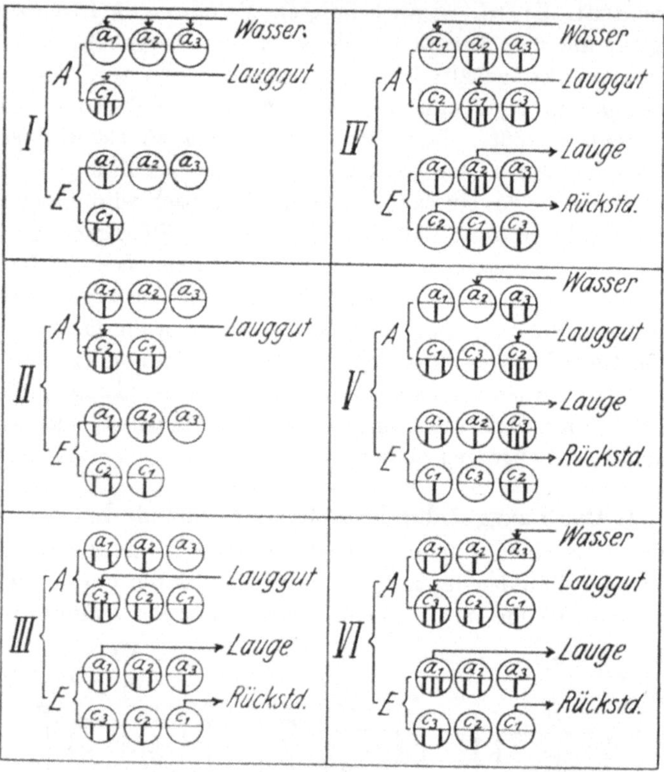

a) Lauggut durchwandert die ruhende Lauge. Wechsel der Körbe in den Standen *a* am Anfang *A* und Ende *E* der Laugzeiten *I, II, III* usw.

Lauge enthält. Der weitere Verlauf des Betriebes folgt der beistehenden schematischen Darstellung (a).

In dieser bezeichnen die Kreise $a_1\,a_2\,a_3$ drei mit Laugflüssigkeit gefüllte Standen, die Kreise $c_1\,c_2\,c_3$ die das Lauggut enthaltenden Körbe. Zur Erhöhung der Deutlichkeit sind diese nicht in, sondern neben die Standenkreise gezeichnet. Der jeweilige Konzentrationsgrad der die Standen füllenden Lauge und der entsprechende Gehalt des Lauggutes an löslichen Stoffen ist durch die Zahl der senkrechten Striche innerhalb der Kreise angedeutet. Es bezeichnet daher z. B. ⊖ frische Laugflüssigkeit (Wasser) bzw. erschöpftes Lauggut (Rückstand), ⊕ gesättigte Lauge bzw. frisches Lauggut. Die mit

A und E bezeichneten Figuren geben die Gehalte des Lauggutes und der Lauge am Anfang (A) und am Ende (E) der einzelnen Ruhe- oder Laugzeiten an.

In $I\,A$ sind sämtliche 3 Standen mit frischer Laugflüssigkeit gefüllt, und es wurde Lauggut c_1 der Stande a_1 übergeben. Nach der Zeit I ist der Austausch entsprechend $I\,E$ vollzogen. Es folgt:

$II\,A$: Fortrücken von c_1 nach a_2 und Einsetzen von c_2 in a_1: Austausch ergibt $II\,E$.

$III\,A$: Fortrücken von c_1 nach a_3, c_2 nach a_2 Einsetzen von c_3 in a_1: Austausch ergibt $III\,E$.

Ergebnis: Sättigung der Lauge in a_1 (Ablassen der Lauge), Erschöpfung des Lauggutes in c_1 (Entleeren und Neufüllen des Korbes).

$IV,\ V,\ VI$: Wechsel der Lauge und Körbe entsprechend der Darstellung. Hiernach ist der Zustand der Apparate

$$\begin{array}{lll} \text{im Betriebsabschnitt} & VI = \text{dem in } III \\ \text{ferner } \text{,,} \quad\quad \text{,,} & VII = \text{,,} \quad \text{,, } IV \\ \text{,, } \quad \text{,,} \quad\quad \text{,,} & VIII = \text{,,} \quad \text{,, } V \\ \text{,, } \quad \text{,,} \quad\quad \text{,,} & IX = \text{,,} \quad \text{,, } VI = III \end{array}$$

usw.

2. Die Laugflüssigkeit durchfließt das ruhende Lauggut.

In der einfachsten Form treten die Laugapparate dieser Gruppe in der von *Buff-Dunlop* bzw. *Shank* angegebenen Anordnung auf, von der die Abb. 128 und 129 zwei Ausführungen wiedergeben. In beiden befindet sich das Lauggut in offenen Holz- oder Eisenbottichen I bis IV, die in einer Reihe aufgestellt und durch Rohre a so verbunden sind, daß die unterhalb des Siebbodens sich sammelnde Lauge stets dem in der Reihe folgenden Bottich oberhalb des Lauggutes zugeführt wird. In gleicher Weise ist der letzte der Bottichreihe mit dem ersten der Reihe durch ein Rohr b verbunden. In den Verbindungsrohren befindliche Dreiweghähne c gestatten, die Bottichreihe an jeder beliebigen Stelle zu unterbrechen bzw. einen beliebigen Bottich aus der Reihe auszuschalten. Von n Bottichen einer Reihe werden höchstens $n-1$ Bottiche von der Lauge gleichzeitig durchflossen, die übrigen sind ausgeschaltet und werden entleert, gereinigt und mit Lauggut neu beschickt. Einer der Bottiche, die den ausgeschalteten zunächst stehen, bildet den ersten der Reihe. Ihm fließt die frische Laugflüssigkeit nach Öffnen des betreffenden Hahnes d aus dem Rohr e zu. Sie durchsickert das Lauggut und tritt als schwache Lösung in den folgenden Bottich über. Hier wird sie weiter angereichert und gelangt in den dritten Bottich usf., bis sie im letzten der Bottiche anlangt und diesen durch den Bodenhahn c im gesättigten Zustand verläßt. Nach dem völligen Auslaugen des den ersten Bottich füllenden Lauggutes wird dieser Bottich ausgeschaltet. Die frische Laugflüssigkeit wird jetzt dem zweiten Bottich der Reihe zugeführt und der ausgeschaltete und inzwischen mit neuem Lauggut beschickte Bottich als letzter der Reihe in den Kreislauf der Lauge eingefügt. Die wiederholte Vornahme dieses Wechsels führt dazu, daß ein jeder der Bottiche einmal der erste bzw. der letzte der Reihe wird. In den Abbildungen z. B. ist der vorletzte Bottich III

der erste der Reihe und wird durch den offenen Hahn d_3 mit Laugflüssigkeit gefüllt. Die entstehende Lauge durchfließt die Bottiche *IV* und *I* und tritt gesättigt durch den Hahn c_1 in die Abflußleitung *f* über. Der Bottich *II* ist ausgeschaltet, er wird entleert und hierauf neu beschickt.

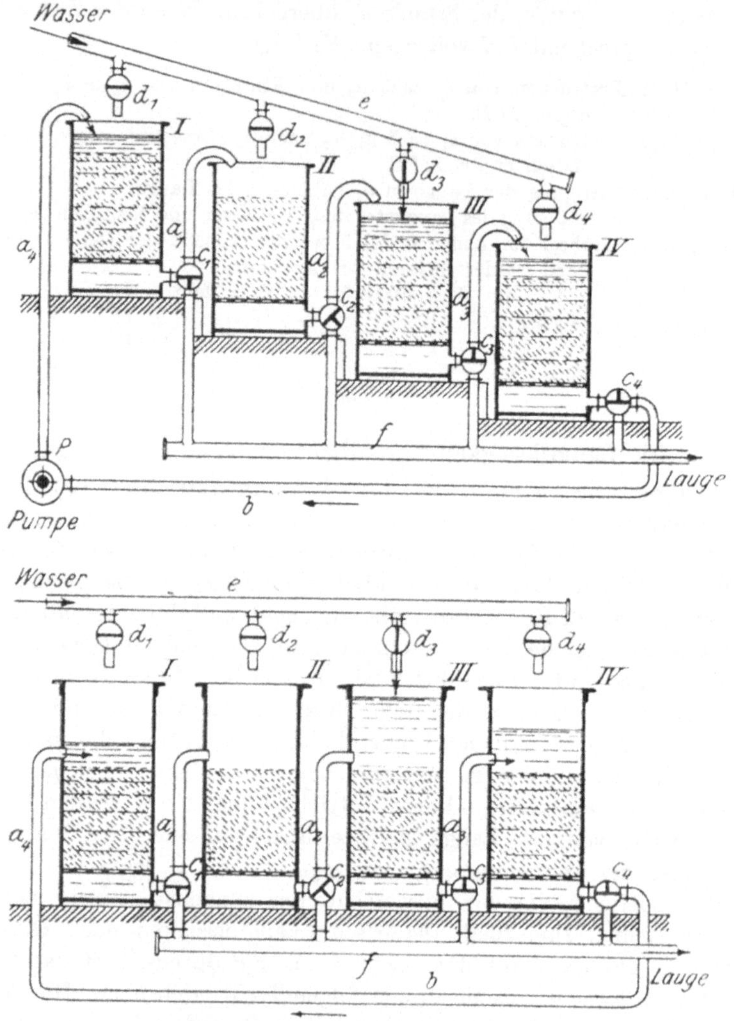

Abb. 128 und 129. Wandern der Lauge.

Die beistehende Darstellung (b) läßt diesen Vorgang für drei Lauggefäße oder Standen ersehen, die durch die Kreise $a_1 a_2 a_3$ angedeutet sind. Die unter diesen eingetragenen Kreise $l_1 l_2 l_3$ vertreten die die Standen durchfließende Lauge. Die Gruppen *A* (*a* bzw. *l*) und *E* (*a* bzw. *l*) bezeichnen den Zustand des die Standen füllenden Lauggutes und der Lauge am Anfang (*A*) und am Ende (*E*) der Laugzeiten *I, II, III* . . ., die zwischen zwei Abzügen gesättigter Lauge liegen. Der jeweilige Gehalt des Lauggutes an lösungsfähigem Stoff bzw. der jeweilige Sättigungsgrad der Lauge am Anfang und Ende der einzelnen Zeitabschnitte ist durch die Zahl der senkrechten Striche gekennzeichnet, welche die Kreise füllen. Hiernach bedeutet ⊖ erschöpftes Lauggut (Rückstand) bzw. frische Laugflüssigkeit (Wasser), ⊕ frisches Lauggut bzw. gesättigte Lauge.

Der Durchfluß des Laugenstromes durch die Standen ist für den Anfang der einzelnen Laugzeiten durch Pfeile angedeutet, welche die Kreise a verbinden. Der den Eintritt des Wassers kennzeichnende Pfeil läßt den Wechsel

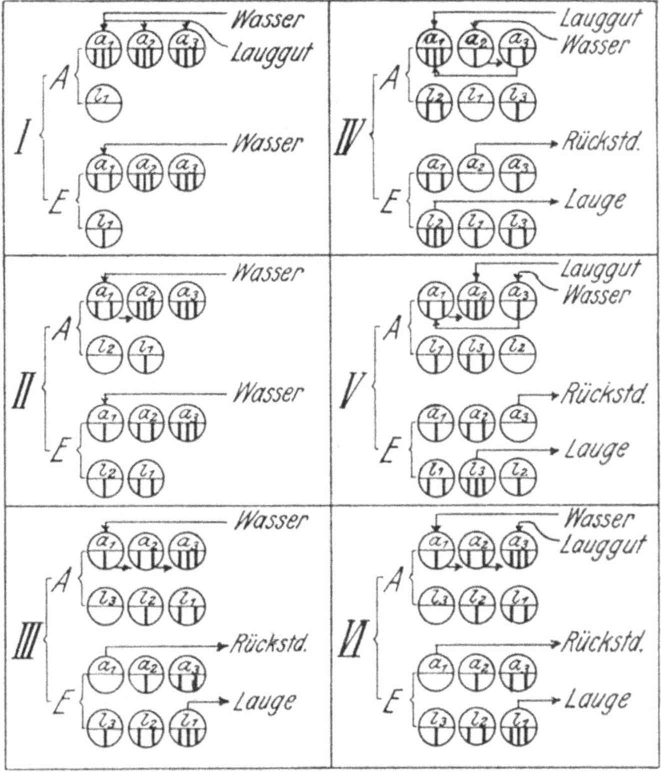

b) Lauge durchwandert das ruhende Lauggut. Wechsel der Lauge l in den Standen a am Anfang A und Ende E der Laugzeiten I, II, III usw.

der Eintrittsstande ersehen, durch den während des Laugereibetriebes allmählich die Erschöpfung der Füllung eines jeden der Bottiche erreicht wird. Die für das erschöpfende Auslaugen des Lauggutes erforderliche Zahl der Bottiche ist von der Bottichhöhe und der Durchflußgeschwindigkeit der Lauge bedingt.

Von den beiden im Bilde wiedergegebenen Anordnungen der Laugapparate ist bei der nach Abb. 128 getroffenen für jeden der Laugbottiche die für den Durchfluß der Lauge erforderliche Druckhöhe durch den Unterschied gegeben, der zwischen der Höhenlage des Flüssigkeitsspiegels im Bottich und der Ausflußöffnung des Ablaufrohres besteht. Dieser kann durch Höher-

oder Tieferstellen der benachbarten Bottiche und Veränderung der Länge der Ablaufrohre dem Bedarf angepaßt werden. Nur die Rückführung der Lauge vom untersten zum obersten Lauggefäß erfordert das Einschalten einer Pumpe P in das beide verbindende Leitungsrohr.

Die zweite, durch Abb. 129 veranschaulichte Anordnung bedarf der Pumpe nicht und gestattet die Aufstellung sämtlicher Lauggefäße in der gleichen Höhe. Der Fluß der Lauge wird durch die Druckhöhe im ersten Lauggefäß bestimmt, d. i. die Höhe der Flüssigkeit oberhalb des Lauggutes, wenn diejenige im letzten Gefäß gleich Null ist. Sie hängt ab von dem Unterschied der spezifischen Gewichte der gesättigten Lösung und der frischen Laugflüssigkeit sowie von dem Widerstand, den die Lauge beim Durchsinken des Lauggutes findet. Dem Wechsel der Benutzung entsprechend müssen alle Lauggefäße der Reihe die gleiche Höhe erhalten, wodurch der an sich einfache Apparat verteuert und seine wirtschaftliche Benutzung beeinträchtigt wird.

Die Vergrößerung des Fassungsraumes der Lauggefäße erhöht das wirtschaftliche Ergebnis der Laugerei. Sie ist allein durch Vergrößerung der Höhe der Lauggutschicht erreichbar, da mit dem Wachsen des Schichtquerschnittes die Störungen des gleichmäßigen Durchflusses der Lauge durch alle Teile des Lauggutes zunehmen. Die hohe Schichtung vermehrt aber den Widerstand, den die Lauge beim Durchsinken der Schicht findet, und erfordert damit die Vergrößerung der das Durchsinken bewirkenden Druckhöhe der Laugflüssigkeit.

Dies führt zur Anwendung allseitig geschlossener Lauggefäße, in denen die erforderliche Steigerung des Flüssigkeitsdruckes ohne Schwierigkeit mittels eines Hochbehälters oder eines Pumpwerkes erfolgen kann. Dabei bietet der Abschluß des Lauggefäßes den weiteren Vorteil, auch flüchtige Lösungsmittel verwenden zu können, so daß die Apparate für jede Art von Lauggut anwendbar werden. Besondere Bedeutung hat die Anwendung geschlossener Lauggefäße, die je nach ihrem besonderen Verwendungszweck Macerationsgefäße, Diffuseure oder Extrakteure genannt werden, erlangt für die Gewinnung des Saftes der Zuckerrüben zum Zweck der Zucker- und Spiritusfabrikation, für die Farbholz- und Loheextraktion, für das Auslaugen von Schlammassen, für die Gewinnung fetter und ätherischer Öle usw.

Die Lauggefäße sind aufrechtstehende, etwa 3 m hohe, 1,5 m weite zylindrische Eisenblechkessel mit nach außen gewölbtem oder kegelförmigem Deckel und Boden, Abb. 130. Über dem letzteren liegt zur Unterstützung des Lauggutes ein flaches oder kegelförmiges Sieb a. Ein zweites Sieb b wird nach der Füllung des Kessels auf das Lauggut gelegt, um dessen Empor-

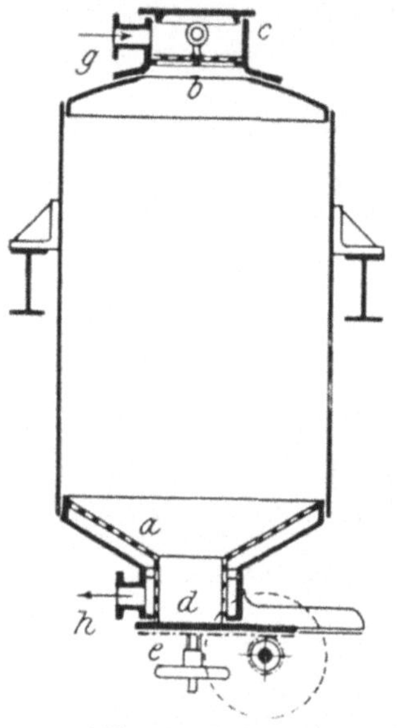

Abb. 130. Diffuseur.

heben durch die Lauge zu verhindern. Am Deckel des Kessels befindet sich ein Mannloch c für das Eintragen frischen Lauggutes. Die Entfernung des erschöpften Gutes aus dem Kessel erfolgt durch eine Bodenöffnung d, die während des Laugens durch einen unter Schraubenverschluß e stehenden Schieber oder eine Klappe verschlossen ist. Dem Einführen und dem Ablassen der Laugflüssigkeit dienen Rohrleitungen, die bei g und h in den Kessel münden.

Die Abb. 131 zeigt in schematischer Darstellung die Zusammenfassung mehrerer derartiger Lauggefäße zu einer Batterie. Die Gefäße sind gegenseitig durch Rohrleitungen l verbunden. In diese eingeschaltete, durch Kreise angedeutete Hähne lassen durch geeignete Einstellung die Lauge in bestimmter Reihenfolge durch die Gefäße leiten, wenn einem derselben frische

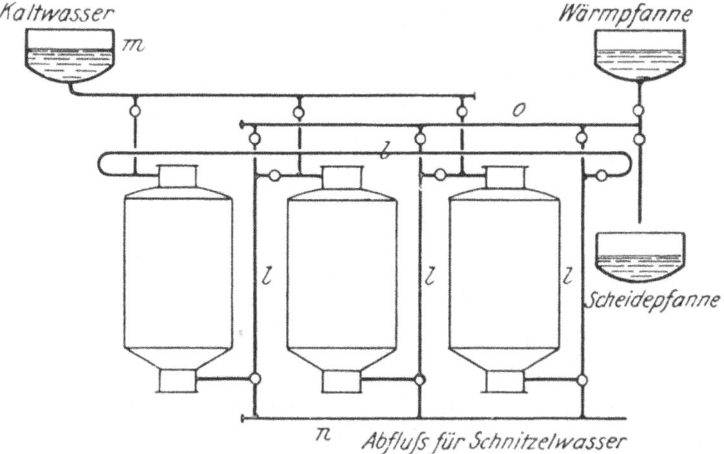

Abb. 131. Diffuseurbatterie für Zuckerfabriken.

Laugflüssigkeit aus dem Hochbehälter m zugeführt wird und dem letzten der Reihe die gesättigte Lauge durch das Abflußrohr n entfließt. Hierbei ist stets eines oder sind mehrere Gefäße der Reihe durch entsprechende Einstellung der Hähne zum Zweck des Entleerens der Rückstände und Neubeschickens mit frischem Lauggut ausgeschaltet. Andere Rohrleitungen, z. B. die Leitung o der Abbildung, dienen den besonderen Anforderungen des Laugereibetriebes, der sich für verschiedene Zwecke verschieden gestaltet.

Als ein Beispiel hierfür diene der Extraktionsapparat für Ölsaat von *Heyl*[1], dessen wesentliche Einrichtung die Abb. 132 im Schema wiedergibt. Die Extraktion des ölhaltigen Gutes erfolgt mittels Benzin oder Schwefelkohlenstoff. Das am Ende der Extraktion in dem erschöpften Gut verbleibende Lösungsmittel wird durch Druckluft, die oben bei a in das Extraktionsgefäß eingelassen wird, nach dem Abflußrohr b verdrängt und hierauf der an dem Gut haftende Rest nach dem Einlassen von Heizdampf in den Dampfmantel c

---

[1] Engl. Pat. Nr. 3010 vom 7. November 1862; Nr. 1887 vom 28. Juni 1867; Nr. 1897 vom 29. Juni 1867; Nr. 2786 vom 19. Oktober 1871.

des Extrakteurs bei fortgesetztem Luftzulaß in Dampfform durch die Hähne h nach der Kühlschlange d abgetrieben. Hier wird er verdichtet. Den Eintritt des Lösungsmittels in die Extrakteure lassen die Dreiweghähne e regeln. Den Durchfluß der Lösung durch den Apparat unterstützt eine Saugpumpe,

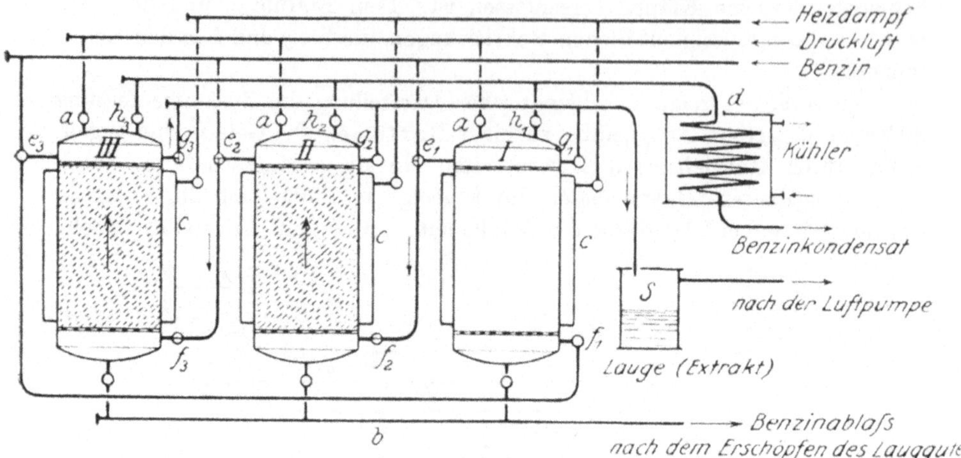

Abb. 132. Extrakteurbatterie.

die den Sammelraum S entlüftet, der zur Aufnahme der gesättigten Lösung dient.

Über den Betrieb der Batterie gibt die folgende Aufstellung Aufschluß. Hierbei ist davon ausgegangen, daß alle Hähne der Rohrleitungen, die nicht in der Aufstellung genannt sind, als geschlossen zu betrachten sind.

Unter der Annahme, daß entleert und darauf neu beschickt wird.

der Extrakteur		
I	II	III
ergibt sich für das Offenhalten der Hähne		
$\downarrow$ e_1 $\downarrow$ $f_2\,II \rightarrow e_2$ $\downarrow$ $f_3\,III \rightarrow g_3$ $\downarrow$ S	$\downarrow$ e_2 $\downarrow$ $f_3\,III \rightarrow e_3$ $\downarrow$ $f_1\,I \rightarrow g_1$ $\downarrow$ S	$\downarrow$ e_3 $\downarrow$ $f_1\,I \rightarrow e_1$ $\downarrow$ $f_2\,II \rightarrow g_2$ $\downarrow$ S
die Durchflußfolge zu		
$\rightarrow II \rightarrow III \rightarrow S$	$\rightarrow III \rightarrow I \rightarrow S$	$\rightarrow I \rightarrow II \rightarrow S$
und hierbei die Erschöpfung des Lauggutes in		
II	III	I

3. Das Lauggut und die Lauge bewegen sich gegeneinander.

Den Übergang zu den neueren, selbsttätig arbeitenden Laugereieinrichtungen, wie sie zuerst von *Martin* und *Champonnois*, später von *Solvay*, *Lespermont* u. a. angegeben worden sind, bildet technologisch der für die Reinigung der Rohsoda bestimmte Laugapparat von *Clément Desormes*. Dieser Apparat besteht nach Abb. 133 aus einer Anzahl Standkästen $a_1\,a_2\,a_3\,...$, die staffelförmig aufgestellt sind und die Laugflüssigkeit enthalten. Die Lauge wird von Zeit zu Zeit durch Überlaufrohr b dem nächsten tieferstehenden Kasten zugeführt. Die Lauge des untersten Kastens gelangt hierbei in einen Klärbottich d, wo sich die mitgeführten Schlammteile absetzen. Der Laugenübertritt ist die Folge des Zuführens frischer reiner Laugflüssigkeit in die oberste Stande und die hierdurch verursachte Störung des Gleichgewichtes der einzelnen Flüssigkeitssäulen.

Der Wanderung der Lauge von der obersten nach der tiefsten Stande entspricht die Wanderung des in Siebkörbe c eingelegten Lauggutes in ent-

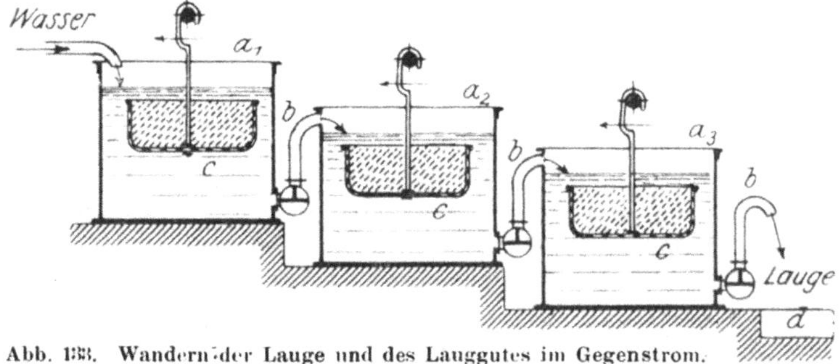

Abb. 133. Wandern der Lauge und des Lauggutes im Gegenstrom.

gegengesetzter Richtung. Dieses wird in die tiefste Stande frisch eingesetzt und durch die einzelnen Standen der Reihe nach hindurchgeführt, bis es die oberste Stande als ausgelaugter Rückstand verläßt. Bei dieser Wanderung verbleibt das Lauggut eine bestimmte Zeit, z. B. 30 Minuten, in jeder der Standen. Hierbei findet die Anreicherung der die Stande füllenden Lauge statt. Die Zahl der Laugkästen beträgt 12 bis 15, der Inhalt eines Laugkorbes etwa 0,03 cbm, entsprechend etwa 50 kg Rohsoda. Die Lauge wird durch Dampfrohre auf 45 bis 50° C erwärmt. Durch Einhängen der Laugkörbe in die obere Laugeschicht sinkt die schwere Lösung zu Boden und wird ein das Auslaugen fördernder Umlauf der Lauge in den Standen erzielt.

Eine Übersicht über den zeitlichen Verlauf der Auslaugung gewährt die umstehende Darstellung (c). Für sie ist ein aus 4 Standen bestehender Apparat angenommen. Eine dieser ist stets für Entleeren und Neufüllen ausgeschaltet. Die Standen a und die Lauggutkörbe c sind durch Kreise angedeutet. Die Korbkreise sind zur besseren Übersichtlichkeit nicht in, sondern über die Standenkreise gesetzt. Dem Wechsel in der Reihenfolge entsprechend ist

die Stande a_4 gleichwertig der Stande a_1
„ „ a_5 „ „ „ a_2

usf. Das gleiche gilt für die Körbe.

Für jeden der Betriebsabschnitte *I, II, III* . . ., deren Länge durch die zwischen zwei Laugenablässen liegende Zeit gegeben ist, ist der Zustand des Apparates am Anfang (*A*) und am Ende (*E*) des Abschnittes angegeben. Den Gehalt der Lauge und des Lauggutes kennzeichnen in die Kreise eingetragene senkrechte Striche. Ihre Zahl gibt die Größe der Gehalte an. Hiernach bedeutet

⊖ frische Laugflüssigkeit bzw. ausgelaugtes Gut,

⊖ gesättigte Lauge bzw. frisches Lauggut.

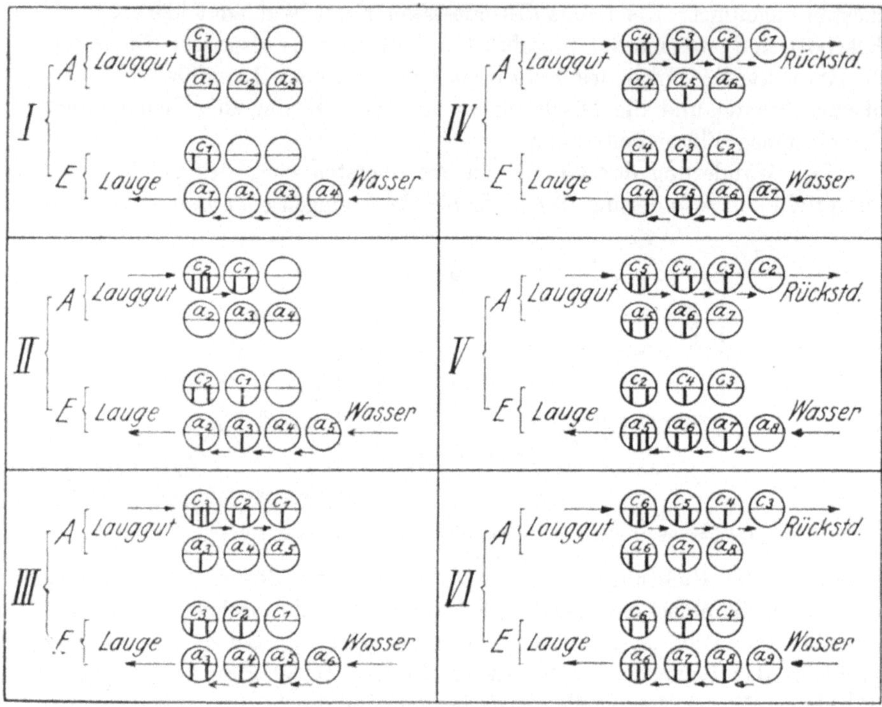

c) **Lauggut und Lauge wandern im Gegenstrom. Wechsel der Lauge *l* und des Lauggutes *a* am Anfang *A* und Ende *E* der Laugzeiten *I, II, III* usw.**

Als Beispiele für selbsttätige Laugapparate sind die schon genannten von *Solvay*[1] und von *Lespermont*[2] gewählt worden. Ihre Darstellung erfolgte schematisch, um den Überblick über den Verlauf des Laugvorganges zu erleichtern. Die hieraus sich ergebenden Abweichungen in der Art und der räumlichen Anordnung der Einzelteile sind durch Einsicht der angegebenen Quellen zu berichtigen.

Laugapparat von *Solvay*, Abb. 134. Das Lauggut (Rohsoda) wird bei *a* einem mit Flanell oder Leinwand bezogenen Siebtisch *b* übergeben, der es an den Brausenrohren *c d e* vorüberführt. Der Brause *e* entfließt reines

[1] Dingl. polyt. Journ. 1879, Bd. 231, S. 437.

[2] *C. Hofmann:* Handbuch der Papierfabrikation. Berlin 1897. 2. Aufl., II, S. 1138. *Armengaud:* publ. ind. 1874, Bd. 21, S. 381, Tafel 30.

Wasser und löst die letzten Reste von Soda aus dem vom Siebtisch getragenen Lauggut. Es fließt die schwache Lauge durch den Siebtisch hindurch in den Behälter f, wird aus diesem mittels der Pumpe g geschöpft und durch die

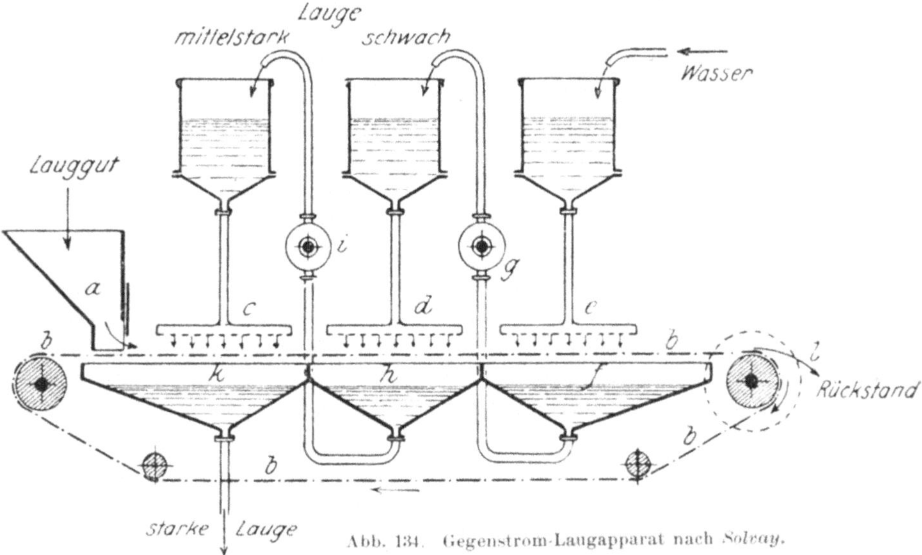

Abb. 134. Gegenstrom-Laugapparat nach *Solvay*.

Brause d gegen den Siebtisch gespritzt. Das Durchdringen der auf diesem liegenden, nur schwach ausgelaugten Soda führt zur weiteren Anreicherung der Lauge, so daß die folgende Pumpe i dem Behälter h eine Lauge von mittlerer Stärke entnimmt. Diese tritt, von der Brause c verteilt, mit der vom

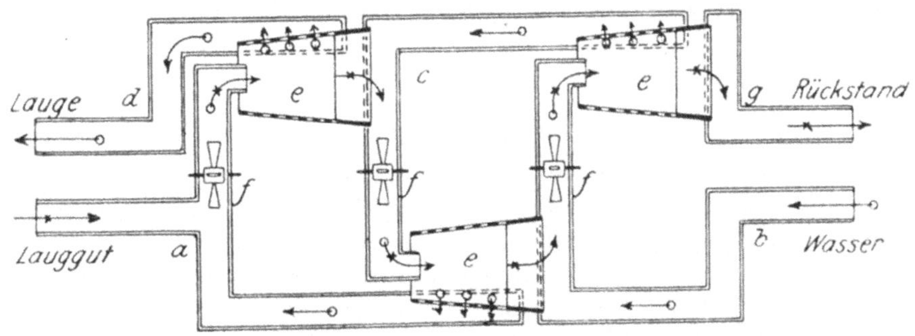

Abb. 135. **Gegenstrom-Laugapparat nach *Lespermont*.**

Siebtisch herbeigetragenen rohen Soda in Austausch und gelangt als starke Lauge in den Behälter k. Die ausgelaugten Rückstände werden bei l von dem Siebtisch abgeworfen.

Laugapparat von *Lespermont*, Abb. 135. Der Apparat ist den Bedürfnissen der Zellstoffabrikation angepaßt und dient zum Auslaugen des Zellstoffes, der durch Kochen des Holzes in Sodalösung erhalten wurde und einen hohen Alkaligehalt besitzt. Es gelingt, mit dem Apparat den Zellstoff bis auf etwa $^1/_2$ v. H. vom Alkaligehalt zu befreien und eine etwa 86 v. H. Alkali enthaltende Lauge zu erhalten, aus der die Soda durch Eindampfen wiedergewonnen wird. Die Abbildung zeigt den Apparat im Grundriß. Nach ihr besteht die Eigentümlichkeit der Einrichtung in einem Rinnensystem *a b c d*, das aus einer Anzahl kurzer Rinnenstücke besteht, die durch Siebtrommeln *e* aneinandergefügt sind. Diesem Rinnensystem wird bei *a* der mit schwacher Lauge gemischte rohe Zellstoff, bei *b* reines Wasser, als Auslaugflüssigkeit, zugeführt. Beide Massen fließen somit nach Maßgabe der Pfeile gegeneinander und werden wiederholt durch Rührflügel *f*, die zwischen je zwei Siebtrommeln in die Rinnenstücke eingebaut sind, innig gemischt. Es tritt hierbei in jedem Rinnenstück alkalireicher Zellstoff mit alkaliarmer Lauge zusammen, so daß durch den Austausch des Alkalis die Verstärkung der letzteren und die Erschöpfung des ersteren gefördert wird. Die Siebtrommeln, die den Übergang von Rinnenstück zu Rinnenstück vermitteln, trennen die entstandene Lauge von dem Zellstoff. Sie geben die erstere an ein folgendes Rinnenstück ab, in dem sie von neuem mit alkalireichem Zellstoff gemischt wird, und führen den letzteren einem vorhergehenden Rinnenstück zu, in dem er mit alkaliärmerer Lauge zusammentrifft. Nach dem Durchlaufen der sämtlichen Siebtrommeln und Rinnenstücke verläßt die Lauge den Apparat an der Eintrittsseite des rohen Zellstoffes bei *d* und wird der ausgelaugte Zellstoff an der Eintrittsseite des frischen Laugwassers aus dem Rinnenstück *g* abgeführt.

Die Anwendung flüchtiger Lösemittel (Schwefelkohlenstoff, Benzin) erfordert auch hier den allseitigen Abschluß der Apparate nach außen, um die Verflüchtigung des Lösemittels zu verhindern. Dementsprechend weisen die verschiedenen Bauarten solcher Apparate[1] luftdicht verschlossene Kammern auf, durch welche das Lauggut mittels Förderschrauben oder anderen mechanischen Fördermitteln dem durchfließenden Lösemittel entgegengeführt wird.

F. Das Abtreiben.

Unter den Begriff Abtreiben fallen alle jene Arbeitsverfahren, die sich bei dem Zerlegen von festen oder flüssigen Gemischen in ihre Einzelbestandteile oder in Gruppen solcher der Wärmekraft bedienen. Hierbei wird die durch Wärmezufuhr veranlaßte Änderung des Aggregatzustandes eines Teiles der Gemengteile benutzt, diese von den restlich verbleibenden Gemengteilen zu trennen. Die erneute Änderung des Aggregatzustandes der abgeschiedenen Teile, also im entgegengesetzten Sinne wie vorher, durch Wärmeentziehung (Kühlung) führt die ursprüngliche feste oder flüssige Zustandsform der abgeschiedenen Stoffe wieder herbei. Das Endergebnis der Scheidung sind daher bei Gemischen fester Körper zwei oder mehr Haufwerkgruppen von verschieden stofflicher Zusammensetzung, bei Flüssigkeitsgemischen zwei oder mehr verschiedenartige Einzelflüssigkeiten bzw. Flüssigkeitsgemenge,

---

[1] DRP. Nr. 2644 vom 17. März 1878; Nr. 119 134 vom 27. April 1899; Nr. 127 091 vom 29. Mai 1900; Nr. 145 622 vom 8. April 1902.

die sich in ihrer stofflichen Beschaffenheit von dem Ursprungsgemisch unterscheiden. Für feste Stoffe ist es die Verflüssigung durch Schmelzen, für flüssige Stoffe die Verdampfung, die zur Scheidung der Gemische führen. Ebenso können Lösungen fester oder flüssiger Stoffe unter Wärmezufuhr durch Verdampfen des Lösungsmittels in ihre Elemente zerlegt werden.

Voraussetzung für die Ausführbarkeit des Abtreibens ist bei der Scheidung fester Körper, daß die Gemengteile verschieden hohe Schmelzpunkte, bei der Scheidung von Flüssigkeitsgemischen, daß die gemischten Einzelflüssigkeiten verschieden hohe Siedetemperaturen besitzen. Im letzteren Falle pflegt man die einzelnen Flüssigkeiten, welche das zu zerlegende Gemisch zusammensetzen, Fraktionen, das bei der Trennung des Gemisches benutzte Arbeitsverfahren die fraktionierte Scheidung zu benennen.

Zuweilen ist das Abtreiben von Stoffgemischen mit einer beabsichtigten oder einer als Nebenerscheinung unvermeidbaren chemischen Umsetzung der Gemengteile verbunden. Als Beispiel sei nur an die mit dem Darren (Trocknen) des Malzes in den Brauereien verbundene Zersetzung gewisser Bestandteile des Malzes erinnert, die zur Bildung von Farb- und Riechstoffen führt, welche die Färbung sowie den Geruch des aus dem Malz bereiteten Bieres beeinflussen.

Wird diese chemische Veränderung des Scheidegutes unberücksichtigt gelassen und nur die aus der Einwirkung der Wärme hervorgehende physikalische Umänderung des Scheidegutes als Endzweck der Scheidearbeit betrachtet, so kann das allgemeine Arbeitsverfahren des Abtreibens in die folgenden vier Unterverfahren gegliedert werden: das Ausschmelzen, das Trocknen, das Abdampfen und das Destillieren.

In jedem Falle sind bei dem Abtreiben zwei Stoffmassen zu unterscheiden: das über seine Schmelz- bzw. Siedetemperatur zu erwärmende Scheidegut und der diesem die Schmelz- bzw. Verdampfungswärme zuführende Heizstoff. Das Scheidegut ist entweder ein Haufwerk fester Körper, eine Flüssigkeit oder ein Gemisch beider. Der Heizstoff ist flüssig, dampf- oder luftförmig; sein Wärmegehalt wird ihm in der Regel durch die Verbrennung fester, flüssiger oder gasförmiger Brennstoffe erteilt. Die Einwirkung des Heizstoffes auf das Scheidegut erfolgt entweder unmittelbar unter gegenseitiger Berührung oder Mischung beider, oder sie wird durch die Wandung des Gefäßes vermittelt, in dem die Schmelzung oder Verdampfung des Scheidegutes erfolgt. Der Teil dieser Wandung, der die Wärme auf das Scheidegut überträgt, heißt die Heizfläche des Gefäßes.

Heizstoff, Heizwand und Scheidegut besitzen zueinander im allgemeinen eine schichtenweise Anordnung. Die Wärmeübertragung zwischen den drei Schichten erfolgt bei gegenseitiger Berührung durch Leitung, anderenfalls durch Strahlung. Da die Wärmeabgabe des die Heizwand berührenden Teiles der Heizstoffschicht mit einer Abkühlung dieses Teiles, die Wärmeabgabe der Heizwand an den sie berührenden Teil der Schicht des Scheidegutes mit einer Erwärmung dieses Teiles verbunden ist, so herrschen an den

Schichtgrenzen verschiedene Temperaturen t_1 bis t_4, deren Gegenseitigkeitsverhältnis die Ungleichung

$$t_1 > t_2 > t_3 > t_4$$

zum Ausdruck bringt. Entsprechend den Temperaturgefällen $t_2 - t_1$, $t_3 - t_2$ und $t_4 - t_3$ findet innerhalb der Schichten eine Wärmebewegung normal zu den Schichtgrenzen statt. Durch eine gute Wärmeleitfähigkeit der die Schichten bildenden Stoffe wird diese Bewegung beschleunigt und damit der Wärmeaustausch gefördert. Zur Herstellung der Heizwand werden daher die Wärme gut leitende Werkstoffe, meist Metalle, verwendet. Kupfer, Messing und Eisen (Wärmeleitzahl für $Cu = 300$, für $Fe = 90$) werden, zumal sie mit entsprechend niedrigem Preis eine große Festigkeit und geringe Abnutzung verbinden, hierfür vorzugsweise benutzt. In besonderen Fällen, z. B. bei dem Eindampfen von Schwefelsäure, zwingt die chemische Einwirkung des Scheidegutes auf die Heizwand, diese bei der Wahl des Baustoffes in erster Linie zu berücksichtigen und als solchen Blei, trotz dessen geringer Festigkeit, oder Platin, trotz dessen hohen Preises, und obgleich beiden nur eine geringe Wärmeleitfähigkeit (84 bis 85) eigen ist, zu wählen. Die Leitfähigkeit der als Heizmittel verwendeten flüssigen oder gasförmigen Stoffe, sowie die nicht frei wählbare Beschaffenheit des Scheidegutes lassen es zweckmäßig erscheinen, die deren Schichtung eigenen Temperaturgefälle durch künstlich herbeigeführte Mischung der Stoffe auszugleichen und innerhalb jeder Schicht eine einheitliche Mitteltemperatur zu schaffen. Bei festen Stoffen dienen hierzu mechanisch betriebene Rührwerke, bei flüssigen und gasförmigen Stoffen genügt in der Regel das Hervorrufen einer der Heizfläche gleichgerichteten Strömung, um ein ausreichendes Durcheinandermischen der verschiedenen Wärmegehalt besitzenden Stoffteile zu bewirken.

Eine weitere Förderung erfährt der Wärmeaustausch zwischen Heizmittel und Scheidegut, wenn auch dem letzteren eine der Heizfläche gleichgerichtete Bewegung erteilt wird, die entweder im gleichen oder im entgegengesetzten Sinne zu der Heizmittelströmung verläuft. Es werden hiernach drei Bauformen der bei dem Abtreiben in Anwendung stehenden Apparate unterschieden:

1. **Nichtstromapparate**, bei denen das Scheidegut gegenüber der Heizwand eine Ortsänderung nicht erleidet. Die Temperatur steigt hierbei in der ganzen Masse des Scheidegutes allmählich von der Temperatur T_a auf die Temperatur T_e[1], während sich der Wärmeträger beim Durchströmen des Apparates von t_a auf t_e abkühlt. Hierbei ist stets $T_e < t_e$.

2. **Stromapparate**, und zwar:

Gleichstromapparate, bei denen die Bewegung des Scheidegutes und des Heizmittels in gleichem Sinne erfolgt. Der anfänglich große Temperaturunterschied $T_a - t_a$ nähert sich allmählich der Null und würde diese bei unendlich großer Heizfläche am Ende des Apparates erreichen. Die End-

---

[1] Die Zeiger a und e bedeuten die Anfangs- und Endtemperatur.

temperatur des Scheidegutes ist stets kleiner als die Anfangstemperatur des Heizmittels.

Gegenstromapparate, bei denen die Bewegung beider Stoffe entgegengesetzt gerichtet ist. Bei genügend großer Heizfläche kann die Endtemperatur T_e des Scheidegutes gleich der Anfangstemperatur t_a des Heizmittels werden. Diese Apparate ergeben neben der vollkommensten Ausnutzung des letzteren auch die kleinste Heizfläche.

a) Das Ausschmelzen.

Scheidegut, das sich aus Stoffen von verschieden hohen Schmelzpunkten zusammensetzt, wird durch Erhitzen dann in seine Gemengteile zerlegt, wenn durch geeignete Temperatursteigerung nur die leichter schmelzbaren Teile verflüssigt werden, die schwerer schmelzenden dagegen unverändert erhalten bleiben. Es findet dann im allgemeinen eine Sonderung der Stoffe nach dem spezifischen Gewicht statt, die eine Trennung des Flüssigen von dem Festen ermöglicht. Ist der Gehalt des Scheidegutes an leichtflüssigen Stoffen gering und bildet das Scheidegut ein Haufwerk, dessen Teile sich lose berühren, so vermögen die schmelzenden Teile durch die Poren abzufließen (auszusaigern) und können unmittelbar gesondert gesammelt werden. Das Verfahren ist in der Metallhüttentechnik[1] unter der Bezeichnung des Aussaigerns oder als Saigerprozeß bekannt und wird u. a. bei dem Entsilbern des Schwarzkupfers durch Blei und der Gewinnung gediegenen Wismuts aus wismuthaltigem Kobalterze benutzt. Das letztere wird z. B. mit Kohlenklein gemischt in Haufen auf einem mit einer Rostfeuerung versehenen bedeckten Herde, dem Saigerherde, oder in schräg liegenden rohrförmigen Retorten von 1,25 m Länge, den Saigerröhren, bis zum Schmelzen des Wismuts erhitzt und dieses beim tropfenweisen Abfluß in einer Vorlage gesammelt.

Auf dem gleichen Grundsatz beruhen gewisse bei der Gewinnung des Talges in Margarinefabriken usw. benutzte Einrichtungen. So enthält eine von *Wild* angegebene Talgschmelze[2] in einer mit Dampf beheizten Kammer eine Anzahl schwach geneigt liegender Rinnen zur Aufnahme des Rohtalges, aus denen der Talg unmittelbar nach seiner Verflüssigung in ein Sammelgefäß abfließt.

Auch ein von *Hesselbach* angegebener Schmelzapparat[3] kann hier angeführt werden. Er besteht nach Abb. 136 aus einem stehenden allseitig geschlossenen Schmelzkessel a, der unter Vermittlung eines Wasserbades b in einen Schmelzofen c eingehängt ist und von den die Feuerzüge durchströmenden Feuergasen beheizt wird. Der Kessel nimmt durch das Mannloch d das zerkleinerte Rohfett auf. Die durch das Wasserbad auf den Kesselinhalt übertragene Wärme der Heizgase bringt das Fett zum Schmelzen,

---

[1] *Karsten:* Metallurgie 5, S. 422. — *Percy-Rammelsberg:* Die Metallurgie des Silbers 1881, S. 156. — *Muspratt:* Chemie VII, S. 1523 u. IX, S. 554.

[2] DRP. Nr. 55 050 vom 8. Oktober 1889.

[3] *Hefter:* Technologie der Fette und Öle. Berlin 1906, Bd. I, S. 507.

und dieses sammelt sich in dem Vorraum *e* des Kessels, aus dem es zeitweise durch den Hahn *f* abgelassen wird. Die bei dem Schmelzen des Fettes entstehenden übelriechenden Gase werden durch ein Rohr *g* der Feuerung oberhalb des Rostes zugeführt und hier verbrannt. Im Schmelzkessel bleiben die entfetteten Grieben zurück und werden aus diesem nach Öffnen des Vorraumverschlusses und Herausnahme des Siebes *h*, das den Vorraum von dem Kesselinhalt trennt, entfernt.

Auch die in Brauereien zum Ausschmelzen des Peches aus gebrauchten, neu zu pichenden Fässern benutzten Entpichmaschinen gehören hierher. Bei ihnen wird in das nach unten gekehrte Spundloch des Fasses eine Düse eingeführt, welcher heiße Luft oder überhitzter Dampf entströmt, der

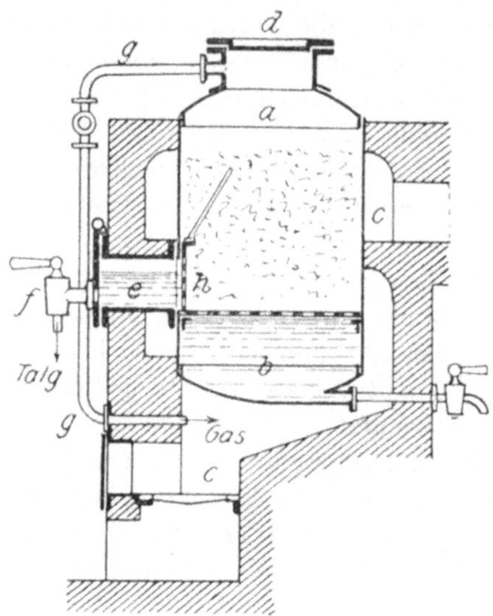

Abb. 186. Talgschmelze.

die das Faß auskleidende Pechschicht zum Schmelzen bringt, so daß das flüssige Pech gemeinsam mit den sich bildenden Gasen durch das Spundloch abfließt.

Die Verarbeitung größerer Mengen des zu scheidenden Schmelzgutes sowie ein großer Gehalt dieses an auszuscheidenden Stoffen erfordert weiträumige Schmelzkessel, in denen sich das zu schmelzende Gut nach Maßgabe des spezifischen Gewichts seiner Teile zu sondern vermag. Meist bilden die festen, nicht zum Schmelzen kommenden Stoffe den zu Boden sinkenden Anteil des Schmelzgutes, so daß sie mittels siebartig gelochter Schöpflöffel aus der Schmelze ausgehoben werden können oder erst nach dem Abschöpfen oder Ablassen des flüssigen Anteiles aus dem Schmelzgefäß entfernt werden. Ein Beispiel für die erstere Behandlungsweise bietet u. a. der von *Pattinson* angegebene und nach ihm benannte Krystallisationsprozeß[1], der zum Entsilbern des nur geringe Mengen Silber enthaltenden Werkbleies dient. Bei ihm wird das Blei in offenen, halbkugligen Gußeisenschalen geschmolzen und hierauf durch geeignete Abkühlung des Bleibades das Ausfällen von Bleikrystallen bewirkt, die erheblich ärmer an Silber sind als das darüberstehende Blei. Wiederholtes Umschmelzen und Krystallisierenlassen der ausgehobenen Krystallmasse bzw. des zurückgebliebenen angereicherten Bleies in anderen Kesseln führt einerseits zur Gewinnung eines sehr silberarmen Bleies, andererseits aber auch zur Gewinnung eines so silberhaltigen Bleies, daß die Gewinnung des Silbers aus diesem auf dem Treibherd erfolgen kann.

Eine besondere Bedeutung besitzt das Ausschmelzen für die Fette und Öle verarbeitenden Industrien. Für sie bildet es das vornehmlich angewandte

[1] *Muspratt:* Chemie I, S. 1622 u. VII, S. 1525.

Verfahren der Fettgewinnung aus den Fettgeweben, Eingeweiden und Knochen des tierischen Körpers. Während der Fettgehalt der Gewebe etwa zwischen 85 und 90 v. H. schwankt, enthalten die Knochen nur etwa 0,5 bis 20 v. H. Fett. Diese verschiedene Größe des Fettgehaltes, die verschiedene Beschaffenheit der bei der Fettgewinnung aus diesen Stoffen als Rückstand verbleibenden Zellgewebe sowie der Verwendungszweck der Rückstände und des Fettes beeinflussen die Einrichtung der Schmelzgefäße und die Durchführung des Schmelzverfahrens. Die Schmelztemperaturen schwanken für die verschiedenen Fettarten etwa zwischen 40 und 60° C. Beim Schmelzen niedrig gehaltene Temperatur ist besonders für die Gewinnung feiner Speisefette, wie sie z. B. die Margarinefabrikation verarbeitet, Erfordernis. Der Schmelzvorgang wird zweckmäßig durch eine vorangehende Zerkleinerung des Schmelzgutes unterstützt. Bei dem Erwärmen sprengt das schmelzende und sich hierbei ausdehnende Fett die es umschließenden feinen Zellmembranen und

fließt zu einer Schmelzmasse zusammen, in der sich die Membranen, die etwa 1,4 bis 1,6 v. H. der Fettzellen ausmachen, als Schmelzrückstand oder sog. Grieben ablagern. Das Ausschmelzen der Fette erfolgt entweder ohne oder mit Zusatz von Wasser. Hiernach wird die Trocken- und Naßschmelze unterschieden. Die Erwärmung des Schmelzgefäßes und seines Inhaltes geschieht zweckmäßig im Wasser-, Dampf- oder Luftbad, häufig auch durch Einleiten gespannten Dampfes in die Schmelzmasse, in kleinen Verhält-

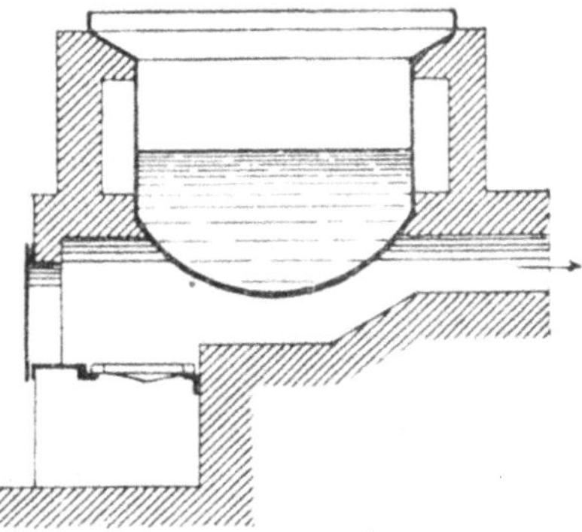

Abb. 187. Fettschmelzkessel.

nissen wohl auch nach früherer Art unmittelbar über offenem Feuer. Diese sog. Feuerschmelze, bei welcher der gußeiserne oder kupferne offene Schmelzkessel nach Abb. 137 in den Feuerzügen eines mit einem Rost ausgestatteten Schmelzofens hängt, erschwert die Innehaltung der günstigsten Schmelztemperatur und führt bei nicht genügender Umsicht des Schmelzers leicht zu einer Überhitzung einzelner Fetteile und damit verbundener erheblicher Geruchbelästigung der Arbeiter und der Umgebung der Schmelzstätte.

Zur Erläuterung eines mit Warmwasserheizung versehenen Schmelzkessels diene die Abb. 138[1]. Den zylindrischen Schmelzkessel a umgibt allseitig ein Eisenblechmantel b, der durch eine ihn umhüllende Isolierschicht gegen Wärmeverluste geschützt ist und den das bei c eintretende und bei d abfließende Heizwasser dauernd durchströmt. In dem Kessel ist eine Rührwelle e gelagert, die bei langsamer Drehung das Schmelzgut mischt und mit den Heizflachen in Berührung bringt. Die Welle ist hohl und wird ebenso wie die an ihr sitzenden hohlen Rührarme f von dem Heizwasser durchflossen, das bei g in den Rührer tritt und ihn nach erfolgter Wärmeabgabe bei h wieder verläßt. Vor der Füllöffnung i des Schmelzkessels steht ein Fleisch-

---

[1] Vgl. DRP. Nr. 63 537 vom 19. Juli 1891.

wolf k, dessen Preßschraube die von den umlaufenden Schneidmessern zerkleinerte Rohfettmasse durch die Siebscheibe des Wolfes drückt. Das ausgeschmolzene Fett sammelt sich in der am Kesseltiefsten angeordneten Vorlage l und wird aus dieser von Zeit zu Zeit, dem Fortschreiten des Ausschmelzens entsprechend, durch den Hahn m abgelassen. Die Grieben werden durch ein die Vorlage überdeckendes Sieb in dem Kessel zurückgehalten und nach Bedarf durch das Mannloch n entfernt.

Bei der Gewinnung von Klauenfett und ähnlichen Erzeugnissen ist es üblich, die auszuschmelzenden Klauen, Hufe u. dgl. mittels Siebkörben unmittelbar in ein Heizwasserbad einzusenken und sie hierin bis zur Entfettung zu belassen. Hierbei befindet sich das Wasser in einem mit Doppelboden versehenen Kessel und wird durch zwischen die Böden tretenden Heizdampf dauernd im Sieden erhalten. Das ausschmelzende Fett tritt

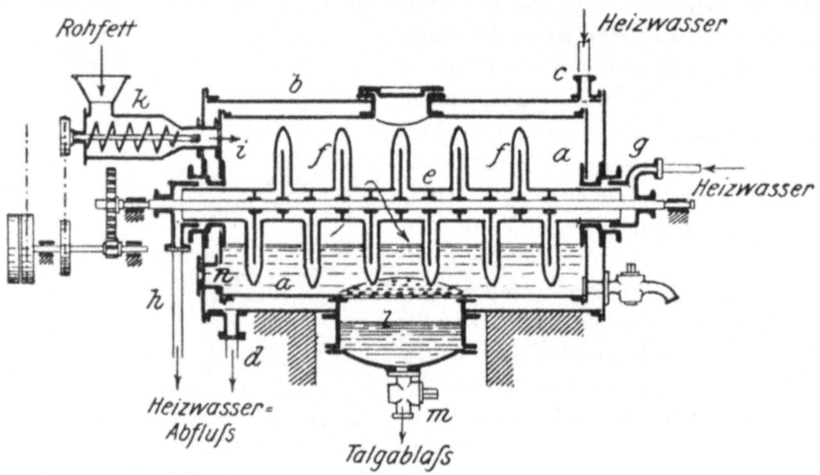

Abb. 138. Talgschmelze mit Heißwasserheizung.

durch die Siebwände des Korbes in das Wasser über und wird von Zeit zu Zeit von dessen Oberfläche abgeschöpft. Die entfetteten Rückstände verbleiben in dem Siebkorb und werden durch Ausheben dieses aus dem Wasserbad entfernt.

Die unmittelbare Berührung des Schmelzgutes mit gespanntem Heizdampf hat die Verwendung geschlossener Schmelzgefäße zur Voraussetzung und ist gegenwärtig bei dem Großbetrieb von Talgschmelzereien allgemein in Gebrauch. Als Schmelzgefäße dienen aufrechtstehende drucksichere Eisenblechkessel von etwa 2 m Höhe und 1,5 m Durchmesser, die nach Abb.139 oben und unten durch gewölbte Böden verschlossen sind. Der obere dieser Böden besitzt ein durch einen Deckel verschließbares Mannloch a, das zum Eintragen des Rohfettes in den Kessel dient, sowie einen Druckmesser b und zwei Sicherheitsventile, von denen c bei innerem Überdruck, d bei äußerem Überdruck öffnet. Der untere Boden enthält die durch ein Ventil, einen Schieber oder einen Hahn absperrbare Öffnung e zum Entleeren des Kessels

von Kondenswasser und Grieben. Das bei *f* in den Kessel eintretende Dampf-
zuleitungsrohr ist im Kesselinnern herabgeführt und endet in der Nähe des
Bodens in einer siebartig durchlochten Rohrschlange *g*, aus welcher der Dampf
mit etwa 3 Atm Spannung in die Schmelzmasse strömt. Das hierbei infolge
der Wärmeabgabe an das Schmelzgut sich
bildende Kondenswasser sammelt sich im unteren Teil des Schmelzkessels; über ihm lagern
sich die entfetteten Grieben sowie die diese
bedeckende Fettschicht ab. Dem Ablassen
des ausgeschmolzenen Fettes dienen Abflußhähne, die in verschiedener Höhe am Kessel
angeordnet sind, während die Grieben nach
erfolgter Fettentnahme bei ermäßigtem Dampf-
druck durch die Bodenöffnung des Kessels
ausgeblasen werden. Einem 4- bis 5 stündigen
Dampfeinlaß folgt vor der Entnahme des Fettes
eine 8- bis 10 stündige Ruhepause, in welcher
sich der Kesselinhalt abkühlt und Fett und
Grieben sich nach dem spezifischen Gewicht
scheiden. Sinkt hierbei die Spannung unter
den Atmosphärendruck, so bewirkt das sich
öffnende Luftventil *d* den Druckausgleich.
Auch wird der Kessel beim Neueinlassen von
Dampf durch Offenhalten dieses Ventiles entlüftet. In Großbetrieben, in denen derartige
mit Hochdruckdampf beheizte Schmelzgefäße
häufig batterienweise zusammengefaßt werden,
dienen zuweilen im Innern der Kessel an-

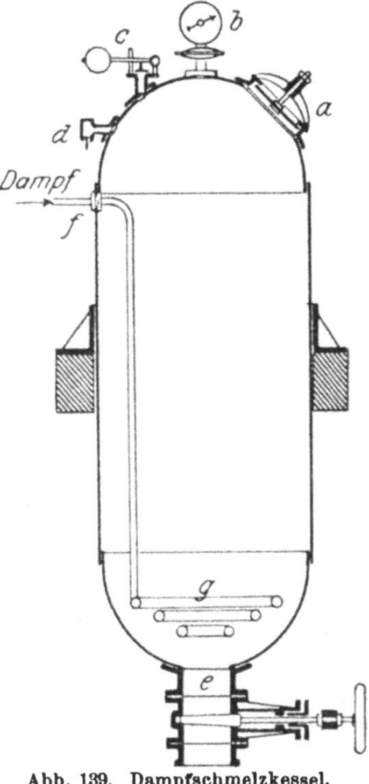

Abb. 139. Dampfschmelzkessel.

geordnete Rührwerke zum Durcheinandermengen des Schmelzgutes und
werden die entfetteten Grieben unmittelbar allseitig geschlossenen Trockeneinrichtungen zugeführt, aus denen die sich bildenden Gase abgesaugt und
unter dem Dampferzeuger verbrannt werden. Durch die Verbindung des
Schmelzgefäßes mit einer Transporteinrichtung, welche für dauernde Zufuhr
neuen Schmelzgutes sorgt und die entstehenden festen Schmelzrückstände
beständig abführt, kann der Schmelzbetrieb zu einem dauernden gemacht
werden[1].

b) Das Trocknen.

Das Trocknen, d. i. die Entflüssigung durchfeuchteter Stoffmassen
mittels Wärme, bildet die Ergänzung der dem gleichen Zweck dienenden
Scheideverfahren, die auf der Benutzung mechanischer Hilfsmittel beruhen.
Während aber das Absetzen, Filtrieren, Schleudern, Wringen und Pressen
stets nur eine beschränkte Entflüssigung des Arbeitsgutes ergeben, ermöglicht die Anwendung von Wärme, unter Umständen auch die letzten Flüssig-

---

[1] DRP. Nr. 86 201 vom 3. April 1895 und Nr. 135 566 vom 15. Mai 1901.

keitsreste aus der zu trocknenden Masse, dem Trockengut, zu entfernen und dieses damit in den Zustand vollkommener Trockenheit überzuführen. In der Regel bildet aber das Herbeiführen dieser nicht das Endziel des Trocknens; meist genügt es, den Flüssigkeitsgehalt des Trockengutes nur bis auf einen Grenzwert herabzudrücken, der noch um mehrere vom Hundert oberhalb vollkommener Trockenheit liegt. Bestimmend für den Grad der Austrocknung des Trockengutes ist in erster Linie der Verwendungszweck des Gutes; neben diesem sind es insbesondere Erwägungen wirtschaftlicher Art, welche die Grenze der Feuchtigkeitsentziehung bestimmen, oder es sind Umstände, die einerseits in der Beschaffenheit des Trockengutes, andererseits in der Beschaffenheit der Umgebung begründet sind, in der das Trockenverfahren zur Ausübung gelangt. Die Flüssigkeit ist an das Trockengut in verschiedener Art gebunden. Teils haftet sie durch Oberflächenanziehung an demselben, teils dringt sie in das Innere des Stoffes ein und wird durch capillare Kraftwirkungen als sog. Porenflüssigkeit oder hygroskopische Flüssigkeit festgehalten.

Die Abscheidung der Flüssigkeit geschieht bei dem Trocknen durch Verdampfen unter Zufuhr von Wärme, die entweder als Sonnenwärme natürlichen Ursprungs ist oder künstlich erzeugt wird. Abgesehen davon, daß zwischen dem die Wärme auf das Trockengut übertragenden Mittel und dem Trockengut selbst das erforderliche Temperaturgefälle vorhanden sein muß, um den Wärmeaustausch zu erzielen, ist die Trockentemperatur beliebig wählbar. Sie kann daher jederzeit den Eigenschaften und dem Verwendungszweck des Trockengutes sowie der Wirtschaftlichkeit des Betriebes der Trockenanlage angepaßt werden. Mit wenig Ausnahmen wird die Trockentemperatur unterhalb der Siedetemperatur der abzuscheidenden Flüssigkeit gehalten; es geschieht dies selbst in den Fällen, in denen das Trockengut durch starke Erwärmung eine Schädigung nicht erleiden würde. Da in der Regel durch die Trocknungsverfahren Wasser zur Abscheidung gelangt, so steigt die Tróckentemperatur, abgesehen von einigen Sonderfällen, selten über 100° C. Zu diesen Sonderfällen gehören u. a. jene, wo ein reichlicher Wassergehalt die Überhitzung des Trockengutes verhindert, wie bei dem Trocknen nasser Rübenschnitzel, feldfeuchter Krautblätter usw., oder wo die vollkommene Austrocknung des Gutes beabsichtigt wird. Letzteres ist insbesondere bei dem Konditionieren der Faserstoffe der Fall, für welché nach *Grothe*[1] die Trockentemperatur bei Seide 120°, bei Wolle 110° und bei Flachs, Baumwolle und Jute 100° betragen muß, wenn auch der letzte Rest an hygroskopischem Wasser bei mehrstündiger Trockendauer mit Sicherheit abgeschieden werden soll. In gleicher Weise erfordert das Abscheiden des letzten Wasserrestes, des sog. Schmauchwassers, aus den Poren gut getrockneten Tones ein Erwärmen bis zu etwa 110 bis 120° C. Sieht man von den Temperaturen ab, die bei dem Trocknen in freier Luft zur Verfügung stehen und einer Regelung nicht zugänglich sind, so können für verschiedene Trocken

---

[1] *H. Grothe:* Die Appretur der Gewebe. Berlin 1882, S. 598.

zwecke etwa die folgenden Werte als Höchsttemperaturen bezeichnet
werden:

Für nasse Rübenschnitzel . . . . $t = 200$ bis $400°$ C
  „ halbtrockene Tonwaren . . . . $t = 110$ „ $120°$
  „ Salz . . . . $t = 90$ „ $100°$
  „ feuchte Tonwaren . . . . $t = 10$ „ $80°$
  „ Malz . . . . $t = 60°$
  „ Garne und Gewebe . . . . $t = 35$ bis $60°$
  „ Stärke . . . . $t = 30°$
  „ Leimgallert . . . . $t = 20$ bis $25°$

Wird die bei dem Trocknen aufzuwendende Wärme künstlich erzeugt,
so bilden die verschiedenen Brennstoffe die Wärmequellen. Die heißen, von
ihnen ausgehenden Verbrennungsgase treten entweder, nachdem sie auf
300 bis 400° abgekühlt worden sind, unmittelbar mit dem Trockengut in
Berührung, oder sie werden in Lufterwärmungsapparaten (Caloriferen) zum
Erwärmen von Luftmassen verwendet, die das Trockengut umspülen. Auch
dienen sie der Erzeugung gespannten Wasserdampfes, der entweder unmittelbar unter Benutzung besonderer Heizapparate zur Erwärmung der das
trocknende Mittel bildenden Luft dient oder als Abdampf von Dampfkraft-
maschinen nach dem Entölen bzw. als Brüden von Kochapparaten[1] zu Trocken-
zwecken Verwendung findet. Es ist auch vorgeschlagen worden, die heißen
Abfallwässer der Zuckerfabriken, die nach *Knauer* auf je 100 kg verarbeitete
Zuckerrüben etwa 70 000 WE entführen, zu Trocknungszwecken nutzbar
zu machen[2]. In besonderen Fällen erhalten die mit Dampf oder Heißwasser
gespeisten Heizapparate eine solche Gestaltung, daß sie das Trockengut
selbst aufnehmen bzw. stützen und durch ihre Heizfläche den Wärmeüber-
gang an dieses vermitteln. Auch in diesem Falle ist es neben der von dem
Heizkörper ausgehenden Wärmestrahlung im großen und ganzen die Luft,
welche die Wärme an das Trockengut überträgt.

Dem Wärmeaustausch zwischen der warmen Trockenluft und dem
Trockengut sind solche Formen des letzteren besonders günstig, die mit einer
kleinen Masse eine große der Berührung durch die Luft sich bietende Oberfläche verbinden. Diesem entsprechen am vollkommensten kleinstückige
Haufwerke, die entweder, wie Staubkohle, Getreidekörner, Stroh u. dgl.,
natürlichen Ursprungs sind, oder wie Rübenschnitzel, Biertreber, Dungsalze
u. dgl., durch Zerkleinerung entstehen bzw. unmittelbar als Erzeugnisse
bestimmter Fabrikationen erhalten werden. Es entsprechen einem guten
Wärmeaustausch aber auch solche Formen des Trockengutes, die wie Gewebe
und Papier mit einer großen Flächenausdehnung eine geringe Schichtdicke
verbinden und daher leicht von der warmen Luft durchdrungen werden.
In allen diesen Fällen ist die körperliche Beschaffenheit des Trockengutes
zugleich der Abstoßung der durch die Verdampfung der Flüssigkeit entstehen
den Dämpfe günstig.

---

[1] DRP. Nr. 91 497 vom 29. Januar 1896.
[2] DRP. Nr. 10 956 vom 5. Februar 1880.

In anderen Fällen, wo die warme Trockenluft infolge der Massendichte des Trockengutes dieses nur schwer zu durchdringen vermag, und die Oberfläche im Vergleich zur Masse verhältnismäßig klein ist, wie bei Schnittholz, Tonziegeln u. dgl. geformten Trockengut, müssen die hierdurch entstehenden Schwierigkeiten durch eine Verlängerung der Trockendauer überwunden werden. Mit dem Trocknen solchen Gutes ist leicht die Gefahr verbunden, daß die Oberflächenschichten rascher entflüssigt werden als der Kern, so daß hierdurch hervorgerufene Spannungen im Innern der Trockenstücke zu ungleichem Schwinden und damit zum Werfen oder Rissigwerden der Stücke führen. Im allgemeinen kann dieser Gefahr durch eine geeignete, den Luftumlauf fördernde Stapelung der Trockenstücke sowie durch Benutzung niedriger Trockentemperatur entgegengewirkt werden. Um das Trocknen größerer Holzkörper zu beschleunigen, ist vorgeschlagen worden, dieselben bei hoher Temperatur mit einem starken Außendruck zu belasten, der den inneren Spannungen und damit der Rissebildung entgegenwirkt[1].

Haufwerk bildendes Trockengut wird stets in schichtweiser Lagerung dem Trocknen unterworfen. Hierbei wird die Höhe der Schichtung um so kleiner gewählt, je kleinkörniger das Haufwerk ist und je dichter es lagert, um die Widerstände zu beschränken, welche das Eindringen der Trockenluft und das Abfließen der sich im Innern der Haufwerkmasse entwickelnden Dämpfe behindern. Auch kann bei kleinkörnigen Haufwerken, wie Salz, Getreide, Braunkohle u. dgl., der Wärmezutritt und der Abzug der entstehenden Wasserdämpfe, des sog. Wrasens, Schwadens, Brüdens, Brodens oder Brodems, durch Durcheinandermischen des geschichteten Gutes während des Trocknens erleichtert werden. Besonderen Vorteil gewährt die Umlagerung bei dem Eintrocknen klebriger Stoffe sowie bei Gemischen aus Grob- und Feinkorn, wo es die rascher trocknenden Feinkornteile vor dem Übertrocknen und einer zuweilen damit verbundenen Zersetzung (Braunkohle) durch wiederholtes Einhüllen durch den Wrasen schützt. Auch finden sich Vorschläge, welche das zeitweise Absieben der genügend getrockneten feinen Haufwerkteile empfehlen, um sie vor dem Übertrocknen zu schützen[2].

Die auf das Trockengut zu übertragende Wärmemenge ist durch die Menge des Trockengutes, dessen Eigenart, die während des Trocknens eintretende Temperaturänderung und den verlangten Grad der Trocknung bestimmt.

Die Eigenart des Trockengutes wird durch dessen Wassergehalt am Beginn des Trocknens und die spezifische Wärme der in dem Gut enthaltenen trockenen Substanz, der Grad der Trocknung durch die Wassermenge gekennzeichnet, die am Ende des Trocknens im Trockengut verbleibt. Der Wassergehalt wird in Gewichtsprozenten angegeben und entweder auf das Gewicht des nassen Stoffes oder auf das Gewicht der in diesem enthaltenen Trockensubstanz berechnet. Er beträgt beispielsweise, wenn auf das Naßgewicht des Trockengutes bezogen,

---

[1] DRP. Nr. 88 235 vom 9. Februar 1896.
[2] DRP. Nr. 84 665 vom 17. November 1894.

vor dem Trocknen:

für frisch gestochenen Torf . . . . 85 bis 90 v. H.

„ ausgelaugte Rübenschnitzel . . . . . . 85 „ 88 „

„ Futtermittel (Krautblätter usw.) . . . . 80 „ 85 „

„ Kartoffeln . . . . 70 „ 75 „

„ frisch ausgelaugte Lohe, Farbholzspäne 50 „ 60 „

„ Braunkohlengrus . . . . 40 „ 60 „

„ frisch gefälltes Nadelholz . . . . 45 „ 55 „

„ „ „ Laubholz . . . . 30 „ 50 „

„ Getreide . . . . 10 „ 30 „

„ fetten Ton . . . . 20 „ 30 „

„ Mergel . . . . 15 „ 20 „

„ Kalkstein . . . . 9 „ 15 „

nach dem Trocknen:

für lufttrockenen Torf . . . . 30 bis 35 v. H.

„ lufttrockenes Holz . . . . 10 „ 20 „

„ Futtermittel . . . . 12 „ 15 „

„ Kartoffelschnitzel . . . . 12 „ 15 „

„ Braunkohlengrus . . . . 10 „ 12 „

Setzt sich das rohe Trockengut aus G_1 kg trockenen Stoffes und $G_2 = \dfrac{m}{100} G_1$ kg Wasser zusammen und soll der Wassergehalt des Gutes nach dem Trocknen noch $G_3 = \dfrac{n}{100} G_1$ kg betragen, bezeichnet ferner

c die spezifische Wärme des trockenen Gutes,

$t_1°$ die Temperatur am Beginn,

$t_2°$ die Temperatur am Ende des Trocknens,

so findet sich

1. die zur Temperaturerhöhung der Trockensubstanz von $t_1°$ auf $t_2°$ erforderliche Wärmemenge

$$W_1 = c\,G_1(t_2 - t_1)\ \text{WE};$$

2. die zur Erwärmung des mit der Trockensubstanz gemischten Wassers von t_1 suf $t_2°$ erforderliche Wärmemenge

$$W_2 = \frac{m}{100} G_1(t_2 - t_1)\ \text{WE};$$

3. die zur Umwandlung der $\dfrac{m-n}{100} G_1$ kg Wasser von $t_2°$ in Dampf von der gleichen Temperatur erforderliche Wärmemenge

$$W_3 = \frac{m-n}{100} G_1(606{,}5 - 0{,}695\,t_2)\ \text{WE}.$$

Somit beträgt der ganze für das Trocknen erforderliche Wärmeaufwand

$$W = W_1 + W_2 + W_3 = \frac{G_1}{100}\left[(100\,c + m)(t_2 - t_1) + (m - n)(606{,}5 - 0{,}695\,t_2)\right]\ \text{WE}.$$

Ist z. B. der Wassergehalt in 1000 kg Braunkohle durch Trocknen von 57 v. H. auf 13 v. H. zu vermindern und ist hierbei das Trockengut von 10° auf 82° zu erwärmen, so berechnet sich die erforderliche Wärmemenge wie folgt:

Es entsprechen 57 v. H. Wassergehalt von 1000 kg Rohkohle

$$\frac{57}{100} \cdot 1000 = 570 \text{ kg Wasser}$$

und $\qquad G_1 = 1000 - 570 = 430$ kg Trockensubstanz,

mithin folgt der Wassergehalt m in v. H. der Trockensubstanz aus

$570 = \frac{m}{100} \cdot 430$ zu

$$m = 132{,}6 \text{ v. H.}$$

Ist ferner

$$w = \frac{13}{100}(430 + w) = 64{,}2 \text{ kg}$$

der Wassergehalt der getrockneten Kohle, so ergibt sich aus $64{,}2 = \frac{n}{100} \cdot 430$

der Wassergehalt n in v. H. der Trockensubstanz zu

$$n = 14{,}9 \text{ v. H.,}$$

mithin

$$m - n = 132{,}6 - 14{,}9 = 117{,}7 \text{ v. H.}$$

Schließlich berechnet sich hiermit der für das Trocknen erforderliche Wärmeaufwand

$$W = \frac{430}{100}[(100 \cdot 0{,}656 + 132{,}6)\,(82 - 10) + 117{,}7\,(606{,}5 - 0{,}695 \cdot 82)]$$
$$= 339\,520{,}69 \text{ WE.}$$

Das dem Trockengut durch Wärmezufuhr entzogene Wasser geht in Dampfform in die das Gut umgebende Luft über. Es muß daher, um den stetigen Verlauf des Trocknens zu sichern, dauernd für einen entsprechenden Luftwechsel Sorge getragen werden. Die Aufnahmefähigkeit der Luft für Wasserdampf hängt hierbei von ihrem jeweilig vorhandenen absoluten und relativen Feuchtigkeitsgehalt w_a und w_r ab. Sie steigt bei wachsender Temperatur, da der absolute Wassergehalt $w_a = \dfrac{0{,}29\,p}{273 + t}$ kg/cbm ($p =$ Spannung des Wasserdampfes in Millimetern Quecksilbersäule, $t =$ Temperatur in Grad Celsius) im umgekehrten Verhältnis zur Temperatur der Luft steht, und sinkt mit der Abkühlung der Luft. Um daher die Aufnahmefähigkeit der Luft voll auszunutzen, ist die Trockentemperatur so hoch zu wählen als es die Eigenschaften des Trockengutes und die Wirtschaftlichkeit des Trockenbetriebes gestatten. Unterhalb dieser Grenze regelt der relative Feuchtigkeitsgehalt die Aufnahmefähigkeit der Luft, indem er von einem möglichst niedrigen Anfangswert w_r' zu einem möglichst hohen Endwert w_r'' gesteigert wird. Hierbei erreicht die dem Trockengut entzogene und von der Luft aufgenommene bzw. abgeführte Wassermenge die Größe

$$w = \frac{w_r''}{100}\,w_a - \frac{w_r'}{100}\,w_a = w_a\left(\frac{w_r'' - w_r'}{100}\right) \text{ kg/cbm.}$$

1. Das Trocknen in freier Luft.

Wenn es genügt, dem Trockengut nur einen Teil seines Feuchtigkeitsgehaltes zu entziehen und wenn die Anwendung einfacher billiger Trockeneinrichtungen, deren Unterhalt und Betrieb nur einen geringen Kostenaufwand verursacht, den wirtschaftlichen Nachteil aufwiegt, der im allgemeinen mit einer Verlängerung der Trockendauer verbunden ist, so kann das Trocknen im Freien unter dem nur wenig beherrschbaren Einfluß der Witterungsverhältnisse, insbesondere unter dem Wechsel von Sonnenschein, Regen und Wind, mit mehr oder weniger Vorteil Anwendung finden. Dies ist besonders dann der Fall, wenn das zu trocknende Gut an sich nur einen geringen Stoffwert besitzt, der die Aufwendung hoher Betriebskosten nicht lohnt, oder wenn der Trockenvorgang an unregelmäßig sich folgende Zeiträume gebunden ist und die zu trocknende Stoffmenge zeitlich größeren Schwankungen unterliegt. Derartige Voraussetzungen finden sich insbesondere bei dem Betrieb von Torfgräbereien, der Herstellung von Kohlensteinen aus staub- und grusförmiger Braunkohle, den Lehm- und Tonziegeleien, der Aufbereitung von Schnitt- und Brennholz, dem Trocknen von Garnen, Geweben und Bekleidungsstücken nach dem Waschen, Bleichen und Färben usw. vor.

Zuweilen wird das mit dem Trocknen verbundene längere Lagern des Trockengutes an der Luft unter dem wechselnden Einfluß des Sonnenlichtes und Regens zur Erreichung besonderer Nebenzwecke benutzt, die auf gewissen chemisch-physikalischen Umänderungen der Stoffe beruhen. Es sei nur an das mit dem Trocknen zuweilen verbundene Bleichen leinener und baumwollener Gewebe erinnert, welche zu dem Zweck in wagrechter Lage auf dem Rasen des Trocken- oder Bleichplanes ausgebreitet werden, um sie dadurch der Sonnenbestrahlung besser zugänglich zu machen und deren Trocknung durch zeitweises Besprengen mit Wasser absichtlich wiederholt unterbrochen und dadurch verzögert wird. Oder man denke an das Auslaugen und Zerstören der im frischgefällten Holze enthaltenen Saftbestandteile durch Regenniederschläge, das ohne Anwendung besonderer Schutzeinrichtungen mit dem Lagern im Freien verbunden ist.

Der Grad der Austrocknung, der durch längeres Lagern des Trockengutes in freier Luft erreicht werden kann, ist ebenso wie die auf das Trocknen zu verwendende Zeit in erster Linie abhängig von dem Wärme- und Feuchtigkeitsgehalt der Luft und einem zeitweise oder stetig vorhandenen Luftwechsel. Trockengut, dessen Wassergehalt bis auf einen mittleren Wert der Luftfeuchte durch Lagern in freier Luft herabgesetzt wurde, wird l u f t t r o c k e n genannt. Der erlangte Feuchtigkeitsgehalt steht hierbei im geraden Verhältnis zu der hygroskopischen Beschaffenheit des Trockengutes und schwankt beispielsweise bei Braunkohlengrus etwa zwischen 11 bis 15 v. H., bei Holz zwischen 20 bis 30 v. H.

Sowohl der absolute als auch der relative Feuchtigkeitsgehalt der Luft und damit deren Aufnahmefähigkeit für Wasserdämpfe wechseln mit der geographischen Lage des Beobachtungsortes und der Jahreszeit. So entsprachen z. B. den genannten Größen im Jahre 1912 für die Beobachtungsorte Dresden (113,5 m über N.O.) und Altenberg i. E. (746,5 m über N.O.) die im folgenden angeführten Mittelwerte[1].

Es betrug in den Monaten		März bis August	September bis Februar
die Lufttemperatur in ° C	113,5 m über N.O.	+7 bis +20	—2 bis +10
	746,5 m über N.O.	+3 „ +16	—5 „ + 6
die absolute Feuchtigkeit in kg/cbm	113,5 m über N.O.	0,008 bis 0,017	0,004 bis 0,009
	746,5 m über N.O.	0,006 „ 0,014	0,003 „ 0,007
die relative Feuchtigkeit in v. H.	113,5 m über N.O.	62 bis 75	76 bis 81
	746,5 m über N.O.	79 „ 91	89 „ 99

Wie der in der höheren Temperatur zum Ausdruck kommende größere Wärmegehalt der Luft, so sprechen auch die vorhandene größere absolute und geringere relative Feuchtigkeit nach dieser Zusammenstellung dafür, daß für das Trocknen im Freien die Verhältnisse unabhängig von der Höhenlage des Trockenortes während der Sommermonate März bis August im allgemeinen günstiger liegen als in den Wintermonaten September bis Februar.

Eine wesentliche Förderung erfährt das Trocknen im Freien durch eine geeignete Wahl des zum Ausbreiten des Trockengutes dienenden Trockenplatzes. Insbesondere erweist sich eine freie Lage des Platzes von Vorteil, sofern sie den Sonnenstrahlen den Zutritt zum Trockengut gewährt und dieses umspülende Windströmungen einen steten Luftwechsel veranlassen. Einerseits wird hierdurch die Verdunstung des in dem Trockengut befindlichen Wassers gefördert, und andererseits wird die mit Wasserdämpfen beladene Luft durch neue, für die entstehenden Dämpfe aufnahmefähige trockene Luft ersetzt.

Je nach der Art des Trockengutes ist dessen Ausbreitung auf dem Trockenplatz verschieden. Während Gewebe und diesen ähnliche Stoffe im allgemeinen auf wagerecht gespannten Leinen oder Stangen hängend dem Trocknen unterworfen werden und nur in besonderen Fällen, wenn mit dem Trocknen noch besondere Nebenzwecke erreicht werden sollen, wie z. B. beim Bleichen von Geweben, auf dem Boden ausgebreitet werden, ist letzteres bei stückigem Trockengut die Regel. Dieses wird in einfacher oder mehrfacher Schichtung unmittelbar auf dem Boden oder auf besonderen, diesen bedeckenden Trockenbrettern derart verteilt, daß die bewegte Luft freien Zugang zu den einzelnen Stücken findet. Dabei bieten Bretterunterlagen den Vorteil, daß sie das Trockengut der Einwirkung der Bodenfeuchtigkeit entziehen und dadurch zur Beschleunigung des Trockenvorganges beitragen. Zugleich erleichtern sie das Zu- und Abtragen des Trockengutes zum Trockenplatz. Zuweilen werden, um die Fläche des Trockenplatzes besser auszunutzen, feststehende oder versetzbare Trockengerüste (Abb. 140) benutzt, welche auf 4 bis 5 übereinanderliegenden und zur Förderung des Luftwechsels zuweilen rostartig durchbrochenen Trockenbrettern das stückige Trockengut aufnehmen. Um

---

[1] Berechnet nach dem Deutschen Meteorologischen Jahrbuch.

ein gleichförmiges Durchtrocknen des Gutes zu erzielen, ist es erforderlich, dasselbe von Zeit zu Zeit zu wenden, so daß alle Teile desselben gleichmäßig den der Trocknung günstigen Verhältnissen ausgesetzt werden.

Läßt die Sonnenbestrahlung ein zu rasches Austrocknen der Außenschichten des Trockengutes befürchten, so daß diese rissig und brüchig werden oder Formänderungen des Gutes eintreten, so nötigt dies, das Trocknen im freien Gelände nur auf eine Vortrocknung zu beschränken und für das Fertigtrocknen überdeckte Trockenplätze zu benutzen, auf denen die Besonnung des Gutes verhindert und dasselbe der bei freier Lagerung zeitweilig wiederkehrenden Durchfeuchtung durch Tau, Regen und Schnee entzogen wird. Die hierfür dienenden Einrichtungen werden **Trockenschuppen** genannt. Sie sind meist nach Abb. 141 aus Holz erbaut und bestehen je nach der Größe und dem beabsichtigten Fassungsraum aus zwei oder vier Reihen Tragsäulen, die ein einfaches, durch Winkelbänder versteiftes Sparrenwerk tragen, das einer überragenden Dachverschalung

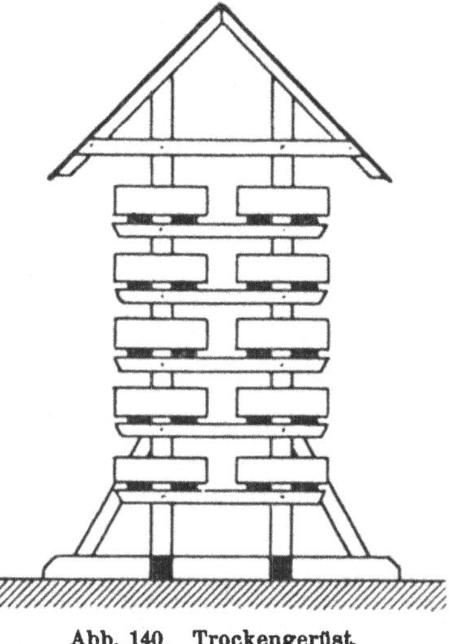

Abb. 140. Trockengerüst.

oder einem mit Ziegeln abgedeckten Lattenwerk zur Unterstützung dient. Der durch die Säulenstellung umgrenzte und von dem Dach überdeckte Raum wird vielfach durch jalousieartig angeordnete Wandverkleidungen umschlossen, deren Verstellen den Luftzutritt zum Trockengut regeln läßt.

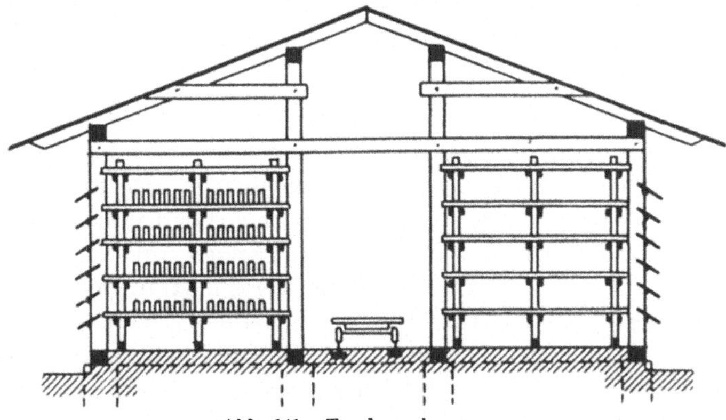

Abb. 141. Trockenschuppen.

Diese Verkleidungen bestehen in den einfachsten Fällen aus Strohmatten, die zum Zweck des Lüftens aufgehoben und durch Strebhölzer abgestützt werden. Dauerhaftere Wandverkleidungen werden aus senkrecht oder besser wagerecht angeordneten schmalen Brettern gebildet, die bis zu etwa 2 m Länge erhalten und sich bei geschlossener Wand schuppenartig übergreifen.

Dieselben sind von einem Rahmen umschlossen und in diesem um Zapfen ihrer Schmalseiten drehbar. Innerhalb eines jeden Rahmens sind die Bretter durch eine Zugstange verbunden, durch deren Verschiebung sie gleichzeitig in die Öffnungs- oder Schließstellung gebracht werden können. Schmaler und hoher Bau des Schuppens bzw. der Aufbau einer Laterne auf dem Dach fördern die Durchlüftung. Innerhalb des Schuppens werden die für die Aufnahme des Trockengutes bestimmten Gerüste reihenweise und den Schmalseiten des Schuppens gleichlaufend aufgestellt, so daß schmale Gänge zwischen ihnen verbleiben, die dem Ein- und Austragen des Trockengutes dienen. Die Anzahl der aufzustellenden Gerüste bestimmt hiernach die Länge des Trockenschuppens, die in Ziegeleien selten über 80 m, in Torfgräbereien aber auch bis 200 m und mehr beträgt.

Die Trockengerüste der Schuppen bestehen aus sog. Gerüstleitern, das sind paarweise stehende senkrechte Pfosten, die leiterartig durch überragende wagerechte Streben verbunden sind. Auf diesen Streben ruhen zu beiden Seiten der Pfosten in der Längenrichtung des Gerüstes liegende Latten, die das Trockengut entweder unmittelbar aufnehmen oder den dasselbe tragenden Trockenbrettern zur Stütze dienen. Zuweilen stehen die Gerüste auf kleinen Gleiswagen und sind zum Zweck leichteren Besetzens und Entleerens mit kippbaren Tragplatten für das Trockengut versehen[1]. Der gegenseitige Höhenabstand, die Zahl der übereinanderliegenden Trockenlattenpaare und damit die Höhe der Gerüste richtet sich nach der Größe der zu trocknenden Formstücke.

In den Trockenschuppen der Ziegeleien werden beispielsweise bei achtfacher Übereinanderlagerung der Ziegeln oder rd. 4 m Höhe der Gerüste auf 1 qm Bodenfläche des Schuppens etwa 100 bis 110 Stück Ziegel aufgestellt, wobei die oberen Trockenlatten von Laufbrettern aus besetzt werden, die in etwa halber Höhe an den Gerüsten entlanggeführt sind.

2. Das Trocknen mit künstlicher Wärme.

Infolge der zeitlich ungleichen Wärmeverteilung, der nach aufwärts nicht beeinflußbaren Höhe der Trockentemperatur, des stetigen Wechsels der Dunstverhältnisse der Atmosphäre, der nicht regelbaren Luftströmungen, kurz aller das Trocknen von Stoffen berührenden äußeren Umstände, ist das Trocknen in freier Luft mit Nachteilen verknüpft, die es in vielen Fällen unmöglich machen, es ohne wirtschaftliche Schädigung industriellen Betrieben anzugliedern, für die das Trocknen der Rohstoffe, Zwischen- oder Ganzerzeugnisse Notwendigkeit ist. Für diese bietet das Trocknen mit künstlich erzeugter Wärme in der Möglichkeit der günstigsten Wahl und Anpassung aller den Trockenvorgang beeinflussenden und abkürzenden Verhältnisse so namhafte Vorteile, daß es für sie unentbehrlich geworden ist. Hiermit in Zusammenhang steht die hohe Entwicklung, welche sowohl die verschiedenen Trockenverfahren als auch die zu ihrer Ausübung bestimmten tech-

---

[1] DRP. Nr. 195 343 vom 16. Februar 1906.

nischen Einrichtungen, die **Trockenapparate** und **Trockenmaschinen**, erfahren haben. Der Unterschied zwischen beiden ist nur ein scheinbarer, sofern im technologischen Sinne von einem maschinellen Trocknen nicht gesprochen werden kann. Es sind vielmehr auch die sog. Trockenmaschinen nur Trockenapparate, bei denen mechanische Förder- oder Transporteinrichtungen benutzt werden, das Trockengut in möglichst günstiger Weise durch den Trockenraum oder vorüber an den Heizflächen der die Wärme für das Trocknen spendenden Heizkörper zu führen. Überblickt man die verschiedenen, der Ausnutzung künstlich erzeugter Wärme dienenden Trockeneinrichtungen, so treten zwei Hauptgruppen von Apparaten hervor: die **Warmlufttrockner** und die **Heizflächentrockner**, aus denen sich einerseits die **Kammer-**, **Kanal-** und **Schachttrockner**, andererseits die **Platten-** und **Walzentrockner** sondern lassen.

α) Die Warmlufttrockner.

Allen Trockenapparaten, die mit künstlich erwärmter Luft arbeiten, ist eine Strömungsbewegung der Luft eigen, die entweder mittels saugender Schornsteine oder als Sauger oder Bläser benutzter Ventilatoren und Strahlgebläsen hervorgerufen wird. In den Fällen, wo eine teigige Beschaffenheit des Trockengutes das Trocknen erschwert oder wo das Trocknen bei einer Temperatur vorgenommen werden muß, die kleiner ist als die Siedetemperatur der abzuscheidenden Flüssigkeit, bezweckt diese Luftbewegung nicht nur die Entfernung der mit Feuchtigkeit beladenen Luft aus dem Trockenraum, sondern zugleich auch eine Verminderung des Luftdruckes in diesem oder die Erzeugung eines sog. Vakuums. Solche **Vakuumtrockner** finden vorzugsweise in chemischen Industrien, bei der Erzeugung von Sprengstoffen, beim Eintrocknen von Lösungen, Extrakten und Laugen usw. Anwendung. In allen anderen Fällen kommt der Luftbewegung die alleinige Aufgabe zu, neue der Verdampfung des flüssigen Anteiles des Trockengutes dienende Wärme dem Trockenraum zuzuführen und die von der Luft aufgenommene Feuchtigkeit stetig zu entfernen. Es findet somit innerhalb des der Trocknung dienenden und das Trockengut enthaltenden Trockenraumes ein steter Luftwechsel statt, indem neu eintretende, in einem Heizraum erwärmte und relativ trockene Luft die abgekühlte feuchte Luft aus dem Trockenraum ins Freie verdrängt oder durch einen Kondensator treibt, in dem sie vor ihrem Wiedereintritt in den Heizapparat entwässert wird[1].

In der abfließenden Luft ist die Feuchtigkeit in Dampfform enthalten. Sie entführt daher dem Trockenraum, obgleich sie an dessen Wandungen und an das Trockengut Wärme abgab, noch erhebliche Wärmemengen ungenutzt. Bemühungen, auch diese Wärmemengen, die sich aus der fühlbaren Wärme des Dampf-Luftgemisches und der bei der Verdampfung des im Trockengute enthaltenen Wassers aufgewendeten Verdampfungswärme zusammensetzen, noch für den Trockenvorgang nutzbar zu machen, haben zur Ausbildung neuer Trockenverfahren geführt.

---

[1] DRP. Nr. 3857 vom 3. April 1878.

Nach denjenigen dieser Verfahren, welche nur die Nutzbarmachung der fühlbaren Wärme des aus der Trockeneinrichtung austretenden Dampf-Luftgemisches anstreben, wird ein Teil der Trockenluft dauernd in einem Kreislauf zwischen Heizraum und Trockenraum erhalten. Hierbei erfährt die den letzteren noch mit hoher Temperatur verlassende feuchte Luft im Heizraum oder an besonderen in den Trockenraum eingestellten Heizkörpern eine Nacherwärmung, durch die sie wieder auf die für den beabsichtigten Verlauf des Trockenvorganges erforderliche Eingangstemperatur gebracht und ihr relativer Feuchtigkeitsgehalt herabgedrückt wird. Der andere Teil der die Trockenkammer verlassenden Feuchtluft wird ins Freie entlassen und derart bemessen, daß er zur Abführung der von der Luft aufgenommenen Feuchtigkeit genügt. Er wird durch Zuführung einer entsprechenden Menge frischer trockener Luft ersetzt, die sich mit dem feuchten Luftstrom vor dem Eintritt in den Heizapparat mischt.

Andere Trockenverfahren streben die Nutzung des gesamten Wärme-inhaltes der den Trockenraum verlassenden warmen Feuchtluft an, indem sie durch die Kondensation des in der Luft enthaltenen Wasserdampfes auch die Verdampfungswärme für die Beheizung des Trockenraumes frei machen. Sie erreichen dies, indem sie dauernd mit frischer Trockenluft arbeiten und diese kühle Luft nach ihrem Eintritt an der kältesten Stelle des Trockenraumes bei ihrer Bewegung gegen den Heizapparat an Konden-sationseinrichtungen vorbeiführen, durch welche die in der Nähe des Heiz-apparates entnommene feuchtwarme Trockenluft vor ihrem Austritt ins Freie streicht[1].

Das Fließen der Trockenluft innerhalb des Trockenraumes hat vom Eintritt zum Austritt fortschreitend eine Zunahme der Abkühlung des Luft-stromes unter gleichzeitiger Steigerung seines Feuchtigkeitsgehaltes zur Folge. Beides bedingt die Abnahme der Wirkungsfähigkeit der Trockenluft und daher einen solchen Verlauf der Austrocknung des den Trockenraum füllenden Trockengutes, daß es längerer Zeit bedarf, um diesem die Feuchtigkeit an allen Stellen gleichmäßig zu entziehen. Auch liegt die Gefahr nahe, daß sich die frisch eintretende warme Trockenluft an dem feuchten Trockengut bald soweit abkühlt und mit Feuchtigkeit sättigt, daß sie weiterhin eine Trocken-wirkung nicht mehr auszuüben vermag und, wenn die Temperatur bis unter den Taupunkt sinken sollte, sich Wasser auf dem Trockengut niederschlägt. Diese Gefahr wächst mit der Verlängerung des Trockenweges und der Quer-schnittsvergrößerung des Luftstromes. Ihr vorzubeugen und zugleich den Wärme- und Feuchtigkeitsaustausch zwischen der Trockenluft und dem Trockengut zu fördern, erweisen sich die richtige Wahl der Eintrittstemperatur der Luft, das Einführen warmer Luft an geeigneten Stellen des Luftweges, das innige Durchmischen der strömenden Luft und eine absetzende oder stetig fortschreitende Bewegung des Trockengutes durch den Trockenraum als geeignete Mittel. Hierbei folgt die Bewegung des Trockengutes im allgemeinen dem Luftstrom und ist diesem gleich- oder entgegengesetzt gerichtet. Die

---

[1] DRP. Nr. 77 758 vom 5. September 1893.

verschiedenen Trockenapparate sind hiernach entweder Nichtstromapparate, wenn eine fortschreitende Bewegung des Trockengutes in ihnen nicht erfolgt, oder es sind Gleichstromapparate, Gegenstromapparate oder Verbindungen beider, wenn ein Fortschreiten des Trockengutes stattfindet. Eine andere Einteilungsgepflogenheit legt die Form des Trockenraumes zugrunde und unterscheidet Trockenkammern, Trockenkanäle und Trockenschächte oder Trockentürme.

Der wirtschaftliche Betrieb der Trockeneinrichtungen erfordert die tunlichste Abschließung des Trockenraumes gegen Wärmeverluste, also den Umschluß des Trockenraumes mit Wänden von geringer Wärmedurchlässigkeit. Holzbretter und Ziegelmauerwerk, bei kleinen Ausführungen auch Asbestplatten, kommen in erster Linie bei der Herstellung der Wandungen in Betracht. Durch Anlage von Doppelwänden, welche Luftschichten oder einen passenden, die Wärme schlecht leitenden Füllstoff, wie Filz, Torfmull, Kork, Kieselgur u. dgl., einschließen, wird der Wärmeabschluß erhöht. Die Füllschicht wird in ungefähr 140 mm Stärke ausgeführt. Bei stärkeren Mauern ist es zweckmäßig, die Luft- oder Füllschicht der Innenseite näher zu legen als der Außenseite. Mehr als $2^1/_2$ Steine starke Mauern werden mit Vorteil auch durch zwei und mehr gleichlaufende Luftschichten isoliert. Zur Herstellung von Fußböden begehbarer Trockenräume erweist sich eine Steinplattenlage auf einer Koksschicht empfehlenswert, von denen die letztere zum Schutz gegen das Eindringen von Bodenfeuchtigkeit auf einer Lage Zementbeton ruht. Feuerfeste Abdeckungen werden zweckmäßig aus porigen Steinen zwischen I-Trägern gewölbt und 300 bis 400 mm dick mit einem isolierenden Füllstoff überdeckt, den eine Schalung oder Dielung schützt.

Die Berechnung der Wärmeleitung durch die den Trockenraum umschließenden Wandungen fußt auf der Kenntnis der einer bestimmten Bauart der Wand zukommenden Fähigkeit, Wärme aufzunehmen, fortzuleiten und an die kühle Außenluft abzugeben. Die diese Fähigkeit ausdrückenden Zahlen sind Erfahrungswerte, die sich in ziemlicher Ausführlichkeit in den Werken von *Péclet*[1] und *Valérius*[2] verzeichnet finden. Sie allgemein zu verwenden, ist um so gewagter, als sie teils von der Oberflächenbeschaffenheit der Wandungen, teils von der Art des Baustoffes abhängen, also von Umständen, die für jeden Einzelfall besondere sind. Ihre Benutzung wird daher den betreffenden Rechnungsergebnissen immer eine mehr oder weniger große Unsicherheit verleihen, so daß es nicht selten geboten erscheint, der Berechnung der Wärmeübertragung überhaupt nur einen Durchschnittswert für die Wärmeüberführungszahl zugrunde zu legen.

$\alpha\alpha$) *Die Nichtstromtrockner.*

Das wesentliche Merkmal des Nichtstromtrockners bildet das Fehlen der fortschreitenden Bewegung des Trockengutes während des Trocken-

---

[1] *E. Péclet:* Traité de la chaleur. Paris 1843. — *E. Péclet:* Nouveaux Documents relatifs au chauffage et à la ventilation. Paris 1853.

[2] *H. Valérius:* Les applications de la chaleur. 2. Aufl. Bruxelles 1867.

vorganges. Dasselbe verharrt vielmehr so lange am Ort, bis ein bestimmter Grad der Trocknung erreicht ist, und wird währenddessen von der strömenden warmen Trockenluft umspült oder durchdrungen. Letzteres ist insbesondere bei Geweben und bei Haufwerken der Fall, die auf durchbrochenen Darrplatten oder Trockenhorden geschichtet ausgebreitet sind. Die Dicke der Schicht kann hierbei für locker liegendes grobes Haufwerk größer gewählt werden als für dichtlagerndes Feinkorn, richtet sich aber in jedem Fall in erster Linie nach dem Druck und der verlangten Strömungsgeschwindigkeit der Warmluft bei dem Durchdringen der Schicht. Die zur Stützung des Trockengutes dienenden Horden sind entweder in Rahmen gefaßte, mit nach unten erweiterten Rund- oder Schlitzlöchern versehene Blechplatten, oder es sind in besonderer Bindung aus starkem Eisendraht hergestellte Roste, oder sie werden aus einem Draht- oder Fadennetz bzw. Gewebe gebildet.

Die Gleichförmigkeit der Feuchtigkeitsentziehung wird, insbesondere bei dicker Schichtlage, von Zeit zu Zeit durch Umschaufeln von Hand oder mittels Wendemaschinen, letzteres z. B. bei den Malzdarren der Mälzereien und Brauereien, unterstützt. Zuweilen wird der gesamte Trockenverlauf auf mehrere Horden derart verteilt, daß auf den zuerst benutzten ein Vortrocknen erfolgt und die letzten, die zugleich einem wärmeren Luftstrom ausgesetzt sind, dem Fertigtrocknen dienen. Auch hierfür bilden die Malzdarren geeignete Beispiele, sofern bei ihnen zwei bis drei, meist zwei Horden übereinanderliegen, von denen die obere, die Schwelkhorde, zum Zweck des Vortrocknens mit dem Grünmalz beschickt wird.

Großstückiges Trockengut, insbesondere Formgut, wie Tonwaren, Gießformen u. dgl., wird im Trockenraum so aufgestellt und durch kleinflächige, kantige oder stiftförmige Unterlagen unterstützt, daß es von der warmen Luft möglichst allseitig berührt wird. Garne, Gewebe und anderes großflächig ausgedehntes Trockengut erfährt zuweilen von Zeit zu Zeit durch Wenden und Weiterhängen einen Lagenwechsel, welcher die Stützstellen freilegt, damit die Trockenluft auch sie zu bestreichen vermag.

Die Bauformen der Nichtstromtrockner sind im allgemeinen einfach und wenig vielgestaltig. Vielfach ist es ein von Wänden umschlossener kammerförmiger Raum (Trockenkammer, Trockenstube, Trockenhaus), der in bestimmter Weise von der Trockenluft durchströmt wird und Einrichtungen zur Aufnahme des Trockengutes enthält. Das Ein- und Ausbringen des Gutes erfolgt durch luftdicht schließende Türen, die bei größeren Trockenkammern auch das Betreten dieser gestatten. Besonders einfach gestaltet sich zuweilen die Einrichtung der Nichtstromtrockner, die in landwirtschaftlichen Betrieben dem Trocknen von Körnerfrüchten (auch auf dem Halm), Kartoffel- und Rübenschnitzeln, Kraut- und Rübenblättern u. dgl. dienen. Dieselben sind zuweilen versatzfähig und können abwechselnd in bedeckten Räumen oder auf freiem Feld gebraucht werden. Solche Darren bestehen aus einem rechteckigen, 2 m breiten und 4 m langen Kasten aus verzinktem Eisenblech, der etwa 250 mm unter seinem oberen Rand eine vierteilige, herausnehmbare Darrplatte enthält, die das Trockengut aufnimmt. Zwischen dieser und dem

Kastenboden liegen zwei Rohrschlangen übereinander, von denen die obere zur Durchleitung des in einem besonderen Kessel, z. B. dem Kessel einer Lokomobile, erzeugten Heizdampfes, die untere zur Ableitung und Abkühlung des in der Heizdampfleitung entstehenden Kondensationswassers dient, so daß dessen Wärme ebenfalls dem Trockenzweck zugute kommt. Zum Entwässern der Dampfleitung ist am Zusammenschluß beider Leitungen ein Kondenstopf eingefügt. Die Trockenluft wird mittels eines Ventilators unterhalb der Leitungen in den Kasten geblasen und tritt nach ihrer Erwärmung durch die Trockengutschicht mit Feuchtigkeit beladen ins Freie. Zuletzt wird nach Abschließen der Dampfzuführung ein kühler Luftstrom durch das Trockengut geblasen, worauf dieses von der Horde abgenommen wird. Für einen stetigen Betrieb werden mehrere derartige „Darrfelder" an gemeinsame und durch Absperreinrichtungen gegliederte Luft- und Heizleitungen angeschlossen und abwechselnd mit Trockengut beschickt. Jedes der 8 qm großen Darrfelder faßt etwa 1250 kg Kartoffelschnitzel. Nach *Parrow*[1] verdampfen bei 60 bis 80° warmer Trockenluft auf 1 qm Darrfläche stündlich ungefähr 10 kg Wasser bei rund 70 v. H. anfänglichem Wassergehalt der Schnitzel; auch können auf einem Darrfeld ungefähr 1000 kg Getreide von 6 bis 8 v. H. Wassergehalt in einer Stunde getrocknet werden.

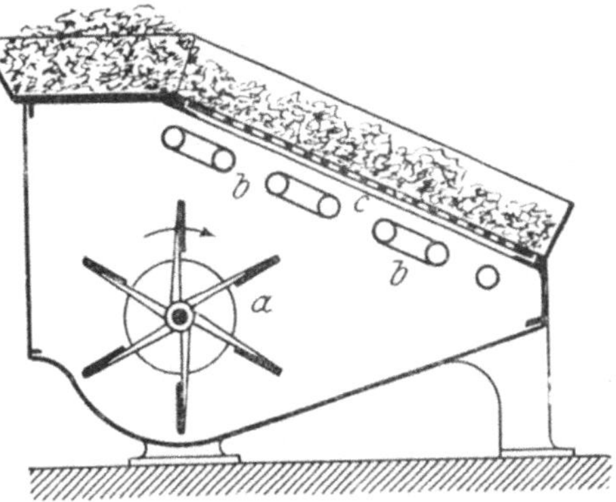

Abb. 142. Wolltrockner für Spinnereien.

Ähnliche, nach Abb. 142 eingerichtete Trockenapparate werden in Spinnereien für das Trocknen von Wolle benutzt. Bei ihnen treibt ein mit 350 bis 400 Drehungen in der Minute umlaufender Ventilator *a* die Luft nach dem Vorübergang an den Heizrohren *b* durch eine aus Drahtgewebe bestehende Tischplatte *c*, die von einem hohen Rand umsäumt ist und die locker gehäufte Wolle trägt. Ein in der Wand des Trockenraumes befindlicher Sauger führt die dem Trockenapparat entsteigende feuchte Luft ins Freie. 1 qm Trockenfläche liefert 2,5 bis 3,3 kg trockene Wolle in der Stunde.

Für allseitig geschlossene Trockenkammern bildet die Art, in welcher die Luft den Trockenraum durchfließt, ein die Bauart bestimmendes Merkmal. Dem natürlichen Auftrieb der warmen und relativ trockenen Luft entspricht die Zuführung im unteren Teile des Trockenraumes. Die Luft steigt dann, unterstützt durch die Wirkung eines Luftsaugers oder Bläsers, in dem Raum empor und wird nach erfolgter Abkühlung und Sättigung mit Wasserdampf entweder im oberen oder nach erfolgter Abwärtsleitung im unteren Teile des Trockenraumes ins Freie abgeführt. Hierbei unterstützt im letzteren Falle das Sinkvermögen der abgekühlten und daher spezifisch

---

[1] *E. Parrow:* Handbuch der Kartoffeltrocknerei. Berlin 1916, S. 232ff.

schweren Luft die Ableitung. Bedingen die Verhältnisse, daß die aufsteigende Trockenluft an dem Trockengut so erheblich abgekühlt wird, daß sie bereits vor Beendigung des Aufstieges den Sättigungspunkt erreichen und ihre Fähigkeit, trocknend zu wirken, verlieren würde, so wird zweckmäßig der Eintritt der Luft in die Nähe der Decke des Trockenraumes verlegt und die Luft in der Nähe des Bodens abgeleitet. Ein Beispiel hierfür bietet die in Abb. 143 nach *Ledebur* wiedergegebene Trockenkammer für Gießereien[1]. Die Beheizung der Kammer erfolgt durch die aus der Feuerung a abziehenden heißen Verbrennungsgase, die in dem Schacht b aufwärtssteigen und bei c in die Kammer d eintreten. Abgekühlt und mit Wasserdampf beladen werden sie am Boden dieser bei e durch einen bei f angeschlossenen Schornstein ab-gesaugt. Ein in dem Abzugkanal ange-brachter Schieber dient zum Regeln der Geschwindigkeit, mit welcher die Gase den Trockenraum durchströmen, in dem die zu trocknenden Gießformen und Kerne auf verstellbaren Stabgerüsten liegen. Das Ein- und Austragen dieser erfolgt durch eine Öffnung in der Kammerwand, die mittels einer eisernen, des besseren Wärmeschutzes wegen doppelwandigen Flügel- oder Schiebe-tür g verschlossen wird. Als Heizstoff wird gut getrockneter Koks benutzt.

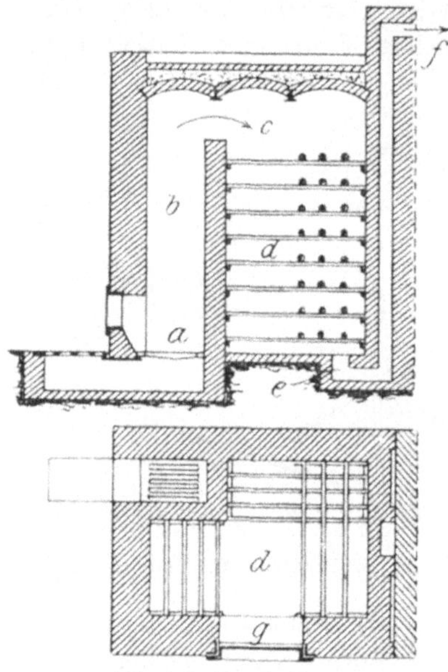

Abb. 143. Trockenkammer.

Um bei unterem Ein- und Austritt der Trockenluft deren Verteilung und Mischung im Trockenraum zu fördern, ist vorgeschla-gen worden, an jeder der sich gegenüber-liegenden Langseiten der Trockenkammer sowohl mehrere Ein- als auch Austritts-öffnungen anzuordnen und diese von Zeit zu Zeit durch geeignetes Einstellen der Absperrschieber so zu vertauschen, daß die Richtung der Luftbewegung innerhalb der Kammer eine Umkehrung erfährt[2].

In Linoleumfabriken, Wachstuchfabriken usw. dienen der Gewebe-trocknung Trockenhäuser, die, wie die Abb. 144 ersehen läßt, als selb-ständige Bauten in Mauerwerk ausgeführt sind und ein durch einen Dach-reiter ventiliertes Dach tragen. Die Trockenluft wird mittels eines Venti-lators zugeführt und tritt, nachdem sie an Dampfheizrohren, die in Heiz-kanälen a unterhalb des Fußbodens liegen oder in einem Kalorifer erwärmt wurde, durch gußeiserne Gitterplatten, welche die Heizkanäle bedecken,

---

[1] *A. Ledebur:* Die Verarbeitung der Metalle. Braunschweig 1877, S. 178. — Ferner siehe DRP. Nr. 103 851 vom 2. April 1898. Trockenkammer für Gelbgießereien: Zeitschr. f. Dampfkessel- u. Maschinenbetrieb 1918, S. 372.
[2] DRP. Nr. 194 123 vom 8. Februar 1907. — Ältere derartige Anordnung von *Valérius* in *H. Grothe:* Die Appretur der Gewebe. Berlin 1882, S. 670.

in den Trockenraum ein. Hier strömt sie an den herabhängenden Gewebebahnen b aufwärts und tritt durch den Dachreiter ins Freie. Bei etwa 12 m
Höhe des Trockenhauses und 36° Eintrittstemperatur entweicht die Luft
mit rd. 30°. Das Gewebe hängt in zahlreichen Falten über Stäben c, die von
eisernen, im oberen Teil des Trockenhauses angeordneten und dessen Längenrichtung folgenden Trägerpaaren d getragen werden. Meist liegen zwei bis drei
solcher Trägerpaare in der Breitenrichtung des Hauses nebeneinander, so
daß der Trockenraum gleichviel Gewebebahnen gleichzeitig aufnehmen kann.
Zwischen ihnen sind Laufbretter gelegt, auf denen die Arbeiter während des
Ein- und Aushängens der Gewebe verkehren. Die einzelnen Gewebe werden
von den Arbeitern mittels zweier Tragstäbe $c_1 c_2$ auf eine solche Länge abgeteilt, daß sie der doppelten Hanghöhe entspricht, worauf der Stab c_1 gegen
den Stab c_2 hin verschoben wird, bis die Faltung vollendet ist. Für die folgende
Faltung wird sodann bei c_1 ein neuer Stab eingelegt und die gleiche Arbeit

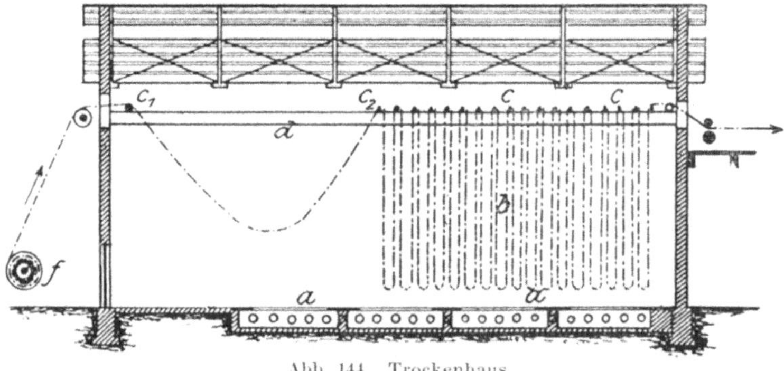

Abb. 144. Trockenhaus.

so lange wiederholt, bis die auf einem Wickel f aufgerollte Gewebebahn eingetragen ist. Die Tragstäbe sind von Holz oder bestehen, um ihr Gewicht zu
vermindern, aus einem Blechrohr, das an den Enden mit prismatischen Köpfen
versehen ist. Der Hang, d. i. die freihängende Länge des Gewebes, beträgt
5 bis 10 m. Die einzelnen Hänge sind etwa 175 mm, zwei benachbarte Gewebebahnen mit Rücksicht auf den Verkehr der Arbeiter etwa 1 m voneinander
entfernt. Auf 1 qm Grundfläche des Trockenraumes können bei einer mittleren Hanglänge von 8 m, einer Gewebebreite von 2 m und drei Hangreihen
etwa 30 bis 35 qm Gewebe untergebracht werden, und es beträgt der für 1 qm
Gewebe erforderliche Trockenraum etwa 0,3 cbm. Zur Erleichterung des
Gewebeeintrages sind auch mechanische Aufhängeeinrichtungen in Gebrauch
gekommen[1].

Eine besonders zweckentsprechende Ausbildung haben derartige Einrichtungen in den Buntpapier- und Tapetenfabriken, den Fabriken für Glas-
und Schmirgelpapier, Schmirgelleinen u. dgl. erhalten, wo sie sowohl das Ein-
und Austragen des Trockengutes erleichtern als auch zum selbsttätigen Betrieb der Trockenanlage geführt haben, indem sie die über Stäben in Falten

---

[1] *H. Fischer:* Geschichte, Eigenschaften und Fabrikation des Linoleums. Leipzig 1888.

hängenden „endlosen" Papierbahnen durch die beheizte Trockenstube führen. Die perspektivisch gezeichnete Abb. 145 gibt die Anordnung einer solchen Transporteinrichtung in ihren Grundzügen wieder. Die Transportketten sind durch strichpunktierte, die Papierbahnen durch gestrichelte Linien angedeutet. Die Tragstäbe werden in gleichgroßen Zeiträumen, die der herzustellenden Faltung entsprechen, einem Stabköcher entnommen und dem aufsteigenden, mit Schiebklauen ausgerüsteten Transportkettenpaar a übergeben. Der bei b aufgelegte Stab untergreift die von der Färbmaschine kommende und über die Leitwalze c herabhängende Papierbahn d und schiebt sie beim Anstieg zu einer etwa 3 bis 4 m tiefen Falte zusammen. Am oberen Ende der Hubkette angelangt, wird der Stab einem langsamer fortschreitenden, wagerecht liegenden zweifachen Kettenzug e übergeben, der ihn nebst

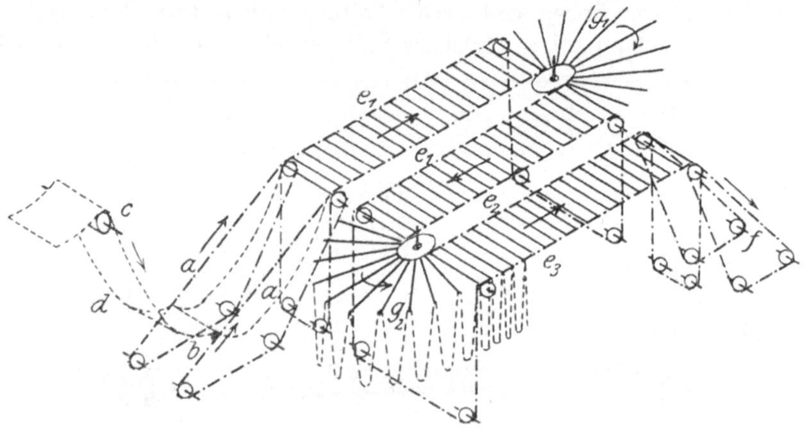

Abb. 145. Aufhängevorrichtungen für Trockenstuben.

der darauf hängenden gefalteten Papierbahn in Gemeinschaft mit den bereits vor ihm aufgegebenen Stäben weiterführt. Nach dem Trocknen des Papieres gelangt der Stab in den Wirkungsbereich eines dritten Transportkettenpaares f, das ihn aufnimmt und das Papier vermöge seiner größeren Laufgeschwindigkeit wieder entfaltet. Der von den Faltungen durchlaufene Weg entspricht der für das Trocknen des Papierüberzuges erforderlichen Zeit und beträgt zuweilen 60 m und mehr. Dieser Weg wird zur Verkürzung des Trockenraumes auf 2, 3 oder 4 gerade Wegstrecken ($e_1\,e_2\,e_3$) verteilt, die an den Enden durch bogenförmige Umführungen $g_1\,g_2$ verbunden sind. Die Skizze gibt den Kettenlauf für eine dreibahnige Anordnung mit zwei Umkehrungen wieder. Die Ketten sind einfache Gliederketten oder sind aus zangenartigen Gliedern zusammengesetzt, welche die Stäbe nur einseitig fassen und freitragend führen[1].

$\beta\beta$) Die Stromtrockner.

Die den Stromtrocknern eigentümliche Strömung von Trockenluft und Trockengut bedingt für einen erfolgreichen Wärmeaustausch zwischen beiden

---

[1] DRP. Nr. 44 966 vom 11. Februar 1888.

eine um so größere Länge des gemeinschaftlich zurückgelegten Weges, je kleiner der Temperaturunterschied zwischen Trockenluft und Trockengut gehalten wird, je allmählicher also auch die Verdampfung des aus dem Trockengut abzuscheidenden Wassers erfolgt. Da der Wassergehalt der Stoffe, die mit künstlich erzeugter Wärme getrocknet zu werden pflegen, mit wenig Ausnahmen verhältnismäßig klein ist (10 bis 50 v. H.), so daß eine hohe Temperatur der Trockenluft das Übertrocknen und damit eine Schädigung des Trockengutes herbeiführen würde, ist die Wirkung der Stromtrockner meist an mäßig große Temperaturunterschiede gebunden. Es müssen demnach die Stromtrockner im allgemeinen in der Richtung der Strömung eine verhältnismäßig große Längenerstreckung erhalten, um die erforderliche Zeit für die Berührung des Trockengutes mit der Trockenluft zu gewinnen. Je nachdem hierbei die Strömung in senkrechter oder in wagerechter Richtung erfolgt, werden bestimmte bauliche Unterschiede der Einrichtungen bedingt, die sprachlich in der Bezeichnung derselben als **Turm-** oder **Schacht-trockner** einerseits, als **Kanaltrockner** andererseits ihren Ausdruck finden. Für die Wahl der Bauform ist die Beschaffenheit des Trockengutes im allgemeinen bestimmend, was jedoch Abweichungen von der Regel nicht ausschließt. Meist wird der Trockenturm bei dem Trocknen schüttbarer Haufwerke (Getreide u. dgl.) bevorzugt, weil diese leicht durch ihr Eigengewicht in Bewegung kommen, und werden Trocken-kanäle für das Trocknen schwerer bewegbaren und infolgedessen die Benutzung mechanischer Hilfseinrichtungen, wie fahrbarer Trockengestelle, Trockenwagen u. dgl., erfordernden Trockengutes (z. B. Ziegel und andere Formwaren) gewählt.

Die Gleichstromtrockner.

Dadurch, daß bei dem Eintritt in den Trockenraum die warme und relativ trockene Trockenluft mit dem neu zugeführten Trockengut zusammentrifft, das noch den vollen Feuchtigkeitsgehalt besitzt, wird in dem Gleichstrom-trockner bereits im ersten Teil des Trockenvorganges die Wasserverdampfung derart gesteigert, daß in dem weiteren Verlauf nur noch verhältnismäßig geringe Wassermengen dem Trockengut entzogen zu werden brauchen. Die Verwendung einer hohen Eintrittstemperatur ist hierbei nicht ausgeschlossen und führt, wenn benutzt, dann zu einer erheblichen Abkürzung des Trocken-vorganges, wenn das Trockengut besonders wasserreich ist und demzufolge eine Erwärmung desselben über die Verdampfungstemperatur des Wassers, also eine Überhitzung, nicht eintreten kann. Dieser Umstand ermöglicht es, bei dem Trocknen besonders wasserreichen Trockengutes, wie es z. B. die dem Difusseur entnommenen Rübenschnitzel der Zuckerfabriken oder die für Futterzwecke der Landwirtschaft bestimmten Kraut- und Rüben-blätter (70 bis 88 v. H. Wasser) sind, unter Umständen die 300 bis 400° warmen Rauchgase einer Feuerung für Trockenzwecke unmittelbar nutz-bringend zu verwenden, ohne eine Schädigung des Trockengutes durch Über-trocknen befürchten zu müssen.

Die allgemeine Einrichtung eines auf dem Gleichstromverfahren fußenden Trockenturmes für Körnerfrüchte gibt beispielsweise die Abb. 146 wieder[1]. Das feuchte Trockengut wird bei a dem im Querschnitt ringförmigen Schacht übergeben und verläßt ihn getrocknet bei b. Außen umhüllt den Schacht ein Blechmantel c. Im Innern ragt ein oben offenes, von einer Kappe d überdachtes Rohr e empor, das dem Mischen der bei f eingesaugten Trockenluft mit den durch das Mittelrohr g aufsteigenden heißen Abgasen einer Feuerung dient. Es führt das warme Luftgemisch dem oberen Ende des Körnerschachtes zu, von dem es, gleichwie das Trockengut, abwärtsfließt, bis es bei h in die Saugleitung übertritt. Ringförmige Unterschiede $i_1 i_2$ teilen die zwischen den Schachthüllen und den siebartig durchbrochenen Schachtwandungen befindlichen Hohlräume derart, daß die Trockenluft gezwungen ist, während des Abwärtsfließens die von den Schachtwandungen umschlossene Körnerschicht auch quer zu durchdringen und sich innig mit dem Trockengut zu mischen. Der wiederholte Wechsel der Durchflußrichtung trägt zur gleichmäßigen Verteilung der Wärme und zum gleichmäßigen Entfeuchten des Trockengutes wesentlich bei. Ein anderes Mittel, ein inniges Mischen der Trockenluft mit dem Trockengut zu erzielen, ist, gewissermaßen als Umkehrung des vorigen, in dem steten Wenden des in dem Trockenschacht niedersinkenden Trockengutes mittels im Innern des Schachtes feststehender, in steilen Windungen verlaufender schraubenförmiger Leitbleche gefunden worden[2].

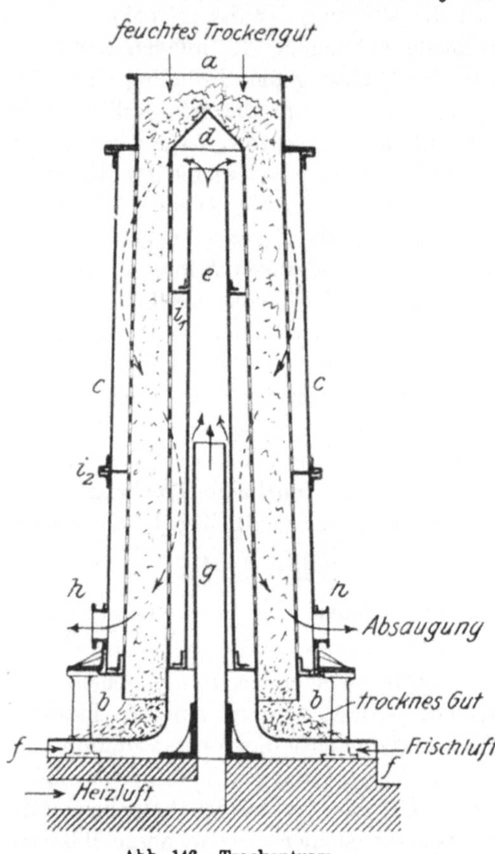

Abb. 146. Trockenturm.

Die übliche Einrichtung eines von dem Trockengut und der Trockenluft gleichgerichtet durchlaufenen Trockenkanales lassen die Abb. 147 A und B ersehen, die einen solchen in Aufriß- und Grundrißschnitten darstellen. Der

---

[1] DRP. Nr. 189 450 vom 3. März 1906 und Zusatzpat. Nr. 214 023 vom 10. November 1906.

[2] DRP. Nr. 183 963 vom 24. Dezember 1905 und Zusatzpat. Nr. 186 437 vom 11. Mai 1906.

Kanal zerfällt in der Längenrichtung in drei Teile: den Trockenraum *b* und die Vorräume *a* und *c*, die mit dem ersteren durch die verschließbaren Türöffnungen *d* und *e* verbunden sind und durch Türen *f* und *g* betreten werden können. Den Kanal durchziehen in der Längenrichtung zwei Schienengeleise, auf denen die das Trockengut enthaltenden kleinen Wagen laufen. Die Wagenreihen füllen den Trockenraum des Kanales und werden in Zeitstufen derart durch denselben bewegt, daß durch das Einfahren eines mit frischem Trockengut gefüllten Wagens am Eintragende *a* der fertig getrocknetes Gut tragende Endwagen der Reihe den Trockenraum bei *c* verläßt. Um Wärmeverlusten möglichst vorzubeugen, werden während des Wagenwechsels die Außentüren *f* und *g* der Vorräume geschlossen gehalten und nach vollzogenem Wechsel auch die Türen *d* und *e* des Trockenraumes wieder geschlossen. Die frische Trockenluft gelangt durch die Einlaßöffnungen *i* in einen unterhalb des Kanalanfanges liegenden Heizraum *k*, wo sie, an Dampfrohren vorüberstreichend, sich erwärmt und tritt durch Gitterplatten *l*, die den Heizraum überdecken, in den Trockenraum ein. Hier strömt sie unter der Saugwirkung des am Ende des Trockenraumes oberhalb einer Deckenöffnung befindlichen Ventilators *m* an den das Trockengut tragenden Wagen entlang und wird abgekühlt und durchfeuchtet von dem Ventilator ins Freie geblasen. Die Länge derartiger Trockenkanäle

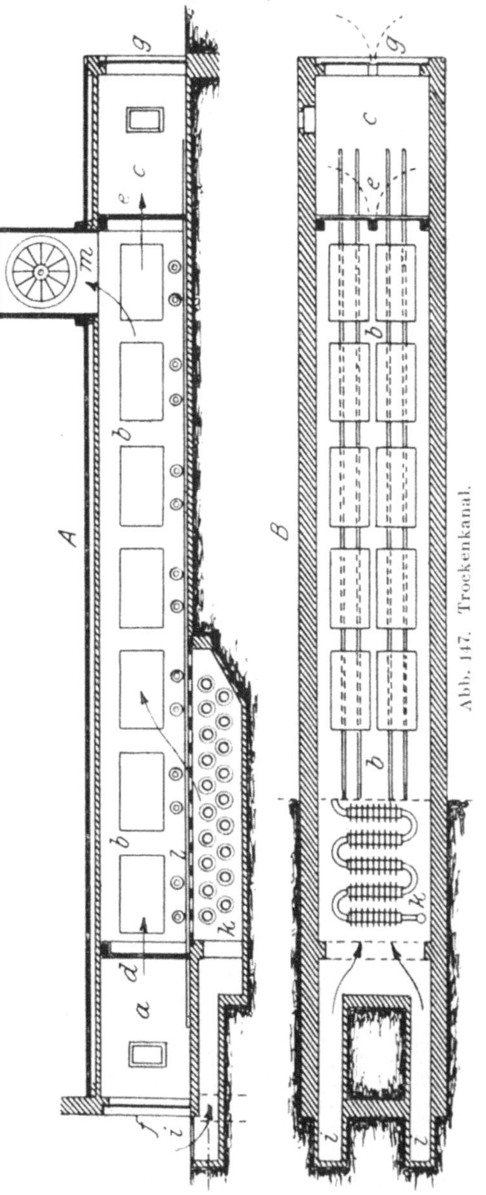

schwankt etwa zwischen 10 und 30 m, ihre Höhe wird, damit sie begehbar sind, zu mindestens 1,8 bis 2 m gewählt. Für die Breitenabmessung ist die Art und Menge des einzulagernden Trockengutes bestimmend, dem sich hierbei ergebenden Maße sind etwa 60 v. H. für den Durchfluß der Trocken-

luft zuzuschlagen. Die Luftgeschwindigkeit wird im Mittel zu rd. 1 m/Sek.,
die ideelle Fortschrittsgeschwindigkeit des Trockengutes zu 300 bis 500 mm
in der Sekunde gewählt.

Um bei weiträumigen Trockenkanälen einer ungleichen Wärmeverteilung
vorzubeugen und die wiederholte Durchmischung der Trockenluft auf ihrem
Wege vom Eintritts- zum Austrittsende des Kanals zu erzwingen, werden
mit den Wagen wandernde Scheidewände im Innern des Kanals angeordnet,
die im Verein mit nach außen gerichteten Wölbungen der Decke und des
Bodens des Kanals der Trockenluft einen zur Bildung von Luftwirbeln Veranlassung gebenden Bogenweg anweisen[1]. Gleichzeitig wird durch wiederholtes Anwärmen der feuchten Luft deren Aufnahmefähigkeit gesteigert
und sie relativ trocken dem Kanalende zugeführt.

In der allgemeinen Bauart dem beschriebenen Trockenkanal gleichende
Einrichtungen finden auch bei dem Trocknen von Pappe, Wäsche und anderen
flächenförmigen Formstücken Anwendung. Den Transport des Trockengutes

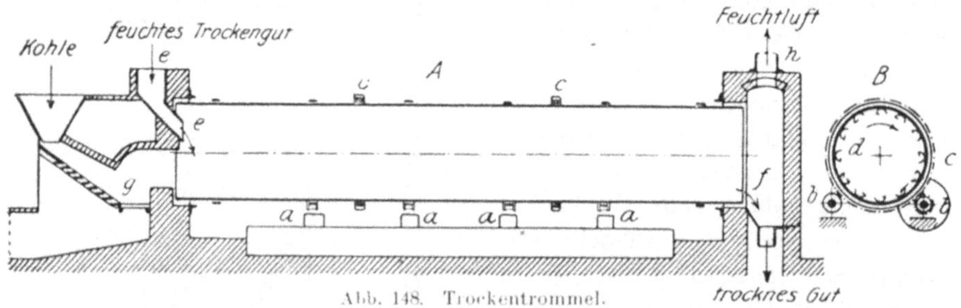

bewirken umlaufende Kettenzüge, welche dasselbe vermittels federnder
Kluppen erfassen oder über Stäben hängend mit etwa 10 m Geschwindigkeit
in der Stunde durch den Trockenraum führen. Für pulverförmiges und
schlammiges Trockengut ist auch vorgeschlagen worden, dasselbe mit Hilfe
eines Preßluftstromes durch den von außen beheizten Trockenkanal zu treiben[2].

Ihrem Wesen nach sind in technologischer Hinsicht den Kanaltrocknern
auch gewisse Bauarten von Trockenrohren oder Trockentrommeln
zuzuzählen, die dem Trocknen körniger Haufwerke, wie Sand und Kies,
und Stoffen pflanzlichen Ursprunges (Kartoffeln, Krautblätter u. dgl.) dienen.
Bei ihnen ist der feststehende Trockenkanal durch ein langes zylindrisches,
zuweilen auch kegelförmiges Rohr ersetzt, das nach Abb. 148 in wagerechter
Lage einem Heizraum vorgelagert ist. Dasselbe ruht mit Laufringen a, die
es gleichzeitig versteifen, auf Rollenpaaren b (Abb. 148 B) und wird durch
Rädertriebwerke c in langsame Drehung versetzt. Dabei fördern Hubtaschen d,
die an der inneren Rohrwand sitzen, das durch die Schurre e eingeführte
Trockengut unter wiederholtem Heben und Abwerfen dem Austragende f
der Trommel zu. In der gleichen Richtung strömen die dem Heizapparat g

---

[1] DRP. Nr. 106 704 vom 19. Februar 1899.
[2] DRP. Nr. 91 889 vom 1. September 1896.

entstammenden heißen Rauchgase dem Abzugskamin h zu. Die Hubtaschen werden zuweilen[1] als Rinnen ausgebildet, die in der Richtung der Trommelachse liegen und schraubig gebogene Blechstreifen enthalten, die bei der Drehung der Trommel das Trockengut in axialer Richtung dem Trommelende zu fördern. Die nachlaufende Kante jeder Rinne ist mit einer verzahnten Schiene besetzt, welche das emporgehobene Trockengut beim Niederfall aus der Rinne verteilt, so daß es dem durch die Trommel fließenden heißen Gasstrom eine große Angriffsfläche bietet und der Wärme- und Feuchtigkeitsaustausch gefördert wird. Derartige Trockenrohre erhalten, je nach dem Raumbedürfnis des Trockengutes und der Füllungsgröße, 500 bis 1500 mm Durchmesser bei 3 bis 10 m Länge und werden von den Heizgasen mit etwa 2 m, von dem Trockengut mit etwa 0,004 m Geschwindigkeit in der Sekunde durchlaufen.

Die Gegenstromtrockner.

Dem Gegenstromtrockner eigentümlich ist das Zusammentreten des kühlen, noch den vollen Feuchtigkeitsgehalt besitzenden Trockengutes mit der bereits abgekühlten und mit Feuchtigkeit beladenen Trockenluft einerseits, des erwärmten und nahezu völlig entfeuchteten Gutes mit der noch den vollen Wärmegehalt besitzenden Trockenluft andererseits. Hierdurch sind für den Verlauf des Trockenvorganges insofern besonders günstige Verhältnisse gegeben, als der Unterschied zwischen der Aufnahmefähigkeit der Trockenluft und dem Feuchtigkeitsgehalt des Trockengutes an allen Stellen des Trockenraumes derart gestaltet werden kann, daß er den Austausch der Feuchtigkeit möglichst günstig zu beeinflussen vermag. Hierin ist der Gegenstromtrockner dem Gleichstromtrockner in allen den Fällen überlegen, wo, um der Übertrocknung vorzubeugen, ein großer Temperaturunterschied zwischen der Trockenluft und dem Trockengut infolge geringen Feuchtigkeitsgehaltes des letzteren vermieden werden muß.

Die allgemeinen Bauformen sind für beide Arten von Stromtrocknern die gleichen. Auch die Gegenstromtrockner werden sowohl in Form von Trockentürmen als in Form von Trockenkanälen ausgeführt. Daneben bestehen verschiedene Mischformen, die sich aus der Vereinigung der beiden Trockenverfahren ergeben und den besonderen Verwendungszwecken angepaßt sind. Als Beispiel sei zunächst die in der Abb. 149 skizzierte mehrgeschossige Darre[2] angeführt, die zum Trocknen körniger Haufwerke, Futtermittel u. dgl. bestimmt ist. Die in einem senkrecht stehenden gemauerten Schacht übereinanderliegend eingebauten Horden a bestehen aus dicht nebeneinander liegenden schmalen Gitterplatten, die für das Entleeren der Horde, sich um ihre Längenachse drehend, aufgeklappt werden können. Indem dies mit allen Platten einer Horde gleichzeitig geschieht, fällt das auf der Horde liegende Trockengut der nächst tieferliegenden geschlossenen Horde zu und wird von dieser aufgenommen. Über der obersten (ersten) Horde a befindet

---

[1] DRP. Nr. 100 472 vom 25. November 1896.
[2] DRP. Nr. 28 975 vom 23. Februar 1884.

sich ein Meßkasten b zur Bestimmung der jedesmaligen Hordenfüllung, mit ebenfalls aufklappbaren, aber nicht durchbrochenen Bodenplatten. Aus ihm wird die oberste Horde a_1 mit neuem Trockengut beschickt, wenn die unterste, das getrocknete Gut tragende Horde entleert und das die Zwischenhorden bedeckende, nur teilweise trockene Gut, von unten nach oben fortschreitend, der jeweilig tieferliegenden Horde zugeführt worden ist. Es gelangt hierbei das Trockengut in immer wärmere Zonen des Trockenraumes und verläßt diesen, von der neu eintretenden und daher wärmsten Trockenluft umspült, unter Vermittlung der durchbrochenen Rutsche c, durch den die Schachtwand durchsetzenden Auslauf d. Die Trockenluft, die an dem unterhalb der Darrhorden in den Schacht eingebauten Lufterhitzer (Calorifer) erwärmt wird, legt den umgekehrten Weg zurück. Sie wird bei e angesaugt und streicht an den heißen Rauchrohren f des Erhitzers vorüber. Ein Teil davon gelangt erwärmt durch die mit einem Schirm g überdachte Durchbrechung der Decke des Heizraumes unmittelbar zu dem auf der untersten (letzten) Horde liegenden Trockengut. Ein zweiter Teil der warmen Luft steigt durch Kanäle im Mauerwerk, die in der Skizze nicht dargestellt sind, aufwärts und strömt, sich mit dem senkrecht aufsteigenden Luftstrom

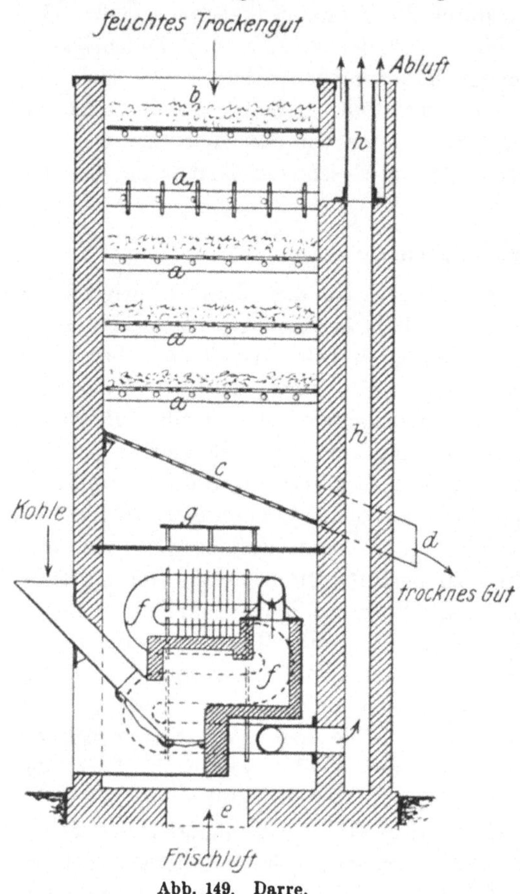

Abb. 149. Darre.

vermischend, zwischen den Horden hindurch einem Luftschacht zu, in dem der die Rauchgase der Feuerung des Lufterhitzers abführende Schornstein h liegt.

In anderen Gegenstromtrocknern mit senkrechter Bewegung des körnigen Trockengutes vermitteln die Abwärtsbewegung zuweilen trichterförmige ineinandergreifende steile Rutschflächen[1], oder schwach geneigt liegende ebene Tragplatten, die beständig gerüttelt werden[2], oder festliegende Stützkörper, die reihenweise so übereinandergeordnet sind, daß die Körper einer

---

[1] DRP. Nr. 104 097 vom 19. Juni 1898; Nr. 189 450 vom 3. März 1906 und Zusatzpatent Nr. 196 792 vom 29. August 1906.

[2] DRP. Nr. 85 273 vom 2.. April 1895.

Reihe den Lücken der Nachbarreihen gegenüber liegen und von denen bewegte Streichbleche das Gut abstreifen, so daß es von Stufe zu Stufe abwärtssinkt[1]. Zuweilen sind die Stützkörper und Streichbleche durch wagerecht ausgespannte und stufenweise angeordnete Fördertücher ersetzt, eine Ausführung, wie sie beispielsweise durch gewisse, der Salztrocknung auf Salinen dienende Trockenapparate vertreten wird und die in Abb. 150 zur Darstellung gelangt ist. Nach dieser enthält der Apparat acht Fördertücher, die so gegeneinander versetzt sind und in Umlauf gehalten werden, daß das höherliegende Tuch das Trockengut stets auf das zunächst darunterliegende abwirft. Die Tücher sind 3,5 m lang, 1,54 m breit und laufen mit 0,7 m Geschwindigkeit in der Minute. Bei 84 v. H. Ausnutzung der gesamten, 43,12 qm großen Tuchfläche und etwa

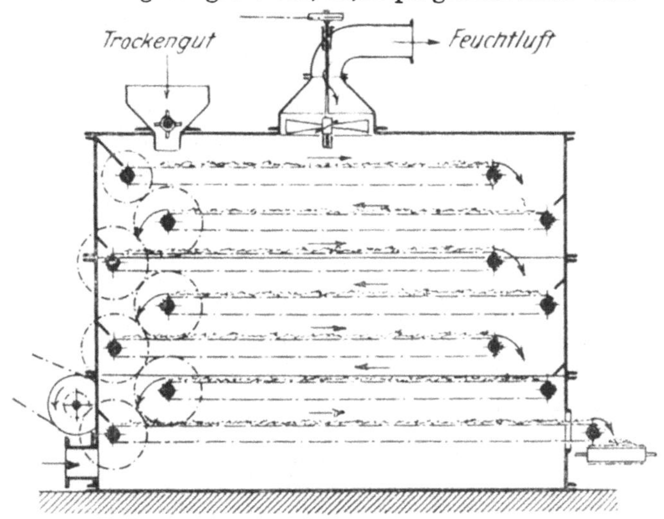

Abb. 150. Salztrockner.

15 mm dicker Beschickung faßt der Trockenapparat etwa 250 kg feuchtes Salz. Dasselbe gelangt mit 10 v. H. Wassergehalt in den Apparat und verläßt ihn nach $\frac{3,5 \cdot 8}{0,7} = 40$ Minuten bis auf 2 bis 3 v. H. entwässert, so daß sich eine Stundenleistung von $\frac{250}{40} \cdot 60 = 375$ kg ergibt[2].

Der beschriebenen ähnliche Trockeneinrichtungen finden auch bei dem Trocknen appretierter Gewebe Anwendung. Bei ihnen sind die Fördertücher durch die Gewebebahn ersetzt, die in wagerechten oder senkrechten Lagen im Zickzacklauf durch den Trockenraum geführt wird, wie es z. B. die Abb. 151 veranschaulicht. Dabei dienen nicht selten mit Nadeln oder zangenartigen Kluppen besetzte Förderketten, welche das Gewebe an den Sahlkanten erfassen, zum Führen und gleichzeitigen Ausspannen der Gewebebahn in der Breitenrichtung, damit sie faltenlos und mit sich rechtwinklig kreuzenden Fadenlagen durch den Trockenraum getragen wird.

[1] DRP. Nr. 271 418 vom 4. April 1913; Nr. 276 246 vom 30. Juni 1912.
[2] Zeitschr. f. Berg-, Hütten- u. Salinenwesen 1879, Bd. 27. S. 20.

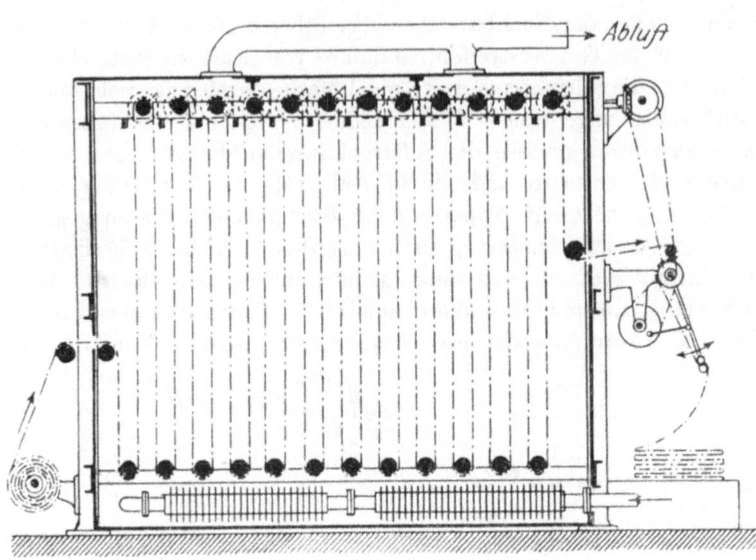

Abb. 151. Gewebetrockner.

In der Appretur wollener Gewebe, wie Tuche, Velourstoffe, Musseline usw., wird den **Spann-** und **Trockenmaschinen** insofern eine abweichende Einrichtung gegeben, als das Gewebe in ein- oder höchstens zweifacher Lage offen sichtbar ausgespannt der Trockenluft ausgesetzt wird. Bei einer derartigen Anordnung, für die Abb. 152 ein Beispiel zur Anschauung bringt,

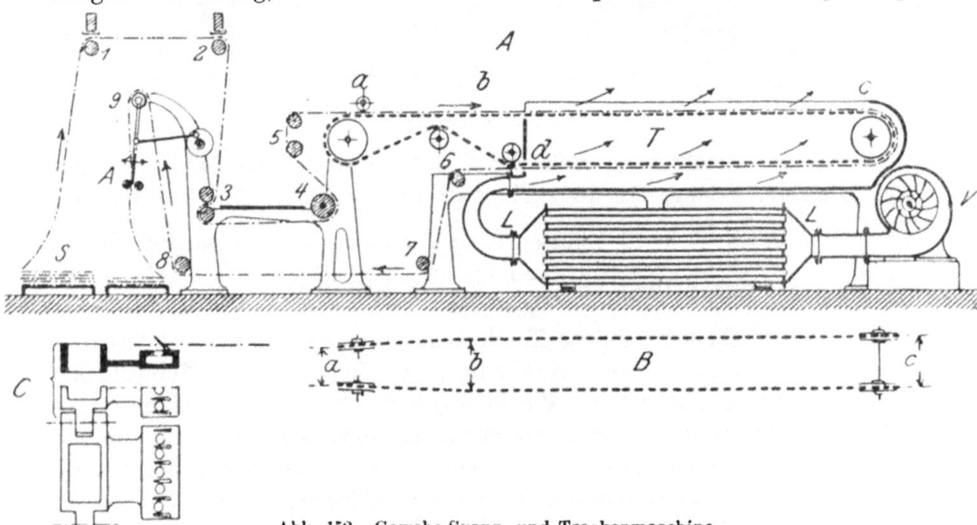

Abb. 152. Gewebe-Spann- und Trockenmaschine.

besteht die Spanneinrichtung aus zwei anfangs (von a bis b) auseinanderlaufend, dann aber (von b bis c bis d) bei dem Durchlaufen des Trockenraumes T gleichlaufend geführten endlosen Nadelketten $a\,b\,c\,d$. Diesen wird das dem

Stoffstoß S entnommene Gewebe nach dem Durchlaufen der Leitwalzen *1 2 3 4*
und des Breithalters *5* bei *a* übergeben, und sie tragen es, auf die erforderliche
Breite ausgedehnt, durch den Trockenraum, worauf es getrocknet bei *d*
wieder von den Ketten abgenommen und über die Leitwalzen *6 7 8 9* dem
Ableger *A* zugeführt wird, der es wieder zusammenfaltet. Den Trockenraum *T*
bildet ein oben offener kastenförmiger Behälter mit versetzbaren Seitenwänden,
deren Verstellung es gestattet, ihn für verschiedene Gewebebreiten zu verwenden. Nach oben schließt den Raum das zu trocknende Gewebe, nach unten
ein Boden ab, oberhalb dessen die Trockenluft mittels des Ventilators *V*
eingeblasen wird, nachdem sie in einem mit Dampf beheizten Lufterhitzer *L*
auf 40 bis 50° C vorgewärmt worden ist. Die Luft durchdringt die beiden
Gewebebahnen. Sie entzieht erst der unteren, bereits vorgetrockneten Bahn *c d*
den letzten Rest von Feuchtigkeit und tritt hierauf, bereits abgekühlt und
angefeuchtet, durch die obere nasse Gewebebahn *b c* ins Freie, wobei sie
ihr einen Teil ihrer Feuchtigkeit entzieht. Die Art und der Feuchtigkeitsgehalt des zu trocknenden Gewebes bestimmt einerseits die Länge des Trockenraumes, andererseits die Fortschrittsgeschwindigkeit der das Gewebe tragenden Spannketten. Die letztere beträgt für schwere Tuche etwa 20 mm, für
leichte Damenkleiderstoffe 100 mm in der Sekunde. Dementsprechend können
bei 6 bzw. 12 m Länge des Trockenraumes etwa 100 bis 600 m dieser Stoffe
in der Stunde getrocknet werden. Die Heizfläche des Lufterhitzers schwankt
zwischen 50—70 qm.

β) Die Heizflächentrockner.

Während bei den Warmlufttrocknern die Trockenluft den Übergang der
Wärme auf das Trockengut vermittelt, tritt das letztere bei den Heizflächen-
trocknern unmittelbar mit der die Wärme abgebenden Heizfläche in Berührung. Hierdurch wird die bauliche Anordnung der Trockenapparate und
in vielen Fällen auch deren Betrieb vereinfacht, der Raumbedarf verringert,
die Beobachtung des Trockenvorganges erleichtert und unter Umständen
durch Anwendung höherer Temperaturen der Trockenvorgang selbst beschleunigt. Besondere Vorteile vermögen die Heizflächentrockner bei dem
Trocknen pulverförmiger Massen, teigiger und flüssiger Stoffe, wie gedämpfter
Kartoffeln, Milch, Blut u. dgl., und flächig ausgedehnten Trockengutes (Gewebe, Papier) zu gewähren, weil sie den stetigen Verlauf des Trockenvorganges
in einfacher Weise dadurch ermöglichen, daß die Heizkörper zugleich auch
die Fortbewegung des Trockengutes bewirken. Je nachdem die Heizkörper
platten-, röhren- oder walzenförmig gestaltet sind, werden Plantrockner,
Röhrentrockner und Walzentrockner unterschieden.

Plantrockner sind beispielsweise die in chemischen Fabriken bei dem
Trocknen und Calcinieren des Salpeters, des Chlorkaliums usw. benutzten
Trockenbetten, das sind viereckige, flache Eisenkästen von 5 bis 6 m Länge
und 1,5 bis 2 m Breite mit ebenem, durch Dampf beheizten Doppelboden,
auf dem die zu trocknenden Salzmassen in 80 bis 90 mm dicker Schicht ausgebreitet werden, nachdem sie auf einer Nutsche (S. 55) von der anhängenden

Mutterlauge befreit und mit Wasser ausgewaschen worden sind. Ein Trockenbett mittlerer Größe nimmt etwa 250 bis 300 kg Salzkrystalle auf. Die entstehenden Dämpfe werden unter einem den Trockner überspannenden Schutzdach gesammelt und durch einen Wrasenabzug ins Freie geleitet. Ähnliche Planpfannen mit einem Boden aus Gußeisenplatten, den ein etwa 160 mm hoher Holzbord umrandet, werden in Salzsiedereien beim Trocknen des Salzes benutzt. Sie werden meist durch die Abhitze der Siedepfanne beheizt, zuweilen wird ihnen auch eine Planrost- oder Treppenrostfeuerung vorgelagert; in

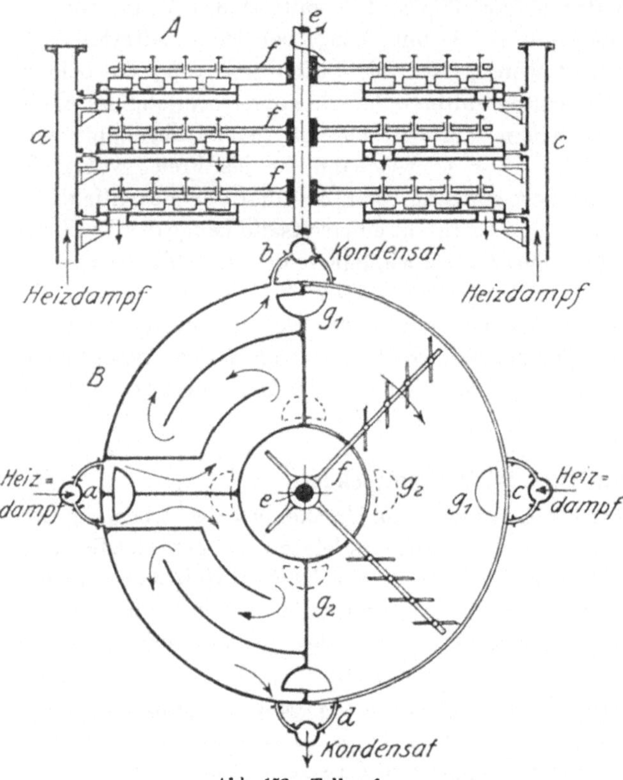

Abb. 153. Tellerofen.

neuerer Zeit ist die Rostfeuerung auch durch Gasheizung ersetzt worden.

Auch bei dem Trocknen der in Zuckerfabriken als Filterstoff benutzten und zum Zweck der Wiederbelebung gedämpften Knochenkohle finden ebene Darrplatten Anwendung, die mit den Abgasen der Glühöfen beheizt werden. Das Trockengut wird an der kühleren Seite, da wo die Gase abfließen, auf die Platte aufgetragen und allmählich durch Umschaufeln der heißeren Seite zugeführt. Bei kreisförmigen Darrplatten werden die Heizgase nahe dem Plattenrand zugeführt und in einem unterhalb der Platte liegenden spiralförmig verlaufenden Kanal dem in der Mitte der Platte beginnenden Abzugskamin zugeleitet, während die zu trocknende Kohle den umgekehrten Weg durchläuft[1].

In Brikettwerken dienen zum Trocknen der grubenfeuchten pulverigen Braunkohle festliegende, kreisringförmige, ebene Eisenplatten, die am äußeren und inneren Rande mit einem etwa 100 mm hohen Borde umsäumt sind. Die Platten haben 5 m äußeren und 2 m inneren Durchmesser, sind doppelwandig und werden zu 13 bis 27 Stück übereinanderliegend zu sog. Tellueröfen zusammengestellt und mit Dampf von etwa 3,5 Atm Spannung oder

---

[1] Dingl. polyt. Journ. 1866, Bd. 182, S. 329.

139,2°C Temperatur beheizt Sie werden von vier hohlen Säulen a bis d (Abb. 153) getragen, von denen a und c der Zuführung des Heizdampfes, b und d der Ableitung des Kondensationswassers dienen. Innerhalb des Dampfraumes der Teller befindliche Scheidewände (Abb. 153 B links) bewirken die gleichförmige Ausbreitung des Dampfes über die Tellerfläche und damit das gleichmäßige Durchwärmen des auf dieser liegenden Trockengutes. Eine in der Mitte der Tellerreihe stehende Welle e trägt oberhalb eines jeden Tellers ein Armkreuz f mit beweglich angeordneten Schabern oder Kratzern, die beim Umlauf der Welle das Trockengut durcheinandermischen, so daß immer neues, noch feuchtes Gut mit der Heizfläche in Berührung tritt und die entstehenden Dämpfe entweichen können. Zugleich bewirkt eine geeignete Schrägstellung der Schaber zur Umlaufrichtung (Abb. 153 B rechts) die Verschiebung des Trockengutes von Tellerrand zu Tellerrand, wo den Teller durchsetzende Durchlässe $g_1 g_2$ das Gut nach dem nächsttieferen Teller abfließen lassen[1]. Abb. 154 zeigt den Aufbau des ganzen Ofens.

Gleichartig eingerichtete Telleröfen mit sechs in 400 mm Abstand übereinanderliegenden Scheiben von 1,8 m Durchmesser haben in Salzsiedereien beim Trocknen des Feinsalzes mit Vorteil Anwendung gefunden[2].

Eine besondere Ausführungsform eines Tellertrockners findet

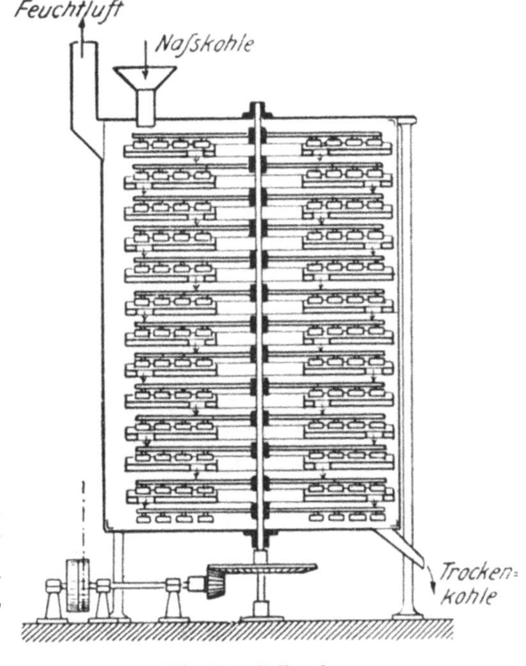

Abb. 154. Tellerofen.

sich bei dem von *R. Haack* angegebenen Vakuumapparat zum Eintrocknen flüssigen Trockengutes[3]. Bei diesem Apparat sind die hohlen kreisförmigen Dampfplatten auf winkelförmigen Trägern im Innern eines allseitig geschlossenen mehrteiligen Eisenblechkessels befestigt, aus dem die Luft bzw. die während des Trockenvorganges entstehenden Dämpfe abgesaugt werden. Das flüssige Trockengut (Milch, Blut usf.) tritt durch eine hohle Welle in den Kessel ein und wird oberhalb einer jeden Dampfplatte durch ein Siebrohr in dünner Schicht verteilt, das aus der Welle hervortritt und mit ihr umläuft. Zum Ab-

---

[1] Über Zeitzer Dampftelleröfen siehe *Muspratt:* Chemie, Ergänzungsband 1, I, S. 348 u. 378. — Neuere Anordnungen auch DRP. Nr. 271 418 vom 4. April 1913 und Nr. 276 246 vom 30. Juni 1912.

[2] Zeitschr. f. Berg-, Hütten- u. Salinenwesen 1872, Bd. 20, S. 36.

[3] DRP. Nr. 202 416 vom 13. April 1907.

Fischer, Scheiden, Mischen, Zerkleinern. 11

heben der eingetrockneten Schicht dienen Streichbleche, die an Armen der
Welle federnd derart befestigt sind, daß sie unmittelbar vor den Siebrohren
liegen, bei der Drehung der Welle also den Rohren vorangehen, so daß die
für das Eintrocknen der aufgetragenen dünnen Flüssigkeitsschicht erforderliche Zeit die Umlaufszeit der Welle bestimmt. Das abgeschabte feste Trockengut wird von einer Sammelrinne im unteren Teile des Trockenapparates
aufgenommen und aus dieser durch mit der Welle umlaufende Streichbleche
entfernt.

Als Röhrentrockner kommen vornehmlich zwei Bauarten in Betracht.
Nach der einen besteht der Trockner aus mehreren wagerecht übereinander-
liegenden und wechselendig durch Rohrstutzen verbundenen rohrartigen
Kesseln, die zuweilen bis 2 m Durchmesser und 12 m Länge erhalten und

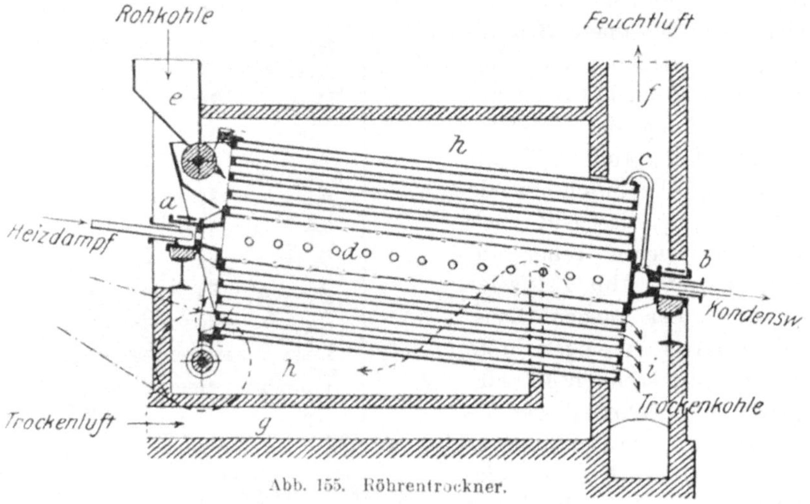

Abb. 155. Röhrentrockner.

im Innern mit Einrichtungen zur Förderung des Trockengutes bzw. drehbar
gelagerten Röhrenbündeln ausgerüstet sind, die ebenso wie die Doppelwan-
dungen der Kessel von Heizdampf durchströmt werden. Das Trockengut
(Getreide, Salz, Stärke u. dgl.) wird dem obersten Trockenrohr durch eine
luftdicht schließende Schleuse zugeführt, durchwandert die einzelnen Rohre
der Reihe nach und verläßt das letzte (unterste) derselben durch eine luftdicht schließende Austragvorrichtung. Die Trocknung geschieht bei einem
Unterdruck von etwa 700 mm Quecksilbersäule und 40 bis 45° C Trockentemperatur[1].

Die andere Bauart wird durch den Röhrentrockner von A. Schulz in
Halle[2] vertreten und hat durch die fast allgemein erfolgte Einführung in die
Brikettindustrie, wo sie den Tellerofen mit Vorteil ersetzt, große Verbreitung
gefunden. Wie aus der Abb. 155 zu ersehen ist, besteht der Trockner aus

---

[1] *Marr:* Das Trocknen und die Trockner. Siehe auch DRP. Nr. 85 100 vom 4. Januar 1895; Nr. 98 542 vom 22. Juni 1897; Nr. 99 805 vom 4. November 1897.

[2] DRP. Nr. 32 220 vom 19. Dezember 1884. Glückauf 1918, S. 717.

einer unter 3 bis 4° gegen die Wagerechte geneigten und drehbar gelagerten Trommel, deren Endböden durch eine größere Zahl 80 bis 100 mm weiter Rohre verbunden sind. Die Drehzapfen a und b der Trommel sind hohl und mittels Stopfbüchsen an Rohrleitungen angeschlossen, von denen die in den oberen Zapfen a mündende den Heizdampf zuführt, die von dem unteren Zapfen b ausgehende der Ableitung des Kondenswassers dient[1], das durch ein Schöpfrohr c aus der Trommel entnommen und in die Höhlung des Zapfens b entleert wird. Der in die Trommel eintretende Heizdampf wird durch ein weites, die Trommelböden verbindendes Siebrohr d verteilt, so daß er die Trockenrohre allseitig umspült und gleichmäßig erwärmt. Das feuchte Trockengut wird einem Rumpf e entnommen und tritt unter Vermittlung einer Verteilwalze am oberen Trommelende in die Trockenrohre ein, in denen es infolge der Neigung und der kreisenden Bewegung der Rohre den tieferliegenden Rohrenden zufließt. Auch wird die Einführung des Gutes in die Rohre durch Leitbleche[2], Einführdüsen[3] oder Stopfapparate[4] vermittelt und das Durchfließen der Rohre durch in diese eingelagerte Förderschnecken unterstützt[5]. Das die Rohre durchwandernde Trockengut füllt den Rohrquerschnitt nur zum Teil aus. Durch den freibleibenden Raum bewegt sich in der gleichen Richtung wie das Trockengut ein Luftstrom und führt die verdampfte Feuchtigkeit einem Schornstein f zu. Die Luft tritt durch den Kanal g in das die Trockentrommel umhüllende Gehäuse h und strömt, nachdem sie sich hier erwärmt hat, mit relativ geringem Feuchtigkeitsgehalt gleichzeitig mit dem Trockengut in die Rohre ein. Da das die Rohre bei i verlassende trockene Kohlenpulver zum Verstäuben neigt, wird dem Mitreißen des Staubes durch die aus den Rohren hervortretenden Brüdenströme entweder durch Kapseln[6] vorgebeugt, welche das Trockengut während des größeren Teiles des Trommelumlaufes am Abfluß hindern und hierbei dem Brüdenstrom entziehen, oder es wird das Trockengut gesondert von diesem abgeführt[7]. Trotz dieser Vorkehrungen mitgerissener Kohlenstaub gelangt in einer in den Brüdenabzug eingeschalteten Staubkammer zur Abscheidung oder wird durch Einspritzen von Wasser niedergeschlagen. Zuweilen wird das Rohrbündel ohne umhüllenden Mantel in einen von den Rauchgasen einer Feuerung durchzogenen Raum eingelagert und von diesen im Gleichstrom umflossen, während innerhalb der Trockenrohre liegende Dampfrohre eine Nebenheizung vermitteln[8].

Bei 7 bis 10 m Trommellänge und 80 bis 480 Rohren von 80 bis 100 mm Durchmesser schwankt die dem Trocknen dienende Heizfläche etwa zwischen

[1] DRP. Nr. 224 707 vom 9. Oktober 1909.
[2] DRP. Nr. 180 714 vom 30. Dezember 1905.
[3] DRP. Nr. 102 067 vom 22. März 1898.
[4] DRP. Nr. 32 220 vom 19. Dezember 1884.
[5] DRP. Nr. 223 200 vom 30. November 1909.
[6] DRP. Nr. 32 220 vom 19. Dezember 1884; Nr. 205 844 vom 20. November 1907; Nr. 234 173 vom 1. Juni 1910.
[7] DRP. Nr. 101 913 vom 22. April 1898.
[8] DRP. Nr. 223 200 vom 30. November 1909.

250 bis 840 qm und beträgt die in der Stunde verdampfte Wassermenge 2,2 bis 4,7 kg. Hierbei wird der Wassergehalt der Braunkohle von 60 v. H. auf 12 v. H. vermindert. Arbeitsverbrauch 1 bis 1,5 PS.

Die **Walzen**- oder **Trommeltrockner**, in der Gewebeappretur auch **Zylindertrockenmaschinen** genannt, werden in Ein- und Mehrwalzentrockner eingeteilt. Die letzteren enthalten zuweilen bis zu 30 Trommeln, die in einer oder zwei wagerechten oder senkrechten Reihen in einem Gestell vereinigt sind. Ihre hauptsächlichste Verwendung finden die Trommeltrockner bei der Appretur der Gewebe, in der Pappen- und Papierfabrikation, beim Trocknen teigiger Massen und beim Eintrocknen von Flüssigkeiten, wie Biertreber, Schlempe, Milch, Blut u. dgl.

Für das Trocknen von Geweben sind mit Dampf beheizte **Einwalzentrockner** bereits Anfang der 1850er Jahre durch *J. Fletscher*[1] in England angewandt worden, für das Trocknen erdiger Massen, z. B. Ton, hat sie der Amerikaner *Jones* 1860 empfohlen. In neuerer Zeit, wo die Herstellung von Kartoffelflocken für die Landwirtschaft und die Nahrungsmittelgewerbe ein Bedürfnis geworden ist,

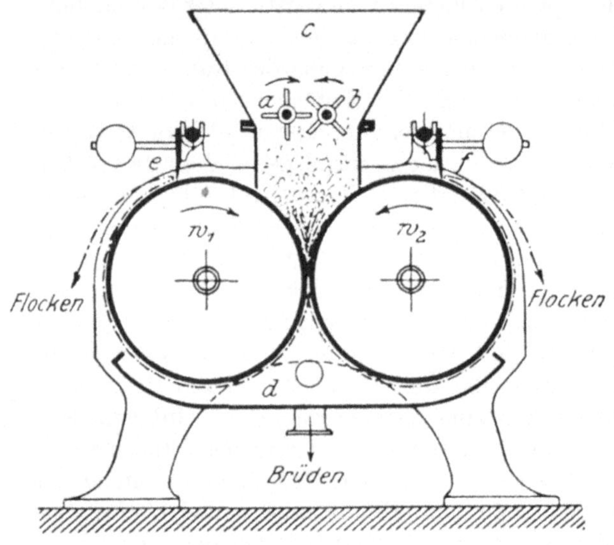

Abb. 156.   Zweiwalzentrockner.

haben die Einwalzentrockner auch in beschränktem Maße hierfür Verwendung gefunden. Meist stehen jedoch für diesen Zweck **Zweiwalzentrockner** in Gebrauch, die verhältnismäßig günstigere Leistungen ergeben und sich dabei außer durch einfachen Bau durch erhöhte Wirtschaftlichkeit des Betriebes auszeichnen.

Die beiden hohlen Gußeisenwalzen $w_1 w_2$ eines solchen Trockners (Abb. 156) haben etwa 1200 mm Länge bei 600 mm Durchmesser, sind auf dem Umfang sauber abgedreht und stehen durch hohle Zapfen, die in Stopfbüchsen enden, einerseits mit der Zuleitung des auf 5,5 bis 6 Atm gespannten Heizdampfes, andererseits mit der Ableitung des Kondensationswassers in Verbindung. Das aus gedämpften Kartoffeln bestehende Trockengut wird mittels zweier Rühr- oder Knetwalzen $a\,b$, die in dem Zuführtrichter c gelagert sind, in eine breiige Masse verwandelt und durchläuft darauf den nur 1 mm oder weniger großen Spalt zwischen den Walzen, wobei die entstehenden Dämpfe beständig aus dem unterhalb der Walzen befindlichen Brüdenfang d abgesaugt werden.

---

[1] Engl. Pat. Nr. 14 097 vom 29. Oktober 1852.

Die zwischen den Walzen durchtretende Kartoffelmasse haftet an den heißen Walzenflächen und wird infolgedessen bei ihrem Austritt in zwei Teile gespalten, so daß sich jede der beiden Walzen mit einer dünnen Schicht der Masse bedeckt, die erst nach völliger Trocknung von den scharf gegen die Walzenmäntel angestellten Schabmessern *e f* abgestrichen wird und die 0,2 bis 0,25 mm dicken plattenförmigen Flocken mit etwa 10 bis 12 v. H. Wassergehalt liefert. Bei 0,16 m Umfangsgeschwindigkeit der Walzen in der Sekunde, 242,5 kg stündlichem Dampf- und 0,75 PS Arbeitsverbrauch verarbeitet ein derartiger Zweiwalzentrockner nach *Parrow*[1] in der Stunde ungefähr 200 bis 250 kg rohe Kartoffeln. Zuweilen findet bei den Zweiwalzentrocknern eine Nachtrocknung des die Walzen verlassenden Trockengutes in einer mit Dampf geheizten und mit einem Rührwerk versehenen Mulde statt. Auch werden solche Muldentrockner[2] zuweilen als selbständige Trockeneinrichtungen benutzt.

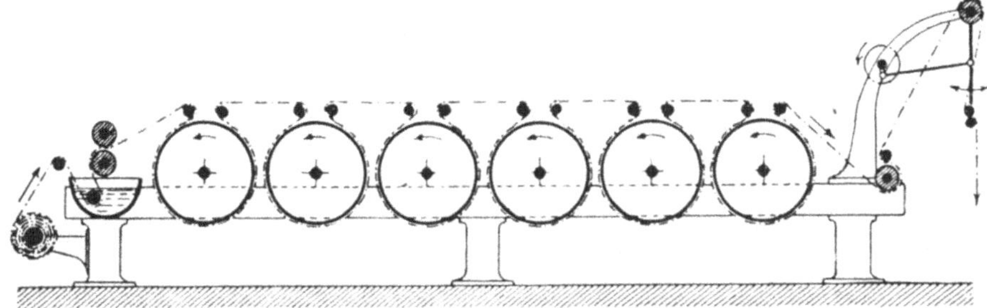

Abb. 157. Zylindertrockenmaschine, 1-seitiger Anstrich.

In den vornehmlich zur Gewebetrocknung benutzten mehrzylindrigen Trockenmaschinen werden die Trockentrommeln reihenweise und eng zusammenliegend angeordnet und das zu trocknende Gewebe so über dieselben geführt, daß es sie auf einem tunlichst großen Bogen ihres Umfanges umspannt. Bei zweireihiger Anordnung sind die Trommeln so gegeneinander versetzt, daß die Trommeln der einen Reihe den Zwischenräumen gegenüber liegen, die zwischen den benachbarten Trommeln der anderen Reihe verbleiben. Die Reihen selbst liegen oder stehen, je nachdem es die Größe des Aufstellungsraumes erfordert, und es werden dementsprechend horizontale und vertikale Zylindertrockenmaschinen unterschieden. Bei einreihigen Maschinen erfolgt nach der Abb. 157 die Führung des Gewebes derart, daß nur eine der Gewebeseiten mit den Trommeln in Berührung kommt. Dies ist notwendig, wenn infolge einseitiger Appretur des Gewebes die mit Appreturmasse bedeckte Gewebeseite von der heißen Trockenfläche ferngehalten werden muß, um das Anhaften an dieser bzw. eine Schädigung der Appretur zu vermeiden. Bei zweireihiger Anordnung nach Abb. 158 tritt ein Wechsel der berührten Fläche des Gewebes ein, die Wärmeübertragung verteilt sich gleichmäßig auf beide Gewebeseiten und hat die Beschleunigung der Trock-

---

[1] *E. Parrow:* Handbuch der Kartoffeltrocknung, Berlin 1916, S. 290f.
[2] DRP. Nr. 228 200 vom 9. Juni 1909.

nung zur Folge. Die meist aus Kupferblech hergestellten Trockentrommeln erhalten bei 2 m übersteigendem Durchmesser einen ringförmigen Dampfraum. Für das Trocknen leichter Kattune, Spitzen u. dgl. sind 500 bis 600 mm, für schwere Gewebe 1000 bis 1750 mm die üblichen Trommeldurchmesser. Die Laufgeschwindigkeit des Gewebes ist gleich der Umfangsgeschwindigkeit der Trommel und schwankt zwischen 1 bis 1,5 m i. d. Sek., die Spannung des Heizdampfes zwischen 2 bis 6 Atm. Die Trommeln sind durch Stirn- oder Kegelräder derart verbunden, daß sie gleiche Umfangsgeschwindigkeit besitzen, so daß das Gewebe ohne Streckung und Verzug durch die Maschine geführt wird. Dabei geht der Antrieb von der mittleren Trommel aus und verteilt sich nach beiden Seiten. Ein in das Getriebe eingeschaltetes Reibscheibenpaar dient zur Regelung und Anpassung der Transportgeschwindigkeit an die Art des Gewebes und den beabsichtigten Verlauf des Trockenvorganges.

Die Durchleitung zarter, besonderer Schonung bedürfender Gewebe (Spitzen) durch die Trockenmaschine wird zweckmäßig durch ein endloses festes Gewebe unterstützt, das die Trockenfläche der Trockentrommel umspannt und das zu trocknende Gewebe gegen den Trommelumfang preßt, während es mit der gleichen Geschwindigkeit wie dieser sich vorwärts bewegt. Derartige sog. Mitläufer werden auch benutzt, wenn es sich darum handelt, aus kürzeren Stücken bestehendes Trockengut an den Heizflächen von Trommeltrockenmaschinen vorüberzuführen, wie dies an einem zum Trocknen von Papptafeln bestimmten Trommeltrockner gezeigt werden soll.

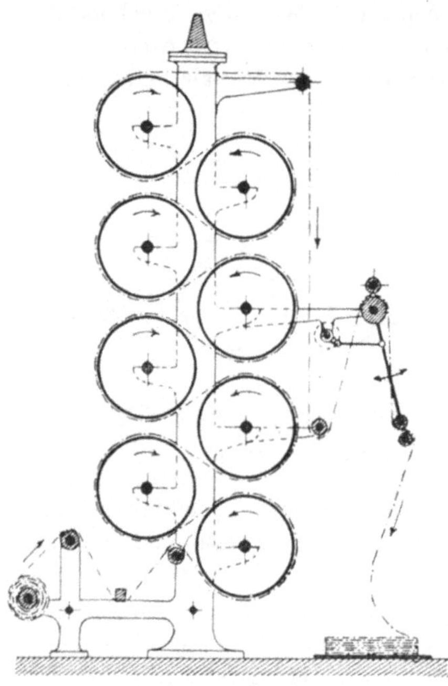

Abb. 158.   Zylindertrockenmaschine, 2 seitiger Anstrich.

Der in Abb. 159 dargestellte Trockner[1] ist ein Dreiwalzentrockner. Der Übergang der etwa 700 × 1000 mm großen Papptafeln von einer Trommel zur anderen erfolgt unter Beihilfe von drei Mitläufertüchern *a b c* derart, daß die beiden Flächen der Tafeln abwechselnd mit den Heizflächen der drei Walzen in Berührung treten. Die Tücher bestehen aus feinmaschigem Messingdrahtgewebe, das die Ableitung der Dämpfe fördert und dadurch den Trockenvorgang beschleunigt. Jeder der Mitläufer ist durch vier Leitwalzen und eine Spannwalze geführt und umschließt die zugehörige Trommel auf etwa drei Viertel ihres Umfanges. Den Übergang des Trockengutes von Trommel zu Trommel sichern Abstreifbleche *e f*, die sich gegen den Umfang der abliefernden Trommel lehnen. Die Trommeln sind von Gußeisen und werden mit Dampf von

---

[1] Civilingenieur 1877, Bd. 23, S. 543.

2 bis 2,5 Atm. Spannung beheizt. Jede Pappe verweilt etwa 104 Sekunden
in der Maschine und durchläuft dabei eine Heizfläche von etwa 8 m Länge.
Stärkere Pappen werden zweimal durch die Maschine gelassen. Die Trockentrommeln messen 1200 mm im Durchmesser und sind bei 1000 mm Pappen-
breite 1100 mm lang. Umfangsgeschwindigkeit = 85 mm in 1 Sek., Stundenleistung = 80 bis 90 kg trockene Pappe bei rd. 40 v. H. anfänglichem Wassergehalt.

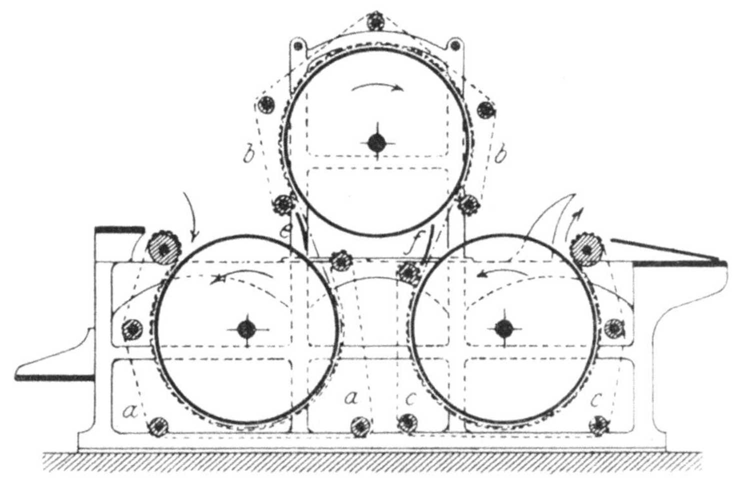

Abb. 159. Dreiwalzentrockner.

c) Das Eindampfen.

Lösungen, Emulsionen und Mischungen von brei- oder musartiger Beschaffenheit werden durch Abspalten eines Teiles ihres Flüssigkeitsgehaltes
konzentriert oder eingedickt, zuweilen auch eingetrocknet. Im letzteren
Fall ist die Abspaltung aller oder doch des größten Teiles der Flüssigkeit
der Endzweck der Arbeit. Bei Salzlösungen führt der Umstand, daß eine
gegebene Flüssigkeitsmenge bei einer gegebenen Temperatur stets nur einen
bestimmten Mengenanteil festen Stoffes gelöst enthalten kann, dazu, daß
bei fortschreitender Konzentration der Lösung durch Abtreiben von Flüssigkeit die Salze allmählich ausfallen bzw. im Trockenzustand erhalten werden.

Das gebräuchlichste Verfahren, das Abspalten der Flüssigkeit zu bewirken, ist das Abdampfen oder Eindampfen, d. i. das Überführen
der abzuscheidenden Flüssigkeitsmenge in Dampfform, ohne daß die Wieder-
gewinnung der verdampften Flüssigkeit beabsichtigt ist. Das Mittel hierzu
bietet die Erwärmung der Flüssigkeit, wobei der erforderliche Wärmeaufwand entweder durch den Wärmegehalt der Atmosphäre oder durch künstliche Wärmeerzeugung, also vorzugsweise durch Verbrennen geeigneter Brennstoffe, gedeckt wird. Im letzteren Fall erfolgt das Verdampfen entweder durch
unmittelbare Einwirkung der heißen Verbrennungsprodukte auf das Scheidegut, oder es erfolgt unter Benutzung eines zum Übertragen der Wärme dienen-

den Zwischenmittels. Als solches findet meist gespannter Wasserdampf, seltener erhitzte atmosphärische Luft, Anwendung. Die künstliche Wärmeerzeugung bietet die Möglichkeit, das Scheidegut bis zum Siedepunkt der Flüssigkeit zu erwärmen und dadurch die Verdampfung zu beschleunigen und auf das Höchstmaß zu heben. Je nachdem das Scheiden unter Ausnutzung des natürlichen Wärmegehaltes der Atmosphäre oder bei Siedetemperatur der Flüssigkeit, also unter Anwendung künstlicher Erwärmung, stattfindet, wird das Scheiden durch Verdunsten und das Scheiden durch Verdampfen oder Versieden unterschieden. Vielfach dient das erstere bei großer Menge und starker Verdünnung des Scheidegutes nur zu dessen Anreicherung und damit als Vorarbeit für das Versieden.

Dem geringen Wärmegehalt der Luft entsprechend, setzt das Verdunsten eine weitgehende Verteilung des Scheidegutes voraus, damit es der Luft eine große, dem Wärmeaustausch günstige Berührungsfläche darbiete. Dabei ist eine stetige Bewegung der Luft, sei sie natürlichen oder künstlichen Ursprungs, der Verdunstung förderlich, indem sie zur raschen Beseitigung der entstehenden Dünste führt und damit immer neue Berührungsflächen zwischen dem Scheidegut und der an Feuchtigkeit armen Luft schafft. Auch bei dem Versieden ist für die dauernde Abführung der sich bildenden Flüssigkeitsdämpfe, der sog. Brüden, Broden oder Wrasen, zu sorgen. Bei offenen Sudgefäßen geschieht dies entweder durch Aufstellen der Gefäße in offenen, von Luftströmungen durchzogenen Räumen oder unter dachartigen Wrasenfängen, deren Abzug mit einem Schornstein oder einer sonstigen Zugeinrichtung in Verbindung steht. Bei dem Eindampfen in geschlossenen kesselartigen Gefäßen kann das hier stets erforderliche Absaugen des Brodens ohne Schwierigkeit mit einer solchen Druckverminderung im Innern des Siedegefäßes verbunden werden, daß die Siedetemperatur des Scheidegutes herabgesetzt wird; ein Vorteil, der bei einer bestimmten Beschaffenheit des Gutes für die Wahl der Siedeeinrichtung bestimmend werden kann. Auch gestattet die Verwendung geschlossener Verdampfkörper das mehrfache Hintereinanderschalten solcher derart, daß die in den vorhergehenden, unter höherem Druck erzeugten Dämpfe zum Beheizen der nachfolgenden, unter geringerem Druck stehenden, dienen. Die Ventilation der Verdampfer geschieht entweder durch eine Luftpumpe oder durch Kondensation der aus ihnen abziehenden Dämpfe oder durch gleichzeitige Anwendung beider Mittel[1].

1. Die Verdunstungseinrichtungen.

Eindampfeinrichtungen, welche auf dem Verdunsten des flüssigen Anteiles eines Scheidegutes beruhen, finden vornehmlich bei der Gewinnung von Salzen aus wässerigen Lösungen Anwendung. Diese Lösungen sind entweder natürlichen Ursprungs, wie das Meerwasser mit durchschnittlich 3,5 v. H. Salzgehalt oder das Wasser mancher Binnenseen und Salzquellen,

---

[1] *A. Peschl:* Über Abdampfapparate in Verbindung mit der trockenen Schieberluftpumpe mit potenzierter Leistung. Prag-Smichow 1886.

das zuweilen eine gesättigte Sole mit 28,8 v. H. Salzgehalt darstellt, oder sie verdanken ihre Entstehung der künstlichen Auslaugung von Salzlagerstätten, die in früherer Zeit durch Ablagerungen aus Meerwasser entstanden sind.

Der Konzentration des Seewassers, die schließlich zum Auskrystallisieren des Salzes führt, dienen an manchen örtlich und klimatisch günstig gelegenen Küsten, unter Ausnutzung der das Verdunsten des Wassers fördernden Sonnenbestrahlung und Windströmung, flache Bodenmulden oder sog. Salzgärten, d. s. künstlich ausgehobene, in kleinere unter sich verbundene Abteilungen oder Beete zerlegte und an Boden und Wänden durch Lehmstampfung gedichtete flache Becken, die staffelförmig angeordnet sind und von dem Salzwasser langsam durchflossen werden. Während in dem ersten der Becken nur die Anreicherung der Lösung durch Verdunsten des Wassers erfolgt, findet in den folgenden Becken erst die Ausscheidung der schwerer löslichen Kalk- und Magnesiasalze und sodann die des Kochsalzes (Chlornatrium) statt. Nach *Muspratt* liefert 1 ha Fläche etwa 800 kg Salz[1].

Zum Anreichern von Lösungen, die Solquellen oder Auslaugstätten entstammen, dienen Regen- oder Gradierwerke. Sie bestehen aus 9 bis 10 m hohen Holzgerüsten, deren Langseiten durch Wände von übereinandergeschichteten Bündeln aus Schwarzdornreisern gefüllt sind. Dadurch, daß die Reisigwände senkrecht zur herrschenden Windrichtung stehen und daher fast dauernd von einem Luftstrom gekreuzt werden, wird die Verdunstung der über sie in einem Tropfenregen herabrieselnden Salzsole erheblich gefördert. Die Verteilung der Sole über die Dornwand geschieht mittels Rinnen, die auf der Höhe des Gerüstes den Wänden entlang laufen und an den Überlaufkanten Einkerbungen besitzen, durch welche die überfließende Sole in Tropfen aufgelöst wird (Tröpfelrinnen). Um das Niederrieseln an den Dornwänden zu fördern, werden diese etwas überhängend angelegt (Dossierung der Dornwände). Die mit dem Verdunsten der Sole verbundene Abscheidung der Kohlensäure bedingt das Ausfallen der in Lösung befindlichen kohlensauren Kalk- und Magnesiasalze, die in Gemeinschaft mit dem durch die Verdunstung ausgefällten Gips als Dornstein allmählich die Reiser überkrusten, während die durch die Verdunstung entwässerte und dadurch verstärkte Sole am Fuß des Dorngerüstes von dem Solkasten aufgenommen wird. Zur weiteren Verstärkung wird die Sole wiederholt über das Gradierwerk geleitet und dabei von anfänglich 4 bis 12 v. H. Salzgehalt auf 16 bis 25 v. H. angereichert, um später bei diesem Gehalt versotten zu werden.

In neuerer Zeit finden den Gradierwerken ähnlich wirkende Regen- und Rieseltürme mannigfache Anwendung, in denen ein aufwärtsziehender Luftstrom der mittels Düsen zerstäubten niederfallenden Sole entgegengeleitet wird[2].

---

[1] Näheres siehe *Muspratt:* Chemie 4. Aufl., Bd. VI, S. 598; *Lueger:* Lexikon der gesamten Technik Bd. VII, S. 560.

[2] Beispiele siehe DRP. Nr. 34 392 vom 17 April 1885 und Zusatz Nr. 46 726 vom 12. August 1888. — DRP. Nr. 76 546 vom 24. Dezember 1893.

Für das Trennen von Gemischen aus Flüssigkeiten verschiedener Flüchtigkeit, z. B. Alkohol und Wasser, das Eindicken von Fruchtsäften und anderen Stoffen, die infolge zäher Beschaffenheit leicht aufblähen, sind Verdunstungsapparate empfohlen worden, bei denen auf einer Achse befestigte, bis 1 qm große, kreisförmige Metallblechscheiben bis zur Achsenhöhe in das erwärmte Scheidegut tauchen, dieses bei langsamer Drehung der Scheiben in dünner Schicht aufnehmen und dem die Verdunstung fördernden und die Dünste abführenden Luftstrom wiederholt darbieten[1].

2. Die Verdampfungseinrichtungen.

Die mit künstlich erzeugter Wärme versorgten Verdampfungseinrichtungen sind entweder offene Pfannen, sog. Siedepfannen, oder geschlossene Kessel; letzteres immer dann, wenn der gebildete Dampf noch anderweite Verwendung finden soll.

α) Eindampfen in offenen Pfannen.

Die offenen Eindampfpfannen, Abdampfpfannen und Abdampfschalen sind bei kleinen Abmessungen, wie sie beispielsweise in der Holzessigfabrikation beim Eindampfen der Kalkacetat- und Natriumacetatlösungen Anwendung finden, mit Dampf beheizte halbkugelige Schalen, zuweilen mit aufgesetztem zylindrischen Rand, Abb. 160. In der Sodafabrikation und bei der Verarbeitung der Abraumsalze dienen rechteckige Eisenblech- oder (seltener) Gußeisenpfannen von 15 bis 20 qm Grundfläche zum Eindampfen der Mutterlaugen, und ähnliche Pfannen, aber von erheblich größeren Ab-

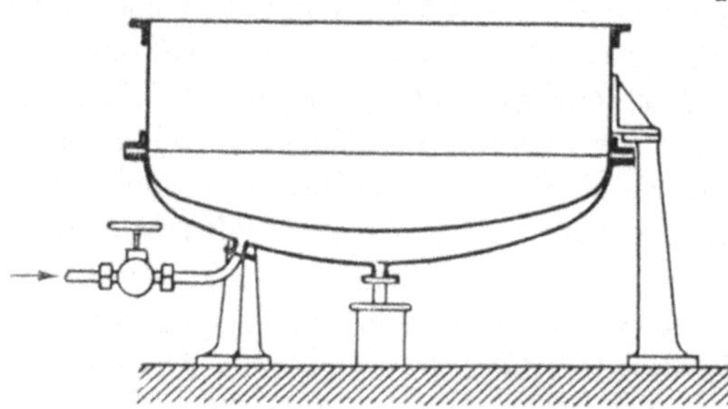

Abb. 160. Eindampfpfanne.

messungen (100 bis 150 qm, zuweilen bis 300 qm Bodenfläche), finden in den Salzsiedereien beim Eindampfen der auf 20 bis 25 v. H. Salzgehalt in Gradierwerken angereicherten Solwässer Benutzung. Der Boden der rechteckigen Pfannen ist entweder eben und in der Nähe einer Langseite mit einer Rinne versehen, welche das Sammeln und Ausschöpfen der ausfallenden Salzkrystalle erleichtert: Planpfanne (Abb. 161), oder er ist zum gleichen Zweck nach der Mitte zu rinnenförmig vertieft: Bootpfanne (Abb. 162), oder er ist zur Vergrößerung der Heizfläche nach oben gewölbt: Koffer- oder Sattelpfanne (Abb. 163). Während die erstgenannten Bodenformen flachen, nur etwa 300 bis 500 mm hohen Pfannen eigentümlich sind, erhalten die Sattelpfannen bis zu 1,8 bis 2 m Höhe und werden zuweilen noch mit zwei dem Boden gleichlaufenden Flammenrohren a ausgestattet,

---

[1] DRP. Nr. 17 935 vom 20. August 1881.

die von den Heizgasen durchströmt werden[1]. Pfannen, in denen die ausfallenden Salze fest anhaftende Krusten bilden, erhalten vielfach halbzylindrische Form und werden mit drehenden oder schwingenden Rühr- und Schabwerken ausgerüstet, welche die Krusten abschaben und über den Pfannenrand nach außen befördern[2]. Auch ist vorgeschlagen worden, nur die Seitenwände der Pfanne zu beheizen, so daß nur an diesen die Krustenbildung stattfindet, sowie den Boden trichterförmig zu vertiefen, um die zur Ausscheidung kommenden und niedersinkenden Salze in unterbrochenem Betrieb mittels eines Schöpfwerkes aus der Pfanne entfernen zu können[3].

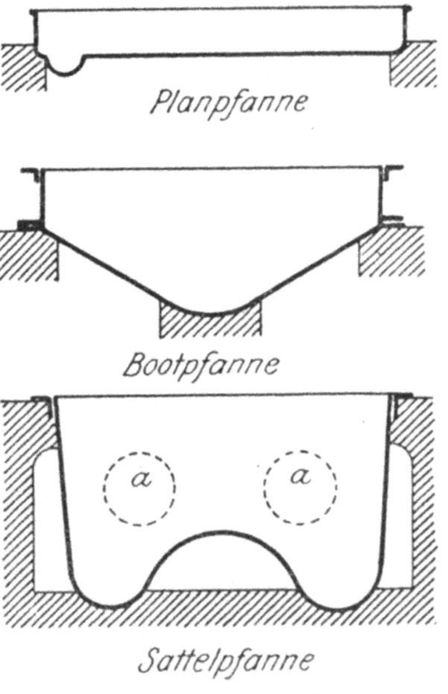

Abb. 161—163. Eindampfpfannen.

Die hohe Siedetemperatur mancher konzentrierter Laugen (120 bis 125° C) führt zur Beheizung der Siedepfannen unmittelbar durch Feuergase, die entweder unter den Pfannenboden: **unterschlächtige Feuerung**, durch die Pfanne durchdringende Flammenrohre: **mittelschlächtige Feuerung**, oder über den unbedeckten Solenspiegel geleitet werden: **oberschlächtige Feuerung**. Bei Planpfannen der Salzsiedereien, die mit Bodenheizung versehen sind, bilden nach Abb. 164 unterhalb des Bodens in der Längenrichtung der Pfanne verlaufende, den Boden stützende Trennungswände b im Heizraum schmale Kanäle, durch welche die Feuergase gleichgerichtet oder im Zickzacklauf fließen. Ein über der Pfanne hängender Brodenfang a führt die Dämpfe ab,

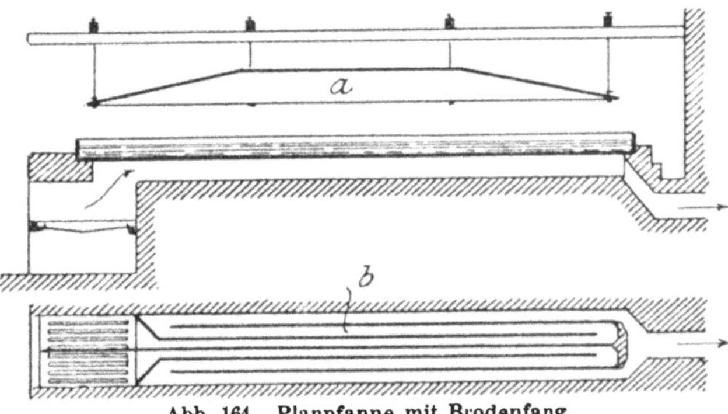

Abb. 164. Planpfanne mit Brodenfang.

läßt aber am Rand der Pfanne dem Arbeiter genügend Raum zum Durchrühren der Pfannenfüllung und Ausheben des Salzes.

Mit oberschlächtiger Feuerung arbeitende Eindampfeinrichtungen finden

---

[1] DRP. Nr. 18 960 vom 15. November 1881.

[2] DRP. Nr. 771 vom 4. September 1877, mit Zusätzen Nr. 7861 vom 25. Januar 1879, Nr. 10 336 vom 27. November 1879 und Nr. 32 290 vom 15. Januar 1885.

[3] DRP. Nr. 5647 vom 12. November 1878.

insonderheit bei dem Verarbeiten der Wollwaschwässer auf Pottasche, bei
dem Umarbeiten von Spiritusschlempe zu Schlempekohle, dem Versieden
der durch Auslaugen gerösteter Alaunerze (Alaunschiefer und Alaunerde)
gewonnenen Rohlaugen und für ähnliche Zwecke Verwendung. Die Einrichtungen sind Flammöfen, deren Herd die eiserne oder (bei der Alaun-
gewinnung) auch bleierne Siedepfanne trägt. Die auf dem vorgelagerten Feuerherd zur Entwicklung gebrachte oder einer Gasfeuerung[1] entstammende

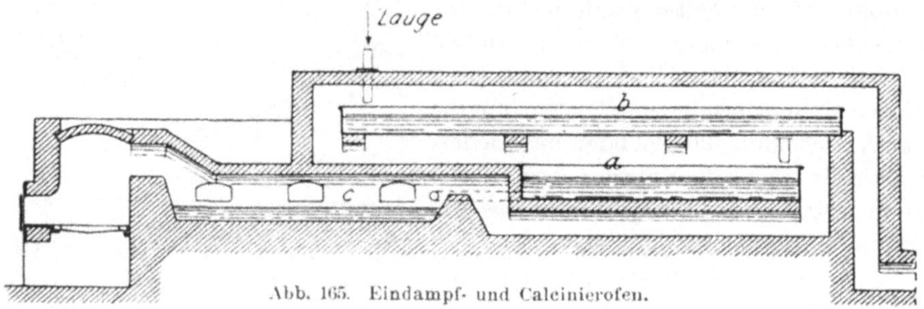

Abb. 165. Eindampf- und Calcinierofen.

Flamme schmiegt ein Deckengewölbe dem Flüssigkeitsspiegel an, oder es
gibt zur freien Flammenentfaltung Raum, damit die Wärme nur durch Strahlung auf die Pfannenfüllung übertragen werde[2]. Vielfach werden auch nach
Abb. 165 die Eindampfpfannen $a\,b$, um sie der Einwirkung der heißesten
Flammengase zu entziehen, in die Feuerzüge des Ofens eingesetzt
und ihnen auf dem Herd des Ofens eine Trocken- oder Calcinierpfanne c
vorgelagert, in welche die eingedampfte Lauge zeitweise übergeführt wird.

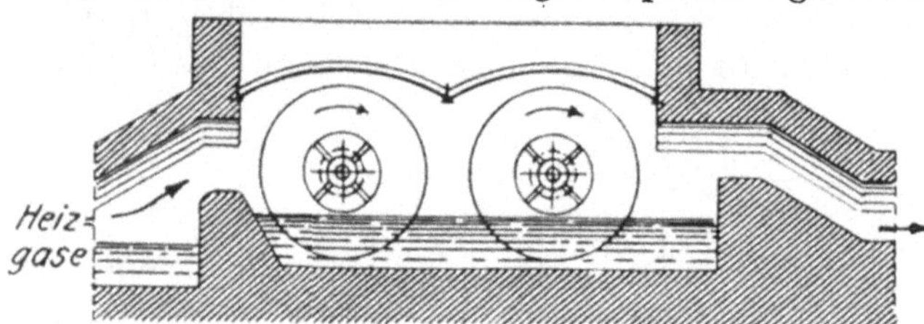

Abb. 166. Eindampfer mit Verdunstungsscheiben.

Zur Steigerung
der Verdampfung ha-
ben nach dem Vor-
gang von *Theisen*[3]
mit Vorteil auch die
bereits erwähnten
Verdunstungsschei-
ben in der durch
die Abb. 166 wieder-
gegebenen Anordnung Anwendung gefunden. Nach einer Angabe von
Muspratt[4] erhöhten 120 auf zwei Achsen verteilte Tauchscheiben von
900 mm großem Durchmesser und 90 qm Verdunstungsfläche bei 25 Umdrehungen in der Minute die im Tag verdampfte Flüssigkeitsmenge von
30 cbm auf 45 cbm. Hierbei verminderte sich der Kohlenverbrauch von 135 kg
auf 75 kg für 1 cbm verdampfte Flüssigkeit.

Neuere Abdampfverfahren gründen sich auf den teilweisen Ersatz der
bei dem Verdampfen des Scheidegutes verbrauchten Wärmemenge durch

[1] Dingl. polyt. Journ. 1878, Bd. 229, S. 158.
[2] *Friedrich Siemens:* Über den Verbrennungsprozeß. Berlin 1887.
[3] DRP. Nr. 28 241 vom 25. Oktober 1883.
[4] *Muspratt:* Chemie, 4. Aufl., Bd. IV, S. 867.

mechanische Arbeit (1 WE = 424 mkg), die durch Ausnutzung von Wasser-
kräften oder mittels Wärmekraftmaschinen gewonnen wird. Hierbei führen
zwei Wege zum Ziel:

1. die Benutzung der Kraftquelle zur Druckverminderung im Ver-
dampfungsraum mit Hilfe von Luftpumpen oder Kondensatoren;

2. die Benutzung der Kraftquelle zur Verdichtung und damit verbundenen Temperaturerhöhung des im Verdampfer erzeugten Dampfes mittels
Kompressionsmaschinen, so daß er erneut als Wärmequelle bei der Weiter-
führung des Eindampfens dienen kann[1].

Der erste der beiden Wege wird beschritten, wenn die Anwendung einer
höheren Siedetemperatur zu Stoffverlusten oder schädlichen Umwandlungen
des Eindampfgutes führt; der zweite findet bei der Salzgewinnung zur Erzeugung übersättigter Sole Anwendung, aus der sich bei eintretender Druckverminderung die Salzkrystalle ausscheiden. In beiden Fällen treten geschlossene Verdampfapparate, sog. Verdampfkörper, an die Stelle der
offenen Eindampfpfannen.

β) Eindampfen durch unmittelbare Druckverminderung im Verdampfer.

Von dem Eindampfen im „Vakuum"[2], das durch das Absaugen der
entstehenden Dämpfe erzeugt wurde, machen verschiedene Industriezweige
Gebrauch. Vor allem ist es die Zuckerindustrie, die das Verfahren bei dem
Verkochen der Zuckersäfte anwendet, deren Siedetemperatur bei 760 mm
Barometerstand je nach der Konzentration zwischen 100 bis 130° C schwankt;
ferner findet das Verfahren Anwendung bei der Fabrikation von Fruchtsäften, dem Eindicken oder „Kondensieren" der Voll- und Magermilch,
der Dextrinbereitung, dem Konzentrieren von Leimbrühen usw. In die
Zuckerindustrie ist das Verfahren, die Säfte bei geringerem als Atmosphärendruck zu verkochen, bereits im Jahre 1812 von dem Engländer *Ch. Howard*[3]
übernommen worden; in ihr hat es auch vorzugsweise seine weitere Ausbildung
erfahren, für welche die Einführung der Mehrkörperapparate durch den Franzosen *Rillieux* in New Orleans[4] einen wichtigen Abschnitt kennzeichnet.

Die Verdampfkörper gelangen in liegender und stehender Anordnung
zur Ausführung. Sie werden ausschließlich mit gespanntem Dampf beheizt,
der zwischen Doppelböden, durch Dampfschlangen oder um Röhrenbündel
fließt, die das flüssige Scheidegut umgibt. In der zylindrischen oder kugelförmigen, aus Kupfer oder Eisenblech hergestellten Kesselwand angeordnete
Schau- oder Lichtgläser dienen der Beobachtung des Flüssigkeitsstandes
und des Siedevorganges; Thermometer Druckmesser, Probenehmer usw.

---

[1] DRP. Nr. 6204 vom 6. Dezember 1878.

[2] Tatsächlich wird in den hier anzuführenden Eindampfapparaten nie mit einer
völligen Luftleere, einem „Vakuum", gearbeitet. Die Entluftung ist stets nur eine teilweise. Man pflegt die Luftverdünnung in Millimeter Quecksilbersäule anzugeben. Dabei entsprechen x mm einem Barometerstand $b = (760 - x)$ mm, also entspricht der
völligen Luftleere ($x =$ Null) der Barometerstand beim Atmosphärendruck: $b = 760$ mm.

[3] Engl. Pat. Nr. 3607 vom 30. April 1812 und Nr. 3754 vom 20. Mai 1813.

[4] Génie industrielle 1852, Bd. 3, S. 11, daraus Dingl. polyt. Journ. Bd. 126, S. 22.

bilden die weitere Ausstattung. Das Absaugen der Dämpfe geschieht durch Pumpen oder Kondensatoren, deren Saugleitungen an die höchste Stelle des Verdampfers angeschlossen werden.

Die Abb. 167 gibt die Einrichtung eines kugelförmigen Vakuumapparates wieder, wie er u. a. zum Eindampfen und Eindicken von Fruchtsäften, Dextrinlösungen, Extrakten u. dgl. benutzt wird. Das Verdampfgefäß besteht aus zwei Teilen, die durch Flanschringe *a* zusammengehalten sind und mit diesen auf einem Fußgestell *b* ruhen. Der untere Teil ist doppelwandig und enthält die Dampfschlange *c*. Von dem Brüdenfang *d* führt das Leitungsrohr *e* die bei dem Verkochen des Scheidegutes entstehenden Dämpfe dem Kondensator *f* zu, wo sie durch das der Brause *g* entfliessende Einspritzwasser verdichtet werden. Der Füllung des Verdampfkessels mit Scheidegut dient der Hahn *h*, das eingedampfte Gut wird nach dem Öffnen des Sperrventiles *i* durch den Ausflußstutzen abgelassen. Das Lichtglas *k* dient der Beleuchtung des Kesselinnern und der Beobachtung des Siedevorganges, das Mannloch *l* dem Reinigen des Verdampfers.

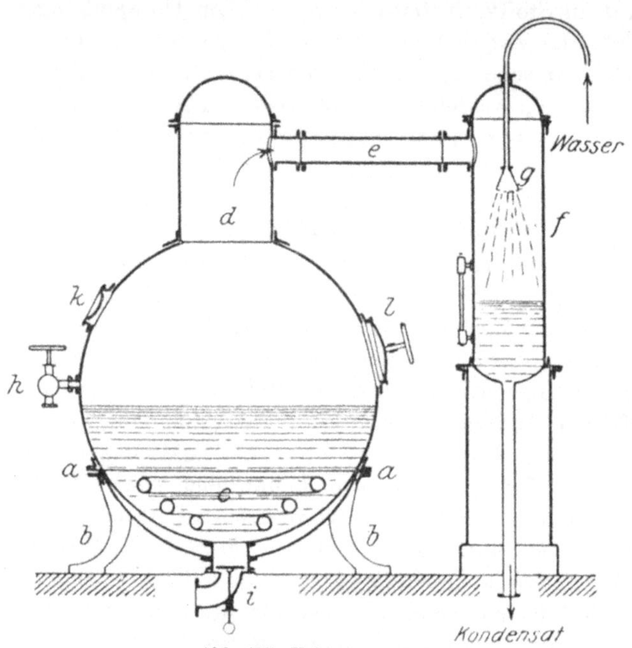

Abb. 167. Vakuumapparat.

Die in den Zuckerfabriken zum Eindampfen des Zuckersaftes dienenden Verdampfkörper (Abb. 168) sind aufrechtstehende zylindrische Eisenblechkessel, die im unteren Teil den Heizkörper enthalten. Diesen bildet eine größere Anzahl senkrechtstehender messingner Heizrohre *a*, die in zwei Zwischenböden des Kessels dampfdicht eingesetzt sind und von dem durch die Rohrleitung *b* zugeführten Heizdampf umspült werden. Der Abfluß des aus dem Dampf entstehenden Kondensates erfolgt durch das Rohr *c*. Den Zu- und Abfluß des Saftes vermittelt das durch ein Ventil verschließbare Rohr *d*. Der eingetretene Saft füllt den Kessel bzw. die Heizrohre so weit an, daß die oberen Rohrmündungen von einer dünnen Saftschicht überdeckt sind. Saftstand und Siedevorgang können durch die Schaugläser e_1 e_2 beobachtet werden. Um das Übertreten des beim Verkochen allmählich dickflüssiger und zäher werdenden und infolgedessen zur Schaumbildung neigenden Saftes

in das Brüdenabzugsrohr f zu verhindern, enthält der obere Teil des Kessels
einen Schaumabscheider, dessen von außen einstellbares Tellerventil g je nach
dem Verlauf des Kochvorganges der Durchgangsöffnung des Zwischenbodens h
mehr oder weniger genähert werden kann. Übertretende Saftteile werden von
dem Teller zurückgehalten und fallen auf den Zwischenboden nieder, von
dem sie durch ein enges Randrohr i dem Verdampfraum wieder zufließen.

Erfolgt die Beheizung des Verdampfers durch Brüdendämpfe, wie es
bei Mehrkörperapparaten der Fall ist, so scheiden sich in dem Heizraum
bei der Kondensation des Heizdampfes Ammoniak und andere nicht ver-
dichtbare Gase ab, die sich unterhalb des oberen Rohrbodens sammeln und
von denen das Ammoniak
zerstörend auf die Messing-
rohre einwirkt. Um dem
vorzubeugen, ist der Heizraum durch enge Rohr-
leitungen k mit dem Brü-
denraum des Nachbar-
apparates verbunden, so
daß unter der Wirkung des
in diesem herrschenden
Unterdruckes die Gase ab-
gesaugt werden.

Um eine möglichst vor-
teilhafte Ausnutzung der
Brüdendämpfe zu erzielen,
werden 2, 3, 4 oder selbst
5 Verdampfkörper gleicher
Bauart durch Hintereinan-
derschalten zu Verdampf-
systemen derart vereinigt,
daß die in einem der Körper
entstehenden Dämpfe dem
folgenden Körper als Heizdampf zugeführt werden.

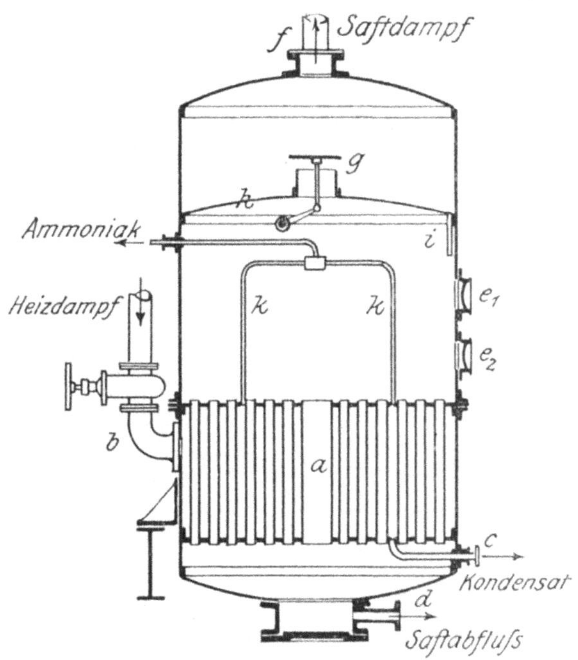

Abb. 168. Verdampfkörper.

Dies hat die allmähliche Abnahme des Dampf-
druckes in den aufeinanderfolgenden Körpern zur Voraussetzung und führt
demnach auch zur stufenweisen Verminderung der Siedetemperatur in diesen.
Hierbei ist der in dem ersten Körper des Systems herrschende Druck durch
die zulässige Höhe der Siedetemperatur der einzudampfenden Flüssigkeit,
der Druck im letzten Körper der Reihe durch das Vakuum bestimmt, das
mit Hilfe der Entluftungseinrichtung (Luftpumpe, Kondensator) erreicht
werden kann, während die Pressung bzw. die Verdampfungstemperatur in
den Zwischenkörpern innerhalb dieser Grenzen liegen[1]. Für Wasserdämpfe
würden beispielsweise in einem Dreikörperapparat, wie ihn die Abb. 169

---

[1] Über die Arbeitsbedingungen der Mehrkörperapparate handelt ausführlich
W. Greiner: Verdampfen und Verkochen. Leipzig 1912.

darstellt, bei einer Luftleere von 560, 660 und 750 mm Quecksilbersäule
(= 200, 100 und 10 mm Barometerstand) in den aufeinanderfolgenden Verdampfern *I, II* und *III* Verdampftemperaturen von 66,5, 51,7 und 11,3° C
herrschen. Ähnliche Temperaturstufen ergeben sich bei dem Eindampfen
des Zuckersaftes.

Hier werden die drei Körper nach dem Öffnen der Hähne *1 2 3* (*4* bleibt
geschlossen, Abb. 169 B) der Saftleitung *a* mit dem frischen Saft (dem sog.
Dünnsaft) bis zu den bei $b_1 b_2 b_3$ ansetzenden Übersteigrohren angefüllt,
die hinter den Hähnen *2, 3* und *4* an die Saftleitung angeschlossen sind. Zugleich wird durch Öffnen des Dampfventiles *c* der Heizdampf mit etwa 1,2 Atm
Spannung (105° C) in den Körper *I* eingelassen und die Luftpumpe angestellt,

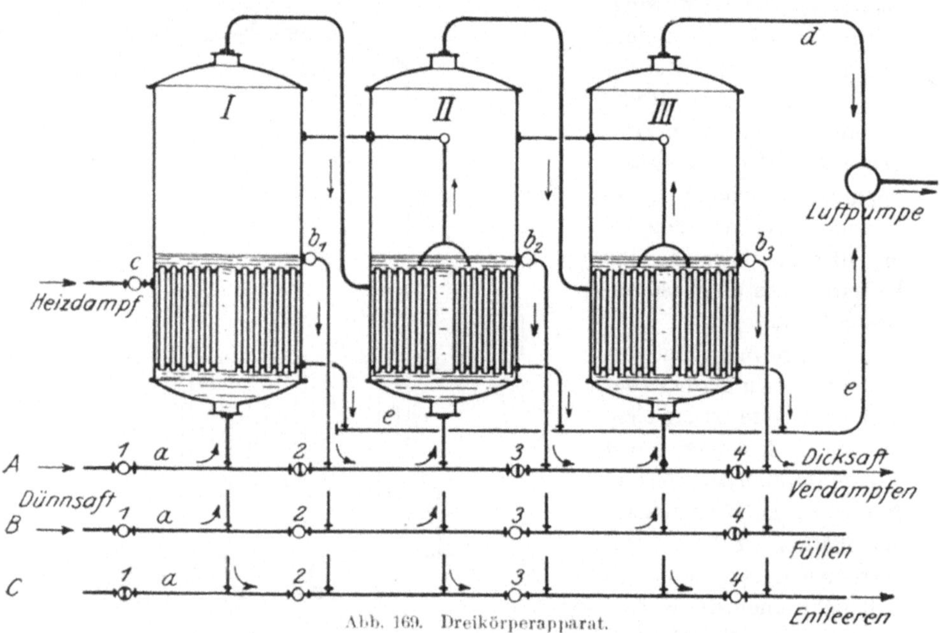

Abb. 169. Dreikörperapparat.

welche durch das Rohr *d* den Körper *III* und durch die Kondensationswasserableitung *e* die Heizräume der drei Körper derart entluftet, daß die in den
Körpern *I* und *II* entstehenden Brüdendämpfe in die Heizräume der Körper
II und *III* übertreten. Dabei wird die Wirkung der Brüdenpumpe durch
die infolge des Wärmeaustausches zwischen der Heizdampf- und Saftfüllung
der Körper stattfindenden Kondensation eines Teiles des Dampfes unterstützt. Nachdem hierauf die Hähne *2* und *3* wieder geschlossen wurden
(Abb. 169 A), bewirkt das Offenhalten des Hahnes *1* den steten Nachfluß
von Dünnsaft in den Körper *I* und damit in dem gleichen Maße das Verdrängen des Saftes von Körper zu Körper, so daß dem letzten dieser der eingedampfte Saft als sog. Dicksaft so lange stetig entfließt, bis der Dünnsaftvorrat aufgearbeitet ist. Am Schluß der Arbeit werden die drei Körper
nach Schließen des Hahnes *1* und Öffnen der Hähne *2, 3, 4* (Abb. 169 C)

durch die Saftleitung entleert. Die Regelung des Saftübertrittes erfolgt durch Einstellen der in die Übersteigrohre bei $b_1 b_2 b_3$ eingeschalteten Hähne, die Regelung der Brüdenspannungen und damit auch die der Verdampfungstemperaturen durch den Betrieb der Brüdenpumpe.

γ) Eindampfen durch mittelbare Druckverminderung im Verdampfer.

Nach *Péclet*[1] hat bereits vor dem Jahre 1840 der Franzose *Pelletan* angeregt, bei dem Verdampfen von Flüssigkeiten den Wärmeinhalt der entwickelten Dämpfe durch Verdichtung der Dämpfe derart zu steigern, daß sie selbst wieder zur Beheizung der zu verdampfenden Flüssigkeit Ver-

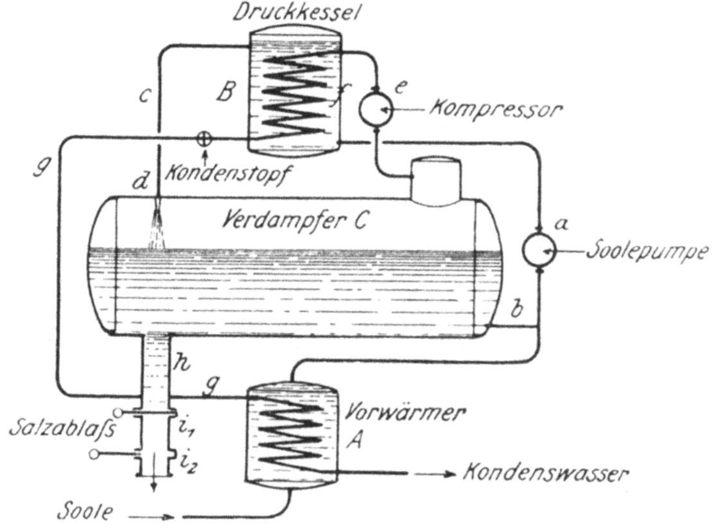

Abb. 170. Soolverdampfer von *Piccard*.

wendung finden können. Die brauchbare Verwertung hat diese Anregung erst im Jahre 1878 durch *Piccard* in Genf gefunden, nachdem im Jahre 1855 von *Rittinger*[2] gemachte Vorschläge nicht von Erfolg begleitet waren. Der *Piccard*sche Apparat[3], den die Abb. 170 in schematischer Skizze veranschaulicht, ist für das Eindampfen von Salzlösungen bestimmt und hat schon bald nach seinem Erscheinen in Salzsiedereien erfolgreiche Aufnahme gefunden[4]. Der Apparat besteht aus drei Teilen: dem Vorwärmer A für das Anwärmen der einzudampfenden Sole, dem Druckgefäß B, in welchem eine Überhitzung der Sole erfolgt, und dem Verdampfer C, in dem die über-

---

[1] *Péclet:* Traité de la chaleur II. Bd., S. 253.

[2] *Rittinger:* Theoretisch-praktische Abhandlung über ein für alle Gattungen von Flüssigkeiten anwendbares neues Abdampfverfahren mittels ein und derselben Wärmemenge.

[3] DRP. von *Schäffer & Budenberg* Nr. 4689 vom 26. September 1878.

[4] *C. v. Balzberg:* Praktische Erfahrungen über den Betrieb mit dem *Piccard*schen Salzerzeugungs-Apparat. Wien 1879. Sonderabdruck aus der Österr. Zeitschr. f. Berg- u. Hüttenwesen, Jahrg. 1878.

hitzte Sole zur Verdampfung gelangt und die Ausscheidung des Salzes stattfindet.

Die den Apparat füllende gesättigte Salzlösung wird, soweit sie nicht verdampft, in stetem Umlauf erhalten, indem sie durch eine Pumpe a mittels des Rohres b aus dem Verdampfer entnommen und nach dem Durchlaufen des Druckgefäßes durch das Rohr c und unter Vermittlung einer Drosselvorrichtung d wieder dem Verdampfer zugeführt wird. Hierbei wird zugleich durch das Ansaugen frischer Sole aus dem Vorwärmer der Abgang an Sole gedeckt, der durch die Verdampfung entsteht. Gleichzeitig saugt eine Luftpumpe e den im Verdampfer entstehenden Wasserdampf an und preßt ihn nach erfolgter Verdichtung und damit verbundener Erhöhung seines Wärmegehaltes bzw. seiner Temperatur in das den Heizapparat des Druckgefäßes bildende Rohrsystem f. In diesem gelangt der Dampf durch Abgabe seiner Flüssigkeitswärme an die das Gefäß füllende Sole zur Kondensation; das gebildete Kondensat fließt durch die Leitung g dem Vorwärmer zu und dient hier zum Anwärmen der frischen Sole. Die an die Füllung des Druckgefäßes abgegebene Wärme ruft gemeinsam mit der Solepumpe in dem Druckgefäß eine solche Steigerung des Druckes hervor, daß die Verdampfung und damit auch die Ausscheidung des Salzes aus der Sole verhindert wird. Es tritt in bezug auf den um etwa 1 Atm geringeren Druck im Verdampfer eine Übersättigung der Sole ein. Tritt nun diese übersättigte Lösung durch die Drosselvorrichtung d in den Dampfraum des Verdampfers ein, so findet infolge der durch die hierbei stattfindende Druckverminderung veranlaßten Verdampfung eines Teiles des Lösungswassers die Ausscheidung feinkörnigen Salzes statt, während der verbleibende Rest der nun nur noch gesättigten Sole sich mit der gesättigten Sole des Verdampfers mischt. Die ausgeschiedenen Salzkörner bilden sich beim Durchsinken der heißen Lösung durch molekulare Anlagerung kleiner Salzteilchen zu größeren Krystallen aus, die sich auf dem Grund des Verdampfers ablagern und durch ein umlaufendes Rührwerk (in der Skizze nicht gezeichnet) dem senkrechten Abzugsrohr h zugeführt werden. Dieses enthält zwei durch einen Zwischenraum getrennte Absperrschieber $i_1 i_2$, die abwechselnd derart geöffnet und geschlossen werden, daß das Salz bei dem Offenhalten des oberen Schiebers i_1 in den Zwischenraum herabsinkt und ihn allmählich anfüllt und hierauf nach erfolgtem Schieberschluß und Öffnen des unteren Schiebers i_2 aus dem Rohr abgezogen werden kann.

d) Das Destillieren.

Wie die Aufgabe des Eindampfens, so ist es auch die Aufgabe des Destillierens, aus flüssigen Lösungen oder Mischungen mischbarer Flüssigkeiten durch Verdampfen des flüssigen Lösungsmittels das feste oder flüssige Lösungsgut abzuscheiden. Während aber die Arbeit bei dem Eindampfen allein auf die Gewinnung des Lösungsgutes gerichtet ist, hat das Destillieren noch die weitere Aufgabe zu erfüllen, auch das in Dampfform übergeführte Lösungsmittel nutzbringend zu gewinnen. Es geschieht dies durch Rückführen der gebildeten Dämpfe in den flüssigen Zustand und getrenntes Aufsammeln des hierbei entstehenden Kondensates.

Wird ein Gemisch zweier mischbarer Flüssigkeiten von verschieden hohen Siedetemperaturen teilweise verdampft, so ergibt die Kondensation der entstehenden Dämpfe ein neues Flüssigkeitsgemisch, dessen leicht siedender Anteil größer ist als der des ursprünglichen Gemisches. Dabei tritt so lange eine Steigerung der Siedetemperatur des Ausgangsgemisches ein, bis entweder eine unveränderliche Mischung erreicht oder einer der Bestandteile völlig abgeschieden worden ist. Beispielsweise liefert nach den Angaben von *Gröning* ein Gemisch von Wasser mit 90 Volumprozent Alkohol bei einer Siedetemperatur von 78,75° C Dämpfe, die 92 Volumprozent Alkohol enthalten, und gibt ein solches von Wasser mit 10 Volumprozent Alkohol bei 92,5° C Dämpfe mit 55 Volumprozent Alkoholgehalt[1]. Umgekehrt führt die teilweise Verflüssigung der Dämpfe eines Gemisches verschieden hochsiedender Flüssigkeiten zu einem Kondensat, das weniger leichtsiedende Flüssigkeit enthält, als die Flüssigkeit enthielt, die das Dampfgemisch geliefert hat.

In diesem Verhalten sind die beiden Teilverfahren begründet, die in der Technik des Destillierens als Rektifikation und Dephlegmation bezeichnet werden.

Sonach ist Destillieren im allgemeinen das Verfahren, durch teilweises Verdampfen und folgendes Kondensieren der gebildeten Dämpfe flüssige Lösungen in zwei Teile zu zerlegen, von denen der eine einen größeren Anteil an Lösungsgut, der andere einen größeren Anteil an Lösungsmittel enthält, als die ursprüngliche Lösung ihn besaß. Oder mit anderen Worten: als das Verfahren, eine Lösung durch Verdampfen und nachfolgendes Kondensieren in zwei Teillösungen überzuführen, von denen die eine einen größeren, die andere einen geringeren Konzentrationsgrad besitzt, als er der ursprünglichen Lösung zu eigen war. Durch genügend lange Ausübung des Verfahrens bzw. durch mehrfache Wiederholung desselben kann eine Lösung daher auch in ihre beiden Bestandteile: festes oder flüssiges Lösungsgut und flüssiges Lösungsmittel geschieden werden. Ersteres findet bei dem Zerlegen von Lösungen fester Stoffe, letzteres beim Zerlegen von Gemischen Anwendung, die aus Flüssigkeiten verschiedener Siedepunkte bestehen, wie sie z. B. durch die Maische der Branntweinbrennereien vertreten werden, die sich aus Alkohol (Siedetemperatur $t = 78,3°$ C), Wasser ($t = 100°$ C), Essigsäure ($t = 120°$ C) und Fuselöl ($t = 131°$ C) zusammensetzt.

Wie bei allen Scheideverfahren, so steht auch bei dem Destillieren der theoretisch vollständigen Trennung eines Flüssigkeitsgemisches die aus wirtschaftlichen Gründen unvollständig durchgeführte Scheidung gegenüber. Die entstehenden Enderzeugnisse bestehen daher tatsächlich auch hier meist nicht aus den gemischt gewesenen, bei verschiedenen Temperaturgraden siedenden Flüssigkeiten, sondern stellen für sich wieder Gemische dar, von denen

---

[1] Ausführliche Zahlentafel von *Gröning* siehe *Märker-Delbrück:* Handbuch der Spiritusfabrikation, 9. Aufl. Berlin 1908. S. 771 u. 772.

das eine (beim Verdampfen zurückgebliebene) nur eine geringe Menge der leichtsiedenden Flüssigkeit, das andere (durch die letzte Kondensation erhaltene) nur eine geringe Menge der schwersiedenden Flüssigkeit enthält. Das letztere Erzeugnis pflegt im allgemeinen der Übergang oder das Destillat, das erstere der Destillationsrückstand, in der Spiritusfabrikation: der Lutter oder das Phlegma, benannt zu werden.

Besteht ein Gemisch aus mehr als zwei Flüssigkeiten verschiedener Siedepunkte, so erfordert die Scheidung eine so oftmalige Wiederholung der Destillation der jeweilig erhaltenen Destillate, daß allmählich eine Reihe von Rückständen verbleibt, die in ihrer Aufeinanderfolge mit dem am schwersten siedenden Anteile des ursprünglichen Gemisches beginnend, nach der Höhe der Siedepunkte bzw. der spezifischen Gewichte geordnet sind. Das letzte Destillat wird daher von der Flüssigkeit niedersten Siedepunktes bzw. kleinsten spezifischen Gewichtes gebildet werden. Die hierbei entstehenden Flüssigkeitsgruppen pflegt man Fraktionen, das sie liefernde Destillierverfahren die fraktionierte Destillation zu nennen.

So liefert z. B. die Destillation des Steinkohlenteeres einerseits Retortenoder Hartpech als Rückstand und andererseits in der Regel die folgenden vier Fraktionen:

Anthracenöl von $s =$ 1,10 spez. Gew. und $t >$ 270° Siedetemp.
Schweröl   „ $s =$ 1,04   „   „   „ $t =$ 240 bis 270°   „
Mittelöl   „ $s =$ 1,01   „   „   „ $t =$ 210 „ 240°   „
Leichtöl   „ $s =$ 0,91 bis 0,95   „   „   „ $t =$ 110 „ 210°   „

Von diesen wird das Leichtöl weiter geschieden in:

Carbolöl   mit s bis 1,00 spez. Gew.
Schwerbenzol   „ s „ 0,95 „   „
Leichtbenzol   „ s „ 0,89 „   „

Die technischen Hilfsmittel des Destillierens bilden die Destillierapparate. Dieselben umfassen einerseits beheizbare kesselartige Gefäße: Retorten, Blasen, Destillierblasen, in denen das Lösungsmittel des Scheidegutes verdampft wird, andererseits Kühleinrichtungen: Kühler, Kolben, Vorlagen, zur Kondensation der gebildeten Dämpfe. Beide Teile werden durch Rohrleitungen in zweckdienliche Verbindung gebracht.

Während in den älteren Destillierapparaten, die nur aus einer einfachen Blase mit Kühler bestehen, feste Stoffe aus ihren Lösungen bereits durch ein einmaliges Abtreiben des flüssigen Lösungsmittels abgeschieden werden können (Herstellung destillierten Wassers), erfordert die Scheidung von Flüssigkeitsgemischen dann, wenn sie zur Gewinnung von Destillaten führen soll, die bestimmten Anforderungen genügen, in den gleichen Apparaten meist die mehrfache Wiederholung der Destillation. Hierbei wird das gewonnene, noch unreine Destillat erneut abgetrieben und dieses so oft wiederholt, als es der wirtschaftliche Wert des Schlußdestillates gestattet oder die Erzeugung eines vollkommenen Reindestillates es verlangt.

Im Gegensatz zu diesem älteren Verfahren, die Scheidung eines Flüssigkeitsgemisches in einzelnen voneinander getrennten Abschnitten stufenweise auszuführen, vollzieht sich nach dem neueren Arbeitsverfahren die Scheidung von Flüssigkeitsgemischen in einem Vorgang. Nach diesem neueren Verfahren wird das Scheidegut auf eine Anzahl zusammenwirkender Verdampfgefäße so verteilt, daß es dieselben der Reihe nach durchwandert und in allen gleichzeitig der Destillation unterworfen wird. Hierbei vermischen sich die entstehenden dampfförmigen Destillate und reichern sich allmählich mit leichtflüchtigem Stoff so an, daß das Enddestillat nach dem Verlassen des letzten Gefäßes die verlangte Zusammensetzung oder Reinheit zeigt. Die Anreicherung erfolgt hierbei einesteils durch Verdampfung der die Einzelgefäße füllenden Flüssigkeit, wobei die entstehenden Dämpfe zugleich die Wärmeüberträger für das folgende Gefäß sind, anderenteils durch teilweise Kondensation der entstehenden Dampfgemische, also durch Rektifikation bzw. Dephlegmation (S. 179). Dabei trägt zur Wirtschaftlichkeit des Verfahrens wesentlich bei, das zu dephlegmierende Dampfgemisch zum Vorwärmen neuen Destilliergutes zu benutzen, also den Dephlegmator als Vorwärmer zu gestalten.

Bei dem geschilderten Verlauf der Destillation weisen konstruktive Gründe darauf hin, die Verdampfgefäße innerhalb einer rohrförmigen Hülle übereinander anzuordnen, so daß das in den einzelnen Gefäßen oder Kammern entstehende, an flüchtigem Stoff verschieden reiche Phlegma, seiner Eigenschwere folgend, von Kammer zu Kammer abwärtsfließt und sich dem, seinem natürlichen Auftrieb folgenden und daher aufsteigenden Dampfstrom entgegenbewegt. Dem hierdurch bedingten säulenartigen Aufbau der Verdampfgefäße entsprechend, werden derartige Destillierapparate Kolonnenapparate genannt. Die schließliche Verflüssigung der Dämpfe zu dem den Apparat verlassenden flüssigen Destillat wird auch hier durch einen dem Apparat angegliederten Kühler oder Kondensator bewirkt.

1. Die Blasenapparate.

Die durch Einfachheit der Form, des Aufbaues und des Betriebes ausgezeichneten Blasenapparate sind diejenigen Destillierapparate, die sich den verschiedensten Arbeitsbedingungen am leichtesten anpassen lassen. Sie finden daher auch unter den mannigfaltigsten Verhältnissen Anwendung. Den verschiedenen Zweckbestimmungen entsprechend, zeigen sie ungeachtet der Übereinstimmung in der allgemeinen Anordnung doch in der mannigfachen dem jeweiligen Arbeitszweck angepaßten konstruktiven Ausbildung der einzelnen Bestandteile nicht unerhebliche Unterschiede. Dies bezieht sich sowohl auf die Wahl des Baustoffes als auf die Wahl der Gestaltung und besonderen Zusammenfügung der Teile der Apparate, insbesondere der Destillierblase und des Kühlers. Da bei der Mannigfaltigkeit der Anordnung neben dem Destillationsvorgang zuweilen chemische Umsetzungen des Destilliergutes einhergehen, so ist der Auswahl des für die Einrichtungen geeigneten Baustoffes eine besondere Aufmerksamkeit zuzuwenden. Jedenfalls ist die Wahl so zu treffen, daß unbeschadet einer guten Wärmeleitfähigkeit und ausreichenden Festigkeit des Stoffes, dem Apparat ein möglichst langer Bestand gesichert ist. Die üblichsten und für die meisten Verwendungszwecke brauchbaren Baustoffe sind Kupferblech, Eisenblech und zuweilen Gußeisen, in besonderen Fällen finden Messing, Aluminium, Blei, Platin, Glas, bei der Herstellung der Kühler auch Zinn und Steinzeug Verwendung.

Der Verdampfer wird stets als geschlossenes, nur mit einem Abzug für die Dämpfe versehenes kesselartiges Gefäß ausgebildet. Seine Gestalt nähert sich mehr oder weniger der Kugel- oder Zylinderform, hat aber für bestimmte Industriezweige im großen und ganzen feststehende Formen angenommen, die nur in untergeordneten Einzelheiten Abweichungen zeigen. Die Hauptteile eines jeden Verdampfers sind nach Abb. 171, welche die in der Spiritusfabrikation übliche Form als Beispiel wiedergibt, die das Destilliergut aufnehmende Blase *a*, der die Dämpfe sammelnde Helm oder die Haube *b* und der die Dämpfe. nach dem Kühler überleitende Überlauf,

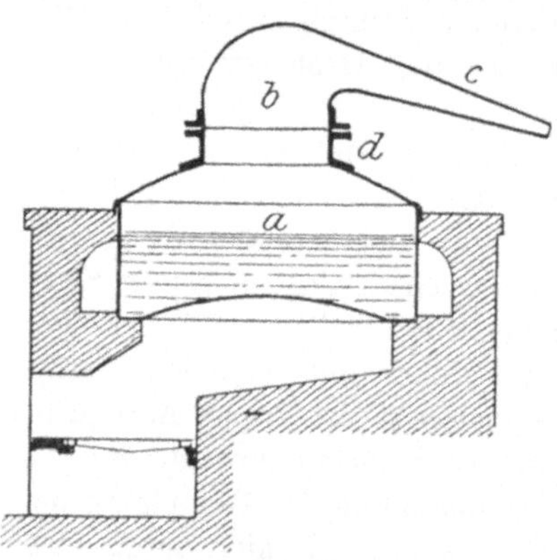

Abb. 171. Destillierblase.

Helmschnabel oder Rüssel *c*. Der letztere bildet mit dem Helm ein Ganzes. Der Helm selbst ist durch eine Flanschverschraubung unter Vermittlung des Helmansatzes *d* lösbar mit der Blase verbunden und kann zum Zweck der Reinigung bzw. auch Füllung oder Entleerung der Blase von dieser abgenommen werden. Oft dienen den letztgenannten Zwecken besondere Einrichtungen, wie Einlaufrohre, Heber u. dgl. Bei dem Abtreiben von Destilliergut, das geistige, z. B. alkoholische Dämpfe liefert, wirkt der Helm vermöge seiner großen Abkühlungsfläche als Dephlegmator, scheidet durch teilweise Verflüssigung der entwickelten Dämpfe Lutter aus, der in die Blase zurückfließt, und trägt damit zur Verbesserung des Ergebnisses der Destillation bei.

Die Beheizung der Blase erfolgt entweder durch offenes Feuer oder, da dieses durch ungleiche Entwicklung unter Umständen Zersetzungen des Destilliergutes hervorruft, mittels gespanntem und zuweilen überhitzten Wasserdampf, den im Innern des Verdampfers liegende Heizkörper aufnehmen. Zuweilen wird der Dampf auch unmittelbar in das flüssige Destilliergut eingeleitet (Destillation des Steinkohlenteers). Das Niederschlagen der Dämpfe beginnt bereits im Überlaufrohr, das, um den Zulauf der entstehenden Flüssigkeit zur Vorlage zu veranlassen, gegen diese sich senkt.

Die Reinerhaltung des Kondensates bedingt es, daß die Vorlage stets als Oberflächenkühler ausgebildet wird. Meist ist es ein Röhrenkühler, der in dem Fall, daß die niederzuschlagenden Dampfgemische nicht zu einem einheitlichen Kondensat vereinigt werden sollen, aus unter sich zusammenhängenden Teilen besteht, die als Dephlegmatoren wirken, so daß zwischen je zweien derselben ein Teil des Kondensates abgezogen werden kann. So werden beispielsweise bei der Destillation des Glycerins aus dem Kühler drei Teildestillate gewonnen: fast wasserfreies Glycerin (Siedetemperatur $t \sim 280°$ C), glycerinhaltiges Wasser und fast reines Wasser ($t \sim 100°$ C), während die leichtest flüchtigen Öle entweichen.

Zur Kennzeichnung des konstruktiven Aufbaues der Blasenapparate, wie er sich aus der Abhängigkeit von dem Verwendungszweck ergibt, seien die folgenden Beispiele angeführt.

1. Destillierofen für Gold- und Silberamalgam[1], Abb 172. Das durch Behandeln der gepulverten Gold- oder Silbererze mit Quecksilber erhaltene Amalgam, bestehend aus etwa 11 Silber, 84 Quecksilber und einem Rest von Kupfer, Blei usw., wird nach dem Abscheiden anhaftender Erzteilchen durch Auspressen in Stoff- oder Lederbeuteln von dem überschüssigen Quecksilber befreit und hierauf in kleinen gußeisernen Näpfen oder

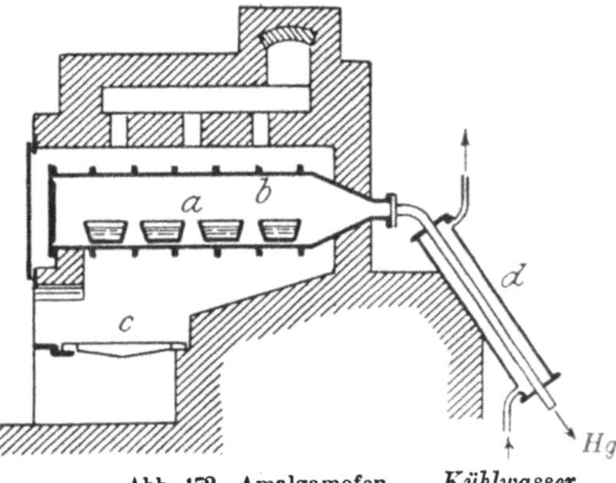

Abb. 172. Amalgamofen.

Pfannen a der Retorte b des Destillierofens übergeben. Die Retorte wird von der Feuerung c aus erhitzt und die entstehenden Quecksilberdämpfe durch das von kaltem Wasser umflossene Kühlrohr d geleitet, wo sie verflüssigt werden. Ein Sammelgefäß dient zum Auffangen des übergegangenen flüssigen Quecksilbers.

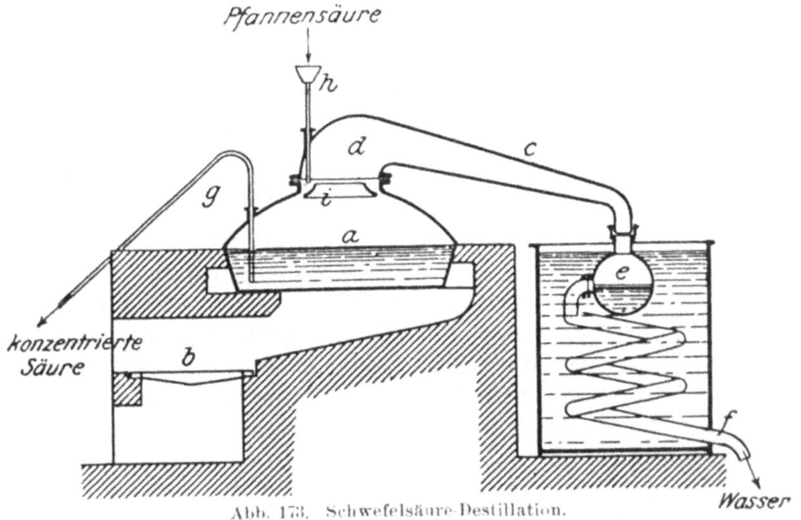

Abb. 173. Schwefelsäure-Destillation.

2. Platinretorte zum Konzentrieren der Schwefelsäure, Abb 173[2]. Nachdem die Säure in der Bleipfanne auf 55 bis 60° Bé ein-

---

[1] Berg- und Hüttenmännische Ztg. 1891, S. 314 u. 404.

[2] Ausführlich über alte und neue Platinapparate berichtet *Lunge*: Handbuch der Soda-Industrie. Braunschweig 1879, S. 487 f.

gedampft ist, erfolgt das weitere Konzentrieren auf 66° Bé oder 93 v. H. in einem Platinkessel a, der von der Flamme einer Rostfeuerung b beheizt wird. Der mit dem Überlaufrohr c aus einem Stück getriebene Helm d ist durch Flanschen mit dem Helmrand des Kessels verbunden und führt die säurehaltigen Wasserdämpfe einer aus Blei hergestellten Vorlage e zu, an welche die ebenfalls aus Blei bestehende Kühlschlange f angeschlossen ist. Die Füllung der Blase wird während des Betriebes dadurch auf gleicher Höhe erhalten, daß die am Boden der Blase mittels des Hebers g beständig oder zeitweise abgezogene konzentrierte und daher schwere Säure durch Einführen frischer Säure ersetzt wird. Hierzu dient das Trichterrohr h, das den Helm durchsetzt und oberhalb einer Verteilrinne i am Helmrand endet, so daß die eingeführte Säure an der Blasenwand herabrieselt und sich hierbei erwärmt.

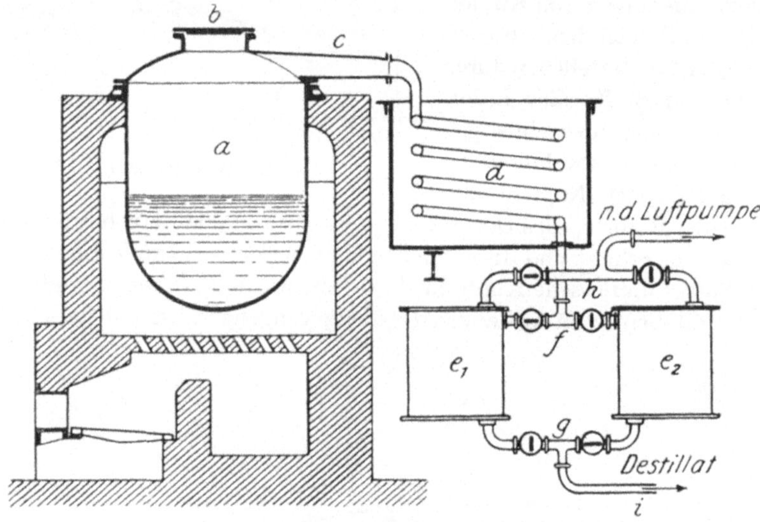

Abb. 174.   Destillierapparat für Mineralöle.

Die Retorte nimmt bei 30 bis 50 kg Gewicht etwa 200 bis 300 l Säure auf. Zum Schutz gegen die Einwirkung der konzentrierten Säure wird die Blase nach *Hernens* im Innern zweckmäßig mit Gold plattiert[1]. Der hohe Preis der Platinretorten (bis 40 000 Mk. und mehr) hat zu Konstruktionen geführt, bei denen (nach *Keßler*) eine flache, innen zweckmäßig goldplattierte Platinschale mit einer durch Wasser gekühlten Bleihaube überdeckt ist, die in einem Flüssigkeitsverschlusse des Schalenrandes steht und daher leicht abgehoben werden kann.

3. **Vakuumdestillierapparat** für Mineralöl- und Paraffinfabriken, Abb. 174[2]. Das Destillationsgut ist der beim Schwelen der Braunkohle gewonnene Teer, das Ziel der Arbeit: die Gewinnung von leichtem Rohöl, Paraffinmasse, Koks und Gas. Die gußeiserne Blase a von 1,7 m Weite

[1] *Muspratt:* Chemie, 4. Aufl., VII, S. 1325.
[2] Dr. *Scheithauer:* Die Fabrikation der Mineralöle. 1895, S. 103. — Auch *Muspratt:* Chemie, 4. Aufl., VI, S. 1935.

und 1,5 m Höhe hat einen kugelig gewölbten Boden und faßt bei $^2/_3$ Füllung 2 bis 3 cbm Teer. Sie wird von den auf dem Rost entwickelten Heizgasen umspült und ist durch einen, mit einem Mannloch b versehenen, flachgewölbten Deckel geschlossen, an dem sich das Überlaufrohr c anschließt. Dieses führt die entwickelten Dämpfe der bis zu 25 m langen eisernen Kühlschlange d zu, in der sie zu leichtem Rohöl und Paraffinmasse verdichtet werden. Das erstere wird durch dreimal in gleicheingerichteten Blasen wiederholte Destillation noch in drei Fraktionen: Rohbenzin, leichtes Rohphotogen und helles Paraffinöl zerlegt. Während des Destillierens werden die Gase durch Ver-

mittlung des Kühlrohres mittels eines Luftsaugers aus der Retorte abgesaugt. Hierfür sind dem Ausfluß der Kühlschlange zwei Vorlagen e_1 e_2 vorgelagert, die durch drei kurze Rohrleitungen f g h unter sich verbunden sind. Die Leitung f, in die das Kühlrohr mündet, dient dem Füllen, die Leitung g dem Entleeren der Vorlagen, die dritte Leitung h verbindet die Vorlagen abwechselnd mit dem Luftsauger und der Außenluft. In die Leitungen eingeschaltete Absperrhähne lassen den Betrieb so regeln, daß abwech-

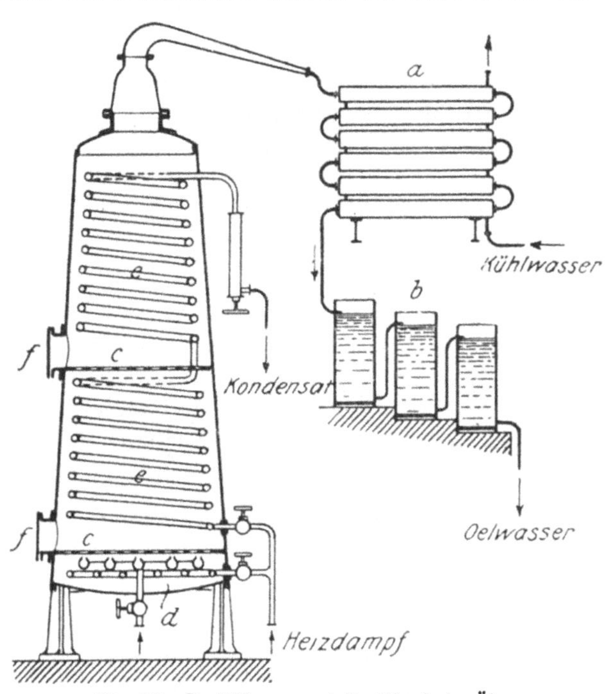

Abb. 175. Destillierapparat für ätherische Öle.

selnd immer eine der beiden Vorlagen mit dem Kühler und dem Sauger verbunden ist (in der Abbildung die Vorlage e_1), so daß sich das Destillat in sie ergießt und die Entlüftung der Blase durch sie erfolgt. Währenddessen ist das Innere der anderen Vorlage (e_2 der Abb.) mit der Außenluft verbunden und wird durch das Rohr g i entleert.

4. Destillierapparat zur Gewinnung ätherischer Öle, Abb. 175[1]. Die ätherischen Öle, jene flüchtigen chemischen Verbindungen, welche bestimmten Pflanzenteilen (Blätter, Blüten, Samen, Früchte u. a.) den ihnen eigenen Geruch verleihen, werden durch unmittelbares Einwirken von hochgespanntem Wasserdampf aus ihren Trägern in Dampfform abgeschieden und das hierbei entstehende Dampfgemisch zu einer milchig-trüben, wässerigen Flüssigkeit kondensiert, aus der sich das Öl bei ruhigem Stehen als

---

[1] *Schimmel:* DRP. Nr. 10 288 vom 3. Januar 1880.

Schwimmschicht oder Niederschlag abscheidet, je nachdem das spezifische Gewicht des Öles kleiner oder größer als das des Wassers ist. Das geringe Gewicht und die für das Durchdringen mit Dampf erforderliche lose Häufung des Destilliergutes machen die Verwendung großräumiger, bis zu 3 m hoher und 4 bis 5 cbm fassender Destillierblasen der aus der Abbildung zu ersehenden Form notwendig, die durch einen Kühlapparat *a* mit Absetzgefäßen *b* in Verbindung stehen, die nach dem Vorbild der Florentiner Flaschen eingerichtet sind. Die abzudestillierenden Stoffe liegen innerhalb der Blase auf einem oder mehreren übereinandergelagerten Siebböden *c*, die, um das Durchfallen kleinkörniger Stoffe (z. B. zerquetschter Kümmelsamen) zu verhindern, mit Leinengewebe überzogen sind. Unter dem untersten Siebe liegt ein ringförmig gebogenes Siebrohr *d* zur Einführung des Heizdampfes, der, aufwärtssteigend, die Blasenfüllung erwärmt und sich vor dem Eintritt in den Kühler mit dem verflüchtigten Öle vermischt. Eine Heizschlange *e*

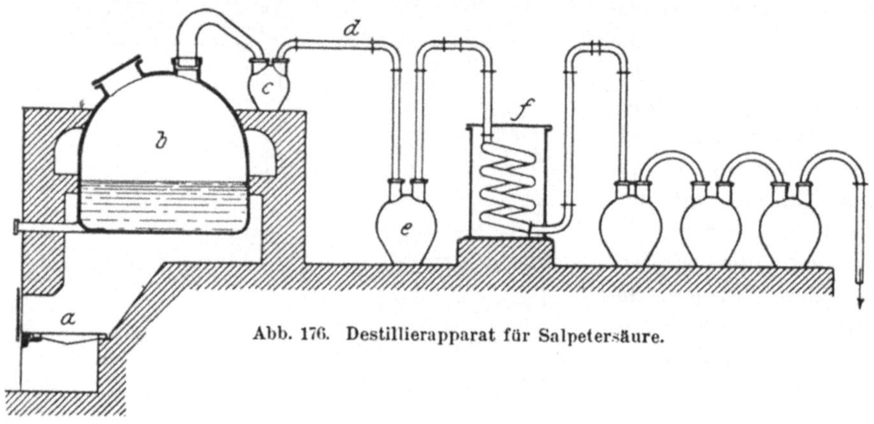

Abb. 176. Destillierapparat für Salpetersäure.

sowie die Ummantelung der Blase mit schlechten Wärmeleitern (Kieselgur) sorgen für das Warmhalten des Blaseninhaltes während des Abtreibens der flüchtigen Stoffe. Das Entleeren der Blase geschieht durch die Mannlöcher *f*, von denen je eines oberhalb jedes Siebbodens angeordnet ist. Um einer Mißfärbung des destillierten Öles vorzubeugen, werden das Überlaufrohr und die Kühlrohre aus stark verzinntem Kupfer oder aus reinem Zinn gefertigt.

5. **Destillieranlage für Salpetersäure,** Abb. 176. Die gußeiserne, von dem Rost *a* aus beheizte Retorte *b* wird mit etwa 1000 kg Salpeter beschickt und die erforderliche Menge Schwefelsäure zugegeben. Das sich bildende Gemisch von Salpetersäuredampf und Wasserdampf, dem in geringen Mengen auch untersalpetrigsaure und salzsaure Dämpfe beigemengt sind, wird zum Zweck der Kondensation einer Vorlage zugeführt, die aus Kühleinrichtungen und Sammelgefäßen (Tourills) zusammengesetzt ist. Dieselbe bezweckt nicht nur die Verdichtung der Salpetersäuredämpfe, sondern auch die Entfernung der bei gewöhnlicher Temperatur gasförmig bleibenden Destillationserzeugnisse aus dem flüssigen Destillat. Die aus der

Retorte abziehenden Dämpfe gelangen nach dem Durchfließen eines ersten
Gefäßes *c*, das zum Zurückhalten des Schaumes dient, durch die Rohrleitung *d*
in ein Sammelgefäß *e*, in dem eine erstmalige Abscheidung von kondensierter
Säure erfolgt. Die nicht verdichteten Dämpfe treten in einen Schlangenrohr-
kühler *f* über. Sie werden hier zum großen Teil verflüssigt, worauf der Rest
durch eine Reihe Gefäße geleitet wird, in denen sich die weiteren Niederschläge
sammeln. Rohrleitungen und Sammelgefäße werden aus Steinzeug ange-
fertigt.

6. Destillierapparat mit fraktionierter Dephlegmatisation,
Abb. 177. In diesem Apparat, der sich für verschiedene Zwecke, z. B. der
Destillation des bei der Verseifung der Fette entstehenden Rohglycerins
oder der Gewinnung der Harzöle aus dem bei der Terpentinbereitung entstehenden Kolophonium, brauchbar erwiesen hat, wird die Verdampfung

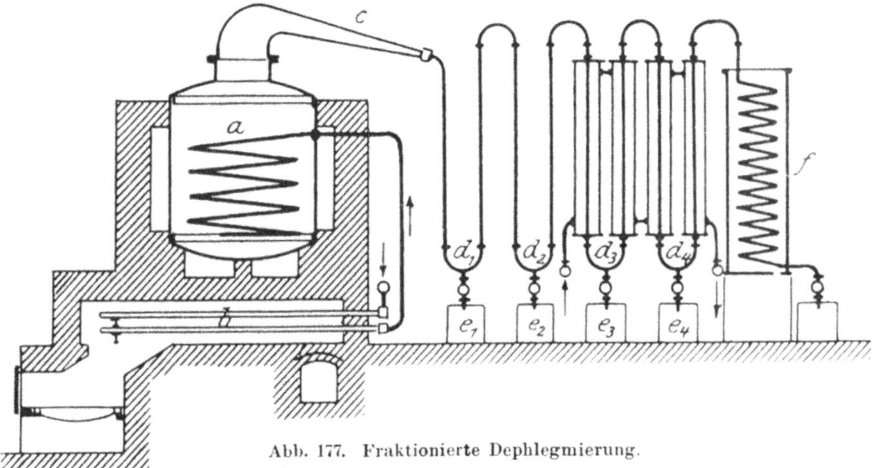

Abb. 177. Fraktionierte Dephlegmierung.

des Destilliergutes durch eine innerhalb der Destillierblase angeordnete
Rohrschlange *a* vermittelt, welche von Wasserdampf durchströmt wird,
der auf 3 Atm. gespannt und auf 200 bis 300° überhitzt worden ist. Die
Überhitzung geschieht in einem Bündel schmiedeeiserner Rohre *b*, das unterhalb der Blase in einen Feuerherd eingelagert ist, dessen Abhitze auch die
Blase umzieht oder der mit Generatorgas beheizt wird. Die aus der Blase
entweichenden Dämpfe treten nach dem Verlassen des Überlaufrohres *c*
in einen aus vier Rohrschleifen d_1 bis d_4 bestehenden Röhrenkühler ein, wo
sie in den ersten beiden Rohrschleifen $d_1 d_2$ durch Luftkühlung, in den folgenden durch die kräftiger wirkende Wasserkühlung in vier Fraktionen geschieden werden. Das höchstsiedende Destillat wird hierbei nach kürzester Kühl-
dauer erhalten und in dem Gefäß e_1 gesammelt, drei weitere Fraktionen von
niedrigeren Siedepunkten fallen bei längerer bzw. verstärkter Abkühlung
der Dämpfe in den folgenden drei Sammelgefäßen e_2 bis e_4 aus, bis schließlich
bei dem Durchlaufen des letzten Kühlers *f* auch das leichtest flüchtige Destillat
verflüssigt wird. Die zurückbleibenden brennbaren Gase werden zweckmäßig

der Blasenfeuerung zugeführt und verbrannt. In die Gasleitung eingeschaltete Drahtnetze, Rückschlagklappen und Wassersperrungen sichern hierbei gegen das Zurückschlagen der Flamme in den Destillierapparat[1].

2. Die Kolonnenapparate.

Die Kolonnenapparate verdanken ihr Entstehen der Spiritusfabrikation. In dieser dienen sie der dauernd verlaufenden, mehr oder weniger vollständigen Abscheidung des Alkohols aus solchen wässerigen Lösungen, die durch alkoholische Gärung zuckerhaltiger Flüssigkeiten entstanden sind und mit dem Namen Maische bezeichnet werden. In der Spiritusindustrie haben die Apparate auch vornehmlich ihre weitere, an die Namen *Coffey, Savalle, Siemens, Ilges, Pampe* u. a. geknüpfte Ausbildung erfahren, nachdem diese durch die Einführung der Benutzung des Dampfes zum unmittelbaren Erwärmen der zu destillierenden Flüssigkeit durch den Irländer *Perrier* (1822) sowie die Erfindung des Dephlegmationsbeckens durch *Pistorius* zu Weißensee bei Berlin (1833 bis 1858) erfolgreich vorbereitet worden war[2]. Aus der Spiritusfabrikation sind die Kolonnenapparate mit Erfolg von anderen Industrien, wie der Destillation des Benzols aus dem Steinkohlenteer, der Fraktionierung des Petroleums auf Benzin, der Verarbeitung des Gaswassers auf Ammoniakflüssigkeit usw., übernommen worden.

Wie bereits S. 181 erläutert worden ist, besteht das Wesen der Kolonnenapparate in der zusammenhängend durchgeführten schrittweisen Anreicherung der Dämpfe, die bei dem Erhitzen des zu scheidenden Flüssigkeitsgemisches entstehen. Diese Anreicherung wird erzielt, indem die in der Kolonne aufsteigenden Dämpfe durch eine Reihe das Gemisch enthaltende Gefäße oder Kammern geleitet werden, in denen sie einen Teil ihrer Wärme an die Gefäßfüllungen abgeben und, indem sie diese zum Sieden bringen, die Verdampfung des niedrig siedenden Anteiles derselben bewirken. Sie vermischen sich mit den neugebildeten Dämpfen und werden hierdurch sowie durch eine an diese Rektifikation anschließende Dephlegmierung der Dämpfe durch Abkühlung allmählich bis zu einem der Reinheit nahekommenden Grade verstärkt. Beispielsweise liefern die neuesten Kolonnenapparate der Spiritusfabriken aus einer Maische von rd. 11 Gew.-Proz. Alkohol ein Destillat von 95 v. H. und mehr. Diesem gegenüber erscheint die Leistung der einfachen Blase gering, da in dieser eine einmalige Destillation den Alkoholgehalt des Gemisches nur von 11 auf 32 v. H. steigern würde. Erst durch eine viermalige Wiederholung des Abtreibens würde sich der Alkoholgehalt auf rd. 55 bis 72 bis 79 bis 83 v. H. heben lassen.

Die Destillations- und Rektifikationskammern, von denen vielfach bis zu 25 Stück und mehr (wenn zweireihig) übereinander angeordnet sind, wer-

---

[1] Bericht über die Verwaltung der Berufsgenossenschaft der chemischen Industrie im Jahre 1905.

[2] Eine Darstellung der geschichtlichen Entwicklung der Kolonnenapparate, wie der bei der Spiritusbereitung üblichen Destillierapparate überhaupt, findet sich in *Märker:* Handbuch der Spiritusfabrikation. 4. Aufl. 1886.

den dadurch gebildet, daß in einem aufrechtstehenden zylindrischen rohrartigen Gefäß von 500 bis 800 mm Durchmesser eine Reihe Zwischenböden mit etwa 300 bis 400 mm gegenseitigem Abstand eingesetzt ist. Diese Böden sind, wie die Abb. 178 und 179 ersehen lassen, durchbrochen und tragen Überlaufrohre a und Dampfdurchlässe b, welche die aneinander grenzenden Kammern so verbinden, daß die zu destillierende bzw. zu rektifizierende Flüssigkeit von Kammer zu Kammer abwärtsfließt (Pfeile ↓) und gleichzeitig der aufsteigende Dampf alle Kammern der Reihe nach von unten nach oben (Pfeile ↑) durchströmen kann. Hierbei regelt der Überstand $ü$ der Überlaufrohre über die sie tragenden Böden die Füllung der Kammern mit dem flüssigen Gemisch und verhindert das Einsenken des unteren Rohrendes in die Flüssigkeitsfüllung der nächst tieferliegenden Kammer bei genügend großer Tauchtiefe t den Übertritt des Dampfes auf dem gleichen Wege. Dieser wird vielmehr durch besondere Durchlässe bewirkt und hierbei der Dampf

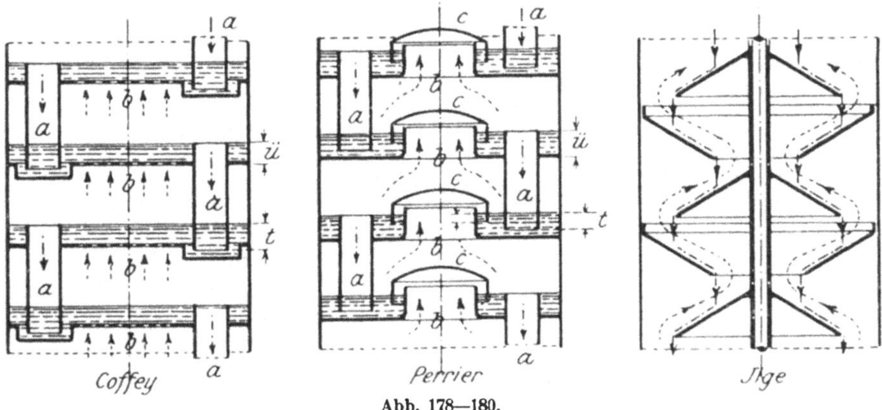

Abb. 178—180.

so geleitet, daß er die den Kammerboden bedeckende Flüssigkeitsschicht durchdringen muß. Die Anordnung dieser Dampfdurchlässe in den Kammerböden erfolgt auf zweierlei Art. Entweder wird nach Abb. 178 die Bodenplatte siebartig so fein durchlocht, daß die das Gemisch bildende Flüssigkeit von dem die Öffnungen durchdringenden Dampfe getragen und am Abwärtsfließen gehindert wird (Verfahren von *Coffey-Savalle*), oder es dient nach Abb. 179 eine in der Mitte des Bodens jeder Kammer befindliche größere Öffnung b dem Durchtritt des Dampfes. Diese Öffnung ist von einem die Flüssigkeitsschicht überragenden Rande umsäumt und von einer in die Flüssigkeit eintauchenden Kappe c bedeckt (Verfahren von *Perrier* 1822). Hierdurch entsteht ein Flüssigkeitsverschluß, der zwar die benachbarten Kammern trennt, aber gleichzeitig bei genügend kleiner Tauchtiefe der Kappe den für das Aufkochen der Flüssigkeit erforderlichen Durchtritt des gespannten Gemischdampfes gestattet. Dieser wird hierdurch mit Dämpfen des leichtsiedenden Anteiles der Flüssigkeit erneut angereichert und demnach verstärkt.

Nach einem neueren, bei dem Bau von Kolonnenapparaten benutzten Verfahren von *Ilge* wird die vorübergehende Ansammlung des Flüssigkeitsgemisches in den Destillierkammern dadurch umgangen und ein sehr inniges Durchmischen von Flüssigkeit und Dampf erzielt, daß die Kammerböden nach Abb. 180 kegelförmig gestaltet und so angeordnet sind, daß die Flüssigkeit schleierförmig von Boden zu Boden niederrieselt (Pfeile ↓) und der aufsteigende Dampf die Flüssigkeitsschleier der Reihe nach durchdringt[1] (Pfeile ↑). Auch kann durch Leitschienen, welche auf den einander folgenden Böden in wechselnder Richtung angeordnet sind, die Verteilung der Flüssigkeit und das Einmischen des Dampfes, also der Wärmeaustausch zwischen beiden, gefördert werden.

Auch bei den Dephlegmatoren trägt das Ausbreiten des den Dephlegmator durchziehenden Dampfgemisches in dünner Schicht zur erfolgreichen Anreicherung der Dämpfe erheblich bei. Schon in den älteren, von *Pistorius* angegebenen Dephlegmationsbecken, welche dem Verstärken von Spiritusdämpfen dienten, wurden die Dämpfe zugleich zum Vorwärmen der abzutreibenden Maische benutzt. Diese Becken bestehen nach Abb. 181 aus flachen linsenförmigen Hohlkörpern und sind zu mehreren übereinanderliegend angeordnet und durch kurze Rohre so untereinander verbunden, daß sie von den aufsteigenden Dämpfen (Pfeile ↑) der Reihe nach durchströmt werden.

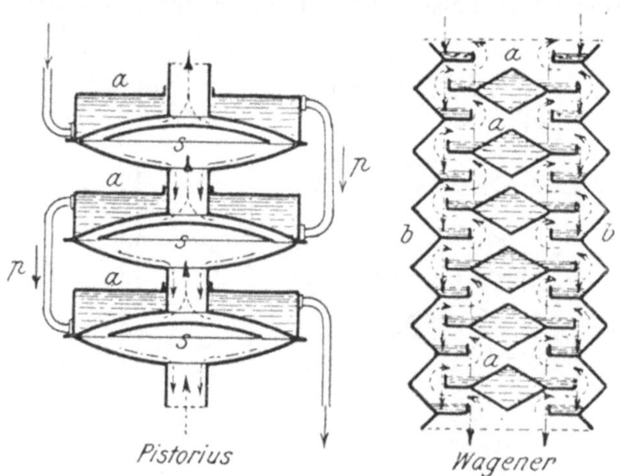

Abb. 181—182. Dephlegmatoren.

Die nach oben gewölbte Wand jedes Beckens bildet den Boden eines Gefäßes *a* zur Aufnahme der vorzuwärmenden Maische. Diese durchfließt die Gefäße der Reihe nach, der Pfeilrichtung *p* folgend, indem sie nahe der erwärmten oberen Beckenwand in die Gefäße eintritt und an einer höher gelegenen Stelle aus diesen abfließt. Ein im Innern eines jeden Beckens nahe der oberen Beckenwand angeordneter Schirm *s* zwingt die aufsteigenden Dämpfe, sich in dünner Schicht auszubreiten und durch die Beckenwand hindurch in Wärmeaustausch mit der kühleren Maische zu treten. Der hierbei entstehende Niederschlag einer wässerigen Lösung von Alkohol fließt an dem Schirm abwärts (Pfeile ↓) den aufsteigenden Dämpfen entgegen und wird von diesen erneut erwärmt und abgetrieben, so daß sein Alkoholgehalt zur letzten Verstärkung der Dämpfe vor dem Übertritt in den Kondensator beiträgt.

Die neueren Bauformen der Dephlegmatoren, von denen die Abb. 182 ein Beispiel gibt, lehnen sich mehr oder weniger an die Formen der Röhren-

---

[1] DRP. Nr. 38 235 vom 24. Februar 1886.

kühler an, die für andere Gebrauchszwecke, wie die Kühlung von Bierwürze, die Milchkühlung usw., üblich sind. In ihnen wird auf kleinstem Raum eine möglichst große Kühlfläche geschaffen, die einerseits von dem anzuwärmenden Destilliergut bespült bzw. berieselt wird und an der andererseits die von dem Rektifikator kommenden Dämpfe in dünner Schicht entlang streichen, die zur Abgabe ihrer Wärme veranlaßt werden sollen.

In dem als Beispiel gewählten Dephlegmator (Bauart *Wagener*) besitzen die in wagerechter Lage übereinander geordneten und von der zu scheidenden Maische durchflossenen Kühlrohre *a* rhombischen Querschnitt. Die Enden der Rohre münden in aufrechtstehenden Kästen, die durch wagerechte Zwischenwände so in Kammern geteilt sind, daß jede Kammer die Enden zweier Rohre aufnimmt und die vermöge ihrer gegenseitigen Lage die Rohre so verbinden, daß sie einen schlangenförmig verlaufenden Kanal bilden. Die Reinigung der Rohre geschieht durch Öffnungen der Kammerwände, die den Rohrmündungen gegenüberliegen und durch leicht abnehmbare Deckel verschlossen werden. Seitlich sind den Kühlrohren Wellblechplatten *b* angelagert, die mit den Rohrkammern dicht verbunden sind und deren Wellenbiegungen der Querschnittsform der Kühlrohre folgen. Sowohl an den Seitenkanten der Kühlrohre als an den Innenkanten der Wellbleche springen schmale Metallplatten vor, deren Rand mit einem niedrigen Bord gesäumt ist, so daß flache Rinnen entstehen. Diese Rinnen im Verein mit den Wellenbiegungen der Wellbleche schreiben den vom Rektifikator aufsteigenden Dämpfen (Pfeile ↑) einen Zickzackweg vor, bei dessen Durchlaufen sie nahe an den Kühlrohren vorüber geführt werden. Die hierbei eintretende Abkühlung der Dämpfe, die von dem Vorwärmen der durch die Kühlrohre fließenden Maische begleitet ist, bewirkt deren teilweise Kondensation. Es entsteht ein alkoholarmes Kondensat, das die Rinnen der Kühlrohre füllt und über deren Rand abfließend sich als leichter Flüssigkeitsschleier in die Rinnen der gewellten Seitenplatten ergießt, von denen es in die nächst tieferliegende Rinne des Kühlrohres gelangt. Hierdurch sind die aufsteigenden Dämpfe genötigt, diesen Schleier alkoholarmer Flüssigkeit zu durchdringen und bewirken durch den hierbei stattfindenden Wärmeaustausch nochmals eine Rektifikation derselben, erfahren also selbst erneut eine geringe Anreicherung. Das nun hochgrädige Dampfgemisch wird hierauf in einem mit Wasser gekühlten Oberflächenkondensator zu dem einen Endergebnis der Destillation, dem Destillat, verflüssigt. Das andere Enderzeugnis, die Schlempe, wird durch das nur noch geringe Anteile von Alkohol sowie die hochsiedenden Bestandteile der Maische enthaltende Wasser gebildet, das aus der den Dephlegmator, Rektifikator und die Destilliersäule durchlaufenden Maische stammend, dem aufsteigenden Dampfe entgegen fließend, die Destillierkolonne am unteren Ende verläßt.

Den Gesamtaufbau eines Kolonnenapparates veranschaulicht die Abb. 183 Auf der Blase *A*, welche den Eintritt des Heizdampfes und die Aufsammlung der Schlempe vermittelt, erhebt sich die Destillationssäule *B*, die nach oben hin mit dem Rektifikator *C* abschließt. Dieser trägt den Dephlegmator *D*, und diesem folgt als Schlußglied der Anordnung ein Kühler E. Das dem letzteren bei a zufließende Kühlwasser entstammt einem Hochbehälter F. Es wird dem Schlangenrohr des Kühlers durch die Vermittlung eines Schwimmerventiles b in gleichbleibender Menge am oberen Ende zugeführt und findet erwärmt am unteren Ende desselben durch das Rohr c seinen Abfluß. Dem Kühlwasserbecken steht der Maischebehälter G gegenüber, dessen Inhalt nach Regelung durch das Schwimmerventil d in das Schlangenrohr des De-

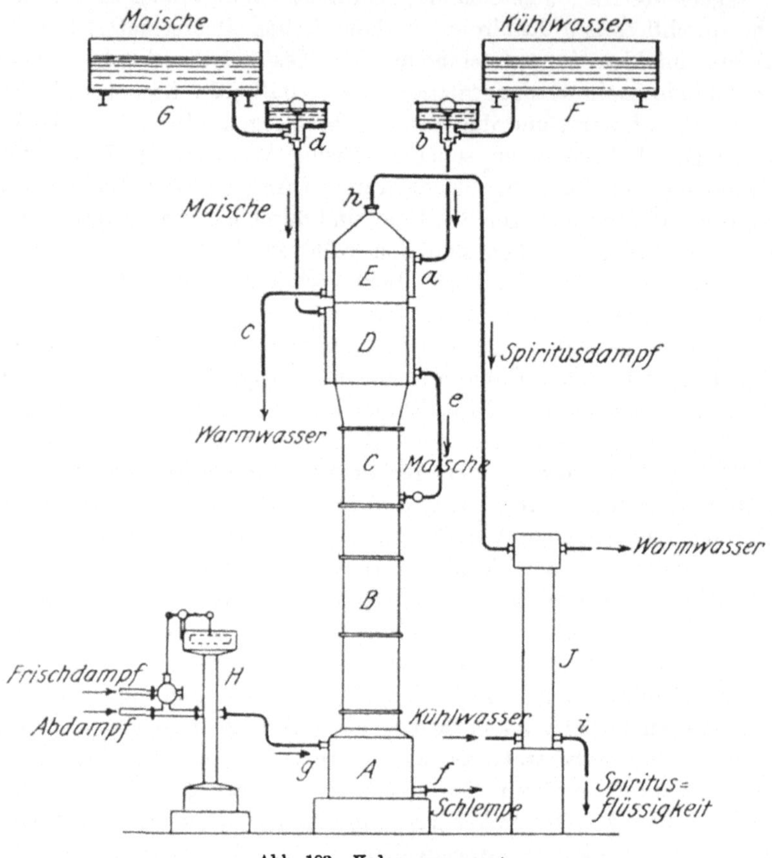

Abb. 188. Kolonnenapparat.

phlegmators eintritt und nach dem Durchfließen desselben durch das Rohr e dem oberen Ende der Destillationssäule zugeleitet wird. Hier vereinigt sich die im Dephlegmator vorgewärmte Maische mit dem durch den Rektifikator niederrieselnden Dephlegmationswasser und gelangt nach dem Durchlaufen sämtlicher Kammern der Destillationssäule entgeistigt in die Blase, aus der es bei f als sog. Schlempe abgeführt wird. Der Heizdampf, der entweder als Frischdampf oder als Maschinenabdampf zur Verwendung kommt, tritt nach dem Durchgang durch einen auf die Erhaltung gleicher Spannung wirkenden Druckregler H bei g in die Blase ein und steigt durch die Kammern der Destillations- und Rektifikationssäule aufwärts. Hierbei bewirkt er das Aufkochen der Maische und nimmt Alkoholdämpfe auf, worauf das entstehende Gemisch von Wasser- und Alkoholdämpfen im Dephlegmator und Kühler die letzte Anreicherung mit Alkoholdampf erfährt. Der die Kolonne bei h verlassende Spiritusdampf wird in dem Kondensator J zu Spiritusflüssigkeit kondensiert und diese bei i nach geeigneten Sammelbehältern abgeleitet.

In ähnlicher Weise, wie hier für Spiritusmaische beschrieben wurde, vollzieht sich der Destillationsverlauf bei anderen Flüssigkeiten in Kolonnenapparaten, wobei naturgemäß Destillat und Rückstand, je nach der Beschaffenheit des ursprünglichen Destilliergutes und nach Art und Verhältnis der Zusammensetzung sich diesem anpassend, wechselt.

Das Mischen von Werkstoffen.

I. Das Mischen im allgemeinen.

Haufwerke fester Körper sind entweder natürlichen Ursprungs oder werden durch Zerkleinern erhalten. In beiden Fällen ist ihre Verwendbarkeit zu bestimmten technischen Zwecken vielfach durch eine ungünstige Beschaffenheit der sie zusammensetzenden Teilstücke beschränkt. Sie erfordern dann eine vorbereitende Behandlung, die in der Auslese oder Scheidung der Teilstücke nach Größe, Form, Dichte, Stoffart usw. besteht, oder es werden Haufwerke verschiedener Art, sei es ohne oder nach vorangehender Scheidung, durch Mengen oder Mischen der verschiedenartigen Teilstücke zu einem Gesamthaufwerk von bestimmten Eigenschaften der Einlieger vereinigt. Auch auf Flüssigkeiten, Dämpfe und Gase findet das Verfahren des Mischens Anwendung, sei es, um durch mechanisches Zusammenfassen von Flüssigkeiten verschiedener Art neue Flüssigkeiten mit anderen Artmerkmalen und damit anderen technischen Eigenschaften und Wirkungen zu erzielen, sei es, um die chemische Einwirkungsfähigkeit verschiedener Stoffe aufeinander zu ermöglichen oder zu steigern. Endlich haben bestimmte technische Ziele auch das Mischen von Haufwerken mit Flüssigkeiten oder Gasen bzw. dieser letzteren mit Flüssigkeiten zur Voraussetzung. Das letztere ist insbesondere dann der Fall, wenn es sich um Absorption der Gase, also um deren dauernde Bindung an die Flüssigkeit, handelt. Die durch Mischen oder Mengen zu vereinigenden Stoffe werden das Mischgut genannt; aus ihnen geht durch die Arbeit des Mischens die Mischung, das Gemisch oder Gemenge hervor. In besonderen Fällen, z. B. bei der Metallgewinnung aus Erzen, wird das Gemenge auch Gattierung genannt.

Das Endziel der Mischarbeit besteht darin, in dem Mischgut, gleichviel ob dies eine Flüssigkeit oder ein Haufwerk ist, die Elemente so anzuordnen, daß an allen Punkten der fertigen Mischung die gleichmäßige Verteilung der Elemente vorhanden ist, so daß der kleinste Rauminhalt der Mischung immer die gleichen Mengen der sie zusammensetzenden, verschiedenartigen Stoffteile einschließt. Die Abb. 184 bis 186 geben theoretische Gefügebilder von Gemischen wieder, die der vollkommenen Mischung von 2, 3 und 4 Komponenten entsprechen. Tatsächlich werden solche vollkommene Mischungen nicht erreicht, da die gegenseitige Lagerung der Einzelteile stets Zufälligkeiten unterworfen ist, die durch die Art des benutzten Mischverfahrens bedingt sind. Die Mischarbeit kann daher nur die Herstellung von Gemischen erstreben, deren Gefüge dem durch die Theorie gegebenen möglichst nahekommt. Zum Erreichen dieses Zieles trägt möglichste Kleinheit der zu mischenden Stoffteile sowie deren tunlichste Übereinstimmung in Größe und Form ebenso bei wie möglichst geringe Verschiedenheit ihres spezifischen Gewichtes.

Die höchste Mischbarkeit ist hiernach im allgemeinen den tropfbaren Flüssigkeiten und den Gasen eigen; den Haufwerken fester Körper nur dann,

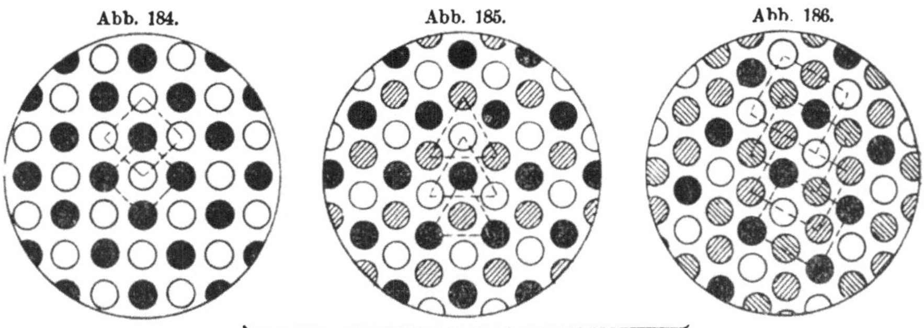

Abb. 184. Abb. 185. Abb. 186.

Theoretische Gefügebilder von Mischungen aus 2—4 Komponenten.

wenn sie sich durch weitgetriebene Zerkleinerung in ihrem Fließverhalten einer Flüssigkeit nähern, demnach Mehlfeinheit besitzen oder bildsam (plastisch) sind. Aber selbst unter so günstigen Umständen ist eine vollkommene Mischung nur näherungsweise zu erreichen. Dies läßt z. B. die Abb. 187 ersehen, welche die Anordnung der orange, grün und violett gefärbten, 0,010 bis 0,015 mm großen Körner von Kartoffelstärke auf den in der Farbenphotographie benutzten Lumièreplatten wiedergibt[1]. Bei ungleicher Größe und Form der zu mischenden Stoffteile ist eine vollkommene Mischung nur entfernt zu erreichen, da die größeren Teile stets von einer Vielzahl von Teilen geringer Größe umlagert werden, welche die zwischen den ersteren verbleibenden Hohlräume füllen, z. B. Beton, ein nach Durchfeuchten erhärtetes Gemisch von Zementpulver und größeren Steinbrocken.

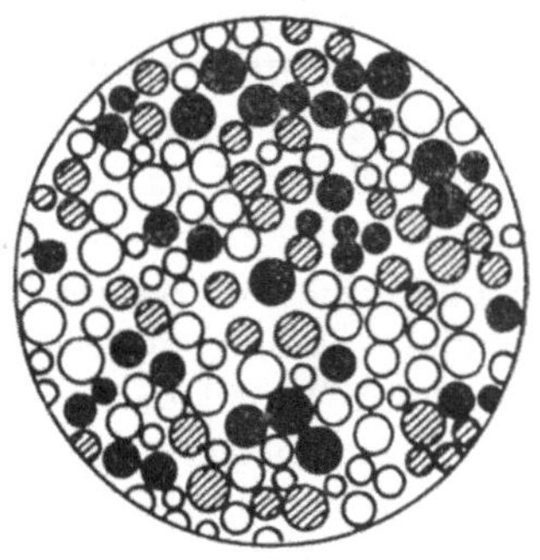

Abb. 187. Gemisch aus 3 Komponenten. Lumière-Platte.

Im Gegensatz zu den offenen oder losen Haufwerken, deren Stoffteile ohne gegenseitigen Zusammenhang sind, sind die Stoffteile der bildsamen oder geschlossenen Haufwerke durch Adhäsion vereinigt. Man pflegt diese Haufwerke daher als e i n e n Körper zu betrachten. Das Aneinanderhaften der Teilchen ist bei ihnen entweder die Folge einer klebrigen Beschaffenheit des Stoffes, welche dieser unter gewissen Umständen, z. B. beim Erwärmen, annimmt (Wachs, Kautschuk, Guttapercha, Pech, Linoxin), oder es wird durch einen Zwischenkörper, meist eine Flüssigkeit, hervorgerufen, die an

---

[1] La photographie des couleurs et les plaques autochromes. Herausgegeben von der Société A. Lumière et ses fils. Lyon-Monplaisir.

den festen Stoffteilchen haftet und sie dadurch miteinander verkittet (Ton, Ölkitt, Mehlteig).

Aus naheliegenden Gründen ist es bei Haufwerken fester Körper schwierig, bei Flüssigkeiten und bildsamen Stoffen praktisch undurchführbar, die Güte der erfolgten Vermischung durch das Verhältnis der in der Raumeinheit einer Mischung enthaltenen verschiedenartigen Stoffteile auszudrücken und damit ein Maß für den erzielten Mischungsgrad zahlenmäßig festzustellen. Dagegen bietet fast immer die mehr oder minder vorhandene Gleichmäßigkeit der Farbe einer Mischung einen ziemlich sicheren und leicht zu gewinnenden Anhalt bei der Beurteilung des Mischungsgrades. Für das Erkennen der Farbunterschiede genügt es meist, nebeneinanderliegende Häufchen der zu prüfenden Stoffe glatt zu streichen und zu vergleichen. Besser ist es, die Stoffe durch Pressen in Formen zu verdichten und die gewonnenen rechteckigen Täfelchen beim Vergleich nebeneinander zu reihen (Mehlprüfung von *Fornet*). Zuweilen erhöht das Durchfeuchten der Stoffe das Hervortreten der Farbenunterschiede. Bei plastischen Körpern, z. B. Mehlteigen, kann die Prüfung auch durch das Gefühl (den Griff) unterstützt werden, d. i. durch Schätzung des Widerstandes, welcher sich der Verschiebung der Teilchen entgegenstellt. Dieser Widerstand ist um so größer, je stärker die benachbarten Teilchen aufeinander wirken. Er ist klein bei Flüssigkeiten und solchen losen Haufwerken von Festkörpern, die sich aus Teilchen geringer Größe und daher auch geringen Gewichtes zusammensetzen, und nimmt zu, wenn Adhäsionskräfte die Gewichtswirkung der Teilchen unterstützen.

Der Erfahrung zufolge sind die in einem bildsamen Körper auftretenden Adhäsionskräfte im allgemeinen dann am kleinsten, wenn das Aneinanderhaften der Teilchen durch größere Mengen eines flüssigen Zwischenmittels vermittelt wird, da die geringe Kohäsion der Flüssigkeit die Verschiebung bzw. Trennung der eingebetteten festen Körperteilchen erleichtert. Hierbei nimmt auch die Bildsamkeit des Körpers ab, da dieser nur bei einem bestimmten Gehalt an Flüssigkeit so viel inneren Zusammenhang besitzt, daß bei dem Wegfall der umformend wirkenden Kräfte auch die durch diese eingeleitete Formänderung des Körpers nicht weiter fortschreitet.

Der zur Herbeiführung der Bildsamkeit eines Körpers erforderliche Flüssigkeitsgehalt ist je nach der stofflichen Beschaffenheit des Körpers verschieden groß. Er schwankt beispielsweise bei Modelliertonen zwischen 19 bis 29 v. H.; Kaolin besitzt die größte Bildsamkeit bei 28 bis 30 v. H. Wassergehalt[1]. Die in der Zuckerbäckerei verwendeten festen Sirup-, Honig- und Zuckerteige erfordern einen Wassergehalt von 14 bis 18 v. H., damit sie die zur Formgebung notwendige Geschmeidigkeit und Bildsamkeit erlangen, während bei anderen zur Herstellung von Weiß- und Schwarzbäckereien benutzten Teigarten (Zwieback-, Brezel-, Kaiserbrot-, Roggenbrotteig u. a.) der für die Verarbeitung erforderliche Wassergehalt zwischen 40 bis 46 v. H.

---

[1] *H. Fischer:* Beitrag zur mechanischen Untersuchung plastischer Körper. Civilingenieur 1885, Bd. XXXI, S. 481.

liegt[1]. Die Erhöhung des Flüssigkeitsgehaltes über dieses Maß hat die Abnahme der Bildsamkeit zur Folge und erschwert die Bildung eines gleichförmigen, für die weitere Verarbeitung geeigneten Gemisches. In diesem Umstande ist die Schwierigkeit begründet, die bei dem Einmischen in einen Teig beobachtet wird, der bereits einen gewissen Grad von Bildsamkeit erlangt hat; eine Schwierigkeit, die nur wenige der mechanischen Mischwerke sicher zu überwinden vermögen.

Entsprechende Erscheinungen treten auf bei dem Mischen solcher Werkstoffe, die vor dem Schmelzen einen teigartigen, bildsamen Zustand durchlaufen, wenn durch erhöhte Wärmezufuhr die Annäherung an den flüssigen Aggregatzustand herbeigeführt und damit ihre Bildsamkeit vermindert wird.

Die Mischarbeit ist stets mit einer Ortsänderung der das Mischgut zusammensetzenden Stoffteile verbunden, durch welche diese ihre gegenseitige Lage wechseln. Je vielseitiger und je öfter sich dieser Wechsel vollzieht, um so mehr steigt die Wahrscheinlichkeit des Entstehens einer vollkommenen Mischung. Die Güte der Mischarbeit ist daher in hohem Maße auch von der Dauer des Mischens bedingt, ein Umstand, der bei der Beurteilung der Wirtschaftlichkeit eines Mischverfahrens oder einer Mischeinrichtung besondere Beachtung verdient. Es ist daher die Mischdauer stets mit dem Zweck des Mischens in Einklang zu bringen. Werkstoffgemische, die von der Gewinnung oder Erzeugung her eine wechselnde Beschaffenheit besitzen, wie Ton, Kalisalze, Farben, Mehl u. a., werden zweckmäßig in der Weise vergleichmäßigt und in Gemische von durchaus gleichförmiger Beschaffenheit übergeführt, daß sie wiederholt gemischt werden und bei jedem neuen Mischvorgang ein Teil des Gemisches durch die Zugabe eines gleichgroßen Teiles rohen Stoffes ersetzt wird.

Die Ortsänderung, welche die Mischgutteile beim Mischen erfahren, ist entweder die Folge der Selbstbeweglichkeit, die ihnen ihr Eigengewicht oder innere, im Mischgut herrschende Spannungen verleihen, oder sie ist die Folge des Einwirkens äußerer Kräfte, die durch geeignete mechanische Hilfsmittel (Mischwerkzeuge, Mischmaschinen) auf das Mischgut übertragen werden. Im ersten Falle dienen mechanische Einrichtungen einerseits zur Förderung des Mischgutes nach der Mischstelle, andererseits weisen sie den in freier Bewegung befindlichen Teilen des Mischgutes den Weg an, dessen Durchlaufen zu möglichst zahlreichen Lagen- und Ortsänderungen führt. Im zweiten Falle ist es die Aufgabe der mechanischen Hilfsmittel, die für das Durcheinandermengen der Mischgutteile erforderlichen Ortsänderungen unmittelbar herbeizuführen und so oft zu wiederholen, bis der verlangte Gütegrad des Gemisches erreicht ist. Diese beiden Fälle können technologisch durch die Begriffe: Mischen durch Schütten und Mischen durch Rühren bzw. Verreiben unterschieden werden.

Das Verfahren des Schüttens ist nur für das Mischen solcher Stoffhäufungen verwendbar, deren innerer Zusammenhang gering ist, also für

---

[1] *H. Fischer:* Über das Mischen von Körpern und die dabei verwendeten Maschinen. Civilingenieur 1889, Bd. XXXV, S. 537.

das Mischen loser Haufwerke, Flüssigkeiten und Gase. Bei diesen ist die Eigenbewegung des Mischgutes entweder die Folge von dessen Eigenschwere, so bei Haufwerken und Flüssigkeiten, oder sie ist die Folge von Bewegungsenergie, die dem Mischgut, insbesondere Flüssigkeiten, Gasen und Dämpfen, innewohnt oder ihnen durch Schleudern (Zentrifugieren) erteilt wurde.

Das Mischen durch Rühren ist für alle in Frage kommenden Werkstoffe anwendbar. Bei bildsamen Stoffen, deren innerer Zusammenschluß (Kohäsion) infolge inniger Berührung und eigentümlicher physikalischer Beschaffenheit der Einzelteilchen groß ist, pflegt man das Mischen durch Rühren: Kneten zu nennen. In diesem Fall kann das Mischen nur unter Überwindung beträchtlicher innerer Widerstände erfolgen und erfordert im allgemeinen einen größeren Arbeitsaufwand.

Für das Mischen durch Verreiben ist kennzeichnend, daß die Mischarbeit von einer fortgesetzten und meist sehr weitgehenden Zerteilung der festen oder flüssigen Mischgutteilchen begleitet ist.

Während das Mischen kleiner Stoffmengen in der Regel durch Handarbeit erfolgt, erfordert das Verarbeiten großer Stoffmengen, das sich meist über längere Zeiträume erstreckt und einen größeren Kraft- und Arbeitsaufwand bedingt, die Anwendung mechanischer Mischeinrichtungen: der Mischapparate, Mischwerke oder Mischmaschinen. Diese werden, entsprechend dem beim Mischen zur Anwendung kommenden Arbeitsverfahren, eingeteilt in Schütt- und Schleuderwerke, Rühr- und Knetwerke und Verreibwerke.

Bereits das Eintragen des Mischgutes in den Mischapparat vermag die Güte der mit dem letzteren erzielten Mischung zu beeinflussen. Es ist deshalb nicht nur zweckmäßig, sondern für die Erzielung einer innigen Mischung unerläßlich, die zu mischenden Stoffe in solcher Folge und Menge dem Mischwerke zuzuführen, wie es dem beabsichtigten Mischungsverhältnis entspricht. Am besten gelingt dies bei feinpulverigen Stoffen und Flüssigkeiten infolge der großen Teilbarkeit dieser.

II. Das Abteilen des Mischgutes.

Für das Herstellen von Mischungen, in denen die gemischten Stoffe in bestimmten Mengenverhältnissen vorhanden sind, ist neben der sorgfältigen Führung und Überwachung des Mischvorganges die richtige Zumessung der zu mischenden Stoffe notwendig. Die Gewichtsbestimmung der Stoffmengen vor dem Eintrag des Mischgutes in den Mischer bietet für eine solche die größte Gewähr. Sie findet deshalb überall da, wo es auf die genaueste Einhaltung des Mischungsverhältnisses ankommt, wie z. B. bei der Herstellung von Heilmitteln, Anwendung. Für den allgemeinen Gebrauch ist sie meist zu umständlich und wird mit Vorteil durch Raummeßverfahren ersetzt. Nur bei dem Verarbeiten großer Mengen gleichartigen Mischgutes, wie z. B. in der Zementfabrikation, vermag die Anwendung selbsttätiger Wägeeinrichtungen schätzbare Vorteile zu bieten.

In allen den Fällen, die nur eine mäßige Genauigkeit der Zusammensetzung des fertigen Gemisches erfordern, überläßt man die Mengenbestimmung der Abschätzung durch das Augenmaß oder wendet Raummessung unter Verwendung von Meßgefäßen an, deren Größe neben der Anzahl der aufeinanderfolgenden Füllungen und Entleerungen meist die genügende Genauigkeit des Mischungsverhältnisses gewährleistet. Für das Verteilen großer Stoffmengen stehen dann stetig arbeitende Meßeinrichtungen in Benutzung, deren Antrieb vielfach von der Mischmaschine abgeleitet wird.

a) Das Abteilen mit Meßgefäßen.

Auf der Benutzung von Meßgefäßen beruhende Einrichtungen sind insbesondere für das Abteilen von Flüssigkeiten, Gasen und pulverigen Stoffen verwendbar. Für das Abteilen tropfbarer Flüssigkeiten eignen sich die verschiedenen Bauarten der auch für andere Zwecke gebräuchlichen Rad-, Kolben- und Schwimmermesser, für Gase bieten Gasuhren geeignete Meßmittel. Hierbei hat sich für das Mischen zweier Gase verschiedener Art (Ölgas und Acetylen) u. a. eine Einrichtung bewährt, bei welcher die Trommelachsen zweier Gasuhren derart durch ein Getriebe gekuppelt sind, daß die Übersetzung im Verein mit den Trommelinhalten das bestimmte Mischungsverhältnis herbeiführt[1].

Bei pulverigen und ähnlichen Stoffen wird das Meßgefäß zweckmäßig am Eingang des Mischwerkes unterhalb des Füll- oder Aufgabetrichters eingeschaltet.

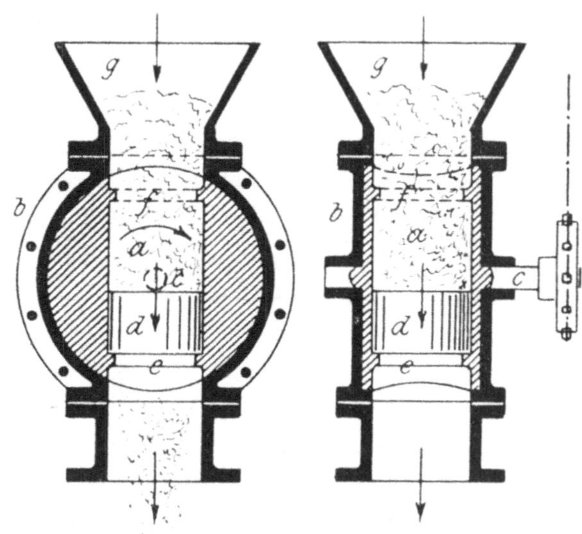

Abb. 188—189. Meßrohr.

Nach Abb. 188 und 189 besteht es beispielsweise in einem Meßrohr a, das in einem Gehäuse b um die wagerechte Achse c drehbar ist. Es enthält einen leichtbeweglichen Kolben d, dessen Endstellungen die Anschläge e und f bestimmen. In der gezeichneten aufrechten Lage des Zylinders a ruht der Kolben auf dem unteren Anschlage e und bildet den Boden des Meßgefäßes, wenn dieses aus dem Behälter g mit Mischgut gefüllt wird. Während der Drehung des Gefäßes um 180° schiebt der durch sein Gewicht abwärtsfallende Kolben die Gefäßfüllung dem Mischwerk zu. Der Kolben wird durch den Anschlag f gefangen und das Meßgefäß von neuem aus dem Speiserumpf

[1] Zeitschr. d. Ver. deutsch. Ing. 1903, S. 1361.

mit Mischgut gefüllt, um durch Fortsetzung der Drehung von neuem entleert zu werden[1].

Vielfach wird das über dem Eingang des Mischwerkes aufgestellte Meßgefäß rahmenartig gestaltet und in der Längen- und Breitenrichtung durch Zwischenwände in Fächer geteilt, welche die verschiedenen zu mengenden Arten des Mischgutes aufnehmen. Um dabei mit dem gleichen Meßrahmen die Stoffe in wechselndem Mengenverhältnis abteilen zu können, erhalten die Innenseiten der Rahmenwände nach Abb. 190 Falze, in denen die Zwischenwände w nach Bedarf versetzt werden können[2]. Den Boden des Rahmens bildet ein Schieber s, bei dessen Öffnen das abgeteilte Mischgut in das Mischwerk fällt.

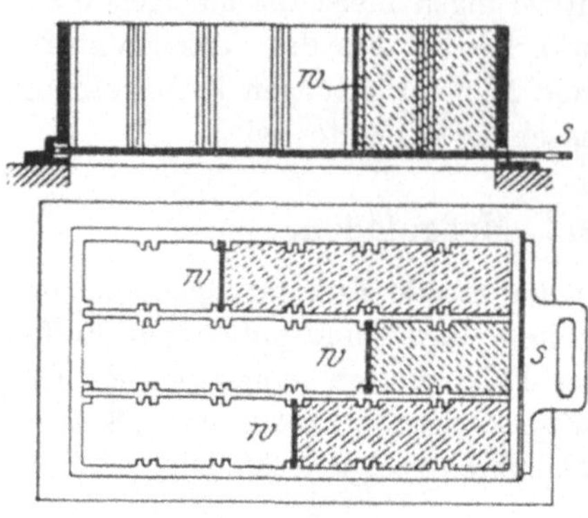

Abb. 190. Meßrahmen.

Ein anderes Beispiel eines Rahmenteilers zeigt die Abb. 191[3]. Hier gleitet ein mit gleichgroßen Abteilen a versehener Rahmen R auf einer festliegenden ebenen Platte p unterhalb der Mischgutbehälter M_1 bis M_3 vorüber. Das dem ersten dieser Behälter (M_1) entfließende Gut füllt die Abteile des Rahmens. Das den folgenden Behältern ($M_2 M_3$) entnommene lagert sich schichtenweise auf der Rahmenfüllung und sinkt in Gemeinschaft mit dieser bei der

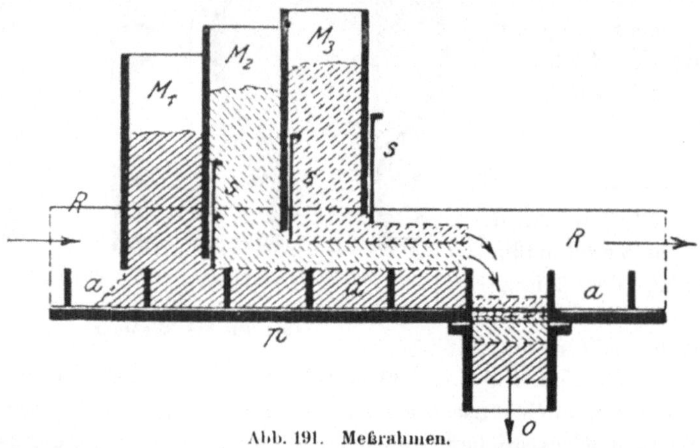

Abb. 191. Meßrahmen.

Verschiebung des Rahmens durch eine Öffnung o der stützenden Platte in das Mischwerk ab. Durch die Schichtdicke des den Behältern entfließenden Mischgutes, die mittels der Schieber s einstellbar ist, werden die Mengen-

---

[1] Nach dem DRP. Nr. 52 580 vom 19. September 1889 sind derartige Meßgefäße für Brikett- und Ziegelmaschinen vorgeschlagen worden.

[2] DRP. Nr. 270 708 vom 14. Mai 1913.

[3] Nach DRP. Nr. 116 486 vom 7. Dezember 1899.

verhältnisse im Gemisch bestimmt bzw. geregelt. Kreisförmige Anordnung der Rahmenabteile und Wandern dieser um den Mittelpunkt des Kreises bewirkt Stetigkeit der Verteilung des Mischgutes.

b) Die stetig wirkenden Abteiler.

Stetig wirkende Teilapparate finden bei dem Mischen pulverförmiger und bildsamer Werkstoffe Anwendung. Das Mischgut wird, nachdem es in einer gleichdicken Schicht ausgebreitet worden ist, Teilleisten zugeführt, welche in steter Folge gleichgroße Teile der Schicht ablösen und dem Mischwerk zuleiten.

Ein derartiger Teilapparat für Mehlmischmaschinen[1] ist in Abb. 192 dargestellt. Derselbe besteht aus einem wagerecht ausgespannten Förderbande a, dessen abwärtsgerichtete Schubleisten auf der geschlitzten Decke b des Speiserumpfes der Mischmaschine gleiten. Den Rumpf teilen senkrechte, normal zur Längenrichtung des Bandes stehende Querwände c in gleich große Kammern I bis V, deren untere Öffnungen durch Schieber abschließbar sind. Der Schlitz der Rumpfdecke verläuft in Richtung der Diagonale $d\,f$ des von dem Förderband überdeckten Rechteckes $d\,e\,f\,g$. Die

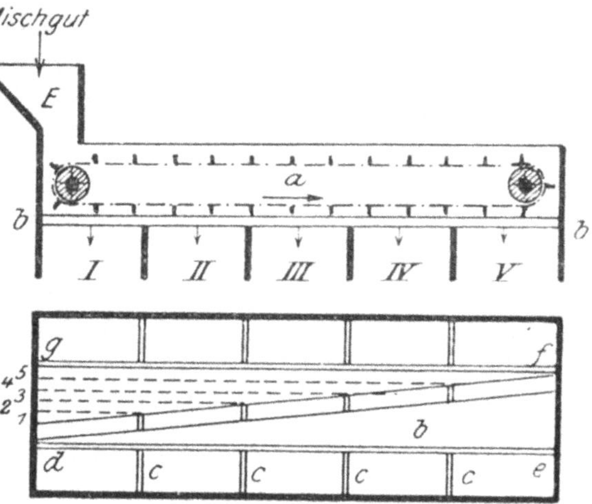

Abb. 192. Teilapparat für Mehlmischer.

von den einzelnen Kammerwänden c begrenzten Schlitzteile entsprechen demnach schmalen und unter sich gleichbreiten Streifen 1 bis 5 des Förderbandes, deren Zahl gleich der Kammeranzahl im Speiserumpfe ist. Erfolgt während des Betriebes die Zuführung von Mischgut an dem einen Ende (E) des laufenden Bandes, so decken diese Streifen prismatische Haufen des Mischgutes, deren Dicke durch die Höhe der Schubleisten des Förderbandes bestimmt wird. Jeder Kammer fließt daher so lange eine gleiche Menge des Mischgutes zu, als dessen Zufluß nach dem Bande andauert. Es wird damit die Bildung einer Anzahl gleichgroßer Haufwerkgruppen erzielt, die bei entsprechendem Wechsel der Art des zugeführten Stoffes bereits unvollkommene Mischungen darstellen, in denen die verschiedenen Arten des Mischgutes in gleichen Mengenverhältnissen enthalten sind.

Auf ähnlicher Grundlage beruht der für das Abteilen körniger Hauf-

---

[1] DRP. Nr. 34 431 vom 10. Mai 1885.

werke bestimmte Teilapparat von *Jochum* und *Ehrhardt*[1], den die Abb. 193 im Aufriß und Grundriß wiedergibt. Das in dem Speiserumpf E befindliche Mischgut wird vor dem Eintritt in das Mischwerk einer kreisförmigen, langsam umlaufenden Scheibe a zugeführt, von der es eine Streichleiste b abnimmt und durch den Fangtrichter c in das Mischwerk leitet. Je nach der Einstellung dieser Streichleiste gegen die Scheibenmitte findet das Abteilen des Mischgutes in mehr oder weniger breiten Streifen s statt, deren Höhe durch den Abstand der unteren Kante einer zweiten Streichleiste d von der Oberfläche des Teiltellers bestimmt ist. Durch Nebeneinanderstellen mehrerer solcher Teilapparate können dem Mischwerk gleichzeitig verschiedene Arten von Mischgut in bestimmten, aber leicht wechselbaren Mengenverhältnissen zugeführt werden. Mit einem Teilteller von 400 bis 800 mm Durchmesser können bei einem Arbeitsverbrauch von 0,4 bis 0,8 PS etwa 400 bis 2500 l Mischgut in der Stunde abgeteilt werden.

Das Übereinanderordnen mehrerer Teilteller verschiedener Größe und Zuleiten des Mischgutes aus einer gleichen Anzahl gleichachsig aufgestellter Speiserümpfe gibt die Möglichkeit, mit einem Teilapparat gleichzeitig mehrere Arten von Mischgut und in verschiedenen Mengen dem Mischer zuzuteilen[2].

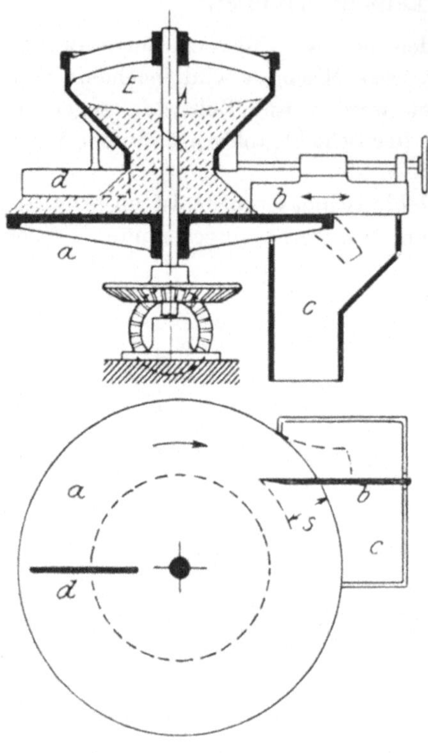

Abb. 193. Teilteller.

Für das Zuteilen bildsamer Massen ist empfohlen worden, diese mittels Messern, die hobelartig auf dem Teilteller angeordnet sind, in Streifen von bestimmtem Querschnitt zu zerschneiden und diese dem Mischwerk zuzuführen.

III. Das Mischen im besonderen und die Mischwerke.

Die Grundlagen des Mischens sind für alle Werkstoffe die gleichen. Bei festem Mischgut wird der geordneten Zusammenhäufung der verschiedenartigen Mischgutteile durch deren schichtenweises Übereinanderlagern vorgearbeitet, wobei die Schichten gleichartigen Stoffes meist in regelmäßigen Zwischenräumen wiederkehren. Die Schichtenbildung erfolgt bei kleinen

---

[1] DRP. Nr. 40 546 vom 12. November 1886.
[2] DRP. Nr. 168 320 vom 5. Juni 1904.

Mengen pulverförmigen und stückigen Mischgutes am einfachsten durch Handarbeit. Für das Verteilen und schichtenweise Ausbreiten größerer Mengen
pulveriger Stoffe kommt zweckmäßig ein rasch umlaufender Streuteller oder
eine durchlochte Schleudertrommel zur Anwendung. Bei gleichbleibender
Umlaufzahl des Streuers wird hierbei die Dicke der übereinander gelagerten
Schichten durch die für jede benutzte Streudauer bestimmt. Senkrechtes
Abstechen der wagerecht übereinander lagernden Schichten des Mischgutes
und erneutes schichtenweises Häufen oder Ausstreuen des Gutes führen zur
schrittweisen Verbesserung des Gemisches und schließlich zum erwünschten
Gütegrad der Mischung. Durch allmählichen Zusatz einer Flüssigkeit während
des Mischvorganges kann dem Gemisch eine schlamm- oder breiartige Beschaffenheit erteilt werden.

Beachtenswerte Beispiele für das Mischen durch Schichtung bieten
die in Spinnereien dem Mischen der rohen Spinnstoffe dienenden, 4 bis 5 m
langen 2 bis 4 m tiefen und 1,5 bis 3 m hohen, zuweilen heizbaren Misch-
kammern mit ge-
schlossenen oder die
Luft durchlassen-
den Lattenwänden.
In ihnen werden die
Spinnstoffe, nach
Ursprung, Farbe
oder Stapel unter-
schieden, schichten-
weise derart einge-

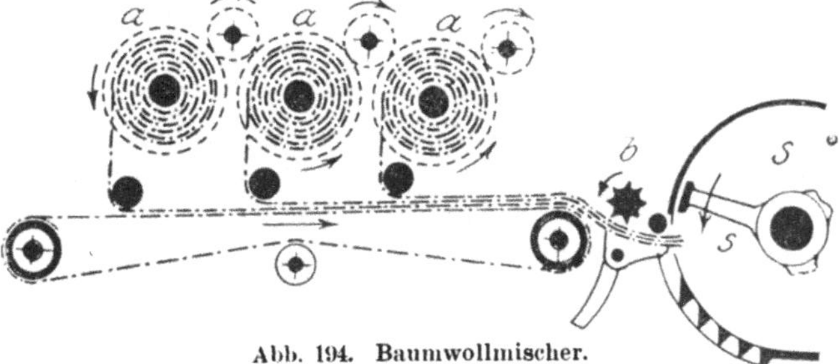

Abb. 194. Baumwollmischer.

tragen, daß die übereinander liegenden Schichten der Reihe nach dem Inhalt
einer größeren Anzahl Ballen entnommen werden und die Schichtung in gleicher Reihenfolge so oft wiederholt, bis die Mischkammer gefüllt ist. Die Entnahme der Füllung erfolgt nach dem Öffnen der einen Langseite der Kammer
durch senkrechtes schichtenweises Abstechen mittels der Schaufel (Asbest)
oder durch Abziehen senkrechter Schichten von oben nach unten mittels
eines langzinkigen Rechens (Baumwolle), so daß jede zur weiteren Verarbeitung gebrachte Menge Teile aller wagerechten Schichten enthält.

Im Öffner aufgelockerte und vorgereinigte Baumwolle wird in Spinnereien dadurch gemischt, daß die Vliese mehrerer hintereinander über einem
Lattentisch liegender Wickel a nach Abb. 194 übereinander geschichtet der
Schlagmaschine S zugeführt werden, wo der umlaufende Schläger s von ihnen
beim Austritt aus der Speiseeinrichtung b senkrechte Schichtenlagen abnimmt.

Flüssigkeiten verschiedenen spezifischen Gewichtes haben beim Zu-
sammenbringen das Bestreben, sich schichtenweise abzusondern; die schwere
Flüssigkeit sinkt zu Boden und wird von der leichteren bedeckt. Für das
Mischen solcher Flüssigkeiten ist es daher zweckmäßig, die leichte Flüssigkeit
am Boden des Mischgefäßes in die das Gefäß füllende schwere Flüssigkeit
einzuleiten, so daß sie diese aufsteigend durchdringen muß. Umgekehrt
empfiehlt es sich, die schwere Flüssigkeit durch die spezifisch leichtere Gefäß-

füllung herabsinken zu lassen. In jedem Fall wird das Vermischen durch Zerteilung der zugeführten Flüssigkeit in einzelne Ströme und durch mischende Bewegung der Gefäßfüllung erheblich beschleunigt.

Von dem gleichen Verfahren wird bei den Gasfeuerungen metallurgischer Öfen Gebrauch gemacht, sofern bei diesen die Eintrittsöffnungen für Luft und Gas so übereinander angeordnet werden, daß das spezifisch leichte und daher aufsteigende Gas der unteren Öffnung entströmt und die über ihm eintretende schwere Luft durchdringen muß.

A. Das Mischen durch Handarbeit.

In den einfachsten Fällen bewirkt der Mischer das Mischen verschiedener Stoffe unmittelbar mit den Händen ohne Zuhilfenahme eines Mischwerkzeuges. Pulverige, dünnflüssige und breiartige Stoffe werden von ihm mit der hohlen Hand erfaßt oder geschöpft und auf einer Mischplatte oder in einer Mischschüssel wiederholt zusammengehäuft; oder sie werden durch kreisende Handbewegungen bis zum Eintritt des gewünschten Mischungsgrades durcheinander gerührt. Bei bildsamen Stoffen, die der Mischbewegung größeren Widerstand bieten, führt eine drückende, stoßende und schiebende Bewegung (Walken, Wirken) die entsprechende Umordnung der Stoffteile herbei. Zuweilen wird das Mischen plastischer Körper, wie fester Brotteige, Ton, Lehm usw., auch durch Treten der auf einer Mischplatte oder in einem Mischtrog (Knettrog) befindlichen Masse mit den Füßen bewirkt. Hierbei wird z. B. der Ton auf einem Holzfußboden zu einer runden, 80 bis 100 mm hohen Schicht ausgebreitet. Der Treter stellt sich in der Mitte auf, drückt den Ton mit seinen Hacken ein und geht, einen Fuß neben den anderen setzend, vom Mittelpunkt aus in Spirallinien allmählich zum Rand, dreht sich dann herum und geht wieder zum Mittelpunkt, wobei er die Füße so setzt, daß seine Hacken immer auf die Stelle kommen, an der beim ersten Kneten der vordere Teil des Fußes befindlich war.

Bei andauernder Tätigkeit sowie dann, wenn die Eigenschaften der zu mischenden Stoffe oder die beabsichtigte Verwendung des Gemisches die unmittelbare Berührung mit der Hand untunlich erscheinen lassen, unterstützen einfache Werkzeuge und Geräte die Arbeit. Durch mehrfache Wiederholung des gleichen Verfahrens an dem bereits gemischten Stoffe wird der beabsichtigte Mischungsgrad erreicht.

Als Mischwerkzeuge finden entweder Schaufeln, Schippen und Kellen oder Rührstäbe, Rührscheiben und Rührquirle Anwendung. Mit den erstgenannten Werkzeugen wird das Mischgut in nach dem Augenmaß eingeschätzten Mengen in bestimmter Folge und Ordnung auf einem in der Nähe des Vorrates befindlichen, meist aus Brettern gebildeten Mischboden geschichtet aufgehäuft, hierauf senkrecht zur Schichtung abgestochen und erneut geschichtet, bis nach mehrfacher Wiederholung des gleichen Verfahrens das Gemisch die beabsichtigte Eigenschaft erlangt hat.

Rührstäbe, Rührscheiben und Quirle dienen vornehmlich zum Mischen von Flüssigkeiten. In Kleinbetrieben, z. B. Laboratorien, werden vielfach Glasstäbe zum Durchrühren und Mischen kleiner, in geeigneten Gefäßen befindlichen Flüssigkeitsmengen benutzt. Zum Mischen größerer Flüssigkeitsmengen dienende Rührscheite bestehen meist aus Holz und besitzen nach Abb. 195 ruderförmige Gestalt. Sie werden an dem zylindrischen Griff mit den Händen erfaßt und so in schwingender oder kreisender Ruderbewegung durch die in einem Bottich befindliche Flüssigkeit geführt, daß die Breitseite des Scheites voranschreitet. Durch den hierbei gegen die Flüssigkeit ausgeübten Druck findet ein Anstauen dieser vor dem Rührer statt (Abb. 195 bei *a*). Sie fließt an den Seitenkanten des Rührers vorbei und ergießt sich in den hinter diesem entstehenden Hohlraum *b*. Hierbei werden die Flüssig-

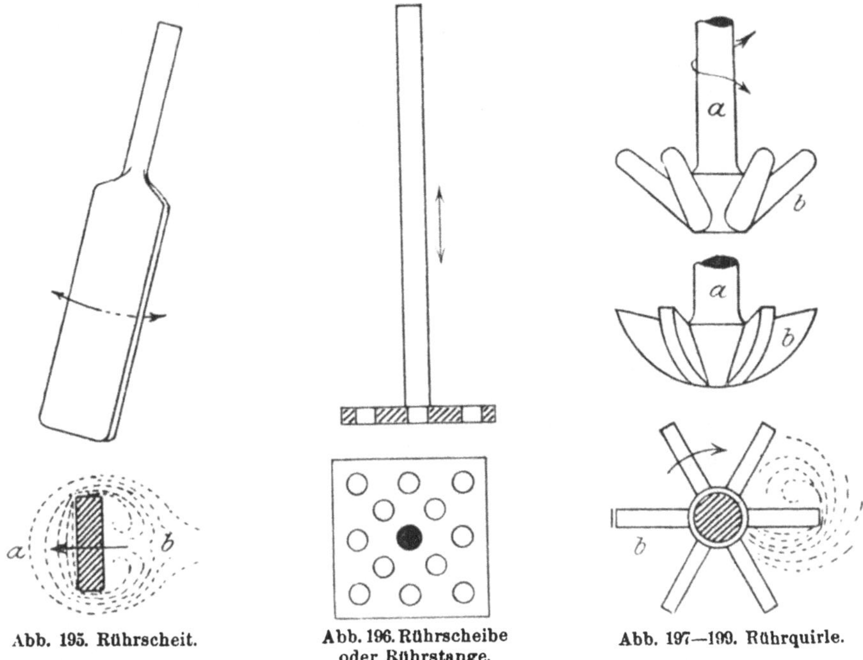

Abb. 195. Rührscheit.

Abb. 196. Rührscheibe oder Rührstange.

Abb. 197—199. Rührquirle.

keitsteilchen in lebhafte, das Mischen fördernde Wirbelbewegung versetzt, die bei vielfacher Wiederholung zur Bildung eines gleichförmigen Gemisches führt.

Auf der gleichen Grundlage beruht die Mischstange, Abb. 196, die am unteren Ende eine scheibenförmige Platte (Mischscheibe) trägt und in der Flüssigkeit senkrecht auf und ab gestoßen wird. Die Scheibe ist mehrfach durchbohrt, so daß bei ihrer Bewegung je nach der Bewegungsrichtung über oder unter den Scheibenlöchern Flüssigkeitssäulen entstehen, die auseinanderfließend sich unter lebhafter Wirbelbildung wieder mit der übrigen Gefäßfüllung vereinen.

Der Rührquirl, Abb. 197 bis 199, überragt das Rührscheit in der Mischwirkung erheblich. Er besteht aus einem zylindrischen Stiel *a*, an dessen in die Flüssigkeit tauchendem Ende kreuzweise gestellte Rührstäbchen oder Rührplatten *b* vorspringen, die bei einer dem Stiel erteilten Drehbewegung

die Flüssigkeit in der gleichen Weise wie das Rührscheit teilen und wieder
wirbelnd zusammenfließen lassen (Abb. 199). Durch die Drehung in der
Flüssigkeit hervorgerufene Fliehkräfte tragen hierbei zur Beschleunigung
des Mischvorganges erheblich bei. Die Drehung des Handquirles erfolgt durch
Abwälzen des Stieles zwischen den Innenflächen der beiden Hände, die hierbei in wechselnder Richtung verschoben werden. Hierdurch ist die Anwendung
des Quirles als Handwerkzeug nur auf das Mischen kleiner Flüssigkeitsmengen
beschränkt. Eine besondere Art des Quirles bildet der sowohl drehend als
schlagend geführte Schneebesen, der aus einem birnenförmig gestalteten
Drahtgeflecht besteht und in Konditoreien, Bäckereien und ähnlichen Betrieben beim Einmischen von Luft in klebrige Flüssigkeiten (Eiweiß) zum
Zweck der Schaum- oder Schneebildung verwandt wird.

Eine besondere Stelle nimmt unter den Handmischverfahren das Zusammenmischen trockener oder befeuchteter pulveriger Körper, z. B. Farben,
durch Verreiben in der Reibschale oder auf einer Reibplatte ein, insofern bei ihm der Mischvorgang mit einer fortschreitenden Zerkleinerung
des Mischgutes verbunden ist.

B. Die Mischmaschinen.

a) Die Schütt- und Schleuderwerke.

Dem Mischen auf Schütt- und Schleuderwerken werden vornehmlich
kleinkörnige, pulverige und faserige Haufwerke unterworfen. In Getreidemühlen, Brauereien und Malzfabriken dienen Schütt- und Schleuderwerke
zum Umlagern und Mischen von Körnerfrüchten und Malz, in Mehlfabriken,
Farbenfabriken u. dgl. zum Mischen der verschiedenwertigen mehlfeinen
Erzeugnisse, in der Spinnereitechnik werden bei der Herstellung von plattierten, d. h. aus verschiedenfarbigen Faserstoffen erzeugten Garnen, Streuwerke benutzt und an dem Speiseapparat der Krempel angeordnet. Auch
für das Mischen von Flüssigkeiten finden derartige Einrichtungen Verwendung,
um entweder Gemische von Flüssigkeiten verschiedener Dichte, z. B. Gemische von Fetten und Ölen mit wässerigen Flüssigkeiten, so zu vergleichmäßigen (homogenisieren, emulgieren), daß sich die Einzelflüssigkeiten unter
gewöhnlichen Verhältnissen nicht wieder trennen, oder um Flüssigkeiten zum
Zweck gegenseitiger chemischer Einwirkung mit anderen Flüssigkeiten (auch
Gasen) in innige Berührung zu bringen.

1. Die Schüttwerke.

Das wesentliche Merkmal der schüttend wirkenden Mischwerke bildet die
Freifallbewegung des zu mischenden Gutes. Mechanische Einrichtungen,
die mit diesen Mischwerken verbunden sind, dienen allein der Förderung
des Mischgutes zur Mischstelle. Diese Förderung wird hierbei so oft wiederholt, bis das entstehende Gemisch die erwünschte Gleichförmigkeit besitzt
oder der sonstige Zweck des Mischens erreicht ist.

Das Mischen durch Schütten erfolgt entweder durch stetig wiederkehrendes Übereinanderlagern dünner Schichten des rohen oder vorgemischten Mischgutes oder durch freien Auslauf des Gutes in zerstreutem Strom. Beide Verfahren finden bei der Lagerung des Getreides und Getreidemehles in aufrechtstehenden prismatischen oder zylindrischen Behältern (Silos) Anwendung. In diesen wird das Lagergut zum Fernhalten von Schädlichkeiten (Stocken, Insektenfraß) zeitweise umgelagert, indem es dem aufrechtstehenden Behälter am unteren Ende entnommen und durch Fördereinrichtungen (Bänder, Schrauben, Eimerwerke) dem gleichen oder einem anderen Behälter oben wieder zugeführt wird.

Die Abb. 200 zeigt eine nach diesem Grundsatz eingerichtete Mehlmischmaschine. Dieselbe kann bis zu 15 000 kg Mehl aufnehmen und mischt bei einem Arbeitsverbrauch von 0,3 bis 0,8 PS in der Stunde 2500 bis 5000 kg Mehl. Die zu mischenden Mehlsorten werden durch den Einlauf E einer Förderschraube e übergeben, die sie in den Mehlbehälter M schichtenweise einlagert. Nach der Füllung des Behälters führen zwei dem trichterförmigen Auslauf desselben vorgelagerte und in gleicher Richtung umlaufende Walzen a das Mischgut einer zweiten Förderschraube b zu, die es durch Vermittelung des Becherwerkes c und der Einlaufschraube e zu dem Behälter

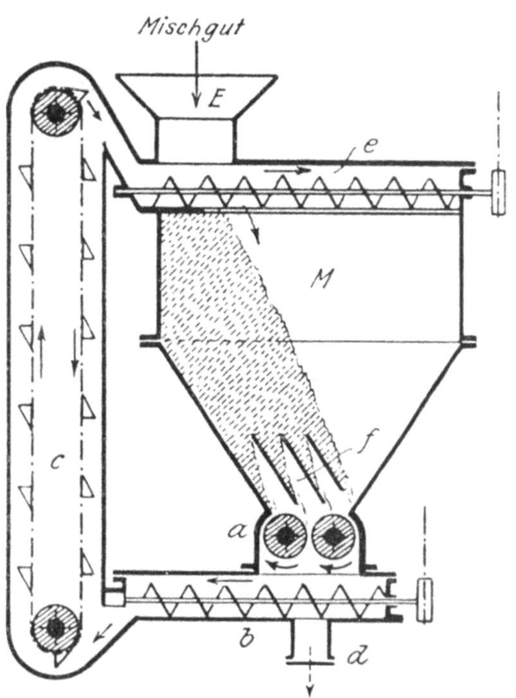

Abb. 200. Mehlmischmaschine.

M in mehrfach wiederholtem Kreislauf zurückbringt. Leitplatten f schützen die Walzen vor Überlastung und dienen der gleichförmigen Verteilung des Mischgutes auf die Förderwalzen. Nach vollendetem Mischen wird das Mehl bei d abgesackt.

Bei einer anderen Ausführung[1] solcher Mischwerke wird das dem unteren Behälterauslauf entfließende Mehl von einem künstlich erzeugten Luftstrom erfaßt und durch eine Rohrleitung dem Mischbehälter wieder zugeführt.

In Getreidespeichern erfolgt das Umlagern des Getreides vielfach in der Art, daß der unteren Austrittsöffnung des Speicherbehälters ein Leitkegel vorgelagert ist, der das unter dem Druck der nicht selten 15 bis 20 m hohen Körnersäule stehende Getreide zwingt, die Speicherzelle in Form eines

---

[1] DRP. Nr. 255 331 vom 3. November 1911

weit ausgebreiteten hohlen Streukegels zu verlassen. Hierbei ist das Absinken des Getreides im Innern der Zelle von einer Vermischung begleitet, sofern nach Abb. 201 die Körner, die in der Nähe der Zellenachse lagern,

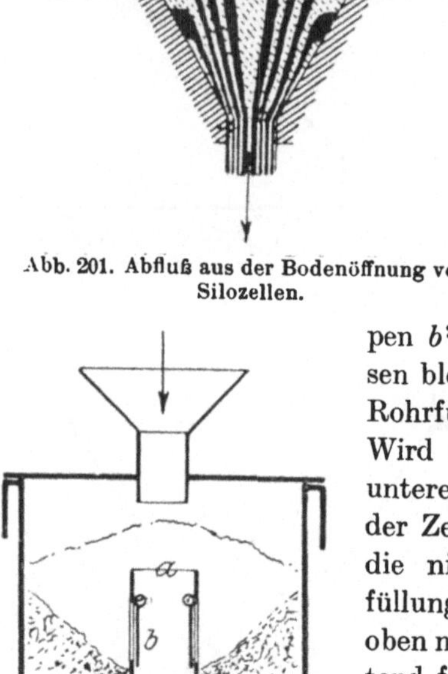

rascher dem Ausfluß zustreben als die der Zellenwand naheliegenden[1].

Durch den Einbau eines in der Achse der Speicherzelle liegenden Entleerungsrohres gelingt es, das Absinken der Zellenfüllung zu vergleichmäßigen derart, daß es von oben nach unten fortschreitend in Absätzen erfolgt. Zur Erreichung dieses Zweckes kann das Mittelrohr a nach Abb. 202 in verschiedenen Höhenstufen Abzugsöffnungen erhalten, die entweder nur durch den Druck der das Rohr füllenden Körnermasse oder besser durch besondere nach dem Innern des Rohres sich öffnende Klappen b[2] so lange verschlossen bleiben, als sie von der Rohrfüllung bedeckt sind. Wird das Rohr durch die untere Ausflußöffnung c der Zelle entleert, so gibt die niedersinkende Rohrfüllung die Öffnungen von oben nach unten fortschreitend frei, und es fließt die über der freigelegten Öffnung außerhalb des Rohres stehende Zellenfüllung nach dem Rohrinnern ab, wie aus der Abbildung zu ersehen ist.

Abb. 201. Abfluß aus der Bodenöffnung von Silozellen.

In Mehlspeichern empfiehlt es sich, den Mischvorgang durch eine Förderschraube zu unterstützen, die nach Abb. 203 in das mittlere Entleerungsrohr eingelagert ist, das hier entsprechend Abb. 203 B in der Längenrichtung verlaufende Schlitze s ent-

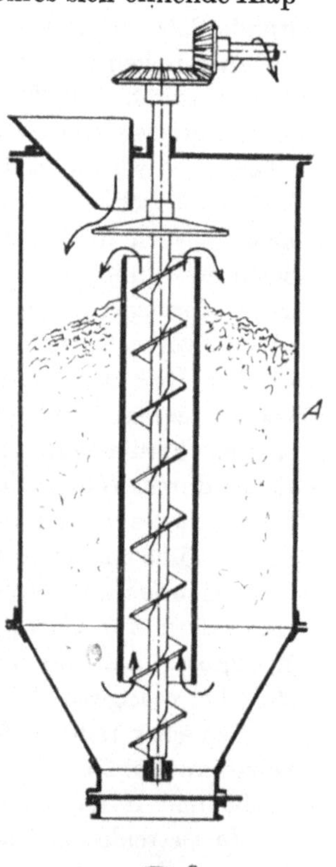

Abb. 202. Silozelle mit Mittelrohr.

Abb. 203. Silozellen mit Mittelrohr.

---

[1] Zeitschr. d. Ver. deutsch. Ing. 1916, S. 184f.
[2] DRP. Nr. 95 831 vom 8. April 1897.

hält[1]. Die Schraube fördert das in·der Mitte der Zelle befindliche und ihr durch die Rohrspalten zufließende Mehl beständig nach oben, wo es das Rohr verlassend nach den Umfassungswänden der Zelle abfließt, um hier herabzusinken und von neuem in den Kreislauf einbezogen zu werden. Durch den hiermit verbundenen wiederholten Orts- und Lagenwechsel der Mehlteilchen wird das Durchmischen der Speicherfüllung erzielt. Um die Geschwindigkeit des Ortswechsels noch zu erhöhen, hat man auch die Steigung und den Durchmesser der Schraube stetig oder stufenweise von unten aufsteigend vergrößert[2].

Zur Herstellung von Mörtel, Beton und ähnlichen Gemischen, die im feuchten Zustand verarbeitet werden, geeignete Schüttwerke erfordern eine größere Weiträumigkeit des Mischraumes, damit die freie Beweglichkeit des Mischgutes gesichert und dessen Festsetzen verhindert werde. Der Mischraum enthält nach Abb. 204 eine Anzahl reihenweise angeordnete und in den übereinander liegenden Reihen gegeneinander versetzte Teilstäbe a, die ihn rechtwinklig zur Fallbewegung durchragen. Ihre Bestimmung ist, das oben in den Mischraum eingetragene Mischgut bei dem Abwärtsfall wiederholt aufzuhalten und abzulenken, um dadurch das innige Vermengen der Stoffe zu erzielen. Das bei b eingeführte staubförmige Mischgut (Zement, Kalk) wird bei dem Eintritt in den Mischraum zweckmäßig durch einen Ventilator verteilt, so daß es die dem Behälter c entrollenden stückigen Haufwerke (Kies, Steinschlag) einhüllt, nachdem sie mit dem Behälter

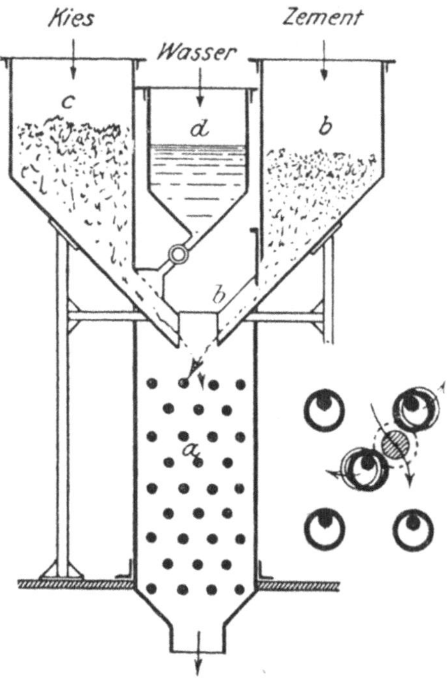

Abb. 204—205. Betonmischer.

d entfließenden Wasser befeuchtet wurden. Das gut durchfeuchtete Gemisch wird im unteren Teil des Mischraumes gesammelt und aus diesem nach Bedarf entnommen.

Bei enger Stellung der Teilstäbe führt die ungleiche Größe des Steinschlages leicht zu Verstopfungen des Mischraumes. Diesem kann dadurch vorgebeugt werden, daß man die Teilung der Stabreihen vergrößert und auf die Stäbe nach Anleitung der Abb. 205[3] leichtbewegliche Hülsen aufschiebt, die beim Durchgang größerer Stücke seitlich ausweichen.

<hr>

[1] DRP. Nr. 231 750 vom 12. Juni 1910.
[2] DRP. Nr. 153 009 vom 3. Mai 1903 und Zusatz Nr. 226 323 vom 23. März 1909.
[3] DRP. Nr. 280 772 vom 5. Juli 1913.

Auch sind die feststehenden Teilstäbe durch sich drehende Flügelräder ersetzt worden [1].

Eine besondere Gruppe der Schüttwerke zum Mischen fein- und grobkörniger sowie stückiger Haufwerke bilden die Mischtrommeln, d. s. zylindrische oder kegelförmige, drehbare Gehäuse, die im Innern Hebschaufeln besitzen, welche das eingetragene Mischgut anheben und in vielfacher Wiederholung sich überstürzend zurückfallen lassen.

Die Abb. 206 zeigt die Einrichtung einer Mehlmischmaschine mit zylindrischer Trommel [2]. Die zu mischenden Mehlsorten werden durch den Trichter a, der in der einen Stirnwand der Trommel b mehldicht eingesetzt ist, in das Innere dieser eingeführt. Die Innenseite des Trommelmantels trägt kleine vorstehende Schaufeln c, die bei der Drehung der Trommel das im Trommeltiefsten befindliche Mehl schöpfen und es emporheben, bis es bei geeigneter Schräglage der Schöpfschaufeln wieder herabfällt. Hierbei durch-

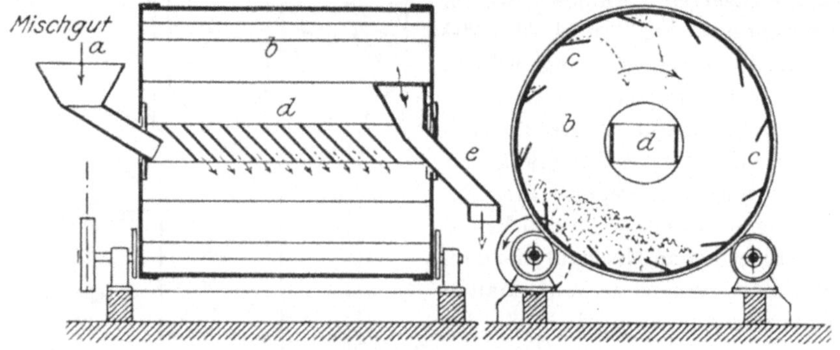

Abb. 206. Mischtrommel.

läuft das Mehl einen durch schrägstehende Platten gebildeten Rost d, der es allmählich dem Austragende der Trommel zuleitet. Das Austragen geschieht nach vollendeter Mischung durch ein Rohr e, welches die zweite Stirnwand der Trommel mehldicht durchdringt. Ihm wird das Mischgut durch die Hebradschaufeln c zugeführt.

Ein zweites Beispiel für Trommelmischmaschinen bietet die neuere Anordnung des vielbenutzten Mörtel- und Betonmischers von *Smith* [3], der in Abb. 207 bis 209 dargestellt ist. Die Mischtrommel a wird von einem Schwenkrahmen b getragen, der senkrecht zur Trommelachse gelagert ist. Sie besteht aus zwei Kegelstumpfen, die mit den weiten Seiten zusammenstoßen und im Innern plattenförmige Mischschaufeln c tragen, deren nach verschiedenen Richtungen schräge Stellung beim Umlauf der Trommel das Durcheinanderwerfen des Mischgutes fördert. Zum Umtrieb der Trommel dient ein Zahnkranz d, mit dem ein Getriebe e in Eingriff steht, auf das die Kegelräder $f\,g$ die Drehung der Antriebwelle h übertragen. Da diese Welle zugleich die

---

[1] DRP. Nr. 191 140 vom 19. Oktober 1906.
[2] DRP. Nr. 41 524 vom 12. Dezember 1887.
[3] DRP. Nr. 206 500 vom 7. Juni 1907.

Schwenkachse des Rahmens b ist, so kann die Trommel aus der Mischlage in die (punktiert angedeutete) Entleerlage a' übergeführt werden, ohne daß deren Drehung unterbrochen wird. Hierdurch wird nicht nur dem Entmischen des Gemisches vorgebeugt, sondern auch das Entleeren gefördert. Damit die in den Trommelmund ragende Einlaufrinne i das Schwenken der Trommel nicht hindere, ist ihr Endstück um die Achse k drehbar und wird beim Überführen der Trommel in die Entleerlage durch den aufsteigenden hinteren Trommelrand mit nach aufwärts genommen, beim Rückführen in die Mischstellung aber durch Vermittlung des Armes l von der Trommel wieder in die Füllage zurückgebracht.

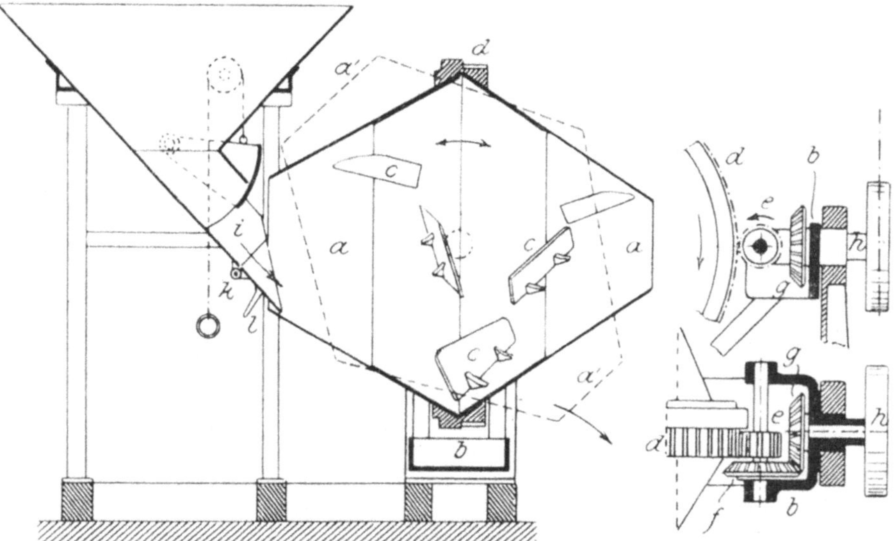

Abb. 207—209. Mischtrommel.

In größeren Brauereien und Malzfabriken dienen mechanische Schüttwerke oder Malzwender zum Umschaufeln des auf der Tenne oder Darre in etwa 250 mm dicker Schicht ausgebreiteten Malzes. Sie bestehen aus einem Schaufel- oder Schöpfrad, das von einem die Darre in der Breitenrichtung überspannenden und in der Längenrichtung auf Schienen laufenden Rahmen getragen wird. Bei der Drehung schöpft das Rad das lagernde Malz und wirft es beim Fortschreiten an benachbarter Stelle wieder ab, so daß die Schicht erhalten bleibt, die Körner aber gründlich durcheinandergemischt werden. Die Getriebe zum selbsttätigen Verschieben und Drehen der Mischer bilden neben der Bauart der Mischer selbst das wesentliche Merkmal der verschiedenen Arten der Malzwender[1].

Flüssigkeiten, die infolge gleicher oder nur wenig verschiedener Dichte leicht mischbar sind, können durch wiederholtes Umgießen oder Umschütten

---

[1] Die älteste Bauart von Malzwendern ist von *A. v. Schlemmer* angegeben worden. Siehe hierüber Kgl. Sächs. Patente Nr. 2844 vom 9. Juli 1870 und Nr. 3670 vom 4. Mai 1874. Neuere Bauarten enthalten u. a. die DRP. 238838, 267978 269739, 270614, 287563.

von Gefäß zu Gefäß gemischt werden. Ebenso fördert das Zerstäuben der Flüssigkeit in einem zu lösenden Gase die Aufnahme oder Absorption dieses in der Flüssigkeit, indem beide Teile infolge inniger Mischung vielseitig in Berührung treten. Ein gleiches Verfahren hat beim Anfeuchten des Getreidemehles Anwendung gefunden. Nach ihm wird ein mittels eines Zerstäubers a, Abb. 210, erzeugter Flüssigkeitsnebel in eine Mischkammer b eingeblasen, wo er das von dem Sieb c in Regenform herabfallende Mehl durchdringt. Eine Förderschraube d führt das angefeuchtete Mehl, ein Ventilator e den nicht verbrauchten Flüssigkeitsnebel ab.

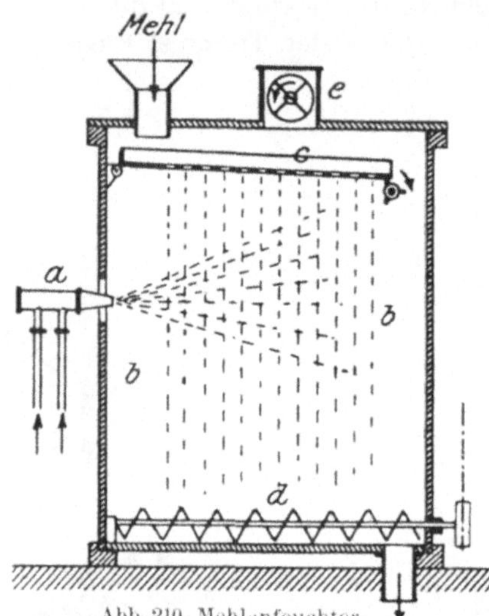

Abb. 210. Mehlanfeuchter.

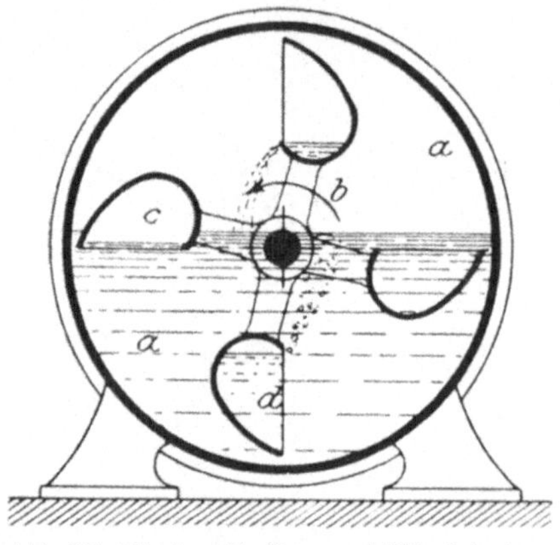

Abb. 211. Mischer für Gase und Flüssigkeiten.

Ein zum Einmischen von Gasen in breiige Flüssigkeiten, im besondern zum Mischen von Chlorgas mit Kalkmilch zum Zweck der Chlorkalkbereitung geeignetes Mischwerk[1] besteht nach Abb. 211 aus einem das Gas und die Flüssigkeit enthaltenden geschlossenen Gefäße a mit umlaufendem Schöpfrad b. Dieses schöpft die Flüssigkeit, hebt sie in den Gasraum und läßt sie hier allmählich niederfallen. Durch taschenförmige Gestaltung der Schöpfschaufeln kann die Mischwirkung gesteigert werden, sofern die in die Flüssigkeit eintretende Schaufel (c) einen Teil des Gases untertaucht und im Verlauf der Drehung in Form aufsteigender Gasblasen die Flüssigkeit durchstreichend wieder entweichen läßt (siehe die Schaufelstellung d).

2. Die Schleuderwerke.

Die zum Mischen feinkörniger Haufwerke, wie Sande und Mehle, dienenden Schleuderwerke finden ihr Vorbild in den der Zerkleinerung dienenden Schleudermühlen. Sowohl die *Rittinger*sche Schleuderscheibe als auch der Schleuderkorb des *Carr*schen Desintegrators werden für Mischzwecke benutzt. Die Einfachheit dieser Einrichtungen läßt nur wenig Wechsel in der Form und Anordnung der Mischschleudern zu.

---

[1] DRP. Nr. 78 672 vom 5. April 1893.

In der einen Form wird nach Abb. 212 das zu mischende Gut, z. B. Mehl oder von der Zentrifuge kommender Rohzucker, vorgemengt einer mit 20 bis 25 m Umfangsgeschwindigkeit in der Sekunde umlaufenden Schleuderscheibe a zugeführt, welche dasselbe in den Mischraum ausstreut und über eine kreisförmige Bodenfläche von 6 bis 12 m Durchmesser verteilt. Sind verschiedene Mehlsorten zu mischen, so werden diese nach dem beabsichtigten Mengenverhältnis abgeteilt nacheinander der Mischscheibe zugeführt und von dieser in übereinander liegenden Schichten in die Mischkammer

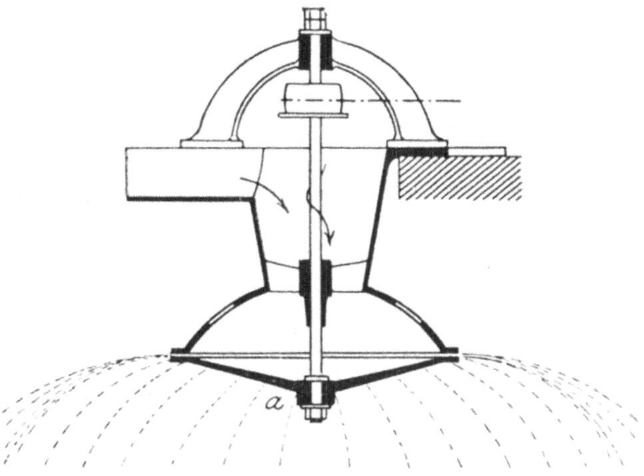

Abb. 212. Mischschleuder.

ausgestreut. Das hierbei entstandene Vorgemisch wird zur Verbesserung der Mischung in senkrechten Abteilen ausgestochen und nochmals der gleichen oder einer zweiten Mischscheibe übergeben[1]. Auch sind zwei übereinander an der gleichen Welle befestigte Schleuderscheiben empfohlen worden[2], die von getrennten Fülltrichtern gleichzeitig mit verschiedenartigem Mischgut beschickt werden und dieses in sich durchschneidenden Streukegeln in die Mischkammer werfen.

Mit Stiftscheiben oder Schleuderkörben ausgerüstete Mischmaschinen werden vielfach zum Mischen von Getreidemehl, Formsand, Farben, Erden u. dgl. benutzt. Meist liegt die Korbscheibe nach Abb. 213 wagerecht und trägt in mehreren gleichachsig liegenden kreisförmigen Reihen eine Anzahl aufwärts gerichteter Zapfen oder Stifte a. Das vorgemengte Mischgut wird der

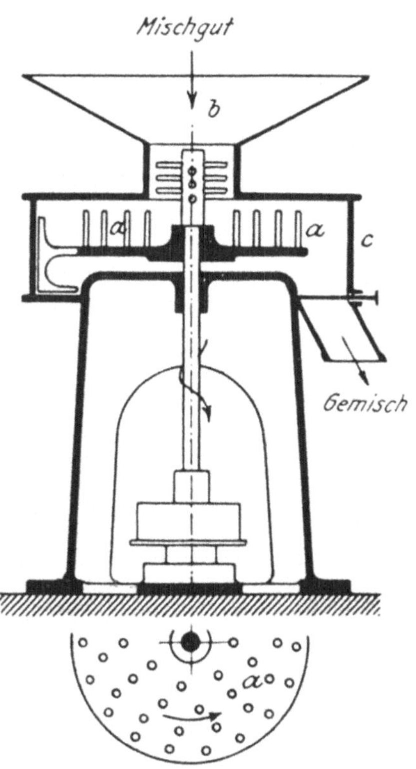

Abb. 213. Formsandmischer.

[1] DRP. Nr. 10 502 vom 3. Februar 1880.
[2] DRP. Nr. 10 352 vom 20. Januar 1880.

Scheibenmitte durch einen Fülltrichter *b* zugeführt und bei seinem Nachaußen-
trieb von den rasch umlaufenden Stiften durcheinander geworfen. Das gemischte
Gut wird in einem die Scheibe umgebenden Gehäuse *c* gesammelt, das bei
Formsandmischmaschinen zweckmäßig eine schmiegsame, aus Leder oder
Stoff bestehende Ummantelung besitzt[1]. In Getreidemühlen wird das mit
Stiften besetzte Schleuderrad häufig unterhalb einer Durchbrechung der Decke
der Mischkammer gelagert, so daß es unmittelbar von dem Mehlboden aus
beschickt werden kann.

Die mit Stiftscheiben erzielte gute Durchmischung des Mischgutes ist
die Folge des wiederholten Anpralles der die Stiftreihen durcheilenden Teilchen
an die nach dem Scheibenrand hin immer rascher umlaufenden Stifte. Hier-

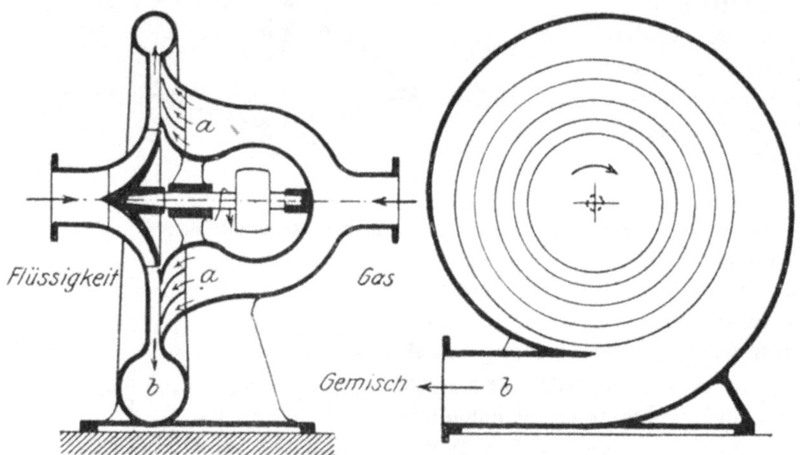

Abb. 214. Schleuderpumpe für flüssige Gemische.

bei werden die Teilchen in unregelmäßiger Folge unter wiederholter Richtungsänderung abwechselnd verzögert und beschleunigt durcheinander geworfen
und schließlich in innigem Gemenge auf den Boden der Mischkammer ausgestreut.

Wie für das Mischen von Haufwerken, so hat sich das Schleuderrad
auch für das Mischen von Flüssigkeiten mit Gasen bewährt. Hier führt schon
die Benutzung der gewöhnlichen Zentrifugal- oder Schleuderpumpe zum Ziel,
wenn das der Flüssigkeit beizumischende Gas in die Saugleitung der Pumpe
eingeführt wird und gemeinsam mit der strömenden Flüssigkeit der Durch-
wirbelung in der Pumpe unterliegt. Sicherer wird die Aufnahme des Gases
bewirkt, wenn es in das Schleuderrad selbst an einer Stelle eingeführt wird,
wo der herrschende geringe Überdruck die Wiederausscheidung verhindert[2].
Auch kann nach Abb. 214 das Pumpenrad zur Bildung einer unter Druck
stehenden Flüssigkeitsscheibe benutzt werden, die das Gas vermöge der
ihr eigenen Strömungsenergie durch ringförmige, sie einschließende Düsen *a*

---

[1] DRP. Nr. 24 803 vom 17. Februar 1883.
[2] DRP. Nr. 263 149 vom 5. Dezember 1911.

ansaugt, so daß das Gemisch von Flüssigkeit und Gas in das Druckrohr *b* der Pumpe übertritt[1].

Unter Druck stehende Flüssigkeiten lassen sich unter Benutzung ihrer inneren Spannung mischen, wenn man sie mittels Zerstäubern in Flüssigkeitsstaub auflöst und die ausgeschleuderten Staubstrahlen kreuzt. Dasselbe gilt für Gase und Dämpfe. Beispielsweise finden in Schwefelsäurefabriken nach Abb. 215 eingerichtete Mischdüsen[2] Verwendung, bei denen ein aus der Mitteldüse *a* austretender Strahl von Wasserdampf durch die Düsen *b* und *c* Salpetersäuredampf bzw. schwefligsaures Gas ansaugt, so daß die beim Vermischen eintretende chemische Vereinigung der Stoffe zur Bildung von Schwefelsäure führt. Um die Mischung der Stoffe zu fördern, werden die sauren Gase exzentrisch in die Düsengehäuse eingeleitet (Abbildung 215 B), so daß entstehende Fliehkraftwirkungen das Zerstäuben unterstützen. Auf dem gleichen Grundsatz fußen die Bauarten von Heizgasbrennern, wie sie bei der Beheizung von Winderhitzern auf Hüttenwerken Anwendung gefunden haben, sowie die verschiedenen Einrichtungen der bei Ölfeuerungen benutzten Zerstäuber.

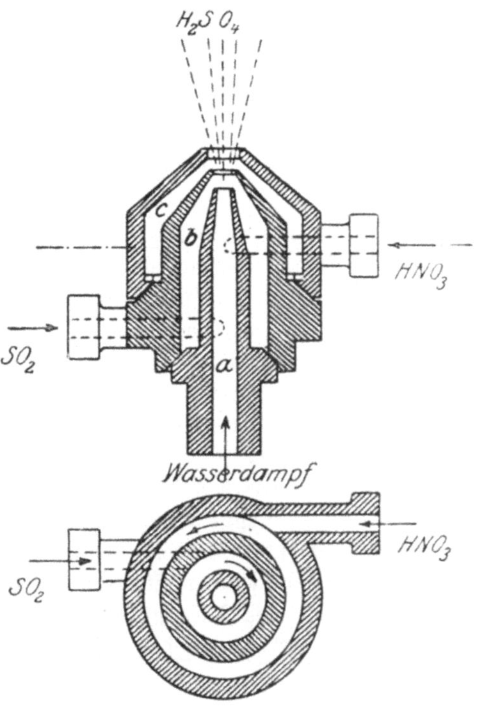

Abb. 215. Strahlmischer.

In anderen Strahlmischern erfolgt das Vereinigen der zu mischenden Stoffe dadurch, daß die Strahlen nach Abb. 216 kurz nach dem Verlassen der Düsen gegeneinander prallen und zerstäuben. Derartige Prallstrahlmischer finden bei dem Vergleichmäßigen (Homogenisieren) von Gemischen tropfbarer Flüssigkeiten[3], z. B. Fett- und Ölemulsionen, sowie bei dem Auflösen (Absorbieren) von Gasen in tropfbaren Flüssigkeiten[4], z. B. Kohlensäure in Wasser, Anwendung. Durch Einleiten des aus dem Zusammentreffen der zu mischenden Flüssigkeitsstrahlen hervorgehenden Prall-

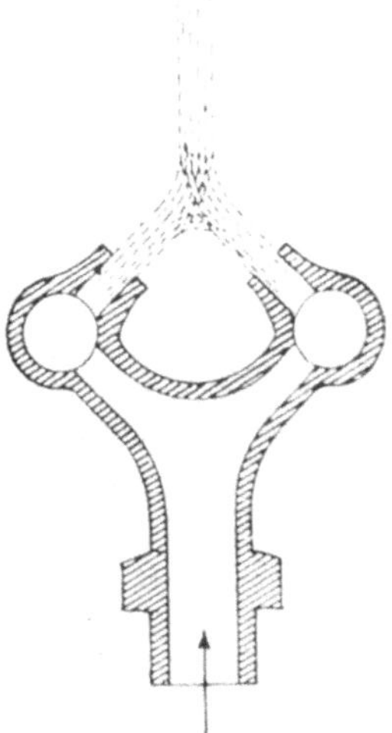

Abb. 216. Prallstrahlmischer.

---

[1] DRP. Nr. 166 309 vom 25. August 1904.
[2] DRP. Nr. 220 888 vom 22. September 1908.
[3] DRP. Nr. 168 714 vom 21. Oktober 1903.
[4] DRP. Nr. 266 785 vom 22. Dezember 1911.

strahles in eine Tasche des Düsengehäuses, die ihn zur Umkehr zwingt[1], kann die Güte der Mischung noch erhöht werden.

b) Die Rühr- und Knetwerke.

Wie die Schütt- und Schleuderwerke, so sind auch die Rühr- und Knetwerke technologisch einheitliche Arbeitsmittel. Das wesentliche Merkmal des durch sie zur Ausübung kommenden Arbeitsverfahrens ist in dem Zerteilen und Wiederzusammenfließen des fließfähigen, also pulverigen, gasförmigen, tropfbarflüssigen oder bildsamen Mischgutes zu finden, durch das bei vielfacher Wiederholung die erwünschte Umlagerung der Masseteilchen erzielt wird. Zu diesem wesentlichen Merkmale treten Nebenmerkmale hinzu, die von der besonderen Beschaffenheit des Mischgutes abhängen und namentlich in der Kraftäußerung zum Ausdruck kommen, die das Zerteilen des Gutes erfordert. Diese Nebenmerkmale bedingen daher in erster Linie auch die Unterschiede in der baulichen Gestaltung der Rühr- und Knetwerke und treten insonderheit im kräftigeren Bau der letzteren und ihrer auf das Mischgut unmittelbar einwirkenden Mischwerkzeuge hervor.

Der für das Zerteilen des Mischgutes erforderliche Kraftaufwand wächst im allgemeinen mit der Zähigkeit der fließfähigen Masse, die bei den bildsamen oder plastischen Stoffen am größten ist und um so mehr abnimmt, je mehr dem Mischgut die Eigenschaft der reinen Flüssigkeit, d. i. die Leichtbeweglichkeit ihrer Massenteilchen, eignet. Der allmähliche Übergang von dieser zu den bildsamen Stoffen, der durch eine zähflüssige bzw. breiartige Beschaffenheit des Mischgutes gekennzeichnet wird, ist die Ursache, daß auch die Bauarten der betreffenden Mischmaschinen einander übergreifen derart, daß für die Benutzung auf dem Grenzgebiete gewisse Arten sowohl der Rühr- als der Knetwerke beim Mischen Anwendung finden können.

1. Die Rührwerke.

Das einfachste Verfahren zum Mischen von tropfbaren Flüssigkeiten, das insbesondere in der chemischen Technik infolge seiner großen Sicherheit, Leistungsfähigkeit und Billigkeit zu großer Bedeutung und weitgehender Anwendung gelangt ist, gründet sich auf das Einpressen von Luft oder Dampfströmen in die zu mischenden Flüssigkeiten[2]. Zuweilen wird hierbei mit dem Mischen noch der Nebenzweck verfolgt, durch die Luft eine chemische Einwirkung auf das Mischgut zu erzielen (Bleichen des Öles in Ölfabriken, geblasene Öle, Oxydation des Leinöles in Linoleumfabriken, Entkohlen des Eisens in der Bessemerbirne) oder bei dem Ersatz der Luft durch andere Gase die Auflösung dieser in der Flüssigkeit herbeizuführen (Absorption von schwefliger Säure in Goldscheideanstalten, Ultramarin- und anderen chemischen Fabriken). Andererseits dient in den Druckfässern (Autoklaven)

---

[1] DRP. Nr. 271 432 vom 26. Juli 1912.

[2] Nach *Hefter* sind Luftrührer in der Ölfabrikation bereits 1833 von *Trillard* vorgeschlagen und 1862 zuerst von *Johnson* angewendet worden. Engl. Pat. Nr. 1440 vom 13. Mai 1862.

der Stearinfabriken und Fettspaltungsanlagen der beim Zerlegen der Fette in Fettsäuren und Glycerin zur Anwendung kommende hochgespannte Wasserdampf zuweilen gleichzeitig zum Durchrühren des aus Fett, Wasser, Alkali usw. bestehenden Gemisches.

Das innige Durchmischen des von einem Gefäß umschlossenen flüssigen Mischgutes erfordert das Einführen der Luft in zahlreichen über den Gefäßquerschnitt verteilten dünnen Strömen. In der Regel wird die Luft mit Hilfe besonderer Gebläseeinrichtungen, der sog. Rührgebläse, durch siebartig gelochte Rohre oder entsprechend gestaltete Düsen nahe dem Boden des Mischgefäßes mit Pressung eingeführt. Unter dem Widerstand der Flüssigkeit löst sich der eintretende Luftstrom in Blasen auf, die bei dem Emporsteigen entsprechend der fortschreitenden Abnahme des Flüssigkeitsdruckes

allmählich anschwellen, bis sie am Flüssigkeitsspiegel unter Seitlichschleudern der Flüssigkeit zerplatzen. Der stetige Aufstieg immer neuer Blasen, ihre zunehmende Schwellung und unregelmäßige, stetig wechselnde Verteilung in der Masse des Mischgutes, endlich die infolge gegenseitiger Einwirkung wiederholt eintretende Störung der Aufstieggeschwindigkeit der Blasen haben das Verdrängen und ausgiebige Durcheinanderwirbeln der Flüssigkeitsteilchen und damit das innige Vermischen dieser zur Folge. Die Eintrittspressung der

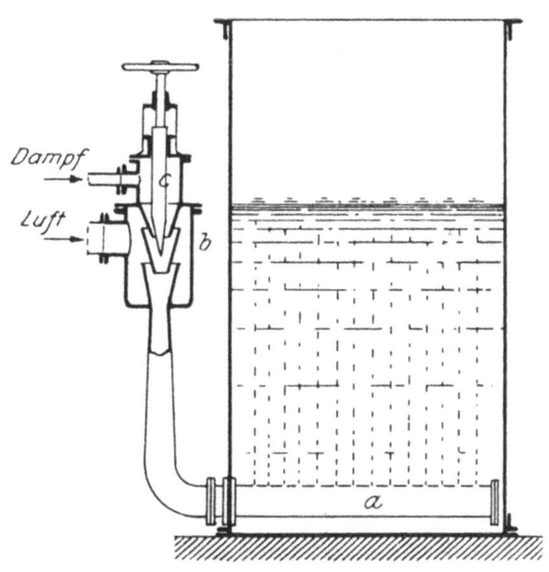

Abb. 217. Druckluftrührer.

Luft ist sowohl durch die Höhe der über den Eintrittsöffnungen stehenden Flüssigkeitssäule als auch durch die Dichte und den Flüssigkeitsgrad des Mischgutes bedingt. Ein entsprechender Pressungsüberschuß fördert die Raschheit des Mischens, weil er die Geschwindigkeit der die Flüssigkeit durchströmenden Luft erhöht. Bei Flüssigkeiten mittlerer, etwa ölartiger Beschaffenheit schwankt der Luftdruck unter den üblichen Verhältnissen etwa zwischen 3 bis 4 m Wassersäule. In besonderen Fällen, z. B. beim Bessemern, kann er auch 1 Atm übersteigen.

In baulicher Beziehung sind zwei Arten von Luftrührern zu unterscheiden: Druckluftrührer und Saugluftrührer. Die ersteren arbeiten nach Anleitung der Abb. 217 mit offenem Mischgefäß. In der Nähe von dessen Boden liegt das mehrfach verzweigte oder als Rohrspirale gestaltete Blaserohr a, dessen nach oben gerichteten siebartigen Durchbrechungen die Luft entströmt. Ein Dampfstrahlgebläse *b* liefert die Preßluft. Das Verstellen des Ventilkegels *c* regelt den Dampfzutritt und damit die Pressung der Luft. Obgleich der Strahlapparat durch jedes andere Gebläse ersetzbar ist, so findet er doch meist den Vorzug, nicht allein infolge der Einfachheit seiner Einrichtung und Bedienung, sondern auch weil er bei den üblichen Pressungen die Lieferung großer Luftmengen gewährt.

Dies gilt auch für die Saugluftrührer, die nach Abb. 218 ein allseitig geschlossenes Mischgefäß besitzen, aus dem der Strahlapparat *a* die Luft absaugt, so daß dem entstehenden Unterdruck entsprechend durch das Rohr *b* neue atmosphärische Luft oder ein anderes Gas der Gefäßfüllung zuströmt. Die begrenzte Höhe des erzielbaren Unterdruckes läßt eine größere Strömungsgeschwindigkeit der Luft innerhalb des Mischgutes nur bei mäßig großer Höhe der Flüssigkeitsschicht erzielen. Andererseits ermöglicht die Verminderung der Strömungsgeschwindigkeit des Gases dessen lange Berührung mit der Flüssigkeit und damit die Absorption.

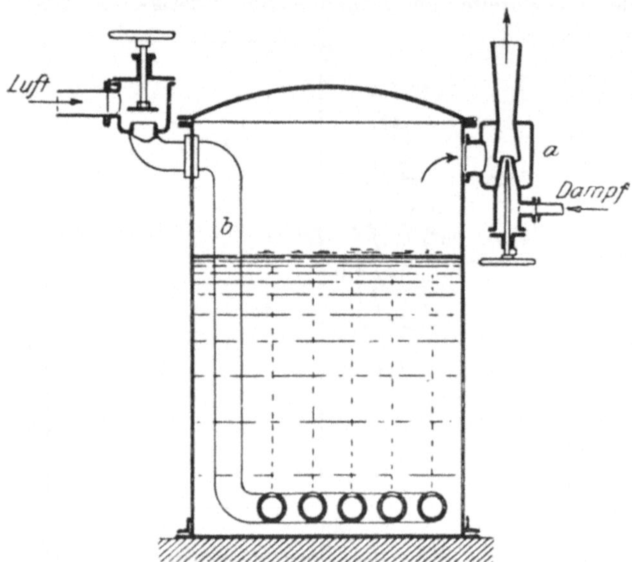

Abb. 218. Saugluftrührer.

In den Druckfässern (Autoklaven) der Fettindustrie, in denen der unter Pressungen von 6 bis 12 Atm eingeblasene Dampf neben der Zersetzung des Fettes auch das Durchrühren des Faßinhaltes zu bewirken hat, wird bei der durch die Abb. 219 veranschaulichten Einrichtung der für das Mischen erforderliche Umlauf des Faßinhaltes ebenfalls durch eine Dampfstrahlpumpe *a* unterhalten. Dieselbe saugt die Flüssigkeit aus dem Druckfaß durch das Rohr *b* an und führt sie durch das Rohr *c* wieder in dasselbe zurück. Ein in das Rohr *b* eingeschalteter Dreiweghahn *d* dient zum Einführen des Fettes und der gelösten chemischen Stoffe in den Druckbehälter. Beim Öffnen des Hahnes *e* wird der Faßinhalt durch das Rohr *f* abgeblasen.

Sind zwei oder mehr Flüssigkeiten verschiedenen spezifischen Gewichtes zu mischen, so wird die Rührluft zweckmäßig durch die schwerere Flüssigkeit ersetzt. Die weniger dichte Flüssigkeit bildet dann die Füllung des Mischgefäßes und wird von der ersteren im aufsteigenden Strom durchdrungen[1].

---

[1] Praktischer Maschinenkonstrukteur 1878, S. 212.

Auf der Benutzung der Rührscheibe (S. 205) beruhende mechanische Rührwerke haben vornehmlich in Ölfabriken zum Mischen des Rohöles (Rüböl oder Mineralöl) mit Schwefelsäure und Auswaschen mit Lauge und Wasser Anwendung gefunden. In kleinen Betrieben sind sie nach Abb. 220 mit Handbetrieb eingerichtet und bestehen aus einem hölzernen Bottich a, durch dessen Deckel die Rührstange b tritt. Diese trägt am unteren Ende zwei hölzerne Siebscheiben c und wird mit einem mit Handgriff versehenen Hebel d auf und ab bewegt. In Großbetrieben, wo eiserne, von einem Dampfmantel umschlossene Mischgefäße von 1,75 m Durchmesser und 2 m Höhe mit 2500 bis 4000 kg Ölinhalt Anwendung finden, wird die ebenfalls metallene Rührscheibe nach

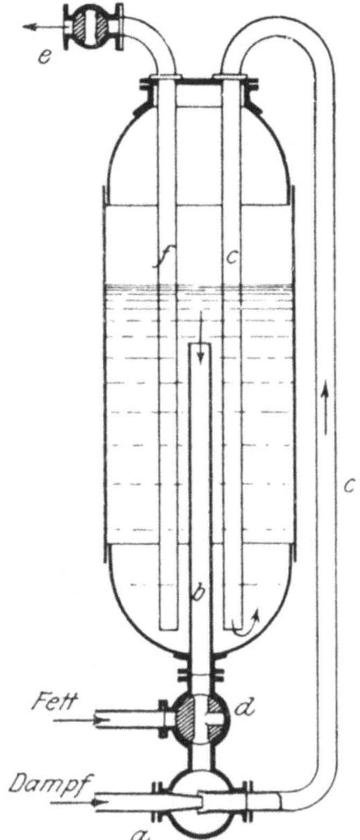

Abb. 219. Umlaufmischer.

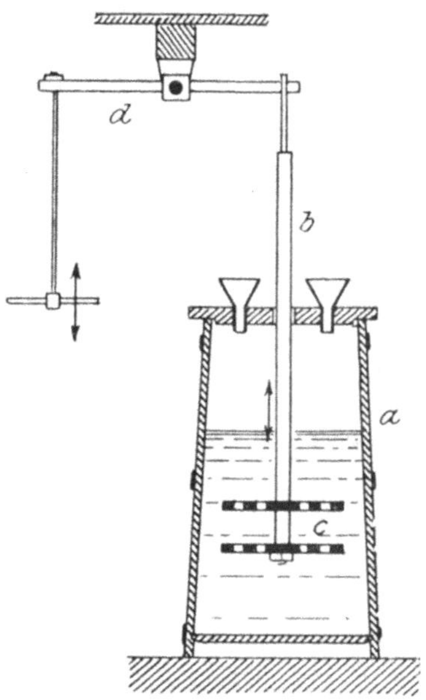

Abb. 220. Rührwerk mit Mischscheiben.

der älteren Einrichtung[1] unmittelbar durch einen Dampfkolben, nach einer neueren durch Vermittlung eines Kurbelgetriebes[2] bewegt.

Die Grundlage der meisten mechanischen Rührwerke bildet der Quirl (S. 205). Die ihm eigene Drehbewegung, die seine allgemeine Verwendung als Handmischwerkzeug beschränkt, wird für ihn hier zum Vorteil, wo an die Stelle des Handbetriebes der mechanische Betrieb tritt. Nicht allein, daß dieser in leichtester und günstigster Weise die Einleitung der Drehbewegung gestattet, er läßt diese auch bezüglich der Arbeitsgeschwindigkeit nach Bedarf regeln und gewährt durch Aufwand beliebig großer Betriebsarbeit das

[1] Dingl. polyt. Journ. 1862, Bd. 166, S. 21.
[2] *Perutz:* Die Industrie der Mineralöle. Berlin 1870.

Mittel, den Gang des Rührwerkes der Beschaffenheit des Mischgutes und dem Verlauf der Mischarbeit anzupassen. Diesem entsprechend ist die gestaltliche Ausbildung des Maschinenquirles eine sehr mannigfache und von bestimmten, die besondere Aufgabe der Mischarbeit zweckdienlich erfassenden Konstruktionsgedanken geleitet.

Der Maschinenquirl oder Rührer ist stets in Verbindung mit dem das Mischgut einschließenden Gefäß, dem Rührbottich oder Rührtrog, zu betrachten, und seine Wirkung ist nur im Zusammenhang mit diesem zu beurteilen. Ein gleichförmiges Erfassen und Durcheinanderarbeiten des Mischgutes durch den Rührer ist nur zu erreichen, wenn sich die Mischwirkung gleichmäßig über die ganze Masse des Mischgutes verteilt. Nur hierdurch können die Stoffteilchen zu solchen Bewegungen gezwungen werden, daß ihre Umlagerung dem Zweck entspricht und tote, mit nicht genügend gemengtem Gut erfüllte Räume in der Gefäßfüllung vermieden werden. Dies bedingt aber nicht allein das nahe Vorüberstreichen der Rührer an der Gefäßwand und ein möglichst vielseitiges Zerteilen des Mischgutes im allgemeinen, sondern auch ein Teilen nach sich kreuzenden Richtungen und damit eine Steigerung der das Mischen fördernden Wirbelbildung.

Die Grundgebilde der mechanischen Rührquirle sind entweder zylindrische Stäbe oder platte Leisten, die reihenweise oder rahmenförmig an der meist senkrechten, zuweilen aber auch wagerecht in der Mitte des Rührgefäßes gelagerten Drehachse angeordnet sind. Erhalten die Rührleisten die Form von Schraubenflügeln, so entstehen bei dem Umlauf in dem Mischgut mit der Drehachse gleichgerichtete Strömungen, die wesentlich zur Vergleichmäßigung des Gemisches beitragen. Um den Mitlauf des Mischgutes bei der Drehung des Rührers zu verhindern, darf die Gesamtdruckfläche der Rührstäbe je nach der Zähigkeit der zu mischenden Masse nur etwa $\frac{1}{5}$ bis $\frac{1}{2}$ der die Drehachse enthaltenden Schnittfläche des Drehkörpers betragen, den der Rührer beim Umlauf beschreibt. Wenn auch bei der Wahl der Form des Rührers vielfach mehr oder weniger Willkür zu herrschen scheint und die gleichen Formen mannigfache Verwendung finden, so tritt doch beim Durchmustern der verschiedenen Bauarten einfacher mechanischer Rührwerke im allgemeinen das Bestreben hervor, für den jeweiligen Verwendungszweck diejenige Form zu finden, die in technologischer und wirtschaftlicher Beziehung den größten Vorteil verspricht. Es gehen aus diesem Streben gewisse typische Bauarten hervor, die sich streng an den Verwendungszweck anschließen und für welche die folgenden Darstellungen einige Beispiele liefern.

1. Abb. 221: Schlämmwerk für Zementfabriken und Ziegeleien zum Aufschließen von Ton und Kalk. Eine aus Ziegeln in Zement wasserdicht gemauerte kreisförmige Grube *a* nimmt das aus dem Ton und reichlichem Wasserzusatz bestehende Mischgut auf. In ihrer Mitte steht die von dem Fußlager *b* und dem Halslager *c* in senkrechter Lage gehaltene Welle des Rührers. An ihr befestigte und durch die Hängestangen *d* versteifte Querarme tragen an Ketten Schlepprechen *e*, die bei dem Umlauf der Welle das

Mischgut durchstreichen und unter Zerteilung klumpiger Stücke allmählich in einen gleichförmigen dünnen Tonschlamm verwandeln, aus dem die unlöslichen, spezifisch schweren Fremdkörper (Steine u. dgl.) zu Boden sinken. Den Antrieb des Rührers vermitteln die Kegelräder f und g. Der gebildete Tonschlamm wird nach dem Öffnen eines Schiebers durch den Kanal h nach der Klärgrube abgelassen, wo sich der Ton absetzt und allmählich zur nötigen Bildsamkeit eintrocknet.

2. Abb. 222: Mischmaschine für Preßkohlefabriken[1] zum Mischen des Steinkohlengruses mit dem als Bindemittel dienenden Pech (Bauart *Biétrix*). Kohle und Teer werden durch die das Vormischen bewirkende Förderschraube a dem Rumpf b und von diesem einem kreisförmigen, um die Achse c drehbaren eisernen Mischteller d zugeführt. Dieser bildet den Herd eines Ofens, den die auf dem Rost e erzeugten heißen Verbrennungsgase durchstreichen, wenn sie nach dem Fuchs f abziehen. Das durch die Wärme erweichte bzw. geschmolzene und dadurch mischfähig gemachte Mischgut wird von schräg zum Tellerhalbmesser eingestellten

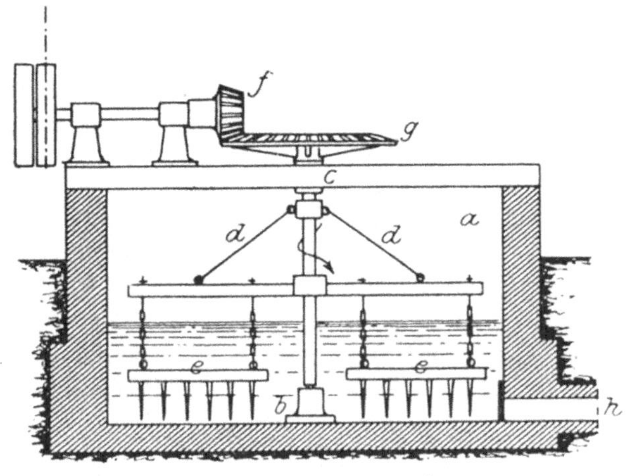

Abb. 221. Tonschlämmwerk.

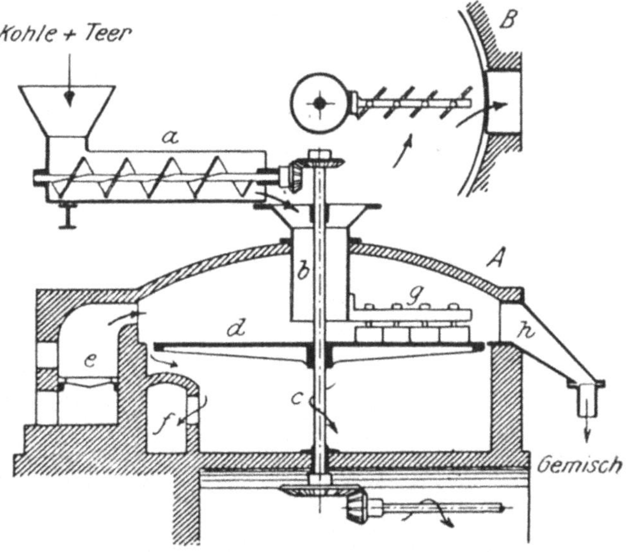

Abb. 222. Mischer für Preßkohlenmasse.

und am Speiserumpf b befestigten Streichplatten g allmählich unter wiederholtem Wenden und Schieben dem Tellerrand zugeführt und hier nach vollzogener Mischung durch den Rumpf h ausgetragen.

[1] Zeitschr. f. Berg-, Hütten- u. Salinenwesen 1880, Bd. 28, S. 158.

Ähnliche Mischwerke sind von Jones & Walsh in Middlesborough als Zersetzpfanne für Natrium- und Kaliumsulfate angegeben worden[1].

3. Abb. 223: Rührwerk zum Mischen pulverförmiger Stoffe mit Flüssigkeiten. Der mit einem Ablaß a versehene, aus Eichenholz bestehende Mischbottich b ruht auf vorspringenden Nasen des rahmenartigen Gußeisengestelles c, das die Lager d für die in der Mitte des Bottichs stehende Rührwelle e enthält. An dieser sitzen drei sternförmig gestellte Rührstäbe f und ein Rahmen g, der bei dem Umlauf der Welle nahe der Bottichwand entlang streicht und das Ansetzen von Mischgut verhindert. Die Kegelräder $h\,i$ vermitteln den Antrieb des Rührquirles. Der nutzbare Fassungsraum des Bottichs beträgt etwa 150 bis 200 l, die Umlaufzahl des Rührers 25 bis 30 in der Minute. Um den Zugang zum Mischgut zu erleichtern, wird der Bottich zuweilen mit Laufrädern versehen und senkbar angeordnet, so daß er nach dem Senken seitlich ausgefahren werden kann, während der Rührer in seiner Lage verbleibt.

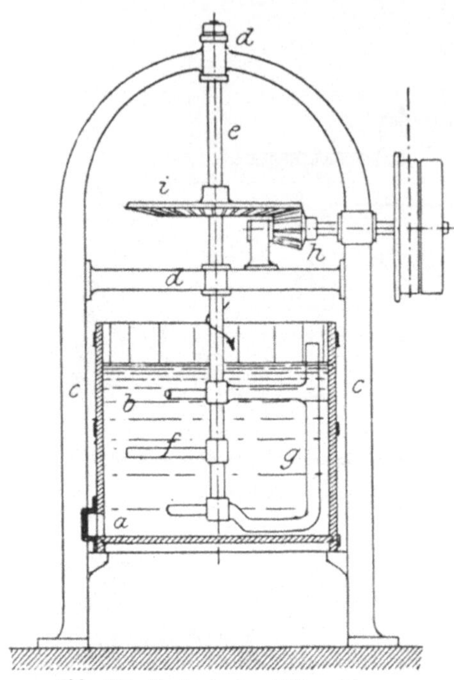

Abb. 223. Mechanischer Rührquirl.

4. Abb. 224: Sulfuriermaschine. Diese in Türkischrotfärbereien bei der Herstellung der Türkischrotöle zum Mischen des Öles mit anhydrithaltiger Schwefelsäure dienende Mischmaschine besitzt einen mit vier kreuzförmig gestellten Armen a ausgerüsteten Rührer. Die Arme bilden Teile einer rechtsgängigen Schraube und rufen bei dem Umlauf im Mischgut neben der Kreiswirbelung eine aufwärtsgerichtete Strömung hervor, welche dem Niedersinken der spezifisch schweren Säure entgegenwirkt. Am Fuß der Rührerwelle sitzen durchlochte Rührplatten b,

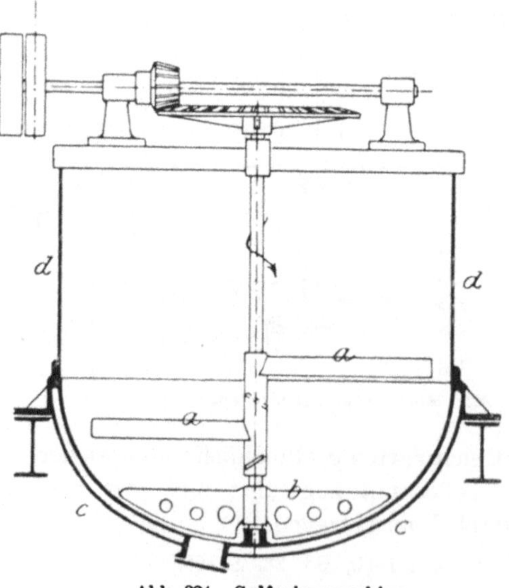

Abb. 224. Sulfuriermaschine.

<hr>

[1] Dingl. polyt. Journ. 1879, Bd. 231, S. 153.

deren Umriß sich der Bodenform des Mischkessels anschmiegt. Sie verhindern das Ansammeln von Säure im Kesseltiefsten und führen sie beständig wieder den oberen Rührflügeln zu. Bei großen Sulfuriermaschinen besteht der Mischkessel aus zwei Teilen, dem gußeisernen Bodenstück *c* und dem gewöhnlich schmiedeeisernen Rumpf *d*. Das erstere ist zum Zweck der Heizung und Kühlung doppelwandig oder (nach Opitz & Klos G. m. b. H., Leipzig) mit hintereinander geordneten eingegossenen Rohrschlangen versehen, durch die das Heiz- oder Kühlmittel (Dampf bzw. Wasser) geleitet wird. Da Gußeisen und Schmiedeeisen bei der stundenlang auf 30 bis 35° zu erhaltenden Reaktionstemperatur von der rauchenden Schwefelsäure angegriffen werden, wird das Innere des Mischkessels und der Rührer durch einen Überzug aus Blei, Nickel oder Emaille geschützt. Bei kleinen Sulfuriermaschinen bestehen (nach *Erban*) Rührer und Mischtopf zweckmäßig aus Steinzeug und wird der erstere aushebbar gemacht[1].

5. Abb. 225: Stärkekocher (nach *Hempel* in Plauen). Die Welle des eigenartig aus zwei geschlitzten Platten *a* gebildeten Rührers ist im unteren Teil ausgebohrt und ruht drehbar in einer Öffnung des Kocherbodens, an die eine Dampfleitung *b* durch Vermittlung einer Stopfbüchse *c* angeschlossen ist. Der in die Rührwelle gelangende Heizdampf tritt durch Querbohrungen des hohlen Wellenteiles in die zu kochende Stärkemasse ein, während sie von dem umlaufenden Rührer kräftig durcheinander gemischt wird.

6. Abb. 226: Schaumschlagmaschine für Konditoreien, Zuckerwaren- und Schokoladefabriken; dient zum Einmischen von Luft in

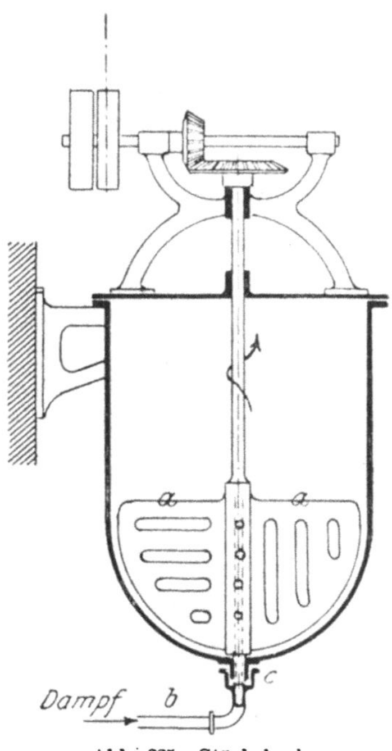

Abb. 225. Stärkekocher.

Eiweiß (Schneeschlagen) und Rühren von Masse. Als Rührer dient ein dem Handschneebesen gleichendes birnen- oder kugelförmiges Drahtgeflecht *a*, dessen Stiel von dem Kugellager *b* leichtbeweglich gehalten wird. Ihn erfaßt die von dem Reibgetriebe *c d* angetriebene senkrechte Spindel *e* unter Vermittlung der Schlitzführung *f*. Die Drehzahl der Spindel ist durch Verstellen der kleinen Reibscheibe *d* zwischen 150 und 450 Umdrehungen in der Minute veränderlich. Um die Mischwirkung der eintretenden Veränderung des Mischgutes anzupassen, kann die Spindel unabhängig von der Lage der Reibscheibe *d* auch während des Umlaufes in der Längenrichtung mittels des Handgriffes *g* verschoben werden. Hierbei gleitet der Zapfen *h* des unteren Spindelendes im Schlitz der Bogenführung *f*, was die Neigung und den seitlichen Ausschlag

---

[1] *Erban:* Garnfärberei mit Azoentwickler. Berlin 1900. Auch *Wichelhaus:* Sulfurieren usw. Leipzig 1911.

des Schaumschlägers zwischen Null (senkrechte Stellung) und einem von
der Länge der Bogenführung abhängigen Größtwert regeln läßt. Der Mischkessel nimmt je nach der Größe der Maschine das Eiweiß von 4 bis 300 Stück
Eiern auf; Arbeitsverbrauch etwa 0,3 bis 0,5 PS.

7. Abb. 227: Schraubenrührwerk zum schnellen und durchgreifenden
Lösen und Schlämmen sowie zum Auslaugen von Festkörpern. Diese von
der Firma Werner & Pfleiderer in Cannstatt gebaute und „Expreß-Auf-
löser" benannte Mischmaschine besitzt einen aus Gußeisen, Kupfer- oder

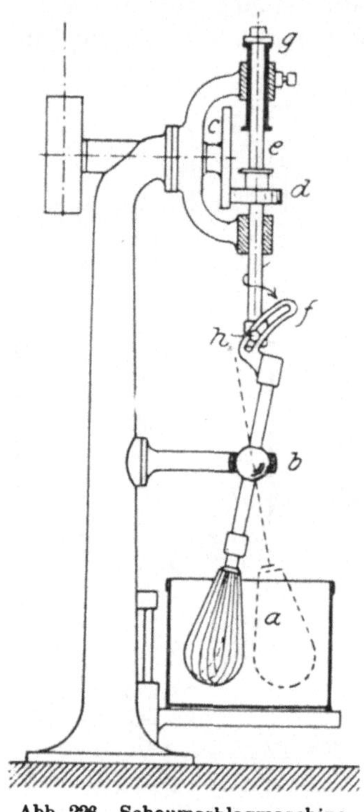

Abb. 226. Schaumschlagmaschine.

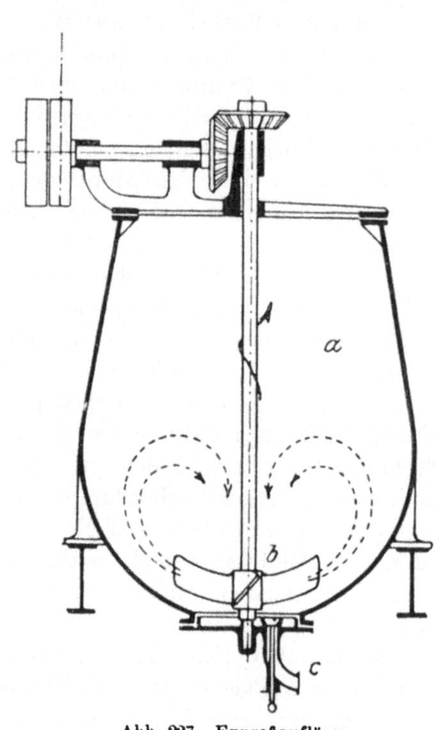

Abb. 227. Expreßauflöser.

Messingblech, in besonderen Fällen auch aus Zement hergestellten Kessel a,
dessen Form im Zusammenwirken mit der in Bodennähe liegenden Rührschraube b bedingt, daß die von der letzteren beim Umlauf tangential ab-
geschleuderte Flüssigkeit an der Kesselwand aufsteigt und in der Nähe der
Rührerachse wieder herabsinkt, um erneut in den Wirkungsbereich der Schraube
zu treten. Der Antrieb der Schraubenwelle erfolgt entweder wie dargestellt von
oben, oder die Welle durchdringt den Kesselboden in einer Stopfbüchse und
trägt unterhalb dieser das Antriebrad. In jedem Fall dient ein durch ein
Ventil abschließbares Abflußrohr c der Entleerung des Kessels. Die Firma
liefert den Mischer in acht Größen mit 10 bis 5000 l Inhalt des Mischkessels[1].

---

[1] Weitere Beispiele der Anwendung von Rührschrauben siehe Dingl. polyt. Journ.
Bd. 162, S. 116, und DRP. Nr. 267 939 vom 12. März 1912.

8. Abb. 228: Liegendes Mischwerk zum Mischen von Steinklarschlag und Teer für die Herstellung von Teermakadam. Der etwa 1500 mm lange, 900 mm weite, halbzylindrische, gußeiserne Mischtrog besteht aus dem auf einem Balkengestell a ruhenden Rumpf b, der die Lager für die Rührerwelle c enthält, und dem an diesen bei d gelenkig angeschlossenen halbzylindrischen Boden e. Die vierkantige Rührerwelle trägt 13 Rührschaufeln aus Gußstahl mit auswechselbaren gehärteten Spitzen und macht etwa 25 Umdrehungen in der Minute. Die Schaufeln stehen schräg zur Umdrehungsrichtung und sind abwechselnd nach rechts und links gewendet, so daß sie das im Trog befindliche Mischgut durcheinander werfen, ohne es nach einer bestimmten Richtung zu fördern. Die Zuführung des gesiebten und gutgetrockneten Steinschlages ver-

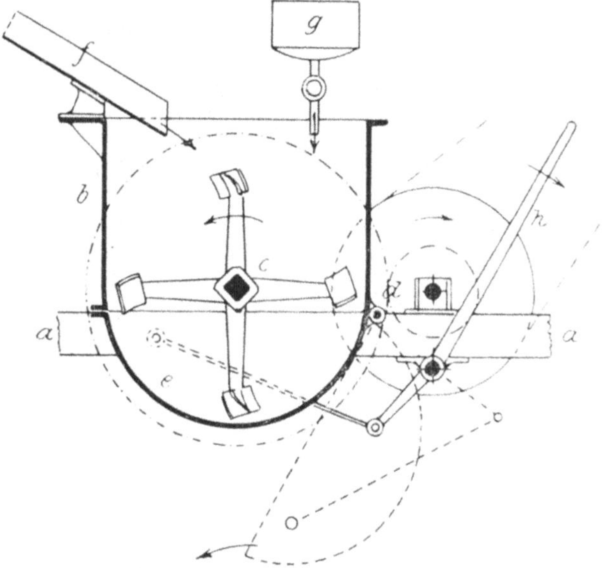

Abb. 228. Mischer für Teermakadam.

mittelt die Rolle f; der heißflüssige Teer fließt aus dem Gefäß g dem Mischtrog zu. Die Entleerung des letzteren wird durch Abwärtsschwenken des Trogbodens mittels des Handhebels h bewirkt. Die Quelle[1] gibt die Leistung der Maschine bei neunstündiger Arbeitszeit zu etwa 120 t verlegbaren Teerschotter an.

Das Bestreben des flüssigen Mischgutes, in dem Mischwerk an der Umlaufbewegung des Rührers teilzunehmen, wächst mit der Zunahme der Dickflüssigkeit des Gutes. Es erfordert besonders bei brei- oder teigartiger Beschaffenheit desselben, wie sie z. B. der Zuckerfüllmasse, dem Kork-Linoxingemenge, dem Öl-Bleiweiß, dem Glaserkitt eigen ist, besondere Einrichtungen, die das Mitlaufen des Stoffes verhindern und dessen inniges Durchmengen sichern. Die Mischtechnik kennt zwei Mittel, dem Mitlaufen des Mischgutes mit Erfolg vorzubeugen: die Einschaltung von Stoßleisten in die Bahn des Rührers und die exzentrische Anordnung des letzteren im Mischgefäß.

---

[1] Zeitschr. f. Transportwesen u. Straßenbau 1908, S. 55.

Die Stoßleisten oder Stoßstäbe bilden in der Regel nach Abb. 229 im Mischgefäß rechenartig angeordnete, feststehende Stabreihen *a*, durch deren Lücken die Stäbe *b* des Rührers beim Umlauf hindurchstreichen. Sie halten nicht nur das Mischgut zurück, sondern fördern durch eine scherenartige Wirkung, die sich aus dem Zusammenarbeiten mit den Rührstäben ergibt, das Zerteilen und Durchmengen des Gutes. Werden die Stoßstäbe nicht fest, sondern gegenläufig zu den Rührstäben angeordnet, wie es *Th. Carr*[1] für Maschinen zum Aufschließen der Superphosphate und Knochen mit Schwefelsäure, das Amalgamieren der Gold- und Silbererze, das Waschen von Erzen und ähnliche Zwecke empfohlen hat, so wird eine besonders kräftige Mischwirkung erreicht.

Drehbare Mischpfannen mit exzentrisch stehendem Rührer finden zuweilen beim Mischen dünnflüssiger Mehlteige sowie in chemischen Fabriken, z. B. bei der Herstellung von Chlor aus konzentrierter Chlormagnesiumlösung und Magnesiumoxyd, Anwendung[2]. Steht das Mischgefäß fest, so erhält der exzentrisch gelagerte Rührer neben seiner Achsendrehung noch eine kreisende Bewegung um die Mittelachse des Gefäßes. In der Regel vermittelt hierbei ein Planetenradgetriebe den Antrieb des Rührquirles in der Art, wie es z. B. die Abb. 230 an einer „Säulen-Mischmaschine" nach W e r n e r & P f l e i d e r e r ersehen läßt. Bei

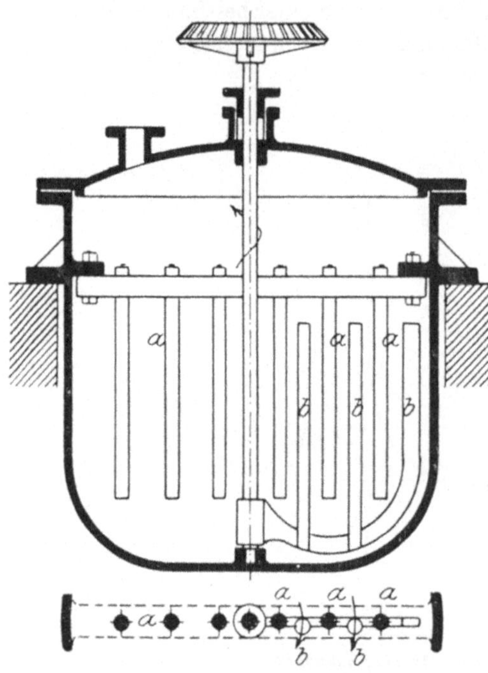

Abb. 229. Mischer mit Stoßleisten.

dieser besteht das Planetenradgetriebe aus dem Stirnradpaar *a b*, dessen innen verzahntes Rad *a* starr mit dem Gestellarm *c* der Maschine verbunden ist, während das Getriebe *b* auf der Welle *d* des Rührers sitzt, die in dem Kegelrad *e* und dem mit der Achse *f* drehbaren Arme *g* gelagert ist. Den Umtrieb des Kegelrades *e* vermitteln die Riemenscheibe *h*, die Stirnräder *i k* und das mit *e* in Eingriff stehende Kegelrad *l*. Bei der Drehung des letzteren wälzt sich das Triebrad *b* auf dem Rad *a* ab, so daß der Rührquirl, während er die Achse *f* umkreist, in Drehung versetzt wird. Der Rührer kann mittels der Schraubenspindel *m* aus dem Mischgefäß *n* in die punktiert angedeutete Stellung gehoben und dieses sodann zur Seite gefahren

---

[1] Engl. Pat. Nr. 2947 vom 23. November 1863.
[2] Zeitschr. d. Ver. deutsch. Ing. 1889, S. 29.

werden. Ein in der hohlen Säule des Gestelles laufendes Gegengewicht, das durch das Seil *o* mit dem Gestellarm *c* verbunden ist, erleichtert das Heben. Die Maschine wird von der Firma in sieben Größen mit 5 bis 800 l Gesamtinhalt des Mischkessels gebaut.

Besonders große Mischwerke mit Mischbottichen von 2 bis 2,5 m Durchmesser und 6000 bis 7000 l Fassungsraum, wie sie beispielsweise durch die Maischmaschinen der Bierbrauereien vertreten werden, erhalten meist zwei Planetenrührwerke, von denen nach Abb. 231 das eine stehend (*a*), das andere liegend (*b*) angeordnet ist.

Mit zunehmender Zähigkeit des Mischgutes steigt auch der Arbeitsverbrauch der Mischmaschine. Die Mischwerkzeuge erhalten gedrungene Form, so daß sie größeren Kraftleistungen gewachsen sind, bis sie in den Knetmaschinen für besonders zähe Stoffe, wie feste Brotteige, Kautschuk, Guttapercha, Linkrusta, Mennigekitt u. dgl., ihre kräftigste Ausbildung erfahren. Übergangsformen, die den in der Fördertechnik bekannten Förderschrauben verwandt sind und als **Mischschrauben** oder **Mischschnekken** bezeichnet werden,

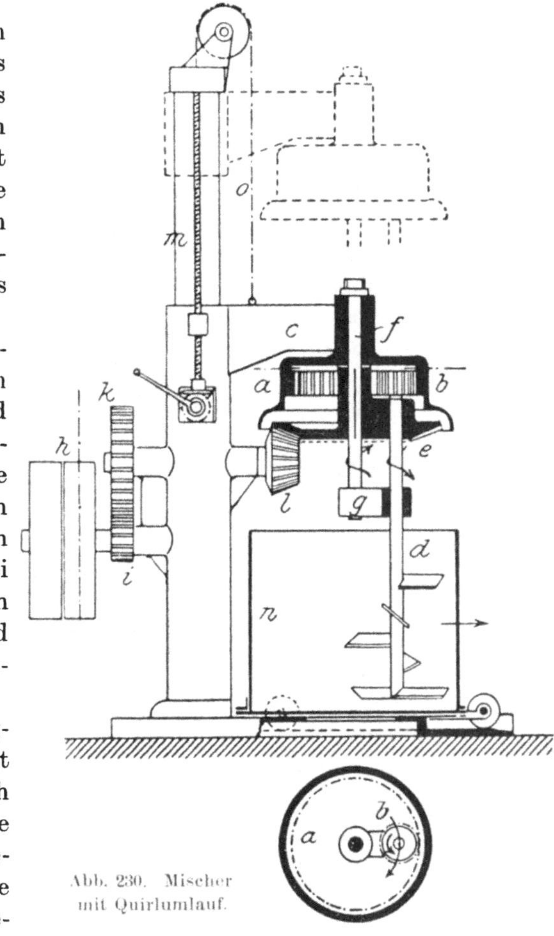

Abb. 230. Mischer mit Quirlumlauf.

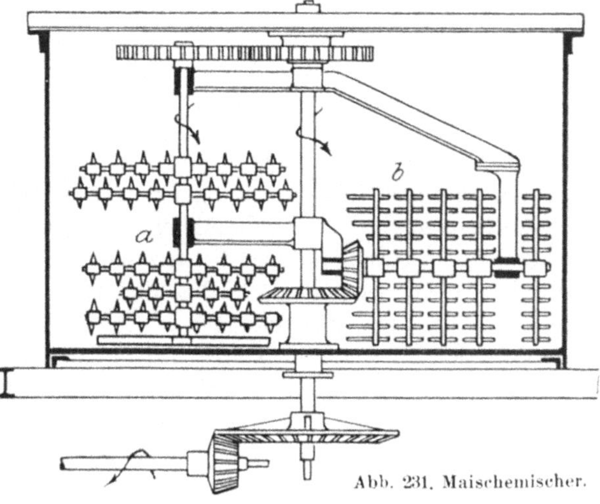

Abb. 231. Maischemischer.

dienen dem Mischen breiiger und minder zäher Stoffe von größerer oder geringerer Bindung, wie Brotteige, Ton, Lehm, Betonmasse usw.

In der Regel bestehen diese Mischschrauben aus einem feststehenden rinnenförmigen, zuweilen auch rohrförmigen Mischtrog und einer in diesem gelagerten Schraubenspindel, deren Gänge die Trogwand fast berühren. Die Schraubengänge werden entweder nach Abb. 232 von einzelnen Flügeln a gebildet, die der Steigung der Schraube entsprechend windschief gestaltet und auf einer eisernen Welle b aufgereiht sind: Flügelschraube, oder es besteht der Schraubengang nach Abb. 233 aus einem schmalen, schraubig gebogenen Eisenband a, das durch radial gestellte Stützen b mit der Welle c verbunden ist: Bandschraube.

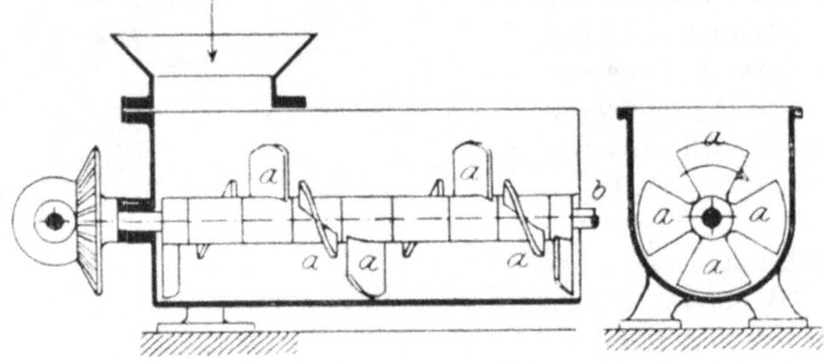

Abb. 232. Rührschraube.

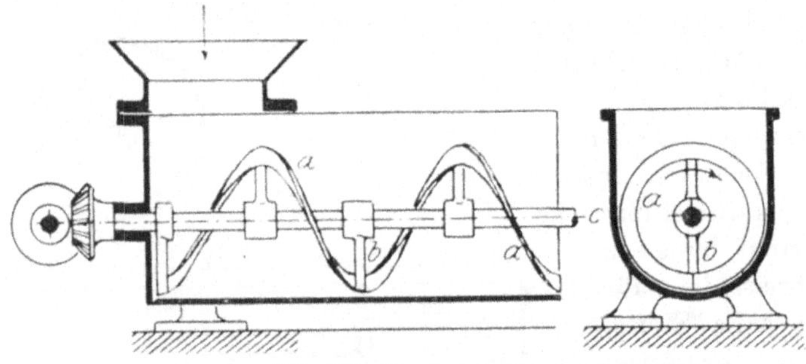

Abb. 233. Bandschraube.

Die Mischschrauben werden hauptsächlich dann benutzt, wenn die Stoffaufgabe ohne Unterbrechung erfolgt. Ihre Mischfähigkeit ist gering. Das Mischen geschieht nur allmählich und erfordert einen langen Weg des Mischgutes, der zuweilen durch Hintereinanderschalten mehrerer gleichartiger Schrauben gewonnen wird, wie dies die Abb. 234 veranschaulicht, die eine von *Hasenclever* zur Herstellung von Chlorkalk angegebene Mischmaschine darstellt. Der gelöschte Kalk wird bei a, das Chlorgas bei b zugeführt. Die Mischschrauben c schieben den Kalk unter steter Lagenänderung der Teilchen dem Gasstrom langsam entgegen, wobei die Umsetzung erfolgt. Das Mischergebnis (Chlorkalk) verläßt die Maschine bei d in der Nähe des Gaseintrittes.

Bei dem seiner Be-
nutzung entsprechend
häufig als Tonschneider
bezeichneten Mischwerk,
das aber in wenig abgeän-
derter Bauart auch als
Knetmaschine in Brot-
fabriken[1] sowie bei der
Mörtelbereitung Anwen-
dung findet, besteht das
Knetwerkzeug aus einer
mit schraubenförmig ge-
stalteten Knetmessern
oder Knetschaufeln be-
setzten Welle, die in einem
kreiszylindrischen auf-
rechtstehenden (zuweilen
auch liegenden) Knettrog
drehbar gelagert ist. Der

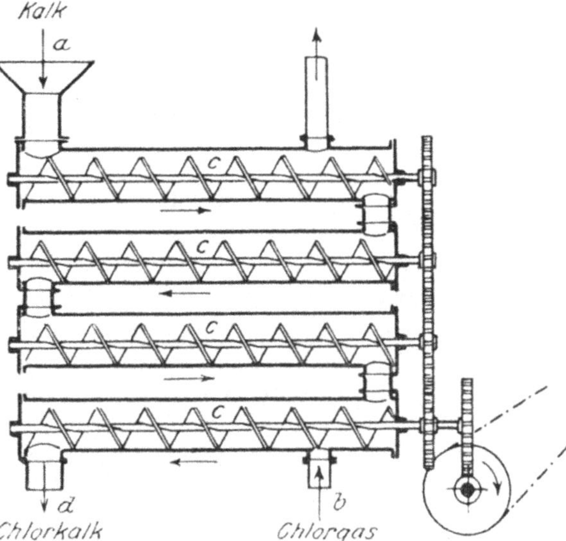

Abb. 234. Chlorkalkmischer.

stehende Trog a, Abb. 235, ist für das Eintragen des Knetgutes oben offen und zweckmäßig trichterförmig erweitert. Unten ist an
ihn ein Mundstück b angeschlossen, durch das
die im Trog gemengte Tonmasse zu Ziegeln geformt austritt und von einem vorgelagerten
Rollentisch aufgenommen wird.

Die als Mischwerkzeug bereits von *Lasgorseix*[2] vorgeschlagene Bandschnecke liefert
bei trockenem körnigen Mischgut befriedigende
Mischergebnisse, versagt aber leicht bei feuchter
und klebriger Beschaffenheit des Gutes. Nach
Gaspary[3] in Leipzig wird die Mischwirkung gesteigert, wenn der zur geschlossenen Trommel
ausgebildete Schneckentrog gleichzeitig und
gleichsinnig mit der Schnecke, aber mit größerer
Geschwindigkeit als diese, gedreht wird. Hierbei
wird das von der Schnecke fortgeschobene, an
die Trogwand gedrängte Mischgut von dieser
hochgehoben, über die Welle abgeworfen und
von neuem der mischenden Wirkung der
Schnecke ausgesetzt.

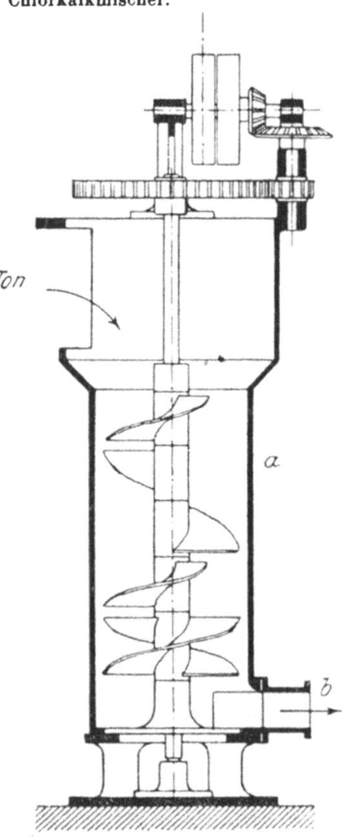

Abb. 235. Tonmischer.

---

[1] Siehe *Birnbaum:* Brotfabrikation. Braunschweig
1878, S. 171 ff.
[2] Französ. Pat. Nr. 3896 vom 30. September 1829.
[3] DRP. Nr. 203 409 vom 3. Oktober 1907.

Außer für die genannten Mischarbeiten finden Schraubenmischer auch beim Mischen eingeschlämmten Tones mit trockenem feingepulverten Kalkstein[1], beim Denaturieren von Gewerbesalz mit Mennige, Paraffinöl, Petroleum[2], Seifenabfällen u. dgl., beim Mischen des Betons und ähnlichen Mischarbeiten Verwendung.

2. Die Knetwerke.

Das auf Knetwerken zur Bearbeitung kommende Mischgut ist durch eine mehr oder weniger große Bildsamkeit (Plastizität) gekennzeichnet. Diese Eigenschaft ist ihm entweder von Anfang an eigen, und es ist die Aufgabe der Mischarbeit, sie durch Vergleichmäßigung des Gefüges zu steigern (Ton, Kautschuk u. dgl.), oder sie wird aus nicht bildsamen Stoffen zusammengesetzter Masse erst durch die Mischarbeit erteilt (Mehlteig = Gemischen von Mehl mit Wasser oder Milch, denen zur Erhöhung der Schmackhaftigkeit des daraus herzustellenden Gebäckes noch verschiedene andere für die Teigbildung untergeordnete Stoffe, wie Salz, Zucker usw., zugesetzt werden). Mit der Steigerung des inneren Zusammenhanges des bildsamen Stoffes erhöht sich die Schwierigkeit der Mischarbeit. Genügt anfangs das einfache Teilen des Knetgutes durch stumpfe Rührwerkzeuge, wobei die Masse nach der Trennung infolge innerer Beweglichkeit selbsttätig wieder zusammenfließt und sich mischt, so muß die Mischarbeit mit wachsender Zähigkeit und Schwerbeweglichkeit der Masse unmittelbar von den Mischwerkzeugen übernommen werden. Diesen fällt dann die Aufgabe zu, die notwendige gegensätzliche Bewegung der Mischgutteilchen untereinander einzuleiten und auf größeren Wegstrecken zu unterhalten. Hierbei muß das Mischen in der Art erfolgen, daß sich die Wege der Teilchen vielfach kreuzen und ein steter Wechsel in der Lagerung der Teilchen herbeigeführt wird. Mit der Festigkeit und Steifheit des bildsamen Mischgutes wächst die Beanspruchung der Knetwerkzeuge. Um diesen daher eine größtmögliche Widerstandsfähigkeit zu sichern, gibt man ihnen, allerdings zuweilen auf Kosten der quantitativen Leistungsfähigkeit, für die Bearbeitung sehr fester, steifer und zäher Teige eine tunlichst einfache Gestalt.

Die Schwierigkeit, welche sich bei dem Kneten von Teigen, die zur Herstellung von Backwaren bestimmt sind, dem Ersatz der Handarbeit durch die Maschine entgegenstellt, läßt die Erfindungsgeschichte der Teigknetmaschine erkennen. Diese beginnt bereits im Jahre 1760, wo *Salignac*[3] einen Knettrog konstruierte, der mit einer im Kreise laufenden Egge ausgerüstet war und vor einer Kommission der Pariser Akademie in 14 bis 15 Minuten einen brauchbaren Teig ergeben haben soll, und hat in der neuesten Zeit noch nicht ihr Ende erreicht, obgleich seit den 1870er Jahren bereits Bauarten bekannt geworden sind, die bei richtiger Wahl des Arbeitszweckes in bezug auf Knetleistung wohl zu befriedigen vermögen. Verfolgt man die Erfindungs-

---

[1] *Naske:* Portlandzementfabrikation. Leipzig 1909.
[2] Z. B. 1 Salz auf 400 Petroleum.
[3] *Birnbaum:* Brotfabrikation. Braunschweig 1878.

geschichte der Teigknetmaschine an der Hand der deutschen Patentschriften, so zeigt die durch Abb. 236 vorgeführte Kurve, welcher die Zahl der jährlich auf Teigknetmaschinen erteilten Patente zugrunde liegt, daß die Erfindertätigkeit am Beginn des neuen Jahrhunderts besonders zugenommen hat, bis sie um das Jahr 1905 den Höhepunkt erreichte. Es ist dies die Zeit, wo durch Aufnahme neuer Formen und Bewegungsarten der Knetwerkzeuge, insbesondere durch Einführung der Armkneter, die Knetmaschine für die Herstellung der verschiedensten, in ihrem Flüssigkeitsgehalt so stark schwankenden Teigarten[1] brauchbar wurde.

Die Beurteilung einer Knetmaschine hat aber nicht allein auf der Bewertung der Knetleistung und des Arbeitsverbrauches zu fußen, sie hat auch die Möglichkeit leichten Bedienens und Sauberhaltens der mit dem Teig in Berührung kommenden Teile der Maschine, insbesondere des Knettroges und des Kneters, zu beachten. In der Unzulänglichkeit, die älteren Maschinenbauarten in dieser Beziehung eignet, ist häufig deren Mißerfolg zu suchen. Bei den neueren Bauarten sind Mängel dieser Art durch die Wahl kugliger Gestaltung des Knettroges und durch einfachste Form des Kneters, die das Zurückhalten kleiner Teigreste am Schluß der Knetarbeit erschweren, vermieden worden.

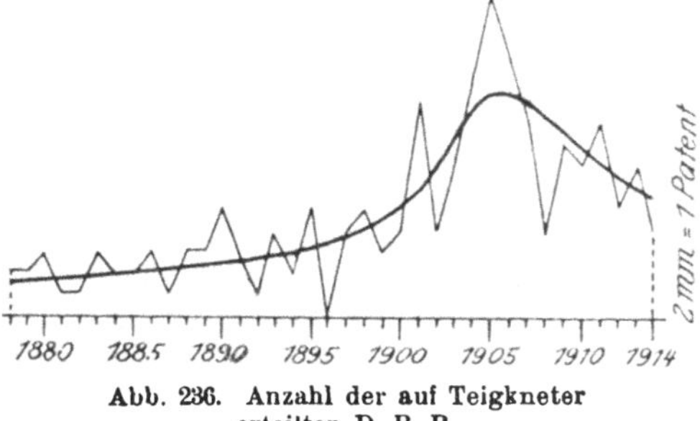

Abb. 236. Anzahl der auf Teigkneter erteilten D. R. P.

α) Knetmaschinen für wenig feste Teige.

Um die erheblichen Unterschiede zu veranschaulichen, die in der Gestaltung älterer und neuerer Knetmaschinen für die Bearbeitung wenig fester Teige bestehen, sind in den Abb. 237 und 238 zwei Knetmaschinen für die Herstellung von Genußteigen dargestellt. Die ältere derselben, Abb. 237, ist die aus dem Jahre 1853 stammende und früher oft benutzte Maschine des Franzosen *Boland*. Sie fällt durch die eigentümliche Form des aus zwei schraubenförmig gewundenen Eisenschienen *a* und *b* bestehenden Kneters auf, welche das Reinigen sehr erschwert. Die Schienen sind durch versteifende Querstege mit der in dem halbzylindrischen Troge *c* gelagerten Welle *d* verbunden. Der Kneter erhält doppelseitigen Antrieb durch die Radvorgelege *e* und *f*, deren Getriebe auf der Antriebwelle *g* stecken. Die dem Kneter erteilte Winkelgeschwindigkeit schwankt zwischen 1 bis 1,6 m i. d. Sek. Um den

---

[1] Bereits früher veröffentlichten Untersuchungen des Verfassers zufolge beträgt der Flüssigkeitsgehalt von

Sirupteig . . . . 13,9 v. H.	Brezelteig, ungebrochen 42,8 v. H.
Honigteig . . . . 16,1 „	Roggenbrotteig . . . . 43,2 „
Zuckerteig . . 16,9 bis 18,1 „	Kaiserbrotteig . . . . . 43,9 „
Zwiebackteig . . . . 39,5 „	Dreierbrotteig . . . . . 44,9 „
Brezelteig, gebrochen . 41,5 „	Franzsemmelteig . . . 46,2 „

Trog leicht entleeren zu können, ist er um die Kneterachse kippbar und kann in der neuen Stellung mittels eines Stellriegels festgestellt werden. Nach *Birnbaum*[1] vermag eine derartige Maschine von 1300 mm Troglänge und 900 mm Trogdurchmesser in 15 Minuten eine einmalige Füllung von 300 kg Brotteig fertig zu kneten.

Demgegenüber zeigt die Abb. 238, welche die „Viennara"-Knet- und Mischmaschine der Cannstatter Misch- und Knetmaschinenfabrik Werner & Pfleiderer zu Cannstatt-Stuttgart im Aufriß und Grundriß darstellt, wie bei neuzeitlichen Maschinen durch Verlegen sämtlicher Getriebeteile hinter den Knettrog dieser dem Arbeiter leichten Zugang gewährt und infolge seiner kesselförmigen Gestalt von allen Teigresten leicht gereinigt werden kann. Der Trog *a* ruht auf einem dreirädrigen Wagen *b* und wird mittels des Schraubenradgetriebes *c d* um die senkrechte Achse *e* in langsame Drehung versetzt.

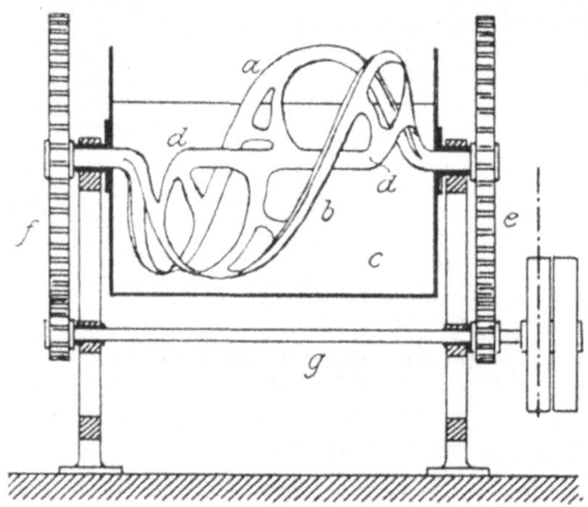

Abb. 237. Teigknetmaschine.

Hierbei ist der Wagen durch einen Riegel gegen Verschieben gesichert. Meist werden einer Maschine mehrere Teigschalen beigegeben, um bei der abteilweisen Aufarbeitung größerer Teigmassen nach dem Fertigstellen eines Teiges die ihn enthaltende Schale mit einer anderen, die neues Mischgut enthält, ohne größeren Zeitverlust vertauschen zu können. Bei dem für den Wechsel der Schalen erforderlichen Ausfahren des Wagens löst sich das Schraubenrad *d* von der am Maschinengestell gelagerten Triebschraube *c*, so daß diese in Verbindung mit dem sie treibenden Kettengetriebe *f* bleibt. Das Ende des in den Knettrog eingreifenden Knetarmes *g* ist zu der hakenförmigen Knethand *h* ausgestaltet. Diese durchläuft bei der Bewegung des Armes eine Schleifenbahn $\alpha\beta\gamma$ derart, daß sie in der Nähe der Trogmitte langsam niedersinkt, dann am Trogboden entlangstreicht und endlich in der Nähe der vorderen Trogwand rasch wieder aufwärtssteigt. Hierbei verhindert der von der Stange *i* getragene Schirm *k* das Auswerfen von Teig aus dem Trog. Bei der beschriebenen Bewegung des Kneters wechselt Zusammenstauchen und Ausziehen des Teiges in ähnlicher Weise, wie wenn der Handkneter den Teig nicht nur rührt, sondern durch Stoßen, Drücken und Ziehen sein möglichst vollkommenes Durcharbeiten zu erzielen sucht. Zugleich erleichtert diese Bewegungsfolge die Bedienung der Maschine und gewährt dem Arbeiter die größtmögliche Sicherheit gegen Verletzung.

Die Bewegung des Knetarmes entspringt dem Zusammenwirken der

[1] *Birnbaum:* Brotfabrikation. Braunschweig 1878.

Schwinge *l* und der Kurbel *m*, die nebst den übrigen Getriebeteilen in einem allseitig geschlossenen Gehäuse *n* eingekapselt sind, aus dem allein der Knetarm *g* und die Antriebwelle *o* hervorragen. Die letztere trägt außerhalb des Gehäuses eine Los- und eine Festscheibe *p q*, im Innern aber zwei Getriebe *r*,

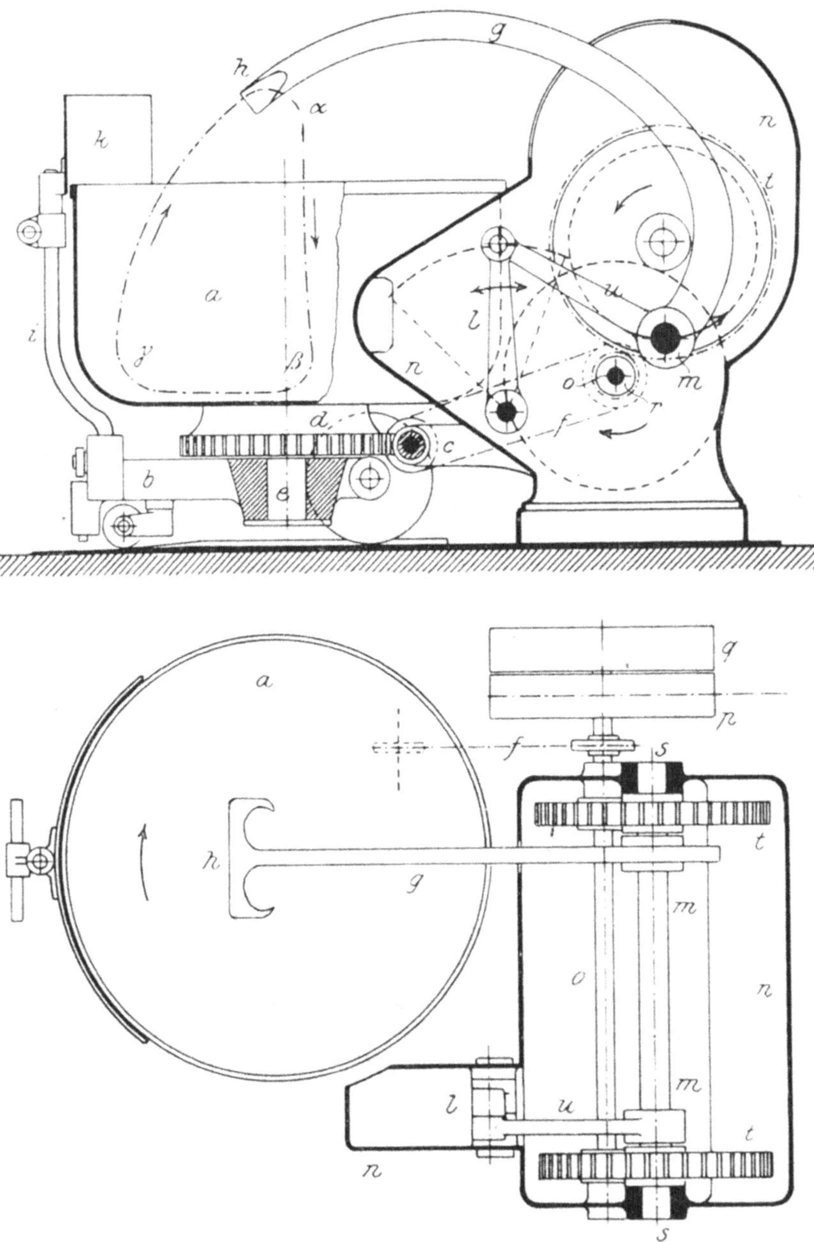

Abb. 238. Teigknetmaschine „Viennara" von *Werner & Pfleiderer*.

die mit den auf kurzen Achsen s sitzenden Zahnrädern t in Eingriff stehen. Diese werden somit mit gleicher Winkelgeschwindigkeit gedreht und erteilen der kurbelartig mit ihnen verbundenen Zwischenwelle m, welche den Kneter g und einen die Schwinge l erfassenden Arm u trägt, die für die Kneterbewegung erforderliche Kreisbewegung.

Die „Viennara"-Knetmaschine wird von der Firma in zehn Größen, mit Riemen- oder elektrischem Antrieb, mit oder ohne Schalendeckel gebaut. Der Innendurchmesser der Knetschale schwankt bei den verschiedenen Größen zwischen 380 und 1570 mm, ihre Höhe bis zur Oberkante zwischen 800 und 1050 mm. Diese Abmessungen entsprechen einem kleinsten bzw. größten Fassungsvermögen der Knetschale von 1,5 bis 10 kg Mehl, entsprechend 2 bis 16 kg Teig, bis 60 bis 635 kg Mehl, entsprechend 100 bis 1000 kg Teig. Der Knetarm macht in der Minute 25 bis 27 Hübe, die Knetschale 4 Umdrehungen. Der Arbeitsverbrauch schwankt zwischen $^1/_4$ und 8 PS. Die Leistung der Maschine gleicht bei kleiner Trogfüllung ungefähr der eines Handkneters, so daß der wirtschaftliche Vorteil, den die Maschine bietet, vornehmlich in der Ersparnis von Arbeitskräften, der Aufarbeitung großer Teigmengen, der Unabhängigkeit von der Geschicklichkeit des Arbeiters und einer gleichmäßigen und sachgemäßen Durcharbeitung des Teiges zu suchen ist.

Für die verschiedenen Bauarten der Armknetmaschinen gleicher Gattung[1] bilden die Gestalt des Knetwerkzeuges sowie die Bauart des den Knetarm bewegenden Getriebes die wesentlichen Unterscheidungsmerkmale.

β) Knetmaschinen für feste Teigmassen.

Die Teigbrechen und Walzenkneter.

Die Abnahme der Fließfähigkeit des Mischgutes, die mit dem Anwachsen des Knetwiderstandes und vielfach auch mit einer Steigerung des elastischen Verhaltens des Gutes verbunden ist, führt zur Anwendung besonders gedrungener, massiger Formen der Knetwerkzeuge. Hierfür liefern die sog. Teigbrechen und Walzenkneter besonders geeignete Beispiele.

Die älteste und einfachste Bauart der Teigbrechen, die der Bearbeitung von zu Genußzwecken bestimmten festen Wasser- (Brezelteig), Honig-, Sirup- und Zuckerteigen dient, ist die durch große Kraftleistung ausgezeichnete Hebelbreche, Abb. 239. Den Teig stützt ein starker Holztisch a, oberhalb dessen der mehrere Meter lange, hölzerne und um b drehbare Brechhebel c gelagert ist. Seine Druckfläche trägt eine Reihe scharfkantiger Dreieckzähne von etwa 50 mm Tiefe und Breite. Mehrere Arbeiter drücken den Hebel abwärts gegen den Teig, den ein anderer Arbeiter bei jedem Hebelanhub um ein Stück seitlich verschiebt. Das hierbei zu einer wellenförmig gebogenen Platte umgeformte Teigstück wird zusammengefaltet und wiederholt dem „Brechen" unterworfen. Neuere Hebelbrechen sind mit mechanischem

---

[1] Vgl. z. B. die DRP. Nr. 208 482 vom 3. Januar 1908; Nr. 282 216 vom 1. September 1912; Nr. 285 576 vom 17. Juli 1913.

Antrieb des Hebels versehen (Brüning, Halle a. d. S.), wobei der etwa 500 mm lange Brechhebel unter Vermittlung eines Kurbelgetriebes etwa 22 Spiele in der Minute vollführt.

Neben den Hebelbrechen haben beim Kneten fester Teige auch Walzenbrechen Anwendung gefunden. Bei ihnen wird der Teig entweder zwischen einer sich drehenden vierkantigen Knetwalze und einem unter ihr liegenden Knettische (*Ziborghi* 1789) oder zwischen zwei verzahnten Knetwalzen, Abb. 240 und 241 (*Overton*[1], *Zienert*[2]), durchgeführt, die in einem Gestell neben- oder übereinander liegend vereinigt sind und mittels einer Handkurbel in wechselnder Richtung gedreht werden. Die Walzen sind verstellbar, so daß das Durcharbeiten des Teiges durch die Tiefe des gegenseitigen Eingriffes der Walzenzähne geregelt werden kann.

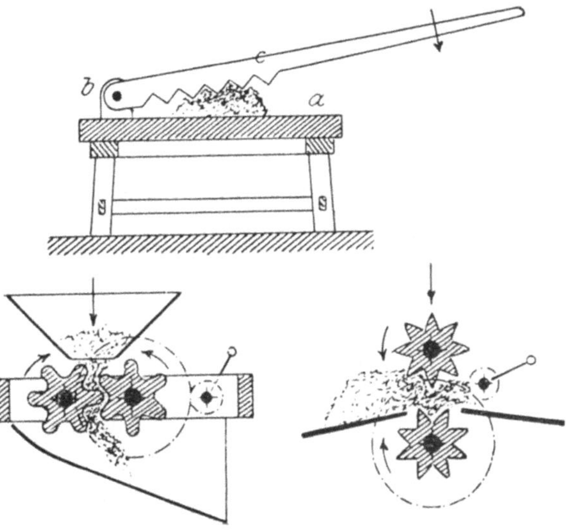

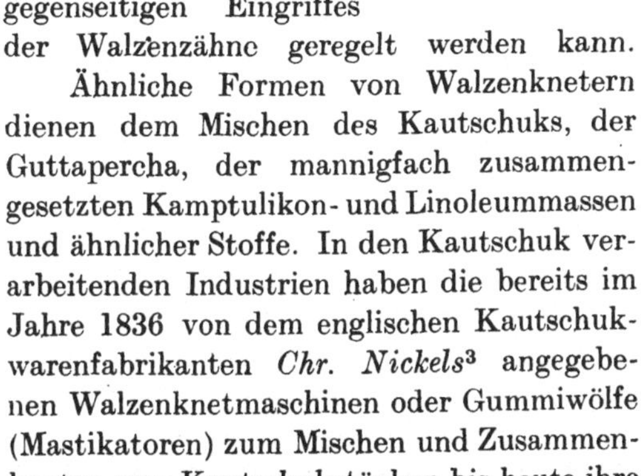

Abb. 239—241. Teigbrechen.

Ähnliche Formen von Walzenknetern dienen dem Mischen des Kautschuks, der Guttapercha, der mannigfach zusammengesetzten Kamptulikon- und Linoleummassen und ähnlicher Stoffe. In den Kautschuk verarbeitenden Industrien haben die bereits im Jahre 1836 von dem englischen Kautschukwarenfabrikanten *Chr. Nickels*[3] angegebenen Walzenknetmaschinen oder Gummiwölfe (Mastikatoren) zum Mischen und Zusammenkneten von Kautschukstücken bis heute ihre

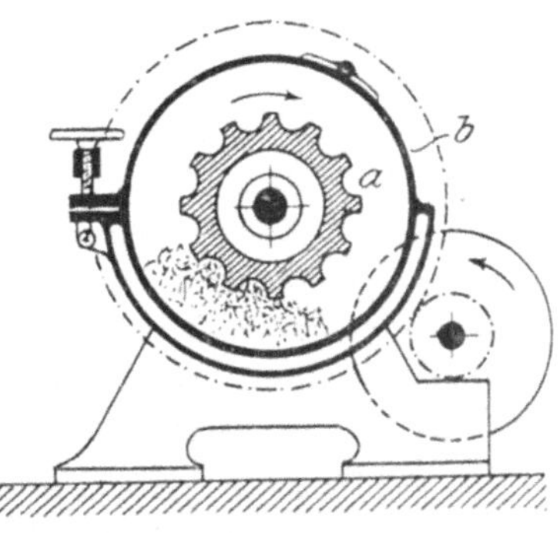

Abb. 242. Gummiwolf.

Bedeutung behalten. Bei ihnen ist nach Abb. 242 eine gezahnte Walze *a* inmitten eines zylindrischen Mischtroges *b* gelagert, dessen Unterteil mit Dampf beheizt werden kann. Der Oberteil des Troges ist aufklappbar und wird häufig durch ein aus halbkreisförmig gebogenen Eisenstäben zusammengesetztes Gitter gebildet. Der Trog wird zu $1/4$ bis $1/3$ seines Hohlraumes mit

---

[1] Engl. Pat. Nr. 8018 vom 3. April 1839.

[2] DRP. Nr. 42 650 vom 7. Juli 1887.

[3] Engl. Pat. Nr. 7213 vom 11. Mai 1836; Nr. 12 407 vom 11. Januar 1849; *Gottlob:* Technologie der Kautschukwaren.

dem zu verarbeitenden Kautschuk gefüllt und nach Schluß des Deckels die Walze in langsame Drehung versetzt. Während der Rollbewegung des sich unter der Pressung der umlaufenden Walze zusammenballenden Kautschuks findet dessen kräftiges Durcheinandermischen statt.

Aubert und *Girard* in Paris[1] suchten die Knetwirkung durch innere Verzahnung der Trogwand zu erhöhen, und *Th. Forster* zu Streatham[2] sowie nach ihm der schon genannte Fabrikant *Nickels*[3] lagerten in der gleichen Absicht zwei auf der Umfläche mit steilen, durch Quernuten unterbrochenen Schraubengängen versehene gegenläufige Walzen in einen Trog, dessen gekrümmte Bodenteile sich den Walzen anschmiegen, ohne sie zu berühren. Durch ungleiche Umfangsgeschwindigkeit der Walzen wird die Masse verzogen und innig durcheinander gemischt.

In neuerer Zeit sind ähnlich eingerichtete Walzenkneter auch bei der Bearbeitung leicht knetbarer Stoffe mit Vorteil zur Anwendung gekommen,

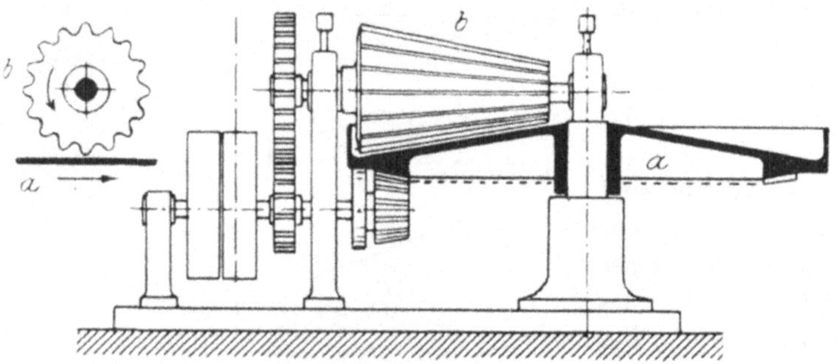

Abb. 243. Butterknetmaschine.

wofür die in Abb. 243 dargestellte Butterknetmaschine der Molkereien und Kunstbutterfabriken ein Beispiel ist. Bei ihr wird die von dem langsam umlaufenden kreisförmigen Knettisch *a* getragene Butter mittels der verzahnten Knetwalze *b* bearbeitet. Beide Teile, Tisch und Walze, sind kegelförmig gestaltet und so zusammengestellt, daß die Spitzen der Kegel zusammenfallen. Hierdurch wird die Knetwirkung nach dem Tischrand zu infolge des mit der Vergrößerung des Walzendurchmessers zunehmenden Umfangsweges der Walze gesteigert, und es fließt die aus der Butter gepreßte Flüssigkeit am Rand des Tisches ab. Die Maschinen werden sowohl für Hand- als für Kraftbetrieb eingerichtet, worüber die untenstehende Quelle[4] Aufschluß gibt.

Die Schraubenkneter.

Eine mit schraubenartig wirkenden Knetwerkzeugen ausgestattete Knetmaschine, die auch für das Bearbeiten von Stoffen geeignet ist, die

---

[1] Dingl. polyt. Journ. 1853, Bd. 130, S. 181; Hütte 1874, Tafel 12.

[2] Engl. Pat. Nr. 10 092 vom 5. September 1844; Dingl. polyt. Journ. 1845, Bd. 97, S. 387, sowie 1848, Bd. 109, S. 118.

[3] Engl. Pat. Nr. 842 vom 7. April 1853; Dingl. polyt. Journ. 1854, Bd. 131, S. 436.

[4] *Hefter:* Technologie der Fette und Öle. Bd. III, S. 135 ff.

infolge ihres inneren Zusammenhanges nur schwer mischbar sind, ist zuerst von *Paul Freyburger*[1] angegeben worden. Sie bildet die Grundlage jener verbreiteten und bezüglich ihrer Knetleistung hervorragenden Bauarten von Schraubenknetern, die durch die Firma **Werner & Pfleiderer** in Cannstatt-Stuttgart[2] seit den 1870er Jahren den verschiedensten Zwecken erfolgreich dienstbar gemacht worden sind.

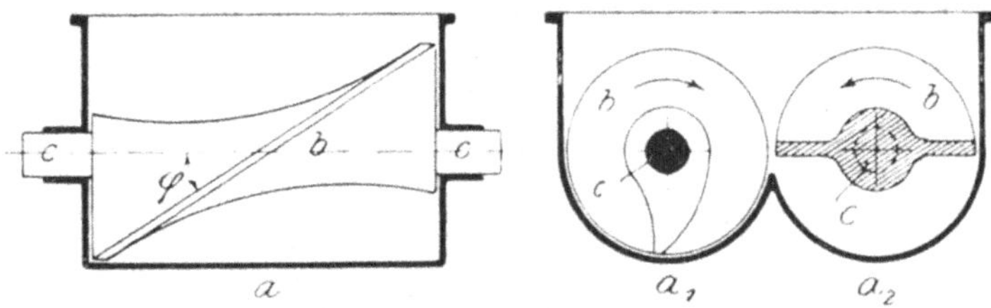

Abb. 244. Knetscheiben von *Freyburger*.

Das Hauptmerkmal der *Freyburger*schen Knetmaschine bilden zwei Kneter, die in einem aus zwei nebeneinander liegenden Halbzylindern $a_1\,a_2$, Abb. 244, zusammengesetzten Troge[3] eingelagert sind. Jeder der Kneter besteht aus einer elliptisch gestalteten Scheibe b, die gegen die geometrische Achse der Mischerwelle c unter einem spitzen Winkel φ geneigt ist und deren Fläche einen unter dem gleichen Winkel durch die Höhlung des zylindrischen Mischtroges geführten Schnitt verkörpert. Während der Drehung streifen die beiden Scheiben dicht an den Trogwänden und schieben das Mischgut an diesen entlang. Hierbei wird es gegen die Trogböden gepreßt, steigt an denselben empor und fällt, sich überstürzend, in den Trog zurück. Dadurch, daß die Scheiben durch ungleichgroße Zahnräder mit verschiedener Geschwindigkeit umgetrieben werden (auf 1 Umdrehung der einen Scheibe entfallen $1\frac{1}{4}$ Umdrehungen der Nachbarscheibe), findet eine stete gegenseitige Lagenänderung der beiden Knetscheiben statt, welche das Durcharbeiten des Knetgutes erheblich fördert.

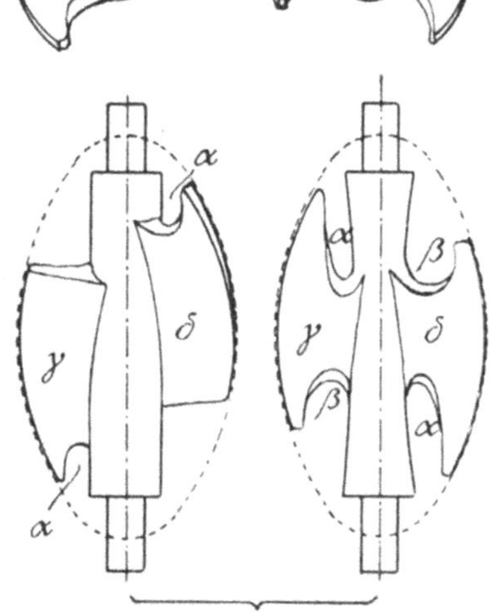

Abb. 245–248. Knetschrauben.

Die **Werner & Pfleiderer**schen Kneter, von denen die Abb. 245 bis 248 einige Formen veranschaulichen, sind aus den *Freyburger*schen Knetern durch allmählichen An-

---

[1] Engl. Pat. Nr. 4116 vom 26. November 1875; DRP. Nr. 1454 vom 29. Juli 1877.

[2] Engl. Pat. Nr. 2953 vom 20. Juli 1876; Nr. 3623 vom 27. September 1877; Nr. 5330 vom 31. Dezember 1878; Nr. 5003 vom 1. Dezember 1880; Nr. 14 713 vom 7. November 1884; DRP. Nr. 10 164, 18 797, 29 674, 86 239.

[3] Die gleiche Form des Knettroges findet sich bereits in dem franz. Pat. Nr. 3896 vom 9. Juli 1829 von *Lasgorseix*.

schluß der elliptischen Scheibe an die Welle und Ausschneiden je zweier einander diametral gegenüberliegender Stücke α β hervorgegangen. Bei der Kneterform Abb. 245 bis 248 besitzen diese Ausschnitte nur mäßige Größe und erreichen die geometrische Achse der Kneterwelle nicht. Die Welle bleibt daher ungeschwächt, und die aus ihr hervortretenden Scheibenreste γ δ, welche die Knetflügel bilden und denen die Ausführung der Knetarbeit obliegt, behalten eine erhebliche Bruchsicherheit. Derartig gestaltete Kneter eignen sich daher vornehmlich zum Durchkneten besonders schwer zu bearbeitenden Knetgutes und sind hauptsächlich für das Durcharbeiten und Mischen des Kautschuks und der Guttapercha bestimmt, finden aber auch bei der Verarbeitung von Schmirgelradmischungen, künstlicher Stein- und Elfenbeinmasse, Linoxyn - Korkmischungen u. dgl. Anwendung.

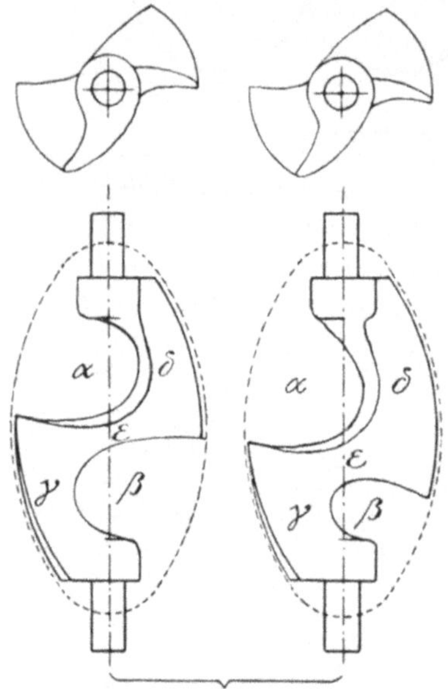

Abb. 249—250. Knetschrauben.

Die Ausschnitte der elliptischen Scheibe des im zweiten Teile des Knettroges befindlichen Kneters liegen zu den Ausschnitten des im ersten Teile arbeitenden Kneters symmetrisch. Die sich entsprechenden Knetflügel (γ_1 γ_2) bzw. (δ_1 δ_2) besitzen daher entgegengesetzte Neigung, so daß, wenn die Flügel des einen Kneters bei der Drehung das Knetgut nach rechts schieben, die Flügel des zweiten Kneters das Gut nach links zu schieben suchen. Mit diesen Längsschiebungen ist eine Kreisbewegung des Gutes im Knettrog verbunden, weshalb dieses im Trog nach zwei entgegengesetzten Richtungen Schraubenbewegungen ausführt und hierbei aus der einen Troghälfte in die ihr benachbarte zweite Hälfte übergeschoben wird. Je nach der Drehrichtung der beiden Kneter erfolgt dies aber entweder zwischen denselben (wenn diese gegeneinander umlaufen) oder zwischen den Knetern und der Trogwand (bei entgegengesetzter Drehrichtung). Wird schon durch diese zusammengesetzten Bewegungen, welche die einzelnen Stoffteilchen zu machen gezwungen sind, ein gutes Durchmengen derselben·erzielt, so wird dieses noch dadurch gesteigert, daß diese Bewegungen mit verschiedenen Geschwindigkeiten erfolgen, die Stoffteilchen also auch verschieden große Wege zurücklegen. Es wird dies dadurch erreicht, daß die Umdrehzahlen der beiden Kneterwellen sich wie 1:2 verhalten.

Von der besprochenen weicht die durch die Abb. 249 und 250 veranschaulichte Gestalt der Kneter durch die tief geführten, die geometrische Achse der Kneterwelle überschneidenden Ausschnitte α β ab. Es verbleiben nur zwei schmale, schraubig verdrehte Flügel γ δ, die durch einen mittleren Steg ε verbunden sind. Bei der älteren Form dieser Kneter, Abb. 249, sind die Ausschnitte $\alpha\,\beta$ gleichgroß und liegen daher symmetrisch zu dem Mittelsteg ε, bei der neueren Form, Abb. 250[1], sind sie zugunsten einer besseren Knetwirkung ungleich zu dem Steg verteilt. Bei beiden Formen bilden die Knetflügel $\gamma\,\delta$ Teile zweier Schraubengänge, von denen der eine rechts-, der andere linksläufig ist. Ihr Einwirken auf das Knetgut bedingt je nach der Drehrichtung der zusammenarbeitenden Kneter entweder das Ineinanderschieben des Gutes oder dessen Anpressen an die Stirnwände des Knettrogs.

Nach der Abbildung 251 A, B, C, welche eine mit zwei Knetern arbeitende Knetmaschine darstellt, werden die durch die tiefer geführten[1] Ausschnitte in ihrer Festigkeit erheblich geschwächten Kneter $a_1\,a_2$ an beiden Achsenenden angetrieben, um ihr Verdrehen bei dem Bearbeiten zäher steifer Teige zu verhindern. Es erfolgt dies einerseits durch die auf den Kneterachsen sitzenden Stirnräder c, die mit den Getrieben d der Antriebwelle e in Eingriff stehen, andererseits durch die ungleichgroßen Räder f und g, welche den beiden Knetern verschieden große Geschwindigkeit

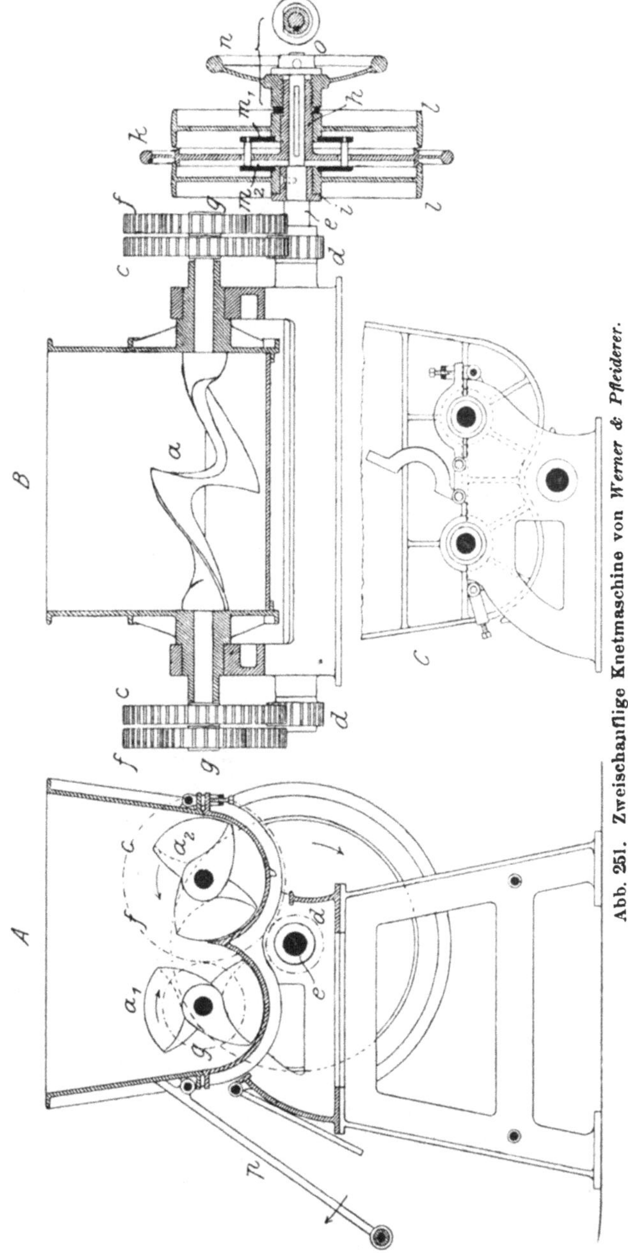

Abb. 251. Zweischauflige Knetmaschine von *Werner & Pfleiderer*.

<hr>

[1] DRP. Nr. 86 239 vom 26. Februar 1895.

erteilen. Das Vor- und Rückwärtsarbeiten der Kneter wird durch offenen und gekreuzten Riemen bewirkt und mittels einer Reibungskupplung eingestellt, deren Einrichtung aus Abb. 251 *B* zu ersehen ist. Nach dieser Abbildung stecken auf dem Ende der Antriebwelle *e* die beiden Büchsen *h* und *i*. Die erstere ist mit der Scheibe *k* verbunden und lose auf die Welle geschoben, die letztere ist auf der Welle festgeschraubt. Beide Büchsen tragen lose aufgesteckte Riemenscheiben *l*, deren gegenseitiger Abstand zwei durch Bolzen miteinander verbundene Scheiben m_1 m_2 unabänderlich bestimmen. Eine der Scheiben *l* trägt einen offenen, die andere einen geschränkten Riemen. Die Büchse *h* ist mit der Welle durch Nut und Feder so verbunden, daß sie in der Achsenrichtung verschoben wird, sobald man das Handrad *n* dreht oder bei dem Umlauf der Antriebwelle *e* festhält. Dieses Rad ist auf das Ende der Büchse *h* aufgeschraubt und stützt sich einerseits gegen den Stellring *o* am Wellenende, andererseits gegen einen an der Nabe der Riemenscheibe *l* anliegenden Ring. Dadurch, daß dieser Ring auf einer abgeflachten Stelle der Büchse *h* reitet, ist seine Drehung verhindert. Bei der Verschiebung der Büchse wird die mit ihr verbundene Scheibe *k* gegen den kegelförmig ausgedrehten Rand einer der nach entgegengesetzten Richtungen umlaufenden Riemenscheiben *l* gepreßt und dadurch infolge der hervorgerufenen Reibung die Mitnahme dieser Scheibe *k* sowie die der Antriebwelle *e* im Drehungssinne der betreffenden Riemenscheibe bewirkt. Die Mittellage der Scheibe *k* bedingt den Stillstand der Maschine. Zum Zweck des Entleerens wird der Trog während des Umlaufes der Kneter um die Antriebwelle *e* unter Benutzung des Handhebels *p* gekippt.

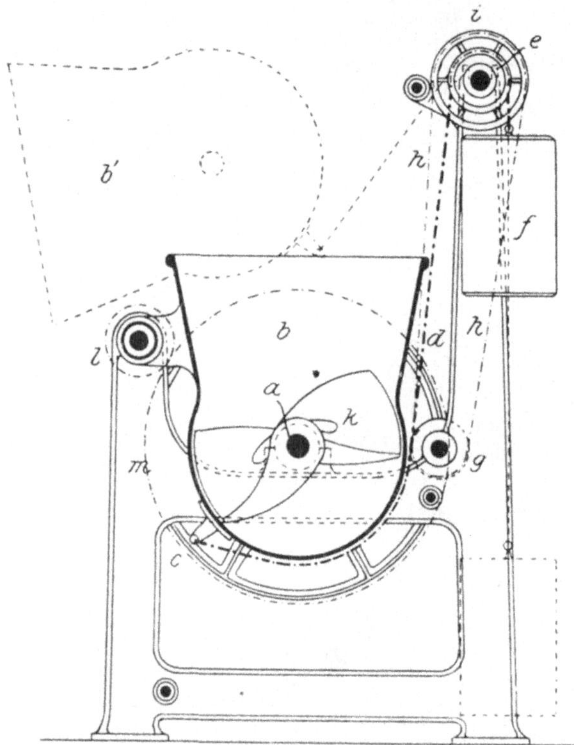

Abb. 252. Einschauflige Knetmaschine von *Werner & Pfleiderer*.

Bei größeren Maschinen erfolgt das Kippen des dann durch Gegengewichte ausgeglichenen Troges mit Hilfe eines von Hand oder mechanisch betriebenen Kettentriebwerkes. Die Abb. 252 veranschaulicht eine Einrichtung dieser Art an einer einschaufeligen Knetmaschine. Der um die

Welle *l* kippbare Trog *b* wird bei *c* von einer Kette *d* erfaßt, die über die Kettenscheibe *e* geleitet ist und das Gegengewicht *f* trägt. Die Kippbewegung geht von der mittels Handkurbel zu drehenden Kettentriebscheibe *g* aus und wird durch die Triebkette *h* und eine zweite Kettenscheibe *i* auf die Kettenscheibe *e* übertragen, so daß das hierdurch zum Niedersinken gebrachte Gegengewicht den Trog in die punktiert gezeichnete Stellung *b'* ausschwingt. Die Drehbewegung des Kneters *k* wird hierbei nicht unterbrochen, da die ihn antreibenden Räder *l m* im Eingriff bleiben.

c) Die Verreibwerke.

Das innige und haltbare Vermischen von Flüssigkeiten, die an sich nicht oder infolge großer Verschiedenheit ihrer spezifischen Gewichte nur schwer mischbar sind, aber auch das Vereinigen von auf das feinste zerteilten Festkörpern mit Flüssigkeiten zu salbenartigen Körpern, z. B. das Mischen von Farbstoffen mit Ölen und Firnissen, das Bereiten pharmazeutischer und kosmetischer Präparate, setzt ein so inniges und gleichförmiges Verteilen der gemischten Stoffe im Gemisch voraus, daß dieses den Charakter einer kolloidalen Lösung erhält, bei der das absolute Gewicht der Gemengteile kleiner ist als die Adhäsionswirkung der sie umlagernden Nachbarteilchen. Nur hierdurch ist es zu erreichen, daß sich die ihrem Wesen und spezifischen Gewichten nach verschiedenen Stoffteilchen gegenseitig in der Schwebe erhalten und das Niederschlagen der einen Teilchengruppe durch die Gegenwirkung der anderen, also das Entmischen der Mischung, verhindert wird. Gemenge von Flüssigkeiten, die diese Bedingung erfüllen, werden „Emulsionen" genannt; ihre Herstellung heißt „Emulgieren" oder „Homogenisieren".

Meist sind es Fette und Öle, die für Genußzwecke mit wässerigen Lösungen zu Emulsionen verarbeitet werden, wofür die Erzeugnisse der Kunstbutterfabriken (Margarine), die medizinischen Lebertranemulsionen von *Meier* und von *Scott* u. dgl. naheliegende Beispiele bieten. Von dem Feinheitsgrad eines durch Homogenisieren vergleichmäßigten Gemisches von Fett und Milch gibt beispielsweise die Tatsache eine Vorstellung, daß die Fettkügelchen der Milch nach dem Homogenisieren erheblich kleiner sind als vor diesem, sowie daß beim Zentrifugieren homogenisierter Milch die kleinsten, auf das feinste zertrümmerten Fettkügelchen nicht mehr durch die Zentrifugalkraft ausgeschieden werden, sondern mit der Magermilch aus der Zentrifuge abfließen[1].

Nach *Ekenberg*[2] lassen sich nur Emulsionen von 40 bis 50 v. H. und von mehr als 70 v. H. Fettgehalt bilden. Gemische mit 50 bis 70 v. H. Fettgehalt sind, weil zu zähflüssig, nicht homogenisierbar.

---

[1] *Hefter:* Technologie der Fette und Öle, Bd. III, S. 121; auch DRP. Nr. 166 935 vom 22. März 1905.

[2] Zeitschr. f. angew. Chemie 1892, S. 487.

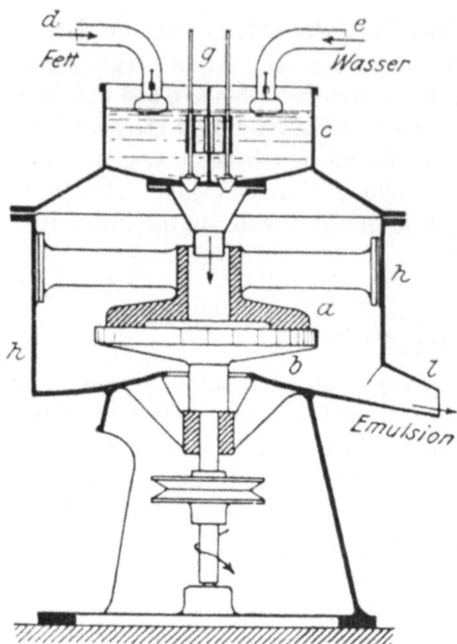

Abb. 253. Verreibwerk.

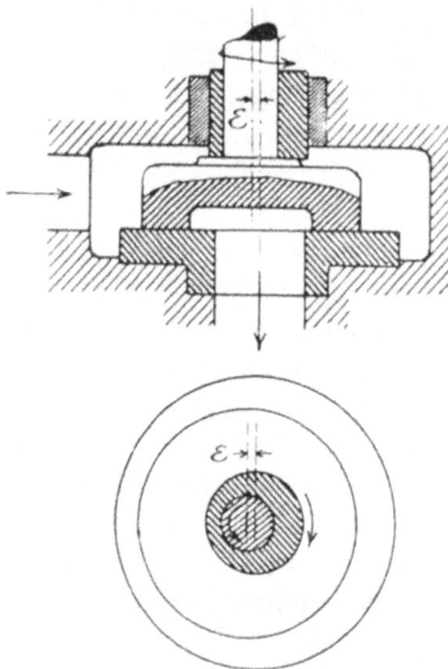

Abb. 254. Verreibwerk.

1. Die Verreibscheiben.

Die für das Herstellen von Dauergemischen notwendige feine Verteilung der Fettstoffe und wässerigen Flüssigkeiten erfolgt entweder durch Zerstäuben (siehe Prallstrahlmischer S. 215) oder durch Verreiben zwischen kreisrunden metallenen Reibscheiben, die im Abstand von 0,05 bis 2 mm voneinander entfernt gehalten werden. Diese Scheiben liegen bei dem im Anfang der 1890er Jahre entstandenen „Emulsor" der Aktiebolaget „Separator" in Stockholm (Abb. 253) wagerecht und gleichachsig übereinander. Die obere Scheibe *a* liegt fest, die untere *b* dreht sich mit etwa 7000 Umdrehungen in der Minute. Die zu mischenden Flüssigkeiten entfließen einem Behälter *c*, dem sie die Rohre *d e* zuführen. Den Rohrmündungen vorgelagerte Schwimmerventile *f* erhalten hierbei stets den gleichen Höhenstand der Flüssigkeit. Den Zufluß zu den Reibscheiben lassen durch Schrauben genau einstellbare Ventile *g* regeln. Die Scheiben sind von einem Gehäuse *h* umschlossen, das die gebildete Emulsion aufnimmt und von dem sie durch das Rohr *l* abfließt. Unterhalb des Gehäuses liegt der Antrieb für die untere Reibscheibe.

Wilh. Fette in Altona Ottensen[1] stellt die Scheiben nach Abb. 254 um einen kleinen Betrag ε exzentrisch zueinander, und *Schröder*[2] gestaltet sie kegelförmig und stuft sie so ab, daß mehrere ebene ringförmige Reibflächen entstehen.

2. Die Verreibwalzwerke.

Für das Vermischen feingepulverter fester Stoffe mit mehr oder weniger zähfließenden Flüssigkeiten (Kautschuk, Kakaobutter, Leinöl) finden beim

---

[1] DRP. Nr. 237 737 vom 2. Dezember 1909.
[2] DRP. Nr. 240 874 vom 25. Februar 1911.

Vulkanisieren des Kautschuks mit Schwefel, dem Mischen und Färben der Linoleummasse, der Schokoladen-, Ölfarbenfabrikation usw. Walzenmischmaschinen Anwendung. Der Mischvorgang ist meist mit dem fortgesetzten Feinmahlen der Feststoffe verbunden und muß oft auf längere Zeiträume ausgedehnt werden, um die erwünschte Beschaffenheit des Erzeugnisses zu erlangen. Die Walzen bestehen aus Eisen oder Stein (Granit, Grünstein) und werden nach dem Abdrehen sorgfältig zylindrisch geschliffen und poliert, so daß sie so dicht aneinander gestellt werden können, daß sie das Mischgut in einer dünnen Schicht durchläuft. Hierbei fördern verschiedene Oberflächengeschwindigkeiten der zusammen arbeitenden Walzen sowohl das Feinmahlen als das Verreiben der Feststoffe in dem Mischgut.

Die in Kautschukfabriken gebräuchlichen Walzenmischmaschinen, Abb. 255 A u. B, besitzen zwei in einem kräftigen rahmenartigen Gestell a gelagerte Eisenwalzen $b_1 b_2$. Die Lager der Walze b_1 sitzen fest im Gestell, die der Walze b_2 sind verschiebbar und stehen unter dem Druck der Schrauben c, die zur Regelung und Einstellung des Walzenabstandes dienen. Dicht neben den Gestellwänden schließen dreieckige Schilde d den

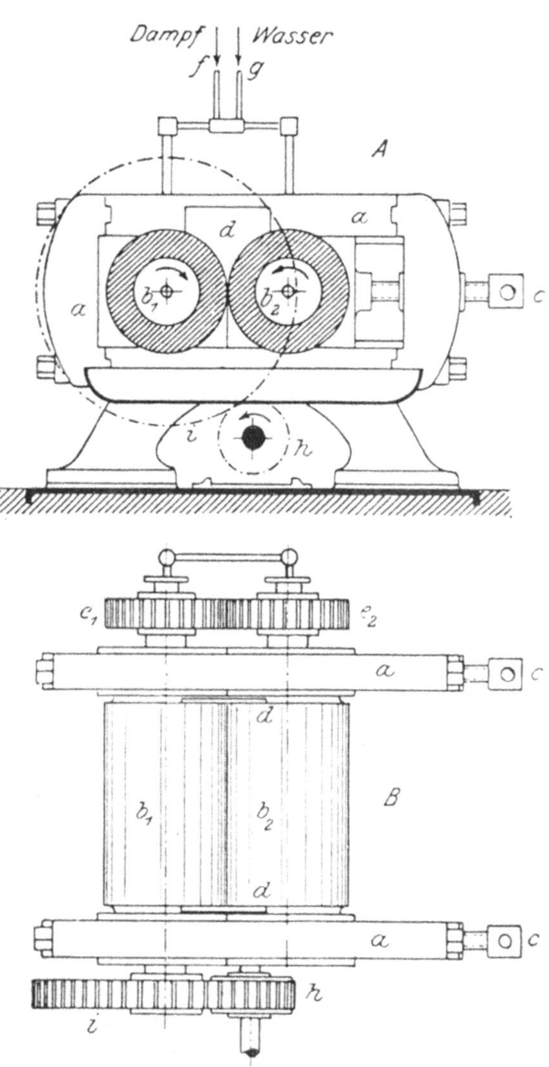

Abb. 255. Mischwalzwerk.

Walzenschluck seitlich ab. Die Walzen sind durch die ungleichgroßen Zahnräder $e_1 e_2$ verbunden, so daß sie gegeneinander laufen; sie sind hohl und können von f aus mit Dampf beheizt oder von g aus mit Wasser gekühlt werden. Die von der Antriebwelle aufgenommene Betriebsarbeit wird durch die Zahnräder h i auf die hintere Walze b_1 übertragen. Die Walzen sind 1 bis

1,5 m, zuweilen auch mehr als 2 m lang. Ihre Umfangsgeschwindigkeiten stehen im Verhältnis 3 : 4 und betragen bei 300 mm Walzendurchmesser 45 bzw. 60 mm/Sek. Einem derartigen Mischwalzwerk kommt bei 20 bis 40 Minuten Arbeitsdauer eine Mischleistung von etwa 20 bis 60 kg Kautschukmasse zu. Der Kautschuk wird hierbei auf den erwärmten Walzen so lange bearbeitet, bis er eine gleichförmige bildsame Masse bildet und dann während des Umlaufes der Walzen der staubfein gemahlene Schwefel und andere mineralische Stoffe aufgegeben. Nach erfolgtem Vermischen streift der Arbeiter die gebildete Haut mit Hilfe eines Messers ab, formt sie zu einer „Puppe“ und übergibt diese zur Nachmischung erneut dem Walzwerk[1].

In der Linoleumfabrikation benutzte Mischwalzwerke, die in ihrem Aufbau dem beschriebenen im allgemeinen gleichen, laufen mit 9 bzw. 24 Umdr. i. d. Min.; die Umfangsgeschwindigkeiten der Walzen betragen 75 bzw. 200 mm i. d. Sek. und stehen daher bei dem üblichen Walzendurchmesser von 400 mm in dem Verhältnis 3:8. Die Arbeitsbreite dieser Walzwerke ist etwa 1 m [2].

Bei den Mischwalzwerken der Farben- und Schokoladenfabrikation steigt die Zahl der zusammen arbeitenden Mischwalzen auf fünf und mehr. Die gußeisernen oder granitnen Walzen a bis e sind nach Abb. 256 in einer zu-

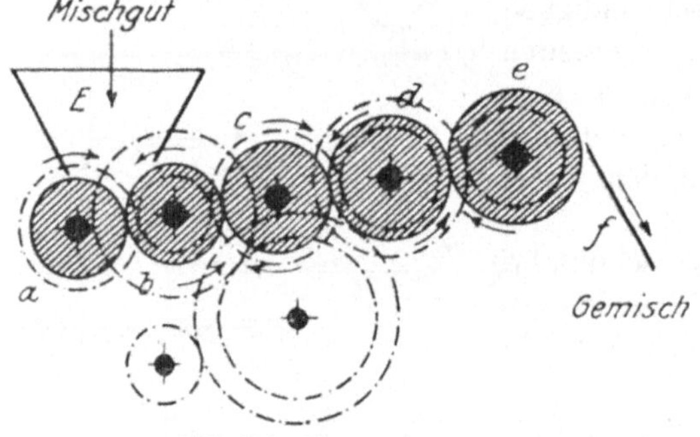

Abb. 256. Mischwalzwerk.

weilen geneigt liegenden Ebene parallel nebeneinander liegend gelagert. Das Lager der mittelsten Walze steht fest. Die Nachbarwalzen sind mit Hilfe von Schraubenspindeln derart verstellbar, daß nach dem Anstellen der Walzen $b\,d$ an die Mittelwalze c die Walzen $a\,e$ jenen genähert werden können. Die Geschwindigkeit der Walzenmäntel nimmt von der Eintragstelle E bis zur letzten Walze e hin allmählich zu. Die schneller laufende Walze nimmt daher das Mischgut der vorhergehenden Walze ab und führt es der folgenden zu, so daß es von a bis e wandert. Hier hebt es die Streichschiene f ab. Bei einer für das Mischen und Feinreiben von Schokolade bestimmten Maschine von *Méniers*[3] finden sich folgende Werte angewendet:

.[1] Über Mischwalzwerke für Kautschuk siehe: Zeitschr. d. Ver. deutsch. Ing. 1857, S. 188; Sammlung von Zeichnungen der Hütte 1874, Tafel 12d u. 12e; *Ditmar:* Technologie des Kautschuks. Leipzig 1915; *Gottlob:* Technologie der Kautschukwaren. Braunschweig 1915.

[2] *Fischer:* Geschichte, Eigenschaften und Fabrikation des Linoleums. Leipzig 1888.

[3] *Armengaud:* Publ. ind. Vol. 21, p. 211.

Walzendurchmesser . . . . $d =$ 340 360 380 400 450 mm
Umdrehungen i. d. Min. . . . . $n =$ 9 12 17 25 31
Verhältnis der Umfangsgeschwindigkeiten . $u =$ 1 : 1,4 : 2,1 : 3,3 : 4,6

Zu den verreibend wirkenden Mischwerken sind auch die als Zerkleinerungsmaschinen benutzten Kollergänge zu rechnen. Bei ihnen bewirkt die mit dem Abrollen der im Kreise geführten zylindrischen Läufer auf der ebenen Bodenplatte verbundene Gleitung sowie die mengende Wirkung der zwischen den Läufern liegenden Schurplatten das Durcheinandermengen des Arbeitsgutes. Doch ist die Mischwirkung des Kollerganges im allgemeinen gering und meist auf die Herstellung wenig feiner Mischungen beschränkt. Nur in wenigen Fällen, z. B. bei der Verarbeitung des Kakaos und beim Mischen von Zementproben für Festigkeitsbestimmungen, ist der Kollergang für die Feinmischung nutzbar gemacht worden.

Das Zerteilen fester und flüssiger Werkstoffe.

I. Allgemeines.

Werkstoffe können durch von außen einwirkende Kräfte vorübergehend oder dauernd in eine Vielzahl von Teilen zerlegt werden.

Flüssigkeiten zerfallen hierbei im allgemeinen in kuglige Tropfen, die bei gegenseitiger Berührung wieder zusammenfließen. Erstarren aber die Tropfen nach ihrem Entstehen zu festen Körpern, so lagern sich diese zu einem losen Haufwerk zusammen. Feste Werkstoffe werden durch Zerkleinern unmittelbar in derartige lose Haufwerke zerlegt. In Haufwerken, die durch Zerteilen bildsamer (plastischer) Werkstoffe entstanden sind, also Stoffen entstammen, deren Aggregatzustand zwischen flüssig und fest liegt, wird die lose Lagerung der Teilstücke oftmals durch gegenseitiges Aneinanderhaften wieder gestört.

Die Teilstücke loser Haufwerke sind, je nach dem Zweck des Zerkleinerns, den Eigenschaften des Zerkleinerungsgutes und der Art der benutzten Arbeitsmittel, in bezug auf Gestalt und zuweilen auch Größe gleich oder verschieden. Im ersten Falle kann von einer bestimmten, im zweiten Falle von einer unbestimmten Zerkleinerung gesprochen werden. Der letzteren entstammende Haufwerke setzen sich im allgemeinen aus eckigen oder rundlichen Körpern zusammen, die meist nach Form und Größe verschieden sind.

Die losen Haufwerke werden nach der Größe der sie zusammensetzenden Teilstücke in großstückige, grob- und feinkörnige unterschieden und führen je nach ihrer Verwendung verschiedene Namen. Die feinkörnigsten derselben pflegt man allgemein als Mehl, Pulver oder Staub zu benennen.

Die technische Grenze der Zerteilbarkeit wird von den allgemeinen Eigenschaften der Werkstoffe beeinflußt. Sie liegt beispielsweise

für Schlackenwolle . . . . bei etwa 3 μ Faserdicke[1]
., Erzpochmehl . . . . ,,   ,,   2,2 ., Korngröße
., Getreidemehl . . . . ,,   ,,   2   ,,   ,,
., Porzellanfarben-Glasfluß . . . . ,,   ,,   1,2 ,,   ,,
., Ultramarinblau . . . .,   ,,   0,3 ,,   ,,
,, Filterasbest nach *Breyer* . . . . ,,   ,,   0,01 ., Faserdicke

Vergleichsweise beträgt

die Dicke eines Menschenhaares . . . . . . mindestens 8,0 μ
,,   ,,   ,, Spinngewebefadens . . . . . . etwa 2,5 ,,

[1] 1 μ = $^1/_{1000}$ Millimeter.

Die Größe der herzustellenden Teilstücke und das zu wählende Zerkleinerungsverfahren werden durch den Gebrauchswert des Zerkleinerungsgutes und den Endzweck des Zerkleinerns bestimmt. Dieser Endzweck kann sein:

1. eine bestimmte Verwendung des Zerkleinerungsgutes, z. B. die Herstellung von Straßenschotter, Schleifpulver, Getreidemehl, von chemischen Reaktionskörpern u. dgl.;

2. die Trennung verschiedenartiger Werkstoffe, die im Zerkleinerungsgut fest verbunden sind, wie die Trennung von Erz oder Kohle von den mit ihnen verwachsenen Ganggesteinen, der Fruchtkerne von ihren Umhüllungen usw.;

3. das Zusammenmischen verschiedenartiger Werkstoffe: Mörtel- und Betonbereitung, das Gattieren von Schmelzgut und Brennstoff usw.

Die Gleichheit der Gestalt und der Größe der bei dem unbestimmten Zerkleinern eines festen Werkstoffes entstehenden Teilstücke nimmt mit dem Fortschreiten der Zerkleinerung mehr und mehr zu. Die feinsten Mehle bestehen daher fast nur aus gleichgroßen und gleichgestalteten Körnern. So enthielt Glaspulver, das als Flußmittel für Porzellanfarben dient,

a) beim Verlassen der Walzenquetsche:

30 v. H. Körner von 69 bis 141 μ, im Mittel 100 μ
70 „ „ „ 19 „ 55 „ „ „ 40 „

b) nach 12 stündigem Mahlen in der Kugelmühle:

51 v. H. Körner von 6 bis 38 μ, im Mittel 10,2 μ
49 „ „ „ 1,5 „ 4 „ „ „ 2,3 „

c) nach 24 stündigem Vermahlen:

94 v. H. Körner von 1,2 bis 2,5 μ, im Mittel 1,7 μ
6 „ „ „ 10 „ 26 „ „ „ 15,4 „

Die Anzahl der kügligen Körner betrug hierbei

im Glaspulver b . . . 20,0 v. H.
„ „ c . . . 88,5 „

der Gesamtmenge.

Das Verhältnis

$$x = \frac{a_1}{a_2}$$

der durchschnittlichen Anfangsgröße a_1 des Zerkleinerungsgutes zu der Durchschnittsgröße a_2 der bei dem Zerkleinern entstehenden Teilstücke heißt der Zerkleinerungsgrad, der reziproke Wert dieses der Zerkleinerungsquotient.

Der Grad der Zerkleinerung sowie die Härte, Festigkeit und Spröde oder Zähe des Zerkleinerungsgutes bestimmen die Größe der bei dem Zerkleinern eines Werkstoffes aufzuwendenden Kraft- und Arbeitsleistung sowie das in wirtschaftlicher Beziehung vorteilhafteste Zerkleinerungsverfahren und die Art der anzuwendenden Zerkleinerungswerkzeuge.

Als Maß für die Festigkeit eines zu zerkleinernden Werkstoffes dient in der Regel dessen Druckfestigkeit, die in Kilogrammen gemessen und auf 1 qmm des zur Druckrichtung senkrecht stehenden Querschnittes des gedrückten Körpers bezogen wird. Nachstehend sind beispielsweise die Druckfestigkeitswerte für einige Werkstoffe zusammengestellt, die bei der Zerkleinerung in Betracht kommen.

Druckfestigkeit p kg für 1 qmm.

Basalt	10 bis 20	Roteisenstein	2,3
Quarz	12	Braunspat	2,2
Gneis, Granit	6 bis 8	Blende mit Quarzkern	1,5
Kalkstein	3 „ 5	Gebrannter Ton	0,6 bis 1,3
Sandstein	2 „ 7	Ton mit 3 bis 9 v. H. Wasser . . 0,2 „ 0,6
Blei- und Zinkerze . .	2 „ 4	„ „ 22 „ 26 „ „	0,02 „ 0,03

Im allgemeinen gelten Werkstoffe, bei denen ist

$$p < 1 \text{ kg/qmm} \qquad \text{als wenig fest}$$
$$p = 1 \text{ bis } 5 \text{ kg/qmm} \qquad \text{als mittelfest}$$
$$p > 5 \text{ kg/qmm} \qquad \text{als sehr fest.}$$

Wenig feste Werkstoffe sind: Koks, Kohle, Gips, Steinsalz, Ton, gedörrtes Leder, Horn, Knochen, Knochenkohle, Zucker, Gerbstoffe, Kork, Schwefel, Getreide usw.

Zu den mittelfesten Werkstoffen zählen: Zementklinker, Schamotte, Bleiglanz, Feldspat, Flußspat usw.

Zu den sehr festen: Schmirgelstein, Carborund, Basalt, Quarz, Porphyr, Granit, Phosphat, Glas usw.

Neben der Bruchbelastung bestimmt die Formänderung, die das Zerkleinerungsgut bis zum Eintritt des Bruches erleidet, die Größe der aufzuwendenden Zerkleinerungsarbeit. Bezeichnet P_m kg die mittlere Größe der von Null bis zu dem beim Eintritt des Bruches beobachteten Höchstwert P kg wachsenden Beanspruchung, δ m die in der Kraftrichtung gemessene Formänderung im Augenblick des Bruches, so ist die Zerkleinerungsarbeit

$$A = P_m \, \delta \ \text{mkg}$$

oder, auf die Gewichtseinheit des Zerkleinerungsgutes bezogen,

$$a = \frac{P_m \, \delta}{G} \ \text{mkg,}$$

wenn G das Gewicht des Gutes in Kilogrammen bezeichnet.

Für Druckbeanspruchung und Kugelgestalt der Versuchskörper fand *Kick*[1] beispielsweise die folgenden Werte für a:

Ton, trocken	$a =$	1 bis 1,3 mkg
Ton und Sand gemischt und schwach gebrannt	$a =$	2 „ 2,3 „
Zement	$a =$	5 „ 6 „
Schamotte	$a =$	15 „ 30 „
Milchglas	$a =$	35 „ 70 „
Quarz und Marmor	$a =$	40 „
Gußeisen	$a =$	200 „

[1] *Fr. Kick:* Das Gesetz der proportionalen Widerstände. Leipzig 1885.

Diese Zahlen geben zugleich die Fallhöhen in Metern an, die aus den genannten Stoffen hergestellte Kugeln von 1 kg Gewicht beim freien Herabfall durchlaufen müßten, damit sie bei dem Auftreffen auf ein starres Widerlager zerschellen.

Die Verteilung der Zerkleinerungsarbeit auf die Massenteilchen des Zerkleinerungsgutes erfolgt in verschiedener Weise, je nachdem die Arbeit auf das Gut durch allmählich wachsenden Druck oder durch plötzlich wirkenden Stoß übertragen wird. Im letzteren Falle verteilt sich die Arbeitsaufnahme vornehmlich auf die Hüllschichten des Zerkleinerungsgutes, so daß diese rascher und in höherem Maße der Zertrümmerung unterliegen als die inneren Teile der Werkstoffmasse. Hierdurch wird das Entstehen mehlfeiner Haufwerkteile gefördert. Im Gegensatz hierzu führt die allmähliche Steigerung der beanspruchenden Kraft, wie sie der Druckwirkung eigentümlich ist, zu einem gleichförmigen Durchdringen der ganzen Masse des Zerkleinerungsgutes und damit zu dessen Zerfall in verhältnismäßig wenige Teilstücke von annähernd gleicher Größe. Beispielsweise ergab die Zerkleinerung von 5 bis 8 mm großen Bleierzgraupen mittels eines Pochwerkes von 160 kg Stempelgewicht und 200 mm Fallhöhe, bzw. eines mit kegelförmigen Läufern ausgerüsteten und daher nur zerdrückend wirkenden Kollerganges von *Schranz*[1] die nachstehend verzeichneten Korngrößen und Mengenanteile der gewonnenen Haufwerke[2].

Korngröße in mm	Kollergang	Pochwerk
3,2 bis 2,4	6,95 v. H.	0,00 v. H.
2,4 „ 1,6	21,07 „	4,68 „
1,6 „ 0,9	26,27 „	15,15 „
0,9 „ 0,5	16,92 „	16,96 „
daher > 0,5 mm	63,21 v. H.	36,79 v. H.
< 0,5 „	28,79 „	71,21 „
	100,00	100,00

II. Die Zerkleinerung fester Werkstoffe.

Bei der Zerkleinerung eines Werkstoffes hängt die Gestalt und Größe der entstehenden Teilstücke von dessen Arbeitseigenschaften, dem bei der Zerkleinerung zur Anwendung kommenden Arbeitsverfahren und der Art des benutzten Arbeitsmittels ab. Teilstücke solcher Haufwerke, die beim Zertrümmern spröder Werkstoffe durch Stoß- oder Druckkräfte erhalten werden, sind in der Regel kantig und eckig und besitzen mehr oder weniger scharf ausgeprägte Begrenzungsflächen, die entweder zufällig gestaltet erscheinen oder Spaltungsflächen des Werkstoffes sind. Beispielsweise setzt

---

[1] DRP. Nr. 12 660 vom 19. Mai 1880.
[2] Zeitschr. d. Ver. deutsch. Ing. 1881, S. 271 bis 274.

sich das in Abb. 257 in 60facher Vergrößerung dargestellte Erzmehl aus unregelmäßig geformten Steintrümmern (weiß) und nach Würfeln spaltenden Bleiglanzkörnern (schwarz) zusammen.

In anderen Fällen, wo das benutzte Arbeitsverfahren eine vielseitige, mit Schleifwirkungen verbundene Beanspruchung der Haufwerkteile durch Druck- und Scherkräfte bedingt, wo also ein Zerreiben oder Zermahlen derselben stattfindet, erhalten die Teilstücke rundliche Gestalt, die bei fortgesetzter Zerkleinerung sich mehr und mehr der Kugelform nähert und bei den feinsten Mehlen in diese übergeht.

Werkstoffe, die infolge fehlender Sprödigkeit weder durch einfache Druck- oder Stoßbeanspruchung noch durch Zerreiben oder Zermahlen in Teilstücke übergeführt werden können, erfordern zu ihrer Zerteilung schneidende Werkzeuge. Diese d u r c h d r i n g e n das Zerkleinerungsgut vermöge ihrer Schärfe und Härte und teilen es in Teilstücke von bestimmter oder unbestimmter Form und Größe, je nachdem die Lage der Schnittflächen bestimmten Regeln folgt oder eine zufällige ist.

In Wirklichkeit sind in Haufwerken, die durch unbestimmte Zerkleinerung erhalten werden, infolge der Eigenart des Zerkleinerungsgutes oder infolge Vermischung verschiedener Beanspruchungen kantige Teile mit rundlichen gemischt. Doch ist das Vorherrschen der einen oder anderen Form durch das verwendete Arbeitsverfahren im großen und ganzen bedingt derart, daß dieses entweder v o r n e h m l i c h zum Entstehen kantiger Trümmer oder rundlicher Körner führt.

Abb. 257. Trümmer von Ganggestein und Bleiglanz, 60:1.

Unter Beachtung des Gesagten lassen sich die verschiedenen Zerkleinerungsverfahren in drei Gruppen einteilen:

1. in Verfahren, die vornehmlich zertrümmernd wirken und die zur Bildung von Haufwerken führen, die aus Teilstücken der verschiedensten Größenordnungen zusammengesetzt sind;

2. in die Reib- und Mahlverfahren, deren Arbeitsergebnisse in der Regel mehr oder weniger feinkörnige Haufwerke, insbesondere Grieße und Mehle sind;

3. in die Schneid- und Spaltverfahren, die auf der Benutzung von Schneidwerkzeugen beruhen und vorzugsweise der bestimmten Zerkleinerung dienen.

Hier ist einzuschalten, daß, ebenso wie die Erzeugnisse der verschiedenen Arbeitsverfahren häufig ineinander übergehen, dies auch mit der Benennung der Erzeugnisse der Fall ist. So ist z. B. die Bezeichnung Grieß oder Mehl nicht an die Erzeugnisse der Mahlverfahren allein gebunden, sie wird auch für die feinsten, durch Zertrümmern erhaltenen Haufwerke gebraucht. Es sei nur an die Bezeichnung Pochmehl erinnert. Bei allen diesen Erzeugnissen ist es allein die Korngröße, auf die sich die Bezeichnung stützt, wie dies früher schon dargelegt wurde.

Je nachdem das Arbeitsgut im trockenen Zustand oder unter Zuhilfenahme von Wasser zerkleinert wird, wird die Trocken- und Naßzerkleinerung unterschieden. Die erstere ist fast stets mit der Bildung feinen Staubes verbunden, der sich der Luft mitteilt, den Aufenthalt am Ort der Zerkleinerung erschwert und Stoffverluste verursacht, die besonders bei größeren Anlagen und der Zerkleinerung wertvoller Stoffe die Wirtschaftlichkeit des Betriebes beeinträchtigen können. Die Trockenzerkleinerung erfordert daher in den meisten Fällen die Schaffung besonderer Schutzeinrichtungen. Vielfach genügt bereits die teilweise oder vollständige Ummantelung der Zerkleinerungseinrichtung, um die Verbreitung des aufgewirbelten Staubes im Arbeitsraum zu verhüten. Vollkommener wird der Zweck erreicht und dabei zugleich die Möglichkeit geschaffen, den Staub zu gewinnen, wenn die Umhüllungen der einzelnen Zerkleinerungsmaschinen mit Luftsaugern (Ventilatoren, Strahlgebläsen) verbunden werden, die den entstehenden Staub in geschlossenen Rohrleitungen nach einer Staubkammer, einem Zyklon oder einem Filter (Seite 44, 47 und 60) fördern, welche den Staub zurückhalten und nur die entstaubte Luft wieder der Atmosphäre zuführen.

Demgegenüber bietet die Naßzerkleinerung den Vorteil vollständiger Staubfreiheit. Sie verdient daher überall dort den Vorzug, wo die Eigenschaften des Zerkleinerungsgutes eine Durchfeuchtung ohne Beeinträchtigung des Verwendungszweckes des Haufwerkes zulassen. Gleichzeitig bietet eine reichliche Wasserverwendung die Möglichkeit, das genügend zerkleinerte Gut dem weiteren Einfluß der Zerkleinerungswerkzeuge in einfacher Weise zu entziehen und damit nicht nur der Überzerkleinerung vorzubeugen, sondern auch die Leistungsfähigkeit der Zerkleinerungseinrichtung zu erhöhen.

A. Die Handzerkleinerung.

a) Zerkleinern durch Stoß und Druck.

Die Zerkleinerung kleiner Werkstoffmengen erfolgt in der Regel durch Handarbeit. Für spröde Stoffe sind der geschwungene Hammer sowie die Stoß- und Reibkeule die Hauptformen der bei der Handzerkleinerung benutzten Werkzeuge. Für die Zerkleinerung spaltbarer sowie wenig fester oder wohl auch bildsamer Werkstoffe finden Spalt- und Schneidmesser Verwendung, die bei der Arbeit hauend, drückend oder ziehend geführt werden. Für die Zerlegung gewisser Werkstoffe, z. B. Holz, in wenige Teilstücke von bestimmter Größe und Form tritt zuweilen auch die Säge in den Dienst der Handzerkleinerung. Dies insbesondere dann, wenn es sich um die Gewinnung von Teilstücken größerer Abmessung handelt, die noch einer weiteren Zerkleinerung unterworfen werden sollen.

Eine besondere Bedeutung besitzt die Handzerkleinerung als sog. Handscheidung für die Aufbereitungstechnik. Bei der Aufbereitung der Erze bildet sie das einfachste Mittel, erzreiche Verwachsungen mit taubem Gestein zu trennen und durch Auslese zu scheiden, um das für die Verhüttung geeignete Erz abzusondern. Auch in der Porzellanfabrikation findet die Hand-

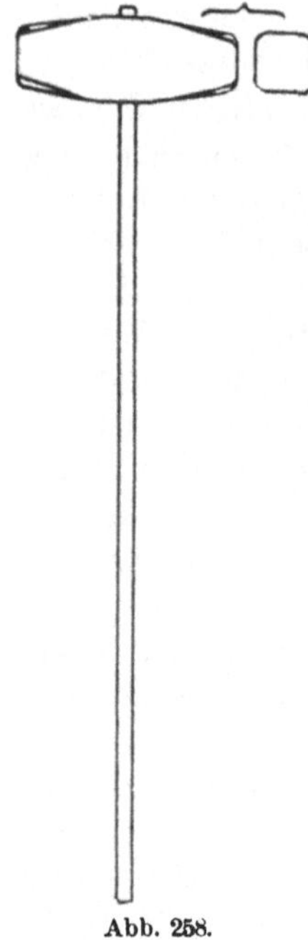

Abb. 258.
Steinschlaghammer.

zerkleinerung Anwendung, um Einlagerungen von Eisenverbindungen (Eisenoxyd, Schwefeleisen) aus Quarz- und Feldspatstücken zu entfernen und einen eisenfreien Rohstoff zu erhalten.

Die Scheidung erfolgt hierbei durch Zertrümmern des Arbeitsgutes durch Hammerschläge, während es auf einer metallenen plattenförmigen Unterlage, der Scheideplatte, ruht. Dieselbe befindet sich auf der Scheidebank, vor welcher der den Hammer führende Arbeiter steht oder sitzt, der zugleich die Teilstücke nach ihrem Verwendungswert ordnet.

Auch bei der Herstellung des dem Straßenbau dienenden „Steinschlages" wird der Hammer zum Zertrümmern der größeren Gesteinsstücke benutzt. Der Hammerkopf, Abb. 258, hat etwa 1 kg Gewicht und wird an einem 800 mm langen, elastisch biegsamen Stiel zweihändig von dem Steinschläger geführt, während dessen Fuß das Steinstück am Ausweichen hindert.

Bildet das Überführen des Arbeitsgutes in ein mehr oder weniger feinkörniges Haufwerk das Arbeitsziel, so stehen der Handzerkleinerung in dem Handmörser und der Reibschale zwei einfache und leistungsfähige Arbeitsmittel zur Verfügung, die sich für die Feinzerkleinerung fast aller Stoffe eignen.

Der Handmörser, Abb. 259, ist ein zylindrisch gestaltetes Gefäß mit schwach gehöhltem Boden. Die Zerkleinerung des Arbeitsgutes erfolgt in ihm mittels eines stabförmigen Schlagwerkzeuges a, dem Stempel, Stößer oder Stößel, das an einem oder an beiden Enden keulenförmig verdickt ist. Dasselbe wird von Hand stampfend auf und ab geführt. Hierbei erschwert die im Verhältnis zum Durchmesser große Höhe des Mörsers sowie dessen Ausschweifung am oberen Rande das Herausschleudern des Arbeitsgutes. Das Gewicht und der Anhub des Stößers vor der Ausübung des Schlages sowie die den letzteren unterstützende Muskelarbeit des Stampfenden bedingen die Wirkungsgröße. Die kraftvollen Stöße erfordern eine große Widerstandsfähigkeit von Mörser und Stempel. Beide bestehen meist aus Gußeisen und bleiben in der Regel unbearbeitet, um die Härte und Widerstandsfähigkeit der Gußhaut gegen Abrieb auszunutzen. Nur für besondere Zwecke wird der Mörser aus Stahl oder Messingguß gefertigt und innen ausgedreht und poliert. Handgriffe b erleichtern den Transport des

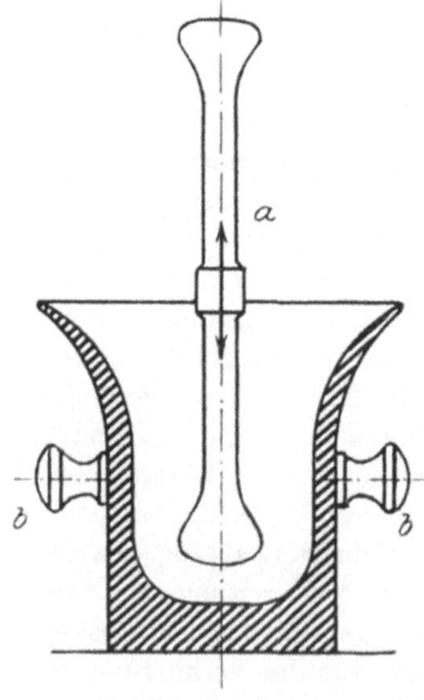

Abb. 259. Handmörser.

Mörsers, dessen Gewicht ohne Stempel je nach der Größe etwa zwischen 7 und 105 kg schwankt. Bei annähernd gleicher Höhe beträgt der obere Durchmesser des Mörsers in den handelsüblichen Größen etwa 200 bis 400 mm.

Auch in der Reibschale geschieht das Zerkleinern des Arbeitsgutes mittels eines keulenförmigen Werkzeuges: der Reibkeule, dem Reiber oder Pistill. Nur wird dasselbe nicht stoßweise geführt; die Zerkleinerung erfolgt vielmehr durch einen auf das Arbeitsgut ausgeübten, bis zu dessen Bruchgrenze wachsenden Druck und einer schiebenden, vielfach kreisförmigen Bewegung der Reibkeule. Die hiermit verbundene stetige Lagenänderung der Teile des Arbeitsgutes, in Gemeinschaft mit Gleitung und Reibung, beschleunigt den Zerfall des Gutes und

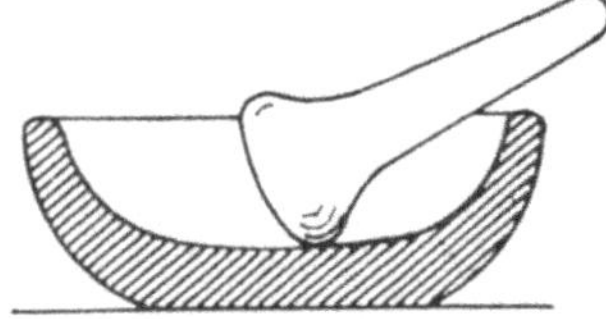

Abb. 260. Reibschale.

fördert das Entstehen eines pulverförmigen Haufwerkes. Dieser eigentümliche Gebrauch des Reibers vermindert die Gefahr des Auswerfens von Arbeitsgut und gestattet eine mehr flache Form des Reibgefäßes, die, nach Abb. 260, der keulenförmigen Gestalt des Reibers angepaßt wird, um die Berührungsfläche zwischen diesem und dem Arbeitsgut zu vergrößern. Zuweilen, insbesondere bei dem Feinreiben von Farben, das stets im feuchten Zustand des Arbeitsgutes erfolgt, tritt an die Stelle des schalenförmigen Reibgefäßes eine aus Glas, Porzellan oder Marmor bestehende Reibplatte (Abb. 261), deren ebener Reibfläche auch die Arbeitsfläche des aus dem gleichen Stoff bestehenden Reibers angepaßt ist. Die Reibschalen werden zuweilen aus Stahl, meist aber aus Achat, Serpentin, Marmor, Glas oder Porzellan gefertigt und im Innern rauh belassen oder poliert. Schalen aus Achat oder Glas besitzen etwa 40 bis 150 mm, solche aus Porzellan 60 bis 415 mm äußeren Durchmesser. Letztere werden auch zum Zweck leichteren Entleerens mit einem Ausguß versehen.

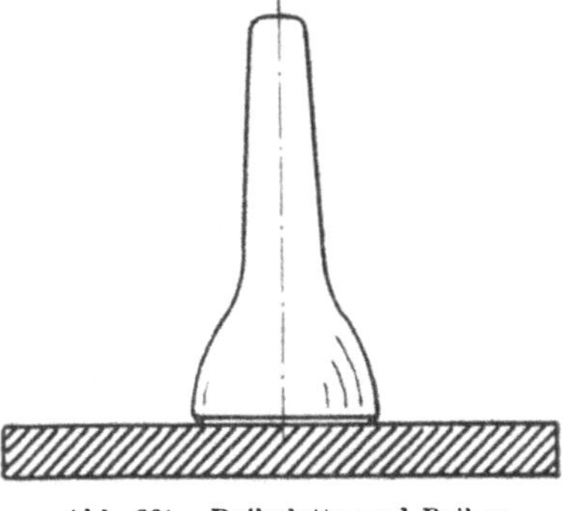

Abb. 261. Reibplatte und Reiber.

Zur Förderung der Arbeit trägt eine kleine Füllung des Mörsers oder der Reibschale mit Arbeitsgut wesentlich bei. Bei großer Füllung bilden die unteren Stoffschichten vielfach ein nachgiebiges Polster, in das die den Druck oder Stoß des Stampfers unmittelbar aufnehmenden Teile des Arbeitsgutes eindringen, so daß sie der Zerteilung entzogen werden.

b) Zerkleinern durch Spalten.

Um spaltbare Werkstücke in der Richtung ihrer Faserung oder Schichtung zu zerteilen, finden keilförmige Werkzeuge oder Spalter Verwendung. Dieselben werden an der Spaltstelle mit der Keilschneide angesetzt und durch den Druck der Hand oder durch Hammerschläge zum Eindringen in das Werkstück gezwungen. Sie bewirken hierbei durch den von den Keilflanken ausgehenden Druck das Fortschreiten der Trennung des Spaltstückes in der Spaltrichtung. Die einfachste Form des Spalters ist

der Spaltkeil,

ein keilförmiges Werkzeug aus Stahl, Eisen oder Holz, das vornehmlich bei dem Zerteilen von Gesteinen, die sich infolge schichtenweisen Aufbaues (Schiefer), körniger (Sandstein) oder krystalliner Beschaffenheit (Granit) als spaltbar erweisen, Anwendung findet.

Das Spalten der Schieferblöcke zu etwa 3 bis 12 mm dicken, als Dachschiefer, Schreibtafeln usw. verwendeten Platten erfolgt mittels Spaltmeißeln, Abb. 262, mit 150 mm langer, 70 mm breiter, beidseitig schwach gewölbter Klinge, deren Querschnitt aus zwei flachen Kreisbogen so zusammengesetzt ist, daß die Klingendicke in der Mitte etwa 2 mm beträgt. Der Meißel wird mittels eines Holzschlägels zwischen die Spaltflächen des Blockes eingetrieben, bis die Trennung unter vorsichtigem Hin- und Herwuchten des Werkzeuges erfolgt[1].

Bei nichtgeschichteten Gesteinen (Sandstein, Granit) wird die Spaltrichtung vielfach durch Einarbeiten flacher, dreieckiger Furchen auf der Oberfläche der Spaltstücke vorgezeichnet. Das Durchspalten erfolgt dann durch Hammerschläge oder mittels eiserner Spaltkeile, die durch Hammerschläge in Keillöcher eingetrieben werden, die in 80 bis 100 mm großen Abständen entlang der Spaltfurche eingemeißelt wurden. Bei der Benutzung gutgetrockneter Holzkeile kann die beim Benetzen der Keile mit Wasser auftretende Quellkraft unter Umständen den Schlag des Hammers ersetzen. Auch ist hier der spaltenden Wirkung von Wasser zu gedenken, das in den Keillöchern zum Gefrieren gebracht wird.

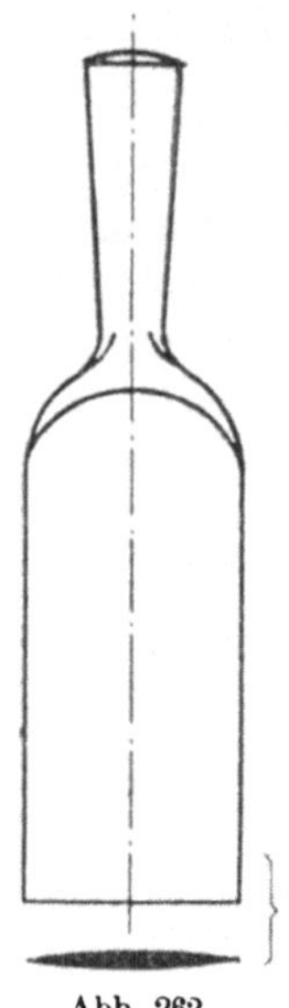

Abb. 262.
Schieferspalter.

Das Spaltmesser.

Für das Spalten faseriger Werkstücke, insbesondere des Holzes, erhält der Spalter meist die Form eines Messers mit kräftig ausgebildetem Rücken und schwach gewölbter oder gerader Schneide, Abb. 263. Bei kleinem Spalt-

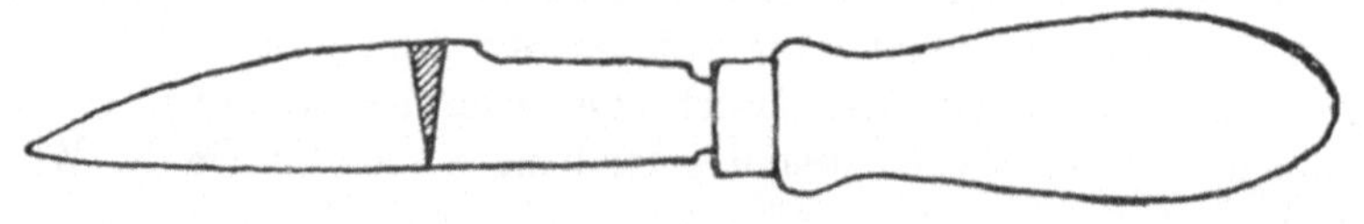

Abb. 263. Spaltmesser.

widerstand wird dasselbe an der Spaltstelle von Hand eingedrückt und dem Spaltstück entlanggeführt. Bei großem Spaltwiderstand wird dieser durch Auseinanderwuchten der zu trennenden Teile des Spaltstückes mit dem

---

[1] *H. Fischer:* Technologische Studien im Sächsischen Erzgebirge. Leipzig 1878, S. 100.

auf eine geringe Tiefe eingedrückten und um seine Längenachse wechselnd
gewendeten Messer überwunden, oder es wird das Messer durch Hammerschläge in das Spaltstück eingetrieben.

Als ein Beispiel für zusammengesetzte Formen des Spaltmessers diene
das in Strohflechtereien zum Zerlegen der Strohhalme in 0,8 bis 1,5 mm
breite Streifen benutzte kleine Spaltwerkzeug, das aus 3 bis 10 um einen spitzen
Dorn sternförmig angeordneten Messerklingen besteht. Beim Spalten wird
dasselbe am Halm entlanggeführt, wobei der in das Innere des hohlen Halmes
eingeführte Dorn als Führung dient.

Das Spaltbeil, Abb. 264,

ist ein vornehmlich zum Spalten des Holzes dienendes Spaltwerkzeug.
Der keilförmige Spalter wird hauend geführt und besitzt hierfür einen Stiel
oder Helm, der in einem den Rücken des Keiles durchsetzenden Loche,
dem Öhr oder der Haube, so befestigt ist, daß er der Schneide des Spalters
gleichgerichtet ist. Durch entsprechende Vergrößerung der Masse des Spalters
wird dem Hieb die erforderliche Wucht verliehen. Der Spalter ist an der in

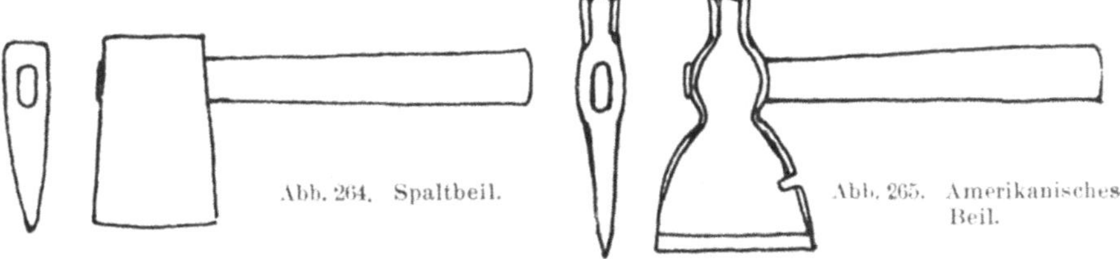

Abb. 264. Spaltbeil.

Abb. 265. Amerikanisches
Beil.

der Mitte seiner Dicke liegenden Schneide verstählt und gehärtet. Die gerade
oder schwach gekrümmte Schneide ist 70 bis 150 mm, der Beilstiel 300 bis
450 mm lang. Die Auswahl der Spaltungsfläche am Werkstück hängt bei
dem Gebrauch des Beiles von dem Augenmaß und der Geschicklichkeit
des Spaltenden ab; die Spaltungsfläche ist daher im allgemeinen nicht mit
Sicherheit im voraus zu bestimmen. Infolgedessen findet die Benutzung
des Spaltbeiles meist nur bei groben Zimmererarbeiten, vornehmlich aber
bei der regellosen Brennholzzerkleinerung, statt, wobei das Spaltstück zweckmäßig durch einen größeren schweren Holzblock (Hackestock) unterstützt
wird. Nicht selten wird bei dem Zerteilen schwer spaltbarer Holzklötze der
Klotz selbst zur Vergrößerung der Schlagwirkung benutzt, indem das in ihn
geschlagene und daher mit ihm verbundene Beil mit dem der Schneide gegen-
überliegenden Rücken oder Nacken gegen ein Widerlager geschlagen wird
und die hierbei wirksam werdende Massenenergie des Klotzes das weitere
Eindringen des Beiles verursacht.

Neuere Beilformen amerikanischen Ursprungs, Abb. 265, tragen am
Nacken einen kurzen Stiel, so daß das Beil nach Art des einfachen Spalt-
keiles benutzt und durch Hammerschläge in das zu zerteilende Werkstück
eingetrieben werden kann.

c) Zerkleinern durch Schneiden.

Die Schneidmesser

finden bei der Handzerkleinerung wenig fester Werkstoffe pflanzlichen oder tierischen Ursprungs mannigfache Anwendung. Ihre Grundform bildet der Schnitzer, Abb. 266 und 267, ein mit schmalrückiger und einseitig zu-

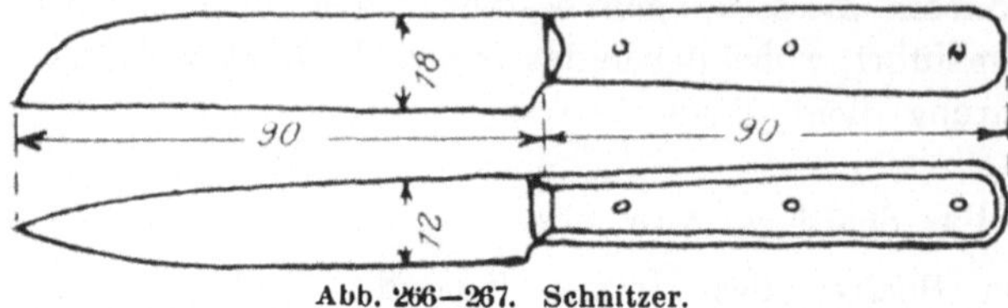

Abb. 266—267. Schnitzer.

gespitzter, etwa 90 mm langer und 12 bis 18 mm breiter Klinge versehenes Stahlmesser. Derselbe wird mit der rechten Hand vom Schneidenden am Heft erfaßt und unter Andruck der Schneide an das Schneidgut in Richtung der Schneide durch dieses gezogen. Hierbei ruht das Schneidgut auf einem Schneidbrett oder Schneidblock oder es wird von der linken Hand des Schneidenden gehalten und vom Daumen der rechten Hand entgegen dem Klingendruck unterstützt. . Dem besonderen Verwendungszweck sich

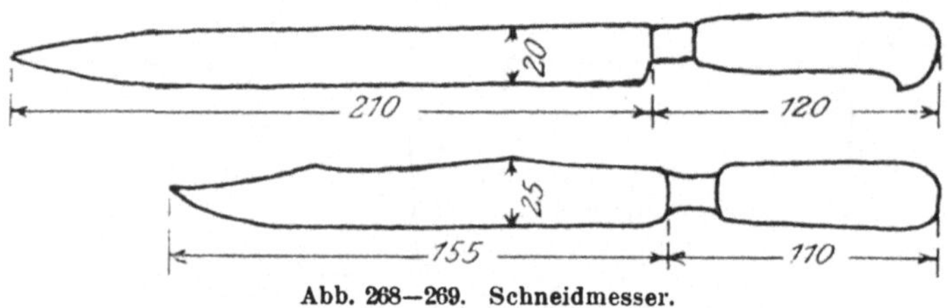

Abb. 268—269. Schneidmesser.

anpassend erleiden Form und Größe der beim Schnitt ziehend bewegten Schneidmesser vielfache Veränderungen, für welche die Abb. 268 und 269 einige Beispiele geben. In jedem Fall ist schlanke Keilform des Klingenquerschnittes und damit ein kleiner Zuschärfungs- oder Schneidwinkel sowie tunlichste Schärfe der Schneide die Bedingung für die Verminderung des Schnittwiderstandes.

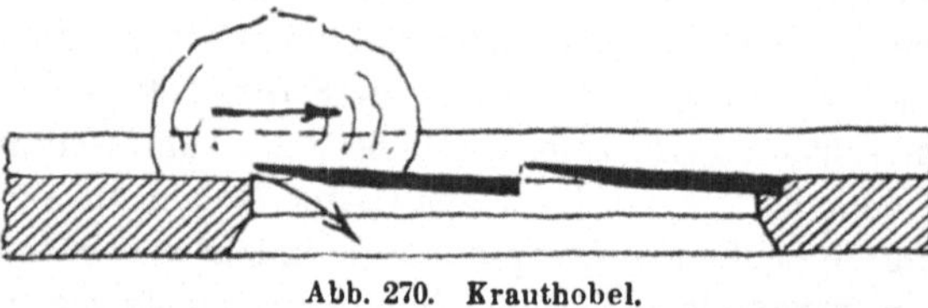

Abb. 270. Krauthobel.

Die Lage der Schnittflächen und damit die Dicke der abgetrennten streifen- oder scheibenförmigen Schnittlinge ist bei der Benutzung der freihändig geführten Schneidmesser frei wählbar. Das Entstehen gleichdicker Abschnitte hängt von der Geschicklichkeit des Schneidenden ab, es kann aber durch Vorlagerung eines Leitdrahtes vor die Messerschneide gefördert werden.

Auf dem gleichen Gedanken beruht der in Landwirtschaftsbetrieben und Haushaltungen benutzte Krauthobel, der in dem Schlitz einer Holzplatte mehrere schräggelagerte Schneidmesser enthält, deren Schneiden nach Abb. 270 stufenförmig hintereinander geordnet sind, so daß die Zahl der gleichzeitig entstehenden Schnittlinge gleich der Zahl der Messer ist.

Um bei der Stützung des Schneidgutes durch einen Schneidblock die Schnittbewegung des Messers zu erleichtern und in gewissem Maße zwangläufig zu machen sowie um die Schnittleistung desselben zu erhöhen, gibt man dem Messer nach Abb. 271 eine kreisbogenförmige Schneide und stattet es mit zwei Handgriffen aus, so daß es wiegenartig bewegt werden kann. Derartige Wiegemesser werden zur Vergrößerung der Schnittleistung zu mehreren zusammengekuppelt, in Fleischereien zum Zerkleinern größerer Fleischstücke benutzt. Dem gleichen Zweck dienen auch breitklingige, hauend geführte Hackmesser, Abb. 272, die bei der Zerkleinerung von Knochen auch als Spaltkeil benutzt und durch Hammerschläge angetrieben werden.

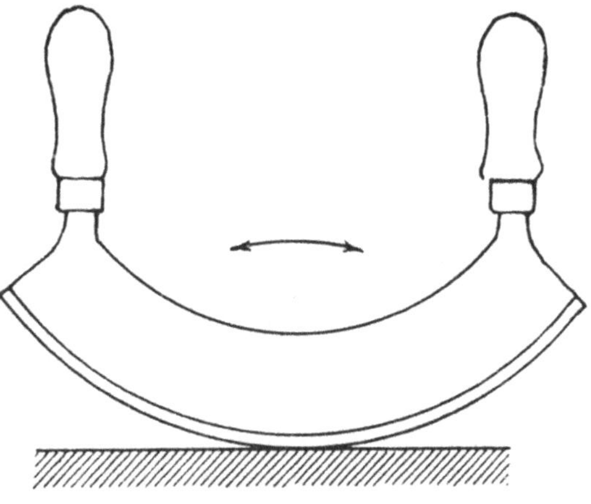

Abb. 271. Wiegemesser.

B. Die Zerkleinerungsmaschinen.

Wie die Handzerkleinerung, so führt auch die unbestimmte Zerkleinerung spröder Werkstoffe mittels Maschinen zum Entstehen von Haufwerken kantiger Trümmer oder rundlicher Körner. Während aber bei der ersteren die Zahl der Verwendung findenden Werkzeugformen und besonderen Arbeitsverfahren eine beschränkte ist, sind beide bei der mechanischen Zerkleinerung sehr vielgestaltig und zahlreich.

Die im Lauf der Zeit entstandene Namengebung wählte die Gattungsnamen der Zerkleinerungs-

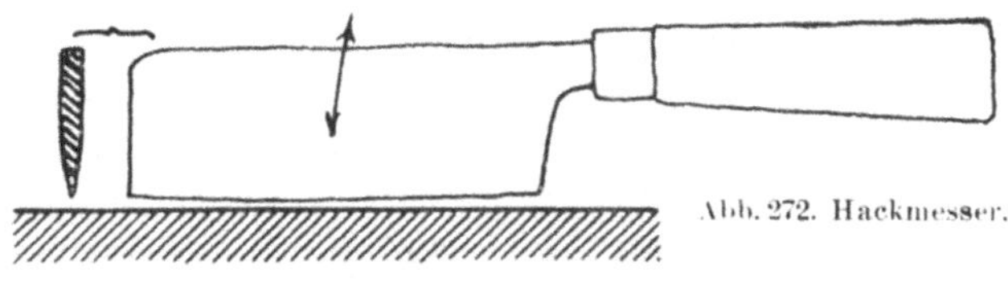

Abb. 272. Hackmesser.

maschinen nach dem von ihnen verwirklichten Arbeitsverfahren. Sie schuf die Bezeichnungen Poch-, Schleuder-, Quetsch-, Brech-, Mahl- und Schneidwerke und ordnete diesen eine von der Art der benutzten Werkzeugformen abhängige Artbezeichnung unter, wie u. a. die Benennungen Hammer- und Stempelpochwerk, Backen- und Walzenquetsche, Walzen- und Schraubenbrecher, Scheiben-, Walzen-, Kegel- und Kugelmühle erweisen. Andere Namengebungen gehen auf den Namen des Erfinders der Maschine zurück oder dienen durch Hervorheben besonderer Leistungsfähigkeit geschäftlichen Interessen (Exzelsiormühle, Perplexmühle, Gloriamühle).

Die zertrümmernd wirkenden Zerkleinerungsmaschinen, also die Poch-, Schleuder-, Quetsch- und Brechwerke, dienen vornehmlich der Vorzerkleinerung. Je nach der Härte und Festigkeit des Zerkleinerungsgutes verkleinern sie faust- und kopfgroße Stücke auf Bohnen- und Erbsengröße untermischt mit Grieß und Mehl. Den Poch- und Quetschwerken fällt infolge ihrer Fähigkeit, mit einfachen Mitteln große Energiemengen wirksam werden zu lassen, insbesondere die Zerkleinerung von Werkstoffen großer und mittlerer Festigkeit zu, während die Verwendung der Schleuder- und Brechwerke infolge ihrer für große Kraftübertragungen ungünstigen Werkzeugformen im allgemeinen auf die Zerkleinerung mittel- und wenig fester Werkstoffe beschränkt ist. Wiederum lassen die verschiedenen Arten der Mahlmaschinen bei geschickter Auswahl leicht geeignete Einrichtungen zur Verarbeitung von Werkstoffen jeden Festigkeitsgrades und von Haselnuß- bis Wickengröße auf Grieß und Feinmehl finden.

a) Die Schlagwerke.

1. Die Pochwerke.

Die Pochwerke entsprechen dem Handmörser. Es sind zertrümmernd wirkende Zerkleinerungsmaschinen, bei denen die Zertrümmerungsarbeit durch den Fall eines schweren Stempels, des Pochstempels, Schussers oder Schießers, gewonnen wird. Es werden Trocken- und Naßpochwerke unterschieden.

Das Fallgewicht eines Pochstempels schwankt ungefähr zwischen 50 und 2000 kg, die Fallhöhe zwischen 100 und 700 mm. Im allgemeinen bestimmt das Produkt aus dem Fallgewicht (G kg) und der Fallhöhe (h m) die Größe der einem einmaligen Stempelfall entsprechenden Stoßenergie:

$$A = G\,h \text{ mkg.}$$

Zuweilen wird diese durch eine Zusatzarbeit erhöht, die dem Druck verdichteter Luft (pneumatisches Pochwerk von *Hughes*) oder gespannten Dampfes (Pochdampfhammer von *Ball*) entstammt. In jedem Falle trägt die Reibung des fallenden Stempels an den Leitbahnen des Pochwerkgerüstes sowie der Luftwiderstand und unter Umständen auch eine ungünstige Unterstützung des Pochgutes zur Verminderung der vom Stempel geleisteten Arbeit bei.

Neben dem Stempelpochwerk waren ehemals auf den Bergwerken des Harzes und Erzgebirges auch um eine Achse schwingende Pochhämmer in Gebrauch[1]. Die wesentlichen Merkmale des Stempelpochwerkes sind der in senkrechter Richtung bewegte Pochstempel und der Pochtrog, welcher den zu zerkleinernden Werkstoff, das Pochgut, aufnimmt und während der Zerkleinerung zusammenhält. Unter den verschiedenen mechanischen Einrichtungen, die zum Anheben des Stempels dienen, wird der Hubdaumen am meisten benutzt.

---

[1] *Gätzschmann:* Die Aufbereitung. Leipzig 1864, Bd. 1, S. 422ff. Nach *Rein:* Japan, Leipzig 1886, Bd. II, S. 53 und 553, werden derartige Hammerpochwerke noch gegenwärtig in Japan, Kleinasien, Armenien und Persien bei dem Zerkleinern von Mineralstoffen sowie bei dem Schälen der Reiskörner benutzt.

Die typische Bauart derartiger Daumenpochwerke zeigt die Abb. 273 an einem Trockenpochwerk. Der aus einer zylindrischen Eisenstange bestehende Schaft *a* des Stempels gleitet in den Führungen *b c* des Gerüstes *d*. Er trägt am unteren Ende den schweren Pochschuh *e* und zwischen den Führungsstellen den ringförmigen Hebling *f*. Den letzteren untergreift seitlich des Schaftes beim Anhub des Stempels ein Hebdaumen *g*, der mit der Antriebwelle *h* umläuft. Am Ende des Anhubes gibt der Daumen den Hebling frei, so daß der Stempel durch sein Eigengewicht auf das in den Pochtrog *i* eingetragene Pochgut niederfällt und es zerkleinert. Das Pochgut ist hierbei von der meist aus einer vollen Eisenplatte bestehenden Pochsohle unterstützt. Im vorliegenden Beispiel eines Trockenpochwerkes ist diese als Gittersohle *k*, d. h. rostartig durchbrochen, ausgeführt. Die Spaltweite (meist 10 bis 12 mm) bestimmt die zu erpochende Korngröße, indem das genügend zerkleinerte Gut durch die Spalten in den Austrag *l* fällt.

Das in der Pochrolle *m* aufgehäufte rohe Pochgut wird dem Pochtrog durch den Rüttelschuh *n* zugeführt, der bei *o* derart pendelnd aufgehangen ist, daß er, wenn von dem Daumenrad *p* zurückgezogen und freigegeben, durch seine Eigenschwere dem Pochtrog zufällt, bis er gegen den Prellklotz *q* stößt. Die plötzliche Unterbrechung der Fallbewegung hat das Fortschreiten des in der Rinne lagernden Pochgutes in der Fallrichtung zur Folge, so daß es in den Pochtrog

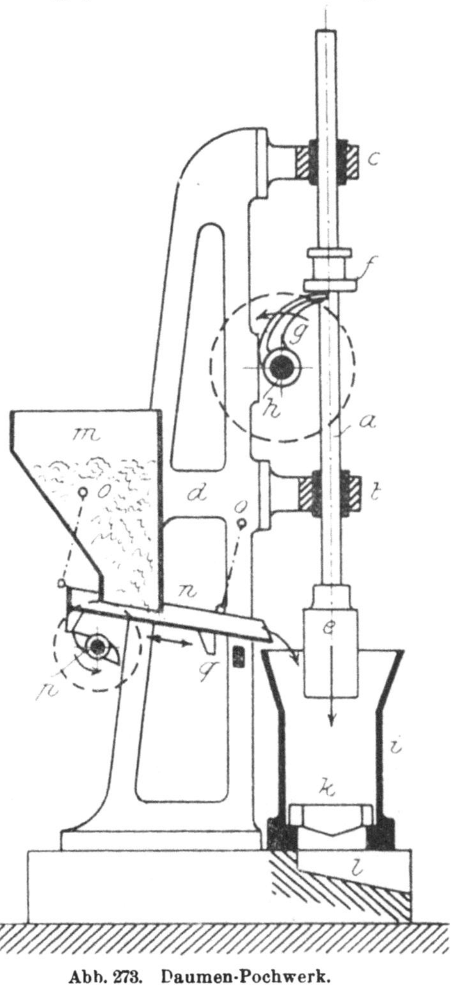

Abb. 273. Daumen-Pochwerk.

fließt. Eine Änderung der Neigung des Rüttelschuhes oder der Zahl und Größe der Rüttelungen läßt die Zufuhr des rohen Pochgutes mit dem Austrag des zerkleinerten Gutes in Übereinstimmung bringen.

Der zylindrische Pochschaft wurde im Verein mit der Kreisform der Schlagfläche des Pochschuhes erstmalig bei dem sog. Californiapochwerk[1]

---

[1] *Schwahn:* Mühlenbaukunst 1852, Abt. VI, S. 31; Zeitschr. f. Berg-, Hütten- u. Salinenwesen 1878, Bd. 26, S. 59 u. 1888, Bd. 36, S. 139 (auf Tafel VII gute Zeichnung); Engl. Patente Nr. 1759 vom 24. Juni 1857 (*R. Morcom*) u. Nr. 122 vom 7. Juni 1858 (*W. Stevens*).

angewendet (bereits 1844 beschrieben und 1862 von *Joseph Moore* zu St. Francisco erstmalig zur Erzzerkleinerung benutzt). Der Zweck seiner Wahl ist die Erzielung einer gleichförmig über die Schlagfläche des Pochschuhes verteilten Abnutzung. Sie wird dadurch erreicht, daß während des Stempelhubes das aus der Reibung zwischen Daumen und Hebling hervorgehende Kräftepaar $P - P$, Abb. 274 B. auch die Drehung des Stempels um seine Längenachse bewirkt.

Ältere Bauformen des Pochwerkes besitzen einen vierkantig prismatischen Stempelschaft aus Eichen-, Buchen- oder Tannenholz und ein ihn führendes Holzgerüst. Sein unteres Ende ist nach Abb. 275 mit Eisenreifen a umspannt, um ihn beim Eintreiben der Angel b des Pochschuhes c vor dem Aufreißen zu schützen. Der Pochschuh selbst besteht aus Gußeisen und besitzt eine quadratische, meist gehärtete (Hartguß) Schlagbahn. Muß Eisenabrieb vermieden werden, z. B. in der Porzellanfabrikation, so tritt an die Stelle des Eisens Bronze oder Stein (Pochwacken). Die Verbindung des zylindrischen Pochschuhes mit dem eisernen Schaft erfolgt bei dem Californiapochwerk nach Abb. 276 unter Zwischenschaltung eines größeren Schlagklotzes a. Hierbei entfällt auf den Pochschuh b selbst nur ein geringes Gewicht, so daß er nach eingetretener Abnutzung leicht ausgewechselt werden kann. Die Größe der Abnutzung wechselt mit der Härte und Festigkeit des Pochgutes und schwankt für 1000 kg desselben etwa zwischen $1/_2$ bis $1\,1/_2$ kg.

Im allgemeinen beträgt das Gewicht eines Pochstempels etwa 50 bis 300 kg. wovon etwa 5 bis 60 kg auf den Pochschuh entfallen. Der Anhub und damit auch die Fallhöhe des Stempels wird durch die Festigkeit des Pochgutes bestimmt. Er beträgt bei sehr festem Pochgut etwa 300 bis 500 mm. bei mildem Pochgut 100 bis 200 mm. Zu große Fallhöhe führt leicht zur Überzerkleinerung des Gutes. Vielfach werden die Verhältnisse so gewählt. daß 0.1 bis 0.5 mkg Schlagarbeit auf 1 qcm

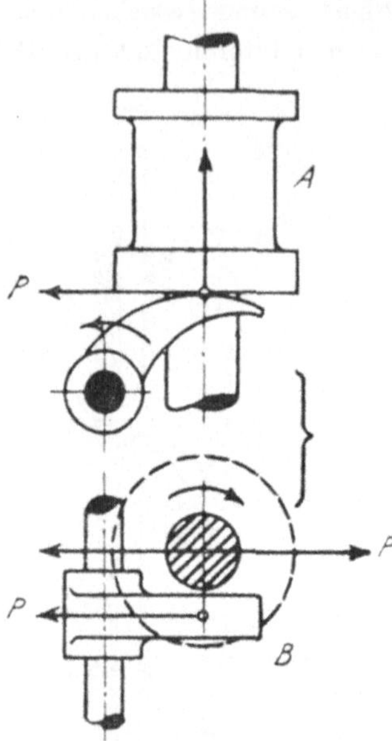

Abb. 274. Stempelantrieb b. California-Pochwerk.

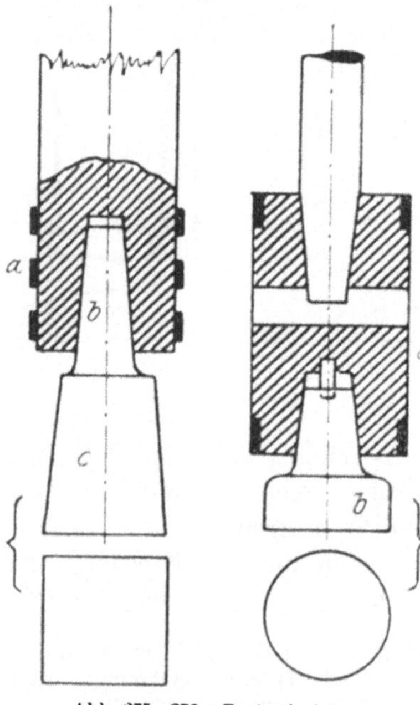

Abb. 275—276. Pochschuhe.

der Schlagfläche des Pochschuhes entfallen. Die Anhubgeschwindigkeit des Stempels schwankt zwischen 300 bis 400 mm in 1 Sekunde, die Hubzahl zwischen 40 bis 60 in der Minute.

Mit Gittersohle versehene Trockenpochwerke finden vielfach bei der Grobzerkleinerung von Mineralstoffen Anwendung. Für die Feinzerkleinerung roher und gedämpfter Knochen, Drogen, Chemikalien u. dgl. erhält der Pochtrog eine volle eiserne Sohlplatte und wird zur Verhinderung des Verstäubens von Pochgut nach Abb. 277 so abgedeckt, daß nur der Pochstempel in ihn Eintritt findet. Die Entleerung des Troges erfolgt durch Öffnungen o der Seitenwand, die während des Pochens durch Schieber geschlossen sind. Die Bearbeitung giftiger Stoffe läßt es zweckmäßig erscheinen, den abgedeckten Pochtrog noch mit einem eisernen, leicht abnehmbaren Schutzmantel zu umgeben. Abb. 278.

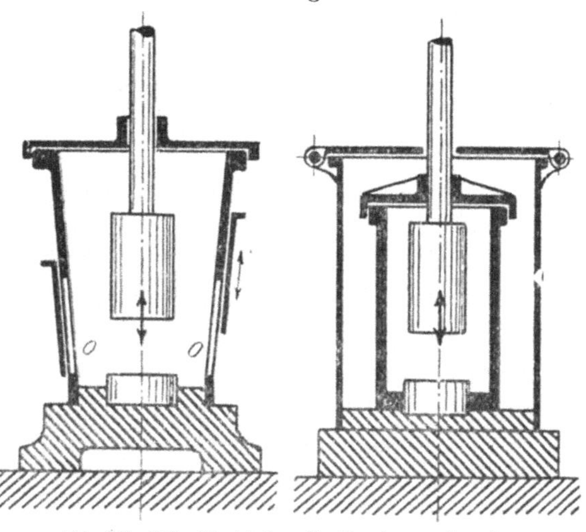
Abb. 277—278. Pochtröge für Trockenpochwerke.

Auch im Naßpochwerk, das namentlich der Erzzerkleinerung dient, wird die Pochsohle aus einer Eisenplatte gebildet, die nach erfolgter Abnutzung ausgewechselt werden kann. Das Austragen des zerkleinerten Pochgutes, dessen Korn höchstens die Größe von 1,5 mm erreicht, wird bei ihm durch einen Wasserstrom bewirkt, der den Trog durchfließt. Das Wasser (Ladenwasser) tritt in reichlicher Menge (etwa 10 bis 60 l für 1 Stempel und 1 Minute) gleichzeitig mit dem Pochgut in den Trog ein und füllt diesen bis zu einer gewissen

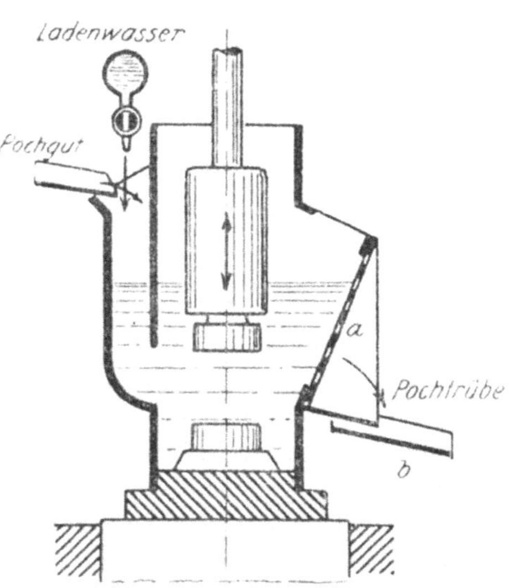

Abb. 279. Pochtrog für Naßpochwerke (Siebsatz).

Höhe an, so daß das zerpochte Gut durch den Stempelfall in dem Wasser schwebend erhalten wird. Es sondert sich hierbei nach dem Gewicht seiner Teile derart, daß die leichtesten und daher auch kleinsten Teile von dem über einen Wandausschnitt oder durch einen Wandspalt abfließenden Wasser mit fortgespült, also ausgetragen werden. Oder es wird die eine Trogwand nach Abb. 279

durch ein engmaschiges Metallsieb a gebildet, durch welches das Wasser abfließt und die feinsten Teile durch die Sieblöcher schwemmt. Die dem Trog entfließende Pochtrübe wird durch eine der Austragstelle vorgelagerte Rinne b abgeleitet.

In der Regel werden mehrere (bis zu 10) Pochstempel in Reihenstellung und in einem gemeinsamen Pochtrog zu einem Pochsatz vereinigt und von einer gemeinsamen Daumenwelle angetrieben. Der Anhub der einzelnen Stempel erfolgt in bestimmter Reihenfolge, wodurch die günstige Verteilung des Pochgutes im Trog und die Förderung des Gutes zur Austragstelle bewirkt wird.

Unter der Annahme von 75 v. H. Nutzleistung berechnet sich der Arbeitsverbrauch eines Daumenpochwerkes mit z Stempeln von je G kg Fallgewicht, h m Fallhöhe und n Schlägen in der Minute zu

$$N = 0{,}0003\ G\,h\,z\,n\ \text{PS}.$$

Für Trockenpochwerke mit 13 mm weiter Gittersohle und 50 kg Stundenleistung eines Pochstempels geben die Grusonwerke für einen Stempel den folgenden Arbeitsverbrauch an:

Zerkleinerung roher Knochen . . . . $N = 0{,}8$ PS
      ,,   gedämpfter Knochen . . . . . $N = 0{,}4$,,
      ,,   von Drogen u. dgl. . . . . . . $N = 0{,}2$,,

Nach anderen Quellen beträgt die Leistung eines Trockenpochwerkes beim Zerkleinern von mineralischen Stoffen

auf 0,8 bis 1,5 mm Korngröße 0,021 kg für 100 mkg und 1 Stunde
,, 2 ,, 3 ,,   ,,   0,032 ,, ,, 100 ,,   ,, 1 ,,
,, 6 ,, 7 ,,   ,,   0,144 ,, ,, 100 ,,   ,, 1 ,,

Beim Naßpochen, das in der Regel nur für Korngrößen zwischen 0,8 bis 1,5 mm angewendet wird, kann die Leistung für 100 mkg Schlagarbeit in der Stunde zu 0,031 kg geschätzt werden.

Neben dem Daumenpochwerk ist eine Reihe anderer Bauarten im Lauf der Zeit angegeben worden. Dieselben betreffen entweder nur konstruktive Änderungen, wie das Pochwerk von *Bevington* und *Courtauld*[1], das den Daumenantrieb durch Reibungsantrieb ersetzt, oder sie streben die Vergrößerung der Leistungsfähigkeit an.

Unter ihnen sind insbesondere zu nennen

die pneumatischen Pochwerke von *Hughes*[2], *Colver*[3] und *Sholl*[4], bei denen die Einschaltung eines Luftpuffers in den der Stempelbewegung dienenden Kurbelantrieb die Erhöhung der Schlagzahl (bis etwa 140 in der Minute) und die Steigerung der Stoßkraft des Stempels bezweckt, und der in Nordamerika, insbesondere am Oberen See, für die Zerkleinerung goldhaltiger Quarze vielfach angewendete

---

[1] Engl. Pat. Nr. 3089 vom 23. Oktober 1869.
[2] *Gätzschmann:* Die Aufbereitung. Leipzig 1872, Bd. 2, S. 645.
[3] Engl. Pat. Nr. 3573 vom 24. November 1868; Zeitschr. f. Berg-, Hütten- u. Salinenwesen 1878, Bd. 26, S. 143.
[4] Engl. Pat. Nr. 2524 vom 13. Juli 1875.

Pochdampfhammer von *Ball*[1], dessen Kennzeichen sind: Anhub des Stempels durch den Kolben einer mit Unter- und Oberdampf arbeitenden Dampfmaschine, Einschaltung eines Gummipuffers zwischen Stempel und Kolbenstange, Drehung des Stempels während der Arbeit, elastische Unterstützung des mit Hartgußplatten ausgekleideten Pochtroges durch hohl gelagerte Holzbalken.

Die Hämmer werden nach der unten genannten Quelle[2] in den folgenden Größen ausgeführt:

Fallgewicht	300 bis 2000	kg
Fallhöhe	500 „ 700	mm
Spielzahl	90 „ 120	i. d. Min.
Arbeitsverbrauch	3 „ 30	PS für 1 Stempel
Leistung (Quarz)	150 „ 180	kg für 1 PS u. 1 Std.
Wirkungsgrad	0,43 „ 0,52	

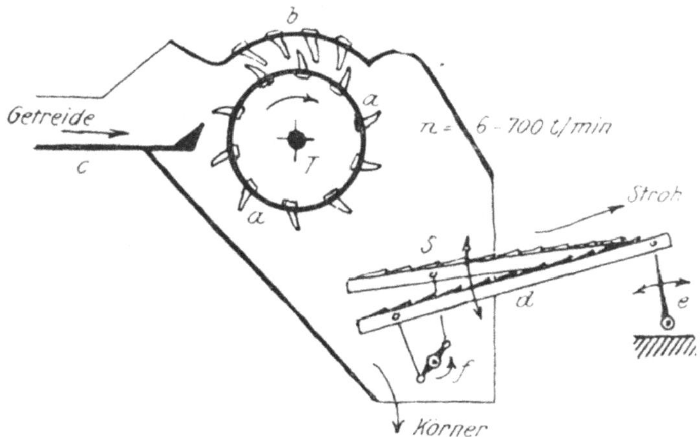

Abb. 280. Stiftendreschmaschine.

2. Die Dreschmaschinen.

Technologisch mit dem Pochwerk verwandt sind die Einrichtungen zum Entkörnen der Halmfrüchte. Dieselben finden in dem Dreschflegel, einer leicht beweglich mit einem Handstock verbundenen Schlagkeule, und der zur Stützung des Arbeitsgutes dienenden, aus Lehm gestampften Tenne ihren einfachsten, für den Handbetrieb bestimmten Vertreter. Die Ausbildung des Dreschverfahrens nach der mechanischen Seite führt zu der Dreschmaschine, deren Leistung zum Flegeldrusch etwa im Verhältnis 2 : 1 steht.

Das Schlagwerkzeug der Dreschmaschine ist die Dreschtrommel (T). Bei der Stiftendreschmaschine, Abb. 280, trägt dieselbe am Umfang

---

[1] Engl. Pat. Nr. 711 vom 25. März 1856; Zeitschr. f. Berg-, Hütten- und Salinenwesen 1878, Bd. 26, S. 144, Tafel III. — Andere Bauarten enthalten die folgenden Engl. Patente: Bauart *Baggs*, Nr. 13 939 vom 29. Januar 1852; Bauart *Bramwell & Baggs*, Nr. 102 vom 14. Januar 1853; Bauart *Reeves*, Nr. 1060 vom 2. Mai 1853; Bauart *Morrison*, Nr. 1843 vom 6. August 1853; Bauart *Donald & Atkey*, Nr. 1302 vom 15. Mai 1871.
[2] Zeitschr. f. Berg-, Hütten- u. Salinenwesen 1878, Bd. 26, S. 149.

reihenweise angeordnete Schlagstifte a, die während des raschen Trommelumlaufes zwischen feststehenden Stiftreihen b hindurchstreichen und hierbei
die Körner von den auf dem Tisch c ihnen zugeschobenen Ähren ablösen.

Bei der **Schlagleistendreschmaschine**, Abb. 281, 282, streifen der
Trommellänge folgende verzahnte Leisten a die Körner von den Getreide-
halmen ab, während diese von einem Rost b gestützt und in der Vorwärts-
bewegung gehemmt werden. Das von den Körnern befreite Stroh wird mittels
eines **Strohschüttlers** S aus der Maschine entfernt. Nach Abb. 280 besteht
dieser aus nebeneinander liegenden, mit Sperrverzahnung versehenen
Stäben d, die von der Pendelstütze e getragen und durch die Kurbelgetriebe f

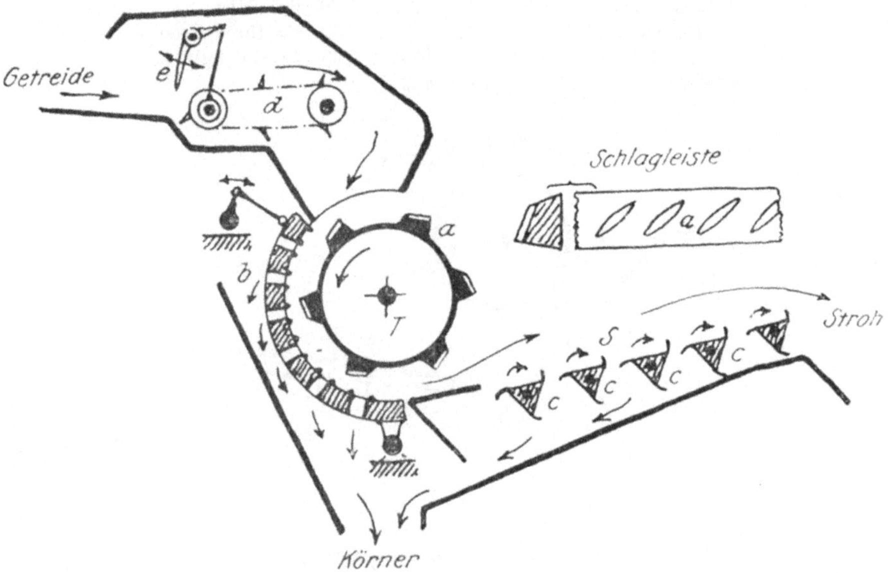

Abb. 281–282. Schlagleisten-Dreschmaschine.

in Schwingung versetzt werden. Nach Abb. 281 bildet den Strohschüttler
eine Reihe gleichgerichtet umlaufender Dreieckwalzen c, deren vorspringende
Zähne das Stroh allmählich weiterschieben.

Während bei der für kleine Verhältnisse bestimmten Stiftendresch-
maschine die Zuschiebung der Halme zur Dreschtrommel stets von Hand
erfolgt, dient bei den großen Schlagleistenmaschinen häufig eine mechanische
Speiseeinrichtung, nach Abb. 281 z. B. ein Fördertuch d, zur Zuführung des
Dreschgutes und sichert eine Schutzschwinge e die das Gut vorlegende
Bedienung vor Verletzungen.

Die Trommel der Schlagleistendreschmaschinen hat 500 bis 550 mm
Durchmesser, 500 bis 1500 mm Länge und macht 800 bis 1200 Umdrehungen
in der Minute. Dem entsprechen etwa 20 bis 30 m Umfangsgeschwindigkeit
in der Sekunde und etwa 70 Schläge für jeden Halm. Nach Versuchen *Har-
tigs* schwankt die Leistung zwischen 1400 bis 6700 kg Körner oder 4600
bis 22 000 kg Garben.

b) Die Schleuderwerke.

Übersteigt die lebendige Kraft eines in freier Bewegung befindlichen Werkstückes den zur Überwindung seiner Festigkeit erforderlichen Arbeitsaufwand, so tritt beim Anprall des Werkstückes an ein Widerlager von genügender Festigkeit die Zertrümmerung oder das Zerschellen des Werkstückes ein. Den Versuchen von *Kick* zufolge (siehe S. 248) würde z. B. die Zertrümmerung einer Gußeisenkugel von 1 kg Gewicht eine Aufschlaggeschwindigkeit von mehr als

$$\sqrt{2 \cdot 9{,}81 \cdot 200} = 62 \text{ m/Sek.,}$$

die einer gleichschweren Quarzkugel eine solche von mehr denn

$$\sqrt{2 \cdot 9{,}81 \cdot 40} = 28 \text{ m/Sek.}$$

erfordern. Derartige Aufschlaggeschwindigkeiten durch den freien Herabfall des Werkstückes hervorzurufen, scheitert an der Unzweckmäßigkeit der hierfür erforderlichen technischen Mittel ebenso wie der Versuch des Amerikaners *Shrapnel*, des Sohnes des Erfinders der Schrapnelgeschosse, goldhaltige Quarze durch Schießen gegen eine 40 mm dicke Schmiedeeisenplatte zu zerkleinern[1]. Ebenso konnte der aus dem Jahre 1864 stammende Versuch *Lyster de Lacys*, das Werfen des Zerkleinerungsgutes gegen eine starre Wand durch Dampf oder Luft von 50 Atm Spannung bewirken zu lassen, nicht von Erfolg begleitet sein[2].

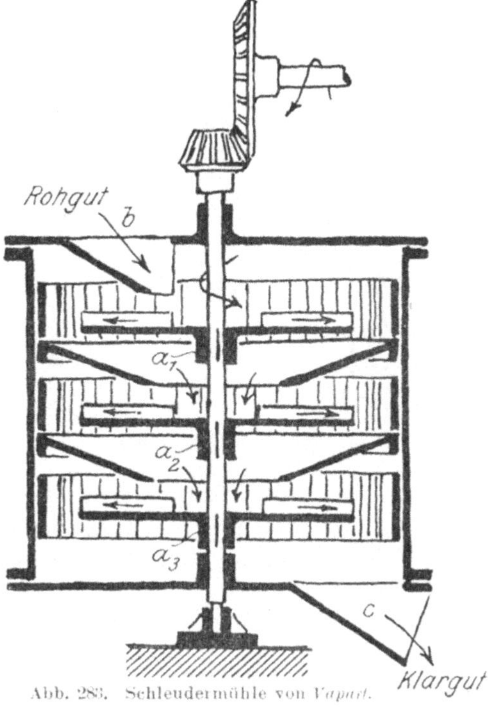

Abb. 283. Schleudermühle von *Vapart*.

Das Verdienst, das Verfahren des Zerschellens durch die Konstruktion einer auf der Benutzung der Zentrifugalkraft beruhenden Zerkleinerungsmaschine für die Erzaufbereitung technisch nutzbar gemacht zu haben, dürfte *W. Stanford*[3] gebühren. In Deutschland wurde eine derartige Maschine unter dem Namen der *Rittinger*schen Schleudermühle bekannt[4]. Diese „Schleudermühle" enthielt in einem gußeisernen Gehäuse eine wagerecht liegende, mit 800 bis 1000 Drehungen in der Minute umlaufende kreisförmige

---

[1] Engl. Pat. Nr. 14 336 vom 23. Oktober 1852; auch Dingl. polyt. Journ. 1853, Bd. 128, S. 410.

[2] Abstr. of specif. of Patents (Victoria), S. 54.

[3] Die Maschine wurde unter Nr. 329/416 am 27. Dezember 1860 in Victoria patentiert; zwei weitere Bauarten von *A. Couvreux* bzw. *A. Fitton* siehe Engl. Pat. Nr. 2029 vom 15. Juli 1862 und Abstr. of specif. of Patents (Victoria), S. 36.

[4] *Rittinger:* Lehrbuch der Aufbereitungskunde. 1867, S. 56.

Schleuderscheibe, der das Arbeitsgut in der Mitte zugeführt wurde. Auf der Scheibe in radialer Richtung angeordnete Leisten übertrugen die Bewegung auf das Arbeitsgut, so daß dieses durch die Schleuderkraft nach dem Rand der Scheibe geführt und hier gegen den verzahnten zylindrischen Gehäuseteil abgeworfen wurde. Bei 800 mm Scheibendurchmesser, also 33 bis 45 m Umfangsgeschwindigkeit der Scheibe, wurden in der Stunde 0,3 cbm 6 mm großer Bleierzgraupen auf Mehl von 1,5 mm Korngröße mit einem Arbeitsaufwand von 5 PS zerkleinert.

In der neueren Zeit ist diese Schleudermühle durch *Vapart*[1] weiter ausgebildet worden. Wie Abb. 283 ersehen läßt, sind bei der neuen Anordnung mehrere gleichartige, kreisförmige Wurfscheiben a_1 bis a_3 an einer senkrechten Achse übereinander angeordnet, so daß das bei b eingetragene und bei c die Maschine verlassende Zerkleinerungsgut eine wiederholte Bearbeitung erfährt. Der Durchmesser der Wurfscheiben schwankt zwischen 350 bis 1500 mm, ihre Umfangsgeschwindigkeit, je nach der Festigkeit des Gutes, zwischen 30 bis 50 m/Sek. Wie bei allen stoßend wirkenden Maschinen, ist auch hier der Wirkungsgrad gering; er dürfte etwa 0,4 bis 0,5 betragen. Der Arbeitsverbrauch wird für die Zerkleinerung mittelfester Werkstoffe zu 8 bis 15 PS angegeben. Die Leistung schwankt mit der Festigkeit und Korngröße des Arbeitsgutes. Sie beträgt beispielsweise bei einer Maschine mit drei Scheiben von 1300 mm Durchmesser für

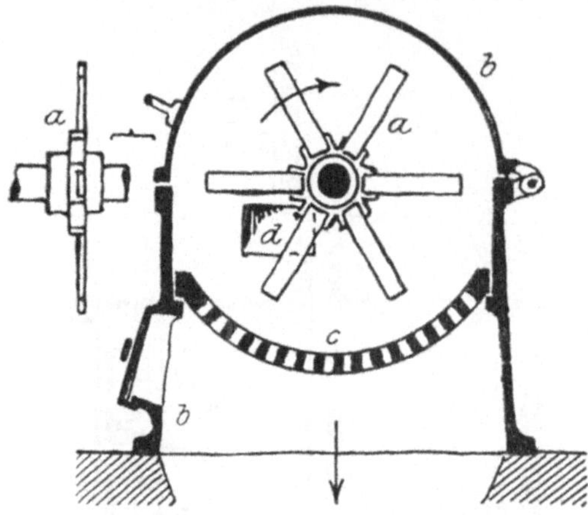

Abb. 284. Schlagkreuzmühle.

hartgebrannte Zementklinker auf 4 bis 5 mm Korn 3000 bis 4000 kg/Std.
    „   „   „ Feinmehl . . . . 1000 „ 2000   „
feuerfeste Ziegel auf 3 bis 4 mm Korn . . . . . . 3000 „ 4000   „
   „   „   „ Feinmehl . . . . 2500 „ 3000   „

c) Die Schlag- und Schleuderwerke.
Die Schlagkreuzmühle.

Der baulich einfachste Vertreter der Schlag- und Schleuderwerke ist die im Jahre 1875 von *H. Carier* in London angegebene Schlagkreuzmühle[2]. Dieselbe ist insbesondere für die Verarbeitung zäher Werkstoffe von mittlerer Festigkeit geeignet, wie Asphalt, Chemikalien, Farbhölzer, Knochen, Klauen, Hörner, Rinden, Gerbstoffe, Salz u. dgl., die in Stücken bis zu doppelter Faustgröße aufgegeben und auf Grieß- oder Mehlfeinheit zerkleinert werden können. Als Treiber oder Schläger dient nach Abb. 284 ein sechs-

---

[1] *Armengaud:* Publ. industr. Vol. 27, Pl. 5, p. 49; *Uhland:* Praktischer Maschinenkonstrukteur 1878, S. 112; Zeitschr. d. Ver. deutsch. Ing. 1886, S. 191.

[2] Engl. Pat. Nr. 1817 vom 15. Mai 1875.

armiges Schlagkreuz *a* aus Flachstahlstäben, das von einer horizontalen
Welle getragen wird und innerhalb eines geschlossenen Gehäuses *b* rasch
umläuft. Die aus Hartguß bestehende Gehäusewand ist im Innern verzahnt
und unterhalb der Schläger als Rost *c* ausgebildet, der entweder aus einzelnen
Hartstahlstäben oder aus geschlitzten Blechen besteht und auswechselbar
ist. Die Zuführung des Schleudergutes erfolgt durch einen an der seitlichen
Gehäusewand in der Nähe der Schlägerachse und unterhalb dieser befindlichen
Einlauf *d*, so daß es von den Schlägern erfaßt, im Innern der Mühle herum-
geworfen und zerschlagen bzw. zerschellt wird. Bei 400 bis 1200 mm innerem

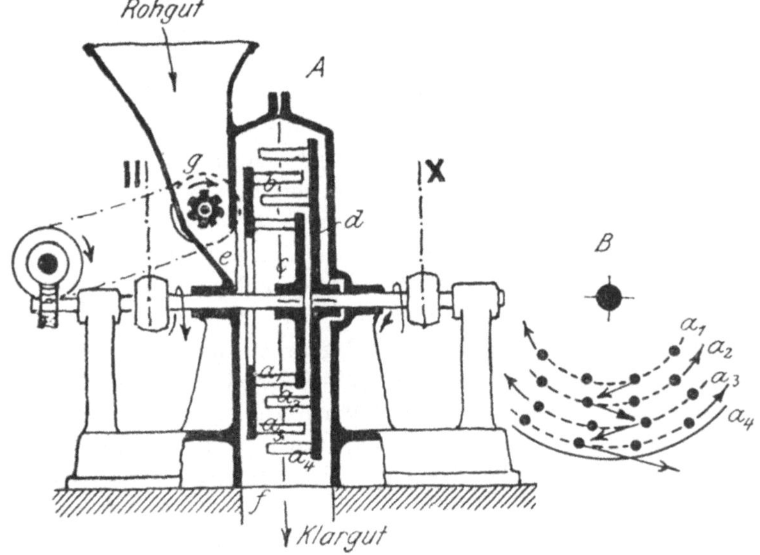

Abb. 285. Schleudermühle nach *Carr*.

Gehäusedurchmesser, 100 bis 190 mm Gehäusebreite und 2400 bis 1300
Umdrehungen des Schlagkreuzes in der Minute schwankt die Betriebsarbeit
zwischen 2 bis 4 bzw. 14 bis 16 PS.

Der Desintegrator.

Der Desintegrator, in neuerer Zeit auch Schlagstiftmaschine genannt,
wurde im Jahre 1859 von *Thomas Carr* in Bristol erfunden[1]. Seine anfäng-
liche Bauart, die Abb. 285 A vorführt, hat sich bis zur Gegenwart erhalten.
Sie ist durch mehrere, meist vier, konzentrisch ineinander liegende Schläger-
reihen oder Schlagkörbe a_1 bis a_4 gekennzeichnet, die nach verschiedenen
Richtungen rasch um eine gemeinsame, wagerecht gelagerte Achse umlaufen
und denen das Schleudergut in der Nähe der Achse bei *e* zugeführt wird.
Zylindrische Stahlstäbe *b* von 20 bis 35 mm Dicke und 150 bis 300 mm Länge
bilden die Schläger. Sie stehen senkrecht auf zwei eisernen Scheiben *c d*,
deren Drehachsen entweder, wie dargestellt, gleichgerichtet hintereinander

---

[1] Engl. Pat. Nr. 778 vom 29. März 1859.

liegen oder von denen die eine als Hohlachse ausgebildet ist und die andere umhüllt[1]. Die Scheiben werden von einer gemeinsamen Antriebwelle aus durch offenen (||) und gekreuzten (×) Riemen, also in entgegengesetzten Richtungen, angetrieben (Abb. 285 B). Der, von innen gerechnet, 1. und 3. Schlagkorb gehört der einen, der 2. und 4. der anderen Scheibe an. Die benachbarten Schlagkörbe haben daher entgegengesetzte Umlaufrichtung, und es nimmt bei gleicher Drehzahl der beiden Scheiben die Umfangsgeschwindigkeit der Körbe und damit auch die Zahl der Schläge gegen das in ihren Bereich tretende Arbeitsgut von innen nach außen zu. Bei 676 mm Durchmesser des innersten und 1200 mm Durchmesser des äußersten Schlagkorbes und 23 bzw. 34 Schlagstäben in den beiden Körben wächst beispielsweise für 350 Scheibendrehungen in der Minute

die Umfangsgeschwindigkeit der Körbe von 12 auf 22 m/Sek.,

die Zahl der Schläge eines Stabes von 134 auf 198 in 1 Sekunde.

Das in den Bereich der Schlagkörbe bei e eintretende Gut wird in der Schwebe von den Schlägern getroffen und zertrümmert, die Trümmer aber in den Bereich des folgenden Korbes geschleudert, so daß sie an dessen ihnen entgegenkommenden Schlägern zerschellen und schließlich zu mehr oder weniger feinem Pulver zerkleinert den letzten Schlagkorb verlassen.

Der fortschreitenden Zerkleinerung des Arbeitsgutes entsprechend nimmt in den aufeinander folgenden Schlagkörben die Dicke der Schlagstäbe nach außen hin ab, so daß der das rohe großstückige Gut aufnehmende innerste Korb die dicksten und daher widerstandsfähigsten Schläger trägt. Die Schlagkörbe sind von einem Gehäuse umschlossen, das bei e die Eintrag-, bei f die Austragöffnung enthält. Die Zuführung des Schleudergutes vermittelt die Speisewalze g.

Der Desintegrator eignet sich infolge seines hohen Arbeitsverbrauches vornehmlich zur Zerkleinerung wenig fester Werkstoffe, wie Kohlenklein, Kreide, Farben, gebrannten Gips und Kalk, mineralischer Düngestoffe (Superphosphat), Salz, Zucker, Ölkuchen, Gerbstoffe, Wurzeln, Rinden, Palmkerne usw., besitzt bei diesen aber eine große Leistungsfähigkeit. Die Grusonwerke geben für Desintegratoren von 800 bis 2000 mm Durchmesser des größten Schlagkorbes und 800 bis 320 minutlichen Umdrehungen den Arbeitsverbrauch zu 7 bis 25 PS und die Stundenleistung zu 3000 bis 12 000 kg an.

Nach *Pernolet* verhält sich bei der Zerkleinerung von Kohle der Arbeitsverbrauch des Desintegrators zu dem einer Walzenquetsche (s. d.) von gleicher Leistung etwa wie 3 : 1.

Um den Desintegrator auch für die Getreidemehlerzeugung brauchbar zu machen, schlug *Carr*[2] vor, das Gehäuse während des Betriebes zu entluften und damit die Fall- und Wurfbewegung des spezifisch leichten Arbeitsgutes zu erleichtern und körniges Mehl zu erhalten. Später, nach 1878, erhielt das

---

[1] Engl. Pat. Nr. 3235 vom 22. Oktober 1868; Zeichnungen ausgeführter Desintegratoren siehe Praktischer Maschinenkonstrukteur 1875, S. 242.

[2] Engl. Pat. Nr. 1895 vom 5. Juli 1870; Nr. 2149 vom 2. August 1870 u. Nr. 2334 von 4. September 1871; ferner Polyt. Centralblatt 1871, S. 750.

Verfahren durch den „Dismembrator" der Hamburger Firma **Nagel &**
Kaemp[1] praktischen Wert.

In neuerer Zeit ist der Desintegrator dadurch vereinfacht worden, daß
nur ein Teil der Schläger von einer umlaufenden Scheibe getragen wird, der
andere Teil ist an dem die Scheibe umgebenden Gehäuse befestigt. Zu diesen
Bauarten gehören u. a. die „Schlagstiftmaschine" der Firma **Friedrich**
Krupp A.-G. Grusonwerk in Magdeburg sowie die „Perplexmühle" der
Alpinen Maschinenfabrik G. m. b. H. zu Augsburg, die sich für die
Zerkleinerung der mannigfachsten Werkstoffe geeignet erweisen.

Die „Perplexmühle" besitzt nur eine Schlagscheibe. Auf dieser sind in
konzentrischer Anordnung drei Gruppen kantiger Schlagstäbe festgenietet,
die mit anderen kantigen oder ringförmig gestalteten stählernen Zapfen an
der aufklappbaren vorderen Stirnwand des Gehäuses zusammen arbeiten.
Auswechselbare Siebeinlagen, welche die Schleuderscheibe umgeben, bestimmen den zu erzielenden Feinheitsgrad des Gutes.

Der Maschine wird eine vielseitige Verwendbarkeit und große Dauer
zugesprochen. Sie nimmt Stücke bis Eigröße auf und zerkleinert sie bei einmaligem Durchgang bis zur Mehlfeinheit. Für Gerbstoffzerkleinerung wird
sie beispielsweise in vier Größen gebaut und für diese die Leistung und der
Arbeitsverbrauch wie folgt angegeben:

Größe der Maschine		1	2	3	4
	Eichenrinde	150	350	600	1000
Leistung in kg/Std.	Fichtenrinde	200	500	800	1200
	spröde Gerbstoffe .	350	600	1000	1500
Arbeitsverbrauch in PS		5	6 bis 8	9 bis 11	12 bis 16

d) Die Brechwerke.

Dem Gattungsbegriff Brechwerk pflegt man diejenigen Bauarten von
Zerkleinerungsmaschinen unterzuordnen, die das Zerteilen von Werkstücken
spröder Beschaffenheit in Teilstücke von an sich zwar unbestimmter, aber
doch annähernd gleicher Größe bezwecken und hierbei eine erhebliche Grus-
bildung ausschließen. Dieser Forderung wird nach dem Früheren am besten
durch solche Kraftwirkungen entsprochen, die sich so allmählich über die
ganze Masse des Werkstücks verbreiten, daß dessen Zerfall durch die Stellen
geringster Festigkeit vorgezeichnet wird. Im allgemeinen sind es Druckbe-
anspruchungen, die hierbei in Frage kommen. Dabei geht die Zertrümmerung
des Werkstückes von den Angriffspunkten der Druckkräfte aus, also von den
Stellen, an denen die die Kräfte übertragenden Werkzeuge mit dem Werkstück in Berührung treten.

An diesen Stellen bilden sich die bekannten Druckkegel aus, welche durch
Keilwirkung die drückende Kraft auf die benachbart liegenden Teile des
Werkstückes verteilen. Die Vervielfachung der Berührungspunkte ist geeignet,

---

[1] DRP. Nr. 2325 vom 9. Oktober 1877 u. Nr. 4941 vom 4. August 1878.

die gleichzeitig an diesen auftretenden Druckkegel so zu vermehren, daß die Zertrümmerung des Werkstückes in vorausbestimmter Weise erfolgt.

Rücken die benachbarten Druckstellen weiter auseinander und werden sie so angeordnet, daß die Ausübung des Druckes die Beanspruchung des Werkstückes auf Biegung und Zerbrechen zur Folge hat, so ist die Größe der Teilstücke durch den gegenseitigen Abstand der Druckstellen bestimmt. Dies ist u. a. bei den Masselbrechern der Eisengießereien der Fall, die zum Zerteilen der Roheisenbarren in 200 bis 300 mm lange, für das Beschicken der Kupolöfen geeignete Stücke dienen. Die Abb. 286 zeigt einen solchen Brecher der Badischen Maschinenfabrik in Durlach. Der Eisenbarren a

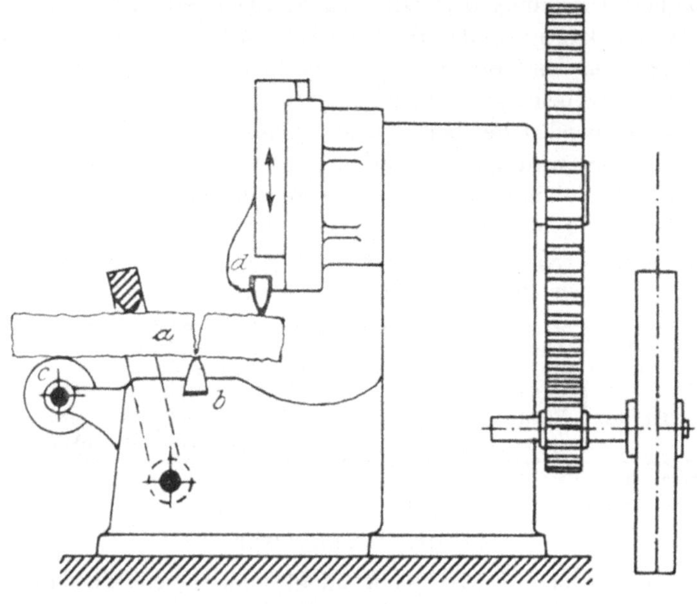

Abb. 286. Masselbrecher

liegt zwischen den beiden Stützen b c und wird durch den in einer Minute 25 mal auf und ab steigenden Druckstempel d bei jedem Niedergang bis zum Bruch belastet. Der Vorschub des Barrens erfolgt während des Stempelaufganges. Andere Eisenbrechmaschinen arbeiten mit hydraulischem Druck, so die von M. Hasse[1], die bei 75 000 kg Pressendruck in der Stunde 3000 bis 4000 kg gebrochenes Roheisen liefern.

Die Druckwerkzeuge der Backen-, Walzen-, Kegel- und Schraubenbrecher besitzen entweder ebene oder gekrümmte Arbeitsflächen. Meist sind diese mit Riffeln oder Verzahnungen ausgestattet, die das Erfassen des Arbeitsgutes erleichtern und sichern und den Arbeitsdruck auf eine Anzahl einzelne Druckstellen verteilen. Die Gestalt und Feinheit der Riffelung ist durch die Härte und Festigkeit des Werkzeugstoffes, meist Hartguß oder Stahl, durch

---

[1] Verhandl. d. Ver. z. Beförd. d. Gewerbefleißes in Preußen 1892, S. 242.

die Festigkeit des Zerkleinerungsgutes und durch den Zweck der Zerkleinerung, insbesondere die Stückgröße vor und nach dem Zerkleinern, bestimmt.

Die Backenbrecher.

Für die Grobzerkleinerung der verschiedensten Werkstoffe, selbst der festesten, wie Schmirgel, Basalt, Granit u. a., kommt die von dem Amerikaner *Blake*[1] im Jahre 1858 erfundene, Backen- oder Steinbrecher, auch Backenquetsche benannte Zerkleinerungsmaschine in erster Linie in Betracht. Die von dem Genannten angegebene Bauart der Maschine ist infolge ihrer großen, ·mit den einfachsten mechanischen Mitteln erreichten Leistungs-

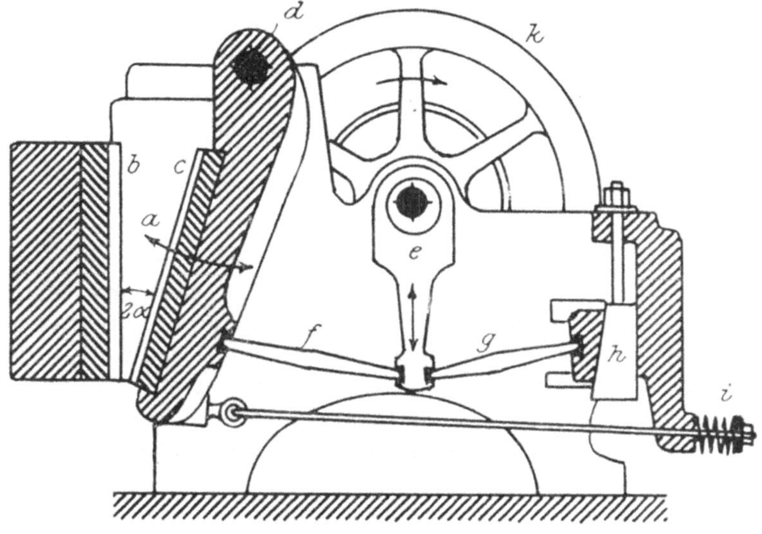

Abb. 287. Backenbrecher.

fähigkeit auch gegenwärtig noch am meisten in Gebrauch, obgleich im Laufe der Zeit eine erhebliche Anzahl abweichender Bauarten entstanden sind und noch entstehen.

Nach der Abb. 287 ist für den Backenbrecher von *Blake* und für viele seiner Abarten ein keilförmiges Brechmaul *a* kennzeichnend, das zwei Druck- oder Brechbacken *b c* begrenzen, von denen der eine (*c*) um die am oberen Backenende liegende, wagerechte Achse *d* mittels eines Kniehebelgetriebes *e f g* in Schwingung versetzt wird. In den sich nach oben erweiternden Brechraum können Werkstücke bis Kopfgröße eingetragen werden. Beim Schwingen des Brechbackens werden diese zerkleinert, und es sinken die Teilstücke im Brechmaul abwärts, bis sie es nach dem Erreichen der geforderten Korngröße am unteren Ende verlassen.

Um Haufwerke verschiedener Korngröße zu gewinnen, kann die untere Öffnungsweite des Brechmaules mit Hilfe eines Stellkeiles *h* verändert werden.

---

[1] Engl. Pat. Nr. 1346 vom 14. Juni 1858.

Zwischen diesen Stellkeil und den beweglichen Backen c ist der aus zwei Platten $f\,g$ bestehende Kniehebel eingeschaltet, in dessen Knie die Lenkstange e eines Kurbelgetriebes angreift, so daß er bei jedem Kurbelumlauf einmal gestreckt wird. Die Feder i hält den Backen, den Hebel und den am Maschinenrahmen gestützten Stellkeil im Kraftschluß und bewirkt beim Durchknicken des Kniehebels die Erweiterung des Brechmaules. Als Arbeitsspeicher dienen zwei auf der Kurbelwelle sitzende schwere Schwungräder k, deren Massenenergie die Wirkung des Kniehebels beim Auftreten besonders großer Bruchwiderstände unterstützt.

Das Kniehebelgetriebe vermag innerhalb der Festigkeitsgrenzen seiner Bauglieder beliebig große Pressungen auf die Brechbacken auszuüben[1]. Damit diese auf das zwischengelagerte Brechgut übertragen werden, muß der Keilwinkel $2\,\alpha$, Abb. 287, den die Backen einschließen, der Bedingung

$$\operatorname{tg}\alpha < \varphi \quad [2])$$

entsprechen, wenn φ den für die Berührung zwischen Brechgut und Brechbacken geltenden Reibungswert bedeutet. Für $\varphi = 0{,}22$ folgt hieraus die übliche Winkelgröße

$$2\,\alpha \lesseqgtr 25^{\circ}.$$

Das rahmenartige Gestell der Backenbrecher wird aus Eisen oder Stahl gegossen oder, um die Bruchsicherheit zu erhöhen, aus gewalzten Stahlplatten zusammengefügt. Meist ruht es mittels Füßen auf einem gemauerten Fundament; zuweilen wird es auf Rädern fahrbar angeordnet, um die Überführung des Brechers an verschiedene Betriebsorte zu erleichtern.

Die Brechbacken werden in der Regel aus Hartguß hergestellt und auswechselbar gemacht, damit sie nach erfolgter Abnutzung leicht durch neue ersetzt werden können.

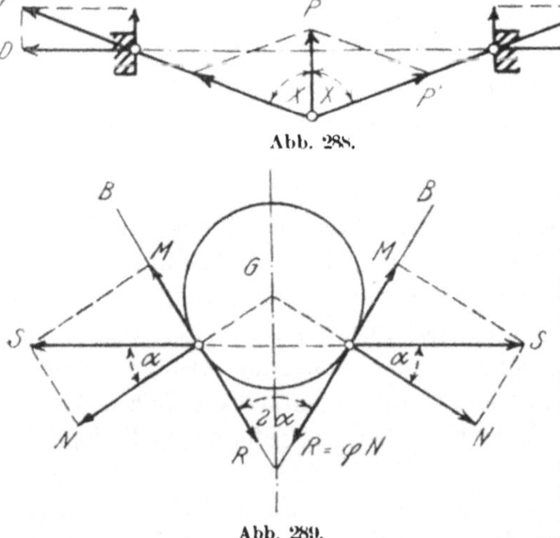

Abb. 288.

Abb. 289.

[1] Aus beistehender Abbildung 288 folgt zwischen der Lenkstangenkraft P und den Druckkräften D die Beziehung

$$P' = \frac{P}{2\cos x}$$

und

$$D = P'\cos(90 - x) = P'\sin x = \frac{P}{2}\operatorname{tg} x.$$

für $x = 90^{\circ}$ (gestreckte Hebellage), also $D = \infty$.

[2] Nach Abb. 289 liefert die zwischen dem Brechgut G und den Backen B auftretende Druckspannung S die zur Backenoberfläche senkrechte Druckkraft $N = S\cos\alpha$ sowie die in der Richtung der Backenoberfläche auf das Brechgut wirkende Schubkraft $M = S\sin\alpha$. Für den Reibungswert φ wird die letztere aufgehoben, also das Brechgut im Brechmaul festgehalten, wenn

$$S\sin\alpha < S\cos\alpha \cdot \varphi \quad \text{oder} \quad \operatorname{tg}\alpha < \varphi \ \text{ist.}$$

Guter Hartguß vereinigt mit großer Härte und Festigkeit der Arbeitsfläche große Festigkeit und Zähigkeit der Rücklage dieser. Beides wird erreicht durch geeignete Wahl des Kohlenstoffgehaltes und der Abkühlungs-
verhältnisse sowie einen allmählichen Übergang des die harte Deckschicht
bildenden Weißeisens in das Graueisen der Unterlage[1].

Die Brechbacken, Abb. 290 *A* bis *D*, erhalten für das Brechen wenig festen
Brechgutes, wie Koks, Kohle, Gips, Steinsalz, Ton u. dgl., und für die Erzielung kleinen Kornes (etwa 10 mm) glatte ebene Arbeitsflächen (*B*). Für
mittelhartes Brechgut und Korngrößen von 5 bis 40 mm erhalten sie zweckmäßig eine der Backenlänge folgende scharfkantige Riffelung (*C*) von 10 bis
82 mm Teilung, für die härtesten Stoffe werden die Riffeln bei 45 bis 105 mm
Teilung abgerundet (*D*), wodurch die Gebrauchsdauer, allerdings auf Kosten
der Gleichförmigkeit der Korngröße des gewonnenen Haufwerks, verlängert
wird. Der Mannigfaltigkeit der Verwendung genügt
die Brechbackenfabrikation mit Hunderten von
Modellen verschiedenster Form und Größe.

Besondere Bedeutung erlangt die Wahl der
Riffelung dann, wenn die Zerkleinerung des Brechgutes auf die Gewinnung form- und größengleicher
Teilstücke abzielt. So fordert z. B. die Beschotterung
der Straßen einen würfelförmigen Steinschlag von
40 bis 80 mm Seite, der durch Handschlag zu etwa
80 v. H. aus dem Rohgestein (Basalt) erhalten wird,
während 12 bzw. 8 v. H. auf Grus und Splitter bzw.
Mehl und Staub entfallen. Diesem vermochte ein
*Blake*scher Brecher nur insoweit zu genügen, als er
18,5 v. H. guten brauchbaren Schotter lieferte; es
konnten jedoch durch Nachschlagen mit der Hand

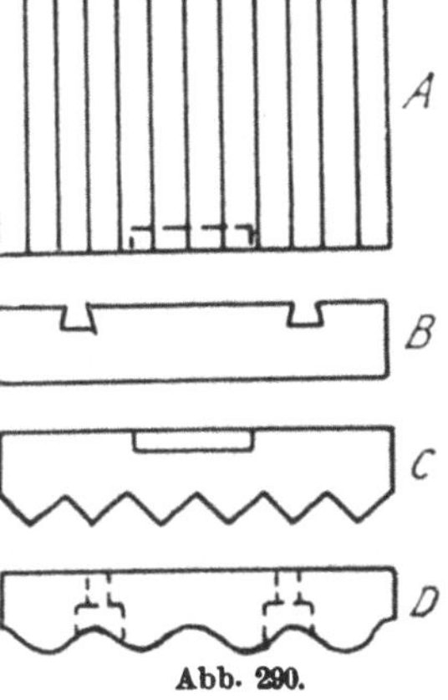

Abb. 290.

aus dem übrigen Haufwerk noch etwa 60 v. H. gewonnen werden. Für Quarz-
gesteine wird die Ersparnis bei mechanischer Zerkleinerung auf etwa 30 bis
50 v. H. gegenüber dem Handschlag geschätzt[2].

Über die Leistung und den Arbeitsverbrauch des Backenbrechers von
Blake hat *E. Hartig* Versuche auf der Grube Churprinz bei Freiberg i. S.
angestellt. Untersucht wurden ein Grobbrecher und ein Feinbrecher mit

420 mm Backenbreite,
45 bzw. 10 mm unterer Maulweite,
180 bzw. 200 Spielen in 1 Minute,
$$\frac{200}{40} = 5 \text{ bzw. } \frac{48}{12} = 4 \text{ Zerkleinerungsgrad.}$$

Der Grobbrecher erforderte
im Leergang $N_0 = 1,13$ PS Betriebsarbeit,
im Arbeitsgang $N = 4,25$ PS bzw. 3,52 PS bzw. 3,04 PS,

---

[1] *J. v. Schütz:* Der Hartguß und seine zunehmende Bedeutung in der Eisenindustrie.
Zeitschr. d. Ver. deutsch. Ing. 1878, S. 298.
[2] Der Steinbruch 1911, S. 13.

bei Stundenleistungen von bzw.

$L = 5$ t reinen Quarz,
   6 t reinen Flußspat,
   6,5 t verwachsenes Gemenge von Flußspat, Gneis und Bleiglanz,

so daß im Mittel betrug

der Wirkungsgrad $\mu = 0{,}67$,
die Leistung für 1 PS und 1 Stunde $L_s = 1{,}7$ t.

Für den **Feinbrecher** wurde ermittelt $N_0 = 0{,}94$ PS, $N = 2{,}28$ PS bei 2 t/St. reinen Quarz, daher $\mu = 0{,}59$, $L_s = 0{,}9$ t für 1 PS und 1 Stunde.

Von anderer Seite wird die Brecherleistung angegeben bei der Zerkleinerung von Kalkstein

auf 40 bis 45 mm Korngröße zu $L = 10$ bis 12 t/St.
„ 25 „ 26 „   „   „ $L =$ 5 „

Nach Angabe der **Gesellschaft für Pflasterstein-Manufaktur und Straßenpflasterung** in Berbersdorf i. S. können mit einem Paar Hartgußbrechbacken bis zu ihrer völligen Abnutzung etwa 700 bis 800 cbm des härtesten feinkörnigen Granits zu Klarschlag zerkleinert werden. Die **Chemische Fabrik Griesheim** bei Frankfurt a. M. zerkleinert mit **einem** Brechbackenpaar bis zu 5800 t Schwefelkies auf 50 mm Korngröße.

Von dem *Blake*schen Brecher abweichende Bauarten streben teils nur eine Änderung des zur Druckerzeugung dienenden Getriebes an, wie die Bauarten von *Pope, Dudley, Archer, Jones, Goodman, Marsden, Ball, Smith, Johnson* u. a.[1], teils gehen sie darauf aus, auch die Rückschwingung des Backens für die Brecharbeit nutzbar zu machen. In den meisten Fällen wird das letztere durch Verlegen der Schwingungsachse in die Mitte der Backenlänge erreicht, z. B. bei den Brechern von *Archer, Chambers, Smith* und *Roberts*[2]. Endlich würden die Bauarten Erwähnung verdienen, die die Vereinigung von Vor- und Feinbrecher in einer Maschine bezwecken und unter denen wegen ihrer Einfachheit und weil sie sich in der Gegenwart noch vielfacher Verwendung erfreut, die Bauart von *Marsden*[3] in Leeds besonders zu nennen ist. Bei ihr ist der Zweck durch eine Abstufung der Brechbacken in der Höhenrichtung erreicht[4].

---

[1] Siehe der Reihe nach die Engl. Patente Nr. 2705 vom 31. Oktober 1863; Nr. 1028 vom 11. April 1866 u. Nr. 2739 vom 7. August 1874; Nr. 3038 vom 6. Dezember 1864; Nr. 241 vom 24. Januar 1866; Nr. 2913 vom 13. November 1865; Nr. 649 vom 1. März 1872 u. Nr. 1937 vom 4. Juni 1874; Nr. 3030 vom 16. September 1873; Nr. 23 vom 2. Januar 1873; Nr. 3769 vom 31. Oktober 1874.

[2] Engl. Pat. Nr. 2092 vom 17. Juli 1867; Nr. 2669 vom 25. Oktober 1861; Nr. 784 vom 29. März 1864.

[3] Engl. Pat. Nr. 2717 vom 31. Juli 1875.

[4] Verschiedene zur Anwendung gekommene Bauarten von Backenbrechern finden sich u. a. zusammengestellt in *Rittinger*s Lehrbuch der Aufbereitungskunde und in *Armengaud:* Publication industr. Vol. 16, Tfl. 7; Vol. 23. Tfl. 42; Vol. 32, Tfl. 31. Der neuesten Zeit entstammende Anordnungen siehe Steinbruch 1917, S. 242ff.

Die Walzenbrecher.

Als Brechwerkzeuge dienen bei den Walzenbrechern paarweise zusammen-arbeitende zylindrische Brechwalzen a und b, Abb. 291, die sich mit gleicher Umfangsgeschwindigkeit gegeneinander drehen und hierbei das in den Walzen-schluck eingetragene Brechgut c einziehen und in Teilstücke zerlegen. Der Einzug des Gutes ist an die Bedingung $\operatorname{tg}\alpha < \varphi$ geknüpft, die bereits für den Backenbrecher gefunden wurde, wenn φ den Reibungswert zwischen Brechgut und Walzenmantel und α den halben Winkel bezeichnet, den die Tangenten an den Auflagerpunkten einschließen. Bezeichnet ferner r den Walzenhalbmesser, d und d_1 die Anfangs- bzw. Endgröße des Brechgutes, also $\varkappa = \dfrac{d}{d_1}$ den Zerkleinerungsgrad, so folgt nach der aus der Abbildung zu entnehmenden Beziehung

$$\left(r + \frac{d}{2}\right)\cos\alpha = r + \frac{d_1}{2}$$

und nach entsprechender Umformung der Näherungswert

$$r > \frac{d - d_1}{\varphi^2}$$

oder

$$r > \frac{1}{\varphi^2}\, d\left(1 - \frac{1}{\varkappa}\right).\ ^{1}$$

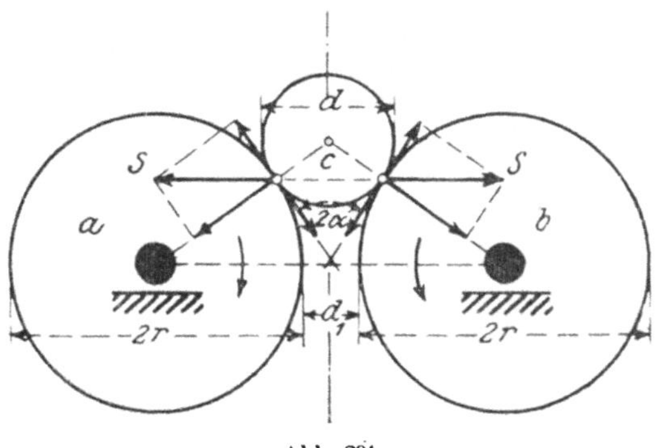

Abb. 291.

---

[1] Aus $\left(r + \dfrac{d}{2}\right)\cos\alpha = r + \dfrac{d_1}{2}$ folgt

$$r\,(1 - \cos\alpha) = \tfrac{1}{2}\,(d\cos\alpha - d_1) \quad \text{oder da}$$

$$\cos\alpha = \frac{1}{\sqrt{1 + \operatorname{tg}^2\alpha}}, \quad \text{auch}$$

$$r = \frac{d - d_1\sqrt{1 + \operatorname{tg}^2\alpha}}{2\sqrt{1 + \operatorname{tg}^2\alpha} - 1}$$

und mit Rücksicht auf $\operatorname{tg}\alpha < \varphi$

$$r > \frac{d - d_1\sqrt{1 + \varphi^2}}{2\sqrt{1 + \varphi^2} - 1} \quad \text{oder}$$

$$r > \frac{d - d_1\left(1 + \dfrac{\varphi^2}{2} - \dfrac{\varphi^4}{8} + \cdots\right)}{2\left(1 + \dfrac{\varphi^2}{2} - \dfrac{\varphi^4}{8} + \cdots - 1\right)}.$$

mithin angenähert

$$r > \frac{d - d_1}{\varphi^2} \quad \text{oder} \quad r > \frac{1}{\varphi^2}\, d\left(1 - \frac{d_1}{d}\right).$$

18*

Für den bei Walzenbrechern üblichen Tangentenwinkel $2\,\alpha = 34°$ ergibt sich $\varphi = 0,31$ und damit für glatte Walzenmäntel

$$r > 10d\left(1 - \frac{1}{\varkappa}\right) \quad \text{und} \quad d < \frac{r}{10\left(1 - \frac{1}{\varkappa}\right)}\;[1].$$

Durch Riffelung oder Verzahnung kann die Einzugfähigkeit nach Bedarf gesteigert werden. Glatte Walzen finden vornehmlich bei der Zerkleinerung festen und spröden Brechgutes Anwendung und dienen der Erzeugung von Schrot (4 bis 5 mm Korn) oder grießigem Mehl (0,25 bis 1 mm Korn) aus Haufwerken bis zu 60 bis 70 mm Stückgröße. Verzahnte Walzen werden bei der Zerkleinerung von Brechgut mittlerer und geringer Festigkeit zu grobkörnigen Haufwerken benutzt.

Die Abhängigkeit des Walzendurchmessers von dem Zerkleinerungsgrad bedingt bei großstückigen Haufwerken die Verteilung der Zerkleinerungsarbeit auf mehrere Walzwerke, die dann als Vor-, Mittel- und Feinbrecher unterschieden werden. Man ordnet hierbei die einzelnen Brecher zweckmäßig nach Abb. 292 so übereinander an, daß das grobzerkleinerte Gut nach Abscheidung des Gruses dem folgenden feineren Brecher unmittelbar zufließt. Beispielsweise würde aus Stufen von 32 bis 64 mm liefern der Grobbrecher Graupen von 8 bis 16 mm, der Mittelbrecher Grieße von 2 bis 4 mm und der Feinbrecher Mehle von 0,5 bis 1 mm.

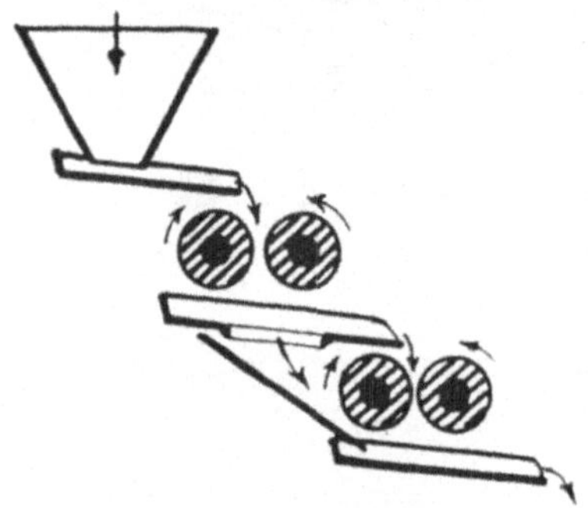

Abb. 292. Vor- und Feinbrecher.

Mit glatten Brechwalzen arbeitende Brecher werden, weil bei ihnen die Druckwirkung vorherrscht, auch **Walzenquetschen** oder **Quetschwalzwerke** genannt. Für sie beträgt

der Walzendurchmesser　　$d = 260$ bis 1700 mm
die Walzenbreite　　$b = 260$ „　800　„
die Umfangsgeschwindigkeit $u = 800$ „　1000　„

Sie werden zum Zerkleinern von Gesteinen der verschiedensten Härte und Festigkeit, vom harten Schmirgel bis herab zu Kohle, weichem Kalkstein und feuchtem Ton verwendet; auch finden sie als Getreide- und Malzquetschen Anwendung.

Die Walzen bestehen oft aus einem voll- oder hohlzylindrischen Hartgußstück, das auf eine stählerne Welle aufgezogen ist. Vielfach werden sie auch durch Aufziehen eines Hartgußmantels auf einen kegelförmigen, auch sechs- oder achtkantigen oder mit Leisten versehenen gußeisernen Kern gebildet, der auf der Welle aufgekeilt ist. Die Vereinigung von Mantel und Kern erfolgt dann durch Schraubenbolzen oder zwischen beide getriebene

---

[1] Siehe auch *Werner:* Berechnung des Durchmessers der Quetschwalzen in Zeitschr. d. Ver. deutsch. Ing. **1857**, S. 98, sowie *Wertheim:* Theorie der Quetschwalzwerke in Zeitschr. d. österr. Ing.-Vereins **1862**, S. 17.

Holzkeile. Auch wird der Walzenmantel bei großen Walzen zuweilen durch Anschrauben an gußeiserne Nabenscheiben unter Benutzung innerer Flanschringe oder Knaggen mit der Welle verbunden. Beispiele für Walzenbauarten zeigen die Abb. 293 bis 295, von denen die letzte des Amerikaners *R. Krom*[1] insbesondere eine gute und rasche Zentrierung des Walzenmantels verspricht.

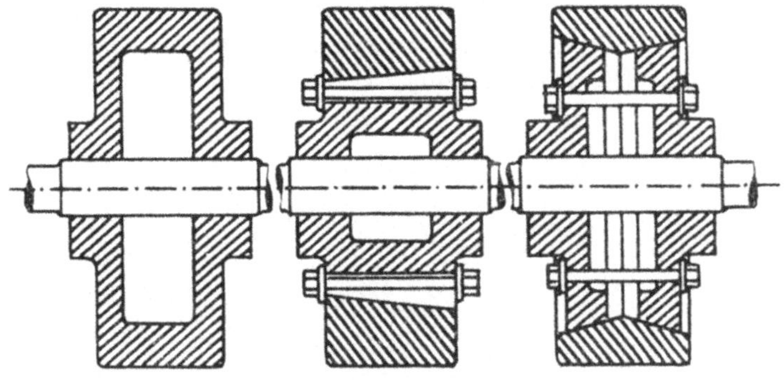

Abb. 293—95. Brechwalzen.

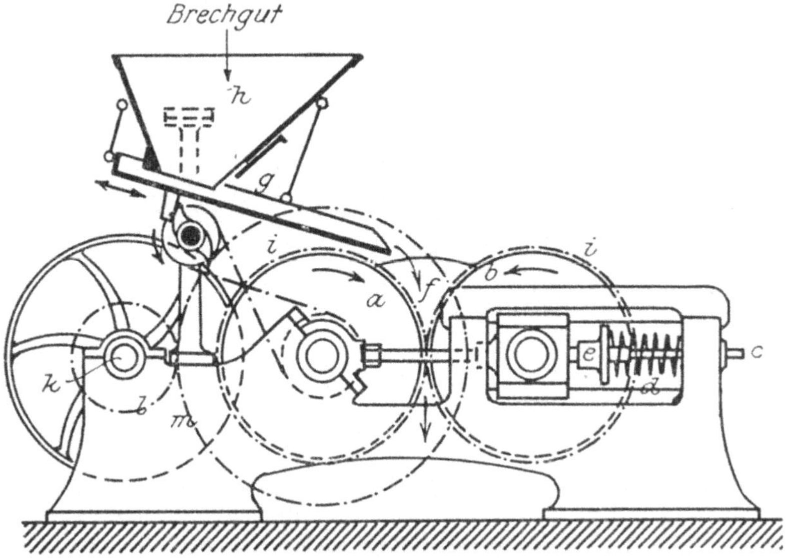

Abb. 296. Quetschwalzwerk.

Die Walzenumfläche bleibt auch bei glatten Walzen meist unbearbeitet, nur in besonderen Fällen, wo ein kleines gleichmäßiges Korn angestrebt wird oder wo kleine weiche Körner zerquetscht werden sollen, wird sie durch Abdrehen oder Schleifen geglättet.

Die Einrichtung eines für die Zerkleinerung von Erzen bestimmten Quetschwalzwerkes[2] ist aus der Abb. 296 zu ersehen. Nach dieser sind die

---

[1] Engl. Pat. Nr. 1058 vom 26. März 1874.

[2] Nach *Gätzschmann* dürften Quetschwalzwerke am Beginn des 19. Jahrhunderts erstmalig bei dem englischen Bergbau Anwendung gefunden haben. Auf dem Oberharze

beiden Walzen *a b* auf einem kräftigen Gußeisenrahmen gelagert. Die Lager der Walze *a* sind mit dem Rahmen fest verbunden, die der Walze *b* ruhen auf Gleitbahnen, sind für jede Durchgangsweite mittels der Stellschraube *c* einstellbar und werden gegen diese durch Federwerke *d* gedrückt. Infolge dieser Federstützung weicht die verschiebbare Walze *b* bei zu großem Druckwiderstand des zwischen den Walzen befindlichen Brechgutes zurück, so daß das Hemmnis ohne Beschädigung der Walzen durch den erweiterten Spalt entweichen kann. Die Federstützung wurde am Anfang der 1860er Jahre von *M. Neuerburg*[1] in Kalk an Stelle der bis dahin üblichen Gewichtshebelstützung eingeführt, die infolge des großen Beharrungsvermögens der Belastungsgewichte bei schnellaufenden Walzwerken ungünstige Wirkung ergibt. Schrauben *e* lassen die Veränderung der Federspannung zu, so daß diese dem verschieden großen Widerstand des Brechgutes angepaßt werden kann. Der Schluck der Walzen ist seitlich durch die Backenbleche *f*

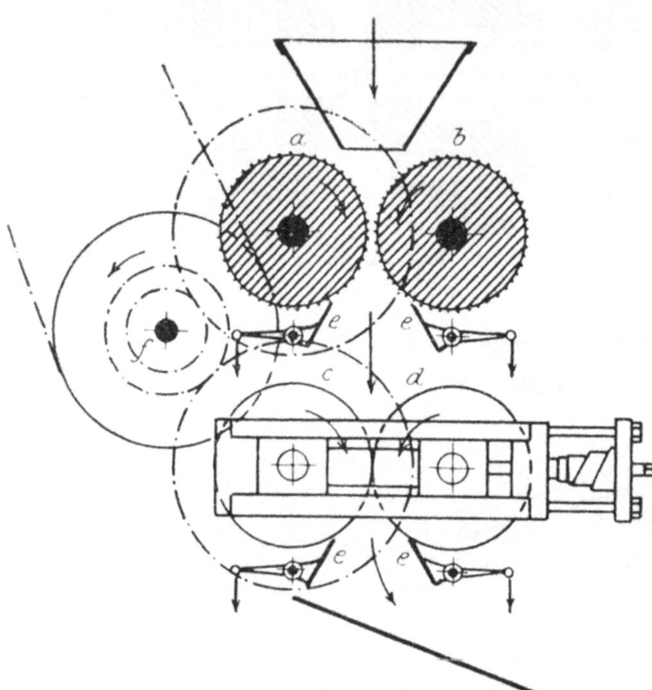

Abb. 297. Doppelwalzwerk für Tonzerkleinerung.

begrenzt und wird durch Vermittlung des Rüttelschuhes *g* vom Fülltrichter *h* aus mit dem zu zerkleinernden Brechgut gefüllt.

Die gleiche Umfangsgeschwindigkeit sichern den Walzen zwei gleichgroße, auf den Walzenachsen sitzende Zahnräder *i*. Dieselben haben lange Evolventenzähne, so daß sie die Walzenverstellung in weiten Grenzen zulassen, wie es die Gewinnung verschiedener Korngrößen erfordert. Ein schweres Schwungrad auf einer der Walzenachsen oder auf einer Vorgelegwelle *k*

wurden sie 1832, zu Schemnitz in Ungarn 1848 und zu Freiberg i. S. 1853 eingeführt. In Pennsylvanien stand 1843 eine Einrichtung zum Zerkleinern des Anthrazites in Gebrauch, bei welcher eine schwere Walze über den auf einem Sieb ausgebreiteten Anthrazit gerollt wurde. Noch früher wandten kleine indianische Bergwerksunternehmen ähnliche Quetschwerke mit ebener oder ausgehöhlter Wälzplatte zur Zerkleinerung der Gold- und Silbererze an.

[1] Engl. Pat. Nr. 28 vom 4. Januar 1862.

gleicht Schwankungen der Umlaufsgeschwindigkeit aus. Kleine Walzwerke von etwa 1000 kg Stundenleistung und 2 PS Arbeitsverbrauch erhalten auf einer der Walzenachsen die Antriebscheibe, bei Walzwerken von 2000 bis 5000 kg Stundenleistung und 3 bis 8 PS Arbeitsverbrauch wird zwischen die Antriebscheibe und die Walzen ein Zahnradvorgelege ($l\,m$) eingeschaltet.

Zur Aufbereitung feuchten Tons dienende Walzwerke bestehen vielfach nach Abb. 297 in der Vereinigung zweier geriffelter Vorwalzen $a\,b$ und zweier darunter befindlicher glatter Feinwalzen $c\,d$. Der Reinigung der Walzenmäntel von anhaftendem Ton dienen Abstreichmesser e, die entweder durch Gewichte angedrückt werden oder die man besser durch Schrauben so anstellt, daß die Walze eine dünne Tonhaut behält, die das Einziehen des Arbeitsgutes fördert. Die Walzen werden von einer gemeinsamen Antriebwelle f aus durch Rädervorgelege umgetrieben. Die Einstellung der Vorwalzen erfolgt auf 5 mm, die der Feinwalzen auf 0,5 bis 1 mm Walzenabstand.

Übliche Größen eines einfachen glattwalzigen Tonwalzwerkes sind nach Krupp - Grusonwerk

$$d = 320 \text{ bis } 800 \text{ mm}$$
$$l = 450 \text{ „ } 590 \text{ mm}$$
$$u = 800 \text{ mm/Sek. im Mittel}$$
$$N = 3 \text{ bis } 10 \text{ PS}$$
$$L = 0,6 \text{ bis } 0,7 \text{ cbm Ton bei 5 mm Spaltweite.}$$

Für die Grobzerkleinerung wenig oder mittelfester und mehr oder weniger spröder Stoffe, wie Kalkstein, Stein- und Braunkohlen, Koks, Kreide, Salz, Zucker, Sulfat, Soda, Knochen, Ölkuchen usw., werden die Brechwalzen verzahnt und zweckmäßig aus einzelnen Hartgußringen zusammengesetzt. Verschiedene der üblichen Formen von Brechringverzahnungen führen die Abb. 298 bis 301 vor. Derartige Brechringe werden zweckmäßig auf eine Kernwalze von sternförmigem Querschnitt aufgereiht und durch Endscheiben und Keile zusammengehalten. Die Ringe einer Walze sind entweder sämtlich gleich verzahnt oder es wechseln verschiedene Zahnformen in regelmäßiger Folge miteinander ab. Um die Brechringe bei einem Zahnbruch leichter auswechseln zu können, macht sie die A.-G. Franz Méguin & Co. in Dillingen zweiteilig und kuppelt sie gegenseitig durch vorspringende Ränder, die in Vertiefungen des Nachbarringes greifen[1].

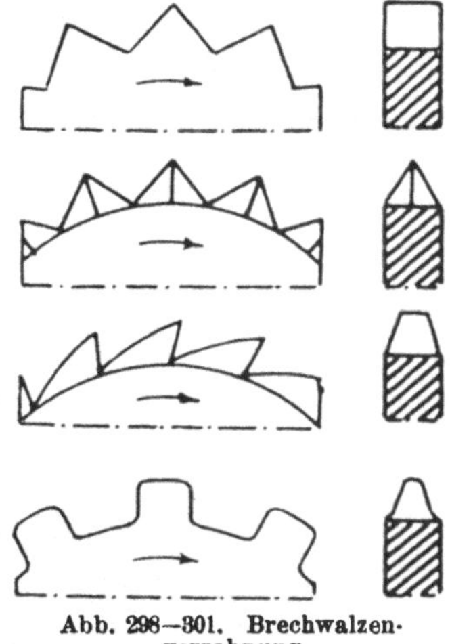

Abb. 298—301. Brechwalzenverzahnung.

Eine besonders einfache Form besitzen die Brechwalzen des zum Zerkleinern roher ungereinigter Tonklumpen in Ziegeleien benutzten Tonbrechers von Bolze & Co. in Braunschweig. Der Brecher enthält zwei Wellen, die mit reihenweise nebeneinander geordneten Armkreuzen aus Flacheisenstäben

---

[1] DRP. Nr. 130 909 vom 17. Oktober 1901.

besetzt sind, welche bei der Drehung der Wellen durch einen Rost hindurch greifen, der den Boden des Füllrumpfes bildet.

Der Ölkuchenbrecher von *Bental*, Abb. 302, besitzt zylindrische Brech-

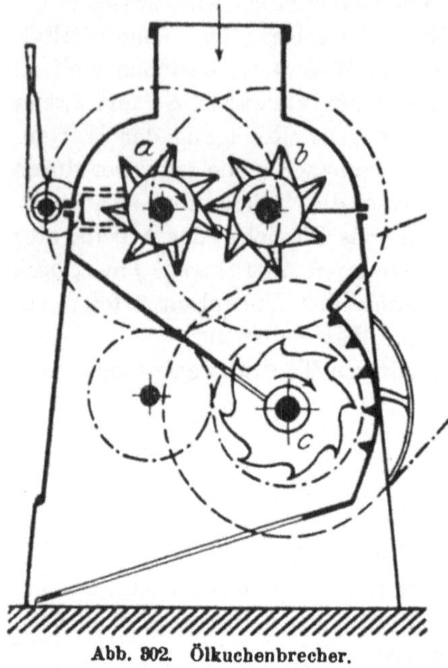

Abb. 302. Ölkuchenbrecher.

walzen *a*, *b* von 76 mm Kerndurchmesser und 375 mm Länge, die mit 26 mm langen spitzen Zähnen besetzt sind und mit 12 Drehungen in der Minute arbeiten. Zahnscheiben *c* dienen zur weiteren Zerkleinerung der vorgebrochenen Kuchen.

Als ein zweites Beispiel ist in Abb. 303 die vorbildliche Bauart eines Koksbrechers wiedergegeben, dessen Brechwalzen bei 500 mm Durchmesser und 400 bzw. 750 mm Länge mit 40 Drehungen in der Minute umlaufen und bei 7000 bzw. 15 000 kg Stundenleistung 3 bzw. 6 PS Betriebsarbeit erfordern. Die Maschinenfabrik Muth-Schmidt G. m. b. H. in Berlin gibt an, daß Koksbrecher mit

400 bzw. 700 mm Walzendurchmesser
500 „ 800 „ Walzenlänge und
200 „ 120 Umdrehungen in 1 Min.

Stundenleistungen von

12 bzw. 30 t auf 50 mm Korn gebrochene mittelharte, trockene Steinkohle und
3 „ 8 t auf 40 mm Korn gebrochenen harten Schmelzkoks

aufweisen. Der Arbeitsverbrauch beträgt hierbei 5 bis 6 bzw. 18 bis 22 PS[1].

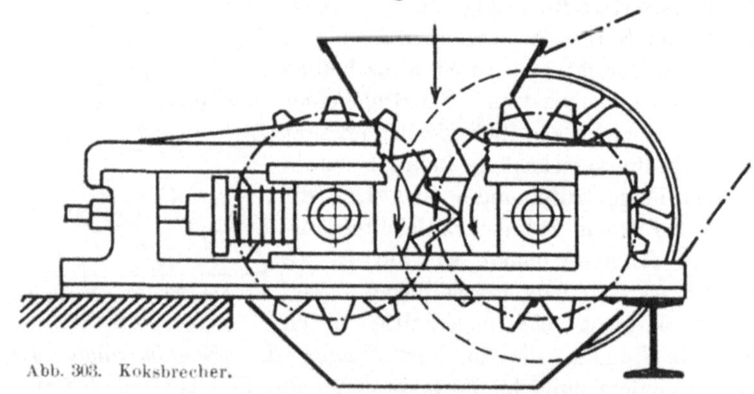

Abb. 303. Koksbrecher.

Im allgemeinen lassen sich Brecher mit Zahnwalzen zum Zerkleinern von 100 bis 140 mm großen Kohlen- oder Koksstücken auf 20 bis 120 mm

---

[1] Über Backen-, Walzen- und Nadelbrecher zur Kohlenzerkleinerung siehe auch Zeitschr. d. österr. Ing.- u. Archit.-Vereins 1918, S. 29 ff.

Korngröße verwenden. Sie liefern hierbei eine nahezu gleichmäßige Körnung ohne viel Grus und Staub.

Besondere Formen von Walzenbrechern sind die zum Zerkleinern von Kalkstein, Zement, Soda, Sulfat, Mineralien usw. benutzten

Kegelbrecher und Schraubenbrecher.

Die ersteren besitzen einen nach oben erweiterten, innen verzahnten kegelförmigen Rumpf[1], in dem sich eine nach oben verjüngte und mit Zahnrippen besetzte kegelförmige Brechwalze dreht. Dieser Brechkegel ist zum Rumpf exzentrisch gelagert, so daß der zwischen beiden vorhandene, das Brechgut aufnehmende Hohlraum im Kreis fortschreitend abwechselnd erweitert und verengt wird.

Es sind vornehmlich zwei Bauarten von Kegelbrechern im Gebrauch: der Brecher von *Symons*[2] und der Gates brecher. Die Einrichtung des letzteren ist aus Abb. 304 zu ersehen. Die den Brechkegel *a* tragende Welle *b* liegt mit dem oberen Ende *c* in einer kuglig gestalteten Lagerschale, die von einem am Brechrumpf *d* angegossenen Armkreuz *e* getragen wird. Der untere Zapfen *f* der Welle ruht auf einer Schraube *g*, die den Brech-

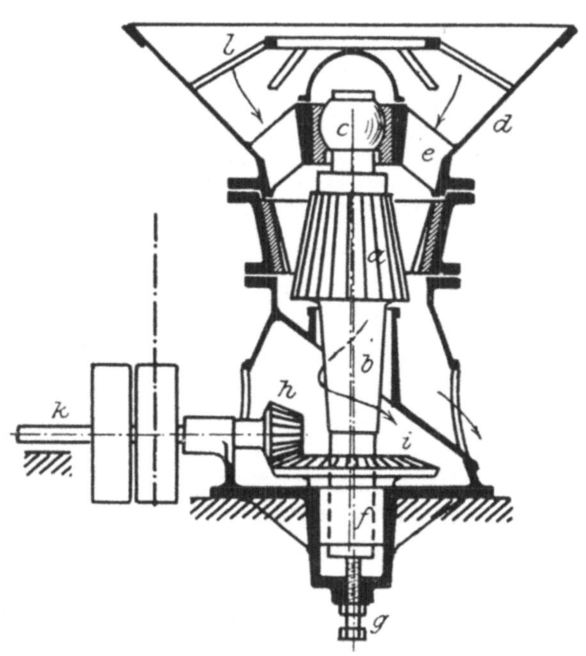

Abb. 304. Kegelbrecher.

kegel senken und heben läßt, um den zwischen Kegel und Rumpf verbleibenden Austrittsspalt zu öffnen oder zu verengen, je nachdem es der beabsichtigte Zerkleinerungsgrad erfordert. Der Zapfen *f* wird von einer exzentrisch gebohrten Lagerschale umschlossen, so daß er sich bei deren Drehung auf einer Kreisbahn bewegt, die den Grundkreis eines Kegels bildet, dessen Spitze im Mittelpunkt der oberen Kugelschale *c* liegt und dessen Mantelfläche von der geometrischen Achse des Brechkegels bestrichen wird. Den Umtrieb erhält die Lager-

---

[1] Die Firma Gebr. Pfeiffer in Kaiserslautern gibt dem Rumpf oben quadratischen Querschnitt und führt diesen allmählich in den Kreisquerschnitt über, um einen großen Fassungsraum zu erzielen (Steinbruch 1913, S. 272).

[2] Engin. News Bd. 57, S. 432. — *Naske:* Die Portlandzementfabrikation. Leipzig 1909.

schale durch die Vermittlung der beiden Kegelräder *h i* von der Antriebwelle *k* aus. Ein Schutzkorb[1] *l*, welcher den Eintragrumpf überdeckt, sichert
gegen fahrlässigen Eingriff in den Brecher.

Die Brechwalze der **Schraubenbrecher** trägt sich durchdringende
rechts- und linksläufige Schraubengänge, die bei der Drehung das in einen
oben offenen Rumpf eingetragene Brechgut gegen einen Rost pressen, durch
dessen Spalten das Klargut ausgetragen wird.

Derartige Brecher, von denen die Abb. 305 eine neuzeitliche, vom **Krupp-
Grusonwerk** gebaute Ausführungsform darstellt, wurden bereits im Jahre
1790 von dem Amerikaner *Oliver Evans* bei der Zerkleinerung von Gips

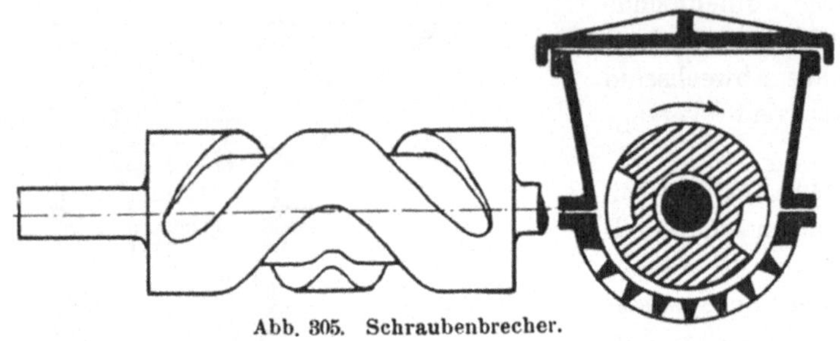

Abb. 305. Schraubenbrecher.

benutzt. Später wurde der Schraubenbrecher von den Franzosen *Baratte*
und *Bonnet* für die Zerkleinerung der Knochenkohle in Zuckerfabriken vorgeschlagen[2].

Neuzeitliche Schraubenbrecher arbeiten mit Brechschnecken von 185 bis
300 mm Durchmesser, 400 bis 900 mm Länge und haben 50 mm tiefe
Schraubengänge. Die Schnecke läuft mit 200 bis 600 Drehungen in der
Minute und zerkleinert bei 1,5 bis 12 PS Arbeitsverbrauch stündlich etwa
2000 bis 7500 kg Zement auf Bohnengröße.

e) Die Mahlwerke.

Mahlverfahren und Mahlwerkzeuge.

Mahlverfahren benennt die Zerkleinerungstechnik solche Verfahren
zur Herstellung mehr oder weniger mehlfeiner Haufwerke bis herab zu $1/_{1000}$ mm
Korngröße, die auf der Benutzung von gleichzeitig zermalmend und abscherend
auf das Arbeitsgut wirkenden Kräften beruhen. Im allgemeinen ist es eine
Reihe von Teilvorgängen, die bei dem Vermahlen von Werkstoffen zu be-
obachten ist. Durch schräg zur Unterlage des Mahlgutes gerichtete und von
den Mahlwerkzeugen ausgehende Druckkräfte, die sich allmählich bis zur
Bruchbelastung des Gutes steigern, wird eine Rollbewegung der Teilstücke
des Mahlgutes hervorgerufen. Dabei hat der hiermit verbundene wiederholte Lagenwechsel der Teile zur Folge, daß die von den stetig wechselnden
Druckstellen ausgehenden Druckkegel, innerhalb der Masse der Teile wandernd,

---

[1] Jahresbericht der Sektion II der Steinbruchs-Berufsgenossenschaft 1908.
[2] *Prechtl:* Enzyklopädie § 221, Tafel 210; *Schönfelder:* Bauliche Anlagen 1861.

eine allseitige Zerspaltung der Teile in den Richtungen geringster Festigkeit und damit die Auflösung derselben in eine Vielzahl neuer kleiner Teilstücke bewirken, die in der Folge den gleichen Einwirkungen der Mahlwerkzeuge unterliegen und wiederum in kleine Teilstücke zerlegt werden. Vorübergehend auftretende Widerstände wirken hierbei zeitweise hemmend auf die Rollbewegung und führen den Stillstand der gebrochenen Teile herbei, so daß die mehr oder weniger rauhe, über sie hinstreichende Oberfläche der Mahlwerkzeuge schleifend die Kanten der Teilchen abstumpft und die Teilchen selbst unter wiederholter Lagenänderung allseitig rundet. Hierdurch nehmen dieselben bei genügender Dauer der Einwirkung eine mehr oder weniger ausgeprägte Kugelgestalt an, wie das auf S. 247 gegebene Beispiel eines Glasflusses ersehen läßt, der nach 12 stündiger Mahldauer 20 v. H., nach 24 stündiger 89 v. H. kuglige Körner aufwies.

Die durch Vermahlen erhaltenen Haufwerke werden durch nachfolgendes Sichten gewöhnlich in drei Klassen geschieden, die je nach der Korngröße Schrot, Grieß oder Mehl benannt werden, ohne daß zahlenmäßig scharf bestimmte Grenzen für sie bestehen. Es unterliegen die Grenzen vielmehr auch mit dem Wechsel der stofflichen Beschaffenheit des Mahlgutes und dem Verwendungszweck desselben ohne Änderung der sprachlichen Bezeichnung mannigfachem Wechsel.

Zermahlend wirkende Einrichtungen, die durch mechanischen Betrieb für die Zerkleinerung größerer Stoffmengen bzw. für Dauerleistungen befähigt sind, werden Mahlmaschinen, Mahlgänge oder Mühlen[1] genannt. Die allgemeine Form der in diesen Einrichtungen zur Anwendung kommenden Mahlwerkzeuge oder Mahlkörper kennzeichnet in der Regel die besondere Art der Mahlmaschine. Danach pflegt man Blockmühlen, Scheibenmühlen, Kollergänge, Walzenmühlen, Kegel- und Kugelmühlen zu unterscheiden.

Festigkeit und Härte, die stets größer als die gleichen Eigenschaften des Zerkleinerungsgutes sein müssen, bilden wesentliche Eigenschaften der für die Herstellung von Mahlkörpern benutzten Werkstoffe. Durch sie wird nicht nur eine lange Erhaltung der für den Ablauf des Mahlverfahrens günstigsten Beschaffenheit der Arbeitsflächen des Mahlkörpers gewährleistet, es wird auch der Abrieb des Mahlkörpers vermindert und dadurch diesem eine längere Benutzungsdauer gesichert und eine erhebliche Verunreinigung des Mahlgutes verhütet. Im gleichen Sinne und die Güte der Mahlleistung fördernd wirkt ein gleichmäßig körniges oder poröses Gefüge des Mahlkörpers.

---

[1] Der Begriff „Mühle" ist mehrdeutig. Er umfaßt nicht nur die einzelne Mahlmaschine, sondern im weiteren Sinne auch die Vereinigung mehrerer dieser mit ihren zugehörigen Hilfseinrichtungen zu einem Ganzen (Handmühle, Kunstmühle, Dampfmühle, Wassermühle, Windmühle), ja er wird sogar einer alten Gewohnheit folgend auf alle mechanischen Einrichtungen, die der Zerkleinerung von Werkstoffen dienen, übertragen (Pochmühle, Sägemühle, Schneidemühle, Schleifmühle). Diese Mehrdeutigkeit des Begriffes tritt insbesondere dann hervor, wenn zur Kennzeichnung der besonderen Mühlenart die zur Verarbeitung gelangenden Stoffe (Erz-, Getreide-, Lohmühle) oder die daraus hervorgehenden Erzeugnisse (Graupen-, Schrot-, Mehl-, Pulvermühle) dienen.

Von ihm hängt insonderheit diejenige Beschaffenheit der Mahlfläche ab, die man als „Schärfe" zu bezeichnen pflegt und die nach dem Verschwinden infolge Abnutzung durch Abarbeiten einer Oberflächenschicht immer neu hervorgerufen werden muß. So tritt als eine dritte wesentliche Eigenschaft des Mahlkörpers dessen leichte Bearbeitbarkeit hinzu, die das Aufsetzen der Schärfe fördert und sonstige notwendig werdende Gestaltgabe zuläßt, ohne daß die Verhütung unbeabsichtigter Formänderungen durch Abblättern, Springen und Ausbrechen besondere Vorsichtsmaßregeln erfordert.

Diesen Forderungen entsprechen unter den eine wirtschaftliche Verwendung zulassenden Natursteinen am besten die ein quarziges Bindemittel enthaltenden, mehr oder weniger feinkörnigen Sandsteine, die stark porösen Porphyrtuffe und Basaltlaven, die löcherigen (kavernösen) Süßwasserquarze u. a. Die Fundorte solcher Gesteine sind an Örtlichkeiten gebunden, die durch einen besonderen geologischen Aufbau ausgezeichnet sind. Den mächtigen Sandsteinablagerungen der Sächsischen Schweiz und Sächsischen Oberlausitz, dem Kyffhäusergebirge und Oberösterreich, den Porphyr- bzw. Basaltlagerstätten Thüringens und der Rheingegend um Niedermendig, Mayen und Cottenheim sowie den die Süßwasserquarze bergenden tertiären Schichten Frankreichs und Ungarns entstammen vorzügliche, zur Herstellung von Mahlkörpern geeignete Werkstoffe.

Künstlich erzeugte, steinähnliche Massen, wie Steinzeug, Porzellan, Glas u. a., besitzen an sich ein dichtes Gefüge, können aber durch Schleifen mehr oder weniger gerauht werden, um für das Feinmahlen brauchbar zu sein. Auch hat man mit Erfolg versucht, Porzellanmasse durch Einkneten organischer Stoffe (kurzgeschnittene Tannennadeln, die beim Brennen der Masse vergasen) eine durchgehend blasige Beschaffenheit zu geben.

Bei eisernen Mahlwerkzeugen entspringt die notwendige Rauhigkeit der Mahlfläche entweder der unebenen Beschaffenheit der harten natürlichen Gußhaut, oder sie wird durch Angießen oder nachträgliches Einarbeiten von mehr oder weniger feinen Rippen und Zähnen erzielt.

Die rasche Ableitung der erheblichen Wärmemengen, die bei dem Zerreiben des Mahlgutes frei werden, trägt wesentlich zur Erhaltung der Arbeitsflächen der Mahlwerkzeuge bei. Es ist daher die Naßmühle überall da im Vorteil, wo die Beschaffenheit oder der Verwendungszweck des Mahlgutes das Durchfeuchten erlaubt. Wo dies nicht der Fall ist, wie namentlich bei dem Vermahlen von Werkstoffen organischen Ursprungs und beim Zement, wird es erforderlich, durch einen stetig unterhaltenen Luftumlauf für eine ausreichende Lüftung und Kühlung der Mahlkörper zu sorgen. Bei dem Naßmahlen ergibt sich die Verhütung jeder Staubbildung von selbst. Bei dem Trockenmahlen muß die Verbreitung der entstehenden und durch Luftwirbel aufgerührten feinsten Mehlkörperchen in der Umgebung der Arbeitsstätte durch Umhüllen der Mahlkörper und durch Absaugeinrichtungen verhindert werden. Es wird dadurch nicht nur störenden bzw. schädlichen Belästigungen der die Mühle bedienenden Arbeiterschaft vorgebeugt, es werden dadurch auch Staubexplosionen verhütet, die unter gewissen Umständen aus der entzündlichen Beschaffenheit manchen Mahlgutes (Getreidemehl) entspringen.

Die üblichen Mahlverfahren zerfallen in zwei Hauptgruppen: in solche, bei denen eine abgemessene Menge des Mahlgutes bis zur genügenden Zerkleinerung dem Einwirken der Mahlwerkzeuge unterworfen wird, und in solche, bei denen das Mahlgut in stetem Strom zwischen den Arbeitsflächen der Mahlwerkzeuge hindurchfließt und dabei die beabsichtigte Zerkleinerung erfährt. Den Verfahren der ersten Gruppe dienen Mühlen, die unstetig, absatzweise und daher im allgemeinen mit geringem wirtschaftlichen Wirkungsgrad arbeiten. Sie bieten aber den Vorteil eines einfachen und daher nur geringe Anlage- und Unterhaltungskosten verursachenden Baues sowie die Möglichkeit, durch geeignete Verlängerung der Arbeitsdauer die Mehlfeinheit und Gleichförmigkeit des Mahlgutes beliebig steigern zu können. Ihre Hauptvertreter sind die Block- und Mörsermühlen sowie gewisse Bauarten von Kugelmühlen, die ausschließlich einer hohe Anforderungen stellenden Feinzerkleinerung dienen.

Demgegenüber sind die Maschinen der zweiten Gruppe die wirtschaftlich höherstehenden, da der Wegfall von regelmäßig wiederkehrenden Stillständen, die der Zu- und Abführung des Mahlgutes entspringen, Zeitverluste vermeiden läßt und zu einem die Leistungsfähigkeit der Mühle voll ausnutzenden stetigen Betriebe führt. Sie sind es daher auch, die sich besonders zur Verarbeitung größerer Mengen von Mahlgut eignen und durch eine größere Anzahl zum Teil vorzüglich durchgebildeter Bauarten vertreten sind, die den mannigfachsten Anforderungen zu genügen vermögen.

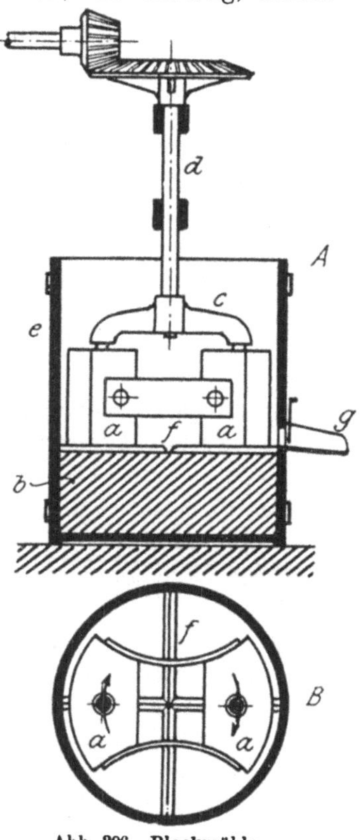

Abb. 306. Blockmühle.

1. Die Blockmühlen und Mörsermühlen.

Die Blockmühlen dienen ausschließlich der Feinzerkleinerung von Glasflüssen (Glasuren), Mineralfarben, Drogen usw. Ihr Betrieb ist unstetig. Die Mahlwerkzeuge sind block-, scheiben- oder keulenförmige Läufer aus Stein oder Metall, die mit einer den Boden eines Troges bildenden Mahlplatte (Bodenplatte, Bodenstein) aus gleichem Werkstoff zusammenarbeiten.

Die Abb. 306 A und B zeigen die Einrichtung einer kleinen als Glasurmühle in Porzellanfabriken Verwendung findenden Blockmühle von etwa 100 kg Läufergewicht. Der Läufer a und der Bodenstein b bestehen aus feinkörnigem Sandstein. Der erstere ist zweiteilig und wird von einem Armkreuz c erfaßt, das von der stehenden Welle d in Drehung versetzt wird. Der Trog e nimmt das Mahlgut auf, das mit Wasser gemischt von dem umlaufenden Läufer zermahlen wird. Eine kreuzweise Furchung f des Bodensteines unterstützt das Eintreten des Mahlgutes zwischen die Arbeitsflächen der Mahlwerkzeuge. Nach Beendigung der Mahlarbeit, aber noch vor dem Stillsetzen des Läufers, wird die schlammartige Masse durch den Auslauf g aus dem Bottich abgelassen, da die Unterbrechung der Läuferbewegung infolge der Ausscheidung des mehlfein gemahlenen Mahlgutes aus dem Mahlwasser zur gegenseitigen Verkittung der Mahlwerkzeuge führen und die erneute Inbetriebsetzung der Mühle erheblich erschweren würde.

Die erreichbare Mehlfeinheit hängt von der aufgegebenen Mahlgutmenge und von der Dauer der Mahlung ab. Die erstere ist je nach der Größe der Mühle verschieden; sie schwankt bei Glasurmühlen von 1 bis 1,75 m Trogdurchmesser etwa zwischen 15 bis 130 kg. Die letztere beträgt bei der Aufgabe grießigen Mahlgutes aus Quarz, Kalk, Feldspat, Porzellanscherben u. dgl. und der Erzeugung von Feinmehl etwa 12, bei der Erzeugung von Grobmehl etwa 6 Stunden. Das Gewicht eines Läufersteines schwankt zwischen 50 bis 250 kg; bei kleinem Gewicht (50 bis 100 kg) wird die Anzahl der Läufer auf 4 bis 8 Stück vermehrt. Den Antrieb erhalten die Läufer bei großen Glasurmühlen[1] durch ein Armkreuz, das auf dem Kopf einer den Bodenstein in der Mitte durchdringenden senkrechten Welle steckt und die Läuferblöcke mittels Fingern vor sich herschiebt oder mit Ketten nachzieht, so daß sie sämtlich Kreisbahnen durchlaufen.

Bei 10- bis 20 minutlichen Umdrehungen des Armkreuzes werden als Leistung einer Blockmühle mit 2 bis 2,5 m Trogdurchmesser und $3 \times 100 = 300$ kg Läufergewicht 10 kg harter Sand, bei einer solchen mit 4,3 m Durchmesser und $4 \times 100 = 400$ kg Läufergewicht 40 kg des gleichen Stoffes angegeben.

Eine Sonderart der Blockmühlen bilden die in Drogenaufbereitungsanstalten zur Herstellung staubfeiner Pulver benutzten Zykloidalmühlen[2], bei denen zylindrische oder kegelförmige Läufer mit einer ihrer ebenen Stirnflächen auf einem flachkegeligen Bodenstein laufen. Hierbei erhalten die Läufer infolge der Verschiedenheit der wirkenden Reibungsmomente Eigendrehung und üben, da die Mahlflächen auf stetig wechselnde Flächenstreifen von nur geringer Breite zusammenschrumpfen, auf die sich das Läufergewicht absetzt, einen großen spezifischen Flächendruck aus.

In abweichender Bauart haben *Bowley* und *Cotton*[3] Zykloidalmühlen zum Feinreiben der Farben vorgeschlagen. Sie geben verschiedene Bauarten an, die dadurch gekennzeichnet sind, daß kleine zylindrische Läufer so auf einer ebenen, wagerecht liegenden Mahlplatte geführt werden, daß die Bahnen verkürzte Epizykloiden darstellen, die beständig ihre Lage wechseln und dicht

---

[1] Dingl. polyt. Journ. 1828, Bd. 28, S. 177.

[2] *Brooman*, London: Engl. Pat. Nr. 872 vom 12. April 1853; Protokolle des Sächs. Ing.-Vereins 1868, S. 29.

[3] Dingl. polyt. Journ. 1871, Bd. 201, S. 294.

nebeneinander liegen, so daß allmählich die ganze Fläche der Mahlplatte bestrichen wird. Die Platte liegt hierbei entweder fest (Abb. 307) und die Läufer erhalten von einer Achse a aus unter Vermittlung des feststehenden Zahnrades b und der auf diesem sich abwälzenden Zahnräder c der Achsen der Läuferträger die Zykloidenbewegung, oder die Platte wird gedreht und von ihr wird durch Zahnradgetriebe eine kreisende Bewegung der Läufer abgeleitet. In jedem Falle sichert ein ungerades Übersetzungsverhältnis der Zahnräder ($^{1}/_{5}$, $^{1}/_{7}$) die Nebeneinanderlage der Zykloidenbahnen (Abb. 307 B).

Hierher ist auch die s. Z. vielgenannte und beschriebene[1] „Bogardusmühle" zu rechnen, die 1832 von dem Amerikaner *J. Bogardus* erfunden wurde und deren wesentliche Merkmale eine sich drehende Mahlscheibe mit exzentrisch liegendem, durch Reibung in Drehung versetztem scheibenförmigen Läufer bildet.

Aus ihr haben sich die neueren, von *Neuerburg*[2] und von *Dingey*[3] für das Feinmahlen von Mineralien angegebenen Formen entwickelt, bei denen eine oder mehrere exzentrisch zur umlaufenden Mahlscheibe angeordnete Läuferscheiben selbständigen Umtrieb erhalten (Abb. 308). Eine solche stetig arbeitende Mühle mit Hartgußboden-

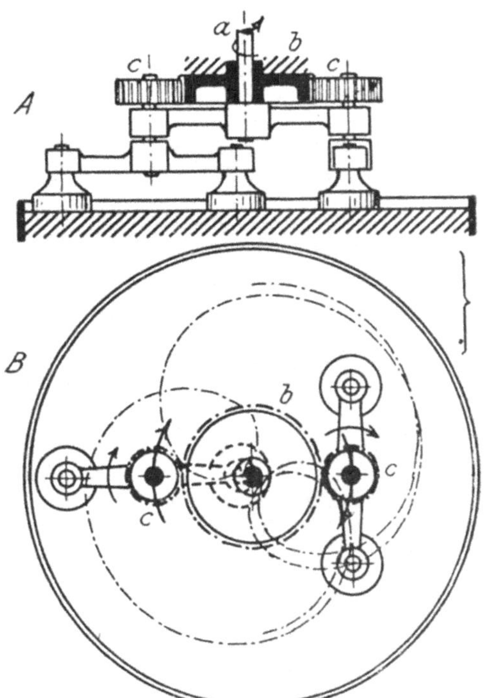

Abb. 307. Zykloidalmühle.

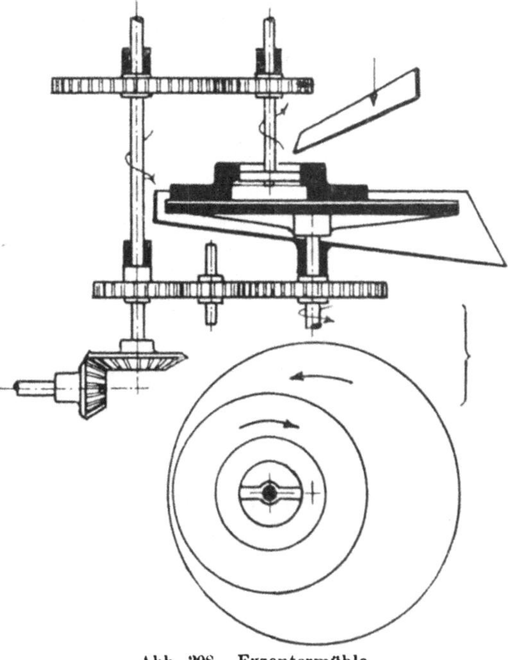

Abb. 308. Exzentermühle.

---

[1] U. a. in Dingl. polyt. Journ. 1833, Bd. 48, S. 393; Bergwerksfreund Bd. XII. S. 17, 349, 501, 525. — Bauart *W. Butler* in Willesden: Engl. Pat. Nr. 1177 vom 1. April 1875.

[2] Sächs. Pat. Nr. 4891 vom 20. April 1877.

[3] Dingl. polyt. Journ. 1874, Bd. 214, S. 371 ; Zeitschr. f. Berg-, Hütten- u. Salinenwesen 1878, Bd. 26, S. 136.

platte von 2,3 m Durchmesser und 2,2 Umdrehungen in der Minute sowie
4 Hartgußläufern mit 207 Umdrehungen verarbeitet in 1 Stunde 800 kg
quarzige Setzabhübe zu

> 57,2 v. H. röschen Sand, 15,0 v. H. Mittelmehl,
> 9,0 „   Feinmehl,   13,8 „   zähen Schlamm.

Der Arbeitsverbrauch beträgt hierbei 8 PS. Um die Überzerkleinerung
zu verhindern, sind derartige Mühlen auch mit senkrecht stehenden Mahlscheiben ausgeführt worden[1].

Eine weitere Sonderart der Blockmühle ist die als Reibmaschine
für Drogen, pharmazeutische Erzeugnisse, Schmelzfarben usw. benutzte Mörsermühle, bei welcher ein keulenförmiger Läufer in einer feststehenden oder sich
drehenden Reibschale so bewegt wird, daß er wiederholt die ganze Innenfläche
dieser bestreicht. Zu nennen sind u. a. die Bauarten von *Hermann*[2] in Paris und
von *Goodall*, beide mit fester Reibschale und in Kreisbahnen schwingendem Läufer,
sowie die Mühle von *Windisch* und *Kunze*[3] in Meißen mit sich drehender Schale (Abbildung 309), die ein Belastungsgewicht a gegen den feststehenden Läufer b drückt
und ein Daumenrad c zur besseren Verteilung des Reibgutes zeitweise lüftet. Abstreicher d führen an dem Schalenrand aufsteigendes Mahlgut erneut der Reibkeule zu.

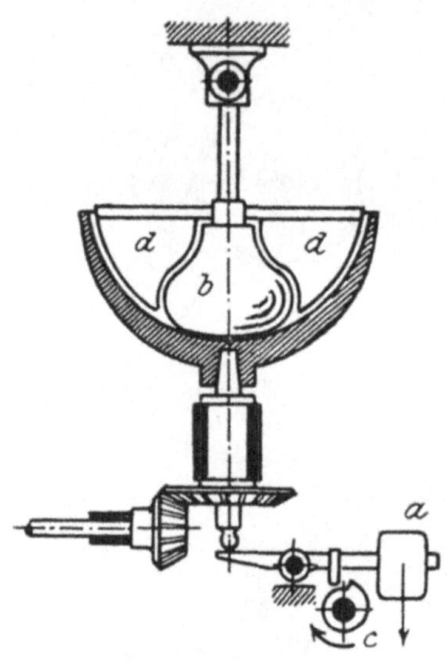

Abb. 309. Mörsermühle.

2. Die Scheibenmühlen.

Die Mahlwerkzeuge der Scheibenmühlen sind zwei benachbart und gleichachsig liegende kreisförmige Stein- oder Hartgußscheiben, deren einander
zugewendete Stirnflächen die Arbeits- oder Mahlflächen bilden. Die eine
der Scheiben ist der „Läufer". Sie dreht sich um eine Achse, die, durch die
Scheibenmitte gehend, senkrecht zur Mahlfläche steht, und liegt bei wagerechter Lage dieser Fläche über oder unter der anderen ruhenden Scheibe,
dem „Bodenstein". Die derart eingerichteten Scheibenmühlen oder Mahlgänge werden oberläufig bzw. unterläufig genannt. Stehen die Mahlflächen der Scheiben senkrecht, dreht sich der Läufer also um eine wagerechte
Achse, so spricht man von seitenläufigen Mahlgängen. Zu den letzteren
gehört der mit Steinscheiben arbeitende Mahlgang von *Charles Umfrid* in

---

[1] Erzmühle der Maschinenbau - A. - G. Humboldt in Kalk: DRP. Nr. 3321
vom 19. März 1878; Dingl. polyt. Journ. 1879, Bd. 233, S. 365.

[2] Dingl. polyt. Journ. 1850, Bd. 115, S. 245.

[3] DRP. Nr. 11 231 vom 6. April 1880.

Paris[1] sowie die meisten der mit Hartgußscheiben arbeitenden Scheibenmühlen.

Die Steinscheiben oder „Mühlsteine" werden meist aus Sandstein, Porphyr, Basaltlava, Süßwasserquarz und ähnlichen Gesteinen hergestellt. Bei
dem Vorkommen der Gesteine in größeren Blöcken von gleichförmig körniger
Beschaffenheit, z. B. Sandstein, bestehen die Steinscheiben in der Regel
aus einem Stück. Anderenfalls werden sie aus einer größeren Anzahl sorgfältig ausgewählter Teilstücke zusammengesetzt, wie z. B. die aus Süßwasser-

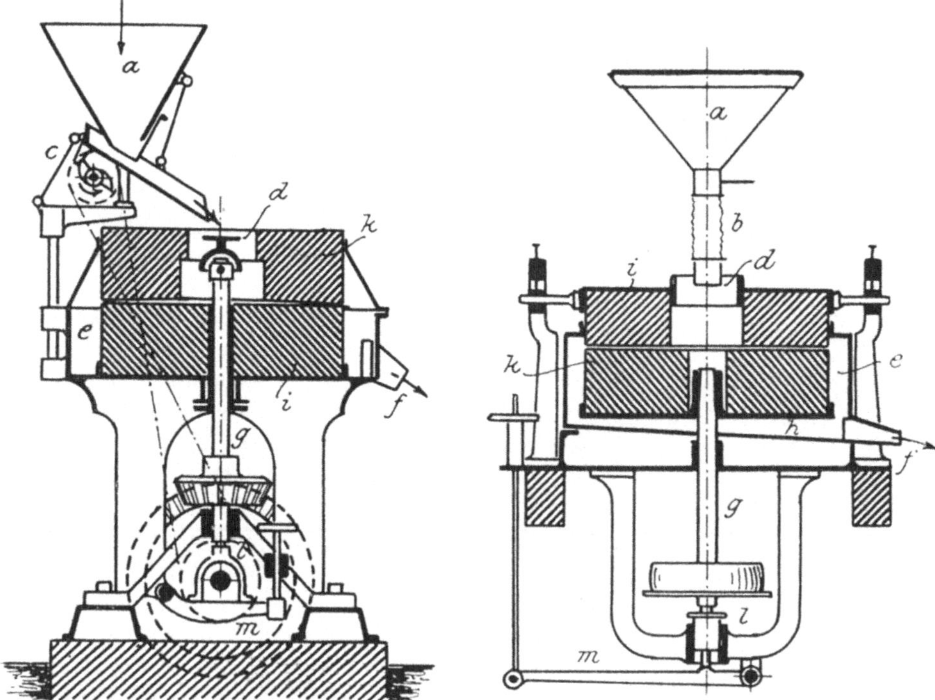

<table>
<tr><td>Abb. 310. Oberläufiger Mahlgang.</td><td>Abb. 311. Unterläufiger Mahlgang.</td></tr>
</table>

quarzen bestehenden „französischen Mühlsteine". Der Durchmesser der
Mahlscheiben schwankt etwa zwischen 200 und 1500 mm. Über 1000 mm
große Steinscheiben erhalten 300 bis 600 mm Dicke und wiegen 1200 bis
1900 kg. Die Umfangsgeschwindigkeit des Läufers ist durchschnittlich
8 bis 9 m/Sek.

Die allgemeine bauliche Einrichtung der

Ober- und Unterläufer

zeigen die Abb. 310 und 311. Aus ihnen ist zu ersehen, daß das in einem
trichterförmigen Vorratsbehälter *a* befindliche Mahlgut den Mahlscheiben
entweder durch ein in der Höhenrichtung verstellbares Rohr *b* (Abb. 311)
unmittelbar zufließt oder durch ein Rüttelwerk *c* (Abb. 310) zugeteilt wird.

---

[1] Engl. Pat. Nr. 2575 vom 18. August 1868.

In jedem Falle gelangt das Mahlgut durch eine kreisförmige Öffnung in der Mitte der oberen Mahlscheibe, das sog. Steinauge d, zwischen die Arbeitsflächen der beiden Scheiben und wandert während der Zerkleinerung zwischen diesen dem Umfang der Mahlscheiben zu. Um beim Austritt an diesem das Verstäuben des Mehles zu verhindern, sind die Mahlkörper mit einem Gehäuse e umgeben, welches das austretende Mehl aufnimmt und aus dem es durch den Auslauf f abgezogen wird.

Die den Läufer k antreibende stehende Welle oder „Mühlspindel" g stützt nach Abb. 311 bei dem unterläufigen Mahlgang den Läufer unter Vermittelung einer Gußeisenscheibe h, die mit dem Spindelkopf starr verbunden ist.

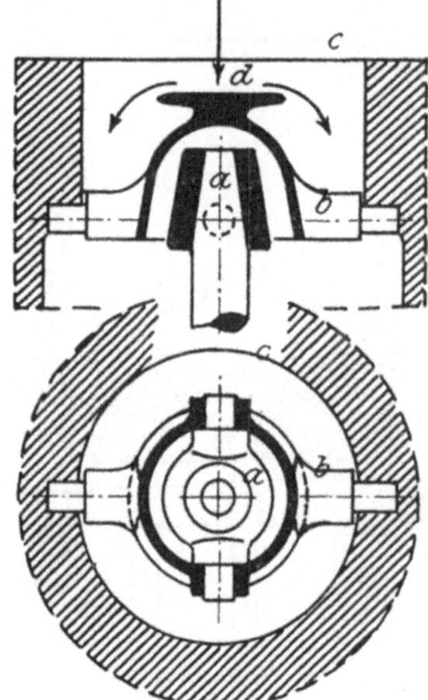

Bei oberläufigen Naßmühlen der Erzzerkleinerung erhält der Läufer zuweilen oberen Antrieb und ist an das untere Ende der Mühlspindel angeschlossen. Meist jedoch erfolgt auch bei Oberläufern der Antrieb von unterhalb. Die Mühlspindel durchdringt dann nach Abb. 310 den Bodenstein i in einem mehldichten Halslager und ist mit dem Läufer k durch eine im Steinauge befindliche Kupplung, die „Haue", verbunden. Die Verbindung ist entweder starr oder beweglich, je nachdem sie durch eine „feste Haue" oder eine „Kugelhaue" (Abb. 312) erfolgt. Die letztere besteht aus einem Kreuzgelenk, dessen einer Teil a mit der Spindel verbunden ist und dessen anderer Teil b den Läufer c stützt. Durch diese Anordnung erhält der Läufer die Fähigkeit, bei richtiger Verteilung seiner Masse sich während der Drehung unter

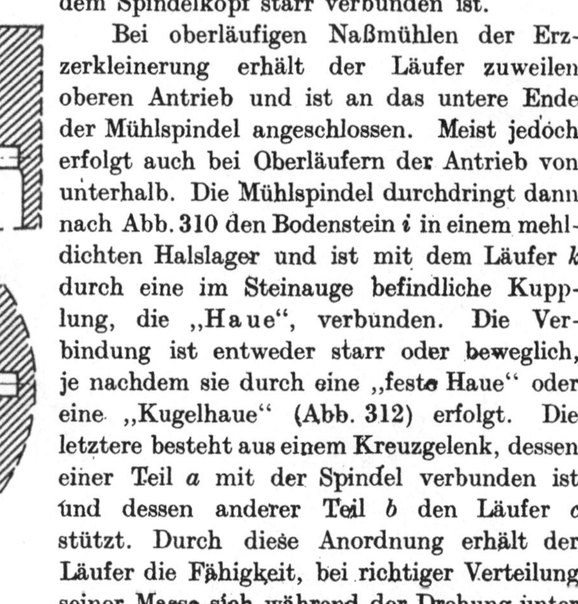

Abb. 312. Kugelhaue.

dem Einfluß der Fliehkräfte derart einzustellen, daß die Arbeitsflächen der beiden Mahlscheiben so gleichgerichtet bleiben wie in der Ruhelage. Ein mit der Haue verbundener Streuteller d nimmt zweckmäßig das dem Vorratsbehälter entfließende Mahlgut auf und verteilt es bei der Drehung gleichförmig über den Umfang des Steinauges.

Bei Mahlgängen mit unterem Antrieb ruht das untere Ende der Mühlspindel auf der Spurplatte eines Fußlagers (l der Abb. 310, 311), das in der Höhenrichtung verstellbar ist und den Abstand zwischen den Mahlflächen zu regeln gestattet. Die zur Verstellung dienende Einrichtung bildet die „Steinstellung" der Mühle. Sie besteht vielfach in einem das Fußlager tragenden Hebel m, der durch Handrad und Schraube bewegt wird.

Für den gleichzeitigen Betrieb mehrerer Mahlgänge werden diese reihenweise aufgestellt und von einer gemeinsamen Antriebwelle durch Kegelräder oder Riemen angetrieben.

Zwischen den Mahlflächen der Mahlscheiben findet die Zerkleinerung des Mahlgutes auf dem Wege vom Steinauge nach dem Scheibenumfang statt. Der Eintritt des Mahlgutes zwischen die etwa 1 mm von einander entfernten Mahlflächen wird hierbei durch eine flache kegelförmige Austiefung erleichtert, die rund um das Steinauge des Obersteines verläuft. Sie heißt der **Schluck** des Mahlganges. Für den Transport des Gutes zwischen den Mahlkörpern während des Zerkleinerns sorgen in die Mahlflächen eingehauene Furchen von meist dreieckigem Querschnitt, die **Luftfurchen** oder **Hauschläge**. Gleichzeitig mit dem Mahlgut strömt Luft, die bei der Drehung des Läufers am Steinauge angesaugt wird, durch die Furchen dem Scheibenumfang zu. Sie kühlt hierbei sowohl das Mahlgut als die Mahlscheiben, die sich infolge der Umsetzung der Reibungsarbeit in Wärme sonst erhitzen würden (Ventilation des Mahlganges).

Die Luftfurchen verlaufen auf den Mahlflächen im allgemeinen in radialer Richtung. Sie sind geradlinig oder nach einem Kreisbogen oder nach einer logarithmischen Spirale gekrümmt und so angeordnet, daß sich die Furchenscharen beider Scheiben kreuzen (unterer Teil der Abb. 313). Bei entsprechender Größe des Kreuzungswinkels α üben sie, sobald

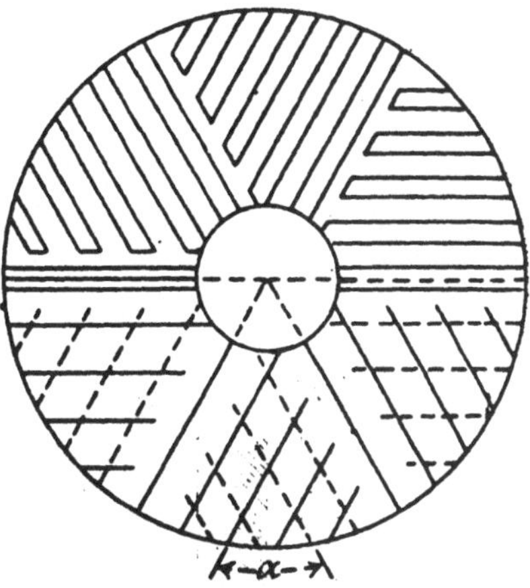

Abb. 313. Hauschläge (Anordnung).

der Läufer sich dreht, eine ausstreifende Wirkung auf das Mahlgut aus, so daß dieses allmählich dem Scheibenumfang zugeschoben wird. Die Bedingung hierfür ist, daß der Kreuzungswinkel stets größer als der Reibungswinkel bleibt[1], eine Bedingung, die bei geraden oder kreisförmigen Hauschlägen nur unter Einhaltung bestimmter Verhältnisse erfüllbar ist. Die von der Steinmitte aus gehenden Furchen werden **Hauptfurchen** genannt. Sie teilen die Mahlfläche in Felder, die von **Nebenfurchen** unterteilt sind, welche der einen das Feld begrenzenden Hauptfurche gleichlaufen (oberer Teil der Abb. 313). Die zwischen den Furchen verbleibenden **Mahlbalken** werden fein geriffelt; ihre Aufgabe ist das Feinmahlen des Mahlgutes. Durch die übliche, in Abb. 315 dargestellte Querschnittsgestaltung der Hauschläge werden diese für die Vorzerkleinerung nutzbar gemacht, indem bei der Bewegung des Läufers L der Querschnitt zweier sich deckender

---

[1] Auf das im Kreuzungspunkt liegende Mahlgutteilchen m (Abb. 314) wirke die zur Tangente $a\,b$ senkrechte Kraft P. Sie drückt das Teilchen mit der Kraft $P \cos \alpha$ gegen die Kante des zweiten Hauschlages und sucht es mit der Kraft $P \sin \alpha$ an dieser entlang zu schieben. Dies tritt ein, wenn die Reibung $\varphi\,P \cos \alpha < P \sin \alpha$, also $\operatorname{tg} \alpha > \varphi$ ist.

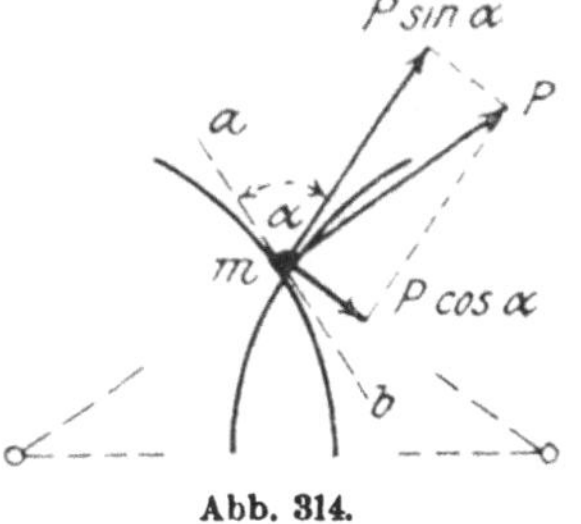

Abb. 314.

Furchen allmählich so verkleinert wird, daß die größeren Mahlgutteilchen unter gleichzeitiger Wälzung zerdrückt werden[1].

Der Arbeitsverbrauch wagerechter Scheibenmühlen beträgt etwa 3 bis 20 PS; die Leistung für 1 PS und 1 Stunde kann für mildes Mahlgut (Getreide, Kalkstein) zu 70 bis 80 kg, für härteres Gut (hartgebrannte Zementklinker) zu 55 bis 66 kg geschätzt werden.

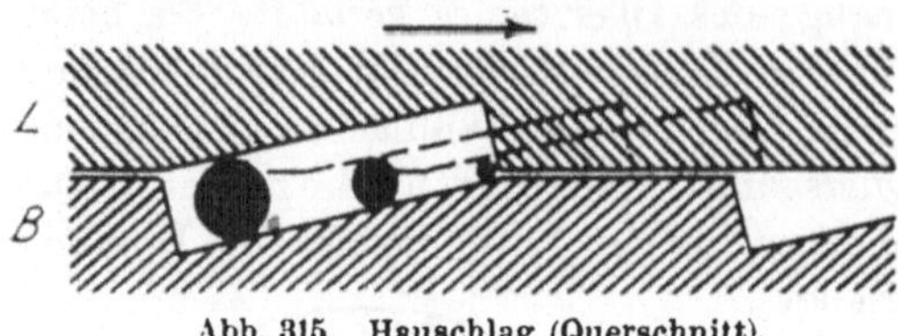

Abb. 315. Hauschlag (Querschnitt).

Unter den seitenläufigen Mahlgängen hat die Scheibenmühle von *Schmeja*[2], die unter dem Namen „Exzelsiormühle" von den Krupp - Grusonwerken gebaut wird, viel Verbreitung gefunden. Dieselbe hat ihr Vorbild in der Horizontalmühle von *Eugen Anduze* in Paris[3], die erstmalig zwei gußeiserne oder stählerne Mahlscheiben mit in konzentrischen Kreisen stehenden zugeschärften Zähnen aufweist, die bei der Drehung des Läufers in den konzentrischen Rillen der Gegenscheibe laufen. Eine gleichartige Verzahnung besitzen auch die aus Hartguß hergestellten Mahlscheiben der Vertikalmühle von *Schmeja* (Abb. 316). Die Zähne sind nicht über die ganze Scheiben-

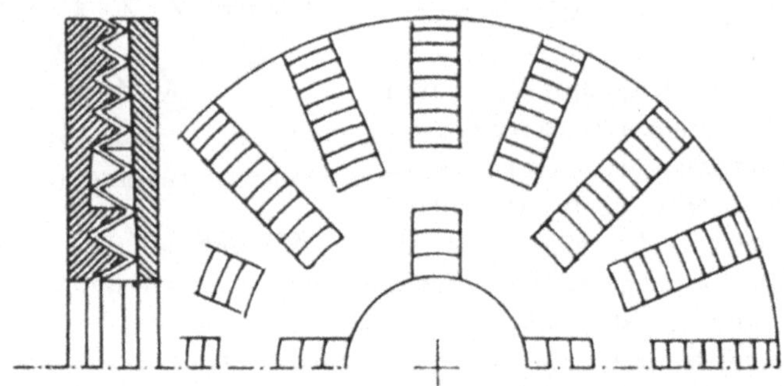

Abb. 316. Mahlscheibe der Mühle von *Schmeja*.

fläche gleichmäßig verteilt. Ihre Anordnung in verschieden langen, radial gerichteten Reihen läßt nahe der Scheibenmitte bogenförmig begrenzte Lücken entstehen, in welche das zu zerkleinernde Haufwerk eintritt, um von den hier kräftigen Zähnen vorzerkleinert zu werden. Nach dem Umfang der Scheiben hin nimmt die Größe der Zähne ab, entsprechend der fortschreitenden Zerkleinerung des Mahlgutes.

Die Abb. 317 läßt die Einrichtung der Mühle ersehen. Die beiden Mahlscheiben bilden die Stirnwände eines Gehäuses *a*, dem das Mahlgut durch die Höhlung der festliegenden Bodenscheibe aus dem Rumpf *b* zufließt. Der mit der Bodenscheibe in Eingriff stehende Läufer *c* ist an der wagerechten Mühl-

---

[1] Über die geschichtliche Entwickelung der Mahlscheibenschärfe berichtet *Armengaud*: publ. ind. 1879, Vol. 25, S. 394, Tfl. 32.

[2] Engl. Pat. Nr. 990 u. 1226 vom 20. März 1874.

[3] Engl. Pat. Nr. 645 vom 26. Februar 1868.

spindel *d* fliegend angeordnet und wird durch den Riementrieb *e* mit 300 bis 400 Umläufen in der Minute in Drehung versetzt. Die Tiefe des Zahneingriffes beider Scheiben und damit der Zerkleinerungsgrad wird mittels der Steinstellung *f* geregelt derart, daß die Mühle sowohl zur Schrot- als Mehlerzeugung dienen und für die Zerkleinerung der verschiedensten Stoffe geringer und mittlerer Festigkeit verwendet werden kann. Durch wechselndes Arbeiten mit verschiedener Drehrichtung des Läufers findet infolge der Abnutzung immer erneut das Schärfen der Zahnkanten statt, bis das völlige Abarbeiten der Zähne das Auswechseln der Scheiben notwendig macht.

Die Mühle wird in vier Größen gebaut, mit Scheibendurchmessern von 200 bis 600 mm, Stundenleistungen von 80 bis 1200 kg und einem Arbeitsverbrauch von 0,75 bis 6 PS.

3. Die Walzenmühlen.

Die hauptsächlichste Verwendung finden die Walzenmühlen in der Getreidemehlfabrikation, wo sie gegenüber den Scheibenmühlen den Vorteil eines kürzeren, vom Mahlgut durchlaufenen Arbeitsweges bieten. Hiermit ist eine größere Schonung der zähen Kleieteile des Getreidekornes verbunden; es werden die spröden Grieße und Dunste allein vermahlen und hier-

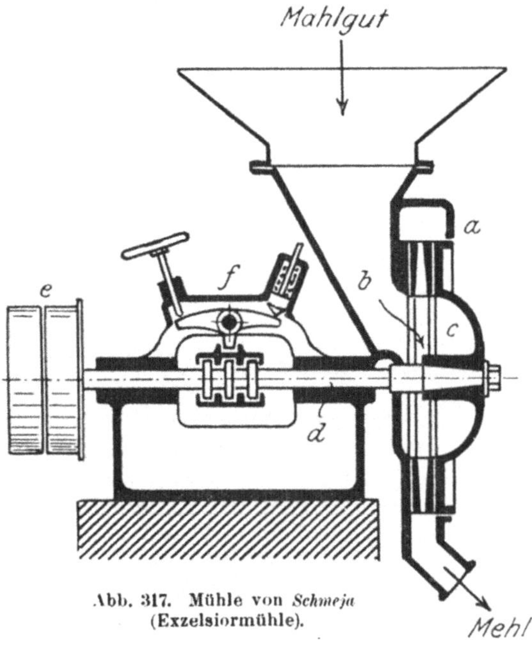

Abb. 317. Mühle von *Schmeja* (Exzelsiormühle).

durch eine Steigerung der Reinheit (Weiße) des Mehles erzielt. Auch finden Walzenmühlen in der Zementfabrikation beim Feinschroten von Kalkstein und Ton Verwendung oder dienen der Herstellung von Buchdruckfarben, dem Feinmahlen und Mischen von Kakaomasse, dem Zerkleinern von Ölsamen, dem Schroten des Malzes in Brauereien usw.

Die Mahlwerkzeuge sind paarweise zusammenarbeitende zylindrische Walzen aus Hartguß[1], Porzellan, Granit, Grünstein usw. von im Mittel 200 bis 500 mm Durchmesser und 300 bis 800 mm Ballenlänge. Die kleinsten Walzen von 75 bis 160 mm Stärke und 185 bis 480 mm Länge finden in Farbenreibmaschinen, die größten von 600 bis 700 mm Durchmesser und 370 bis 480 mm Länge in der Ölfabrikation Anwendung. Die gegenseitige Berührung zweier zusammenarbeitender Walzen erfolgt theoretisch in einer geraden Linie, der „Walzlinie"; in Wirklichkeit, infolge der elastischen

---

[1] Hartgußwalzen wurden 1875 von *Mechwart* in die Getreidemüllerei eingeführt; vgl. Zeitschr. d. Ver. deutsch. Ing. 1897, S. 338.

Nachgiebigkeit des Walzenstoffes, auf einer schmalen Rechteckfläche, welche die Arbeitsfläche der Walzen bildet. Für die Erzielung feinster Mehle müssen die sich berührenden Walzen während der Drehung in der Walzlinie lichtdicht aneinanderschließen. Die hierfür erforderliche genaue Formgebung kann nur durch die sorgfältigste Bearbeitung des Walzenmantels durch

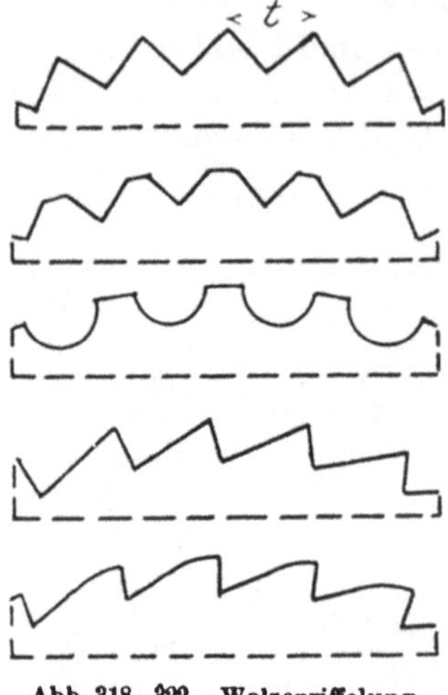

Abb. 318—322. Walzenriffelung.

Abdrehen, Schleifen und Polieren sowie durch eine dem Zweck entsprechende Lagerung der Walzen im Walzenstuhl erreicht werden. Für die Herstellung grober Mehle oder grießiger Mahlerzeugnisse wird die Walzenumfläche in der Achsenrichtung oder schräg zu dieser mit 1 : 20 Neigung geriffelt. Im letzteren Fall kreuzen sich die Riffeln zweier zusammenarbeitender Walzen an der Berührungsstelle und wirken scherenartig zusammen. Hierdurch wird das bei axial verlaufenden Riffeln leicht eintretende Ineinandergreifen und Ausbrechen der Riffelzähne vermieden. Die Abb. 318 bis 322 zeigen übliche Querschnittsformen der Riffelung. Die Riffelteilung t ist je nach dem Verwendungszweck verschieden und schwankt etwa zwischen 0,6 und 3 mm.

Die Umfangsgeschwindigkeit der an der Einzugstelle stets gegeneinander laufenden Walzen beträgt im allgemeinen

bei kleinen Schrotmühlen	0,2 bis 1,8 m/Sek.
„ Farb- und Kakaomühlen . .	0,5 „ 2,0 „
„ Getreidemühlen	2,25 „ 2,5 „
„ Malzschrotmühlen	3,4 „ 5,5 „

Zusammenarbeitende Walzen besitzen stets verschieden große Umfangsgeschwindigkeiten. Meist stehen diese im Verhältnis 1 : 1,5 bis 1 : 3. Durch das hierdurch veranlaßte Gleiten in der Walzlinie ist die mahlende Wirkung der Walzen bedingt. Die Verschiedenheit wird erreicht

bei gleichgroßen Walzen durch verschiedene Umlaufzahlen,

bei verschieden großen Walzen durch gleiche oder verschiedene Umlaufzahlen.

Wie bei den Quetschwalzwerken wird auch bei den Walzenmühlen der Abstand zweier zusammenarbeitender Walzen durch eine Schrauben- oder Exzenterstellung bestimmt. Die geringe Korngröße der Mehle stellt an diese Einstelleinrichtung die höchsten Anforderungen, da sie die genau parallele Einstellung der Walzenachsen erfordert. Auch wird die verstellbare Walze durch Gewichts- oder Federdruck so belastet, daß das Mahlgut den erforderlichen Druck empfängt, ohne daß jedoch das Ausweichen der Walze bei dem zufälligen Eintritt eines zu festen Körpers verhindert ist.

Die Abb. 323 bis 325 geben einige Beispiele für die Anordnung der Walzen im Walzenstuhl.

Abb. 323 zeigt eine landwirtschaftlichen Zwecken dienende Schrotmühle mit zwei gleichgroßen, nebeneinanderliegenden Riffelwalzen von 180 mm Durchmesser und 280 mm Länge, deren Umfangsgeschwindigkeiten um etwa 33 v. H. verschieden sind. Die eine der Walzen ist mit schmalen Randscheiben versehen, zwischen welche die andere Walze tritt. Die Zuführung des Mahlgutes wird durch die langsam umlaufende Speisewalze im Verein mit der stellbaren Klappe a geregelt. Eine Schrotmühle mit ungleichgroßen Walzen (40 und 102 mm), deren Umfangsgeschwindigkeiten um 70 v. H. abweichen, gibt Abb. 324 wieder.

Die Betriebsarbeit derartiger kleiner Schrotmühlen ist 1 bis 1,25 PS bei einer Stundenleistung von durchschnittlich 300 bis 400 kg Gersten- oder Erbsenschrot, der Wirkungsgrad im Mittel 0,8.

Ferner zeigt die Abb. 325 eine Anordnung von Walzenmühlen mit übereinanderliegenden Walzen von 200 bis 400 mm Durchmesser und bis 1000 mm Länge, die in Getreidemühlen, Zementfabriken

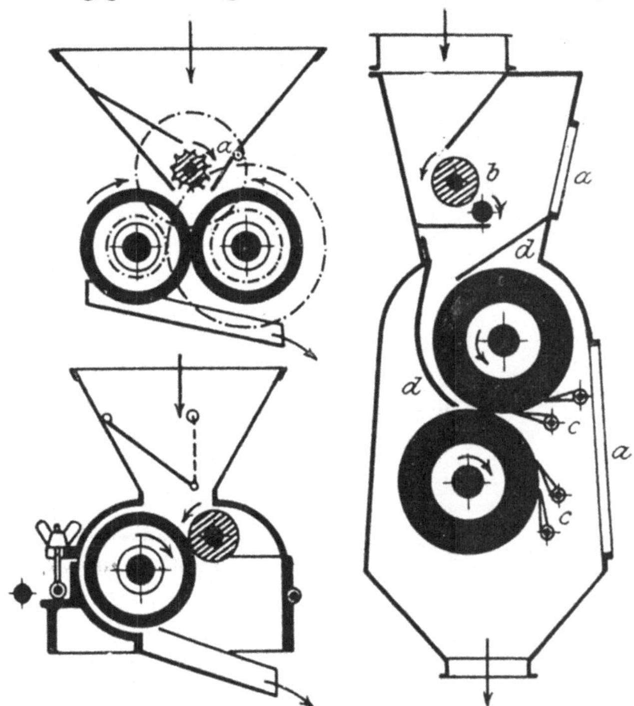

Abb. 323—325. Walzenmühlen.

usw. Verwendung finden. Um das Verstäuben des Mahlgutes zu verhindern, sind die mit etwa 2,5 m Umfangsgeschwindigkeit in der Sekunde umlaufenden Walzen in ein Gehäuse staubdicht eingeschlossen, dessen Glasfenster a die Beobachtung des Mahlvorganges gestatten. Die Zuführung des Mahlgutes wird durch kleine Speisewalzen b vermittelt, die zugleich im Mahlgut enthaltene Fremdkörper, wie Steine, Eisennägel u. dgl., zurückhalten. Abstreifer c reinigen die Arbeitsflächen der Walzen und Leitbleche d schützen den Arbeiter vor unbedachtem Eingriff in den Walzenschluck. Bei der Erzeugung grießigen Mahlgutes von 1,5 bis 3 mm Korngröße aus Kalkstein oder Ton beträgt der Arbeitsverbrauch etwa 10 bis 12 PS bei 300 bis 400 kg Leistung für 1 PS und 1 Stunde.

Als Farbmühlen, Kakaomühlen u. dgl. dienende Walzenmühlen enthalten drei und mehr nebeneinander liegende Walzen von gleicher Größe

(Abb. 326[1]). Diese sind durch Zahnradvorgelege derart miteinander verbunden, daß ihre Umfangsgeschwindigkeiten von der Eintrittstelle *a* des Mahlgutes ausgehend, allmählich zunehmen. Bei der dargestellten Mühle betragen z. B. die Umfangsgeschwindigkeiten der aufeinanderfolgenden Walzen 450, 562,5, 1687,5 mm/Sek., stehen also in den Verhältnissen 1 : 1,25 : 3,75.

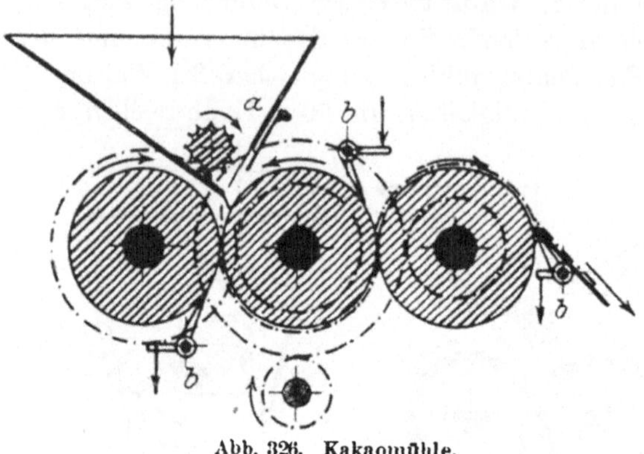

Abb. 326. Kakaomühle.

Die feuchtvermahlenen Stoffe haften infolge ihrer breiartigen Beschaffenheit an den Walzen und werden hierdurch den aufeinanderfolgenden Walzen zugeführt. Federnd angedrückte Abstreifmesser *b* halten den rückwärtslaufenden Umfangsteil der Walzen frei.

4. Die Kegelmühlen.

Für die Überführung mittelharten Mahlgutes, wie Steinsalz, Sulfat, Kohle, Ton, gedämpfte Knochen u. dgl. in ein mit Grieß und Mehl vermischtes grobkörniges Haufwerk bis herab zur Linsengröße ist die Kegelmühle infolge der Einfachheit ihres Baues und der damit zusammenhängenden Unempfindlichkeit sowie infolge ihrer großen Leistungsfähigkeit eine geeignete Zerkleinerungsmaschine. Wie aus der Abbildung 327 zu ersehen ist, sitzt ein kegelförmiger, nach oben verjüngter Läufer *a* innerhalb eines sich nach oben erweiternden, ebenfalls kegelförmigen Mahlgehäuses *b* und wird mittels des Triebwerkes *c* umgetrieben.

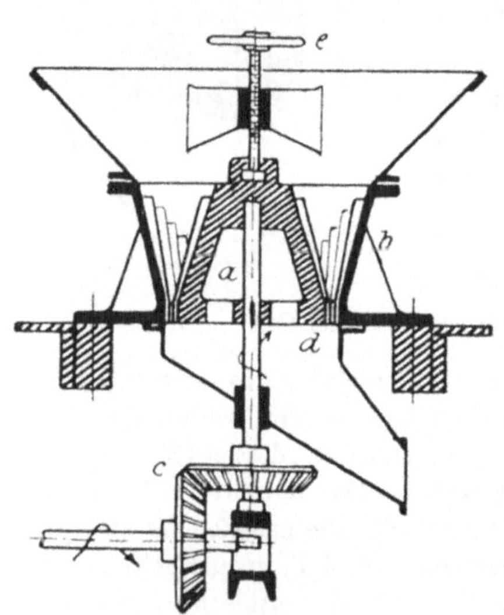

Abb. 327. Kegelmühle.

Die Arbeitsflächen der beiden, meist aus Hartguß bestehenden Kegel sind mit gruppenweise angeordneten Zähnen besetzt, die in der Achsenrichtung liegen und nach unten an Höhe abnehmen. Sie beginnen sämtlich an den unteren Kegelrändern, sind aber verschieden lang, so daß das Mahlgut, das bei großen Mühlen in Stücken bis zu Faust- und Kopfgröße eingetragen wird, sicher erfaßt und vorgebrochen

---

wird, ehe es in die feinere Verzahnung des unteren Teiles der Kegel gelangt. Die feinste Verzahnung trägt ein nahezu zylindrischer Ring d am unteren Läuferende, dessen Abstand von dem unteren, ebenfalls fein verzahnten Rand des Gehäuses die Endgröße des Mahlgutes bestimmt. Durch die Höheneinstellung des Läufers mittels der Stellschraube e kann die Kornfeinheit verändert werden.

Nach *Rittinger* zerkleinert eine Kegelmühle mit 1100 mm unterem Läuferdurchmesser und 475 mm Läuferhöhe bei 12 bis 16 Läuferdrehungen in der Minute und 3 PS Arbeitsverbrauch 6250 kg Steinkohlen in 1 Stunde von 158 mm auf 13 mm Korngröße. *Kerpely*[1] gibt dagegen die Leistung einer gleichgroßen Kohlenmühle auf 20 000 kg an. Krupp-Gruson baut Kegelmühlen von 250 bis 1250 mm Durchmesser des unteren Läuferendes mit 1 bis 8 PS Arbeitsverbrauch und 500 bis 20 000 kg Stundenleistung. Die Umfangsgeschwindigkeit des unteren Läuferrandes beträgt hierbei durchschnittlich 3,6 m in 1 Sekunde.

Kleine Kegelmühlen finden als Gewürzmühlen, Kaffeemühlen usw. Verwendung. In seltenen Fällen, z. B. bei der Schnupftabakfabrikation, werden Kegelmühlen mit nach abwärts verjüngtem und um seine Achse schwingendem kegelförmigen Läufer benutzt[1].

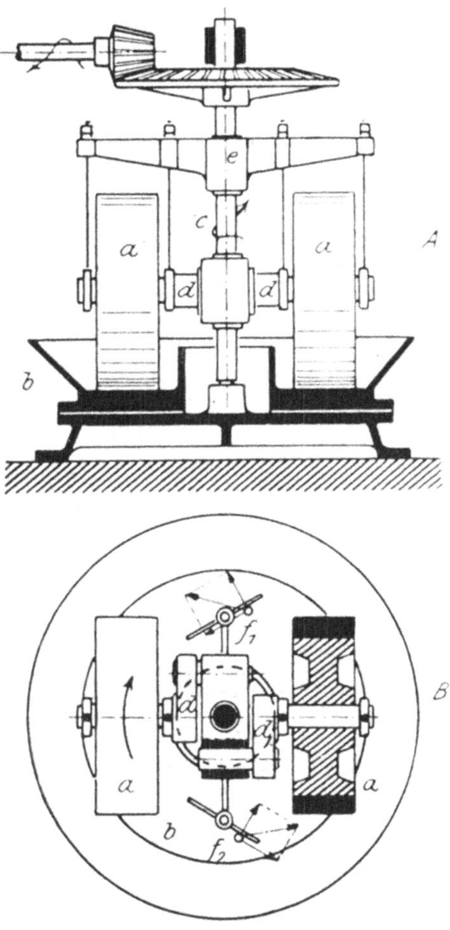

Abb. 328. Kollergang mit festem Teller.

5. Die Koller- und Rollmühlen.

Das kennzeichnende Merkmal dieser Mühlen ist die Wälzbewegung des Läufers auf einer kreisförmigen Mahlbahn. Je nachdem hierbei der Mahldruck dem Eigengewicht des Läufers entstammt oder die Folge der Fliehkraftwirkung ist, welche der in raschem Umlauf auf der Mahlbahn rollende Läufer auf das Mahlgut ausübt, werden Kollergänge und Rollmühlen unterschieden.

---

[1] *Kerpely:* Anlagen, S. 442 bis 444.
[2] *Armengaud:* Publ. ind. Bd. 8, S. 12 ff., Tafel 1; Bd. 12, S. 287, Tafel 25.

Die Kollergänge.

In der Regel besitzt ein Kollergang, entsprechend der Abb. 328, zwei gleichachsig gelagerte zylindrische Läufer *a*, die Koller oder Kollersteine[1], die auf einer kreisförmigen, wagerecht liegenden, ebenen Mahlbahn *b*, dem Mahlteller oder Bodenstein, rollen und dabei eine die Mitte der Mahlbahn senkrecht durchragende Welle, die Königswelle *c*, umkreisen. Die Läuferachsen sind der Mahlbahn gleichgerichtet und mit der Königswelle entweder starr oder, wie die Abbildung es zeigt, mittels Schleppkurbeln *d* beweglich verbunden[2]. Im letzteren Fall können die Läufer solchen Mahlgutteilen, die eine besonders große Festigkeit besitzen, durch Abheben von der Mahlbahn ausweichen. Durch Aufhängen der Läuferachsen an einem ober-

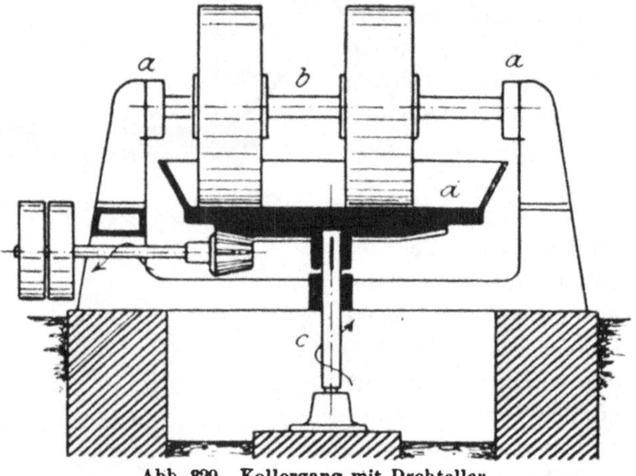

Abb. 829.   Kollergang mit Drehteller.

halb der Läufer mit der Königswelle verbundenen Träger *e* kann auch die Berührung zwischen Läufer und Mahlbahn ganz vermieden und die Einstellung auf eine bestimmte Korngröße bewirkt werden.

Nach einer anderen Bauart der Kollergänge sitzen die Läufer ortfest auf einer in festen Lagern *a*, Abb. 329, liegenden Achse *b* oberhalb des die Drehung von der Königswelle *c* erhaltenden Mahltellers *d*. Verschieden großer Abstand der Läufer von der Tellermitte gestattet auch bei schmalen Läufern und großem Mahlteller eine gute Ausnutzung der Mahlfläche.

Die Breite der zylindrischen Arbeitsfläche des Läufers bringt es mit sich, daß bei dem Durchlaufen der kreisförmigen Mahlbahn nur an derjenigen Stelle ein reines Abwälzen der beiden Arbeitsflächen aufeinander stattfindet, an der die beiden sich berührenden Wälzkreise gleiche Größe haben. Sowohl

---

[1] Kegelförmig gestaltete Läufer, deren Achsen sich im Mittelpunkt der ebenen oder kegeligen Mahlbahn schneiden, wie bei dem „Kollergang" von *Schranz* (DRP. Nr. 12 660 vom 19. Mai 1880), wirken nur zermalmend, nicht zermahlend auf das Zerkleinerungsgut.

[2] *Gruson:* DRP. Nr. 11 246 vom 4. Dezember 1879. Siehe auch *Armengaud:* Publ. ind. 1877, Bd. 23, Tfl. 42.

nach der Mitte als nach dem Umfang der Mahlbahn hin findet eine Zunahme des Größenunterschiedes der Wälzkreise statt und damit die Steigerung des die Mahlwirkung zur Folge habenden Gleitens der Mahlflächen aneinander.

Den Mahlteller umgibt ein Bord, der das Mahlgut gegen Herabgleiten von der Mahlbahn schützt, während dieses wiederholt der mahlenden Wirkung der Läufer unterliegt.

Die Mahlbahn und die Läufer der Kollergänge bestehen aus Sandstein, Granit, Marmor oder Hartguß. Im letzteren Fall wird die Mahlbahn vielfach aus mehreren Kreisausschnitten aus Hartgußplatten zusammengefügt, welche in die innere Vertiefung des Mahltellers eingelassen und auswechselbar sind. Die Läufer werden ebenfalls zum Zweck des Auswechselns der Mahlfläche mit Hartgußringen umgeben.

Sowohl das für die wiederholte Bearbeitung erforderliche Zurückhalten des Mahlgutes auf der Mahlbahn als auch sein Austragen nach erfolgter Zerkleinerung wird durch Schaber oder Scharreisen geregelt, die an die Königswelle angeschlossen sind und mit ihr umlaufen. Durch entsprechende Lagenänderung derselben wird die eine oder andere Wirkung erzielt. In den Abb. 328 B und 330 bezeichnet f_1 die für das Unterschieben, f_2 die für das Austragen geeignete Stellung der Scharrwerke.

Die Kollergänge dienen vornehmlich zum Vermahlen aller Arten von Gesteinen und Erden in Zement- und Tonwarenfabriken, Gießereien, Asbestfabriken usw., sie werden aber auch zur Zerkleinerung von Ölsamen,

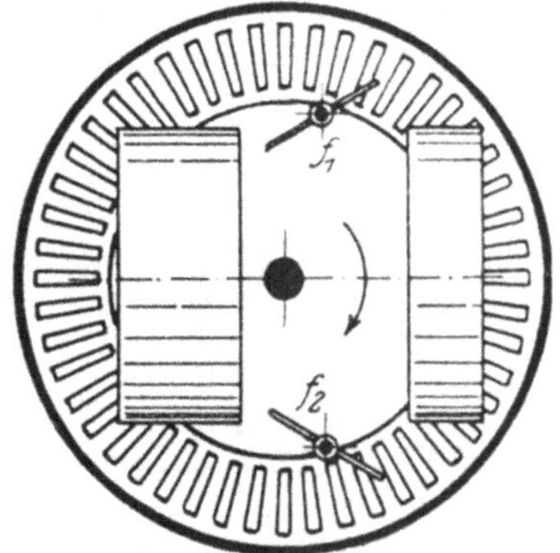

Abb. 330. Mahlteller mit Austragrost.

Drogen und Chemikalien verschiedener Art verwendet. Seiner Beschaffenheit und seinem Verwendungszweck entsprechend wird das Mahlgut im trockenen oder durchfeuchteten Zustand verarbeitet und werden hiernach Trocken- und Naßkollergänge unterschieden. Die Trockenkoller besitzen vielfach einen geschlossenen Mahlteller. Das Austragen des zerkleinerten Gutes erfolgt bei ihnen entweder durch eine verschließbare Öffnung des Tellers oder des Tellerrandes, oder nach Abb. 330 durch einen ringförmigen Rost von 12 bis 22 mm Spaltweite, der den Mahlteller innerhalb des Bordes umgibt. Die letztere Anordnung ist auch für Naßkoller gebräuchlich.

Kollergänge mit stufenförmiger Ausbildung des umlaufenden Mahltellers und mit Läufern verschiedener Größe wurden zuerst von *J. Pym*[1] angegeben und werden neuerdings nach dem Patent von *Gielow* von *R. Raupach* in Görlitz mit der Maßnahme ausgeführt, daß der Abstand der einzelnen Läufer von der Mahlbahn von 30 auf 0 mm abnimmt. Das Mahlgut wird in der Nähe der Tellermitte, wo der Abstand am größten ist, aufgegeben und

---

[1] Engl. Pat. Nr. 3033 vom 31. Dezember 1853.

wandert, während es zerkleinert wird, dem durchbrochenen Rand des Mahltellers zu. Einen Kollergang mit kugelförmigen Läufern und feststehender rinnenförmiger Mahlbahn gab *J. Wallis*[1], einen solchen mit umlaufender Mahlbahn *L. Bellford*[2] an. Beachtenswerte Vorschläge für die Erhöhung der Wirksamkeit des Kollerganges machte *Grammel* auf Grund von Studien über den Kurvenkreisel[3].

Grenzwerte für die Größenabmessungen von Kollergängen sind:

Läuferdurchmesser	. . . . . .	650 bis	1800 mm
Läuferbreite	. . . .	200 ,,	450 ,,
Läufergewicht	. . . .	250 ,,	6000 kg
Läuferumläufe	. . . .	20 ,,	10 t/Min.
Arbeitsverbrauch	. . . .	1 ,,	35 PS
Leistung an Kalkstein	. . . .	100 ,,	15000 kg/St.

Die Rollmühlen.

Als die älteste Ausführungsform der Rollmühle dürfte die in amerikanischen Schmelztiegelfabriken zum Feinmahlen des blättrigen Graphits benutzte und in Abb. 331 wiedergegebene zu betrachten sein[4]. Der Erfinder ist in der unten verzeichneten Patentschrift nicht genannt. Die Mühle besteht aus einem sich drehenden Mahlteller *a*, der mit einem Austragsieb *b* versehen ist und auf dessen ringförmiger Mahlbahn vier Kugeln *c* von je 15 kg Gewicht von einem Treiber in Umlauf versetzt werden. Die Kugeln liegen frei in Ausschnitten der entgegengesetzt zum Mahlteller umlaufenden Treibscheibe *d*, so daß sie die Fliehkraft gegen die Mahlbahn preßt. Das rohe Mahlgut fließt der Treibscheibe nahe der Drehachse zu und wird von ihr auf die Mahlbahn geschleudert. Das Mehlfeine wird durch das Sieb ausgetragen.

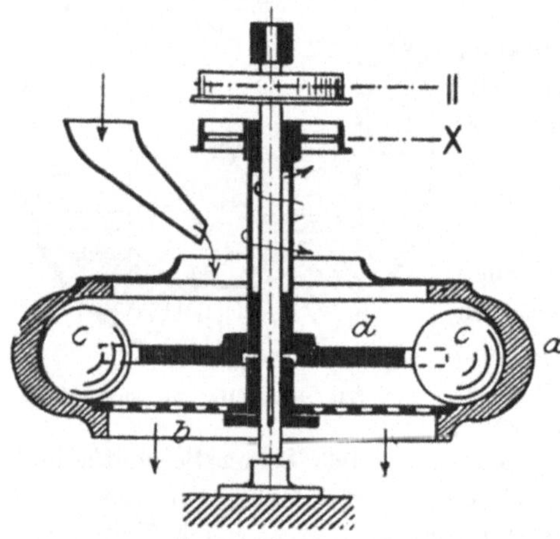

Abb. 331. Amerik. Graphitmühle.

Auf der gleichen Grundlage beruht die zum Feinmahlen von Quarz benutzte Rollmühle von *Howland*[5], bei welcher scheibenförmige Läufer von 250 mm Durchmesser, 113 mm Dicke und 40 kg Gewicht benutzt werden,

---

[1] Engl. Pat. Nr. 14 187 vom 24. Juni 1852.

[2] Engl. Pat. Nr. 1197 vom 29. Dezember 1852 u. Nr. 1476 vom 17. Juni 1853.

[3] *R. Grammel*: Kurvenkreisel und Kollergang. Ztschr. d. Ver. deutsch. Ing. 1917, S. 572. Siehe auch *H. Lorenz*: Technische Anwendungen der Kreiselbewegung. Ebenda 1919, S. 1224.

[4] Engl. Pat. Nr. 2113 vom 12. September 1853.

[5] Wochenschr. d. Ver. deutsch. Ing. 1881, S. 227.

sowie aus neuerer Zeit die in Abb. 332 dargestellte Kugelrollmühle der Gebr. Pfeiffer in Kaiserslautern. Die letztere dient zur Herstellung der feinsten Mehle, sofern ein mit der Treiberachse a verbundener Ventilator b einen Luftstrom erzeugt, der, am Einlauftrichter c des Mahlgutes eintretend,

die durch die Treiberbewegung aufgewirbelten feinsten Mahlgutteilchen beständig in das die Mühle umschließende Gehäuse d ausbläst.

Rollmühlen mit in senkrechter Ebene umlaufenden Läufern sind u. a. die bei der Zerkleinerung von Mineralien, Kalk, Knochen, Getreide usw. benutzte „Pulverisiermühle" des Engländers *Lucop*[1] und die fast gleichzeitig von dem Franzosen *Hanctin* angegebene „Pulverisiertrommel"[2], von welcher Abb. 333 einen Querschnitt darstellt. Die festliegende zylindrische Mahltrommel a ist 2000 mm lang

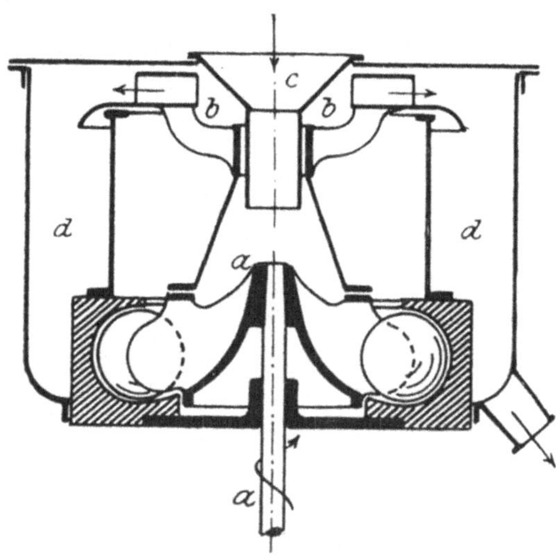

Abb. 332. Rollmühle von *Pfeiffer*.

und im Innern 800 mm weit. Ein im Innern der Trommel und gleichachsig mit dieser liegender Hohlzylinder von 700 mm äußerem Durchmesser bildet den Treiber b. Er ist in den Endböden der Trommel gelagert und dreht sich mit 60 bis 150 Umdrehungen in der Minute um seine Achse. In etwa 300 auf Schraubenlinien angeordneten Bohrungen der Treiberwand liegen lose 80 mm große und 2 kg schwere Eisenkugeln c, die bei dem Umlauf des Treibers durch die Fliehkraft an die Trommelwand angepreßt werden. Hierbei rollen sie an dieser ab und zerreiben das an dem einen Trommelende zugeführte Mahlgut, während es dem anderen Trommelende zustrebt. An diesem verläßt das gebildete Mehl entweder die Trommel, oder es wird so lange bearbeitet, bis es, zu feinstem Pulver zermahlen, durch einen in die Trommel geleiteten Luftstrom aus dieser ausgeblasen wird.

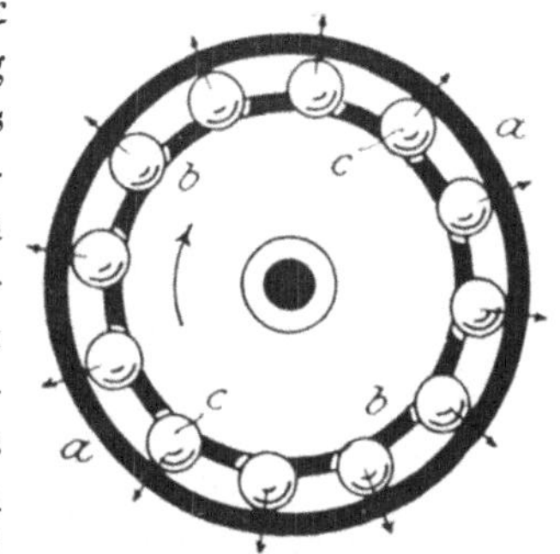

Abb. 333. Rollmühle von *Hanctin*.

Eine Mühle der angegebenen Größe lieferte bei 60 bis 65 Treiberdrehungen in 1 Minute und 4 PS Arbeitsverbrauch, in der Stunde 150 kg Holzkohlenpulver bzw. 200 kg feinstes Zuckermehl.

---

[1] Engl. Pat. Nr. 1429 vom 20. April 1875.

[2] Dingl. polyt. Journ. 1876, Bd. 220, S. 405; *Armengaud:* Publ. ind. 1877, Bd. 23, S. 383, Tfl. 32; DRP. Nr. 757 vom 21. August 1877.

Die neueste Bauart der Rollmühle vertritt die von *Griffin* erfundene „Pendel-“ oder „Schwungwalzenmühle“, der die in Abb. 334 skizzierte Einrichtung zugrunde liegt. Das Mahlgut wird unter Vermittelung der Förderschraube *a* dem allseitig geschlossenen Mahlgehäuse *b* zugeführt, das den zylindrischen Mahlkranz *c* enthält. In gleicher Höhe mit diesem Kranze ist ein kegelförmiger Läufer *d* mittels eines außerhalb des Gehäuses liegenden Kugelgelenkes *e* pendelnd aufgehangen. Bei der von der Riemenscheibe *i*

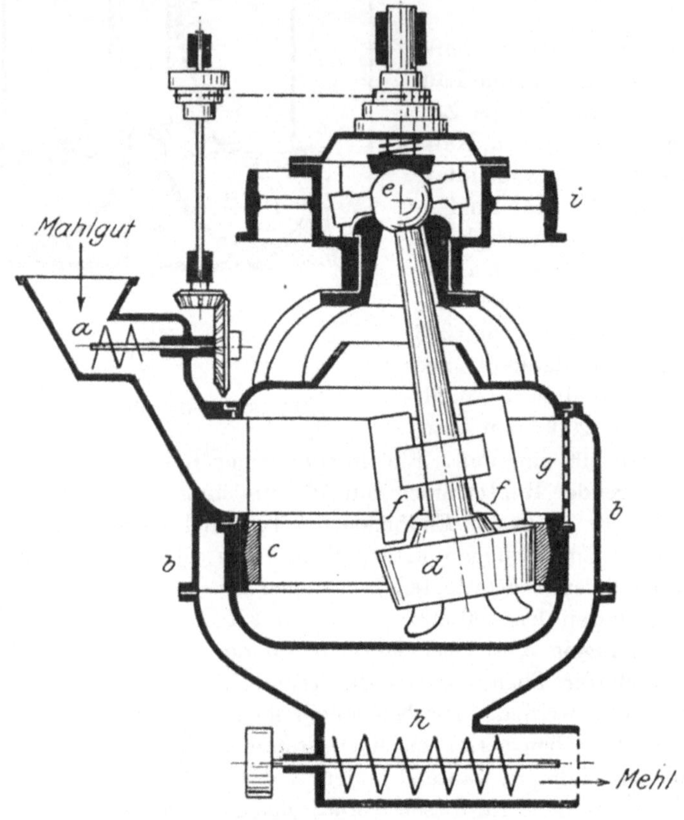

Abb. 334. Rollmühle von *Griffin*.

ausgehenden Drehung der Pendelstange und Auslenkung aus der Mittellage schwingt das Kreispendel so weit, bis der Läufer den Mahlkranz erreicht und, durch die Fliehkraft angepreßt, auf ihm abrollt. Die mit dem Läuferumlauf verbundene Luftbewegung kann durch Anfügen von Ventilatorflügeln *f* an die Pendelstange gesteigert werden. Sie treibt das Feinmehl durch das in die Gehäusewand eingesetzte Sieb *g* in den Behälter *b*, dem es die Förderschraube *h* stetig entnimmt. Feuchtes Mahlgut, z. B. Rohphosphat, wird gleichzeitig durch den Luftstrom getrocknet. Die *Griffin*sche Pendelmühle arbeitet meist mit zwei oder drei Pendeln und wird von den Fabriken

in verschiedenen konstruktiven Durchbildungen ausgeführt, worüber u. a.
die unten verzeichnete Quelle Aufschluß gibt[1].

6. Die Trommelmühlen.

Das wesentliche Merkmal der Trommelmühle ist ein drehend bewegtes
Mahlgehäuse zur Aufnahme des Mahlgutes und der zur Zerkleinerung dieses
dienenden freibeweglichen Läufer. Diese Läufer sind entweder Walzen,
deren Länge gleich ist der Länge des Mahlgehäuses[2], oder Kugeln. Im letzteren Fall, der der gebräuchlichste ist, werden die Trommelmühlen auch
Kugelmühlen genannt.

Das Mahlgehäuse oder die Trommel bildet ein hohler Drehkörper, meist
ein Zylinder, dessen geometrische Achse die Drehachse ist und in der Regel
wagerecht, bei Abweichungen von der Zylinderform aber auch geneigt gelagert ist. Die Trommel wird nur teilweise mit dem Gemenge aus Kugeln
und Mahlgut angefüllt, so daß dieses bei ruhender Trommel eine wagerechte
Oberfläche besitzt. Wird die Trommel in sehr langsame Drehung versetzt,
so nimmt die Trommelfüllung als Ganzes anfangs hieran teil. Es neigt sich
die Oberfläche der Füllung allmählich mehr und mehr, bis die Oberflächenschicht nach dem tieferen Teil der Trommel herabgleitet, wenn die Neigung
die Größe des der Füllung zukommenden Böschungswinkels erreicht. Bei
schnellerer Drehung der Trommel wird auch die Füllung rascher gehoben,
und es bewirkt die stärkere Beschleunigung der lose gelagerten Einzelteile
ein Voreilen dieser gegen die Trommeldrehung. Hiermit ist eine Lockerung
des Gefüges der Füllmasse verbunden, die mit weiterer Zunahme der Drehgeschwindigkeit ebenfalls zunimmt. Gleichzeitig wächst hierdurch die auf die
Gemengteile wirkende Beschleunigungskraft und erreicht eine solche Größe,
daß die Teile über die Böschungsgrenze emporgeschleudert werden, bis sie
im freien Fall, einer Wurfparabel folgend, nach dem Trommeltiefsten zurück-
gelangen[3]. Hier wird durch Aufprall und Reibung an dem der Trommeldrehung folgenden Gemenge die lebendige Kraft der fallenden Gemengteile
in Formänderungsarbeit und Zerkleinerungsarbeit umgesetzt. Eine weitere
Steigerung der Drehgeschwindigkeit der Trommel steigert schließlich die
Fliehkraft des Kugel- und Mahlgutgemenges so weit, daß dieses am Umfang
der Trommel haftet und dem Umlauf der Trommel folgt. Es hört die Relativbewegung zwischen Trommel und Gemenge auf, so daß von den Kugeln
keine Zerkleinerungsarbeit geleistet wird.

Ist G kg das Gewicht einer Mahlkugel,

    D m, der Innendurchmesser der Mahltrommel,

      n deren Drehzahl in der Minute,

       g m die Fallbeschleunigung,

---

[1] Zeitschr. d. Ver. deutsch. Ing. 1906, S. 1590, 1671; 1910, S. 60; 1917, S. 575.

[2] Verhandl. d. Ver. z. Beförd. d. Gewerbefleißes in Preußen 1844, S. 125; *R. Marsden*
in Leeds: Engl. Pat. Nr. 2717 vom 31. Juli 1875; *E. Pohl* in Nippes b. Köln: Dingl. polyt.
Journ. 1880, Bd. 236, S. 464.

[3] Vgl. *Herm. Fischer:* Arbeitsvorgang in Rohrmühlen. Zeitschr. d. Ver. deutsch. Ing.
1904, S. 437.

so ergibt sich angenähert die Drehzahl der Trommel, bei welcher die Kugeln noch Mahlarbeit leisten, nach der Gleichsetzung des Gewichtes G und der Fliehkraft $C = \dfrac{G}{g}\,\dfrac{2\,D^2\,\pi^2\,n^2}{60^2\,D}$ aus der Ungleichung

$$n < \frac{43}{\sqrt{D}}.$$

Die Erreichung möglichst großer Mahlleistung läßt es zweckmäßig erscheinen, den Wert von n seiner oberen Grenze $\left(n = \dfrac{43}{\sqrt{D}}\right)$ möglichst zu nähern, dagegen wird ein kleines n mit Sicherheit den Eintritt des Mahlvorganges verbürgen. Die Erfahrung lehrt, daß Kugelmühlen dann eine befriedigende Leistung ergeben, wenn die Umfangsgeschwindigkeit der Trommel etwa 1,4 bis 2,1 m in 1 Sekunde beträgt. Das ergibt für die üblichen Trommelgrößen von 0,5 bis 1,7 m Drehzahlen, die um 15 bis 28 v. H. kleiner sind als der obere Grenzwert von n, so daß mit guter Annäherung gesetzt werden kann

$$\text{für Trommeln von } D < 0,8 \text{ m} : n = \frac{37}{\sqrt{D}},$$

$$\text{für Trommeln von } D > 0,8 \text{ m} : n = \frac{31}{\sqrt{D}}.$$

Der zur Herstellung der Kugeln verwendete Werkstoff wird durch die Art und Verwendung des Mahlgutes bestimmt. Sofern ein großes Kugelgewicht die Mahlarbeit fördert, werden zweckmäßig Metall- oder Steinkugeln verwendet, die mit hohem spezifischen Gewicht große Härte und Festigkeit, also geringe Abnutzung bei mäßigem Preis verbinden. Unter den Metallen nimmt Hartguß und Stahlguß in allen den Fällen die erste Stelle ein, wo eine Beimischung von Eisenabrieb dem Mahlgut nicht schadet. Wenn dies der Fall oder durch Funkenreißen eine Entzündung des Mahlgutes zu befürchten ist, z. B. bei der Herstellung von Schießpulver, finden Kugeln aus harter Bronze (70 v. H. Kupfer, 25 v. H. Zinn) oder Zink Anwendung. Infolge des starken Saugens des Zinkes beim Guß besitzen die letzteren häufig Hohlräume, die bei den wiederholten Stößen, welche die Kugeln in der Mühle erleiden, zu erheblichen Formänderungen Veranlassung geben. Für Kugeln größeren Durchmessers ist der Stahlguß dem Hartguß vorzuziehen, da der letztere nach dem Abarbeiten der harten Außenschicht an Härte verliert und dann einen größeren Abrieb ergibt. Als Steinkugeln finden häufig rundlich gestaltete Quarze (Feuersteine, Flintsteine) Verwendung, wie sie am Meeresstrand zu finden sind, oder es werden unglasierte Porzellankugeln zur Füllung der Mühle verwendet. Durch besonders große Härte ausgezeichnet erweisen sich Kugeln aus gebranntem Speckstein, für die die Abfälle der Gasbrennerfabrikation den Rohstoff liefern.

Die Größe der Kugeln schwankt in weiten Grenzen, und zwar bei Bronzekugeln zwischen 5 bis 15 mm, bei Eisenkugeln zwischen 40 bis 125 mm.

Die mittlere Größe der Flintsteine kann zu etwa 30 bis 40 mm angenommen werden. Teils sind die Kugeln einer Trommelfüllung von gleicher Größe, teils werden verschieden große Kugeln gemischt verwendet. Das zur Füllung benutzte Kugelgewicht wird entweder auf das Gewicht des in der Trommel befindlichen Mahlgutes oder auf den Rauminhalt der Trommel bezogen. Im ersten Falle kommen z. B. 90 bis 100 kg Bronzekugeln von 13 mm Durchmesser auf 70 bis 80 kg oder 150 kg Bronzekugeln von 4 mm Durchmesser auf 18 kg Mahlgut (Holzkohle, Schwefel, Salpeter). In den Glasurmühlen der Porzellanfabriken mischt man gleiche Gewichte von Porzellan- oder Glaskugeln und Glasflußmasse. Bei gewöhnlichen Kugelmühlen schwankt die Eisenkugelfüllung je nach der Größe der Mühle etwa zwischen 200 und 600 kg für 1 cbm Trommelinhalt, und bei Rohrmühlen rechnet man etwa 1600 kg Eisenkugeln bzw. 600 bis 800 kg Flintsteine auf 1 cbm Trommelinhalt.

Wie die Kugeln, so wird auch die Arbeitsfläche des Mahlgehäuses aus einem Werkstoff gebildet, der nur geringer Abnutzung unterworfen ist, und wird bei der Wahl desselben die Eigenart des Mahlgutes berücksichtigt. Vielfach wird dieser Werkstoff, seinem höheren Wert entsprechend und um bei erfolgter Abnutzung die Auswechslung zu ermöglichen, nur zur Auskleidung des Trommelinnern benutzt und die Trommel selbst aus Eisenblech, Grauguß oder Holz hergestellt. Hartguß und Stahlguß sind auch hier die am meisten benutzten Werkstoffe, nur in Fällen, wo die Verunreinigung des Mahlgutes durch Eisen ferngehalten werden muß, z. B. in der Porzellanfabrikation, greift man zur Auskleidung der Mahltrommel mit Glas-, Porzellan- oder Mettlacher Platten.

Ein Bild der Abnutzung, welche die Mahlwerkzeuge beim Gebrauch erleiden, bieten beispielsweise die folgenden, auf die Zerkleinerung von Kupferschiefer bezüglichen Zahlen: Auf 100 t Mehl betrug der Abrieb der Gußstahlkugeln 3,7 kg, derjenige des aus Hartgußstäben bestehenden Trommelfutters 12 kg[1]. Auf das Feinmahlen von 10 t Zement rechnet man nach *Naske*[2] etwa 1 kg Verbrauch an Feuersteinen. Die Abnutzung wird wesentlich durch die Härte des zur Verarbeitung kommenden Mahlgutes bedingt. Bei genügender Härte der Mahlwerkzeuge eignen sich diese für die Zerkleinerung der verschiedensten Stoffe, auch für solche, die, wie z. B. Thomasschlacke, häufig Eisenkörner beigemengt enthalten, so daß ihre Zerkleinerung auf anderen Mahlmaschinen ausgeschlossen ist. Die Kugelmühlen finden daher sowohl Anwendung bei dem Vermahlen wenig harter und fester Stoffe, wie gebrannter und ungebrannter Ton, Kalk, Traß, Bimsstein, Graphit, Steinkohle, Koks, Borax, Alaun, Schwefel, Salz, Farbstoffe u. dgl., als auch bei dem Feinmahlen sehr harter und fester Stoffe, wie Zementklinker, Schwefelkies, Schmirgel, Basalt, Quarz, Erz, Schwer- und Feldspat usw. Sie werden hierbei meist als Trockenmühlen, zuweilen aber auch, z. B. in Farbenfabriken, als Naßmühlen verwendet.

---

[1] Stahl u. Eisen 1890, S. 318.

[2] *Naske:* Zementfabrikation und Zerkleinerungsmaschinen.

Die Vermahlung erfolgt in den Kugelmühlen entweder satzweise oder in ununterbrochener Folge. Bei der satzweisen Vermahlung wird eine Trommelfüllung so lange der Mahlwirkung unterworfen, bis die genügende Zerkleinerung der ganzen Masse erfolgt ist. Es wechselt daher beim Betrieb zeitlich das Beschicken, Zerkleinern und Austragen des Mahlgutes regelmäßig ab. Der stetige Mühlenbetrieb hat nicht nur das stetige Eintragen neuen Mahlgutes zur Voraussetzung, sondern auch das ununterbrochene Austragen des Mahlgutanteiles, der bereits genügend zerkleinert ist. Hierdurch wird die Mahldauer erheblich abgekürzt und die Leistung der Mühle erhöht. Der Grad der Zerkleinerung wird bei den stetig arbeitenden Kugelmühlen entweder durch Siebabscheidung[1], durch die Zeit der Vermahlung[2] oder durch einen Luftstrom[3] von solcher Geschwindigkeit bestimmt, daß in ihm die auszutragenden Mahlgutteile in der Schwebe erhalten bleiben.

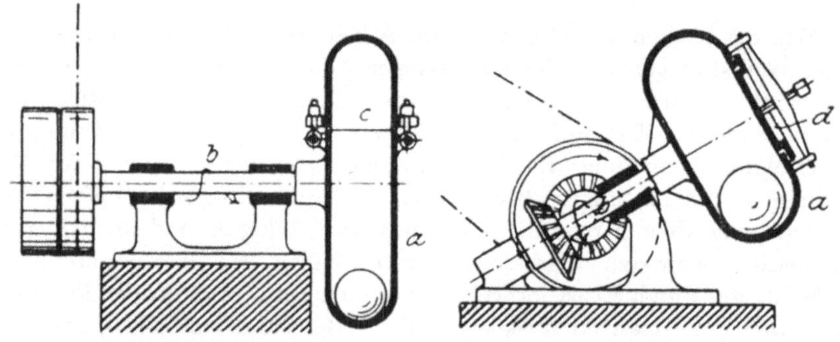

Abb. 335—336. Kugelmühle für satzweise Vermahlung.

Die Siebabscheidung findet im allgemeinen bei der Gewinnung eines groben Mahlerzeugnisses Anwendung. Die beiden anderen Verfahren führen zur Gewinnung der feinsten Mehle. Als Maß für die erlangte Mehlfeinheit dient in der Regel der prozentuale Rückhalt eines Siebes von bestimmter Maschenzahl, z. B. 1 bis 2 v. H. Rückhalt eines 900-, 18 bis 20 v. H. Rückhalt eines 5000-Maschensiebes. Im allgemeinen ist bei der Herstellung sehr feinkörniger Mehle die Verschiedenheit der Korngröße bei Siebaustragung größer als bei Zeitaustragung. Beispielsweise ergab die Untersuchung von Zementmehl im ersten Falle einen Feinmehlgehalt von 50 bis 60 v. H., im zweiten Falle einen solchen von 75 bis 80 v. H.

Als Beispiele für Kugelmühlen mit satzweiser Vermahlung geben die Abb. 335 und 336 zwei übliche Formen wieder, die in Laboratorien, Drogenaufbereitungsanstalten usw. für das Vermahlen kleinerer Mahlgutmengen verwendet werden. Die kreisförmigen Mahlgehäuse a sind aus Stahlguß hergestellt und sitzen am Ende einer wagerecht oder geneigt liegenden Welle b, die unmittelbar oder durch ein Radvorgelege Drehung erhält. In der Abb. 335

[1] *Gebr. Sachsenberg u. Brückner:* DRP. Nr. 795 vom 22. September 1877.
[2] *Konow u. Davidson:* DRP. Nr. 62 871 vom 30. Juni 1891.
[3] *Gruson:* DRP. Nr. 21 826 vom 16. Juli 1882.

ist das Gehäuse bei *c* geteilt, so daß die Mühle nach Abheben des oberen Trommelteiles gefüllt werden kann, in Abb. 336 ist für den gleichen Zweck die vordere Stirnwand des Gehäuses mit einer kreisförmigen Durchbrechung versehen, die während des Mahlens durch einen Deckel *d* verschlossen wird. Die Mühlen der ersten Form haben ein Mahlgehäuse von 500 bis 800 mm Durchmesser und 130 bis 160 mm Breite, das sich 60- bis 40 mal in der Minute dreht, und mahlen bei einem Arbeitsverbrauch von 0,5 bis 1 PS etwa 12 bis 20 kg Kohle in der Stunde. Die Mühlen der zweiten Form, die ihr Vorbild in der noch jetzt in Färbereien u. dgl. Fabriken bei der Zerkleinerung von Farbstoffen benutzten sog. Indigomühle[1] mit kelchförmigem offenen Mahl-

trog finden, erhalten ein Mahlgehäuse von 500 bis 1000 mm Durchmesser und 230 bis 400 mm Breite. Dem größeren Fassungsraum entsprechend erfordert ihr Betrieb etwa 0,8 bis 3 PS.

Kugelmühlen mit satzweiser Vermahlung und zylindrischer Mahltrommel dürften erstmalig von *E. Lundgren* in Stockholm[2] für die Zerkleinerung von Holzkohle und anderer zerreiblicher Stoffe zu feinem als Ersatz von Lampenruß dienenden Pulver verwendet worden sein. *F. Tjulander* und *R. Alsing* in Stockholm[3] führten aus Holz hergestellte Mahltrommeln mit 25 bis 50 mm dicker Porzellan- oder Glasplattenfütterung in die Por-

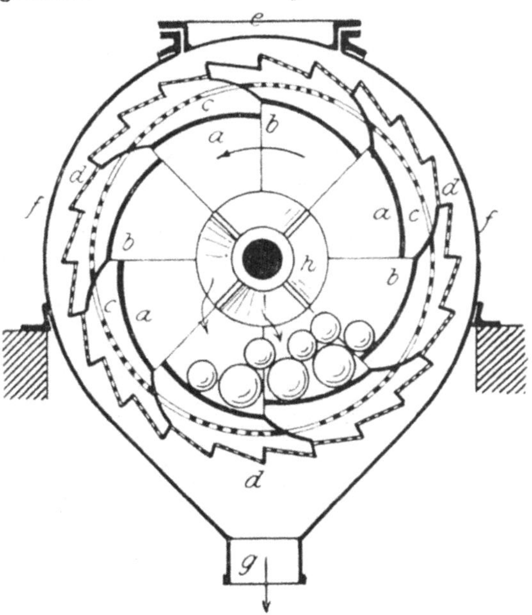

Abb. 337. **Kugelmühle mit Siebaustrag.**

zellanfabrikation ein, wo sie bis heute beim Feinmahlen des zur Bereitung der Porzellanfarben erforderlichen Glasflusses benutzt werden.

An der Innenwand mit halbrunden Leisten besetzte Mahltrommeln wurden erstmalig in Pulverfabriken verwendet, um die Hubhöhe der 4 bis 13 mm großen Bronzekugeln und damit deren Fallwirkung zu steigern. Diese Mühlen sind die Vorläufer der gegenwärtig als **Kugelfallmühlen** bezeichneten Kugelmühlen mit Siebaustrag der Firma **Gebr. Sachsenberg und Brückner zu Roßlau a. d. Elbe**[4].

Die Abb. 337 stellt die den **Krupp-Grusonwerken** entstammende neuzeitliche Bauart solcher Mühlen dar. Die Mahltrommel ist aus acht Stück

---

[1] Dingl. polyt. Journ. 1853, Bd. 128, S. 268.
[2] Engl. Pat. Nr. 1774 vom 15. Juli 1863.
[3] Engl. Pat. Nr. 2975 vom 23. Oktober 1867; Sächs. Pat. Nr. 2367 vom 21. März 1868.
[4] DRP. Nr. 795 vom 22. September 1877.

gekrümmten Mahlplatten a aus Hartguß oder Stahl gebildet, die stufenartig zu einem zylinderförmigen Gehäuse zusammengebaut sind. Zwischen ihren Längskanten sind Schlitze b belassen, durch die zerkleinertes Mahlgut nach außen treten kann. Es gelangt hierbei auf ein grob gelochtes Zylindersieb c, das die Mahltrommel umhüllt, und wird durch dieses in zwei Gruppen geschieden. Die eine derselben, der Siebdurchlaß, wird von einer zweiten feinlochigen Siebtrommel d aufgenommen. Hier wird das fertige Feinmehl abgeschieden; das von dem Sieb zurückgehaltene Grobmehl aber, in Gemeinschaft des Rückhaltes des ersten groben Siebes, im weiteren Verlauf der Trommeldrehung der Mahltrommel zum Zweck weiterer Zerkleinerung wieder zugeführt. Die Scheidefähigkeit des feinen Außensiebes wird durch eine stufenförmige Anordnung des Siebmantels und dadurch erhöhte Beweglichkeit des Siebgutes vermehrt. Ein mit einem Mannloch e versehener Blechmantel f umschließt die Mahltrommel staubdicht und führt das gewonnene Feinmehl durch den Auslauf g ab. Die dem stetigen Austrag entsprechende stetige Beschickung der Mahltrommel mit neuem Mahlgut erfolgt durch die Mittenöffnung einer der beiden ebenfalls aus Hartguß oder Stahl bestehenden, seitlichen Trommelwände und wird durch eine kurze Förderschraube h^1 unterstützt, die zugleich das Herausfallen der Kugeln verhindert. Diese Mühlen werden von den Grusonwerken mit Trommeln von 500 bis 2800 mm Durchmesser und 270 bis 1630 mm Länge ausgeführt und enthalten 35 bis 3000 kg Stahlkugeln von 40 bis 120 mm Durchmesser. Ihr Arbeitsverbrauch schwankt zwischen 5 bis 60 PS und ihre Leistung zwischen 400 bis 1400 kg/St. Feinmehl bzw. 900 bis 3000 kg/St. Grieß. Derartige Mühlen finden ausgedehnte Anwendung in der Zementindustrie[2] bei der Zerkleinerung von Thomasschlacke. Sie gewähren hier anderen Mahlwerken gegenüber den Vorzug, gegen zufällig beigemischte Stahlkörner unempfindlich zu sein.

Für die Erzeugung feinster Mehle, wie sie insbesondere die Zement- und Erdfarbenfabrikation erfordern, wird die Trommel der Kugelmühle rohrartig verlängert und der Siebaustrag durch Zeitaustrag ersetzt. Derartige, Rohrmühlen genannte, Mahlwerke sind nach *Naske*[3] bereits Ende der 1880er Jahre in der Zementfabrik von Narjes & Bender zu Kupferdreh im Rheinland benutzt worden. 1892 wurde die von *Konow* und *Davidsen*[4] erfundene Rohrmühle durch die Firma F. L. Smidth & Co. in Kopenhagen in die Zementfabrikation eingeführt. Sie hat seitdem in verschiedenen Bauarten, die insbesondere durch die Austrageinrichtungen gekennzeichnet sind, allgemeine Verbreitung gefunden.

Nach der allgemeinen, in Abb. 338 dargestellten Einrichtung liegt die bis 8 m lange Mahltrommel a mittels zweier Hohlzapfen $b\ c$ in Lagern und wird durch das Zahnradgetriebe d in Drehung versetzt. Der Zapfen b dient der Zuführung des Mahlgutes, durch c findet stetig der Austrag des Fein-

---

[1] DRP. Nr. 47 477 vom 31. Juli 1888.
[2] Zeitschr. d. Ver. deutsch. Ing. 1910, S. 9 ff.
[3] *Naske:* Portlandzement.
[4] DRP. Nr. 62 871 vom 30. Juni 1891.

mehles statt. Die Korngröße hängt von der Mahldauer, diese aber, da das Mahlgut die Trommel der Länge nach durchwandert, von der Trommellänge ab. Das Mahlgut wird mit 1,5 bis 3 mm Korngröße aufgegeben und verläßt die Mühle als Mehl, das auf dem 5000-Maschensieb 12 bis 16 v. H., auf dem 9000-Maschensieb 0,5 v. H. Übergang ergibt. Der bei der Vermahlung stattfindende Vorgang ist erstmalig von *Hermann Fischer*[1] näher untersucht worden. Nach ihm führt das Mahlgut auch am Ende der Trommel die gleiche Wurfbewegung aus wie bei dem Durchlaufen der Trommel, so daß es dem Austragzapfen zugeworfen wird und aus diesem durch eine Förderschraube abgezogen werden kann. Das Entweichen der Flintsteinfüllung der Trommel wird durch ein grobmaschiges Sieb d verhindert, das die Zapfenhöhlung im Innern der Trommel verdeckt.

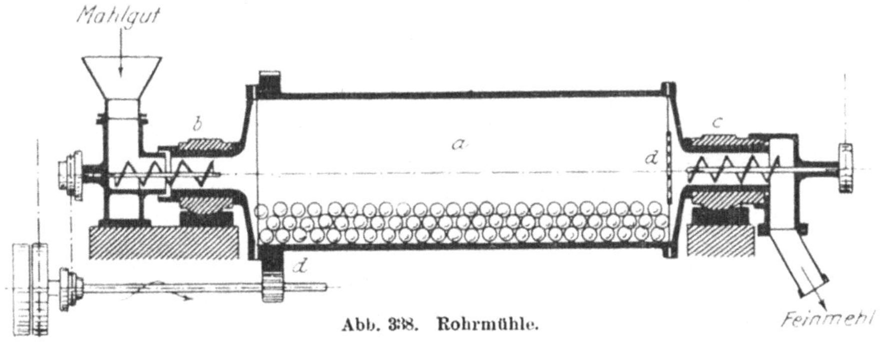

Abb. 338. Rohrmühle.

Übliche Größen der Rohrmühlen sind

Trommeldurchmesser	1100	1300	1500	1700 mm
Trommellänge	4000	5000	8000	7000 „
Umdrehungen in 1 Min. . .	30	28	26	24

Der Arbeitsverbrauch beträgt bis zu 70 PS, die Leistung auf 1 PS und 1 Stunde bezogen 80 bis 100 kg Feinmehl. *Dreyer*[1] berechnet den Arbeitsverbrauch von Rohrmühlen auf Grund von Versuchen im Mittel zu

$$N = 7,6 \frac{Q}{1000} \sqrt{D} \text{ PS},$$

wenn D^{m} den Trommeldurchmesser, Q^{kg} das Gewicht der Trommelfüllung (Kugeln + Mahlgut) bezeichnet.

f) Die Schneid- und Spaltwerke.

Die auf der Benutzung von Schneid- und Spaltwerkzeugen beruhenden Zerkleinerungsverfahren dienen sowohl der unbestimmten als auch der bestimmten Zerlegung von Werkstoffen mannigfacher Art. Im ersten Falle

[1] Arbeitsvorgang in Rohrmühlen: Zeitschr. d. Ver. deutsch. Ing. 1904, S. 437. Siehe ferner: *Dreyer:* Berechnung des Arbeitsverbrauches in Rohrmühlen bei Trockenvermahlung in Dingl. polyt. Journal 1908, S. 577 ff., sowie *Dreves:* Neuere Untersuchungen über Kugelmühlen in Metall u. Erz 1918, S. 305.

erfolgt die Zerkleinerung mittels vielschneidiger Werkzeuge, die unter Schub-
oder Drehbewegung die Oberfläche des Werkstückes durchfurchen und hierbei je nach der Tiefe und Breite des Einschnittes mehr oder weniger große
Teilstücke in Form von Spänen ablösen. Diese Art der Zerkleinerung, das
Raspeln oder Reiben, kommt vornehmlich bei geringer Festigkeit und
Härte des Zerkleinerungsgutes zur Anwendung. Es wird bei dem Auflösen
von Früchten und Wurzeln in kleine Zellengruppen zum Zweck der Saftgewinnung durch Pressen und Auslaugen, oder dem Ausziehen festen Zellen-
inhaltes (Stärke) ebenso benutzt wie bei dem Zerkleinern von Farbhölzern,
um diese der Auslaugung zugänglich zu machen, oder dem Zerfasern von
Holz und anderen Pflanzenstoffen zum Zweck der Stoffbereitung für Papier-
und andere Fabrikationen. Der Saftinhalt des pflanzlichen Raspel- oder
Reibgutes, zuweilen vermischt mit Wasser, das bei dem Zerkleinern zu-
gefügt wurde, bedingt vielfach eine breiige Beschaffenheit des Enderzeugnisses,
des sog. Reibsels.

Die Gewinnung von Teilstücken von bestimmter Größe und Form
ist an die Verwendung von Schneidmessern gebunden, die in das Schneidgut einzudringen und die Trennung desselben nach vorgeschriebener Richtung und an bestimmter Stelle zu bewirken vermögen. Hierbei ist die Form
und Größe des Querschnittes der gewonnenen Teilstücke entweder bereits
durch die Form des rohen Schneidgutes gegeben; und die Zerkleinerung bezweckt nur die Gewinnung gleichlanger Stücke desselben (Zerschneiden von
Stengeln, Blättern usw.), oder die Form und Größe des Querschnittes wird
durch die Gestalt der Werkzeugschneide bestimmt, während die Länge der
gewonnenen Teilstücke sich aus der Gestalt und Größe des rohen Schneidgutes
ergibt. In manchen Fällen, z. B. bei der Herstellung von Rübenschnitzeln,
ist hierbei die Länge innerhalb gewisser Grenzen veränderlich. Nur in seltenen
Fällen wird die Endform und damit auch die Größe der Teilstücke allein durch
die Schneidwerkzeuge bestimmt, z. B. bei der Überführung gewisser Drogen
in Handelsware.

Spaltbare Körper werden vielfach in der Richtung der Spaltflächen
zerlegt, wobei die Schneide des Spaltwerkzeuges, des Spalters, nur zur
Einleitung der Trennung des Spaltgutes benutzt wird. Die Größe der
gewonnenen Teilstücke ist dann durch die Querschnittsabmessungen des
rohen Spaltgutes und den Abstand zweier für die Trennung ausgewählter
Spaltflächen bestimmt. Die aus der Spaltung hervorgehenden Grenzflächen
der Teilstücke sind teils einheitliche, meist ebene Flächen (Schiefer), teils
setzen sie sich, insbesondere bei krystallinischen Stoffen (Zucker) aus der
Aneinanderlagerung einzelner kleiner, nicht in der gleichen Richtung liegender Spaltflächen zusammen, so daß die Gesamtspaltfläche eine rauhe Beschaffenheit erhält.

1. Die Raspeln und Reiben.

Die Schneidwerkzeuge der Raspeln und Reiben sind entweder Trommeln
oder Scheiben aus 0,5 bis 1,5 mm dickem Eisen- oder Stahlblech mit reihen-

weise angeordneten Durchbrechungen, deren Ränder sich als scharfe Grate über die Oberfläche des Bleches erheben (Abb. 339 und 340), oder es sind zylin-drische Trommeln, über deren Mantelfläche die Zähne von Stahlschienen hervorragen, die in der Achsenrichtung der Trommel liegen (Abb. 341). Endlich dienen auch aus sägenartig verzahnten dünnen Stahlscheiben zusammengesetzte Walzen als Raspelwerkzeuge. Die Scheiben sind hierbei so auf die Walzenachse aufgereiht, daß die Anordnung der Schneidzähne dem Verlauf von Schraubenlinien folgt. Dies läßt beispielsweise die Abb. 342

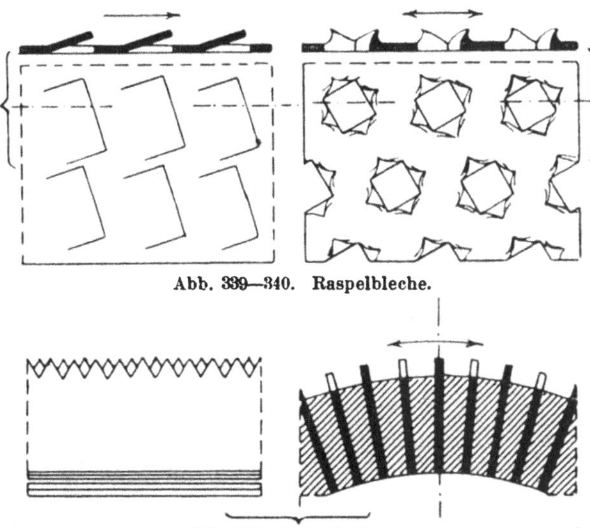

Abb. 339—340. Raspelbleche.

Abb. 341. Raspelschienen.

ersehen, welche die Einrichtung einer in Linoleumfabriken zur Vorzerkleinerung des Korkes benutzten Raspel, eines sog. Korkwolfes, darstellen.

Die Korkabfälle werden der Raspelwalze a durch einen Rüttelschuh b zugeführt und von den schwingenden Kolben c in die Walzenzähne eingedrückt. Ein Gegenmesser d dient zur Stützung der Korkstücke, so daß die Schneidzähne der rasch umlaufenden Walze sie in Teilstücke auflösen.

Ähnliche Maschinen werden auch in der Papierfabrikation als Cellulosereißer[1] benutzt. Sie erhalten hier mit 4 bis 7 m sekundlicher Umfangsgeschwindigkeit umlaufende Schneidtrommeln von 280 mm Durchmesser und 350 mm Länge.

Der Name Raspel wird auch auf Maschinen der Farbholzzerkleinerung übertragen, deren Schneidwerkzeug aus einem scheibenförmigen, meist aus Guß-eisen bestehenden Drehkörper besteht,

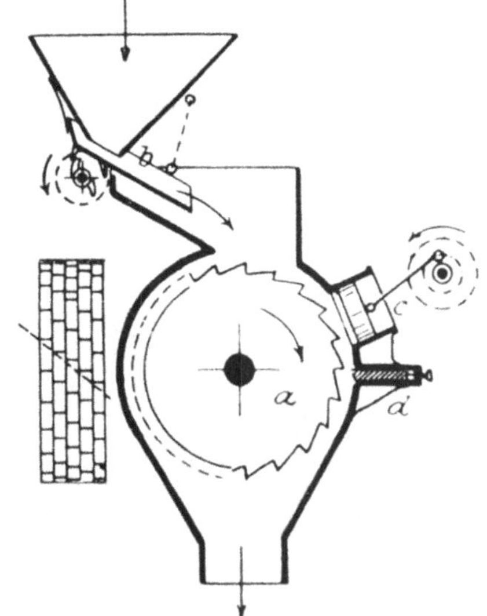

Abb. 342. Korkwolf.

der nach Art der Fräser an der Stirn oder am Rand schräg eingesetzte Schneidmesser trägt (a der Abb. 343 und 344). Auch bei den „Farbholz-raspeln" dient ein Gegenmesser b zur Stützung des nicht selten von Hand

---

[1] *Pfuhl:* Papierstoffgarne. Riga 1904, S. 53, Tfl. II.

geführten Werkstückes, während es durch die vorüberstreichenden Schneidmesser in kleine Teilstücke oder Späne übergeführt wird.

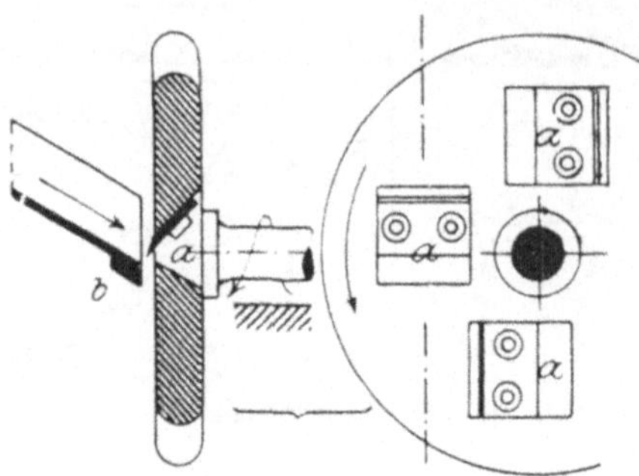

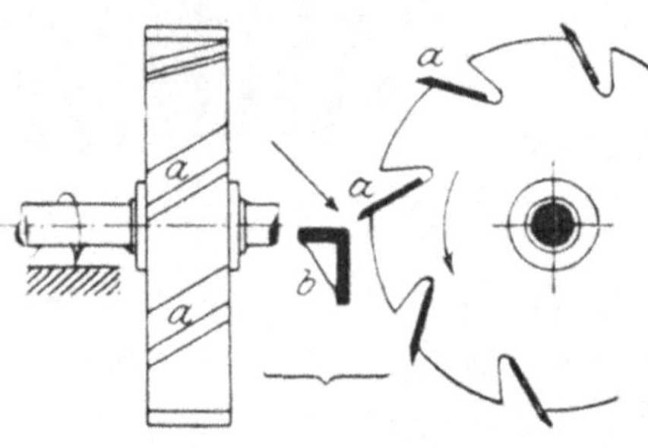

Abb. 343—344. Messer-Raspeln.

Die Raspeln und Reiben dienen ausschließlich der unbestimmten Zerkleinerung. Ihre Werkzeuge wirken, mit Ausnahme derjenigen der Farbholzraspeln, in der Regel mehr schabend als schneidend.

Die meiste Verwendung finden die Reibmaschinen in Kartoffelstärkefabriken und den nach dem Preßverfahren arbeitenden Rübenzuckerfabriken. In den letzteren dienen sie sowohl der Zerfaserung der rohen Zuckerrüben als auch der Zerkleinerung der Rübenpreßlinge zum Zweck deren weiterer Entzuckerung (Verfahren von *Walkhoff*). Als ein Beispiel der üblichen Einrichtungen ist in der Abb. 345 der Längenschnitt einer Kartoffelreibe von *Klusemann* dargestellt. Die Reibtrommel besteht aus zwei auf der Achse *a* befestigten Endscheiben, deren einander zugewendete Seitenflächen am äußeren

Rand eine umlaufende Nut *b* besitzen. In diese sind je 60 Stück Holzleisten und an den Längskanten mit spitzen Dreieckzähnen besetzte 45 bis 50 mm breite und 400 bis 500 mm lange stählerne Reibschienen *c* in wechselnder Folge eingeschoben (s. auch Abbildung 341). Hierdurch entsteht ein allseitig geschlossener Zylindermantel, über den die Schneidzähne hervorragen und dem das Schneidgut aus einem Speisetrichter *d* durch die sich langsam drehende Speisewalze *e* zugeführt wird. Das zur Stützung des Schneidgutes dienende Gegenmesser *f* wird möglichst dicht an den Trommelumfang angestellt und

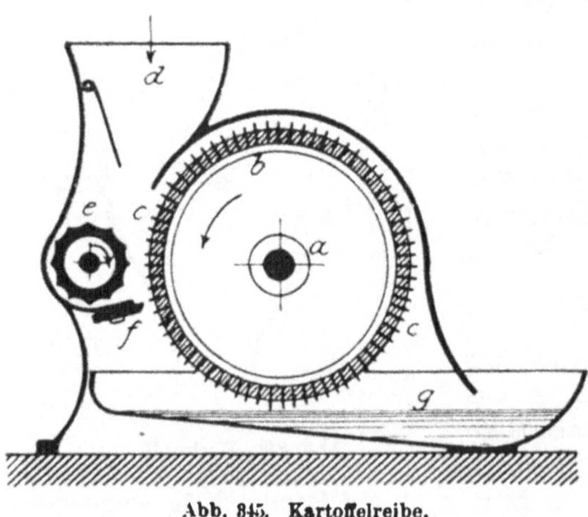

Abb. 345. Kartoffelreibe.

das bei dem Trommelumlauf entstehende Reibsel in der Schale *g* aufgefangen. Eine 500 mm große Reibtrommel arbeitet mit etwa 600 bis

800 Drehungen in der Minute, also mit rd. 15 bis 20 m Umfangsgeschwindigkeit in der Sekunde.

Eine auf gleicher Grundlage beruhende Rübenreibe mit Andruckkolben wurde von *Thierry* angegeben[1]. Die Kolben geben bei dem rasch erfolgenden Rückzug den Raum für die zu zerkleinernden Rüben frei und pressen diese bei dem folgenden langsamen Vorschub gegen die rasch umlaufende Trommel. Den schnellen Rückzug der Kolben vermitteln unrunde Scheiben und Belastungsgewichte am Kolbengestänge. Bei neueren Konstruktionen dienen nach dem Vorgang von *Fesca* in Berlin Kurbelschleifen zur Bewegung der Kolben. Zur Erzielung stetiger Arbeitsleistung werden die Druckkolben paarweise nebeneinander angeordnet und entspricht dem Rückzug des einen, der Vorschub des Nachbarkolbens. Die Anzahl der Kolbenschübe beträgt durchschnittlich 10 in der Minute.

Eine abweichende Bauart zeigt die Reibe von *Champonnois*[2] (Abb. 346), sofern hier die hohle Reibtrommel *a* feststeht und die Rüben an den nach

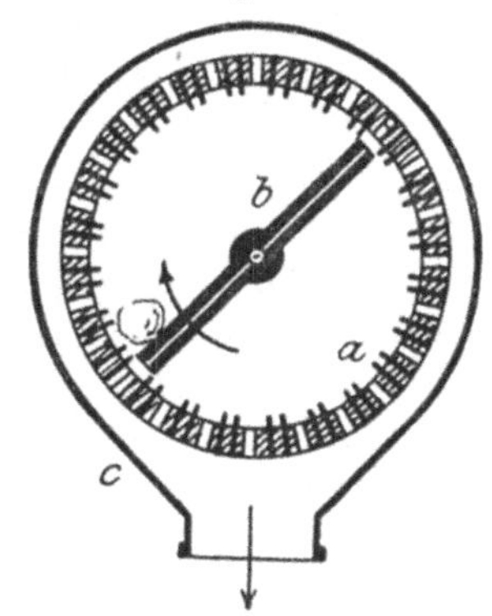

Abb. 346. Zentrifugalreibe.

dem Trommelinnern gerichteten Messerzähnen mittels eines rasch umlaufenden Treibers *b* vorübergeführt werden. Der Andruck geht hierbei von der Fliehkraft aus, die in der Rübenmasse als eine Folge der Umlaufbewegung entwickelt wird. Aus Bohrungen des Treibers austretende Druckwasserstrahlen schwemmen das Reibsel durch Schlitze der Trommelwand in das umschließende Gehäuse *c*.

Mit diesen Reibmaschinen sind die in der Papier- und Pappenfabrikation der Bereitung des **Holzschliffes** dienenden Schleifmaschinen (Défibreur) verwandt[3]. Bei ihnen ist die Reibtrommel durch einen großen Schleifstein ersetzt, über dessen Umfang nach

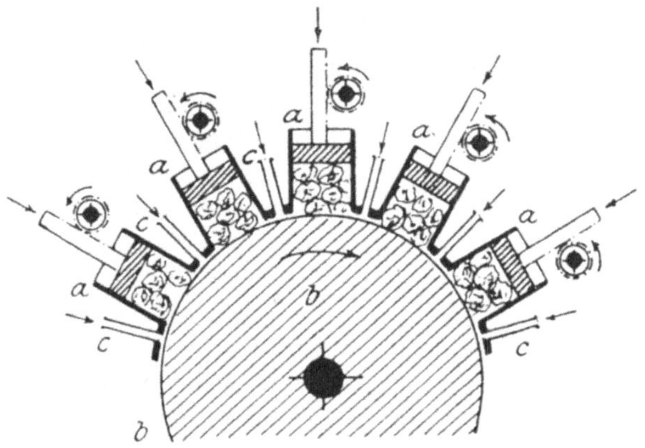

Abb. 347. Défibreur.

Abb. 347 eine Anzahl Speisekästen *a* verteilt sind, die zur Aufnahme der zu zerfasernden, geschälten Holzrollen dienen. In den Kästen geführte Druckkolben, die durch Gewichte, hydraulischen Druck oder Reibungsantrieb belastet sind, pressen die der Steinachse gleichgerichtet eingelegten Hölzer

---

[1] Für Handandruck bereits beschrieben in Dingl. polyt. Journal 1824, Bd. 15, S. 161.
[2] *Armengaud:* Publ. ind. 1881, Bd. 27, S. 349, Tfl. 31.
[3] *Müller-Hausner:* Die Herstellung und Prüfung des Papieres. Berlin. S. 1375 ff.

gegen die Umfläche des sich drehenden Steines *b*. Durch die Rohre *c* wird den Schleifstellen Wasser zugeführt. Es verhindert die Erhitzung und fördert die Trennung der Holzfasern. Der Schleifstein besitzt meist 1,2 bis 1,5 m Durchmesser bei 350 bis 900 mm Breite; er besteht aus einem gleichmäßig körnigen Sandstein und rotiert mit 8 bis 12 m Umfangsgeschwindigkeit in der Sekunde. *Hartig*[1] beobachtete an einer derartigen Holzschleife mit einem 1200 mm großen, 410 mm breiten Schleifstein, 5 Druckstellen von je 75,8 kg Andruck und 131 Umdrehungen in 1 Minute, den Arbeitsverbrauch zu 15 PS und die Leistung für 1 PS und 1 Stunde zu 0,7 kg lufttrocknen Holzschliff. Der Wirkungsgrad der Maschine wurde zu 0,98 ermittelt.

Ebenfalls der Papierfabrikation angehörig ist der unter dem Namen „Holländer" bekannte Stoffzerfaserer[2]. Die 500 bis 600 mm im Durchmesser, 600 bis 700 mm in der Breite messende zylindrische Messertrommel trägt 32 bis 72 Schneidmesser, macht 120 bis 220 Umdrehungen in der Minute und arbeitet mit einem aus 7 bis 14 Gegenmessern bestehenden ruhenden Grundwerk zusammen, wobei der zu zerfasernde Papierstoff durch einen von der umlaufenden Trommel erzeugten Wasserstrom zwischen beiden wiederholt hindurchgespült wird. Die große Leistungsfähigkeit wird ersichtlich, wenn man beachtet, daß beispielsweise bei 50 Walzenmessern, 10 Grundmessern und 170 Walzendrehungen in der Minute, die Messer $\frac{50 \cdot 170}{60} \cdot 10$ = rd. 1400 Schnitte in der Sekunde ausführen.

2. Die Schneidmaschinen.

Die Schneidmaschinen arbeiten ähnlich den Farbholzraspeln in der Regel mit keilförmig zugeschärften Messern; nur bei sehr weichem Schneidgut, das zugleich eine gewisse Klebrigkeit besitzt, wie Ton, Seife, Leim usw., tritt zur Abminderung der Haftung zwischen Werkstück und Schneidmesser an die Stelle des letzteren ein dünner, etwa 0,7 mm dicker Stahl- oder Messingdraht, der in gespanntem Zustand senkrecht zu seiner Längenrichtung gegen das Schneidgut gedrückt wird.

Die Leistungsgüte eines Schneidmessers wird, außer von der sorgfältigen Ausführung und Handhabung, von drei Winkelgrößen bestimmt (Abb. 348):

dem Schneid- oder Zuschärfungswinkel α,
dem Aufsetzwinkel β und
dem Anstellwinkel γ.

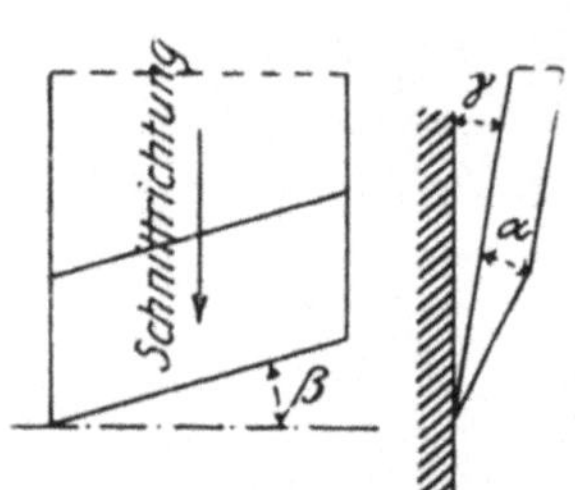

Abb. 348. Schneidmesser.

Der Schneidwinkel α ist der Winkel, unter dem die Keilflanken an der Schneide zusammentreffen. Ihn bestimmt in erster Linie der Widerstand, den das Schneidgut vermöge seiner Festigkeit und Härte dem Eindringen der Messerschneide entgegenstellt. Von ihm hängt daher sowohl die Halt-

---

[1] Deutsche Industriezeitung 1872, S. 382 und 395.

[2] *C. Hofmann:* Handbuch der Papierfabrikation. 2. Aufl. Berlin 1891/92; siehe auch die unter 2 genannte Quelle S. 1313 ff. und 1335 ff.

barkeit der Schneide als auch die Leichtigkeit ab, mit welcher das Messer in das Schneidgut eindringt.

In den meisten Fällen sind es wenig feste Werkstoffe, die auf Schneidmaschinen zerkleinert werden, wie Blätter, Halme, Stengel, Wurzeln, Früchte, seltener Holz (Holzwolle) oder Metall (Stahlspäne). Es schwankt daher die Größe des Schneidwinkels zwischen weiten Grenzen und beträgt für das Zerschneiden von

Halmen, Stengeln, Blättern . . . . . $\alpha = 7$ bis $8°$
Wurzeln und Früchten . . . . . . $\alpha = 10$ „ $12°$
Holz . . . . $\alpha = 20$ „ $25°$
Metall . . . . $\alpha = 58$ „ $75°$

Ein kleiner Schneidwinkel fördert auch die Verminderung des Widerstandes, den das Verdrängen der abgetrennten Teilstücke, der Schnittlinge, Schnitzel oder Späne bedingt. Den gleichen Zweck verfolgt der Aufsetzwinkel β, den die Messerschneide mit der Senkrechten zur Schnittrichtung bildet, sofern er die seitliche Ablenkung der Schnittlinge, also die Freilegung der Schnittbahn bewirkt. Er wird im Durchschnitt zu etwa $20°$ gewählt. Die Neigung endlich, welche die der Schnittbahn zugewendete Keilflanke zu dieser erhält und die durch den Anstellwinkel γ, meist 7

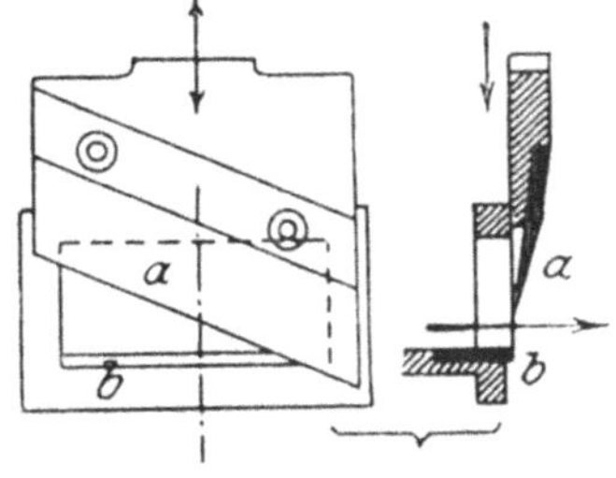

Abb. 849. Schubmesser.

bis $10°$, gemessen wird, dient zur Herabminderung des Gleitwiderstandes, der aus der Pressung des Messers gegen das Werkstück entspringt.

Bei der Ausführung des Schnittes wird das Messer geradlinig, bogenförmig oder kreisend bewegt, wonach die folgenden Messerarten unterschieden werden:

a) Das Schub- oder Guillotinenmesser, Abb. 349. Die Schneide des Schneidmessers a ist unter einem Winkel von etwa $20°$ gegen die Schneidkante eines Gegenmessers b geneigt, das zur Unterstützung des Schneidgutes dient. Während der geradlinigen Schnittbewegung des Schneidmessers, die senkrecht zu dem Gegenmesser erfolgt, gleiten die Schneiden beider Messer unter gegenseitiger Berührung aneinander vorüber. Es nimmt hierbei die Länge der Schnittlinie anfangs zu, dann aber wieder ab, woraus sich während eines großen

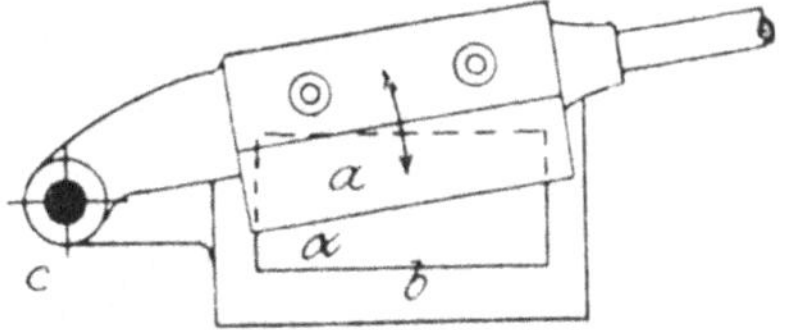

Abb. 850. Schwingmesser.

Teiles des Messerschubes ein kleiner Schnittwiderstand ergibt. Auch trägt die aus der Seitenkraft sich ergebende, schwach ziehende Wirkung der Messerschneide zur leichteren Überwindung dieses Widerstandes bei.

b) Schwingmesser, Abb. 350. Das an dem Gegenmesser b dicht vorüberstreichende Schneidmesser a schwingt um die Achse c. Bei gerader Messerschneide ist der von dieser und dem Gegenmesser eingeschlossene Winkel α und damit auch die Schneidwirkung veränderlich. Die Gestaltung der Schneide nach einem Kreisbogen bedingt annähernde, nach einer logarithmischen Spirale mit Ursprung im Drehpunkt des Messers, vollkommene Gleicherhaltung dieses Winkels.

Eine eigentümliche Schwingbewegung besitzt das für Hadernschneider bestimmte Messer von *L. Baumann* in Offenbach[1], das nach Abb. 351 durch die umlaufende Kurbel *c* bewegt und von der um *d* drehbaren Schwinge *e* geführt wird. Die hierbei auftretende ziehende oder sägenartige Schneidwirkung trägt nicht unerheblich zur Verminderung des Schnittwiderstandes bei.

c) **Drehmesser.** Die Schnittbewegung der Drehmesser erfolgt entweder innerhalb einer zur Drehachse senkrechten Ebene oder auf einer Zylinderfläche, deren geometrische Achse mit der Drehachse zusammenfällt. Im ersteren Fall sind in der Regel mehrere Messer auf einer ebenen Scheibe so angeordnet, daß ihre Schneiden radial gegen die Scheibenmitte gerichtet

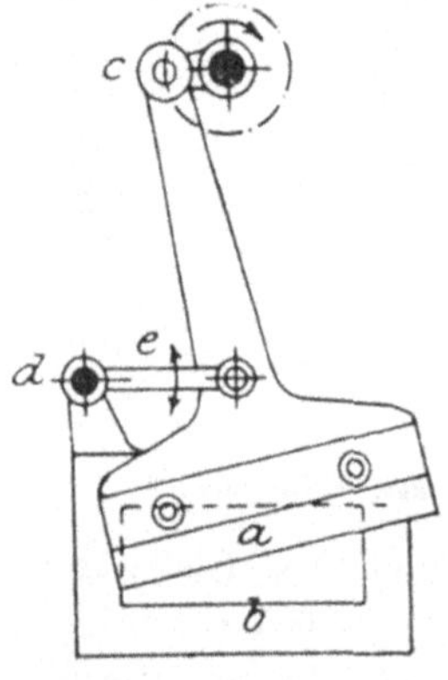

Abb. 351. Schwingmesser.

sind (vgl. Abb. 343), im anderen Falle liegen die Schneidmesser zuweilen auf einem zylindrischen Grundkörper in sehr steilen Schraubenlinien, so daß die Messerschneiden unter einem spitzen Winkel an dem Gegenmesser vorüberstreichen[2]. Während bei den Zylindermessern alle Punkte der Messerschneide gleiche Schnittgeschwindigkeit, also auch gleiche Schnittleistung besitzen, ist diese bei den Scheibenmessern, je nach dem Abstand des Schnittpunktes von der Drehachse, verschieden groß.

Die Länge der Schnittlinge wird durch die Strecke bestimmt, um welche das Schneidgut zwischen zwei aufeinanderfolgenden Schnitten über die Unterkante des Gegenmessers vorgeschoben wird. Gleiche Größe des Vorschubes und Unterbrechung desselben während der Ausführung des Schnittes sichert die Bildung gleichlanger Schnittlinge. Wird der absetzend erfolgende Vorschub in dem Streben nach Vereinfachung der Einrichtung der Maschine durch einen stetigen ersetzt, so hat dies sowohl einen Wechsel in der Größe der Schnittlinge, als auch infolge der entstehenden Anstauung des Gutes vor dem schneidenden Messer die Vergrößerung des Schnittwiderstandes zur Folge.

Beispielsweise wurde bei einer Häckselschneidmaschine mit stetigem Vorschub des Strohes beobachtet, daß bei der Einstellung des Vorschubes auf 6 mm bzw. 20 mm nicht Schnittlinge dieser Größe, sondern solche von 3 bis 11 mm (am häufigsten 7 mm) bzw. 18 bis 25 mm (am häufigsten 21 mm) erhalten wurden[3].

Als Beispiele für die Mannigfaltigkeit der Bauart von Schneidmaschinen dienen folgende:

---

[1] DRP. Nr. 20 328 vom 25. April 1882.

[2] Häckselschneider von *Brown* in Buffalo: Engl. Pat. Nr. 3536 vom 21. Novbr. 1868.

[3] *Hartig:* Versuche über Leistung und Arbeitsverbrauch von Futterschneidmaschinen. Leipzig 1878.

Hobelmaschine für Holzwolle von Anthon & Söhne in Flensburg[1], Abb. 352. Der zu zerspanende Holzblock *a* ist zwischen zwei gezahnten Transportwalzen *b* eingespannt, die von der Antriebwelle *c* aus durch ein

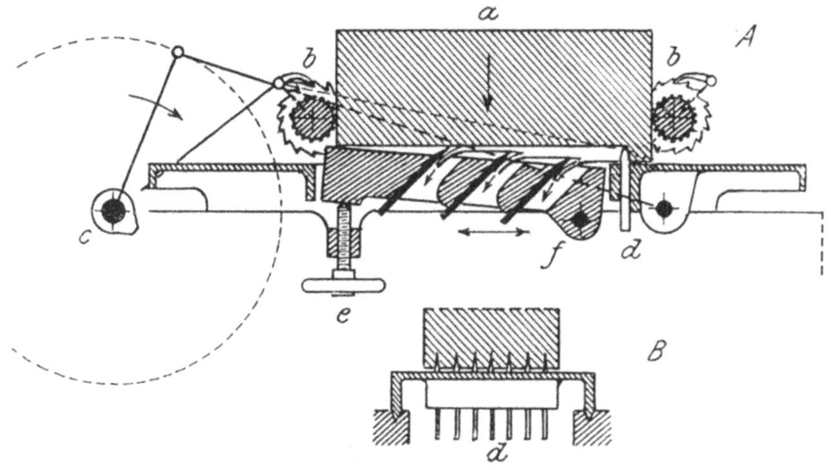

Abb. 352. Hobelmaschine für Holzwolle.

Schaltwerk in schrittweise Drehung versetzt werden und hierbei den Block den zurückgehenden Schneidmessern nähern. Die Breite der von den Messern abgetrennten Spanschichten wird von Ritzmessern *d* bestimmt, die vor den Schneidmessern in einer oder bei sehr schmalen Spänen (Verbandstoffe) in mehreren Reihen[2] vor dem Messerkasten angeordnet sind und an dessen Bewegung teilnehmen. Die Spandicke wird mittels der Stellschrauben *e* durch Heben oder Senken des um *f* drehbaren Messerkastens geregelt.

Schneidmaschine für Blätter, Halme, Stengel, Stroh, Lohe, Hadern u. dgl., Abb. 353. Das auf dem Tisch *a* auf-

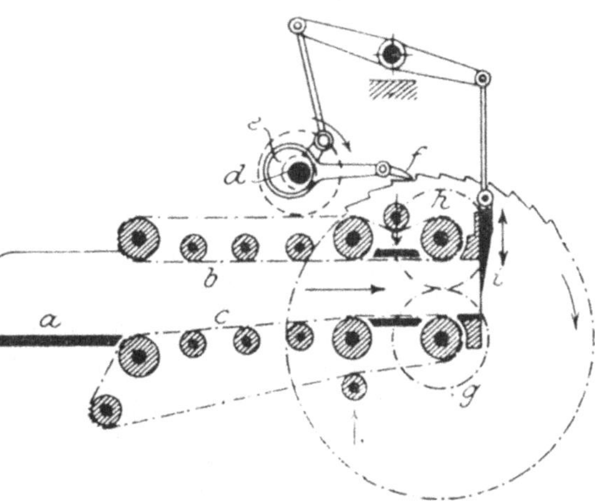

Abb. 353. Schneidmaschine.

gehäufte Schneidgut wird einem Kanal übergeben, den die beiden Fördertücher *b c* in der Höhenrichtung begrenzen. Die allmähliche Verengung des Kanals gegen das Schneidmesser hin bewirkt das Zusammenpressen des

---

[1] DRP. Nr. 42 778 vom 5. April 1887.
[2] DRP. Nr. 35 166 vom 1. September 1885.

Schneidgutes. Durch die schrittweise Bewegung der beiden Fördertücher, die durch das auf der Antriebwelle d steckende Exzenter e, das Schaltgetriebe f und die beiden Räder g und h vermittelt wird, tritt das Schneidgut während des Messeraufganges aus der Kanalmündung um die Länge der herzustellenden Schnittlinge hervor, worauf diese von dem niedergehenden Schneidmesser i

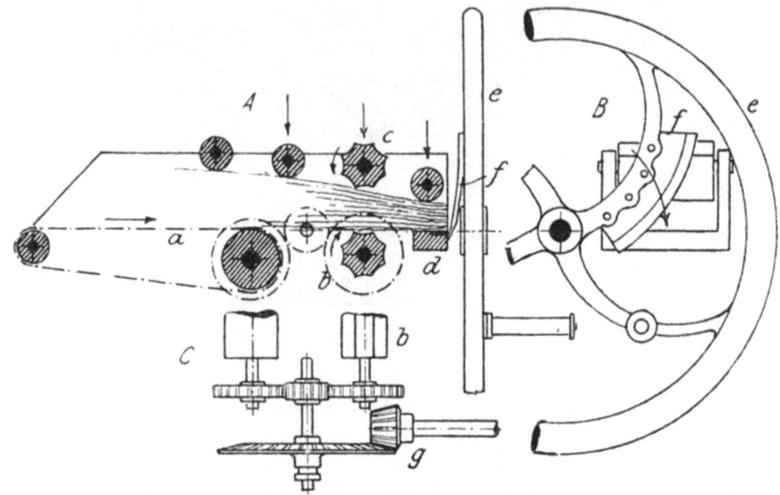

Abb. 354. Häckselschneidmaschine.

abgetrennt werden. Bei einer rechteckigen Kanalmündung von 290 mm Breite und 86 mm Höhe beträgt der Messerhub 255 mm. Die Zuschiebung des Schneidgutes, also die Länge der Schnittlänge, kann zwischen 0 und 2,5 mm durch Veränderung des Exzenterhubes eingestellt werden.

Häckselmaschine mit stetiger Zuschiebung, Abb. 354. Das zu schneidende Stroh wird in möglichster Gleichordnung der Halme dem Fördertisch a übergeben, der es den gezahnten und belasteten Förderwalzen $b\,c$ zuführt. Diese pressen es stark zusammen und schieben es über das Gegenmesser d vor, so daß die an dem umlaufenden Rade e befestigten Schneidmesser f den Vorstand abtrennen. Die Drehung der unteren Förderwalze b wird von der Radwelle nach Abb. 354 C abgeleitet und die Fördergeschwindigkeit (der Vorschub) durch Auswechseln des Rades g geregelt. Bei 125 minutlichen

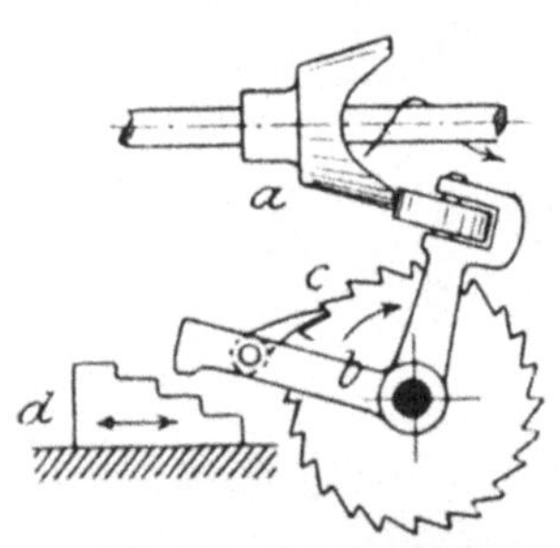

Abb. 355. Schaltgetriebe.

Umläufen des Messerrades und zwei Schneidmessern liefert die Maschine in der Stunde 243 bzw. 923 kg Häcksel von 7 bzw. 21 mm mittlerer Länge oder 256 bzw. 632 kg für 1 PS und 1 Stunde.

Durch Aufsetzen einer unrunden Scheibe a auf die Messerradwelle, Abb. 355, und Anfügen eines Winkelhebels b und Schaltgetriebes c an die Förderwalzen wird die stetige Zuschiebung durch eine absetzende ersetzt, wobei die Vorschublänge mittels der verschiebbaren Treppe *d* geregelt werden kann.

Maschinen gleicher Bauart mit Hand- oder Kraftbetrieb werden in Gerbereien zum Schneiden von Lohrinden in 5 bis 65 mm lange Stücke benutzt. Sie liefern bei 300 mm Schnittbreite 3000 bis 6000 kg geschnittene Lohe im Tag.

Rübenschnitzelmaschine, Bauart der Sangerhauser Maschinenfabrik, Abb. 356. Oberhalb der wagerecht liegenden Messerscheibe *a*, die durch das Getriebe *b* in Drehung versetzt wird, befindet sich ein mindestens 1200 mm hoher Speiserumpf *c*, der mit Rüben gefüllt erhalten wird. Diese lagern infolge ihres Gewichtes unter wenig veränderlichem Druck in einer Ringschicht auf der umlaufenden Messerscheibe. Die durch die Scheibe hindurchfallenden Schnitzel rollen der Rinne *d* zu, wo sie von der Klappe *e* bis zur Überführung in den Diffuseur zurückgehalten werden.

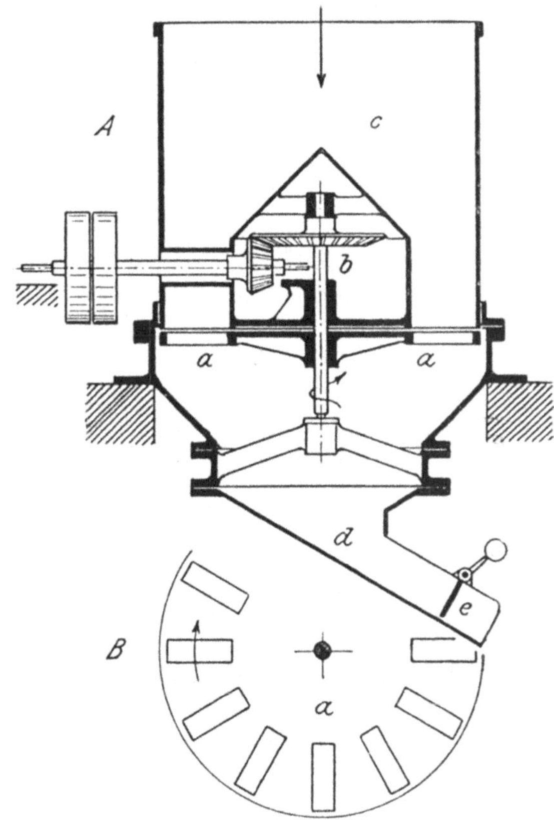

Abb. 356. Schnitzelmaschine.

Jedes der 300 bis 500 mm langen Schnitzelmesser sitzt nebst dem Gegenmesser oder der Vorlage in einem rahmenförmigen Messerkasten *a*, Abb. 357. Der Abstand *m* der Schneide des Messers von der Vorlage sowie der Überstand *n* der Messeroberkante über die Vorlage richtet sich nach der Art der zu verarbeitenden Rüben und nach der Dicke der herzustellenden Schnitzel. In der Regel werden bei kleinen Maschinen 6 bis 8, bei großen 12 bis 16 Messerkästen in gleichen

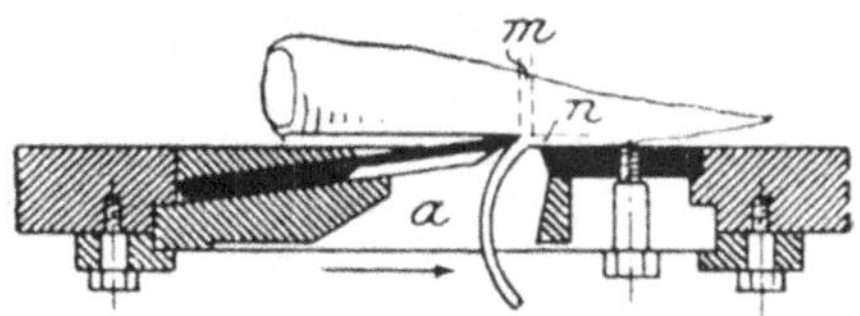

Abb. 357. Messerkasten.

Abständen und radialer Stellung auf der Schnitzelscheibe vereinigt und in dem Scheibenrand naheliegenden Durchbrechungen auswechselbar befestigt (Abb. 356 B). Die Schnitzel sind etwa 4 bis 7 mm breit und 1 bis 3 mm dick. Ihre Länge ist durch die Form der Rübe und die Lage der Schnittstelle an dieser bedingt und beträgt im Mittel etwa 160 mm.

Je nach der Gestalt der Messerschneide erhalten die Schnitzel rechteckigen oder dachförmigen Querschnitt. Dementsprechend werden **Flach-schnitzel** und **Rinnenschnitzel** unterschieden. Die letzteren bieten den Vorteil einer großen, dem Auslaugen günstigen Oberfläche und einer wenig dichten Lagerung im Diffuseur, wodurch der Saftabzug gefördert wird. Bei dem Schnitt wird die dem Messer dargebotene Rübenschicht entweder in voller Breite oder nur teilweise abgetrennt und in Schnitzel zerlegt. Man unterscheidet demgemäß die Messer in solche mit ganzem Schnitt und solche mit halbem Schnitt. Von den letzteren sind zum Abheben einer ganzen Schicht stets zwei Stück erforderlich, die auf zwei sich folgenden Messerkästen verteilt und so in diese eingesetzt sind, daß sich ihre Schnitte ergänzen.

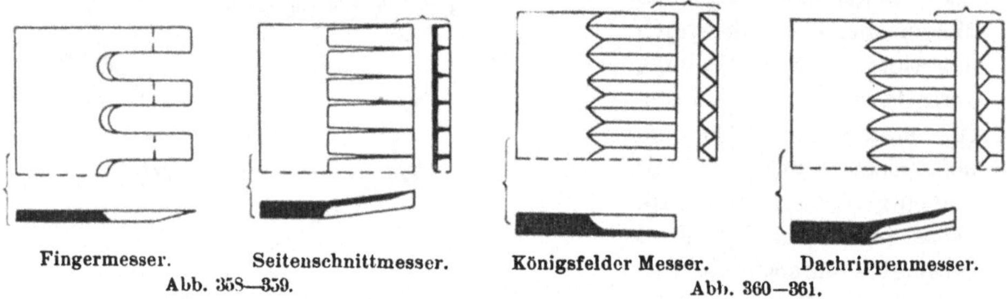

Abb. 358—359.   Abb. 360—361.

Flachschnitzel liefern die Fingermesser von *Robert*, Abb. 358, sowie die Seitenschnittmesser von *Wannieck*, Abb. 359. Die ersteren sind Messer mit halbem, die letzteren solche mit ganzem Schnitt. Vielbenutzte Messerformen für Rinnenschnitzel sind die halbschnittigen Königsfelder[1] sowie die ganzschnittigen Dachrippenmesser, Abb. 360 und 361.

Die 1200 bis 2500 mm großen Messerscheiben besitzen durchschnittlich 7 m Umfangsgeschwindigkeit in der Sekunde. Nach *Gredinger*[2] liefert 100 mm schneidende Messerlänge bei großen Maschinen mit 12 bis 16 Messereinlagen in der Scheibe und 4 m Schnittgeschwindigkeit in der Messermitte: 3 kg feine und 4,5 kg grobe Schnitzel in 1 Minute. Dabei kann der Arbeitsverbrauch für 1 kg Schnitzel zu rund 250 mkg geschätzt werden. *Jičinsky*[3] bemißt die Leistung einer Schnitzelmaschine von 1200 mm Scheibendurchmesser bei 140 Umdrehungen in 1 Minute zu 4 bis 5000 kg Rüben in 1 Stunde und bemerkt, daß hierbei mit Robertmessern 16 800 bis 22 400, mit Wannieckmessern 20 000 bis 30 000 Schnitzel in 1 Minute erhalten würden.

Als eine weitere Bauart verdient die Zentrifugal-Schnitzelmaschine von *Rassmus* in Magdeburg[4] Erwähnung.

---

[1] DRP. Nr. 9316 u. 9366 vom 29. Oktober bzw. 17. November 1878.
[2] *Gredinger:* Raffination des Rübenzuckers. Wien 1909.
[3] *Jičinsky:* Saftgewinnung durch Diffusion. Leipzig 1874.
[4] DRP. Nr. 20 688 vom 15. Juni 1882. Über Schnitzelmaschinen handelt ausführlich *Muspratt:* Chemie, 4. Aufl., Bd. X. S. 161 ff.

Schneidmaschinen für Seife, Leim, Ton, Teig u. dgl. weiche Stoffe.

Um Seife in regelmäßig geformte Stücke zu zerteilen, gab der französische Mechaniker *Lesage*[1] 1853 eine Maschine an, bei welcher die Seife mittels eines Schraubkolbens durch eine gelochte Metallplatte in Strangform gedrückt und hierauf mit einem Draht quer durchteilt wurde.

Nach dem gleichen Verfahren arbeitet der in der Neuzeit bei der Herstellung des sog. Hackfleisches verwendete Fleischwolf. Bei ihm wird das in einem Füllrumpf eingetragene Fleischstück von einer unterhalb des Rumpfes liegenden Förderschraube durch die Bohrungen einer stählernen Siebplatte

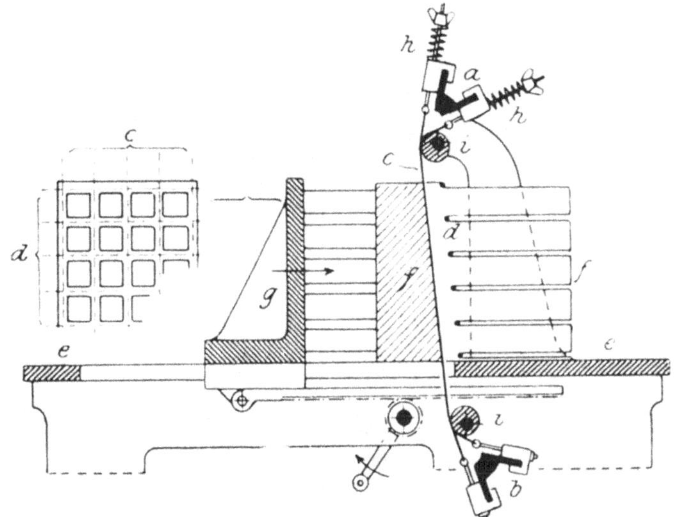

Abb. 362. Seifenschneidmaschine.

gepreßt, nachdem es durch Schneidmesser, die mit der Schraubenwelle umlaufen und deren Schneiden dicht an der Eintrittsfläche der Siebplatte vorüberstreichen, in dünne Scheiben zerschnitten wurde.

Gewerbliche Bedeutung haben zuerst die Seifenschneidmaschinen von C. E. Rost & Co. in Dresden erlangt, die zum Zerlegen der in den Seifensiedereien erzeugten „Formblöcke" in kleine, für den Verkauf bestimmte Stücke dienen. Diese „Formblöcke" werden in quaderförmigen Formen aus Seifenmasse gegossen und sind bis zu 3 m hoch und lang und bis zu 1,2 m breit. Für ihre Zerteilung kommen dreierlei Maschinen zur Verwendung:

a) die Formblock-Schneidwinde[2] zum Zerlegen des Formblockes in „Fällblöcke", d. s. Platten von etwa 500 mm Dicke;

b) die Fällblock-Schneidmaschine[3] zum Zerlegen der Fällblöcke in Platten oder „Riegel";

[1] Le Génie industriel 1855, Bd. 9, S. 26.
[2] Sächs. Pat. Nr. 4997 vom 26. Juni 1877; DRP. Nr. 6831 vom 2. Januar 1879.
[3] DRP. Nr. 6831 vom 2. Januar 1879; Nr. 13 261 vom 21. Februar 1880; Nr. 14 184 vom 26. August 1880.

c) die Riegel-Schneidmaschine zur Gewinnung der Seifenstücke für den Einzelverkauf und unmittelbaren Gebrauch.

Die Abb. 362 veranschaulicht die Einrichtung einer zum Schneiden von Riegeln dienenden Fällblock-Schneidmaschine. Die Zerteilung des Blockes geschieht mittels straff gespannter Stahldrähte von etwa 0,7 mm Dicke. Die Drähte sind in einem rahmenförmigen Gestell $a\,b$ in senkrechter und wagerechter Richtung und in Abständen gleich der gewünschten Riegeldicke (z. B. 60 mm) ausgespannt, so daß sie, in zwei Scharen $c\,d$ geordnet,

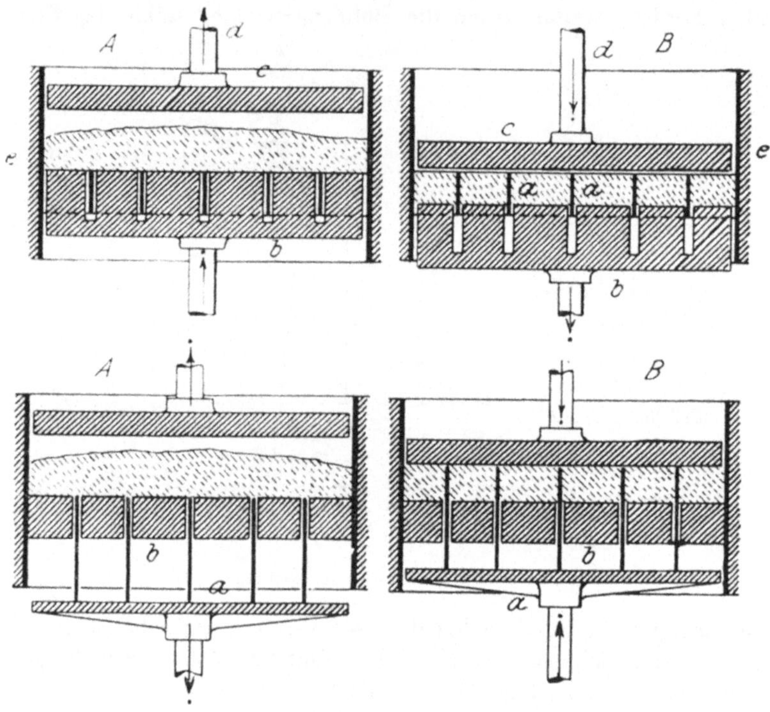

Abb. 363—364. Teigteilmaschinen.

in senkrechten Ebenen liegen. Der auf einem wagerechten Holz- oder Marmortische e ruhende Seifenblock f lehnt sich gegen eine auf dem Tisch verschiebbare senkrechte Stoß- oder Rückwand g und wird mit dieser durch ein Hand- oder Maschinentriebwerk, meist Zahnstange und Trieb, gegen die Drähte geschoben und hierbei in Riegel geteilt. Die federnden Drahtspanner h reiten auf $\vee$-förmigen Schienen a und b und können auf diesen, dem gewünschten Riegelquerschnitt entsprechend, versetzt werden. Zur Einstellung der Drähte in die Schnittebene dienen für jede Schar zwei Exzenterwellen i.

Maschinen mit nur senkrecht gespannten Drähten schneiden in drei Arbeitsfolgen aus Blöcken erst Tafeln, aus den umgekanteten Tafeln Riegel und aus den quergelegten Riegeln Stückchen.

Eine ähnliche Vorrichtung ist bereits 1823 von *Devoulx*, dem Besitzer einer Leimfabrik in Marseille, zum Zerschneiden gallertartiger Leimblöcke in Tafeln angewendet worden[1]. Auch die Schneidapparate der Ziegel- und Drainröhrenmaschinen beruhen auf der gleichen Grundlage. Bei ihnen nehmen die Schneiddrähte zur Erzielung rechtwinklig begrenzter Steine während des Schnittes an der Verschiebung des Tonstranges teil.

In den **Teigteilmaschinen** der Bäckereien und Brotfabriken, die zum Zerlegen des Teiges in Teilstücke bestimmten Gewichtes dienen, wird der Teig zu einem flachen, zylindrischen Kuchen gepreßt und dieser durch radial und nach konzentrischen Kreisen eingestellte Messer in sektorförmige Abschnitte gleichen Flächeninhaltes geteilt. Hierbei sind zwei Bauarten im Gebrauch.

Nach der Bauart von *Herbst* in Halle, Abb. 363 A und B, liegen feste Messer a in Schlitzen der beweglich angeordneten kreisförmigen Grundplatte b. Beim Pressen des Teiges in die Kuchenform mittels des niedergehenden Preßkolbens c ist die Abwärtsbewegung der Grundplatte b gesperrt. Erst nach vollständiger Ausbildung der zylindrischen Kuchenform wird die Sperrung gelöst, worauf die Grundplatte dem Druck der Preßschraube d weicht und die Teilmesser in die Kuchenmasse eindringen (Abb. 363 B). Der Lüftung der Preßschraube folgt die Grundplatte unter der Wirkung eines Gegengewichtes und hebt die Teilstücke über die Oberkanten der Teilmesser empor, so daß sie nach Abheben des Gehäuses e abgenommen werden können. Nach der Bauart von *Brüning* in Halle, Abb. 364,

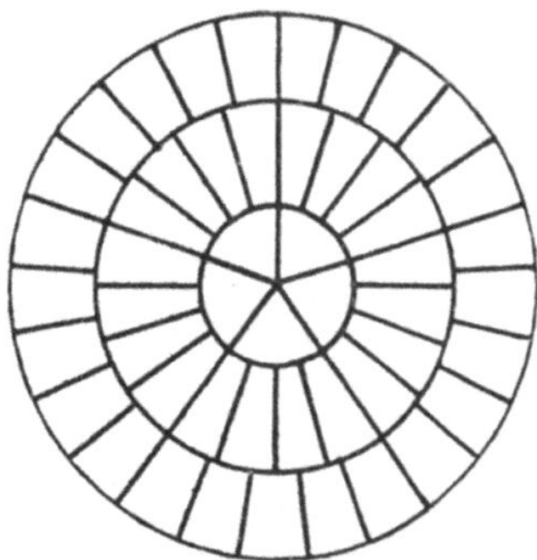

Abb. 365. Teilmesser.

werden die auf der Platte a befestigten Teilmesser durch Schlitze der den Kuchen stützenden Grundplatte b emporgeschoben, so daß sie in die Teigmasse eintreten, und nach erfolgter Teilung wieder zurückgezogen.

Bei beiden Bauarten sind die Messer flache Klingen aus Bronze oder Schmiedeeisen mit halbzylindrisch gerundeter Schneidkante. Ihre Anordnung für das Zerlegen eines Kuchens von 400 mm Durchmesser in 50 gleichgroße Teilstücke zeigt Abb. 365. Das Teilen selbst erfolgt in 3 bis 4 Sekunden.

3. Die Spaltmaschinen.

Wie die Anzahl spaltfähiger Werkstoffe, so ist auch die Anzahl der mechanischen Spaltvorrichtungen klein. Als Vertreter solcher seien hier nur die der Brennholzzerkleinerung dienenden Holzspaltmaschinen und diejenigen Spaltmaschinen angeführt, die bei der Herstellung von Würfelzucker Verwendung finden.

Für den Kleinbedarf, wie er beispielsweise in Haushaltungen vorliegt, ist eine Spaltmaschine in Gebrauch, die als Spaltwerkzeug eine Messerscheibe besitzt, die durch eine Handkurbel in drehende Bewegung versetzt wird.

---

[1] Dingl. polyt. Journal 1825, Bd. 17, S. 252.

Der Scheibenrand ist (Abb. 366). an einer Stelle ausgeklinkt. Hier sitzt das nahezu radial gestellte Spaltmesser a, dem das zu spaltende und durch die Unterlage b gestützte Holzstück c mit der einen Hand dargeboten wird, während die andere Hand die Kurbel d dreht.

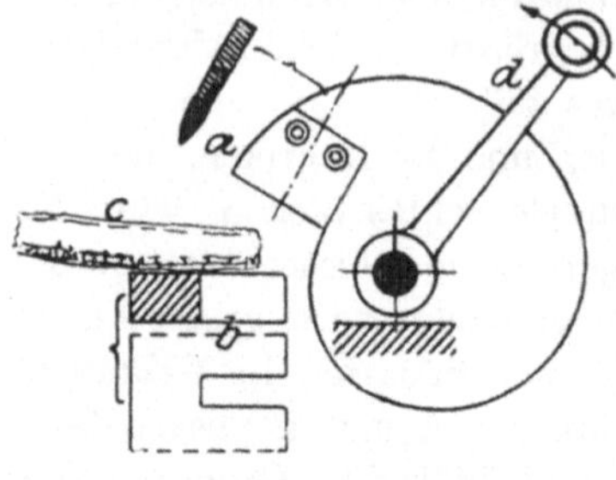

Abb. 366. Holzspalter.

In größeren Betrieben werden Holzspalt- maschinen mit auf und ab steigendem Spalt- beil benutzt,, wie sie erstmalig von *Johann Zimmermann* in Chemnitz[1], in neuerer Zeit von *Sorge* in Vieselbach, *Voith* in Heiden- heim u. a. gebaut worden sind. Nach Abb. 367 wird der zu spaltende, etwa 200 mm lange Holzklotz a, die Hirnfläche nach oben, auf den Spalttisch b gestellt und von Hand unter dem aufsteigenden Spaltbeil c so verschoben, daß er bei jedem Schlag des Beiles an einer anderen Stelle getroffen wird. Das Beil ist keilförmig gestaltet, hat 40° Schneidenwinkel, scharfe bogenförmige Schneide und dringt bei jedem Schlag etwa 44 mm tief in das Holz ein. Bei einer von *Hartig*[2] untersuchten Maschine von *Zimmermann* betrug die Spiel- zahl des Spalters im Durchschnitt 173 in der Minute, der Arbeitsverbrauch 0,91 PS und die Leistung 200 qm Spalt- fläche in der Stunde. Die Maschinen von *Voith* zerkleinern bei 60 Spaltschlägen in der Minute und 2—3 PS. Arbeits- verbrauch etwa 3—4 Rm. Holz in der Stunde.

Bei der Herstellung des Würfelzuckers aus den durch Zersägen der Zucker- brote erhaltenen prismatischen Zucker- stäben finden Spaltmaschinen mit wage- recht[3] oder senkrecht[4] bewegtem Spalter Anwendung. Im ersteren Falle steht der zu zerkleinernde Zuckerstab senkrecht und fällt durch sein Gewicht dem Spaltkeil zu. Im anderen Falle werden in der Regel mehrere Stäbe auf einem wage-

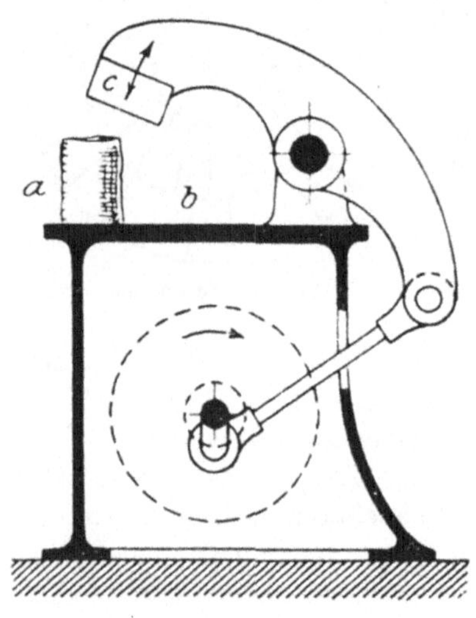

Abb. 367. Holzspaltmaschine.

rechten Tische nebeneinanderliegend dem auf und ab steigenden Spalt- messer durch ruckweise bewegte Förderbänder zugeführt.

Infolge des krystallinischen Aufbaues des Zuckers setzen sich die beim Spalten entstehenden Trennungsflächen aus vielen kleinen Einzelspaltflächen

---

[1] Sächs. Pat. Nr. 1810 vom 21. Dezember 1864.

[2] Versuche über Leistung und Arbeitsverbrauch von Werkzeugmaschinen. Leipzig 1873, S. 78.

[3] *Germain* in Paris: Dingl. polyt. Journ. 1863, Bd. 168, S. 169.

[4] *M. Divay* in Paris.

zusammen, welche zuweilen den normal zur Stablänge gerichteten Verlauf der Gesamtspaltfläche beeinträchtigen. *Fr. Scheibler*[1] hat dies dadurch vermieden, daß er die Spaltflächen von zwei übereinanderstehenden Spaltmessern *a* und *b*, Abb. 368, vorzeichnen läßt, die beide durch Kurbelgetriebe *c* auf und ab bewegt werden. Die Spalter haben verschiedenen Hub, der obere 20, der untere 4 mm, und dringen etwa 1 bis 3 mm in die Zuckerstäbe ein. Die Stäbe liegen vor und hinter den Spaltern auf Tischen und werden auf diesen entsprechend der Würfeldicke durch zwei Förderbänder ruckweise vorgeschoben, die durch Querstäbe *d* miteinander verbunden sind. Ein am Ende der Tischplatte befindlicher Rost *e* trennt die Würfel von dem beim Spalten entstandenen Zuckerklein, das etwa 25 v. H. be-

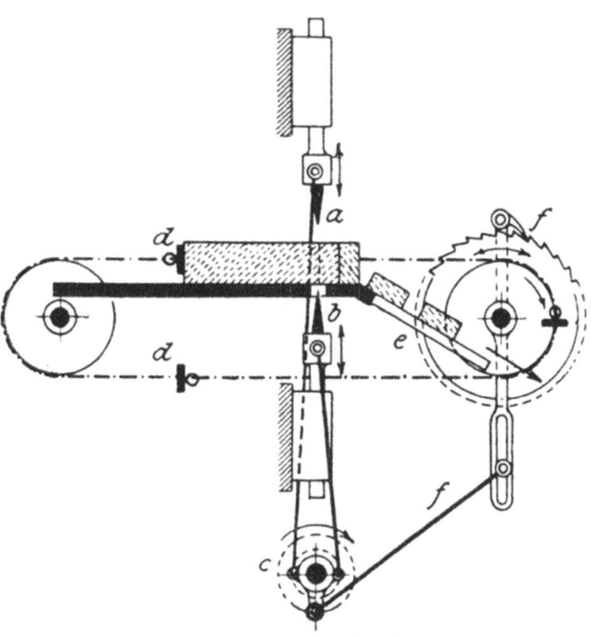

Abb. 368. Zuckerspaltmaschine.

trägt. Bei 300 Spaltschlägen in 1 Minute liefert die Maschine etwa 60 kg Würfel in der Stunde. Die Größe der abzuspaltenden Zuckerwürfel ist veränderlich und wird durch ein Schaltwerk *f* bestimmt, das die Förderbänder schrittweise bewegt. Gegenwärtig wird das die Würfel abführende Förderband der Zuckerspalt- oder Knippmaschinen häufig soweit verlängert, daß die fehlerhaften Würfel ausgelesen werden können.

III. Das Zerteilen von Flüssigkeiten.

Die Überführung flüssiger Massen in Gemische von größeren und kleineren Tropfen verfolgt im allgemeinen drei Zwecke:

1. die Herstellung eines Flüssigkeitregens, -staubes oder -nebels zum gleichmäßigen Durchfeuchten von Arbeitstücken, zur Steigerung der Reaktionsfähigkeit der Flüssigkeit, zum Niederschlagen von Gasen, Staub, Abfallstoffen usw.;

2. das Umwandeln geschmolzener Werkstoffe in mehr oder weniger feinkörnige Haufwerke (Granulieren des Hartlotes, Herstellen von Metallpulvern, Schrotfabrikation);

---

[1] Sächs. Pat. Nr. 4536 vom 2. August 1876.

3. die Bildung dichter Überzüge auf Körpern verschiedenster Art (Farbanstriche, Lackieren und Metallisieren).

Wie bei den Haufwerken fester Körper die Gleichheit der Korngröße mit dem zunehmenden Zerkleinerungsgrad wächst (vgl. S. 247), so wächst auch die Gleichförmigkeit eines Tropfengemisches mit der Abnahme der allgemeinen Tropfengröße. Der Arbeitszweck, z. B. die gleichförmige Durchfeuchtung der ganzen Masse eines Arbeitstückes, wird daher um so vollkommener erreicht, in je kleinere Teilchen die Flüssigkeit bei der Zerteilung aufgelöst wurde.

Der erreichbare Grad der Zerteilung, also die geringste Größe der entstehenden Tropfen, hängt außer von den benutzten Arbeitsmitteln von dem Zähigkeitsgrad der Flüssigkeit ab; er ist bei den wenigst zähen Flüssigkeiten am größten. Die Größenbestimmung solcher Flüssigkeitsteilchen, die in ihrer Gesamtheit als Nebel oder Flüssigkeitsstaub bezeichnet zu werden pflegen, bietet kein praktisches Interesse; doch sei bemerkt, daß es selbst bei zähen Glasflüssen ohne Schwierigkeit gelingt, faserige Haufwerke·von durchschnittlich $^5/_{1000}$ mm Faserdicke zu erzielen und daß diese Dicke überhaupt zwischen 2 und $^9/_{1000}$ mm schwanken kann. Derartige Haufwerke, aus Hochofenschlacke erzeugt und als Schlackenwolle[1] bezeichnet, werden vielfach als Wärmeschutzmittel in säurefreien Räumen verwendet. 1 cbm Schlackenwolle wiegt im festgepreßten Zustande etwa 300 kg.

Die Durchfeuchtung der Arbeitstücke erfolgt entweder unmittelbar durch Benetzen mit dem Flüssigkeitsstaub oder mittelbar durch Anfeuchten der Luft in den Arbeitsräumen, um die zur Verarbeitung kommenden Werkstoffe unter günstigere Arbeitsbedingungen zu bringen[2], oder auch, wie z. B. in Zichorienfabriken, um das mit deren Verarbeitung verbundene Verstäuben zu verhindern. Besondere Bedeutung kommt dem Überführen von Flüssigkeitsmassen in Staub- oder Nebelform in chemischen Fabriken zu, wenn die Flüssigkeit zur Absorption von Gasen benutzt wird oder dazu bestimmt ist, mit anderen Körpern chemische Reaktionswirkungen einzugehen. Beispielsweise sei hier auf den Ersatz des Wasserdampfes durch Wasserstaub in den Bleikammern der Schwefelsäurefabriken durch *Sprengel* bzw. auf die Einführung fein zerstäubter Salpetersäure in die Bleikammern[3] verwiesen. Große Bedeutung hat das Zerstäuben brennbarer Flüssigkeiten, wie Petroleum, Goudron, Gasteer, Kreosotöl usw., für die Verwendung derselben als Heizmittel gewonnen, indem es bei gleichzeitiger Zufuhr von Luft die Vergasung der Flüssigkeit fördert und zur Sicherung einer vollkommenen Verbrennung sowie der größtmöglichen Temperatursteigerung führt.

Das Überführen geschmolzener Metalle in körnige Haufwerke, das Granulieren, erfolgt durch Zerteilen der Schmelzen in mehr oder weniger große Tropfen und rasche Abkühlung dieser. Die hierbei entstehenden festen

---

[1] Erfunden von *George Parry:* Engl. Pat. Nr. 476 vom 25. Februar 1864.

[2] *O. Willkomm:* Beiträge zur Frage der Luftbefeuchtung in Spinnereien und Webereien. Habilitationsschrift. Leipzig 1909.

[3] Dingl. polyt. Journ. 1880, Bd. 235, S 277.

Metallkörner, die Granalien, sind im allgemeinen kugelig gestaltet, nehmen aber auch bei geeigneten Abkühlungsverhältnissen hiervon abweichende Formen an. So besitzen die in der Messingfabrikation benutzten Kupfergranalien, wenn das geschmolzene Kupfer in ruhendem heißen Wasser abgekühlt wurde, rundliche, wenn die Abkühlung in kaltem fließenden Wasser erfolgte, federähnliche Gestalt.

Der durch Granulieren grauen Gußeisens, das bei der rasch vollzogenen Abkühlung in Weißeisen übergeht, erhaltene „Stahlsand"[1] der Steinsägereien und -schleifereien besteht aus kugeligen Körnern von 0,2 bis 2,4 mm Durchmesser, während die Korngestalt der zum Löten benutzten und durch Granulieren von Kupfer-Zinklegierungen erhaltenen Hart- oder Schlaglote, sowie diejenige der Bleigranalien, die in der Bleiweißfabrikation Verwendung finden, zum Teil erheblich von der Kugelgestalt abweicht.

Wiederum nehmen unter der Voraussetzung, daß die aus der flüssigen Masse gebildeten Tropfen bei freier Bewegung in einem wenig Widerstand bietenden Kühlmittel, z. B. Luft, erstarren, diese Tropfen die vollkommene Kugelgestalt an. Von diesem Vorgang wird unter anderem bei der Erzeugung des Flintenschrotes aus arsenikhaltigem Blei Gebrauch gemacht, das in Körnungen von 0,6 bis 6 mm Größe in den Handel kommt.

Es sind vornehmlich vier Arbeitsmittel im Gebrauch, um Flüssigkeiten in Tropfenform überzuführen: Siebe, Streudüsen, Flüssigkeitsstrahlen und Wurfräder.

a) Zerteilen mittels Sieben.

Als nächstliegendes Beispiel ist hier auf die Verwendung der bekannten Gießkanne zum Besprengen von Blumen und Rasen in Landwirtschafts- und Gärtnereibetrieben und zum Benetzen roher und gewaschener Gewebe in Bleichereien, Wäschereien usw. bei der Rasenbleiche hinzuweisen.

Wie bei dieser, so finden auch bei verschiedenen Bauarten von Sprengwagen, die zur Staubbekämpfung auf Straßen dienen, siebartig durchbrochene Brausevorrichtungen Anwendung, welche das ihnen unter Druck aus einem fahrbaren Vorratsbehälter zuströmende Sprengmittel, meist Wasser, bei der Fahrt des Wagens über die Straßenfläche verteilen. Der Form nach werden diese Vorrichtungen in Rohrbrausen, Zylinderbrausen und Kugelbrausen unterschieden. Sie werden zu mehreren an dem Sprengwagen angeordnet und so mit Abstell- und Regeleinrichtungen versehen, daß sowohl die Menge des ausfließenden Wassers als auch dessen Ausbreitung über die zu benetzende Straßenfläche geregelt werden kann[2].

Für Firnissiedereien, Linoleumfabriken usw. hat *Fr. Walton*[3] einen Oxydationsapparat angegeben, bei dem die zu oxydierende Flüssigkeit nach Abb. 369 durch ein fein gelochtes Sieb *a* in Strahlen aufgelöst wird, die bei ihrem Herabfall durch einen belichteten Raum infolge der zunehmenden Ge-

---

[1] *John Harrison:* Engl. Pat. Nr. 9617 vom 8. Juli 1887.
[2] *Niedner:* Die Straßenreinigung in den deutschen Städten. Leipzig 1911.
[3] Engl. Pat. Nr. 209 vom 27. Januar 1860.

schwindigkeit ihrer Einzelteile in Tropfen zerfallen. Das mit einem Zusatz von 2 v. H. essigsaurem Bleioxyd gekochte Leinöl steht in dem Apparat oberhalb des Siebes *a* unter dem gleichbleibenden Druck des Kolbens *b* und fließt als feiner Regen durch einen Luftstrom, der bei *c* quer durch den Fallraum gedrückt oder gesaugt wird. Die im unteren Teil des Raumes sich sammelnde Flüssigkeit wird durch Dampf, der den Kasten *d* durchströmt, auf 100 bis 110° erwärmt und von einer Pumpe *e* zu erneuter Behandlung so lange wieder über das Sieb gefördert, bis die Oxydation des Linoxins den gewünschten Grad erreicht hat.

Auch die Schrotfabrikation findet unter Verwendung eines Siebes statt. Dasselbe bildet den Boden einer runden oder viereckigen Eisenblechpfanne, der Schrotform, und wird, um das Auflösen der durch die Löcher tretenden Bleistrahlen in einzelne Tropfen zu fördern, mit einer Schicht Bleiasche (Bleikrätze) bedeckt, deren lockere Beschaffenheit das darauf gegossene Blei nur allmählich durchsickern läßt. Die Sieblöcher sind rund, glattrandig, kleiner als der Durchmesser der zu gewinnenden Schrotkörner und um das Dreifache ihres Durchmessers voneinander entfernt. Die Schrotform wird zweckmäßig so hoch aufgestellt, daß die Tropfen

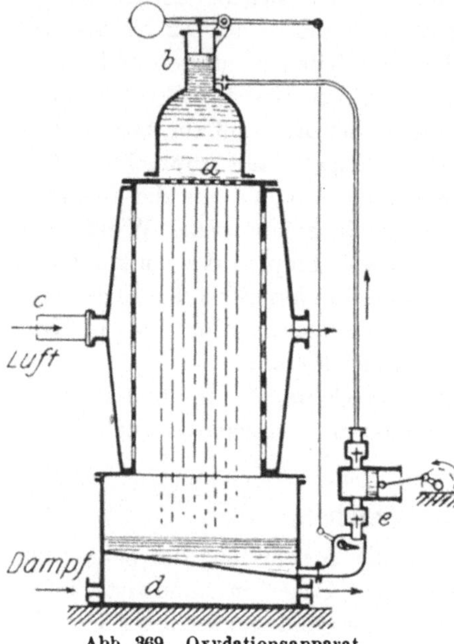

Abb. 369. Oxydationsapparat.

einen Luftraum von 30 bis 40 m Höhe durchfallen, ehe sie zur völligen Abkühlung in Wasser aufgefangen werden[1].

Durch einen kurzen Fallweg und rasch erfolgende Abkühlung der Tropfen unter ihren Erstarrungspunkt wird die Ausbildung kugeliger Tropfen erschwert, aber die Granuliereinrichtung vereinfacht. Ihre einfachste Gestalt erhält sie wohl durch den bei der Hartlotdarstellung üblichen Ersatz des Siebes durch einen unter Wasser schnell und stoßweise bewegten Besen aus Birkenreisern, auf den das geschmolzene Metall in dünnem Strahl gegossen wird. Es wird dadurch in Körner verwandelt, die ungefähr die Größe eines Hirsekorns besitzen.

b) Zerteilen mittels Streudüsen.

Ein Flüssigkeitsstrahl, der in einem lufterfüllten Raume einer Düse unter Druck entströmt, wird unter dem Einfluß des Luftwiderstandes und der Vermischung mit Luft in ein Strahlenbündel und schließlich in eine Tropfenmasse aufgelöst, die sich über eine um so größere Fläche ausbreitet,

[1] Näheres siehe Dingl. polyt. Journ. 1830, Bd. 38, S. 354.

je vollständiger die lebendige Kraft der Flüssigkeit verbraucht wurde. Das Zerstreuen des Strahles kann gefördert werden:

1. Durch Mischen der Flüssigkeit mit Luft v o r dem Verlassen der Düse, ein Verfahren, das bei Rasensprengern Anwendung findet und schon auf kurze Entfernung ein weitgehendes Zerstäuben der Flüssigkeit ermöglicht. Die Mischluft wird von der die Düse durchströmenden Flüssigkeit angesaugt und innerhalb der Düse verdichtet, so daß sie beim Verlassen dieser expandiert und die gleichzeitig mitaustretenden Flüssigkeitsteilchen auseinanderreißt.

2. Durch Stoß des Flüssigkeitsstrahles gegen ein widerstehendes Mittel, wobei unter Vernichtung eines Teiles der Strahlenergie der Energierest das Zerschellen oder Zersplittern des Strahles und damit dessen Auflösung in sich seitlich ausbreitende Tropfenscharen bewirkt.

Hiervon wird u. a. Gebrauch gemacht bei der zum Benetzen von Geweben und Papierbahnen dienenden *Erard*schen Anfeuchtmaschine, Abb. 370.

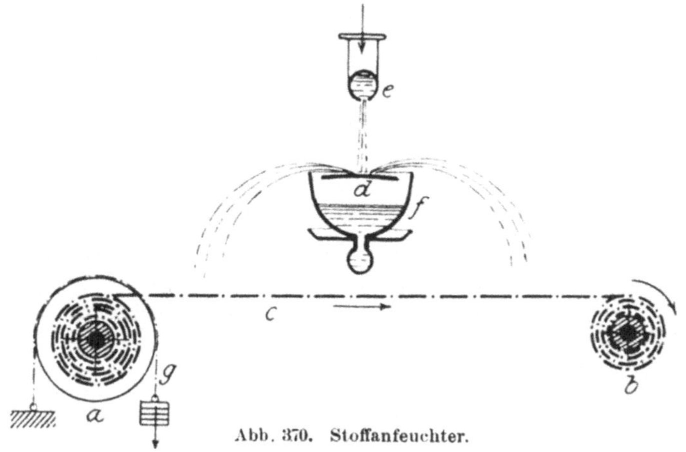

Abb. 370. Stoffanfeuchter.

Bei ihnen befindet sich oberhalb des zwischen den beiden Walzen *a* und *b* ausgespannten Stoffes *c* ein schwach gewölbtes Schirmblech *d*, gegen das Strahlen gespannten Wassers stoßen, die einer Reihe nach abwärts gerichteter Bohrungen eines in der Querrichtung des Gewebes liegenden Leitungsrohres *e* entströmen. Die Bohrungen sind 1 mm weit bei 50 mm Zwischenraum und können nach Bedarf durch auf dem Rohr verschiebbare Gummihülsen ganz oder zum Teil geschlossen werden. Eine unterhalb des Schirmes *d* befindliche Rinne *f* nimmt das beim Zerschellen der Strahlen vom Schirm abfliessende Wasser auf, während ein feiner Sprühregen sich über die Rinnenkanten hinweg auf das darunter mit 1,5 bis 2 m Sekundengeschwindigkeit vorüber gezogene Gewebe ergießt, das durch die Bremse *g* in Spannung erhalten wird.

Zuweilen, z. B. bei zur Luftbefeuchtung dienenden Wasserzerstäubern, wird die Stoßfläche durch einen Druckwasserstrahl gebildet[1].

---

[1] DRP. Nr. 27 758 vom 9. Januar 1884; Nr. 68 065 vom 12. Juni 1892, Nr. 74 301 vom 17. September 1892.

3. **Durch Ringform und allmähliche Erweiterung des Strahlquerschnittes.**
Eine Streudüse dieser Art zeigt die Abb. 371. Der Düsenmund a ist kegelförmig erweitert und umschließt einen in der Richtung der Düsenachse verstellbaren Vollkegel b so, daß zwischen beiden ein ringförmiger Spalt für den

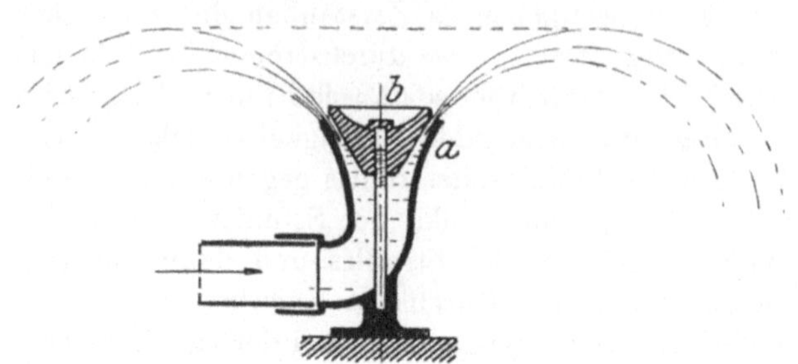

Abb. 371. Rasensprenger.

Austritt des Druckwassers verbleibt. Die allmähliche Vergrößerung des
austretenden dünnwandigen Flüssigkeitskegels bedingt eine dauernde Abnahme von dessen Wanddicke, bis sie zum Zerreißen der Flüssigkeit und zur Bildung eines herabfallenden Tropfenschleiers führt.

In der Streudüse von *Körting*, Abb. 372, entsteht der dünnwandige Streukegel dadurch, daß der der Düse entströmende
Flüssigkeitsstrahl im Innern der Düse steilgerichtete schraubenförmige Kanäle durchströmt, so daß er in drehende Bewegung
versetzt wird. Infolge hiervon zerreißt die in dem eingeschlossenen
Strahl gebundene Fliehkraft den Strahl beim Verlassen der Düse
und löst ihn in einen feinen Nebelwirbel auf, der sich in weitem
Umkreis ausbreitet. Außer zur Luftbefeuchtung werden diese
Düsen mit Vorteil zur Rückkühlung des Kondensationswassers
bei Dampfmaschinenanlagen, zur Zerstäubung flüssiger Brennstoffe bei Ölfeuerungen auf Schiffen und Lokomotiven[1] sowie
zum Zerstäuben von flüssigem Blei für die Herstellung von
elektrischen Akkumulatoren benutzt.

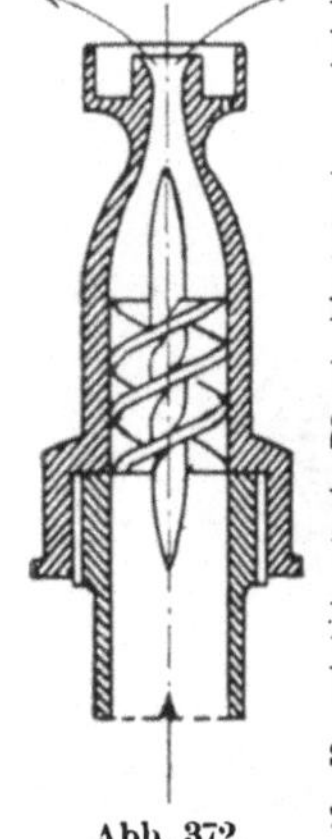

Abb. 372.
Streudüse.

c) Zerteilen mittels Flüssigkeitsstrahles.

Unter Pressung einer Düse entströmende Flüssigkeit bildet in der Nähe
der Düsenmündung einen geschlossenen harten Strahl, der in geeigneter
Richtung gegen eine ruhende oder bewegte Flüssigkeit gleicher oder anderer
Art, aber von niederer Spannung, geleitet, die Zerteilung dieser bewirkt.
Hierbei wird ein Teil der Strahlenergie in Bewegungsenergie der Flüssigkeits-
teile umgesetzt. Wenig zähe Flüssigkeiten, wie Wasser, leichte Kohlenwasser-
stoffe, geschmolzene Metalle usw., werden hierbei in einen Tropfenregen, zähe
Flüssigkeiten, wie Hochofenschlacke und andere Glasflüsse, die bei der Ab-
kühlung erstarren, in feinfaserige Haufwerke zerlegt. Von dem letztgenannten

---

[1] Zeitschr. d. Ver. deutsch. Ing. 1902, S. 516.

Vorgang wird u. a. bei der Herstellung der Schlackenwolle Gebrauch gemacht,
indem ein stark gepreßter Dampf- oder Luftstrahl unter sehr spitzem Winkel
gegen die Oberfläche des Schlackenbades geleitet wird. Die hierbei losgerissenen
zähflüssigen Schlackenteile bilden kurze feine Fäden, die unter der Blase-
wirkung des Strahles rasch
erkalten und als Fasergewirr
in einem vorgelegten Be-
hälter gesammelt werden.

Der beschriebenen Ein-
richtung zunächst steht die
„Schalenfeuerung" für
Dampfkessel, bei welcher am
Eingang des Feuerraumes in
einer flachen Schale befind-
liches Heizöl mittels eines
schräg aufgeblasenen Luft-
stromes zerstäubt wird. Bei
den übrigen Arten der Strahl-
zerstäuber wird die zu zerteilende Flüssigkeit dem
Druckstrahl in einer räum-
lich begrenzten dünnen
Schicht dargeboten, die an
der Mündung eines die Flüssigkeit zuführenden Rohres
lagert. Diese Schicht wird
von dem Strahl in tangen-
tialer Richtung getroffen,
hierbei in Flüssigkeitsstaub
zerteilt und durch eine
nachrückende neue Schicht
ersetzt, so daß ein stetig
verlaufender Betrieb ent-
steht. Die Schichtbildung
erfolgt auf zweierlei Art:

1. Durch rechtwinklige
Zusammenstellung von Strahlrohr und Flüssigkeitsrohr, Abb. 373: Zerstäuber
von *Walker*.

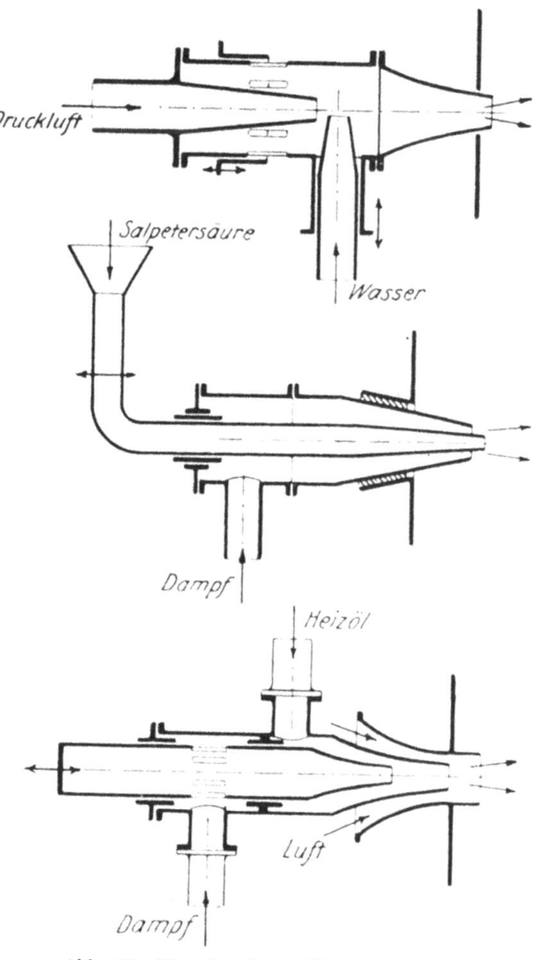

Abb. 373—375. Druckstrahl-Zerstäuber.

2. Durch gleichachsige Lage beider Rohre, wobei den Strahl liefert

a) ein Außenrohr, Abb. 374, Salpetersäurezerstäuber für Schwefelsäurefabriken von *Burgemeister*[1];

b) ein Innenrohr, Abb. 375: Goudronzerstäuber der Ölfeuerung von
Urquhart[2];

---

[1] Dingl. polyt. Journ. 1880, Bd. 235, S. 277.
[2] Le Génie Civil 1899, S. 113; Organ f. d. Fortschr. d. Eisenbahnwesens 1899, S. 263.

c) ein Außen- und ein Innenrohr, Teerölzerstäuber der Lokomotivkessel-heizung von *Holden*[1].

Die zu zerstäubende Schicht tritt bei den Zerstäubern *1* und *2a* in Gestalt eines niedrigen Vollzylinders aus der Rohrmündung hervor; der Druckstrahl bestreicht bei *1* die Stirnfläche, bei *2a* die Mantelfläche dieses zylindrischen Flüssigkeitskörpers. Bei *2b* verläßt die zu zerstäubende Flüssigkeit das Zuleitungsrohr als Hohlzylinder und das Druckmittel bestreicht dessen innere Mantelfläche. In *2c* finden sich die bei *2a* und *2b* zu beobachtenden Wirkungen vereint vor.

Der Ersatz der abgeblasenen Schicht, also die Zufuhr der zu zerstäubenden Flüssigkeit zum Wirkungsbereich des Druckstrahles, ist entweder die Folge der saugenden Wirkung dieses Strahles, die sich mit dessen zerstäubender Wirkung vereint, oder sie wird durch den Zufluß der zu zerstäubenden Flüssigkeit aus einem Behälter erzielt, der sich oberhalb des Zerstäubers befindet.

Neben Zerstäubereinrichtungen zur Herstellung pulverisierten Bleies für Akkumulatorenfabriken[2], die Herstellung von Farb- und Lacküberzügen usw. gehört der neuesten Zeit ein von *Schoop* angegebenes und vielseitig verwendbares Verfahren[3] zum Überziehen beliebiger Körper mit Metallschichten an. Nach ihm wird das Ende eines stetig zugeführten Metalldrahtes in einer Knallgasflamme bis zum Schmelzen erhitzt und im Augenblick des Schmelzens von einem Preßluftstrom getroffen, der das geschmolzene Metall fein zerstäubt und gegen die zu bedeckende („metallisierende") Oberfläche wirft, an der es eine mehr oder weniger dicke Schicht bildend festhaftet.

Abweichend von den bereits besprochenen Verfahren der Herstellung von Schlackenwolle wird diese auch dadurch hergestellt, daß gegen einen frei herabfließenden, 10 bis 15 mm dicken Schlackenstrom ein breiter aber dünner, ihn kreuzender Dampfstrahl geblasen wird. Dieses Verfahren findet auch bei der Herstellung des schon erwähnten kugligen Stahlsandes Anwendung. Hier wird am Rand eines weiten flachen Wasserbeckens ein 8 bis 10 mm dicker Eisenfaden, der der Abflußrinne des Kupolofens entfließt. von einem gegen das Wasserbecken gerichteten Dampfstrahl gekreuzt und in sphäroidale Tropfen verschiedener Größe aufgelöst. Diese breiten sich über der Wasserfläche aus, verbrennen teils im Sauerstoff der Luft unter lebhafter Funkenerscheinung und fallen anderenteils in das Wasser, wo sie unter Beibehaltung der Kugelform erstarren. Damit das letztere rasch erfolge und die graphitische Ausscheidung des Kohlenstoffes aus dem Eisen verhindert werde, muß die Wassertemperatur dauernd niedrig gehalten werden. Das Mischungsverhältnis der verschiedenen Korngrößen wechselt mit der Stärke des verwendeten Dampfstrahles; ein zu kräftiger Strahl fördert das Entstehen großer Körner.

---

[1] Zeitschr. d. Ver. deutsch. Ing. 1891, S. 496.

[2] DRP. Nr. 70 348 vom 2. März 1892 u. Zusatz Nr. 86 983 vom 9. Dezember 1894.

[3] *Günther* u. *Schoop:* Das Schoopsche Metallspritzverfahren. Stuttgart 1917. — DRP. Nr. 258 505 vom 28. April 1909.

d) Zerteilen mittels Wurfrädern.

Das Zerteilen flüssiger Stoffe durch Wurfräder findet nur wenig Verwendung. *Fr. Walton*, der Erfinder des Linoleums, hat es bei der Oxydation des Leinöles benutzt.[1]. Ingleichen finden Wurfräder zum Granulieren von

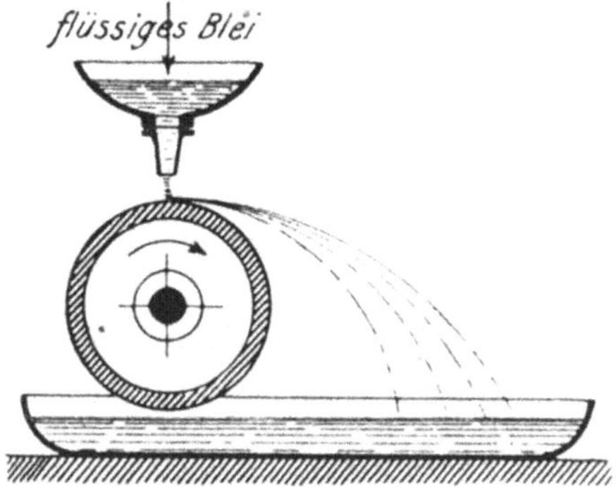

Abb. 376. Schleuderwalze.

Eisen bei der Fabrikation scharfkantigen Stahlsandes Anwendung. In der Bleiweißfabrikation dienen rasch umlaufende Walzen, denen das geschmolzene Blei als dünner Strahl zufließt (Abb. 376), zur Herstellung von Bleigranalien[2]. Auch wagerecht liegende Schleuderscheiben sind für die Herstellung von Metallstaub vorgeschlagen worden[3].

[1] *H. Fischer:* Geschichte, Eigenschaften und Fabrikation des Linoleums. Leipzig 1888.
[2] DRP. Nr. 3550 vom 11. Oktober 1877.
[3] DRP. Nr. 116 798 vom 27. Juli 1899.

CHEMISCHE TECHNOLOGIE

IN EINZELDARSTELLUNGEN

HERAUSGEBER: PROF. DR. FERDINAND FISCHER †

Bisher erschienen folgende Bände:

Allgemeine chemische Technologie:

Kolloidchemie. Von Prof. Richard Zsigmondy, Göttingen. Zweite Auflage. Mit 5 Tafeln und 54 Figuren im Text. Geheftet 26 M., gebunden 31 M.

Sicherheitseinrichtungen in chemischen Betrieben. Von Geh. Reg.-Rat Prof. Dr.-Ing. Konrad Hartmann, Berlin. Mit 254 Abbildungen. Geheftet 15.50 M., gebunden 19 M.

Zerkleinerungsvorrichtungen und Mahlanlagen. Von Ing. Carl Naske, Berlin. Zweite Auflage. Mit 316 Abbildungen. Geheftet 17 M., gebunden 22 M.

Mischen, Rühren, Kneten. Von Geh. Reg.-Rat Prof. Dr.-Ing. H. Fischer, Hannover. Mit 122 Abbildungen. Geheftet 5.75 M., gebunden 9 M.

Sulfurieren, Alkalischmelze der Sulfosäuren, Esterifizieren. Von Geh. Reg.-Rat Prof. Dr. Wiohelhaus, Berlin. Mit 32 Abbildungen und 1 Tafel. Geheftet 7.50 M., gebunden 10.75 M.

Verdampfen und Verkochen. Mit besonderer Berücksichtigung der Zuckerfabrikation. Von Ing. W. Greiner, Braunschweig. Geheftet 6.75 M., gebunden 10 M.

Filtern und Pressen zum Trennen von Flüssigkeiten und festen Stoffen. Von Ingenieur F. A. Bühler. Mit 312 Abbildungen. Geheftet 8.75 M., gebunden 12 M.

Die Materialbewegung in chemisch-technischen Betrieben. Von Dipl.-Ing. C. Michenfelder. Mit 261 Abbildungen. Geheftet 13 M., gebunden 17 M.

Heizungs- und Lüftungsanlagen in Fabriken. Von Obering. V. Hüttig, Professor an der Technischen Hochschule, Dresden. Mit 157 Abbildungen. Geheftet 19 M., gebunden 23 M.

Reduktion und Hydrierung organischer Verbindungen. Von Dr. Rudolf Bauer (†), München. Zum Druck fertiggestellt von Prof. Dr. H. Wieland, München. Mit 4 Abbildungen. Geheftet 20 M., gebunden 25 M.

Ausführliche Einzelprospekte versendet der Verlag kostenlos!

Bis auf weiteres auf alle Werke 40% Verlags-Teuerungszuschlag!

CHEMISCHE TECHNOLOGIE
IN EINZELDARSTELLUNGEN
HERAUSGEBER: PROF. DR. FERDINAND FISCHER †

Bisher erschienen folgende Bände:

Spezielle chemische Technologie:

Kraftgas, seine Herstellung und Beurteilung. Von Prof. Dr. Ferd. Fischer, Göttingen-Homburg. (Vergriffen! Neue Auflage in Vorbereitung.)

Das Acetylen, seine Eigenschaften, seine Herstellung und Verwendung. Von Prof. Dr. J. H. Vogel, Berlin. Mit 137 Abbildungen. Geheftet 15 M., gebunden 18.50 M.

Die Schwelteere, ihre Gewinnung und Verarbeitung. Von Direktor Dr. W. Scheithauer, Waldau. Mit 70 Abbildungen. Geheftet 8.75 M., gebunden 12 M.

Die Schwefelfarbstoffe, ihre Herstellung und Verwendung. Von Dr. Otto Lange, München. Mit 26 Abbildungen. Geheftet 22 M., gebunden 26 M.

Zink und Cadmium und ihre Gewinnung aus Erzen und Nebenprodukten. Von R. G. Max Liebig, Hüttendirektor a. D. Mit 205 Abbildungen. Geheftet 30 M., gebunden 34 M.

Das Wasser, seine Gewinnung, Verwendung und Beseitigung. Von Prof. Dr. Ferd. Fischer, Göttingen-Homburg. Mit 111 Abbildungen. Geheftet 15 M., gebunden 18.50 M.

Chemische Technologie des Leuchtgases. Von Dipl.-Ing. Dr. Karl Th. Volkmann. Mit 83 Abbildungen. Geheftet 10 M., gebunden 13.50 M.

Die Industrie der Ammoniak- und Cyanverbindungen. Von Dr. F. Muhlert, Göttingen. Mit 54 Abbildungen. Geheftet 12 M., gebunden 15.50 M.

Die physikalischen und chemischen Grundlagen des Eisenhüttenwesens. Von Prof. Walther Mathesius, Berlin. Mit 39 Abbildungen und 106 Diagrammen. Geheftet 26 M., gebunden 30 M.

Die Kalirohsalze, ihre Gewinnung und Verarbeitung. Von Dr. W. Michels und C. Przibylla, Vienenburg. Mit 149 Abbildungen und einer Übersichtskarte. Geheftet 23 M., gebunden 27 M.

Die Mineralfarben und die durch Mineralstoffe erzeugten Färbungen. Von Prof. Dr. Friedr. Rose, Straßburg. Geheftet 20 M., gebunden 24 M.

Die neueren synthetischen Verfahren der Fettindustrie. Von Privatdozent Dr. J. Klimont, Wien. Mit 19 Abbildungen. Geheftet 6 M., gebunden 9.50 M.

Chemische Technologie der Legierungen. Von Dr. P. Reinglaß. I. Teil: Die Legierungen mit Ausnahme der Eisen-Kohlenstofflegierungen. Mit zahlr. Tabellen und 212 Figuren im Text und mit 24 Tafeln. Geheftet 38 M., gebunden 44 M.

Ausführliche Einzelprospekte versendet der Verlag kostenlos!

Bis auf weiteres auf alle Werke 40% Verlags-Teuerungszuschlag!